国家技能型紧缺人才培养项目
21世纪高等职业教育通用教材

数控加工工艺

主　编　李正峰
副主编　刘　江
　　　　魏康民
主　审　高保真

上海交通大学出版社

内 容 提 要

本书以实际应用为目的，以理论必需、够用为度，精选教学内容，对“金属切削原理与刀具”、“机械制造工艺学”与“机床夹具设计”三门课程进行了整合。并以此为基础，系统地介绍了数控车削加工工艺、数控铣削加工工艺、加工中心加工工艺及电火花成形与数控线切割加工工艺。

本书内容丰富，详略得当，实用性强，可作为高等职业技术院校数控技术应用、机电一体化等专业的教材，也可作为从事数控加工的技术人员和操作人员的培训教材。

图书在版编目(CIP)数据

数控加工工艺/李正峰主编.—上海:上海交通大学出版社，2004(2013重印)

21世纪高等职业教育通用教材

ISBN 978-7-313-03820-3

Ⅰ.数...　Ⅱ.李...　Ⅲ.数控机床-加工工艺-高等学校:技术学校-教材　Ⅳ.TG659

中国版本图书馆CIP数据核字(2004)第071173号

数控加工工艺

李正峰　**主编**

上海交通大学出版社出版发行

(上海市番禺路951号　邮政编码200030)

电话:64071208　出版人:韩建民

常熟市文化印刷有限公司印刷　全国新华书店经销

开本:787mm×1092mm　1/16　印张:23.75　字数:580千字

2004年8月第1版　2013年8月第6次印刷

印数:13 231~14 260

ISBN 978-7-313-03820-3/TG·052　定价:33.00元

21世纪高等职业教育通用教材

编 审 委 员 会

主 任 名 单

序

发展高等职业教育，是实施科教兴国战略、贯彻《高等教育法》与《职业教育法》、实现《中国教育改革与发展纲要》及其《实施意见》所确定的目标和任务的重要环节；也是建立健全职业教育体系、调整高等教育结构的重要举措。

近年来，年轻的高等职业教育以自己鲜明的特色，独树一帜，打破了高等教育界传统大学一统天下的局面，在适应现代社会人才的多样化需求、实施高等教育大众化等方面，做出了重大贡献。从而在世界范围内日益受到重视，得到迅速发展。

我国改革开放不久，从1980年开始，在一些经济发展较快的中心城市就先后开办了一批职业大学。1985年，中共中央、国务院在关于教育体制改革的决定中提出，要建立从初级到高级的职业教育体系，并与普通教育相沟通。1996年《中华人民共和国职业教育法》的颁布，从法律上规定了高等职业教育的地位和作用。目前，我国高等职业教育的发展与改革正面临着很好的形势和机遇：职业大学、高等专科学校和成人高校正在积极发展专科层次的高等职业教育；部分民办高校也在试办高等职业教育；一些本科院校也建立了高等职业技术学院，为发展本科层次的高等职业教育进行探索。国家学位委员会1997年会议决定，设立工程硕士、医疗专业硕士、教育专业硕士等学位，并指出，上述学位与工程学硕士、医学科学硕士、教育学硕士等学位是不同类型的同一层次。这就为培养更高层次的一线岗位人才开了先河。

高等职业教育本身具有鲜明的职业特征，这就要求我们在改革课程体系的基础上，认真研究和改革课程教学内容及教学方法，努力加强教材建设。但迄今为止，符合职业特点和需求的教材却还不多。由泰州职业技术学院、上海第二工业大学、金陵职业大学、扬州职业大学、彭城职业大学、沙洲职业工学院、上海交通高等职业技术学校、上海交通大学技术学院、上海汽车工业总公司职工大学、立信会计高等专科学校、江阴职工大学、江南学院、常州技术师范学院、苏州职业大学、锡山职业教育中心、上海商业职业技术学院、潍坊学院、上海工程技术大学等百余所院校长期从事高等职业教育、有丰富教学经验的资深教师共同编写的《21世纪高等职业教育通用教材》，将由上海交通大学出版社等陆续向读者朋友推出，这是一件值得庆贺的大好事，在此，我们表示衷心的祝贺。并向参加编写的全体教师表示敬意。

高职教育的教材面广量大，花色品种甚多，是一项浩繁而艰巨的工程，除了高职院校和出版社的继续努力外，还要靠国家教育部和省(市)教委加强领导，并设立高等职业教育教材基金，以资助教材编写工作，促进高职教育的发展和改革。高职教育以培养一线人才岗位与岗位群能力为中心，理论教学与实践训练并重，二者密切结合。我们在这方面的改革实践还不充分。在肯定现已编写的高职教材所取得的成绩的同时，有关学校和教师要结合各校的实际情况和实训计划，加以灵活运用，并随着教学改革的深入，进行必要的充实、修改，使之日臻完善。

阳春三月，莺歌燕舞，百花齐放，愿我国高等职业教育及其教材建设如春天里的花园，群芳争妍，为我国的经济建设和社会发展作出应有的贡献！

叶春生

前　　言

近年来，数控技术在制造业中的应用呈突飞猛进之势，据调查，我国目前需要数十万数控技术应用领域的操作人员、编程人员和维修人员。为适应社会对技能型数控人才的需求现状，国家决定优先在数控技术应用专业领域实施技能型紧缺人才培养培训工程，进行人才培养新模式的探索，计划在全国选定500多所职业院校作为技能型紧缺人才示范性培养培训基地。针对目前国内有关数控加工技术方面的书籍不多，特别是有关数控加工工艺方面的书籍更少，不能适应高职教育需要的现状，为此我们组织有关教学经验丰富、实践能力较强的教师编写了这本书。

本书按照“以实际应用为目的，以理论必需、够用为度，以讲清概念、强化应用为教学重点”的原则，把传统的“金属切削原理与刀具”、“机床夹具设计”和“机械制造工艺学”三门课程进行了整合，作为讲授数控加工工艺的基础。在此基础上系统地介绍了数控加工工艺的基础理论和基本知识，包括数控车削加工工艺、数控铣削加工工艺、加工中心加工工艺、电火花成形和数控线切割加工工艺等内容。

本书由泰州职业技术学院、陕西工业职业技术学院、温州职业技术学院、四川机电职业技术学院、常州机电职业技术学院、常州轻工职业技术学院、沙州工学院、朝阳广播电视大学等单位的副教授、讲师共同编写。其中，绪论和第2章由李正峰编写，第1章由林红喜编写，第3章由李正峰、林红喜、吴萍、张福荣编写，第4章由魏康民编写，第5章由刘江编写，第6章由袁晓东编写，第7章由何庆稀编写，第8章由王兰萍编写。全书由李正峰负责统稿和定稿。吴萍、张亚萍审校和修改了本书部分章节。在编写过程中还得到了鲁东大学王亮申教授（博士）的指导和帮助，在此一并表示衷心的感谢。

由于编者水平有限和时间仓促，书中难免存在一些缺点和错误，恳请读者批评指正。

编者

2004年8月

目　录

0　绪论 …… 1

0.1　数控加工的发展过程 …… 1
0.2　数控机床的发展趋势 …… 2
0.3　数控加工的特点 …… 3
0.4　数控加工的适应性 …… 4
0.5　数控加工工艺研究的内容及任务 …… 5
0.6　本课程的学习方法 …… 5

1　金属切削的基本理论 …… 6

1.1　切削运动与切削用量 …… 6
1.2　刀具切削部分的几何角度 …… 9
1.3　金属切削过程的基本规律 …… 14
1.4　切削力 …… 20
1.5　切削热和切削温度 …… 29
1.6　工件材料的切削加工性 …… 31
1.7　刀具几何参数的合理选择 …… 35
1.8　切削用量的选择 …… 41
1.9　切削液的选择 …… 44
习题一 …… 47

2　金属切削刀具 …… 48

2.1　刀具材料 …… 48
2.2　车削刀具 …… 52
2.3　孔加工刀具 …… 65
2.4　铣削刀具 …… 76
2.5　数控工具系统 …… 87
2.6　刀具的磨损和失效 …… 93
2.7　磨具 …… 97
习题二 …… 100

3　工件的装夹及夹具设计 …… 102

3.1　工件的定位原则 …… 102
3.2　常用定位方法及定位元件 …… 106

3.3 定位基准的选择 …… 118
3.4 定位误差的分析和计算 …… 121
3.5 工件的夹紧 …… 134
3.6 动力装置 …… 149
3.7 专用夹具的设计 …… 152
3.8 组合夹具 …… 172
3.9 数控机床夹具 …… 187
习题三 …… 196

4 机械加工工艺基础 …… 200

4.1 基本概念 …… 200
4.2 机械加工工艺规程的制订 …… 205
4.3 工艺路线的拟订 …… 211
4.4 加工余量的确定 …… 216
4.5 工序尺寸及其公差的确定 …… 220
4.6 机械加工的生产率及技术经济分析 …… 227
4.7 机械加工精度 …… 233
4.8 表面加工质量 …… 242
4.9 轴类零件的加工 …… 246
4.10 箱体类零件的加工 …… 252
习题四 …… 255

5 数控车削加工工艺 …… 258

5.1 数控车削加工概述 …… 258
5.2 数控车削加工工艺的制订 …… 261
5.3 典型零件的数控车削加工工艺分析 …… 279
习题五 …… 283

6 数控铣削加工工艺 …… 285

6.1 数控铣削加工的主要对象 …… 285
6.2 数控铣削加工工艺的制订 …… 286
6.3 典型零件的数控铣削加工工艺分析 …… 299
习题六 …… 305

7 加工中心的加工工艺 …… 308

7.1 加工中心加工工艺概述 …… 308
7.2 加工中心的主要加工对象 …… 312
7.3 加工中心加工工艺方案的制订 …… 314
7.4 典型零件的加工中心加工工艺分析 …… 326

习题七………………………………………………………………………………………………… 333

8 电火花成形加工和数控线切割加工工艺 ……………………………………………………… 335

8.1 电火花成形加工的加工工艺 …………………………………………………………………… 335
8.2 数控线切割加工的加工工艺 …………………………………………………………………… 354
习题八………………………………………………………………………………………………… 366

参考文献……………………………………………………………………………………………… 368

0 绪论

随着社会生产和科学技术的不断发展，对机械产品的质量和机床的加工能力等提出了越来越高的要求，尤其在航空航天、军事、造船等领域所需求的零件，其精度要求高，形状复杂，用普通机床难以加工，而机械加工设备和机械加工工艺过程的自动化、柔性化与智能化则为解决上述问题提供了有效的途径。正是在这种情况下，一种具有高精度、高效率、适应性强的"柔性"自动化加工设备——数字程序控制机床（简称数控机床）应运而生。它是机械加工工艺过程自动化与智能化的基础。

0.1 数控加工的发展过程

0.1.1 数控机床的发展过程

美国麻省理工学院于1952年成功地研制出世界上第一台数控铣床。1955年用于制造航空零件的数控铣床正式问世。此后其他一些工业国家，如德国、日本、英国、俄罗斯等相继开始开发、研制和应用数控机床。

我国数控机床的研制始于1958年，由清华大学研制出了最早的样机。1966年我国诞生了第一台用直线-圆弧插补的晶体管数控系统。1970年初研制成功集成电路数控系统。1980年以来，通过研究和引进技术，我国数控机床发展很快，现已掌握了5～6轴联动、螺距误差补偿、图形显示和高精度伺服系统等多项关键技术。目前已有几十个单位在从事不同层次的数控机床的生产和开发，形成了具有小批量生产能力的生产基地。数控机床的品种已超过500种，其中金属切削机床品种的数控化率达20%以上。

0.1.2 自动编程系统的发展过程

在20世纪50年代后期，美国首先研制成功了APT（Automatically Programmed Tools）系统。由于它具有语言直观易懂、制带快捷、加工精度高等优点，很快就成为广泛使用的自动编程系统。到了60年代和70年代，又先后发展了APTⅢ和APTⅣ系统，主要用于轮廓零件的编程，也可以用于点位加工和多坐标数控机床程序的编制。APT语言系统很庞大，需要大型通用计算机，不适用于中小型用户。为此，还发展了一些比较灵活，针对性强的可用小型计算机的自动编程系统，如用于两坐标轮廓零件编程的ADAPT系统等。

西欧和日本也在引进美国技术的基础上发展了各自的自动编程系统，如德国的EXAPT系统、法国的IFAPT系统、英国的2CL系统以及日本的FAPT和HAPT系统等。

我国的自动编程系统起步较晚，但发展很快，目前主要有用于航空零件加工的SKC系统以及ZCK、ZBC和用于线切割加工的SKC系统等。

0.1.3　自动化生产系统的发展过程

随着CNC技术、信息技术、网络技术以及系统工程学的发展，为单机数控化向计算机控制的多机制造系统自动化发展创造了必要的条件，在20世纪60年代末期出现了由一台计算机直接管理和控制多台数控机床的计算机群控系统，即直接数控系统DNC(Direct NC)，1967年出现由多台数控机床连接成可调加工系统，这就是最初的柔性制造系统FMS(Flexible Manufacturing System)。80年代初又出现以1～3台加工中心或车削中心为主体，再配上工件自动装卸的可交换工作台及监控检验装置的柔性制造单元，FMC(Flexible Manufacturing Cell)。近10多年来，FMC和FMS发展迅速，在1989年第八届欧洲国际机床展览会上，展出的FMS超过200条。目前，已经出现了包括生产决策、产品设计及制造和管理等全过程均由计算机集成管理和控制的计算机集成制造系统CIMS(Computer Integrated Manufacturing System)，以实现工厂自动化。自动化生产系统的发展，使加工技术跨入了一个新的里程，建立了一种全新的生产模式。我国已开始在这方面进行了探索与研制，并取得可喜的成果，已有一些FMS和CIMS成功地用于生产。

0.2　数控机床的发展趋势

数控机床总的发展趋势是工序集中、高速、高效、高精度、高可靠性以及方便使用。

1) 工序集中

加工中心使工序集中在一台机床上完成，减少了由于工序分散、工件多次装夹引起的定位误差，提高了加工精度，减少了工序间的辅助时间，同时也减少了机床的台数和占地面积，有效提高了数控机床的生产效率和数控加工的经济效益。

2) 高速化

由于数控装置及伺服系统功能的改进，其主轴转速和进给速度大大提高，减少了切削时间。加工中心的主轴转速现已达到8 000～12 000r/min，最高的可达100 000r/min以上，磨床的砂轮线速度提高到100～200m/s。正在开发的采用64位CPU的新型数控系统，可实现快速进给、高速加工、多轴控制功能，控制轴数最多可达到24个，同时联动轴数可达3～6轴，进给速度为20～24m/min，最快可达60m/min。

3) 高效

数控机床的自动换刀和自动交换工作台时间大大缩短，现在数控车床刀架的转位时间可达0.4～0.6s，加工中心自动交换刀具时间可达3s，最快能达到1s以内，交换工作台时间也可达到6～10s，个别可达到2.5s，提高了机床的加工效率。

4) 高精度化

用户对产品精度要求的日益提高，促使数控机床的精度不断提高。工件的加工精度主要取决于：机床精度、编程精度、插补精度和伺服精度。目前，数控机床配置了新型、高速、多功能的数控系统，其分辨率可达到0.1μm，有的可达到0.01μm，实现了高精度加工。伺服系统采用前馈控制技术高分辨率的位置检测元件、计算机数控的补偿功能等，保证了数控机床的高加工精度。

5) 多功能化

CNC 装置功能的不断扩大，促进了数控机床的高度自动化及多功能化。数控机床的数控系统大多采用 CRT 显示，可实现二维图形的轨迹显示，有的还可以实现三维彩色动态图形显示，有的系统具有自适应控制系统，能在加工条件下改变机床的切削用量，以适应任一瞬间实际发生的加工情况，实现无人化管理。

6）结构新型化

一种完全不同于原来数控机床结构的新兴数控机床，近几年被开发成功，这种被称为“6条腿的加工中心”或虚轴机床的数控机床，没有任何导轨和滑台，采用能够伸缩的“6条腿”支撑并联，并与安装主轴头的上平台和安装工件的下平台相连。它可以实现多坐标联动加工，其控制系统结构复杂，加工精度、加工效率较普通加工中心提高2～10 倍。

7）编程技术自动化

随着数控加工技术的迅速发展，设备类型的增多，零件品种的增加以及形状的日益复杂，迫切需求速度快、精度高的编程，以便于直观检查。为弥补手工编程和 NC 语言编程的不足，近几年开发出多种自动编程系统，如图形交互式编程系统、数字化自动编程系统、语言数控编程系统等，其中图形交互式编程系统的应用越来越广泛。“图形交互自动编程”是一种计算机辅助编程技术，以计算机辅助设计（CAD）软件为基础。其特点是速度快、精度高、直观性好、使用简便，已成为国内外先进的CAD/CAM软件所采用的编程方法。目前常用的图形交互式自动编程软件有 UG、Pro/E、MasterCAM 等。

0.3 数控加工的特点

数控加工与通用机床加工相比，在许多方面遵循基本一致的原则，在使用方法上也有很多相似之处。但由于数控机床本身自动化程度较高，设备费用较高，设备功能较强，使数控加工相应形成了如下几个特点。

1）自动化程度高

在数控机床上加工零件时，除了手工装卸工件外，全部加工过程都由机床自动完成。在柔性制造系统上，上下料、检测、诊断、对刀、传输、管理等也都由机床自动完成，这样减轻了操作者的劳动强度，改善了劳动条件。

2）柔性加工程度高

在数控机床上加工工件，主要取决于加工程序。它与普通机床不同，不必制造更换许多工具、夹具等，一般不需要很复杂的工艺装备，也不需要经常重新调整机床就可以通过编程把形状复杂和精度要求较高的工件加工出来。因此，能大大缩短产品研制周期，给产品的改型、改进和新产品研制开发提供了捷径。

3）加工精度高，加工质量稳定

数控机床本身具有很高的定位精度，机床的传动系统与机床的结构具有很高的刚度和热稳定性。在设计传动结构时采取了减少误差的措施，并由数控机床进行补偿，所以数控机床具有较高的加工精度。通常数控加工的尺寸精度控制在0.005～0.01mm之间，目前最高的尺寸精度可达±0.0015mm。一般数控加工不受零件复杂程度的影响，加工中消除了操作者的人为误差，提高了同批零件尺寸的一致性，使产品质量保持稳定。

4）生产效率高

由于数控机床自动化程度高，在一次装夹中能完成较多表面的加工，因此省去了划线、多次装夹、检测等工序，另外数控机床可以达到较高的运动速度，如数控车床的主轴转速已达到5 000～7 000r/min，数控高速磨削的砂轮线速度达到100～200m/s，加工中心的主轴转速已达到20 000～50 000r/min，各轴的快速移动速度达到18～24m/min，提高了生产效率。

5）有利于生产管理的现代化

利用数控机床加工，可预先准确计算加工工时，所使用的工具、夹具、刀具可进行规范化、现代化管理。数控机床使用数字信息，易于与计算机辅助设计和制造（CAD/CAM）系统相结合，并可与通信传输连接，形成计算机辅助设计和制造与数控机床紧密结合的一体化系统。

6）良好的经济效益

改变数控机床加工对象时，只需重新编写加工程序，不需要制造、更换许多工具、夹具和模具，更不需要更新机床，节省了工艺装备费用。又因为加工精度高、质量稳定、废品率低，使生产成本下降、生产率提高，所以能够获得良好的经济效益。

当然，数控加工在某些方面也有不足之处，这就是数控机床价格昂贵、加工成本高、技术复杂、对工艺和编程要求较高、加工中难以调整、维修困难。为了提高数控机床的利用率，取得良好的经济效益，需要切实解决好加工工艺与程序编制、刀具的供应、编程与操作人员的培训等问题。

0.4 数控加工的适应性

数控机床是一种高度自动化的机床，有一般机床所不具备的许多优点，所以数控机床加工技术的应用范围在不断扩大，但数控机床是高度机电一体化产品，技术含量高，成本高，因此对使用与维修都有较高的要求。根据数控加工的优缺点及国内外大量应用实践，一般可按适应程度将加工零件分为下列三类。

0.4.1 最适应数控加工零件类

（1）形状复杂，加工精度要求高，用通用机床很难加工或虽然能加工但很难保证加工质量的零件。

（2）用数学模型描述的复杂曲线或曲面轮廓零件。

（3）具有难测量，难控制进给，难控制尺寸的不开敞内腔的壳体或盒形零件。

（4）必须在一次装夹中完成铣、镗、锪、铰或攻螺纹等多工序的零件。

0.4.2 较适应数控加工零件类

（1）在通用机床上加工时极易受人为因素干扰，零件价值又高，一旦失控便造成重大经济损失的零件。

（2）在通用机床上加工时必须制造复杂的专用工装的零件。

（3）需要多次更改设计后才能定型的零件。

（4）在通用机床上加工需要做长时间调整的零件。

（5）在通用机床上加工时，生产率很低或劳动强度很大的零件。

0.4.3 不适应数控加工零件类

（1）生产批量大的零件（当然不排除其中个别工序用数控机床加工）。

（2）装夹困难或完全靠找正定位来保证加工精度的零件。

（3）加工余量很不稳定，且在数控机床上无在线检测系统用于自动调整零件坐标位置的零件。

（4）必须用特定的工艺装备协调加工的零件。

综上所述，建议：对于多品种小批量零件、结构较复杂、精度要求较高的零件，需要频繁改型的零件，价格昂贵、不允许报废的关键零件和需要最小生产周期的急需零件采用数控加工。

0.5 数控加工工艺研究的内容及任务

数控加工工艺是以数控机床中的工艺问题为研究对象的一门加工技术。它以机械制造中的工艺基本理论为基础，结合数控机床的特点，综合多方面的知识以解决数控加工中的工艺问题。

数控加工工艺的内容包括金属切削和加工工艺的基本知识、基本理论以及工件的定位和夹紧等。数控加工工艺研究的宗旨是，如何科学地、最优地设计加工工艺，充分发挥数控机床的特点，实现在数控加工中的优质、高产、低耗。

数控加工工艺是数控技术应用专业和机电一体化专业的主要专业课之一。通过本课程的学习，应基本掌握数控加工工艺的基本知识和基本理论，学会针对某一具体工件，选择机床、刀具和设计夹具，掌握数控加工工艺设计方法；初步具有制订中等复杂程度零件的数控加工工艺和分析解决生产中一般工艺问题的能力。

0.6 本课程的学习方法

数控加工工艺是一门以机械加工基本理论为基础，并与数控加工紧密结合的专业技术课。

在学习方法上应当注意以下几点：

（1）本课程与“机械制造基础”、“数控机床”、“公差与技术测量”等机械类专业课程关系密切，应在巩固复习好这些课程的基础上，学懂弄通基本理论、基本知识。

（2）数控加工工艺同生产实际密切相关，是长期生产实践的经验总结。因此，学习本课程必须注意同生产实际的结合。要注意通过金工实习、生产实践，理解和应用本课程的知识，提高工艺分析和工艺设计的能力。

（3）对同一个加工零件，可能会有几种不同的加工方案，必须针对具体问题进行具体分析，在不同的现场条件下，灵活运用有关知识，优选最佳方案。

1　金属切削的基本理论

金属切削加工是指在金属切削机床上利用刀具与工件之间的相对运动，从工件上切除多余金属层，使其尺寸、形状和相互位置精度以及表面质量达到设计要求的一种加工方法。本章主要阐述切削加工过程中的切削运动，刀具切削部分的几何角度，切削变形，切削力，切削热，刀具几何参数以及切削用量的合理选择等内容。掌握好这些基本理论可以解决生产中的许多实际问题，从而提高产品的质量，降低生产成本，提高生产效率。

1.1　切削运动与切削用量

1.1.1　切削运动

在金属切削加工过程中，刀具与工件之间必须具有相对运动，才能从工件上切除多余的金属层，这种相对运动称为切削运动。按其功用可分为主运动和进给运动。

1.1.1.1　主运动

从工件上直接切除多余的金属层所必需的，具有速度最高与消耗功率最大这一特点的运动称为主运动。在一种切削加工方法中，主运动只有一个，由工件或刀具来完成。它既可以是回转运动（如图1-1所示，车削时工件的回转运动），也可以是直线运动（如图1-2所示，刨削时刀具的直线往复运动）。

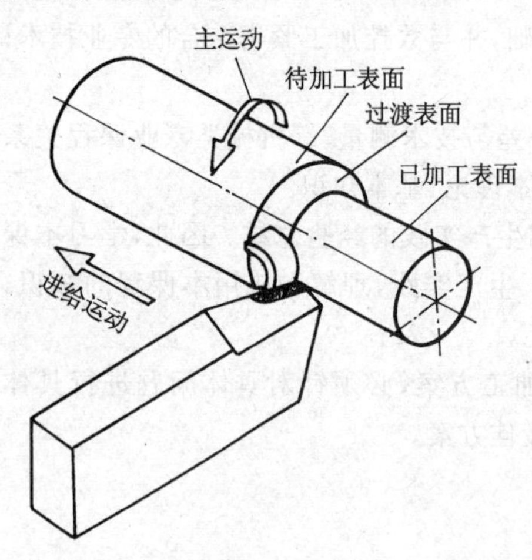

图 1-1　车削运动和工件上的表面

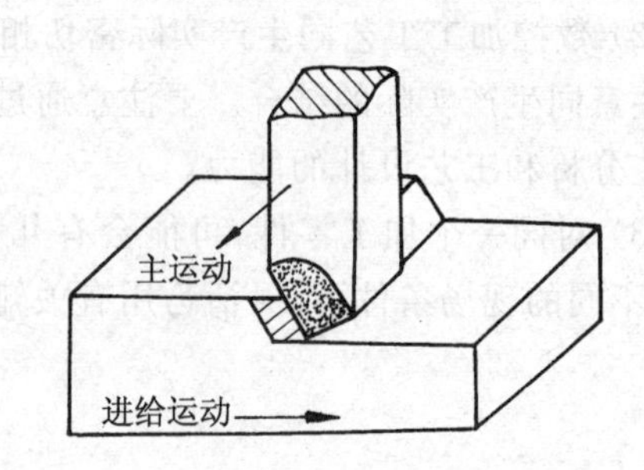

图 1-2　刨削

1.1.1.2 进给运动

不断地将多余金属层投入切削，以保证切削连续进行的运动称为进给运动。进给运动的速度较低，消耗功率较小。进给运动可以是一个，也可以是几个；进给运动可以是工件的运动，如刨削加工；也可以是刀具的运动，如车削加工。

1.1.1.3 合成切削运动

合成切削运动是主运动和进给运动的组合。

1.1.2 切削过程中的工件表面

在切削加工过程中，工件上始终有三个不断变化着的表面，如图 1-1 所示。

待加工表面：工件上待切除的表面。

已加工表面：工件上经刀具切削后产生的表面。

过渡表面：切削刃正在切削的表面。该表面的位置始终在待加工表面与已加工表面之间不断变化。

1.1.3 切削用量三要素

切削用量三要素由切削速度 v_c、进给量 f(或进给速度 v_f)和背吃刀量 a_p 组成，是调整机床，计算切削力、切削功率和工时定额的重要参数。

1.1.3.1 切削速度 v_c

指刀具切削刃上选定点相对于工件的主运动的瞬时速度，如图1-3所示。其公式为

$$v_c = \pi d_w n/1000 \tag{1-1}$$

式中：v_c—— 切削速度(m/min)；

d_w—— 工件待加工表面直径(mm)；

n—— 主运动的转速(r/min)。

1.1.3.2 进给量 f

指刀具在进给运动方向上相对于工件的位移量，可用刀具或工件每转或每行程的位移量来表述，如图1-4所示。

1.1.3.3 进给速度 v_f

指刀具切削刃上选定点相对于工件进给运动的瞬时速度，如图1-3所示。其计算公式为

$$v_f = fn \tag{1-2}$$

式中：v_f—— 进给速度(mm/min)；

f—— 进给量(mm/r)。

对于铣刀、铰刀等多齿刀具还规定每个刀齿的进给量 f_z。每齿进给量是指刀具在每转或每行程中，每个刀齿相对工件在进给运动方向上的位移量。其单位为mm/齿。它与进给量的关系为

$$f = zf_z \tag{1-3}$$

式中：z—— 刀齿数。

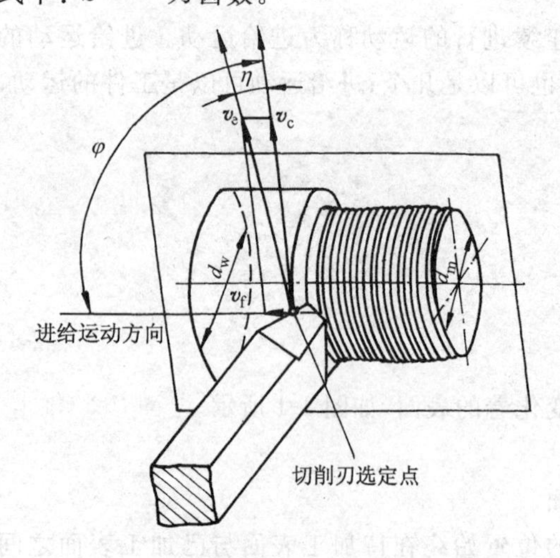

图 1-3　车削的切削速度和进给速度

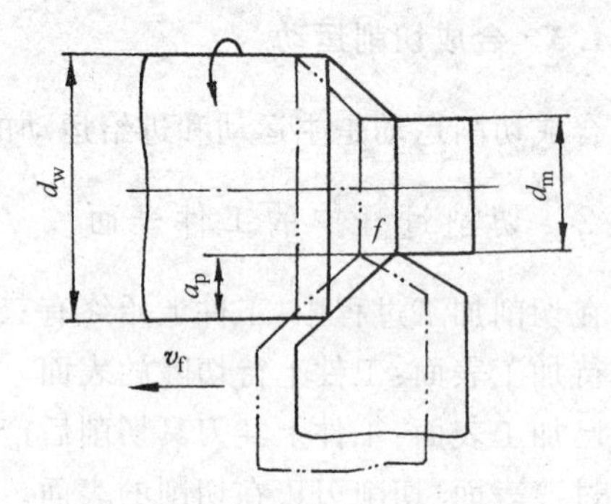

图 1-4　车削进给量和背吃力量

1.1.3.4　背吃刀量 a_p

一般指工件上待加工表面与已加工表面之间的垂直距离，如图 1-4 所示。其计算公式为

$$a_p = (d_w - d_m)/2 \tag{1-4}$$

式中：a_p—— 背吃刀量(mm)；

d_m—— 工件已加工表面直径(mm)。

1.1.4　切削层横截面要素

切削层是指刀具切削部分的一个单一动作所切除的工件材料层。它的形状和尺寸规定在刀具的基面中度量。在车削加工中，工件每转一圈，刀具移动 f 距离，主切削刃相邻两个位置间的一层金属成为切削层，切削层在基面的横截面上的形状近似地等于平行四边形，如图1-5所示。

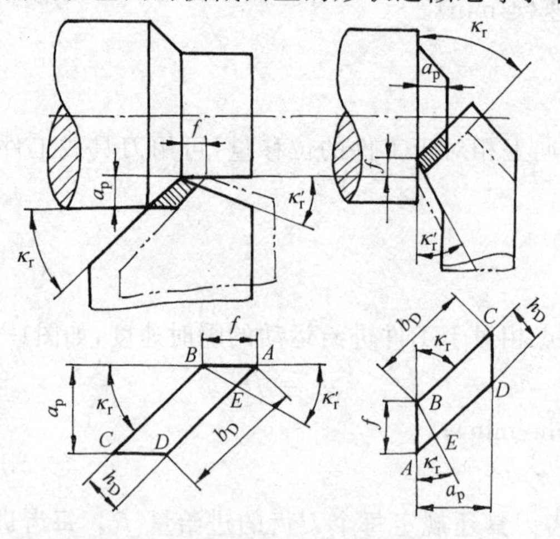

图 1-5　切削层要素

(a) 车外圆；(b) 车端面

1.1.4.1　切削层公称厚度 h_D

它是过切削刃上的选定点，在与该点主运动方向垂直的平面内，垂直于过渡表面度量的切削层尺寸，单位为 mm。

$$h_D = f\sin\kappa_r \tag{1-5}$$

1.1.4.2　切削层公称宽度 b_D

它是过切削刃上的选定点，在与该点主运动方向垂直的平面内，平行于过渡表面度量的切削层尺寸，单位为 mm。

$$b_D = a_p/\sin\kappa_r \tag{1-6}$$

1.1.4.3　切削层公称横截面积 A_D

它是过切削刃上的选定点，在与该点主运动方向垂直的平面内度量的切削层横截面积，单位为mm^2。

$$A_D = fa_p = h_D b_D \tag{1-7}$$

由上述公式分析可知，切削层厚度和宽度随主偏角 κ_r 值的改变而变化。切削面积只由切削用量 f、a_p 决定，不受主偏角变化的影响，但切削层截面形状与主偏角、刀尖圆弧半径大小有关。

1.2　刀具切削部分的几何角度

刀具角度是确定刀具几何形状与切削性能的重要参数，切削刀具的种类很多，但就其单个刀齿而言，都可看成由外圆车刀的切削部分演变而来，因此，外圆车刀切削部分可以看作是各类刀具切削部分的基形。

1.2.1　车刀的组成

如图 1-6 所示为外圆车刀。刀柄是车刀的夹持部分，刀头是车刀的切削部分。切削部分一般由三个刀面，两条切削刃和一个刀尖共六个部分组成。

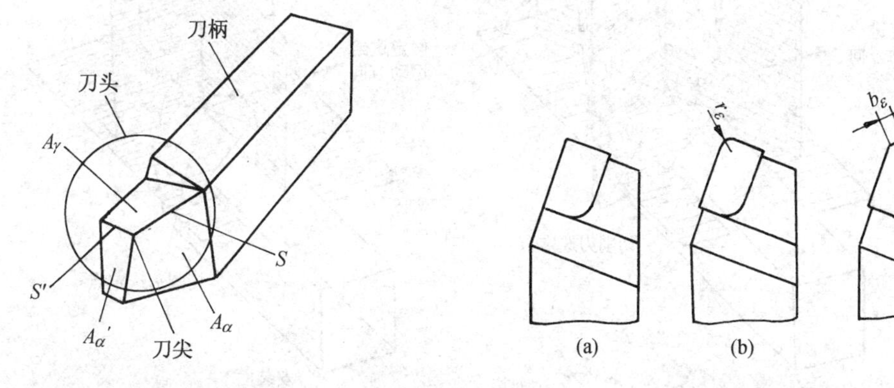

图 1-6　车刀的组成　　　图 1-7　刀尖形式

（1）前刀面 A_γ　切屑流出经过的表面。

（2）主后刀面 A_α　与工件上过渡表面相对的表面。

(3) 副后刀面 A_α'　与工件上已加工表面相对的表面。

(4) 主切削刃 S　前刀面与主后刀面的相交线，担负主要的切削任务。

(5) 副切削刃 S'　前刀面与副后刀面的相交线，配合主切削刃最终形成已加工表面。

(6) 刀尖　主切削刃与副切削刃的连接部分。刀尖的一般形式如图 1-7 所示。图 1-7(a)为尖角，图 1-7(b)为圆弧过渡刃，图 1-7(c)为直线过渡刃。后两种形式可增强刀尖的强度和耐磨性。

1.2.2　刀具静止参考系及其角度

为确定刀具切削部分各表面和切削刃的空间位置，需要建立平面参考系，以组成坐标系的基准。参考系可分为刀具静止参考系和刀具工作参考系。

1.2.2.1　刀具静止参考系

在设计、制造、刃磨和测量时，用于定义刀具几何参数的参考系称为刀具静止参考系或标注角度参考系。在该参考系中定义的角度称为刀具的标注角度。静止参考系中最常用的刀具标注角度参考系是正交平面参考系，如图1-8所示。其他参考系有法平面参考系、假定工作平面参考系等。

正交平面参考系由以下三个在空间相互垂直的参考平面构成。

(1) 基面 P_r　通过切削刃上选定点，垂直于该点切削速度方向的平面。通常平行于车刀的安装面(底面)。

(2) 切削平面 P_s　通过切削刃上选定点，垂直于基面并与主切削刃相切的平面。

(3) 正交平面 P_o　又称主剖面，通过切削刃上选定点，同时与基面和切削平面相垂直的平面。

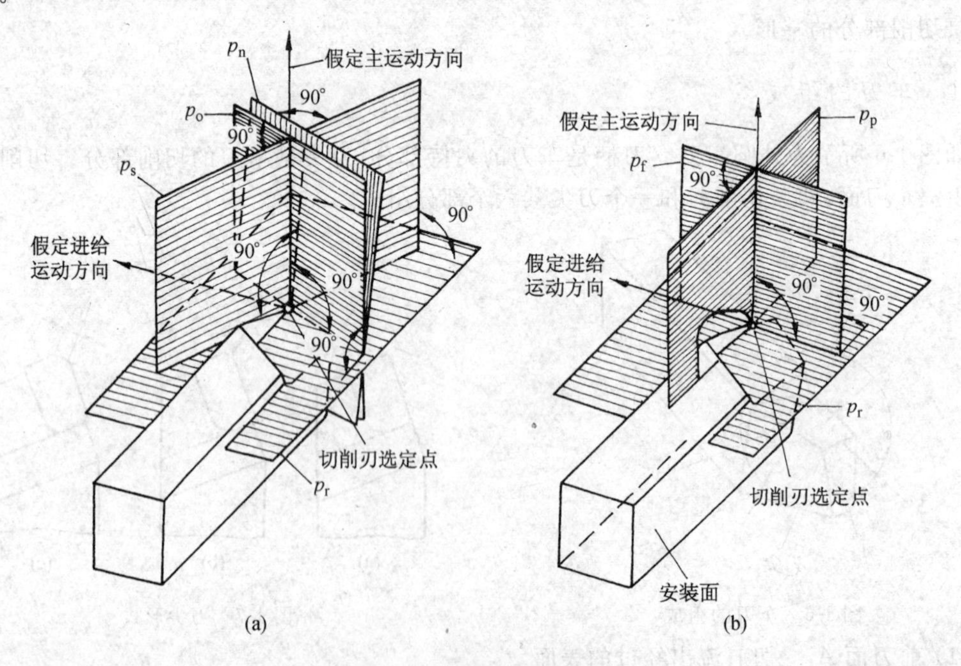

图 1-8　刀具静止参考系平面

1.2.2.2 正交平面参考系中刀具的标注角度

(1) 基面中测量的刀具角度　在基面上可以看到刀具切削部分(前刀面,主切削刃和副切削刃)的正投影。因此,可在基面内标注或测量主切削刃和副切削刃的偏斜程度。

① 主偏角 κ_r 为主切削刃在基面上的投影与进给运动速度 v_f 方向之间的夹角。

② 副偏角 κ_r' 为副切削刃在基面上的投影与进给运动速度 v_f 反方向之间的夹角。

③ 刀尖角 ε_r 为主、副切削刃在基面上的投影之间的夹角,它是派生角度。从图1-9中可以看出。

$$\varepsilon_r = 180° - (\kappa_r + \kappa'_r)$$

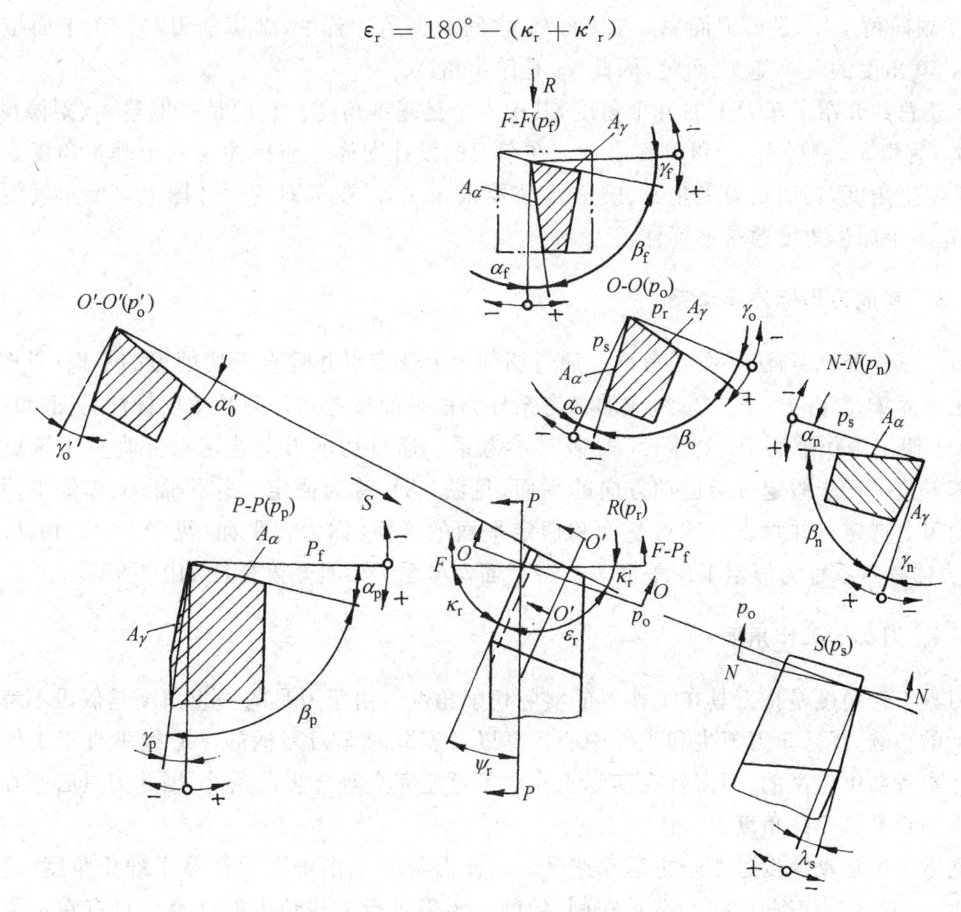

图 1-9　车刀的静止角度

(2) 切削平面中测量的刀具角度　在切削平面上描述刀具刃口的倾斜程度,即主切削刃与基面之间的夹角,定义为刃倾角 λ_s,如图1-10所示。它在切削平面内标注或测量,但有正负之分。当主切削刃与基面平行时 $\lambda_s = 0°$。当刀尖点相对基面处于主切削刃上的最高点时 $\lambda_s > 0°$,反之 $\lambda_s < 0°$。

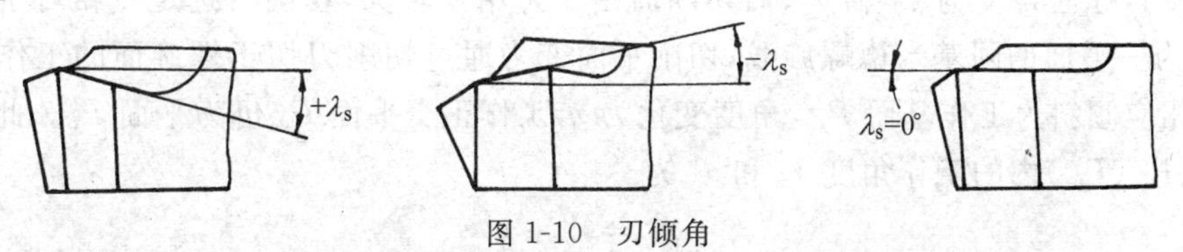

图 1-10　刃倾角

(3) 正交平面中测量的刀具角度

① 前角 γ_0　前刀面 A_γ 与基面 P_r 之间的夹角。

② 后角 α_0　后刀面 A_α 与切削平面 P_s 之间的夹角。

③ 楔角 β_0　前刀面 A_γ 与后刀面 A_α 之间的夹角,它是个派生角。它与前角、后角有如下的关系

$$\beta_0 = 90^\circ - (\gamma_0 + \alpha_0)$$

(4) 副剖面中测量的刀具角度

① 副后角 α_0'　是副后刀面 A_α' 与副切削平面 A_s' 之间的夹角。

② 副前角 γ_o'　是前刀面 A_γ 与基面 P_r 之间的夹角。若主,副切削刃共一个平面型的前刀面时,其角度的大小随 γ_o 而定,因此 γ_o' 是派生角度。

上述总共介绍了车刀上的九个角度,其中六个是基本角度。它们是主偏角 κ_γ、副偏角 κ_γ'、前角 γ_o、后角 α_0、副后角 α_0' 和刃倾角 λ_s。在车刀的设计图样上应标注这六个基本角度。其余三个是派生角度,它们是刀尖角 ε_r、楔角 β_0 和副前角 γ_o'。在车刀的设计图上只要角度能表达清楚,这三个派生角度通常不标注。

1.2.2.3 其他刀具标注参考系

(1) 法平面 P_n 与法平面参考系　通过切削刃上选定点并垂直于切削刃的平面(见图1-8)称为法平面 P_n。由 P_r、P_s、P_n 组成的参考系称为法平面参考系。刀具角度标注见图1-9。

(2) 假定工作平面 P_r、背平面 P_p 及其参考系　通过切削刃上选定点并垂直于该点基面以及其方位平行于假定进给运动方向的平面(见图1-8),称为假定工作平面,又称侧平面。通过切削刃上选定点并垂直于该点基面和假定平面的平面,称为背平面(见图1-8)。由 P_r、P_f、P_p 组成的参考系称为假定工作平面——背平面参考系。刀具角度标注如图1-9所示。

1.2.2.4 刀具的工作角度

刀具工作角度是指刀具在工作时的实际切削角度。由于刀具的静止角度是假设不考虑进给运动的影响,规定车刀刀尖和工件中心等高以及安装时车刀刀柄的中心线垂直于工件轴线的静止参考系中定义的,而刀具在实际工作中不可能完全符合假设条件,因此刀具必须在工作参考系中定义其工作角度。

通常进给运动速度远小于主运动速度。因此刀具的工作角度近似等于静止角度(差别不大于1°)。对多数切削加工(如普通车削、镗削),无需进行工作角度的计算。只有在进给速度或刀具的安装对刀具角度的大小产生显著影响时(如刀具安装位置高低、左右倾斜、割断、车丝杠等),才需进行工作角度的计算。

(1) 进给运动对工作角度的影响

① 横向进给　以切断为例,如图 1-11 所示。在不考虑进给运动时,刀具的基面为 P_r,切削平面为 P_s,标注角度为 γ_0 和 α_0;而切断时由于进给量较大,切削刃选定点相对于工件的主运动轨迹为一平面的阿基米德螺旋线,切削平面变为通过切削刃切于螺旋面的工作切削平面 P_{se},基面相应倾斜为工作基面 P_{re},角度变化为 η,工作正交平面 P_{oe} 仍为平面 P_o。此时工作参考系(P_{re}、P_{se}、P_{oe})内的工作角度 γ_{oe} 和 α_{oe} 为

$$\gamma_{oe} = \gamma_o + \eta$$

$$\alpha_{oe} = \alpha_o - \eta$$

式中：η——合成切削速度角。它是在工作侧平面 P_{fe} 内测量的主运动方向与合成切削速度方向之间的夹角。

$$\tan\eta = v_f / v_c = f / d_w$$

式中：v_f——进给速度；

v_c——主运动速度；

f——进给量；

d_w——切削刃选定点处工件的旋转直径（变值）。

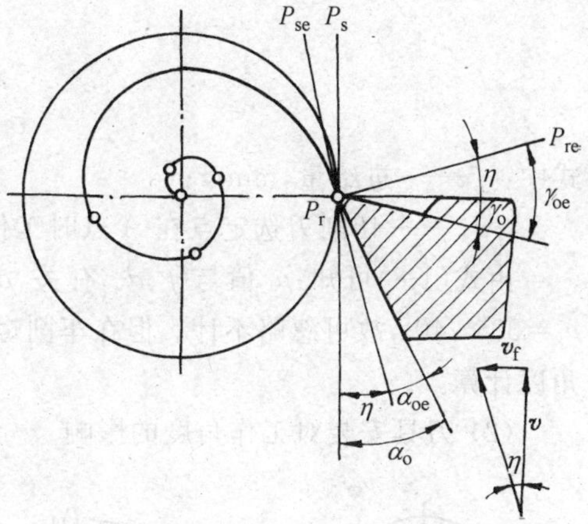

图 1-11　横向进给运动对工作角度的影响

η 值随切削刃趋近工件中心而增大，接近工件中心时，η 值急剧增大，α_{oe} 将变为负值；f 增大则 η 也增大，也有可能使 α_{oe} 变为负值。故横车时不宜采用大的进给量，否则易使刀刃崩碎或工件被挤断。

② 纵向进给　如图 1-12 所示，假定 $\lambda_s = 0°$，在不考虑进给运动时，切削平面 P_s 垂直于刀柄底面，基面 P_r 平行于刀柄底面，标注角度为 γ_0 和 α_0；考虑进给运动后，工作切削平面 P_{se} 为切于螺旋面的平面，刀具工作角度参考系[P_{re}、P_{se}]倾斜了一个 μ_f 角，则在工作侧平面 P_{fe} 内测量的工作角度为

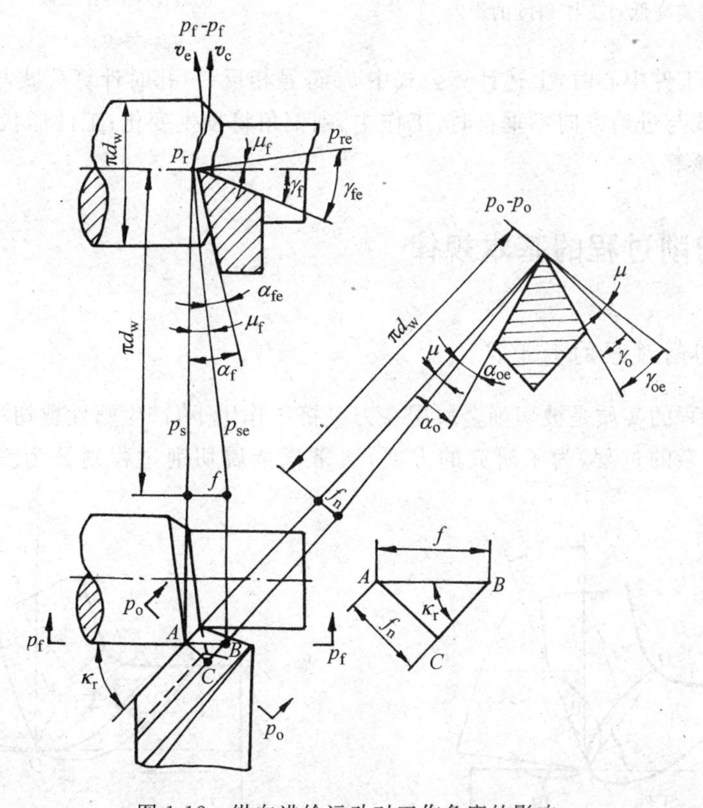

图 1-12　纵向进给运动对工作角度的影响

$$\gamma_{fe} = \gamma_f + \mu_f$$
$$\alpha_{fe} = \alpha_f - \mu_f$$
$$\tan\mu_f = f/\pi d_w \tag{1-8}$$

式中：f—— 进给量，mm/r；

d_w—— 切削刃选定点在 A 点时工件表面直径，mm。

由式(1-8)可知：μ_f 值与 f、d_w 有关，d_w 越小，角度变化值越大。实际上一般车削外圆时 $\mu_f = 30' \sim 40'$，故可忽略不计。但在车削螺纹，尤其是车多线螺纹时，μ_f 值很大，必须进行工作角度计算。

(2) 刀具安装对工作角度的影响

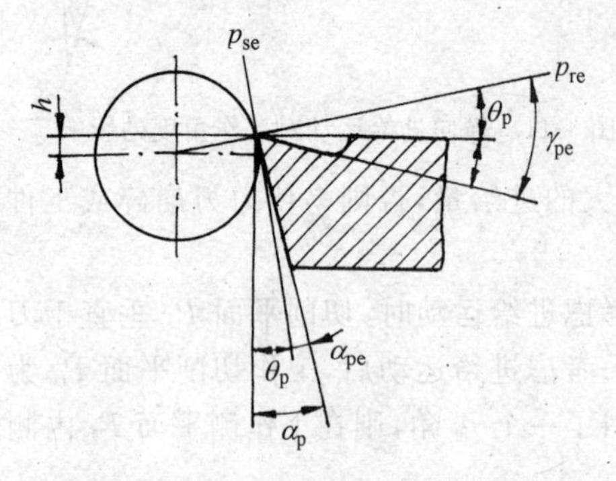

图 1-13　刀尖安装高低对工作角度的影响

如图 1-13 所示，当刀具安装高于工件中心时，工作切削平面为 P_{se}，工作基面为 P_{re}，工作切削平面和工作基面位置的变化使得工作前角 γ_{pe} 增大，工作后角 α_{pe} 减小，角度变化值为 θ_p。

$$\sin\theta_p = 2h/d_w \tag{1-9}$$

式中：h—— 刀尖高于工件中心线的数值，mm；

d_w—— 工件待加工表面直径，mm。

则工作角度为

$$\gamma_{pe} = \gamma_f + \theta_p \tag{1-10}$$
$$\alpha_{pe} = \alpha_p - \theta_p \tag{1-11}$$

当刀尖低于工件中心时，上述计算公式中 θ_p 符号相反；镗孔时计算公式与外圆车削相反。此外，刀柄中心线与进给方向不垂直时，工作主、副偏角将发生变化；工件形状也影响刀具工作角度，如车削凸轮等。

1.3　金属切削过程的基本规律

1.3.1　金属切削过程的变形区

金属切削过程的实质是被切削金属层在刀具挤压作用下，产生塑性剪切滑移变形的过程。这是一个极其复杂的过程，为了研究的方便，通常把金属切削过程划分为三个变形区，如图 1-14所示。

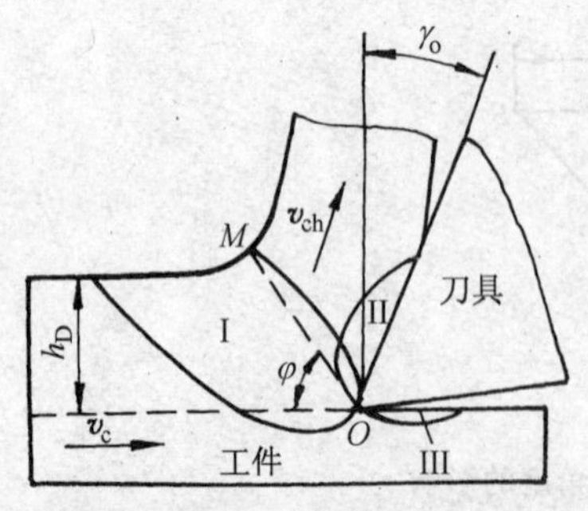

图 1-14　切削变形区

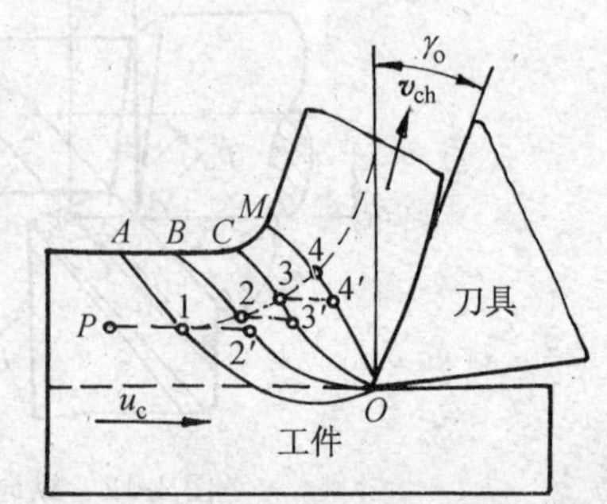

图 1-15　第一变形区的滑移变形

1.3.1.1 第一变形区

如图 1-15 所示,在金属切削过程中,当切削层中的某一点 P 逐渐向切削刃逼近时,在刀具前刀面的挤压作用下,工件材料的切应力逐渐增大,当 P 到达 OA 面上 1 点位置时,切应力达到了工件材料的屈服强度,产生剪切滑移。切削层移到 OM 面上,剪切滑移终止,并离开切削刃后形成了切屑,然后沿前刀面流出。始滑移面 OA 与终滑移面 OM 之间的变形区称为第一变形区。由于它宽度很狭窄(约0.002~0.2mm),故常用 OM 剪切面(亦称滑移面)来表示。它与切削速度的夹角称为剪切角 φ。切屑沿前刀面流出时,由于受到前刀面的挤压和摩擦作用,在前刀面摩擦阻力的作用下,靠近前刀面的切屑底层金属再次产生剪切变形,从而使切屑底层的金属流动滞缓,流动滞缓的这层金属称为滞层,这一区又称为第二变形区。工件已加工表面受到切削刃上钝圆弧的挤压和后刀面的摩擦,使已加工表面产生严重变形,已加工表面和后刀面的接触区称为第三变形区(见图 1-16)。这三个变形区各有特点,又有着密切的相互联系和相互影响。

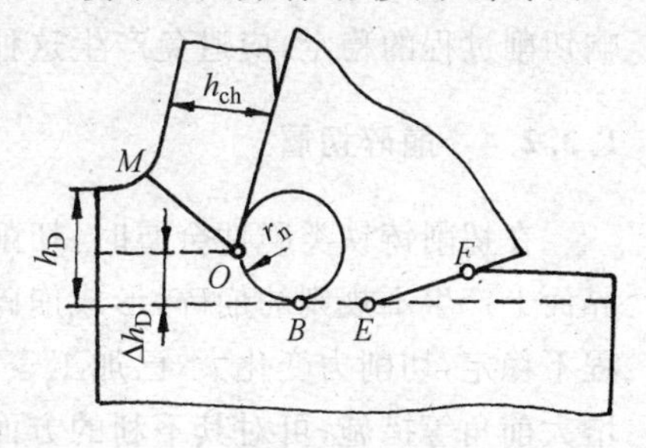

图 1-16 第三变形区已加工表面形成

1.3.2 切屑的类型

在金属切削过程中,由于工件材料的不同和切削条件的不同,切削时产生的切屑,可分为四种类型,如图1-17所示。

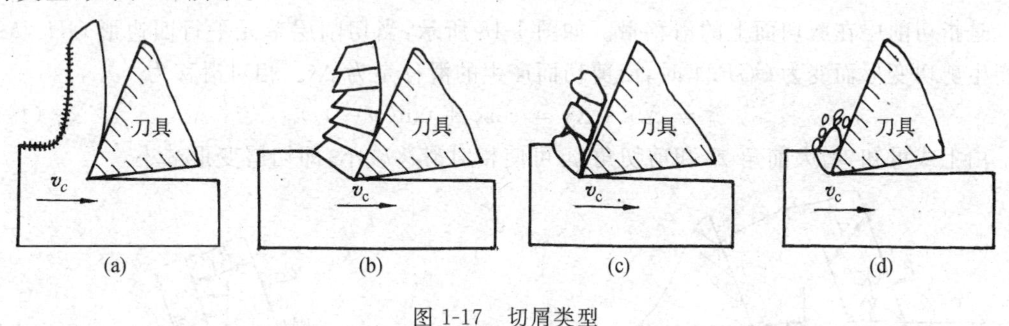

图 1-17 切屑类型

v_c—— 切削速度

1.3.2.1 带状切屑

这是最常见的一种切屑,外形呈延绵不断的带状,底层光滑,外表面呈毛茸状,没有裂纹。在切屑形成过程中,其内部的切应力尚未达到材料的强度极限。一般在加工塑性金属过程中,当采用较高的切削速度、较小的进给量和较大的前角时,产生带状切屑。形成带状切屑时,切削过程平稳,切削力小,加工表面质量较高,但要采用有效的断屑、排屑的措施,尤其是在数控机床和自动机(线)上加工时,更要高度重视。

1.3.2.2 节状切屑(挤裂切屑)

切削层在塑性变形过程中,局部位置处的切应力达到材料强度极限而产生局部断裂,靠近刀具前刀面的一面切屑有裂纹，另一侧呈锯齿状。这种切屑多出现在切削速度低、进给量大以及刀具前角小的切削条件下，对塑性金属切削加工的场合。形成节状切屑时，切削力波动较大，切削过程不平稳，加工表面的质量较差。

1.3.2.3 粒状切屑(单元切屑)

在剪切面上产生的切应力超过材料的强度极限时，形成的切屑被剪切断裂而形成颗粒状。一般切削塑性金属，当切削厚度大、切削速度低、刀具前角小时，易产生粒状切屑。粒状切屑影响切削过程的稳定，应避免产生这种切屑。

1.3.2.4 崩碎切屑

在切削铸铁类脆性金属时，切削层未经塑性变形，在材料组织中的石墨与铁素体之间疏松界面上产生不规则的崩碎，形成崩碎切屑。其外观成不规则细粒状。产生崩碎切屑时，切削过程不稳定，切削力变化大，已加工表面粗糙度很大。如采用减小切削厚度、适当提高切削速度、增大前角等措施，可对其不利的方面起一定抑制作用。

切屑的形态随切削条件的不同可互相转化。

1.3.3 切屑变形程度的表示方法

切屑变形程度一般可用相对滑移和变形系数两个参数来衡量。

1.3.3.1 相对滑移 ε

是指切削层在剪切面上的滑移量。如图 1-18 所示，当切削层单元平行四边形 $OHNM$ 由于产生剪切变形而变为 $OGPM$ 时，沿剪切面产生的滑移是为 Δs。相对滑移为

$$\varepsilon = \Delta S + \Delta y = \cos\varphi + \tan(\varphi - \gamma_o) \quad (1\text{-}12)$$

由上式可知，增大前角 γ_o 和剪切角 φ，可使相对滑移减小，即切屑变形减小。

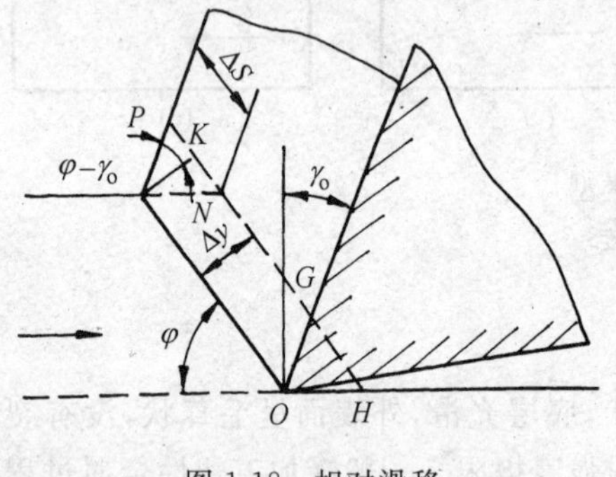

图 1-18 相对滑移

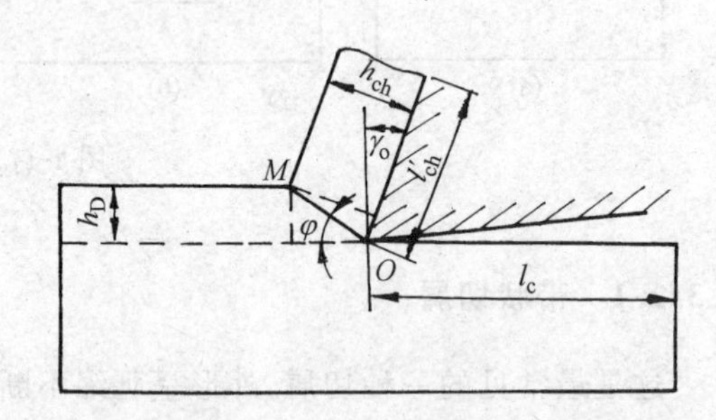

图 1-19 变形系数

1.3.3.2 变形系数 ξ

是指切屑外形尺寸的相对变化量。切屑层的外形尺寸与切削层的尺寸比较，长度缩短，$l_{ch} < l_D$，厚度增加 $h_{ch} > h_D$，如图1-19所示。变形系数表达式为

$$\xi = h_{ch}/h_D = l_D/l_{ch} \quad (1\text{-}13)$$

变形系数越大，则切屑变形越大，用 ξ 反映切屑变形大小比较简单，但也很粗略，它不能反

映切屑变形的全部情况和进行较为准确的定量描述。

剪切角与变形系数的关系可用下式表示：

$$\xi = h_{ch}/h_D = \cos(\varphi - \gamma_o)/\sin\varphi \tag{1-14}$$

由上式可知，剪切角 φ 增大，前角 γ_o 增大，则变形系数可减小。

1.3.4 积屑瘤

1.3.4.1 积屑瘤现象

切削钢、球墨铸铁、铝合金等金属时，在切削速度不高，又能形成带状切屑的情况下，常在刀具前刀面刃口处粘结一些工件材料，形成硬度很高的楔块，它能够代替刀面和切削刃进行切削，这一小楔块称为积屑瘤，经测定它的硬度可达工件材料硬度的2～3.5倍。图1-20中，积屑瘤高出前刀面0.37mm，突出后刀面0.66mm，宽1.4mm，在切削时的实际前角为32°47′。

1.3.4.2 积屑瘤的形成过程

切屑沿前刀面流出时与前刀面发生摩擦，以其刚切离的新鲜表面擦拭前刀面，将前刀面上有润滑作用的氧化膜和吸附膜带走。随着切削的不断进行，切屑底面与前刀面之间的接触面积增大，压力增大，切削温度也随着升高。当温度和压力增大到一定程度时，切屑底层的金属就会粘接到前刀面上。在后继切屑的推动下，粘附在前刀面上的金属与切屑发生剪切滑移而脱离。如此逐层在前刀面上堆积，最后长成积屑瘤。长高后的积屑瘤受到外力作用或振动的影响而发生局部断裂或脱落。因而积屑瘤的产生、成长、脱落过程是在短期内进行的，并在切削过程中不断地周期出现。

1.3.4.3 积屑瘤在切削过程中的作用

(1) 增大前角　积屑瘤具有30°左右的前角(见图1-20)，使刀具在切削时的工作前角增大，因而减小了切屑变形，降低了切削力。

(2) 增大切削厚度　积屑瘤的前端伸出切削刃之外。伸出量为 Δh_D，即切削厚度增大了 Δh_D，因而影响了工件的加工尺寸。

(3) 增大已加工表面粗糙度值　积屑瘤形成后，代替刀具切削，相当于不规则的成形加工，且它的高度是变化的，因此，增大了工件表面粗糙度值。

(4) 影响刀具耐用度　积屑瘤粘附在前刀面上，在相对稳定时，可代替切削刃切削，从而减少刀具磨损，提高刀具耐用度。但在积屑瘤比较不稳定的情况下使用硬质合金刀具时，积屑瘤的破裂可能使硬质合金刀具颗粒剥落，使刀具磨损加剧。

生产中，可根据加工的性质和要求判断积屑瘤的利弊。粗加工时，对表面质量要求不高，生成积屑瘤可减小切削力，降低能耗，或者可加大切削用量，提高生产率，同时积屑瘤还可以保护刀具，减小磨损，这时积屑瘤是有利的。精加工时，对工件的尺寸精度和表面质量要求较高，而积屑瘤的存在会影响加工精度和表面质量，这时积屑瘤就是不利的，必须设法避免和抑制其产生。

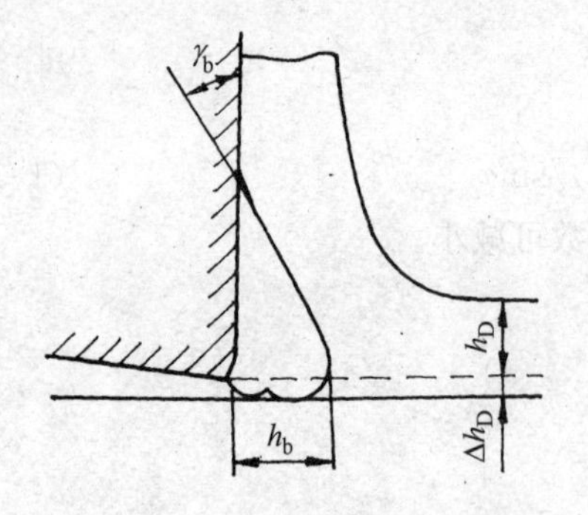

图 1-20 积屑瘤前角和伸出量

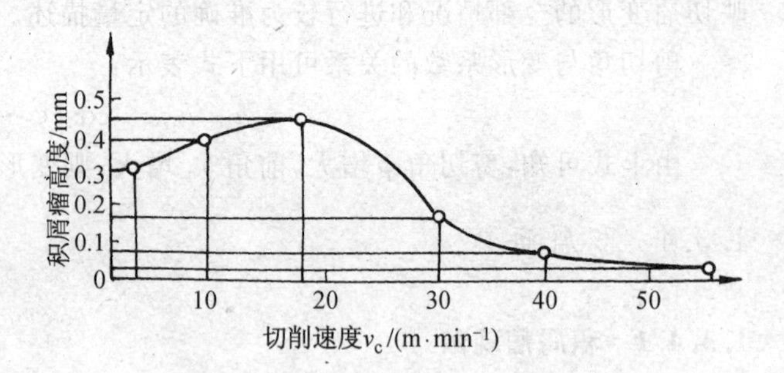

图 1-21 切削速度对积屑瘤的影响

工件材料：中碳钢 $\sigma_b=0.65$GPa

切削用量：$a_p=4.5$mm，$f=0.67$mm/r

1.3.4.4 影响积屑瘤的因素

积屑瘤的形成主要决定于切削温度以及接触面的压力、粗糙程度、粘接程度。这些因素都会影响积屑瘤的产生。

(1) 工件材料 工件材料的塑性越好，刀具和切屑之间的接触长度越长，摩擦系数越大，切削温度越高，就越容易产生粘接，易产生积屑瘤。

(2) 前角 前角越大，刀具和切屑之间的接触长度越小，摩擦也小，切削温度低，所以不易产生积屑瘤。

(3) 切削速度 由图 1-21 所示可以看出，在低速切削($v_c\leqslant 3$m/min)中碳钢时，切削温度较低；而在高速切削时($v_c\geqslant 60$m/min)，切削温度又较高，在这两种情况下，不易粘接，也就不易形成积屑瘤。切削速度在两者之间时，有积屑瘤产生，而在中速时($v_c=20$m/min)积屑瘤高度最大。

(4) 进给量 进给量减小，a_c 减小，切屑与前刀面接触长度减小，摩擦系数减小，切削温度降低，不易产生积屑瘤。

采用小进给量，大前角和不易产生积屑瘤的速度进行切削以及采用合适的切削液，减小前刀面粗糙度值，降低工件塑性，均可消减积屑瘤。

1.3.5 鳞刺

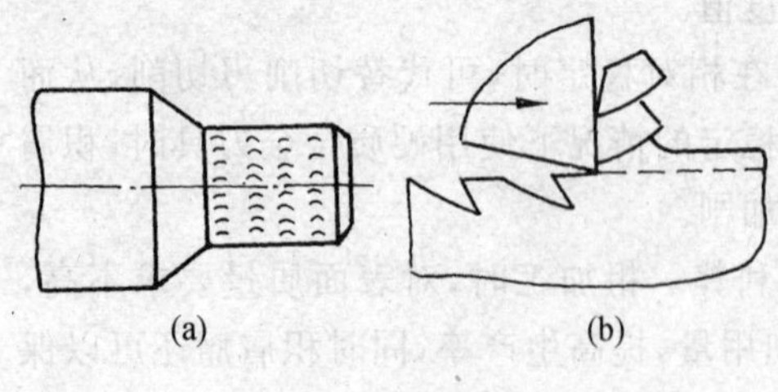

图 1-22 鳞刺现象

鳞刺是在已加工表面上呈鳞片状有裂口的毛刺，如图1-22所示。切削塑性材料时，若切削速度 v_c 较低，常常会产生鳞刺。鳞刺使已加工表面质量下降，表面粗糙度值增大2～4 级。鳞刺形成的过程，可以分为四个阶段，如图1-23所示。

图 1-23(a)为抹拭阶段。金属切削加工时，切屑沿着刀具前面流出，逐渐擦净刀具前面上的润滑膜，使切屑与刀具前面之间的摩擦因数逐渐增大，摩擦因数增大到一定值时，使切屑在刀具前面作短暂的停留。

图 1-23(b)为开裂阶段。由于停留的切屑代替刀具前面推挤切削层，导致切削区产生裂口。

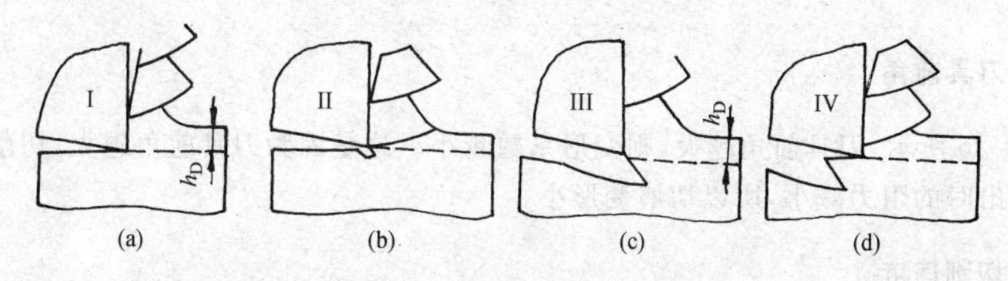

图 1-23　鳞刺现象的形成

图 1-23(c)为层积阶段。随着推挤切削层的继续,裂口逐渐增大,同时,切削力也在逐渐增大。

图 1-23(d)为刮成阶段。当切削力增大到一定值,从而使切屑能克服在刀具前面上的摩擦粘结时,切屑又开始沿刀具前面流出,一个鳞刺就这样刮成了。第二个、第三个鳞刺的形成,就是重复上述的过程。

控制鳞刺的措施:

① 在低的切削速度($v_c \approx 10$m/min)时,减小进给量,增大刀具前角,采用润滑性能好的切削液,可抑制鳞刺的形成。

② 在较高的切削速度($v_c \approx 30$m/min)时,工件材料调质处理,减小刀具前角,可抑制鳞刺的形成。

③ 高速切削,切削温度达 500℃以上,便不会产生鳞刺。

1.3.6　影响切屑变形的主要因素

金属切削过程,是切削层极其复杂的变形过程。了解影响切屑变形的主要因素和切屑变形的规律,可在金属切削过程中采取有效措施,使切削过程处于一种较好的状态。影响切屑变形的主要因素如下。

1.3.6.1　工件材料

实验表明,如图 1-24 所示,工件材料强度越大(一般金属材料强度大,硬度也高),则变形系数越小,切屑变形也越小;工件材料塑性越大,则变形系数越大。

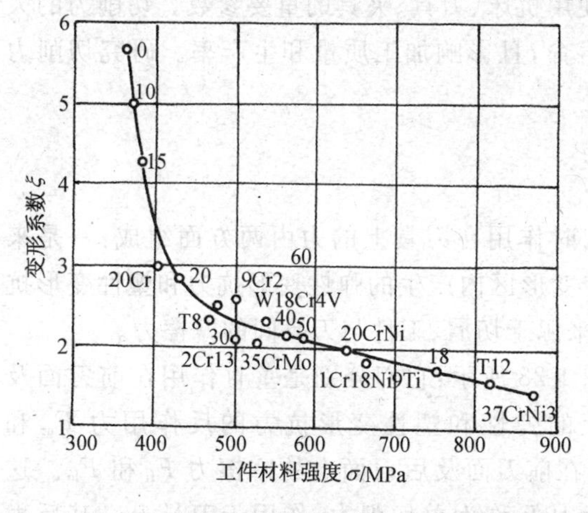

图 1-24　工作材料强度对变形系数的影响

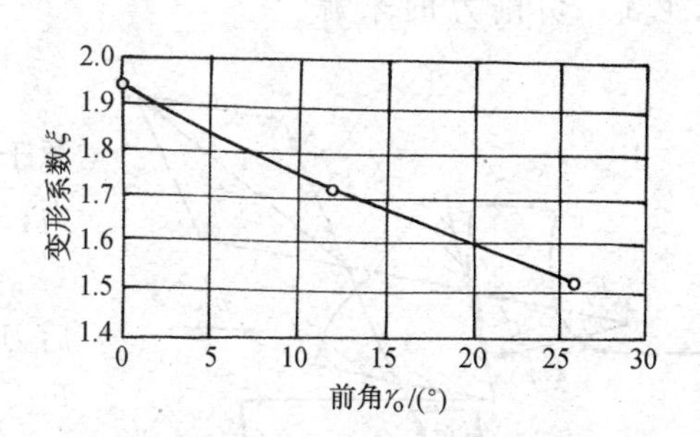

图 1-25　刀具前角对变形系数 ξ 的影响

工件材料:45 钢　刀具类别:外圆车刀

几何参数:$\kappa_r = 75°$

1.3.6.2 刀具前角

如图 1-25 所示，刀具前角越大，则变形系数越小。这是因为刀具前角越大，切削刃口越锋利，切屑流出时的阻力减小，所以切屑变形小。

1.3.6.3 切削速度

切削塑性金属材料时，切削速度 v_c 对切屑变形的影响呈波浪形，如图 1-26 所示。

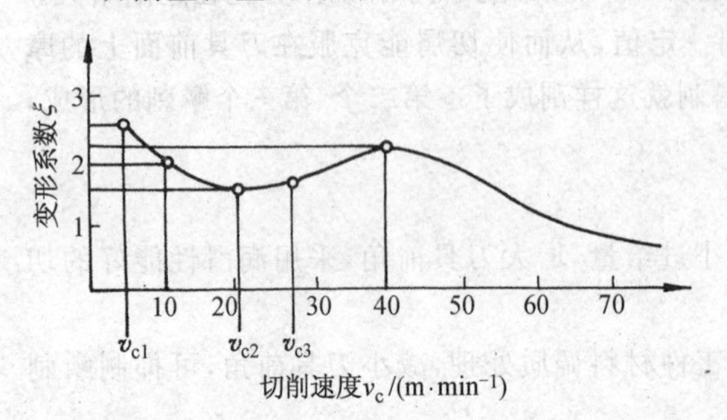

图 1-26 切削速度 v_c 对变形系数 ξ 的影响

工件材料：45 钢，刀具材料：W18Cr4v，

$\upsilon_0=5°$，$f=0.23$mm/r，直角自由切削

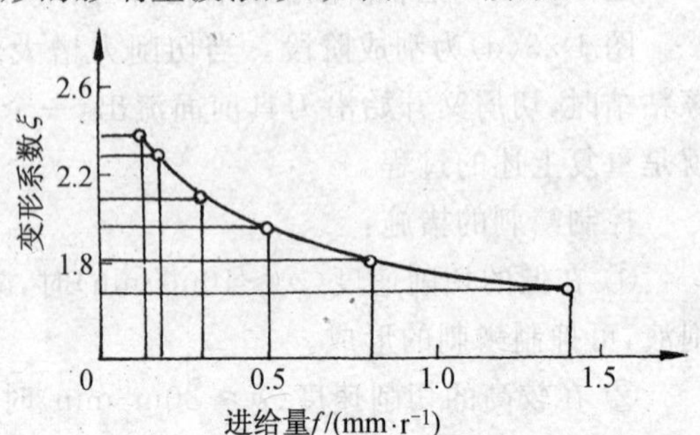

图 1-27 进给量 f 对变形系数 ξ 的影响

硬质合金刀具，$\upsilon_0=10°$，$\lambda_s=0°$，

$r_c=1.5$mm，$v_c=100$mm/min，工件材料：50 钢

1.3.6.4 进给量

进给量 f 增大，则切削厚度增大，切屑变形减小，变形系数减小，如图 1-27 所示。

1.4 切削力

金属切削加工时，工件材料抵抗刀具切削所产生的阻力称为切削力。切削力是切削过程中基本物理现象之一，是分析加工工艺、设计和使用机床、刀具、夹具的重要参数。切削力的大小直接影响切削功率、切削热、刀具磨损及刀具寿命，且影响加工质量和生产率。研究切削力的变化规律，对生产实践具有重要的意义。

1.4.1 切削力的来源

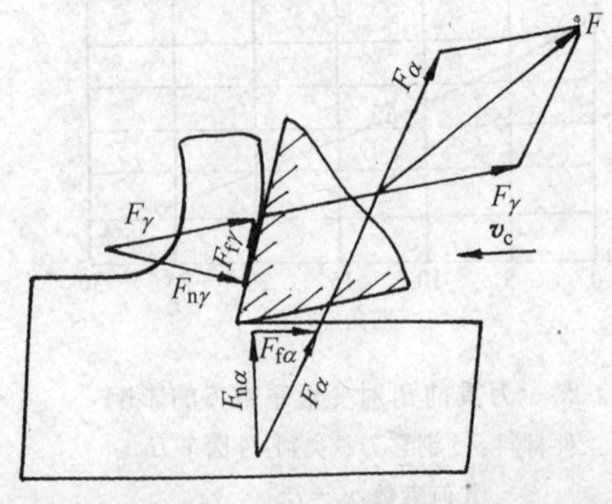

图 1-28 作用在刀具上的切削力

切削时作用在刀具上的力由两方面组成：一是来源于三个变形区内产生的弹性变形抗力和塑性变形抗力；二是来源于切屑、工件与刀具间的摩擦力。

如图 1-28 所示：它们分别是垂直作用在前刀面及后刀面上的弹性和塑性变形抗力的反作用力 $F_{n\gamma}$ 和 $F_{n\alpha}$、作用在前刀面及后刀面上的摩擦力 $F_{f\gamma}$ 和 $F_{f\alpha}$。这些力的合力 F 称为总切削力，作用于刀具上。其反力 F' 作用于工件。

1.4.2 切削力的分解

根据生产实际需要及测量方便，通常将总切削力 F 分解为三个互相垂直的分力，即：主切削力 F_c、背向力 F_p 和进给力 F_f，如图1-29所示。

1.4.2.1 主切削力 F_c

这是总切削力在主运动方向上的分力。F_c 消耗的机床功率最多，是计算机床功率、刀具强度、设计机床夹具、选择切削用量时不可少的参数。

1.4.2.2 背向力 F_p

这是总切削力在垂直于进给运动方向上的分力。F_p 不消耗机床的功率，是校验工件钢性、机床钢性时不可少的参数。

1.4.2.3 进给力 F_f

是总切削力在进给运动方向上的分力、F_f 消耗的机床功率较少，是计算机床进给功率、设计机床进给机构、校验机床进给机构强度时不可少的参数。

总切削力 F 与三个互相垂直的分力 F_c、F_p、F_f 的关系，如图 1-29 所示，其表达式为：

$$F=\sqrt{F_c{}^2+F_D{}^2}=\sqrt{F_c{}^2+F_p{}^2+F_f{}^2} \tag{1-15}$$

$$F_p=F_D\cos\kappa_r \tag{1-16}$$

$$F_f=F_D\sin\kappa_r \tag{1-17}$$

由上式可知：主偏角 κ_r 的大小直接影响 F_p 和 F_f 的大小。

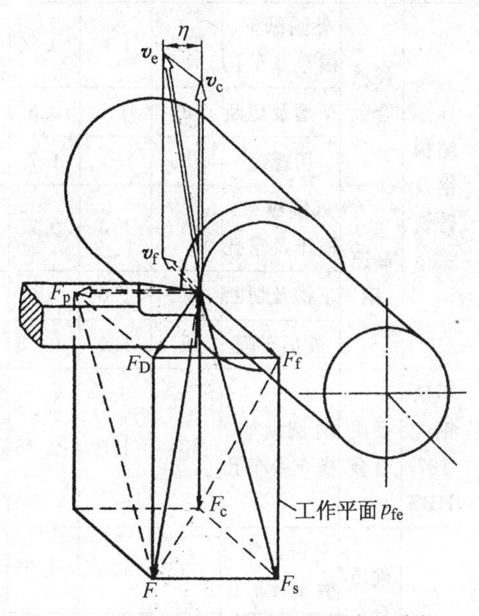

图 1-29 车外圆时工件对刀具的力的分解

1.4.3 计算切削力的经验公式

计算切削力的经验公式可分为两类：一类是指数公式，一类是按单位切削力计算的公式。

1.4.3.1 指数公式

主切削力： $F_c=9.81C_{F_c}\alpha_p{}^{x_{F_c}}f^{y_{F_c}}v_c{}^{n_{F_c}}K_{F_c}$ (N) (1-18)

背向力： $F_p=9.81C_{F_p}\alpha_p{}^{x_{F_p}}f^{y_{F_p}}K_{F_P}$ (N) (1-19)

进给力： $F_f=9.81C_{F_f}\alpha_p{}^{x_{F_f}}f^{y_{F_f}}v_c{}^{n_{F_f}}K_{F_f}$ (N) (1-20)

式中：C_{F_c}、C_{F_p}、C_{F_f}——决定切削条件和工件材料的系数，可查表 1-1；

x_{F_c}、y_{F_c}、n_{F_c}、x_{F_p}、y_{F_p}、n_{F_p}、x_{F_f}、y_{F_f}、n_{F_f} 分别为三个分力公式中 a_p、f、v_c 的指数，可查表 1-1；

K_{F_c}、K_{F_p}、K_{F_f} 分别为三个分力的总修正系数，可分别用下列公式表示

$$K_{F_c}=K_{mF_c}K_{r_0F_c}K_{k_rF_c}K_{\lambda_SF_c}K_{r_\varepsilon F_c} \tag{1-21}$$

$$K_{F_p} = K_{mF_p} K_{r_0 F_p} K_{\kappa_r F_p} K_{\lambda_S F_p} K_{r_\varepsilon F_p} \tag{1-22}$$

$$K_{F_f} = K_{mF_f} K_{r_0 F_f} K_{\kappa_r F_f} K_{\lambda_S F_f} K_{r_\varepsilon F_f} \tag{1-23}$$

各系数可分别由表 1-2 、表 1-3 查得

表 1-1　车削时的切削分力及切削功率的计算公式

计　算　公　式	
切削力 F_c/N	$F_c = 9.81 C_{F_c} a_p^{x_{F_c}} f^{y_{F_c}} v_c^{n_{F_c}} K_{F_c}$
背向力 F_p/N	$F_p = 9.81 C_{F_p} a_p^{x_{F_p}} f^{y_{F_p}} K_{F_p}$
进给力 F_f/N	$F_f = 9.81 C_{F_f} a_p^{x_{F_f}} f^{y_{F_f}} v_c^{n_{F_f}} K_{F_f}$
切削时消耗功率 P_c/kW	$P_c = F_c v_c \times 10^{-3}$

加工材料	刀具材料	加工形式	公式中的系数和指数											
			切削力 F_c				背向力 F_p				进给力 F_f			
			C_{F_c}	x_{F_c}	y_{F_c}	n_{F_c}	C_{F_p}	x_{F_p}	y_{F_p}	n_{F_p}	C_{F_f}	x_{F_f}	y_{F_f}	n_{F_f}
结构钢及铸铁	硬质合金	外圆纵车、横车及车孔	270	1.0	0.75	−0.15	199	0.9	0.6	−0.3	294	1.0	0.5	−0.4
		车槽及切断	367	0.72	0.8	0	142	0.73	0.67	0	—	—	—	—
		切螺纹	133	—	1.7	0.71	—	—	—	—	—	—	—	—
	高速钢	外圆纵车、横车及车孔	180	1.0	0.75	0	94	0.9	0.75	0	54	1.2	0.65	0
		车槽及切断	222	1.0	1.0	0	—	—	—	—	—	—	—	—
		成形车削	191	1.0	0.75	0	—	—	—	—	—	—	—	—
不锈钢≤187 HBS	硬质合金	外圆纵车、横车及车孔	204	1.0	0.75	0	—	—	—	—	—	—	—	—
灰铸铁 190 HBS	硬质合金	外圆纵车、横车及车孔	92	1.0	0.75	0	54	0.9	0.75	0	46	1.0	0.4	0
		车螺纹	103	—	1.8	0.82	—	—	—	—	—	—	—	—
	高速钢	外圆纵车、横车及车孔	114	1.0	0.75	0	119	0.9	0.75	0	51	1.2	0.65	0
		车槽及切断	158	1.0	1.0	0	—	—	—	—	—	—	—	—
可锻铸铁 170 HBS	硬质合金	外圆纵车、横车及车孔	81	1.0	0.75	0	43	0.9	0.75	0	38	1.0	0.4	0
	高速钢	外圆纵车、横车及车孔	100	1.0	0.75	0	88	0.9	0.75	0	40	1.2	0.65	0
		车槽及切断	139	1.0	1.0	0	—	—	—	—	—	—	—	—

（续表）

加工材料	刀具材料	加工形式	公式中的系数和指数											
			切削力 F_c				背向力 F_p				进给力 F_f			
			C_{F_c}	x_{F_c}	y_{F_c}	n_{F_c}	C_{F_p}	x_{F_p}	y_{F_p}	n_{F_p}	C_{F_f}	x_{F_f}	y_{F_f}	n_{F_f}
中等硬度不均质铜合金 120 HBS	高速钢	外圆纵车、横车及车孔	55	1.0	0.66	0	—	—	—	—	—	—	—	—
		车槽及切断	75	1.0	1.0	0	—	—	—	—	—	—	—	—
铝及铝硅合金	高速钢	外圆纵车、横车及车孔	40	1.0	0.75	0	—	—	—	—	—	—	—	—
		车槽及切断	50	1.0	1.0	0	—	—	—	—	—	—	—	—

表 1-2　钢和铸铁的强度和硬度改变时切削力的修正系数 K_{mf}

加工材料	结构钢和铸钢	灰铸铁	可锻铸铁
系数 K_{mf}	$K_{mF}=(\sigma_b/0.637)^{n_F}$	$K_{mF}=(\text{HBS}/190)^{n_F}$	$K_{mF}=(\text{HBS}/150)^{n_F}$

上列公式中的指数 n_F

加工材料	车削时的切削力						钻　削	
	F_c		F_p		F_f		M 及 F	
	刀具材料							
	硬质合金	高速钢	硬质合金	高速钢	硬质合金	高速钢	硬质合金	高速钢
	指数 n_F							
结构钢及铸钢 $\sigma_b \leqslant 0.588\text{GPa}$ $\sigma_b > 0.588\text{GPa}$	0.75	0.35 0.75	1.35	2.0	1.0	1.5	0.75	
灰铸铁及可锻铸铁	0.4	0.55	1.0	1.3	0.8	1.1	0.6	

表 1-3　加工钢和铸铁时刀具几何参数改变时切削力的修正系数

参　数		刀具材料	修正系数			
名称	数值		名称	切　削　力		
				F_c	F_p	F_f
主偏角 κ_γ / (°)	30	硬质合金	$K_{\kappa_{\gamma_F}}$	1.08	1.30	0.78
	45			1.0	1.0	1.0
	60			0.94	0.77	1.11
	75			0.92	0.62	1.13
	90			0.89	0.50	1.17

（续表）

参数		刀具材料	修正系数			
名称	数值		名称	切削力		
				F_c	F_p	F_f
主偏角 κ_γ /（°）	30	高速钢	$K_{\kappa_{\gamma_F}}$	1.08	1.63	0.7
	45			1.0	1.0	1.0
	60			0.98	0.71	1.27
	75			1.03	0.54	1.51
	90			1.08	0.44	1.82
前角 γ_o/（°）	−15	硬质合金	$K_{\gamma_{o_F}}$	1.25	2.0	2.0
	−10			1.2	1.8	1.8
	0			1.1	1.4	1.4
	10			1.0	1.0	1.0
	20			0.9	0.7	0.7
	12～15	高速钢		1.15	1.6	1.7
	20～25			1.0	1.0	1.0
刃倾角 λ_s/（°）	+5	硬质合金	$K_{\lambda_{s_F}}$	1.0	0.75	1.07
	0				1.0	1.0
	−5				1.25	0.85
	−10				1.5	0.75
	−15				1.7	0.65
刀尖圆弧半径 γ_ε/mm	0.5	高速钢	$K_{\gamma_{\varepsilon_F}}$	0.87	0.66	
	1.0			0.93	0.82	
	2.0			1.0	1.0	
	3.0			1.04	1.14	
	5.0			1.1	1.33	

1.4.3.2 单位切削力

单位切削力 K_c 是指单位切削面积上的主切削力，其计算式为

$$K_c = F_c/A_D = F_c/(a_p f) = F_c/(b_D h_D) \tag{1-24}$$

式中：K_c—— 单位切削力（N/mm^2）；

F_c—— 主切削力（N）；

A_D—— 切削层公称横截面积（mm^2）；

a_p—— 背吃刀量（mm）；

f—— 进给量（mm/r）；

b_D—— 切削层公称宽度（mm）；

h_D—— 切削层公称厚度（mm）。

若已知单位切削力 F_c，且 a_p、f 也确定，可求切削力 F_c

$$F_c = K_c a_p f = K_c b_D h_D$$

式中：K_c 是指 f=0.3mm/r 时的单位切削力，不同材料的单位切削力可查表 1-4。当实际进给量 f 大于或小于0.3mm/r时，计算式需乘以一个修正系数 $K_{f_{k_c}}$，$K_{f_{k_c}}$ 可查表 1-5。

表 1-4　硬质合金外圆车刀切削常用金属时单位切削力和单位切削功率（$f=0.3$mm/r）

加工材料				实验条件		单位切削力	单位切削功率
名称	牌号	制造热处理状态	硬度 HBS	车刀几何参数	切削用量范围	$K_c/(\mathrm{N/mm^2})$	$P_c/[\mathrm{kW/mm^3 \cdot s}]$
碳素结构钢	Q235	热轧或正火	134～137	$\gamma_o=15°$　$\kappa_\gamma=75°$	$a_p=1\sim5$mm　$f=0.1\sim0.5$mm/r	1 884	$1\,884\times10^{-6}$
	45		187	$\lambda_s=0°$　$b_{\gamma1}=0$		1 962	$1\,962\times10^{-6}$
	40Cr		212	前面带卷屑槽		1 962	$1\,962\times10^{-6}$
合金结构钢	45	调质	229	$b_\gamma=0.2$mm		2 305	$2\,305\times10^{-6}$
	40Cr		285	$\gamma_o=-20°$　其余同上	$v_c=90\sim105$m/min	2 305	$2\,305\times10^{-6}$
不锈钢	1Cr18Ni9Ti	淬火回火	170～179	$\gamma_o=20°$　其余同上	$a_p=2\sim10$mm　$f=0.1\sim0.5$mm/r　$v_c=70\sim80$m/min	2 453	$2\,453\times10^{-6}$
灰铸铁	HT200	退火	170	前面无卷屑槽　其余同上		1 118	$1\,118\times10^{-6}$
可锻铸铁	KHT300－06	退火	170	前面带卷屑槽　其余同上		1 344	$1\,344\times10^{-6}$

表 1-5　进给量 f 对单位切削力或单位切削功率的修正系数 $K_{f_{k_c}}$、$K_{f_{p_s}}$

f	0.1	0.15	0.2	0.25	0.3	0.35	0.4	0.45	0.5	0.6
$K_{f_{k_c}}$、$K_{f_{p_s}}$	1.18	1.11	1.06	1.03	1	0.97	0.96	0.94	0.925	0.9

1.4.4　切削功率的计算

金属切削时，在变形区内所消耗的功率是由主切削力 F_c 消耗的切削功率和进给力 F_f 消耗的进给功率两部分组成的。由于进给功率值很小，在总消耗功率中只占1%～5%，可以忽略不计。因此，切削功率的计算式：

$$P_c = F_c v_c \times 10^{-4}/6 \tag{1-25}$$

式中：P_c——切削功率(kW)；

F_c——主切削力(N)；

v_c——切削速度(m/min)

所需机床电动机功率

$$P_E = P_c/\eta_m \tag{1-26}$$

式中：η_m——机床传动效率，一般取 $\eta_m=0.75\sim0.85$。

1.4.5　计算切削力、切削功率举例

已知车刀车削外圆：工件材料 45 钢（抗拉强度 $\sigma_b=0.588$GPa）；刀具材料 YT15；刀具几何参数 $\gamma_o=10°$，$\kappa_\gamma=60°$，$\lambda_s=0°$，$r_\varepsilon=0.5$mm；切削用量 $v_c=100$m/min，$f=0.4$mm/r，$a_p=2$mm。

求：各切削分力、切削功率和机床功率。

解：各切削分力计算公式为

$$F_c = 9.81 C_{F_c} a_p^{x_{F_c}} f^{y_{F_c}} v_c^{n_{F_c}} K_{F_c} \tag{1-18}$$

$$F_P = 9.81 C_{F_p} a_p^{x_{F_P}} f^{y_{F_P}} v_c^{n_{F_P}} K_{F_P} \tag{1-19}$$

$$F_f = 9.81 C_{F_f} a_p^{x_{F_f}} f^{y_{F_f}} v_c^{n_{F_f}} K_{F_f} \tag{1-20}$$

查表 1-1,决定切削条件和工件材料的系数值和 a_p、f、v_c 的指数值。

$C_{F_C} = 270$　　$C_{F_P} = 199$　　$C_{F_f} = 294$

$X_{F_c} = 1$　　$Y_{F_c} = 0.75$　　$n_{F_c} = -0.15$

$X_{F_P} = 0.9$　　$Y_{F_P} = 0.6$　　$n_{F_P} = -0.3$

$X_{F_y} = 1$　　$Y_{F_y} = 0.5$　　$n_{F_y} = -0.4$

总修正系数计算式为

$$K_{F_C} = K_{mF_c} K_{r_0 F_c} K_{\kappa_r F_c} K_{\lambda_S F_c} K_{r_\varepsilon F_c} \tag{1-21}$$

$$K_{F_P} = K_{mF_P} K_{r_0 F_P} K_{\kappa_r F_P} K_{\lambda_S F_P} K_{r_\varepsilon F_P} \tag{1-22}$$

$$K_{F_f} = K_{mF_f} K_{r_0 F_f} K_{\kappa_r F_f} K_{\lambda_S F_f} K_{r_\varepsilon F_f} \tag{1-23}$$

查表 1-2、1-3 得各系数值

$$K_{mF_c} = \left(\frac{\sigma_b}{0.637}\right)^{n_{F_c}} = \left(\frac{0.588}{0.637}\right)^{0.75} = 0.94$$

$$K_{mF_P} = \left(\frac{0.588}{0.637}\right)^{1.35} = 0.90$$

$$K_{mF_f} = \left(\frac{0.588}{0.637}\right)^{1} = 0.92$$

$K_{r_0 F_c} = 1$　　$K_{r_0 F_P} = 1$　　$K_{r_0 F_f} = 1$

$K_{\kappa_r F_c} = 0.94$　　$K_{\kappa_r F_P} = 0.77$　　$K_{\kappa_r F_f} = 1.11$

$K_{\lambda_S F_c} = 1$　　$K_{\lambda_S F_P} = 1$　　$K_{\lambda_S F_f} = 1$

$K_{r_\varepsilon F_c} = 0.87$　　$K_{r_\varepsilon F_P} = 0.66$　　$K_{r_\varepsilon F_f} = 1$

($K_{r_\varepsilon F_c}$、$K_{r_\varepsilon F_P}$、$K_{r_\varepsilon F_f}$ 为参照高速钢刀具材料得到)

把上述计算、查表所得数值代入式(1-21) 、式(1-22)、式(1-23)得:

$$K_{F_c} = 0.94 \times 1 \times 0.94 \times 1 \times 0.87 = 0.77$$

$$K_{F_P} = 0.9 \times 1 \times 0.77 \times 1 \times 0.66 = 0.46$$

$$K_{F_f} = 0.92 \times 1 \times 1.11 \times 1 \times 1 = 1.02$$

把查表所得数值和 K_{F_c}、K_{F_P}、K_{F_f} 计算数值,分别代入式(1-18)、式(1-19)、式(1-20),即得各切削分力为

$$F_c = 9.81 \times 270 \times 2^1 \times 0.4^{0.75} \times 100^{-0.15} \times 0.77 = 1028\text{N}$$

$$F_P = 9.81 \times 199 \times 2^{0.9} \times 0.4^{0.6} \times 100^{-0.3} \times 0.46 = 243\text{N}$$

$$F_f = 9.81 \times 294 \times 2^1 \times 0.4^{0.5} \times 100^{-0.4} \times 1.02 = 590\text{N}$$

切削功率

$$P_c = \frac{F_c v_c}{60\,000} = \frac{128 \times 100}{60\,000} = 1.7\text{kW}$$

机床功率

$$P_E = \frac{P_c}{\eta_m} = \frac{1.7}{0.8} = 2.13\text{kW}$$

1.4.6 影响切削力的因素

影响切削力变化主要有三个方面因素:工件材料、切削用量和刀具几何参数。

1.4.6.1 工件材料

工件材料是通过材料的剪切屈服强度 τ_s 、塑性变形、切屑与刀具间的摩擦等条件影响切削力的。工件材料的硬度、强度越高,材料的剪切屈服强度 τ_s 越高,切削力越大。

工件材料的塑性或韧性越高,切屑越不易折断,使切屑与前刀面间摩擦增加,故切削力增大。例如不锈钢1Cr18Ni9Ti的延伸率是45钢的4倍,硬度接近45钢,在同样切削条件下产生的切削力较45钢增大25%。

对于脆性材料,如铸铁、黄铜等,由于塑性变形小,崩碎切屑与前刀面的摩擦小,故切削力小。例如灰铸铁HT200与热轧45钢,两者硬度相近,但前者的切削力比后者小。

1.4.6.2 切削用量

(1) 背吃刀量　背吃刀量 a_p 增大,切削宽度 b_D($b_D = a_p/\sin\kappa_r$)按比例增大,剪切面积和切屑与前刀面的接触面积按比例增大,第Ⅰ变形区和第Ⅱ变形区都按比例增大,因而背吃刀量增大一倍,切削力也增大一倍(见图1-30a)。

(2) 进给量　进给量 f 增大,切削厚度 h_D($h_D = f\sin\kappa_r$)按比例增大,但切削宽度 b_D 不变。此时虽剪切面积按比例增大,但切屑与前刀面的接触未按比例增大,第Ⅱ变形区的变形未按比例增加,因此,当进给量 f 增大一倍时,切削力约增加70%~80%,见图1-30(b)。

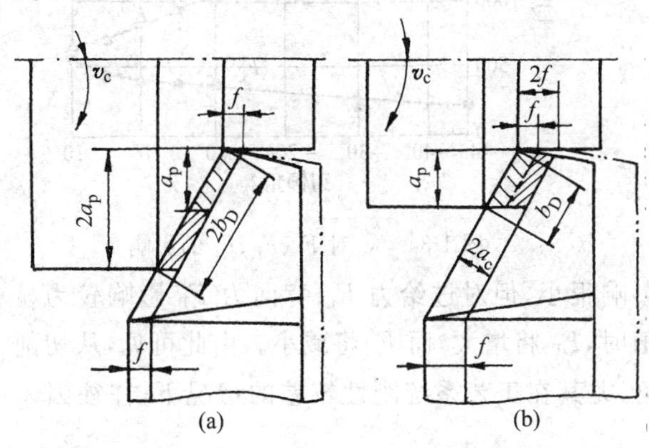

图1-30　背吃刀量 a_p 和进给量 f 对切削面积形状影响

(a) f 不变 a_p 增大；(b) a_p 不变 f 增大

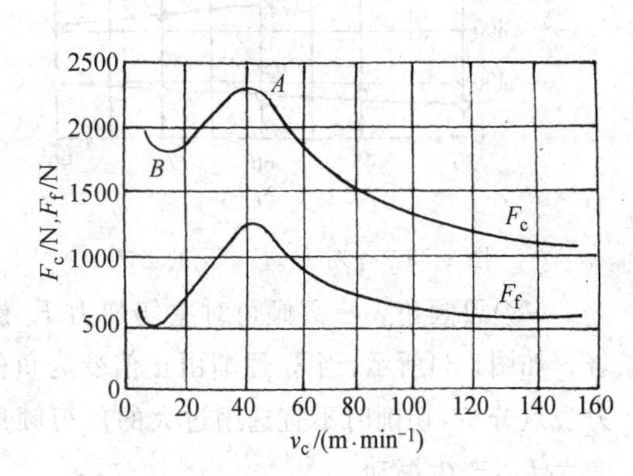

图1-31　切削速度 v_c 和切削力的关系

(3) 切削速度　切削速度 v_c 对切削力的影响呈波浪形变化(如图1-31所示)。这是由于当 v_c<50m/min时,因积屑瘤的产生和消失,使车刀的实际前角增大或减小,导致了切削力的变化。当 v_c>50m/min时,随 v_c 的增长,摩擦因数减小,剪切角 φ 增大,变形系数 ξ 减小,使切削力减小。另一方面,v_c 增大使切削温度升高,导致被加工金属材料的强度和硬度降低,也会导致切削力的降低。切削脆性金属时,由于变形和摩擦均较小,故切削速度 v_c 改变时切削力变化不大。

由上述分析可知:在保持金属切除率不变的条件下,为使切削力减小,在选择切削用量时,应采用大的切削速度 v_c,较大进给量 f 和小的背吃刀量 a_p。

1.4.6.3 刀具几何参数

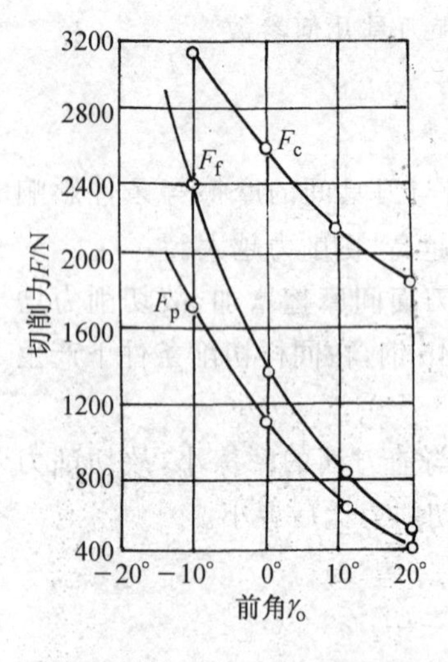

图 1-32 γ_0 对 F_c、F_p、F_f 的影响

(1) 前角 γ_0 前角 γ_0 增大,切削变形减少,切削力减小,如图1-32所示,但前角 γ_0 对三个分力 F_c、F_P、F_f 的影响程度不同。由实验可知,用主偏角 $\kappa_r=75°$ 的外圆车刀切削 45 钢和灰口铸铁 HT200 时,γ_0 每增加1°,F_c 力约减小1%,F_P 力约减小 1.5%~2%,F_f 力减小约为4%~5%。

(2) 主偏角 κ_r 主偏角改变使切削面积的形状和切削分力的作用方向变化,因而使切削力随之变化。由图1-33及实验表明,主偏角 κ_r 在30°~60°范围内变化时,主偏角 κ_r 增大,切削厚度 h_D 增大,切屑变形减小,使主切削力 F_c 减小。主偏角 κ_r 在 60°~90°范围变化时,刀尖处圆弧和副前角 γ_0' 影响突出,切削力 F_c 增大。同时主偏角 κ_r 对 F_P 及 F_f 影响也很大,通常进给力 F_f 随着 κ_r 的增加而增大。背向力 F_P 随着 κ_r 的增大而减小。

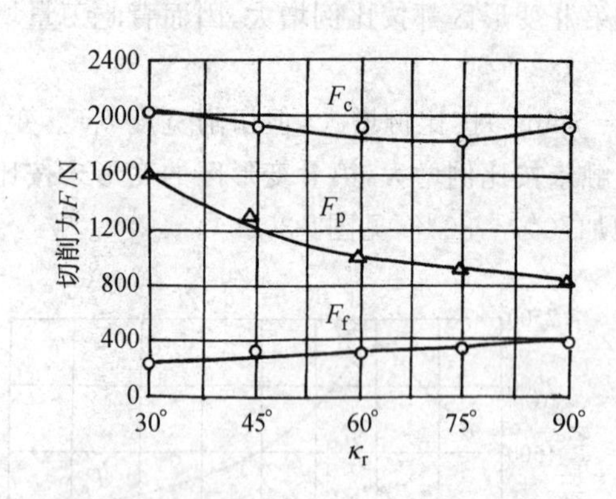

图 1-33 κ_r 对 F_c、F_P、F_f 的影响

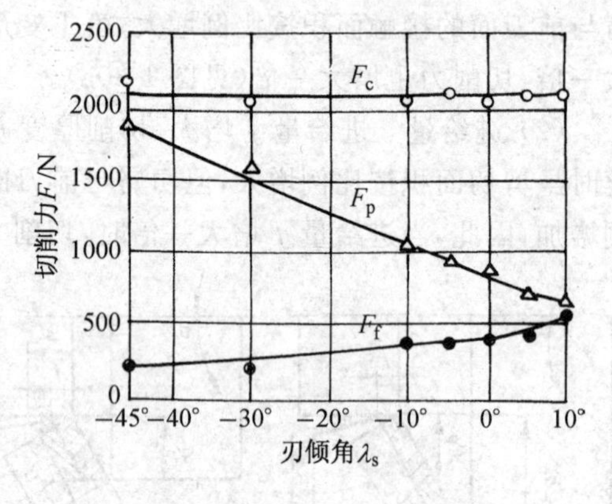

图 1-34 λ_s 对 F_c、F_P、F_f 的影响

(3) 刃倾角 λ_s 刃倾角对主切削力 F_c 影响很小,但对进给力 F_f、背向力 F_P 影响较为显著。如图1-34所示,当 λ_s 逐渐由正值变为负值时,F_P 将增大,而 F_f 将减小。由此可见,从切削力观点分析,切削时不宜选用过大的负刃倾角,尤其在工艺系统刚性较差的情况下,往往因 λ_s 增大 F_P,产生振动。

(4) 刀尖圆弧半径 r_ε 刀尖圆弧半径增大,则切削刃圆弧部分的长度增长,切削变形增大,使切削力增大。此外,r_ε 增大,整个主切削刃上各点主偏角的平均值减小,从而使 F_P 增大,F_f 减小。

1.4.6.4 刀具磨损

刀具后刀面磨损后,作用在后刀面上的法向力 F_{na} 和摩擦力 F_{fa} 都增大,故切削力 F_c、背向力 F_P 都增大。

1.4.6.5 刀具材料及切削液

刀具材料对切削力的影响是由于刀具材料与工件材料之间的亲合力和摩擦因数等因素决定的。若两者之间的摩擦因数小,则切削力小。切削过程中采用切削液可以减小刀具、工件与切屑接触面间的摩擦,有利于减小切削力。

由以上分析可知,切削过程中产生的切削力的大小,是由许多因素综合影响的结果。因此,要减小切削力,应在分析各因素的影响基础上,找出主要因素,兼顾其他因素,再对各因素进行合理配合。

1.5 切削热和切削温度

切削热和切削温度也是切削过程中产生的物理现象之一。切削时所做的功,可转化为切削热。切削热除少量散逸在周围介质中,其余全传入工件、刀具、切屑中,导致工艺系统中机床、刀具、夹具及工件产生热变形,从而影响加工精度、表面质量及刀具的使用寿命。因此研究切削热与切削温度具有重要意义。

1.5.1 切削热的产生与传出

1.5.1.1 切削热的产生

切削热是由切削功转变而来的。一是切削层发生的弹、塑性变形功;二是切屑与前刀面、工件与后刀面间消耗的摩擦功。具体在三个变形区内产生,如图1-35所示。切削塑性金属时切削热主要由剪切区变形和前刀面摩擦形成;切削脆性金属时则后刀面摩擦热占的比例较多。

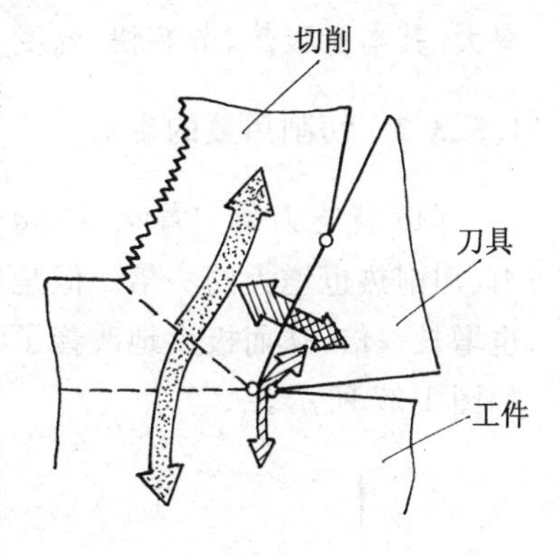

图 1-35 切削热的产生和传出

1.5.1.2 切削热的传出

切削热由切屑、刀具、工件和周围介质传出。切削速度越高,切削厚度越大,则由切屑带走的热量越多。影响切削热传出的主要因素是工件和刀具材料的热导率以及周围介质的状况。

1.5.2 切削温度及温度分布

切削温度是指刀具前刀面与切屑接触区域的平均温度。在一定条件下,通过测量可以得到切屑、工件、刀具、温度的分布情况,如图1-36所示。刀具前面的温度高于刀具后面的温度。刀具前面上的最高温度不在切削刃上,而是在离切削刃的一定距离处。这是因为切削塑性材料时,刀－屑接触长度较长,切屑沿刀具前面流出,摩擦热逐渐增大的缘故。而切削脆性材料时,因为切屑很短,切屑与刀具前面相接触所产生的摩擦热都集中在切削刃附近。所以,刀具前面上的最高温度集中在切削刃附近。

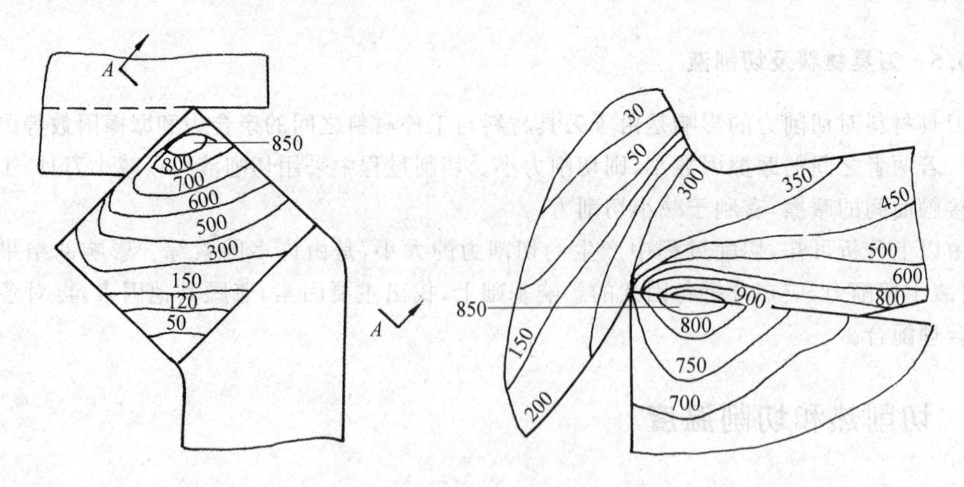

图 1-36　切屑、工件、刀具上的温度分布

工件材料：GCr15；　刀具材料：YT14；　切削用量：$v_c=80\text{m/min}, a_p=4\text{mm}, f=0.5\text{mm}$

1.5.3　影响切削温度的主要因素

1.5.3.1　工件材料的影响

工件材料的强度、硬度高，切削时所需要的切削力大，产生的切削热也多，切削温度就高。

工件材料的塑性大，切削时切屑变形大，产生的切削热多，切削温度就高；工件材料的热导率大，其本身吸热、散热快，温度不易积聚，切削温度就低。

1.5.3.2　切削用量的影响

(1) 背吃刀量　背吃刀量 a_p 增大，切削温度略有增加。其原因是：当 a_p 增大一倍时，切削力、切削热也增大约一倍。但是切削宽度 b_D 增长一倍，使刀具主切削刃与切削层的接触长度也增长一倍，从而极大地改善了刀头的散热条件。因此背吃刀量 a_p 对切削温度的影响很小。如图 1-37 所示。

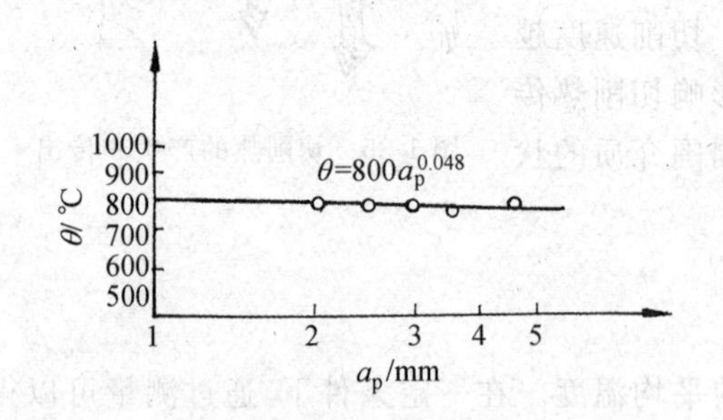

图 1-37　背吃刀量与切削温度的关系

($v_c=107\text{m/min}$　$f=0.1\text{mm/r}$)

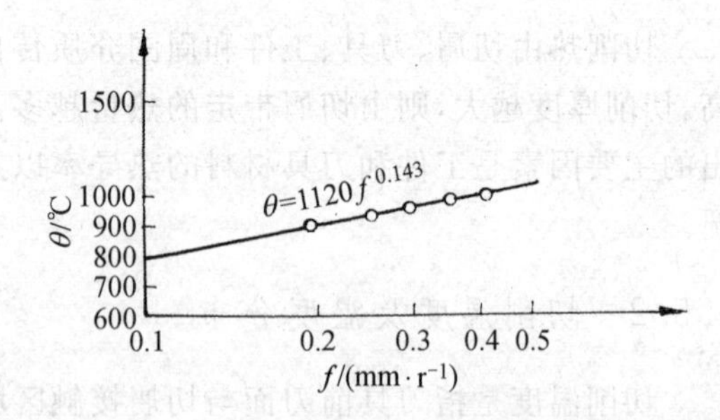

图 1-38　进给量与切削温度的关系

($a_p=3\text{mm}, v_c=94\text{m/min}$)

(2) 进给量　进给量 f 增大，切削温度就增加。其原因是，当 f 增大时切削厚度 h_D 增厚，切屑的热容量增大，切屑带走的热量也增多。另外 h_D 增厚，使切屑变形减小，刀一屑接触面积增大，改善了散热条件。但是，切削宽度 b_D 不变，使刀具主切削刃与切削层的接触长度未增加，刀头的散热条件没有改善。所以，进给量 f 对切削温度有影响，如图1-38所示。

(3) 切削速度　切削速度 v_c 增大，切削温度明显增大。其原因是：当 v_c 增大时，在单位时间内切除的工件余量增多，由切削消耗的变形功、摩擦功所转换成的切削热增多；另外，切削宽度 b_D、切削厚度 h_D 没有变化，使刀具和切屑的散热能力也不能提高。因此，切削速度 v_c 对切削温度有明显的影响，如图1-39所示。

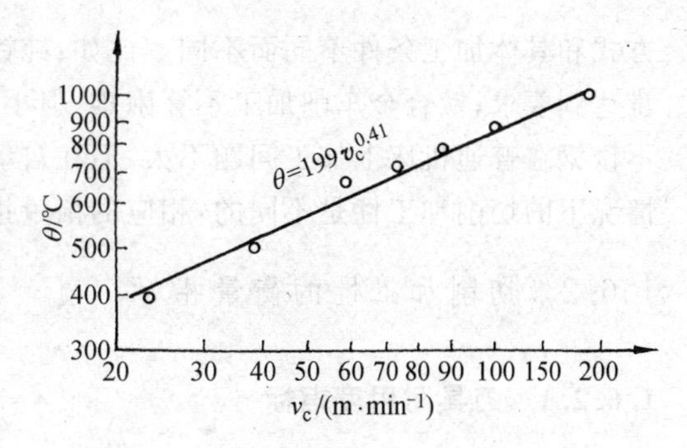

图 1-39　切削速度与切削温度的关系

($a_p=3mm$，$f=0.1mm/r$)

综合以上所述，切削用量对切削温度的影响规律是：v_c 的变化，对切削温度变化的影响最大，f 的影响次之，a_P 的影响最小。

1.5.3.3　刀具几何参数的影响

(1) 前角　前角 γ_0 增大，切削变形减小，产生的切削热少，使切削温度下降，如图1-40所示。但是，如果 γ_0 过分增大，楔角 β_0 减小，刀具散热体积减小，反而会提高切削温度。

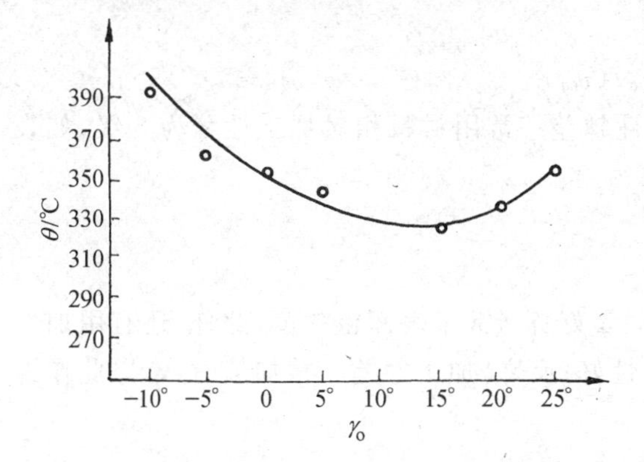

图 1-40　前角 γ_o 对切削温度 θ 影响

($a_p=1.5mm$，$f=0.2mm/r$，$v_c=20m/min$)

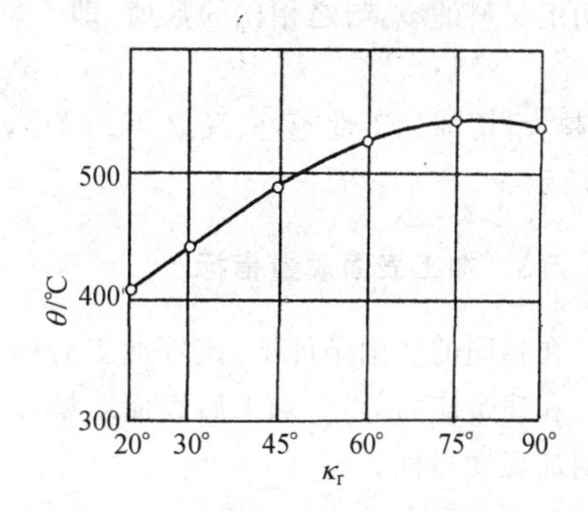

图 1-41　主偏角 κ_r 对切削温度 θ 影响

($a_p=2mm$，$r_\varepsilon=2mm$)

(2) 主偏角　在背吃刀量 a_p 相同的条件下，增大主偏角 κ_r，主切削刃与切削层的接触长度减短，刀尖角 ε_γ 减小，使散热条件变差，因此会提高切削温度，如图1-41所示。

1.5.3.4　切削液的影响

冷却是切削液的一个重要功能。合理选用切削液，可以减少切削热的产生，降低切削温度，能提高工件的加工质量、刀具寿命和生产率等。水溶液、乳化液、煤油等都有很好的冷却效果，在生产中已广泛地使用。

1.6　工件材料的切削加工性

1.6.1　切削加工性的相对性

工件材料的切削加工性是指在一定切削条件下，工件材料切削加工成合格零件的难易程度。而这种难易程度是个相对概念，都是相对于某种工件材料而言，而且随着加工性质、加工方式和具体加工条件不同而不同。比如:纯铁的粗加工可算容易,但精加工时表面粗糙程度很难达到要求;钛合金车削加工不算困难,但小螺孔攻丝因扭矩太大常使丝锥折断,显得很困难;不锈钢在普通机床上加工问题不大,但在自动化生产时因不断屑会使生产中断等。显然,上述情况下的切削加工性是不同的,相应的衡量指标也各不相同。一般可归纳为以下所述几种。

1.6.2 切削加工性的衡量指标

1.6.2.1 刀具耐用度指标

在相同的切削条件下,刀具耐用度越高,切削加工性越好。

1.6.2.2 切削速度指标

在刀具耐用度 T 相同的前提下,切削某种材料允许的切削速度 v_T 越高,切削加工性越好;反之 v_T 越低,切削加工性越差。如取刀具耐用度 $T=60\text{min}$,则 v_T 可写作 v_{60}。生产中常用相对加工性 K_v 来衡量,K_v 是以强度 $\sigma_b=0.589\text{GPa}$ 的 45 钢的 v_{60} 为基准,写作 $(v_{60})_j$,其他被切削材料的 v_{60} 与之相比的数值,即

$$K_v = v_{60}/(v_{60})_j$$

K_v 越大,切削加工性越好;反之 K_v 越小,加工性越差。常用材料相对加工性分为 8 级,如表 1-6所示。

1.6.2.3 加工表面质量指标

在相同的切削条件下,比较加工后的表面质量好坏(常用表面粗糙度,此外,还有用加工硬化和残余应力等)。加工后表面质量好,加工性好;反之,加工性差。精加工时,常以此作为切削加工性指标。

表 1-6 材料相对加工性等级

加工性等级	名称及种类		相对加工性 K_v	代表性材料
1	很容易切削材料	一般有色金属	>3.0	5-5-5 铜铅合金,9-4 铝铜合金,铝镁合金
2	容易切削材料	易切削钢	2.5~3.0	退火 15Cr,$\sigma_b=0.373\sim0.441\text{GPa}$ 自动机钢 $\sigma_b=0.393\sim0.491\text{GPa}$
3		较易切削钢	1.6~2.5	正火 30 钢 $\sigma_b=0.441\sim0.549\text{GPa}$
4	普通材料	一般钢及铸铁	1.0~1.6	45 钢,灰铸铁
5		稍难切削材料	0.65~1.0	2Cr1 调质 $\sigma_b=0.834\text{GPa}$ 85 钢 $\sigma_b=0.883\text{GPa}$
6	难切削材料	较难切削材料	0.5~0.65	45Cr 调质 $\sigma_b=1.03\text{GPa}$ 65Mn 调质 $\sigma_b=0.932\sim0.981\text{GPa}$
7		难切削材料	0.15~0.5	50CrY 调质,1Cr18Ni9Ti,某些钛合金
8		很难切削材料	<0.15	某些钛合金,铸造镍基高温合金

1.6.2.4 切削力、切削温度和切削功率指标

在相同切削条件下，切削力大、切削温度高、消耗功率多，加工性差；反之，加工性好。在粗加工或机床刚性、动力不足时，可用切削力或切削功率作为切削加工性指标。

1.6.2.5 切屑控制难易程度指标

凡切屑容易控制或易断屑的材料，其加工性好；反之，加工性差。在自动机床、自动线、数控机床上，常以此作为切削加工性指标。

1.6.3 影响工件材料切削加工性的因素

工件材料的物理力学性能、化学成分和金相组织是影响其加工性的主要因素。

1.6.3.1 材料的物理力学性能

工件材料的物理机械性能中，对其加工性影响较大的有强度、硬度、塑性和热导率。

(1) 硬度　材料的硬度高，切削时刀-屑接触长度小，切削力和切削热集中在刀刃附近，刀具易磨损，刀具耐用度低，所以加工性不好。有些材料如高温合金、耐热钢，由于高温硬度高，高温下切削时，刀具材料与工件材料的硬度比降低，使刀具磨损加快，加工性也不好。另外，硬质点多、加工硬化严重的材料，加工性也都较差。

(2) 强度　强度高的材料，切削时切削力大，切削温度高，刀具易磨损，加工性不好。有些材料如 1Cr18Ni9Ti，常温硬度虽然不太高，但高温下仍能保持较高强度，因此加工性也不好。

(3) 塑性　强度相近的同类材料，塑性越大，切削中塑性变形和摩擦越大，切削温度高，刀具容易磨损。在较低切削速度下切削时，还易产生积屑瘤和鳞刺，使加工表面粗糙度增大。另外，断屑也较困难，故加工性不好。

另一方面，塑性太小的材料，切削时切削力、切削热集中在刀刃附近，刀具易产生崩刃，加工性也较差。

在碳素钢中，低碳钢的塑性过大，高碳钢的塑性太小、硬度又高，故它们的加工性都不如硬度和塑性适中的中碳钢好。

(4) 热导率　热导率通过对切削温度的影响而影响材料的加工性。热导率大的材料，由切屑带走和工件传散出的热量多，有利于降低切削温度，使刀具磨损速率减小，故加工性好。

1.6.3.2 材料的化学成分

材料的化学成分主要通过其对材料物理力学性能的影响而影响切削加工性。钢中的各种元素对加工性的影响见图1-42，由图可见，钢中的碳的质量分数在0.4%左右的中碳钢，加工性最好。另外，钢中的各种合金元素 Cr、Ni、V、Mo、W、Mn 等虽能提高钢的强度和硬度，但却使钢的切削加工性降低。钢中 Si 和 Al 的质量分数大于0.3%时，易形成Al_2O_3和SiO_2等硬质点，加剧刀具磨损，使切削加工性变差。钢中添加少量的 S、P、Pb、Ca 等能改善其加工性。

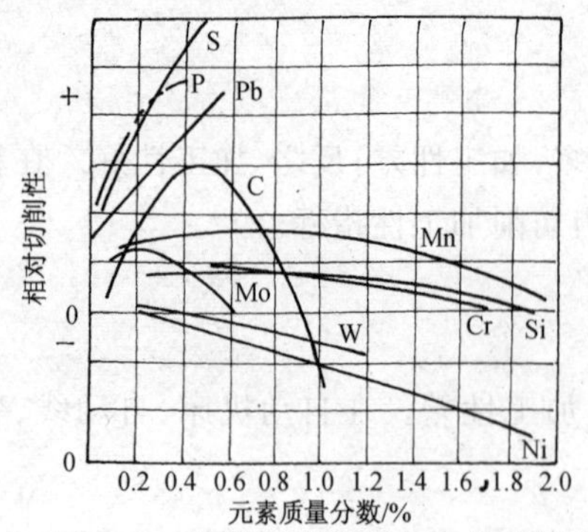

图 1-42 各种元素对钢加工性的影响
＋表示切削加工性改善，－表示切削加工性变差

铸铁中化学元素对切削加工性的影响，主要取决于这些元素对碳的石墨化作用。铸铁中的碳元素以两种形式存在：与铁化合成 Fe_3C 或成为游离石墨。石墨很软，而且具有润滑作用，铸铁中的石墨愈多，愈容易切削，因此，铸铁中如含有 Si、Al、Ni、Cu、Ti 等促进石墨化的因素，能改善其加工性；如含有 Cr、Mn、V、Mo、Co、S、P 等阻碍石墨化的元素，则会使铸铁的切削加工性变差。当碳以 Fe_3C 的形式存在时，因 Fe_3C 硬度很高，会加快刀具的磨损。

1.6.3.3 材料的金相组织

钢铁材料中不同的金相组织，具有不同的力学性能，因此工件材料中，金相组织及其含量不同时，其加工性也不同。

低碳钢中含高塑性、高韧性、低硬度的铁素体组织多，切削时与刀具发生粘结现象严重，且容易产生积屑瘤，影响已加工表面质量，故切削加工性不好。

中碳钢的金相组织是珠光体＋铁素体，材料具有中等强度、硬度和中等塑性、韧性，切削时刀具不易磨损，也容易获得高的表面质量，故加工性较好。

淬火钢的金相组织主要是马氏体，材料的强度、硬度都很高，马氏体在钢中呈针状分布，切削时使刀具受到剧烈磨损。

灰铸铁中，含有较多的片状石墨，硬度很低。切削时石墨还能起到润滑作用，使切削力减小，而冷硬铸铁表层材料的金相组织多为渗碳体，具有很高的硬度，很难切削。

1.6.4 改善材料切削加工性的途径

从以上分析不难看出，化学成分和金相组织对工件材料切削加工性的影响很大，故应从这两方面着手改善其切削加工性。

1.6.4.1 调整化学成分

材料的化学成分对其力学性能和金相组织有重要影响。在满足零件使用性能要求的条件下，通过调整工件材料的化学成分，可使其切削加工性得以改善。目前，生产上使用的易切钢就是在钢中加入适量的易切削元素 S、P、Pb、Ca 等制成的。这些元素在钢中可起到一定的润滑作用并增加材料的热脆性。因此可使切屑变形和切削力减少，防止积屑瘤的生成，有利于表面质量的提高、切屑也容易折断。

1.6.4.2 对工件材料进行适当的热处理

通过热处理工艺方法，改变钢铁材料中的金相组织是改善材料加工性的另一重要途径。高碳钢中含渗碳体组织多，强度、硬度高，切削时刀具磨损快，通过球化退火处理，使片状渗碳体组织转变为球状，降低了材料的硬度，从而可改善其加工性。低碳钢中的铁素体含量大，材料的塑性、韧性大，切削时易产生粘结磨损，同时切削过程中易产生积屑瘤，已加工表面质量差，通过正火处理，可减少其塑性，提高硬度，使加工性得到改善。

需要指出，上述两种方法是从改变工件材料本身的化学成分和金相组织方面改善切削加工性的措施，但当工件材料已定，不能更改时，则只能改变切削条件使之适应该种材料的加工性。一般可从以下几个方面采取适当措施。

① 选择适当的刀具材料；

② 合理确定刀具几何参数和切削用量；

③ 采用性能良好的切削液和有效的使用方法；

④ 提高工艺系统刚性，增大机床功率；

⑤ 提高刀具刃磨质量，减小前、后刀面粗糙度等。

1.7 刀具几何参数的合理选择

刀具的几何参数包括刀具角度、刀面结构和形状、切削刃的形式等。刀具合理几何参数是指在保证加工质量的前提下，获得最高刀具耐用度的几何参数。刀具几何参数选择是否合理对加工精度、表面质量、加工成本、生产效率等至关重要。

1.7.1 前角及前角的选择

1.7.1.1 前角的作用

适当地增大前角 γ_o，能减少切屑变形和摩擦，从而降低切削力、切削温度，减少刀具磨损，改善加工质量，抑制积屑瘤等。但前角过大会削弱刀刃的强度和散热能力，易造成崩刃，因此，刀具耐用度最大的前角称为合理前角。

1.7.1.2 前角选择的原则

(1) 工件材料　切削钢等塑性材料时，切屑变形大，切削力集中在离切削刃较远处，因此，可选取较大的前角，以减小切屑变形；切削铸铁等脆性材料时，得到崩碎切屑，切削刃处受力较大，因此，应选取较小前角，以增加切削刃强度；切削强度、硬度高的材料时，为使刀具有足够的强度和散热面积，应选取较小前角，甚至是负前角。

(2) 刀具材料　强度和韧性高的刀具材料，切削刃承受载荷和冲击的能力大，因此，可选取较大的前角。例如，在相同的切削条件下，高速钢刀具可采用较大前角，而硬质合金刀具则只能采用较小的前角。

(3) 加工性质　粗加工时以切除工件余量为主，且锻件、铸件毛坯表面有硬皮，形状往往不规则，刀具受力大，为保证刀具的强度和冲击韧度，刀具的前角应选择小一些；精加工时余量明显减小，切削以提高工件表面质量为主，刀具的前角应选择大一些。

因此，前角的数值应根据工件材料的性质、刀具材料和加工性质要求来确定。具体数值可参考表1-7和表1-8。

表 1-7　硬质合金车刀合理前角参考值

工件材料	合理前角		工件材料	合理前角	
	粗　　车	精　　车		粗　　车	精　　车
低碳钢	20°～25°	25°～30°	灰铸铁	10°～15°	5°～10°
中碳钢	10°～15°	15°～20°	铜及铜合金	10°～15°	5°～10°
合金钢	10°～15°	15°～20°	铝及铝合金	30°～35°	35°～40°
淬火钢	−15°～−5°		钛合金 $\sigma_b \leqslant 1.177\text{GPa}$	5°～10°	
不锈钢(奥氏体)	15°～20°	20°～25°			

表 1-8　不同刀具材料加工钢时的前角值

刀具材料 / 碳钢/GPa	高　速　钢	硬质合金	陶　　瓷
$\sigma_b \leqslant 0.784$	25°	12°～15°	10°
>0.784	20°	10°	5°

1.7.1.3　前刀面形式

前刀面形式有以下几种形式，如图 1-43 所示。

(1) 正前角平面型　如图 1-43(a)所示。结构简单，刃口锋利，但强度低，传热能力差，多用于精加工，成型刀具，多刃刀具(如铣刀)及脆性材料刀具。

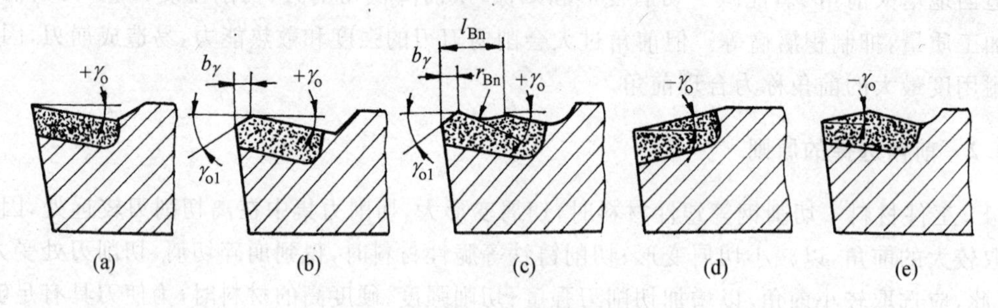

图 1-43　前刀面形式

(a) 正前角平面型；(b) 正前角平面型带倒棱；(c) 正前角曲面带倒棱；(d) 负前角单面型；(e) 负前角双面型

(2) 正前角平面带倒棱型　如图 1-43(b)所示，即为沿切削刃磨出很窄棱边(即负倒棱)。它可提高切削刃的强度和增大传热能力，从而提高刀具耐用度，尤其是在选用大前角时，效果更显著。负倒棱形式一般用于粗切铸、锻件或断续表面的加工。硬质合金刀具切削塑性材料时，通常按 $b_r = 0.5 \sim 1.0$，$\gamma_{01} = -5° \sim -10°$选取。

(3) 正前角曲面带倒棱型　如图 1-43(c)所示，即为在上述基础上，在前面上磨出一个曲面(卷屑槽)，它可增大前角并能起到卷屑的作用。卷屑槽参数约为 $l_{Bn} = (6 \sim 8) f$，$r_{Bn} = (0.7 \sim 0.8) l_{Bn}$。在粗加工或精加工塑性材料时用得较多。

(4) 负前角单面型　如图 1-43(d)所示，常用于刀具磨损主要发生在后刀面时状况。这种形式可使脆性较大的硬质合金刀片承受压应力，具有较好的强度。因此，常用于切削高硬度(强度)材料和淬火钢材料。

(5) 负前角双面型　如图 1-43(e)所示，常用于刀具磨损发生在前、后两个刀面时状况。这种形式可使刀片的重磨次数增多。此时，负前角的棱面应有足够的宽度，以保证切屑沿该棱面流出。

1.7.2　后角及副后角的选择

1.7.2.1　后角的作用

增大后角 α_0 能减小后刀面与过渡表面间的摩擦，减小刀具磨损，还可以减小切削刃钝圆半径 r_n，使刃口锋利，易切下薄切屑，从而可以减小表面粗糙度。但 α_0 过大会减小刀刃强度和散热能力及增加刀具的重磨次数。

1.7.2.2　后角的选择原则

① 粗加工时，切削余量大，对刀具切削刃的强度要求高，因此，应选取较小的后角；精加工时，为保证工件表面质量，应选取较大的后角。

② 加工塑性材料时，为减小刀具后面与工件表面之间的摩擦，应选取较大的后角；加工脆性材料时，为提高切削刃的强度，应选取较小的后角。

③ 以刀具尺寸直接控制工件尺寸精度的刀具(如铰刀)，为减小因刀具磨损后重新刃磨，而使刀具尺寸明显变化的现象，应选取较小的后角。

表 1-9 所列为硬质合金刀具后角的参考值。

表 1-9　硬质合金车刀合理后角参考值

<table>
<tr><th rowspan="2">工件材料</th><th colspan="2">合理后角</th><th rowspan="2">工件材料</th><th colspan="2">合理后角</th></tr>
<tr><th>粗　车</th><th>精　车</th><th>粗　车</th><th>精　车</th></tr>
<tr><td>低碳钢</td><td>8°～10°</td><td>10°～12°</td><td>灰铸铁</td><td>4°～6°</td><td>6°～8°</td></tr>
<tr><td>中碳钢</td><td>5°～7°</td><td>6°～8°</td><td>铜及铜合金(脆)</td><td>6°～8°</td><td>6°～8°</td></tr>
<tr><td>合金钢</td><td>5°～7°</td><td>6°～8°</td><td>铝及铝合金</td><td>8°～10°</td><td>10°～12°</td></tr>
<tr><td>淬火钢</td><td colspan="2">8°～10°</td><td rowspan="2">钛合金
$\sigma_b \leqslant 1.177$GPa</td><td rowspan="2" colspan="2">10°～15°</td></tr>
<tr><td>不锈钢(奥氏体)</td><td>6°～8°</td><td>8°～10°</td></tr>
</table>

1.7.2.3　消振棱与刃带

在实际生产中，有时在后刀面上磨出倒棱面 $b_\alpha = 0.1 \sim 0.3$mm，负后角 $\alpha_{01} = -5° \sim -10°$。目的是为了在切削加工时产生支承作用，增加系统刚性，并起消振阻尼作用。这种磨了负后角 α_{01} 的窄刃面称为消振棱。它不但增强了切削刃，改善了散热条件，而且起到熨平压光的作用，从而提高加工质量，如图1-44所示。对有些定尺寸刀具而言，如铰刀，拉刀，钻头等。在后刀面上磨出宽度较小，后角为0°的刃带，一方面在切削加工时能起支承定位作用，另一方面在重磨前、后刀面时，能保持刀具直径尺寸不变。一般，刃带后角 $\alpha_{01} = 0°$，刃带宽度 $b_0 = 0.2 \sim 0.3$mm。

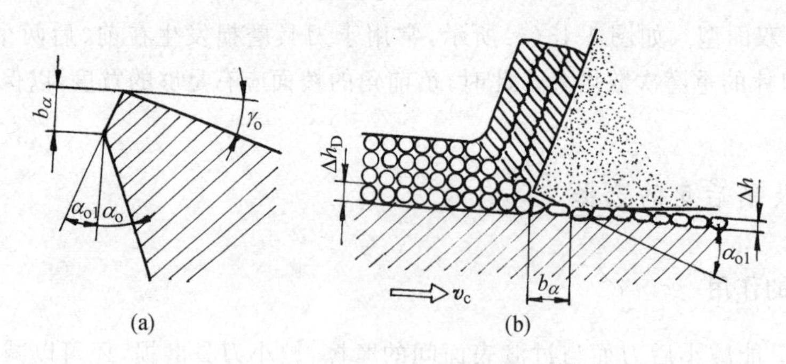

图 1-44　刀具的消振棱

(a) 消振棱；（b）消振棱的切挤作用

1.7.2.4　副后角

通常 $\alpha_o{}'=\alpha_o$，有些刀具（如切断刀、铣刀、拉刀等）的副后角较小，主要用以提高刀具强度。

1.7.3　主偏角、副偏角、过渡刃和修光刃

1.7.3.1　主偏角、副偏角的作用

主偏角 κ_r、副偏角 $\kappa_r{}'$ 的大小均影响加工表面的粗糙度，影响切削层的形状以及切削分力的大小和比例，对刀尖强度、断屑与排屑、散热条件等也均有影响。

1.7.3.2　主偏角选择的原则

① 粗加工时，主偏角应选大一些，以减振、防崩刃；

② 精加工时，主偏角可选小一些，以减小表面粗糙度；

③ 工件材料强度、硬度高时，主偏角应取小一些，以改善散热条件，提高刀具的耐用度；

④ 工艺系统刚性好，应取较小的主偏角，反之主偏角应取大一些。例如车削细长轴时常取 $\kappa_r \geqslant 90°$，以减小背向力。

1.7.3.3　副偏角选择的原则

① 在加工系统刚度允许的条件下，副偏角通常取较小值，一般 $\kappa_r{}'=5°\sim10°$，最大不超过 15°。

② 精加工时，$\kappa_r{}'$ 应更小，必要时可磨出 $\kappa_r{}'=0°$ 的修光刃。主偏角 κ_r 和副偏角 $\kappa_r{}'$ 选用值可参考表1-10。

表 1-10　主偏角 κ_r、副偏角 $\kappa_r{}'$ 的选用值

加工条件	适用范围	主偏角 κ_r	副偏角 $\kappa_r{}'$
加工系统刚性足够	淬硬钢、冷硬铸铁	10°～30°	10°～5°
加工系统刚性较好	可中间切入，加工外圆端面倒角	45°	45°
加工系统刚性较差	粗车，强力车削	60°～70°	15°～10°
加工系统刚性差	台阶轴，细长轴，多刀车，仿形车	75°～93°	10°～6°
	切断切槽	≥90°	1°～2°

表 1-11 列出了硬质合金车刀合理偏角的参考值。

表 1-11　硬质合金车刀合理偏角的参考值

加工情况		主偏角 κ_r	副偏角 κ_r'
粗车,无中间切入	工艺系统刚性好	45°、60°、75°	5°～10°
	工艺系统刚性差	65°、75°、90°	10°～15°
车削细长轴、薄壁零件		90°、93°	6°～10°
精车,无中间切入	工艺系统刚性好	45°	0°～5°
	工艺系统刚性差	60°、70°	0°～5°
车削冷硬铸铁、淬火钢		10°～30°	4°～10°
从工件中间切入		45°～60°	30°～45°
切断刀、车槽刀		60°～90°	1°～2°

1.7.3.4　过渡刃与修光刃

刀尖是切削刃上工作条件最恶劣、结构最薄弱、强度和散热条件最差的部位。若在主、副切削刃之间磨出刀尖过渡刃,这样,既可使刀尖角增大,提高刀尖强度,改善散热条件,又不会使背向力增大许多,不易产生振动。

过渡刃的形式和特点:

(1) 直线过渡刃　如图 1-45(a)所示。直线过渡刃一般取:刃偏角 $\kappa_{r\varepsilon}\approx\kappa_r/2$,宽度 $b_\varepsilon\approx$ 0.5～2mm。直线过渡刃常用于粗加工和强力切削。

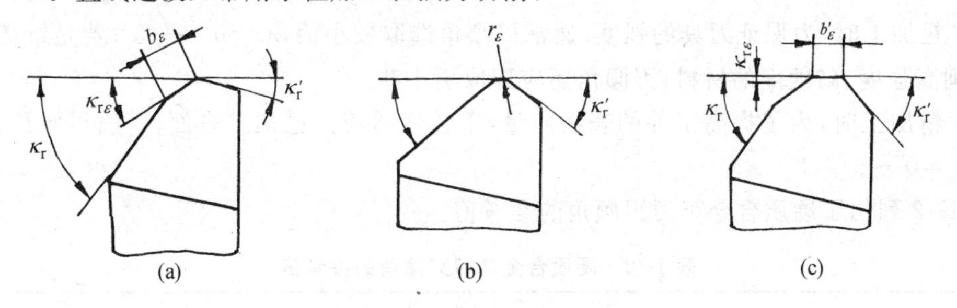

图 1-45　各种刀尖和过渡刃

(a) 直线过渡刃；(b) 圆弧过渡刃；(c) 修光刃

(2) 圆弧过渡刃　如图 1-45(b)所示。圆弧过渡刃的半径 r_ε 增大,使圆弧过渡刃上各点的主偏角减小,刀具磨损减缓,加工表面粗糙度值减小。但是,背向力增大,容易产生振动。所以,圆弧过渡刃的半径 r_ε 不能过分大,一般高速钢刀具 r_ε=0.2～5mm,硬质合金刀具 r_ε=0.2～2mm。

(3) 修光刃　如图 1-45(c)所示。当直线过渡刃平行于进给方向时即为修光刃。此时修光刃偏角 $\kappa_{r\varepsilon}=0°$。修光刃宽度一般取 $b_\varepsilon'=(1.2\sim1.3)f$,略大于进给量 f,这样,在切削进给时,可获得较好的加工表面粗糙度。但是,b_ε'过分大时,背向力增大,会引起振动。

1.7.4　刃倾角的选择

1.7.4.1　刃倾角的作用

(1) 影响排屑方向　当刃倾角 $\lambda_s=0°$时,切屑垂直于切削刃流出；当 λ_s 为负值时,切屑向已加工表面流出；当 λ_s 为正值时，切屑向待加工表面流出，如图1-46所示。

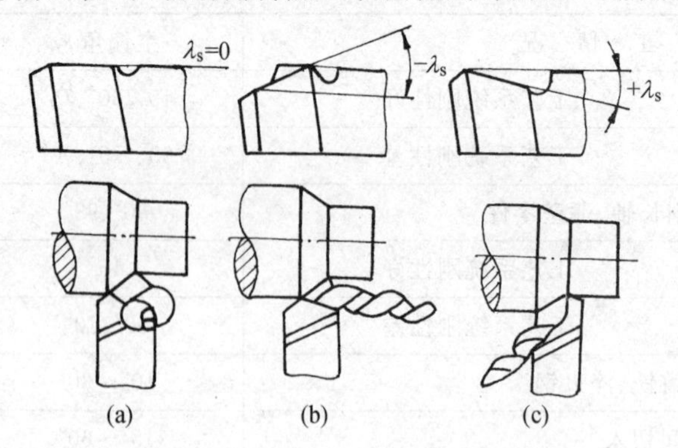

图 1-46　刃倾角对排屑方向的影响

（2）影响刀尖强度　在切削断续表面的工件时，负刃倾角因刀尖位于切削刃的最低点，使离刀尖较远部分的切削刃首先接触工件，这样，可避免刀尖受冲击，起了保护刀尖的作用。而正刃倾角因刀尖位于切削刃的最高点，刀尖首先与工件接触，受到冲击载荷，容易引起崩刃。

（3）影响切削刃锋利　经生产实践证实，当刃倾角的绝对值增大时，刀具的实际前角 γ_{oe} 增大。这样，可使刀具的切削刃变得锋利，切下很薄的切削层。

（4）影响工件的加工质量　刃倾角 λ_s 减小，使背向力 F_p 增大，进给力 F_f 减小。特别当刃倾角为负值时，被加工的工件容易产生弯曲变形（车削外圆件）和振动，使工件质量下降。

1.7.4.2　刃倾角选择的原则

（1）粗加工时，为保证刀具的强度，通常刃倾角选取较小值，$\lambda_s=0°\sim-5°$；若是继续切削，或是切削高强度、高硬度的材料，刃倾角还应选取更小些。

（2）精加工时，为了提高工件的表面质量，不让切屑流向已加工表面，一般刃倾角选取较大值。$\lambda_s=0°\sim5°$。

表 1-12 列出了硬质合金车刀刃倾角的参考值。

表 1-12　硬质合金车刀刃倾角的参考值

工件材料	合理刃倾角 /(°)	
	粗　车	精　车
低碳钢	0	0～5
45 钢正火	−5～0	0～5
45 钢调质	−5～0	0～5
40Cr 正火	−5～0	0～5
40Cr 调质	−5～0	0～5
45 钢锻件	−5～0	
40Cr 钢锻件	−5～0	
铸铁件，45，40Cr 钢断续切削	−10～−5	0

(续表)

工件材料	合理刃倾角/(°)	
	粗车	精车
不锈钢	−5～0	0～5
45钢淬火(40～50HRC)	−12～−5	
灰铸铁(HT150,HT200),青铜,脆黄铜	−5～0	0
HT150,HT200灰铸铁断续加工	−15～−10	0
铝及铝合金,纯铜	5～10	5～10

1.8 切削用量的选择

切削用量不仅是机床调整与控制的必备参数,而且其数值是否合理,对加工质量、加工效率以及生产成本等均有重要影响。因此,合理选择切削用量是切削加工的重要环节。

1.8.1 切削用量的选择原则

切削用量的大小与生产效率的高低密切相关,要获得高的生产效率,应尽量增大切削用量三要素。但在实际生产中,a_p、f、v_c 选用值的大小受到切削力、切削功率、加工表面粗糙度的要求及刀具耐用度诸因素的影响和限制。因此,合理的切削用量是指在保证加工工件质量和刀具耐用度的前提下,充分发挥机床、刀具的切削性能,达到提高生产率,降低加工成本的一种切削用量。

(1) 粗加工切削用量的选择原则　粗加工以切除工件余量为主,而对加工工件质量要求不高。为了增大对工件余量的切除,根据金属切除率 Q 计算公式

$$Q = a_p f v_c \times 10^3 (\mathrm{mm^3/min})$$

可知,切削用量三要素 a_p、f、v_c 均与金属切除率保持线性关系,增大任一要素的值,都能提高金属切除率,但是,随着金属切除率的增大,刀具磨损加快。因而切削用量的增大受到刀具耐用度的限制。切削速度 v_c 对刀具耐用度的影响最大,进给量 f 次之,背吃刀量 a_p 影响最小。

粗加工切削用量选择原则是:在机床功率和工艺系统刚性足够的前提下,首先采用大的背吃刀量 a_p,其次采用较大的进给量 f,最后根据刀具耐用度合理选择切削速度 v_c。

(2) 精加工(半精加工)切削用量的选择原则　精加工时工件余量较少,而加工工件尺寸精度、表面粗糙度要求较高。当 a_p 和 f 太大或太小时,都使已加工表面粗糙度增大,不利于加工工件质量的提高。而当 v_c 增大到一定值以后,就不会产生积屑瘤和鳞刺,有利于提高加工工件的质量。

所以,精加工切削用量的选择原则是:在保证加工工件质量和刀具耐用度的前提下,采用较小的背吃刀量和进给量,尽可能采用大的切削速度。

1.8.2 切削用量的合理选择

在通常情况下,切削用量均根据切削用量手册所提供的数值,以及给定的刀具的材料、类

型、几何参数及耐用度按下面的方法与步骤进行选取。

(1) 粗加工切削用量，一般以提高生产效率为主，兼顾加工成本。

① 背吃刀量根据加工余量确定。粗加工时，尽量一次走刀切除全部余量。当余量过大、工艺系统刚性不足时可分二次切除余量。

第一次走刀 $$a_{p1} = (2/3 \sim 3/4)A \tag{1-27}$$

第二次走刀 $$a_{p2} = (1/3 \sim 1/4)A \tag{1-28}$$

式中：A——单边切削余量(mm)。

半精加工时背吃刀量可取 0.5～2mm，精加工时背吃刀量可取 0.1～0.4mm。

② 当背吃刀量确定后，进给量的大小直接影响切削力的大小。

粗加工时选取进给量 f 的原则是：应在不超过刀具的刀片和刀杆的强度、不大于机床进给机构的强度、不顶弯工件和不产生振动等条件下，选取一个最大的进给量的值。表1-13是硬质合金及高速钢车刀粗车外圆和端面时的进给量。

表 1-13　硬质合金及高速钢车刀粗车外圆和端面时的进给量

加工材料	车刀刀杆尺寸 B×H/mm×mm	工件直径/mm	背吃刀量 a_p/mm				
			≤3	>3～5	>5～8	>8～12	12 以上
			进给量 $f/(\text{mm} \cdot \text{r}^{-1})$				
碳素结构钢和合金结构钢	16×25	20	0.3～0.4	—			
		40	0.4～0.5	0.3～0.4			
		60	0.5～0.7	0.4～0.6	0.3～0.5		
		100	0.6～0.9	0.5～0.7	0.5～0.6	0.4～0.5	
		400	0.8～1.2	0.7～1.0	0.6～0.8	0.5～0.6	
	20×30 25×25	20	0.3～0.4	—		—	
		40	0.4～0.5	0.3～0.4		—	
		60	0.6～0.7	0.5～0.7	0.4～0.6	—	
		100	0.8～1.0	0.7～0.9	0.5～0.7	0.4～0.7	
铸铁及铜合金	16×25	40	1.2～1.4	1.0～1.2	0.8～1.0	0.6～0.9	0.4～0.6
		60	0.6～0.8	0.5～0.8	0.4～0.6	—	
		100	0.8～1.2	0.7～1.0	0.6～0.8	0.5～0.7	
		400	1.0～1.4	1.0～1.2	0.8～1.0	0.6～0.8	
	20×30 25×25	40	0.4～0.5	—	— 0.4～0.7	—	
		60	0.6～0.9	0.8～1.2	0.7～1.0	0.5～0.8	
		100 600	0.9～1.3 1.2～1.8	1.2～1.6	1.0～1.3	0.9～1.1	0.7～0.9

注：1) 加工断续表面及有冲击的加工时，表内的进给量应该乘系数 k=0.75～0.85。

2) 加工耐热钢及合金时，不采用大于 1.0mm/r 的进给量。

3) 加工淬硬钢时表内进给量应该乘系数 k=0.8(当材料硬度为 44～56HRC 时)或 k=0.5(当材料硬度为57～62HRC 时)。

半精加工、精加工时，主要按工件表面粗糙度的要求，根据工件材料、刀尖圆弧半径、切削速度按表1-14选择进给量。

表 1-14　按表面粗糙度选择进给量的参考值

工件材料	表面粗糙度/μm	切削速度范围 /(m·min^{-1})	刀尖圆弧半径 r_a/mm		
			0.5	1.0	2.0
			进给量 f/(mm·r^{-1})		
铸铁、青铜、铝合金	Ra10～5	不限	0.25～0.40	0.40～0.50	0.50～0.60
	Ra5～2.5		0.15～0.20	0.25～0.40	0.40～0.60
	Ra2.5～1.25		0.10～0.15	0.15～0.20	0.20～0.35
碳钢及合金钢	Ra10～5	<50	0.30～0.50	0.45～0.60	0.55～0.70
		>50	0.40～0.55	0.55～0.65	0.65～0.70
	Ra5～2.5	<50	0.18～0.25	0.25～0.30	0.30～0.40
		>50	0.25～0.30	0.30～0.35	0.35～0.50
	Ra2.5～1.25	<50	0.10	0.11～0.15	0.15～0.22
		50～100	0.11～0.16	0.16～0.25	0.25～0.35
		>100	0.16～0.20	0.20～0.25	0.25～0.35

③ 当背吃刀量和进给量选定后，按给定的刀具耐用度 T 公式求出切削速度

$$v_c = \frac{C_v}{T^m a_p^{x_v} f^{y_v}} k_v \tag{1-29}$$

式中：v_c—— 切削速度(m/min)；

T—— 刀具耐用度(min)；

m—— 刀具耐用度指数；

C_v—— 切削速度系数；

x_v、y_v—— 分别为背吃刀量、进给量对 v_c 影响的指数；

k_v—— 切削速度修正系数。

上述 C_v、x_v、y_v、k_v 的值可分别由表 1-15 查得。

表 1-15　外圆车削时切削速度公式中的系数和指数

工件材料	刀具材料		系数和指数			
			C_v	x_v	y_v	m
碳素结构钢 (0.65GPa)	YT15 (不用切削液)	≤0.30	291	0.15	0.20	0.20
		>0.30～0.70	242		0.35	
		>0.70	235		0.45	
	W18Cr4V W6Mo5Cr4V2 (用切削液)	≤0.25	67.2	0.25	0.33	0.125
		>0.25	43		0.66	
灰铸铁 190HBS	YG6 (不用切削液)	≤0.40	189.8	0.15	0.20	0.20
		>0.40	158		0.40	

切削速度选定后，首先根据公式计算机床转速 n，然后根据机床说明书选相近的较低档的机床转速 n，最后根据选择的机床转速 n，算出实际切削速度 v_c。

④ 校验机床功率 P_E。首先由公式计算切削功率，实际加工中要求切削功率应小于机床功率，亦即

$$P_C \leqslant P_E \eta_m$$

式中：η_m—— 传动效率，通常 $\eta_m = 0.75 \sim 0.85$。

1.8.3 数控机床加工的切削用量选择

数控机床加工的切削用量选择原则与普通机床加工的相同，但在具体选择时，还要考虑刀具、数控机床加工的特点等因素。

数控机床现在正向高速度、高精度、高刚度、大功率方向发展。如中等规格的加工中心，其主轴转速已达到5 000～10 000r/min，一些高速轻载机床甚至达到20 000～30 000r/min。而与之配套使用的刀具，由于新材料、新技术的不断涌现和运用（如涂层硬质合金刀具、超硬刀具、陶瓷刀具、可转位刀具等）使刀具的切削性能、刀具的寿命都有很大的提高。这样，在数控机床上无论进行粗加工，还是精加工，都能大大提高切削用量，提高工件质量，缩短加工时间，提高生产率。

1.9 切削液的选择

合理地选用切削液，可以带走大量的切削热，降低切削温度，改善切削时摩擦面间的摩擦状况，减少刀具磨损，抑制积屑瘤和鳞刺产生，降低动力消耗，提高已加工表面质量。因而合理选用切削液是提高金属切削效率既经济又简单的一种方法。

1.9.1 切削液的作用

1.9.1.1 冷却作用

是指切削液能从切削区带走切削热，降低切削温度的作用。切削液进入切削区后，由于一方面减小了刀具与工件切削界面上的摩擦，减小了摩擦热的产生；另一方面通过传导、对流和汽化将切削区的热量带走，因而起到降低切削温度的作用。

切削液的冷却作用取决于它对金属表面的润湿性、它的热导率、比热容、汽化热及使用切削液时的流量、流速等。三大类切削液中，水溶液的冷却性能最好，乳化液其次，切削油较差。

当刀具材料的耐热性差、工件材料的热导率较小、热膨胀系数较大时，对切削液的冷却作用应有较高的要求。

1.9.1.2 润滑作用

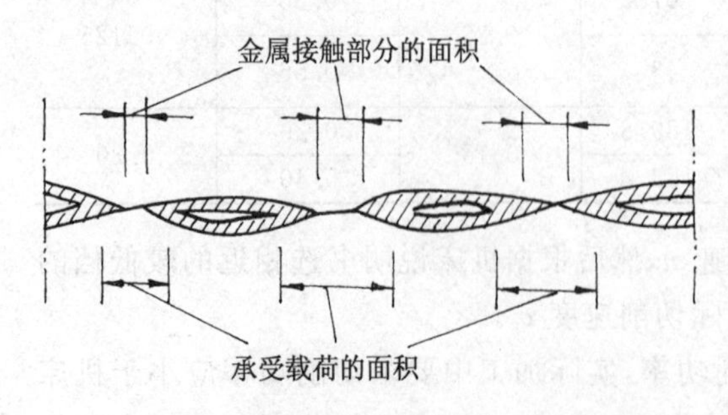

图 1-47 金属表面间的边界润滑摩擦

切削液的润滑作用是通过切削液的渗透作用到达切削区后在刀具、工件、切削界面上形成吸附膜实现的。切削液到达切削区后，其极性分子便吸附在金属表面上，形成一层润滑膜，起到减小摩擦的作用。金属切削过程中，由于刀具、工件切削面存在很大的压力和较高的温度，吸附在凹凸不平的接触面“峰”上的润滑膜发生破裂，产生两金属材料间的直接接触，于是在整个接触面上便形成只有部分面积上存在吸附膜的状态,使接触面之间的摩擦增大。这种润滑状态称为边界润滑状态,见图1-47。在金属切削中大多属于这种润滑状态。在边界润滑状态下,切削液润滑作用的大小主要取决于切削液的渗透作用和极性分子的吸附能力,如果切削液的渗透作用好,极性分子吸附能力强,吸附膜牢固,则润滑效果好。

边界润滑状态下,切削液形成的吸附膜可分为两种,物理吸附膜和化学吸附膜。物理吸附膜由动植物油和油脂添加剂中的极性分子吸附形成,这种吸附膜在低温条件下润滑效果良好,但在高温高压下,将会被破坏。化学吸附膜是由切削液中加入的极压添加剂在高温、高压下发生化学反应生成的化合物形成的,化学吸附膜具有很高的熔点,在高温、高压下可防止金属摩擦界面的直接接触,保持良好的润滑作用。

1.9.1.3 清洗作用

在有些切削条件下,如切削铸铁或磨削加工,常会产生一些细末状的切屑。为防止这种切屑擦伤已加工表面和机床导轨,或嵌入砂轮空隙中,堵塞砂轮,降低其切削能力,切削液应具有良好的清洗作用。清洗作用的大小,主要取决于切削液的渗透性、流动性及使用压力等。

1.9.1.4 防锈作用

为防止工件、机床、刀具受周围介质的腐蚀,切削液应具有良好的防锈作用。防锈作用的好坏,除取决于切削液本身的性能外,可通过在切削液中加入防锈添加剂,使金属表面形成保护膜,避免受到水分、空气等介质的腐蚀,从而提高切削液的防锈能力。

1.9.2 切削液的种类与选用

1.9.2.1 切削液的种类

金属切削时使用的切削液主要可分为:水溶液、乳化液、切削油三大类。

(1) 水溶液 水溶液主要成分是水,加入防锈剂即可,主要用于磨削。

(2) 乳化液 乳化液是在水中加入乳化油搅拌而成的乳白色液体。乳化油由矿物油与表面油性乳化剂配置而成。乳化剂的分子由极性因子和非极性基因两部分组成,极性基因是亲水的,而非极性基因是亲油的。把油在水中搅拌成微粒后,加入乳化剂,其分子的极性端朝水,非极性端朝油,从而使水和油联系起来,形成水包油的乳化液,如图1-48所示。乳化液具有良好的冷却作用,加入一定比例的油性剂和防锈剂,则可成为既能润滑又能防锈的乳化液。

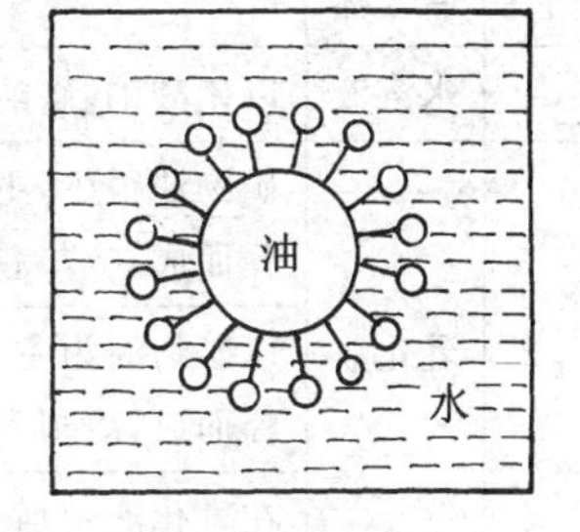

图 1-48 乳化剂的作用原理

(3) 切削油 切削油的主要成分是矿物油。如普通车削,攻丝可选用煤油。在加工有色金属和铸铁时,为了保证加工表面质量,常用煤油或煤油与矿物油的混合油,螺纹加工时采用蓖麻油或豆油等。矿物油的油性差,不能形成牢固的吸附膜,润滑能力差。在低速时,可加入油性剂,在高速或重切削时加入硫、磷、氯等极压添加剂,能显著地提高润滑效果和冷却作用。

1.9.2.2 切削液的选用

不同种类的切削液，所具有的各种性能不同，使用时，必须根据工件材料、刀具材料、加工方法和加工要求等具体情况合理选用，才能得到应有的效果。

高速钢刀具的耐热性差，切削时应该使用切削液。粗加工时为了降低切削温度，应该选用冷却性能好的切削液，如3%～5%的乳化液或水溶液。精加工时，使用切削液的目的主要是为了减少摩擦，提高已加工表面质量，应选用润滑性能好的切削油。硬质合金刀具耐热性好，一般可不用切削液，必要时可用水溶液或低浓度的乳化液，但应当充分连续地供应，否则，在刀具材料内会产生内应力而导致裂纹的产生。

从工件材料方面考虑，加工钢等塑性金属材料时需使用切削液，而加工铸铁等脆性材料时一般不用切削液。对于高强度钢、高温合金等难加工材料，由于切削时刀具与工件、切削界面处于高压状态，对切削液的冷却和润滑性能都有较高的要求，应该选用极压乳化液、煤油或矿物油的混合剂。

从加工方法考虑，对于铰孔、拉削等工序，刀具的导向部分和校准部分与已加表面的摩擦大；成形刀具、齿轮刀具则要求有较高的耐用度，所以用上述刀具加工时均应选用润滑性能好的切削液，如各种切削油。磨削加工中不仅切削温度高，细小的切屑还会降低已加工表面质量并堵塞砂轮，因此要求切削液具有较好的冷却和清洗性能，常用水溶液和普通乳化液，在磨削不锈钢、高温合金等难加工的材料时，则用润滑性能良好的极压切削油和极压乳化液。

切削铸铁一般不用切削液。切削铜合金和有色金属时，一般不用含硫的切削液，以免腐蚀工件表面。切削铝合金时可不用切削液。但在数控机床上高速切削加工时应该选用润滑性能良好的极压乳化液。切削镁合金时，严禁使用乳化液作切削液，以防止发生燃烧事故。但可使用煤油或含4%的氯化钠溶液作切削液。

常用切削液的种类与选用见表 1-16。

表 1-16 常用切削液的种类与选用

序号	名称	组成	主要用途
1	水溶液	以硝酸钠、碳酸钠等溶于水的溶液，用100～200 倍的水稀释而成	磨削
2	乳化液	矿物油很少，主要为表面活性剂的乳化油，用40～80 倍的水稀释而成，冷却和清洗性能好	车削，钻孔
		以矿物油为主，少量表面活性剂的乳化油，用10～20 倍的水稀释而成，冷却和润滑性能好	车削，攻丝
		在乳化液中加入极压添加剂	高速车削，钻削
3	切削油	矿物油(10 号或 20 号机械油)单独使用	滚齿，插齿
		矿物油加植物油或动物油形成混合物，润滑性能好	精密螺纹车削
		矿物油或混合油中加入极压添加剂形成极压油	高速滚齿、插齿 、车螺纹等
4	其他	液态 CO_2	主要用于冷却
		二硫化钼＋硬脂酸＋石蜡——做成蜡笔，涂于刀具表面	攻丝

习题一

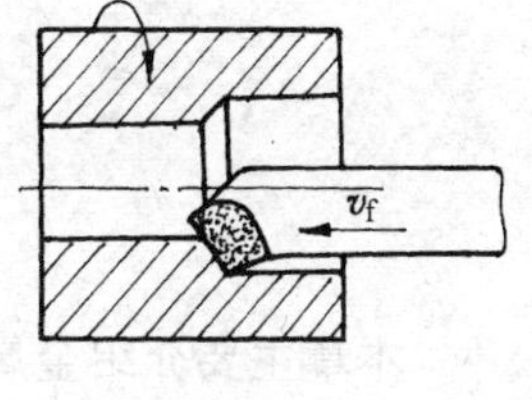

图 1-49

1-1　如图 1-49 所示，车刀切削工件内孔，指明工件和刀具各做什么运动？标出已加工表面、过渡表面、待加工表面、背吃刀量、切削层公称宽度。

1-2　试述基面、切削平面、正交平面、法平面的定义，正交平面与法平面的区别。

1-3　正交平面参考系中有哪几个静止参考平面？它们之间的关系如何？

1-4　车刀切削部分在正交平面参考系中定义的几何角度共有哪些？哪些角度是基本角度？哪些角度是派生角度？

1-5　什么是刀具的工作角度？哪些因素影响刀具的工作角度？

1-6　按下面给定的几何角度，画出各车刀在正交平面标注系中的参考平面及相应的几何角度。

① 90°外圆车刀：$\kappa_r=90°$，$\kappa_r'=15°$，$\gamma_0=15°$，$\alpha_0=8°$，$\alpha_0'=8°$，$\lambda_s=5°$。

② 75°内孔车刀：$\kappa_r=75°$，$\kappa_r'=15°$，$\gamma_0=10°$，$\alpha_0=8°$，$\alpha_0'=8°$，$\lambda_s=-5°$。

1-7　用主偏角为 75°的外圆车刀车外圆，工件加工前直径为 75mm，加工后直径为 66mm，工件转速 $n=220$r/min，刀具每秒沿工件轴向移动1.6mm，试求进给量、背吃刀量、切削速度、切削厚度、切削宽度、切削面积的大小。

1-8　金属切削过程的实质是什么？

1-9　切削过程的三个变形区各有什么特点？它们之间有什么关系？

1-10　试述切屑的类型、特点，各类切屑相互转换的条件。

1-11　什么是积屑瘤？积屑瘤有哪些作用？控制积屑瘤的措施有哪些？

1-12　什么是鳞刺？鳞刺形成的过程？如何控制鳞刺？

1-13　在 CA6140 卧式车床上车削工件的外圆表面，工件材料为 45 钢，$\sigma_b=0.735$GPa；选择 $a_p=6$mm，$f=0.6$mm/r，$v_c=160$m/min；刀具几何角度：$\kappa_r=75°$，$\gamma_0=10°$，$\lambda_s=0°$；刀具材料选用 YT15。求切削力、切削功率和所需机床功率（机床传动效率为0.75～0.85）。若车削时发生闷车（即主轴停止转动），这是何故？应该采取什么措施？

1-14　影响切削力的因素有那些？

1-15　若 $a_{p1}f_1=a_{p2}f_2$，在 $f_2>f_1$ 时，哪组切削力大些？

1-16　切削塑性较好的钢材时，刀具上最高切削温度在何处？切削铸铁时，刀具上最高切削温度在何处？

1-17　切削用量对切削温度的影响规律如何？试说明理由。

1-18　试述前角、后角、主偏角的作用。

1-19　影响加工表面粗糙度的刀具几何角度有哪些？且各角度的大小如何确定？

1-21　试述粗加工切削用量的选择原则，精加工切削用量的选择原则。

1-22　数控机床加工的切削用量选择原则是什么？

2 金属切削刀具

本章主要介绍金属切削刀具的材料、常用的车削刀具、孔加工刀具和铣削刀具及磨具等，介绍刀具的失效形式及在线检测办法等。这些内容实践性很强，并且又与金属切削的基本知识紧密相连，所以在学习上要理论联系实际，通过学习，要达到能根据生产实际情况，正确地选择刀具和使用刀具的目的。

2.1 刀具材料

在金属切削加工中，刀具材料的种类有很多，一般在通用机床上使用的刀具材料也可用于数控机床，但随着数控机床向着高速、大功率方向发展，对刀具材料提出了更高的要求，一些新型刀具材料也应运而生。

2.1.1 刀具材料必须具备的性能

2.1.1.1 高的硬度

硬度是指材料表面抵抗其他更硬物体压入的能力。刀具材料的硬度必须高于工件材料的硬度，这样，刀具才能切除工件上多余的金属，目前在室温条件下刀具材料的硬度应大于或等于60HRC。

2.1.1.2 高的耐磨性

耐磨性指材料抵抗磨损的能力，耐磨性与材料的硬度、化学成分、显微组织有关。一般而言，刀具材料硬度越高，耐磨性越好。刀具材料组织中的硬质点的硬度越高，数量越多，分布越均匀，耐磨性越好。

2.1.1.3 足够的强度和韧性

强度是指材料在静载荷作用下，抵抗永久变形和断裂的能力，刀具材料的强度一般指抗弯强度。韧性是指金属材料在冲击载荷作用下，金属材料在断裂前吸收变形能量的能力，金属的韧性通常用冲击韧度表示。而刀具材料的韧性一般指冲击韧度。在切削加工过程中，刀具总是受到切削力、冲击、振动的作用，当刀具材料有足够的强度和韧性，就可避免刀具的断裂、崩刀。

2.1.1.4 高的耐热性

耐热性指材料在高温下仍能保持原硬度的性能。刀具材料耐热性越好，允许切削加工的切削速度越高，越有利于改善加工质量和提高生产率，有利于延长刀具寿命。

2.1.1.5 良好的工艺性

工艺性指材料的切削加工、锻造、焊接、热处理等性能。刀具材料应有良好的工艺性，便于刀具的制造。

2.1.2 常用刀具材料种类

现今所采用的刀具材料，具体可分以下六种。

2.1.2.1 高速钢

高速钢是指含较多钨、铬、钼、钒等合金元素的高合金工具钢，俗称锋钢或白钢。高速钢有较高的硬度(63～66HRC)、耐磨性和耐热性(约600～660℃)；有足够的强度和韧性；有较好的工艺性。目前，高速钢已作为主要的刀具材料之一，广泛用于制造形状复杂的铣刀、钻头、拉刀和齿轮刀具等。

常用高速钢的牌号与性能见表 2-1。

表 2-1 常用高速钢的牌号和性能

类别		牌号	硬度/HRC	抗弯强度/GPa	冲击韧度/($MJ \cdot m^{-2}$)	高温硬度/(600℃)HRC
通用高速钢		W18Cr4V	62～66	≈3.34	≈0.294	48.5
		W6Mo5Cr4V2	62～66	≈4.6	≈0.5	47～48
		W14Cr4VMn-RE	64～66	≈4	≈0.25	48.5
高性能高速钢	高碳	9W18Cr4V	67～68	≈3	≈0.2	51
	高钒	W12Cr4V4Mo	63～66	≈3.2	≈0.25	51
	超硬	W6Mo5Cr4V2A1	68～69	≈3.43	≈0.3	55
		W10Mo4Cr4V3A1	68～69	≈3	≈0.25	54
		W6Mo5Cr4V5SiNbA1	66～68	≈3.6	≈0.27	51
		W2Mo9Cr4VCo8(M42)	66～70	≈2.75	≈0.25	55

高速钢按其性能可分为通用高速钢(普通高速钢)和高性能高速钢。按其制造工艺方法的不同又可分为熔炼高速钢和粉末冶金高速钢。

2.1.2.2 硬质合金

硬质合金是由高硬度、高熔点的金属碳化物(WC、TiC、TaC、NbC 等)和金属黏结剂(Co、Ni、Mo 等)用粉末冶金的方法制成的。碳化物决定了硬质合金的硬度、耐磨性和耐热性。黏结剂决定了硬质合金的强度和韧性。硬质合金常温硬度为89～93HRA，耐热温度为800～1000℃，与高速钢相比，硬度高，耐磨性好，耐热性高。允许的切削速度比高速钢高5～10 倍。但是，硬质合金的抗弯强度只有高速钢的1/2～1/4，冲击韧度比高速钢低数倍至数十倍。制造工艺性较差，但硬质合金作为一种优异的刀具材料得到了广泛的应用。

按 ISO 标准主要以硬质合金的硬度、抗弯强度等指标为依据，硬质合金刀片材料大致分为 P、M、K 三大类。

(1) K类　国家标准YG类，成分为WC+Co，适于加工短切屑的黑色金属、有色金属及非金属材料。主要成分为碳化钨和(3%～10%)钴，有时还含有少量的碳化钽等添加剂。

(2) P类　国家标准YT类，成分为WC+TiC，适于加工长切屑的黑色金属。主要成分为碳化钛、碳化钨和钴(或镍)，有时加入碳化钽等添加剂。

(3) M类　国家标准YW类，成分为WC+TiC+TaC，适于加工长切屑或短切屑的黑色金属和有色金属。成分和性能介于K类和P类之间，可用来加工钢和铸铁。

以上为一般切削工具所用硬质合金的大致分类。在此之外，还有超微粒子硬质合金，可以认为从属于K类。但因其烧结性能上要求结合剂Co的含量较高，故高温性能较差，大多只使用于钻、铰等低速切削工具。

在国际标准(ISO)中通常又分别在K、P、M三种代号之后附加01、05、10、20、30、40、50等数字更进一步细分。一般来讲，数字越小者，硬度越高但韧性越低；而数字越大则韧性越高但硬度越低。表2-2中大致显示了硬质合金刀具的成分及其物理性质。按照目前ISO标准的分类，将世界上主要的硬质合金牌号分列于表2-3。

表2-2　硬质合金刀具的成分及其物理性质

ISO分类		质量分数/%			密度/(g·cm^{-2})	硬度HV30/(×10MPa)	抗弯强度/MPa	抗压强度/MPa	弹性模量/GPa	热膨胀系数/(×10^{-6}·℃)	热导率/[W·(m·K)$^{-1}$]
		WC	TiC+TaC	Co							
P类	P10	63	28	9	10.7	1600	1300	4600	530	6.5	29.3
	P20	76	14	10	11.9	1500	1500	4800	540	6	33.49
	P30	82	8	10	13.1	1450	1750	5000	560	5.5	58.62
	P40	75	12	13	12.7	1400	1950	4900	560	5.5	58.62
	P50	68	15	17	12.5	1300	2200	4000	520	—	—
M类	M10	84	10	6	13.1	1700	1350	5000	580	5.5	50.24
	M20	82	10	8	13.4	1550	1600	5000	570	5.5	62.8
	M30	81	10	9	14.4	1450	1800	4800	—	—	—
	M40	79	6	15	13.6	1300	2100	4400	540	—	—
K类	K01	92	4	4	15.0	1800	1200	—	—	—	—
	K10	92	2	6	14.8	1650	1500	5700	630	5	79.55
	K20	92	2	6	14.8	1550	1700	5000	620	5	79.55
	K30	89	2	9	14.4	1400	1900	4700	580	—	71.18
	K40	88	—	12	14.3	1300	2100	4500	570	5.5	58.82

表2-3　世界主要的硬质合金牌号

ISO		国家标准YB	珠洲基本型	山特维克基本型	肯纳	东芝	三菱	黛杰工业	山高工具
P	01	YT30		SIP	K165	TX05	NX33	SRN	S1F
	10	YT15	YC10	S10	K5H K45	TX10D TX10S	STi10T	SR10 SRT	S10M
	20	YT14	YC20.1	SMA	K29 K45	TX20 TX25		SRT,SR20 DX30	S25M
	30	YT5	YC30 YC30S	SM30 SMA	K21 KM	TX30 UX30		SR30,DX30,DX25	S35M

（续表）

ISO		国家标准 YB	珠洲 基本型	山特维克 基本型	肯纳	东芝	三菱	黛杰工业	山高 工具
P	40		YC40	S6,R4 SMA	K420 K420	TX40	STi20	SR30,DX35	S60M
M	10	YW1	YM10	R1P	K68 K313	TU10		UMN UN10	S10M
M	20	YW2	YM20	H13A	K313 K420,K40	TU20 UX25	UTi20T	DX25 UM20,DTU	H15 S25M
M	30		YM30	H10F	K420 K2S	UX30	UTi20T	DX3,DTU UMS	HX S35M
M	40			R4		TU40		UM40	S60M
K	01	YG3		H1P		TH03	HTi05T	KG03	
K	10	YG6 X	YD10.1 YD10.2	H10A H1P	K68,K6 K313	TH10 G1F	HTi10	KG10,KT9CR1	H15 890
K	20	YG6	YD20	H13A	K1	G2F KS20	HTi20T	KT9,CR1 KG20	883 HX
K	30	YG8			K1	G3		KG30,LF12	

2.1.2.3 涂层刀具材料

硬质合金或高速钢刀具通过化学或物理方法在其表面涂覆一层耐磨性好的难熔金属化合物，这样，既能提高刀具材料的耐磨性，又不降低其韧度。

对刀具表面进行涂覆的方法有化学气相沉积法（CVD 法）和物理气相沉积法（PVD 法）两种。CVD 法的沉积温度约1 000℃，适用于硬质合金刀具；PVD 法的沉积温度约500℃，适用于高速钢刀具。一般涂覆的厚度为5～12μm。

目前涂层材料有：

(1) TiC 涂层　TiC 涂层呈银白色，硬度高（3 200HV）、耐磨性好和有牢固的黏着性。但是，涂层不宜过厚（一般为5～7μm），否则涂层与刀具基体之间会产生脱碳层而使其变脆。

(2) TiN 涂层　TiN 涂层呈金黄色，硬度为2 000HV，有很强的抗氧化能力和很小的摩擦因数，抗刀具前面（月牙洼）磨损的性能比 TiC 涂层强，涂层与刀具基体之间不易产生脆性相，涂层厚度为8～12μm。

(3) Al_2O_3 涂层　Al_2O_3 涂层硬度为3 000HV，耐磨性好、耐热性高、化学稳定性好和摩擦因数小，适用于高速切削。

(4) TiN 和 TiC 复合涂层　里层为 TiC 涂层，外层为 TiN 涂层，从而使其兼有 TiC 的高硬度、高耐磨性和 TiN 的不黏刀的特点，复合涂层的性能优于单层。

另外，还有 TiN-Al_2O_3-TiC 三涂层硬质合金等。

一般而言，在相同的切削速度下，涂层高速钢刀具的耐磨损性能比未涂层的提高2～10倍；涂层硬质合金刀具的耐磨损性能比未涂层的提高1～3 倍。所以，一片涂层刀片可代替几片未涂层刀片使用。

2.1.2.4 陶瓷

陶瓷材料的主要成分是 Al_2O_3。陶瓷是在高压下成形，在高温下烧结而成的。陶瓷的硬度高(90～95HRA)，耐磨性好，耐热性高，在1 200℃时，硬度为 80HRA，摩擦因数小，化学稳定性好。但是，陶瓷的脆性大，抗弯强度低，只有一般硬质合金的1/3左右，不能承受冲击负荷。一般陶瓷刀具多用于精车、半精车或对铸铁的高速切削。陶瓷刀具因其材质的化学稳定性好、硬度高，在耐热合金等难加工材料的加工中有广泛的应用。

为解决陶瓷刀具脆性大的问题，近年研究出一种以 TiC(陶瓷)为基体，Ni、Mo(金属)为结合剂的金属陶瓷。

金属陶瓷刀具最大优点是与被加工材料的亲和性极低，故不易产生黏刀和积屑瘤现象，使加工表面非常光洁平整，在一般刀具材料中可谓精加工用的佼佼者，但由于韧性差而限制了它的使用范围。通过添加 WC、TaC、TiN、TaN 等异种碳化物，使其抗弯强度达到了硬质合金的水平，因而得到广泛的运用。日本黛杰(DIJET)公司新近推出通用性更为优良的 CX 系列金属陶瓷，以适应各种切削状态的加工要求。

2.1.2.5 金刚石

金刚石分为天然和人造两种，天然金刚石数量稀少，所以价格昂贵，应用极少。人造金刚石是在高压、高温条件下由石墨转化而成的，价格相对较低，应用较广。

金刚石的硬度极高(10 000HV)，是目前自然界已发现的最硬物质。耐磨性很好，摩擦因数是目前所有刀具材料中最小的。但是，金刚石耐热性较差，在700～800℃时，将产生碳化，抗弯强度低，脆性大，与铁有很强的化学亲和力，故不宜用于加工钢铁；工艺性差，整体金刚石的切割、刃磨都非常困难，不可能做成任意角度的刀片。目前，金刚石主要用于制成磨具，如金刚石砂轮、金刚石锉刀以及作磨料使用。

2.1.2.6 立方氮化硼

立方氮化硼是由软的六方氮化硼在高压、高温条件下加入催化剂转变而成。立方氮化硼的硬度仅次于金刚石(8 000～9 000HV)，耐磨性好，耐热性高(1 400℃)，摩擦因数小，与铁系金属在(1 200～1 300℃)时还不易起化学反应，但是在高温下与水易发生化学反应。所以，立方氮化硼一般在干切削条件下，对钢材、铸铁进行加工。

立方氮化硼可比金刚石在更大的范围内发挥其硬度高、耐磨性好、耐热性高的特点。目前在生产上制成了以硬质合金为基体的立方氮化硼复合刀片，主要用于对淬硬钢、冷硬铸铁、高温合金、热喷涂材料等难加工材料的精加工和半精加工。其刀具的耐用度是硬质合金或陶瓷刀具的几十倍。

2.2 车削刀具

车刀是金属切削加工应用最广泛的一种刀具。它可用于卧式车床、立式车床、转塔式车床、自动车床和数控车床上加工外圆、内孔、端面、成形回转表面等。车刀的种类很多，按用途可分为外圆车刀、端面车刀、螺纹车刀、镗孔刀、切断刀及成形刀等，如图2-1所示。按结构的不

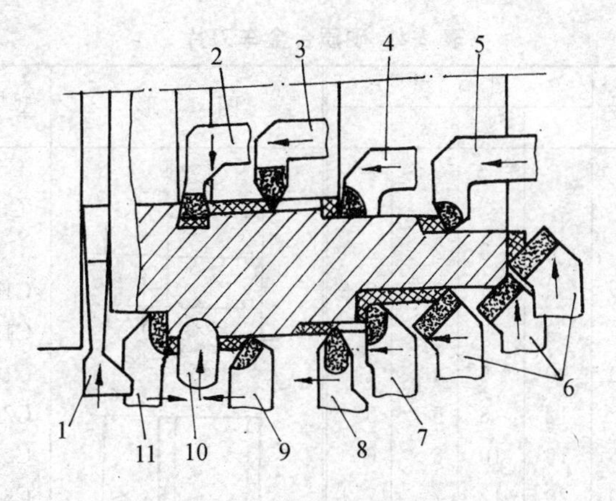

图 2-1 按用途分类的车刀

1-车槽刀； 2-内孔车槽刀； 3-内螺纹车刀； 4-闭孔车刀； 5-通孔车刀； 6-45°弯头车刀；
7-90°车刀； 8-外螺纹车刀； 9-75°外圆车刀； 10-成形车刀； 11-90°左外圆车刀

同,又可分为整体式车刀、焊接式车刀、机夹车刀、可转位车刀和成形车刀等,如图2-2所示。

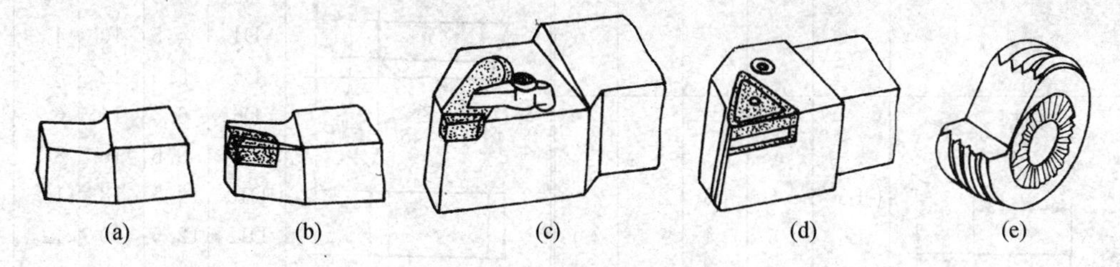

图 2-2 按结构分类的车刀

(a) 整体式车刀； (b) 焊接式车刀； (c) 机夹车刀； (d) 可转位车刀； (e) 成形车刀

整体式车刀一般用高速钢制造,它刃磨方便,使用灵活,但硬度、耐热性较低,通常用于车削有色金属工件,小型车床上车削较小的工件。

焊接式车刀、机夹车刀、可转位式车刀应用广泛,成形车刀结构较复杂,本节将分别对这些车刀进行介绍。

2.2.1 焊接式车刀

焊接式车刀由硬质合金刀片和普通结构钢或铸铁刀杆通过焊接而成。

焊接式车刀结构简单、紧凑,刚性好、抗振性能强,制造、刃磨方便,使用灵活。目前应用仍十分普遍。但是,刀片经过高温焊接,强度、硬度降低,切削性能下降,刀片材料产生内应力,容易出现裂纹等缺陷;刀柄不能重复使用,浪费原材料;换刀及对刀时间较长,不适用于自动车床和数控车床。

焊接式车刀质量的好坏,不仅与刀片材料的牌号、刀具的几何参数有关,还与刀片型号的选择,刀柄形状等有密切关系。

2.2.1.1 刀片

刀片的形状和尺寸用刀片型号来表示。国家对硬质合金刀片型号制定了专门的标准GB/T5244-1985,见表2-4。

表 2-4　硬质合金车刀片

图形	型号	尺寸 l	t	s	r
A 型	A5	5	3	2	2
	A6	6	4	2.5	2.5
	A8	8	5	3	3
	A10	10	6	4	4
	A12	12	8	5	5
	A16	16	10	6	6
	A20	20	12	7	7
	A25	25	14	8	8
	A32	32	18	10	10
	A40	40	22	12	12
	A50	50	25	14	14
B 型	B5	6	3	2	2
	B6	5	4	2.5	2.5
	B8	8	5	3	3
	B10	10	6	4	4
	B12	12	8	5	5
	B16	16	10	6	6
	B20	20	12	7	7
	B25	25	14	8	8
	B32	32	18	10	10
	B40	40	22	12	12
	B50	50	25	14	14
C 型	C5	5	3	2	
	C6	6	4	2.5	
	C8	8	5	3	
	C10	10	6	4	
	C12	12	8	5	
	C16	16	10	6	—
	C20	20	12	7	
	C25	25	14	8	
	C32	32	18	10	
	C40	40	22	12	
	C50	50	25	14	
D 型	D3	3.5	8	3	
	D4	4.5	10	4	
	D5	5.5	12	5	
	D6	6.5	14	6	—
	D8	8.5	16	8	
	D10	10.5	18	10	
	D12	12.5	20	12	
E 型	E4	4	10	2.5	
	E5	5	12	3	
	E6	6	14	3.5	
	E8	8	16	4	
	E10	10	18	5	—
	E12	12	20	6	
	E16	16	22	7	
	E20	20	25	8	
	E25	25	28	9	
	E32	32	32	10	

刀片型号由一个字母和一个或两个数字组成。字母表示刀片形状，数字表示刀片的主要尺寸，如：

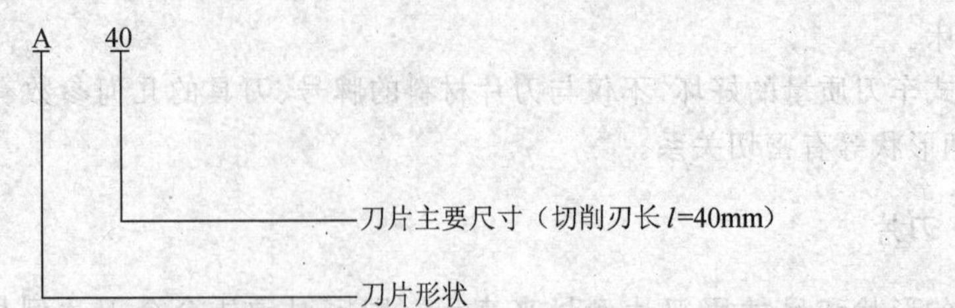

硬质合金刀片的形状分为 A、B、C、D、E 五类。A 类主要用于 90°外圆车刀、端面车刀、镗孔刀；B 类主要用于左切的 90°外圆车刀等；C 类主要用于＜90°外圆车刀、镗孔刀、宽刃精车

刀;D类主要用于切断刀、切槽刀;E类主要用于螺纹车刀、精车刀。

对于刀片形状,主要应根据车刀用途及主偏角的大小来选择。对于刀片尺寸,外圆车刀的刀片长度 l,一般应使参加工作的切削刃长度不超过刀片长度 l 的60%～70%。切断刀或切槽刀的刀片长度可按 $l=0.6\sqrt{d}$ 估算(d 为工件直径)。刀片宽度 t 关系到后面重新刃磨次数和刀头结构尺寸的大小,当切削空间较大时,t 应选择大些。刀片厚度 s 关系到刀片强度和前面重新刃磨的次数,若被加工的材料强度较大,切削层公称横截面积较大,则 s 可大些。

2.2.1.2 刀柄

刀柄的截面形状一般有矩形、正方形、圆形。矩形刀柄广泛用于外圆、端面和切断等车刀。当刀柄高度受到限制时,可采用正方形刀柄。圆形刀柄主要用于镗孔刀。矩形和正方形刀柄的截面尺寸,一般按机床中心高选取,见表2-5。

表2-5 车刀刀柄的选择

1. 刀柄尺寸

H

B

截面形状	尺寸 B×H/mm×mm							
矩形刀柄	10×16	12×20	16×25	20×30	25×40	30×45	40×60	50×80
方形刀柄	12×12	16×16	20×20	25×25	30×30	40×40	50×50	65×65

2. 根据机床中心高选择刀柄尺寸

车床中心高/mm	150	180～200	260～300	350～400
刀柄截面尺寸(矩形) B×H/mm×mm	12×20	16×25	20×30	25×40
刀柄截面尺寸(方形) B×H/mm×mm	16×16	20×20	25×25	30×30

刀柄基本尺寸有刀尖高度,刀柄的宽度 B、高度 H、长度 L,在标准系列中这些都是相对应的,选择时应与所使用的机床相匹配,使车刀装在卧式车床刀架上的刀尖位置处于车床主轴中心线等高位置,如略底一点可以加垫片解决,但对于数控机床,原则上不得加垫片。应根据机床中心高选择刀柄截面尺寸,通常矩形截面的 H∶B≈1.6,这样截面具有较高强度,尽可能避免采用 $H:B\approx1.25$ 或 $H:B\approx2$ 的矩形截面。

刀柄长度可按刀柄高度 H 的 6 倍左右估算,并选用标准尺寸系列,如 100mm、125mm、150mm、175mm 等。注意刀柄的长度应考虑到刀柄需要的悬伸量,悬伸量应尽可能小。刀柄悬伸出刀架的长度约等于刀柄高的1～1.5倍为宜。当刀柄悬伸量过长或在重切削条件下才有必要进行强度和刚度验算。内孔车刀还要考虑能加工的最小孔径等。

为了使硬质合金刀片与刀柄牢固地连接,在刀柄的头部必须开出各种形状的刀槽用来安放刀片,进行焊接。常用的刀槽形状有开口式、半封闭式、封闭式和切口式四种,如图 2-3 所示。

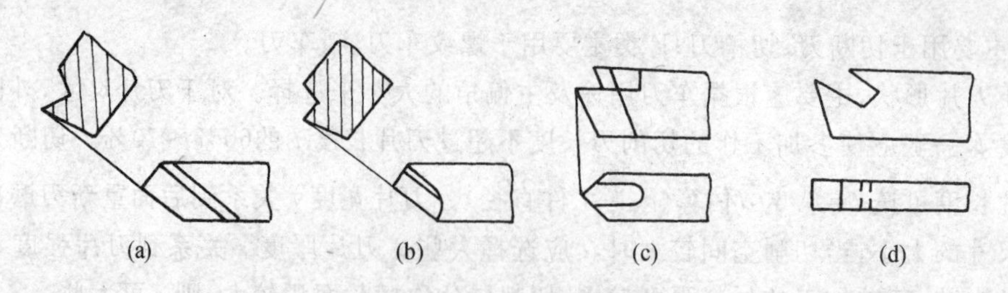

图 2-3 刀槽的形状

(a) 开口式；(b) 半封闭式；(c) 封闭式；(d) 切口式

开口式：制造简单，焊接面积小，焊接应力也小，适用于 C 型刀片。

半封闭式：焊接后刀片较牢固，但焊接应力较大，适用于 A、B 型刀片。

封闭式：增加了焊接面积，使焊接后刀片牢固，但焊接应力大，刀槽制造较困难，适用于 E 型刀片。

切口式：使刀片焊接牢固，但刀槽制造复杂，适用于 D 型刀片。

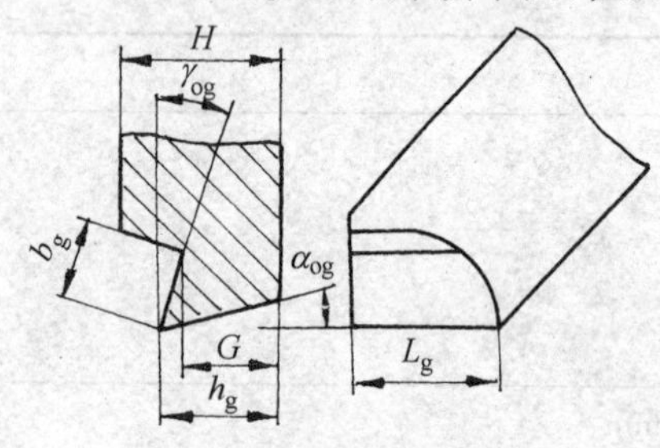

图 2-4 刀槽的尺寸

刀槽的尺寸一般有 hg、bg、Lg，如图 2-4 所示。这些尺寸可通过计算求得或按刀片配制得到。为了便于刃磨，一般要使刀片露出刀槽 0.5～1mm，刀槽前角 $\gamma_{og}=\gamma_o+(5°\sim10°)$，刀槽后角 $\alpha_{og}=\alpha_o+(2°\sim4°)$。

刀柄的头部一般有两种形状，分别称为直头和弯头，如图 2-5 所示。直头形状简单，制造方便。弯头通用性好，能车外圆、端面、倒角等。头部尺寸主要有刀头有效长度 L 和刀尖偏距 m，可按下式估算：

直头车刀：　$m>l\cos\kappa_r$ 或 $(B-m)>t\cos\kappa_r'$

90° 外圆车刀：　$m\approx B/4L\approx1.2L$

45° 弯头车刀：　$m>l\cos45°$

切断刀：　$m\approx l/3, L>R$（R 为工件半径）

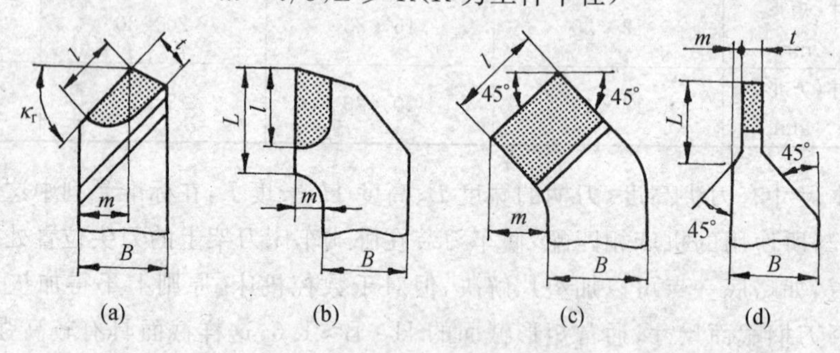

图 2-5 常用车刀头部的形状尺寸

(a) 直头车刀；(b) 90°外圆刀；(c) 45°弯头刀；(d) 切断刀

2.2.2 机夹车刀

机夹车刀是将普通硬质合金刀片用机械方法夹固在刀柄上，刀片磨钝后，卸下刀片，经重新刃磨，可再装上继续使用。

2.2.2.1 机夹车刀的特点

① 刀片不用焊接,避免了因高温焊接而引起的刀片硬度下降,以及产生裂纹等缺陷,因此提高了刀具的使用寿命;

② 缩短换刀时间,提高了生产率;

③ 刀柄可重复多次使用,提高了刀柄寿命,节约了刀柄材料;

④ 有些压紧刀片的压板可起断屑作用;

⑤ 刀片磨钝后,仍需重新刃磨,因此,裂纹的产生不能完全避免。

2.2.2.2 机夹车刀的夹紧结构

常用的机夹式车刀夹紧结构有如下几种:

(1)上压式　如图 2-6 所示。通过压板 2 和压紧螺钉 4 从顶面压紧刀片 5,夹紧可靠。刀垫 6 用来保护刀柄,调节刀片上下位置。调节螺钉 3 可用来调节刀片的纵向和横向位置,调节简便。但其缺点是压板与压紧螺钉可能会妨碍观察切削区的工作情况。

(2) 侧压式　如图 2-7 所示。通过紧固螺钉 3 和楔块 2 将刀片从侧面压紧在刀柄槽内,夹紧可靠。调节螺钉 4 用来调节刀片 1 的位置,调节方便,刀片上无障碍物,便于观察切削区的工作情况。

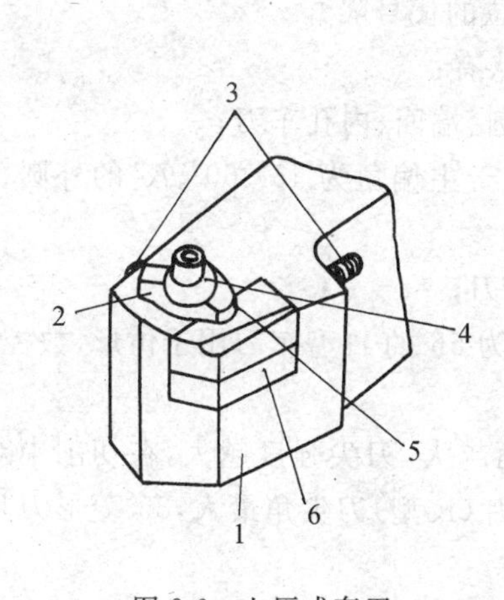

图 2-6　上压式车刀

1-刀柄;　2-压板;　3-调节螺钉;　4-压紧螺钉;5-刀片;　6-刀垫

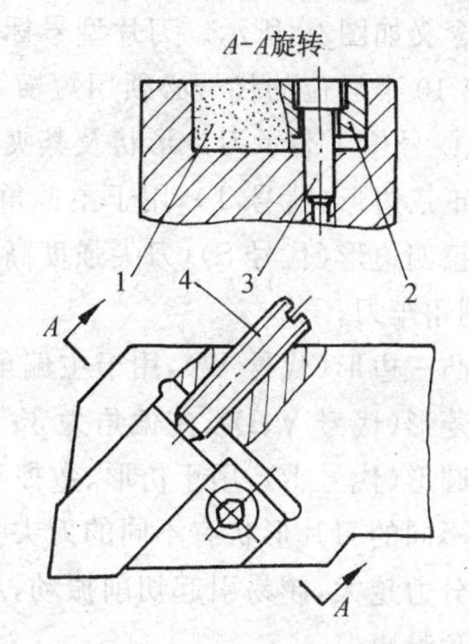

图 2-7　侧压式外圆车刀

1-刀片;　2-楔块;　3-紧固螺钉;　4-调节螺钉

除了上述两种夹紧结构外,还有弹性力夹紧式、切削力夹紧式等。按照结构简单、夹紧可靠、装卸方便、调整快捷等原则,还可以设计出一些新的夹紧结构形式。

2.2.3　可转位车刀

可转位车刀是把硬质合金可转位刀片用机械方法夹固在刀柄上,刀片上具有合理的几何参数和多条切削刃。在切削过程中,当某一条切削刃磨钝以后,只要松开夹紧机构,将刀片转换一条新的切削刃,夹紧后又可继续切削,只有当刀片上所有的切削刃都磨钝了,才需更换新刀片。

2.2.3.1 可转位车刀的特点

(1) 寿命提高　刀片不需焊接和刃磨,完全避免了因高温引起的刀具材料应力和裂纹等缺陷。

(2) 加工质量稳定　刀片、刀柄是专业化生产的,刀具的几何参数稳定可靠,刀片调整、更换重复定位精度较高,从而特别有利于保证大批量生产的质量稳定。

(3) 生产效率高　当一条切削刃或一个刀片磨钝后,只需转换切削刃或更换刀片即可继续切削,减少了调整、换刀的时间,节约了辅助生产时间。

(4) 有利于推广新技术、新工艺　可转位车刀有利于推广使用涂层、陶瓷等新型刀具材料,有利于推广使用先进的数控车床。

(5) 有利于降低刀具成本　刀柄的重复使用,刀具寿命的提高,刀具库存量的减少,可简化刀具管理,降低刀具成本。

为此,国家已把可转位式车刀列为重点推广项目,可转位式车刀是车刀的发展方向。

2.2.3.2 可转位刀片

国家对硬质合金可转位式刀片型号制定了专门的标准 GB/T2076-1987,刀片型号由给定意义的字母和数字的代号按一定顺序位置排列所组成。共有 10 个号位,每个号位的代号所表达的含义如图2-8所示。刀片型号标准规定,任何一个刀片型号都必须用前 7 个号位的代号表示,第 10 个号位的代号必须用短横线"—"与前面号位的代号隔开。

① 号位 1 表示刀片形状及其夹角,最常用的形状有:

正三边形(代号 T),用于主偏角为 60°、90°的外圆、端面、内孔车刀;

正四边形(代号 S),刀尖强度高,散热面积大,用于主偏角为 45°、60°、75°的外圆、端面、内孔、倒角车刀;

凸三边形(代号 W),用于主偏角为 80°的外圆车刀;

菱形(代号 V、D),主偏角为 35°的 V 型、主偏角为 55°的 D 型车刀用于仿形、数控车床;

圆形(代号 R),用于仿形、数控车床。

不同的刀片形状有不同的刀尖强度,一般刀尖角越大,刀尖强度越大,在切削中对工件的径向分力越大,越易引起切削振动,反之亦然。圆刀片(R 型)刀尖角最大,35°菱形刀片(V 型)刀尖角最小。

刀片形状主要依据被加工工件的表面形状、切削方法、刀具寿命和刀具的转位次数等因素来选择。一般在机床刚性、功率允许的条件下,大余量、粗加工应选用刀尖角较大的刀片,反之,机床刚性小、小余量、精加工时宜选用较小刀尖角的刀片。具体使用时可查阅有关刀具手册选取。

② 号位 2 表示刀片主切屑刃后角,常用的刀片后角有 N(0°)、C(7°)、P(11°)、E(20°)等,一般粗加工、半精加工可用 N 型。半精加工、精加工可用 C 型、P 型,也可用带断屑槽形的 N 型刀片。较硬铸铁、硬钢可用 N 型。不锈钢可用 C 型、P 型。加工铝合金可用 P 型、E 型等。加工弹性恢复性好的材料可选用较大一些的后角。一般镗孔刀片,选用 C 型、P 型,大尺寸孔可选用 N 型。车刀的实际后角靠刀片安装倾斜形成。

③ 号位 3 表示刀片偏差等级,刀片的内切圆直径 d,刀尖位置 m 和刀片厚度 s 为基本参数,其中 d 和 m 的偏差大小决定了刀片的转位精度。刀片精度共有 11 级,代号 A、F、C、H、E、

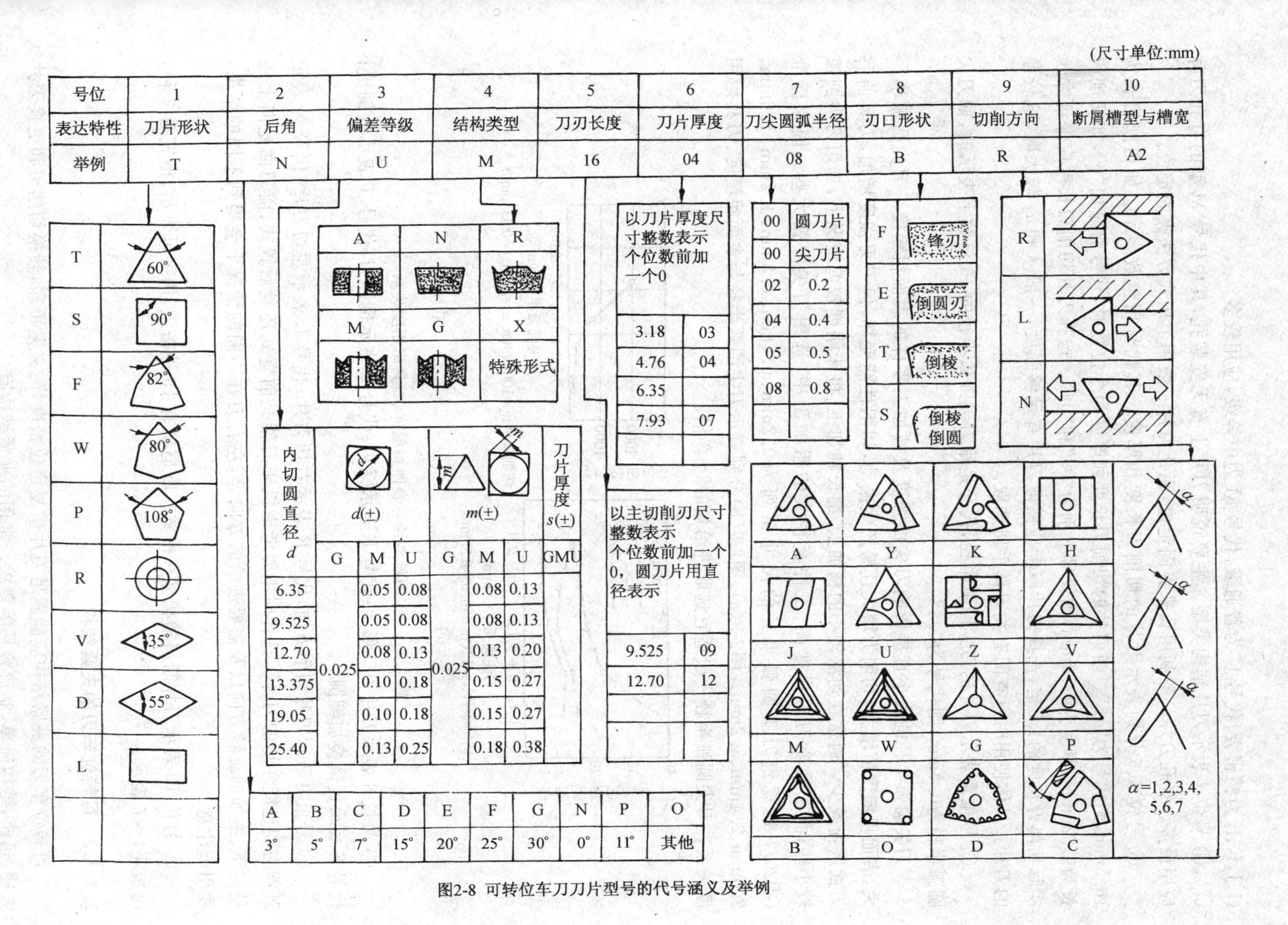

图 2-8　可转位车刀刀片型号的代号涵义及举例

G、J、K、L 为精密级；代号 U 为普通级；代号 M 为中等级，应用较多。

④ 号位 4 表示刀片结构类型。主要说明刀片上有无安装孔，其中代号 M 型的有孔刀片应用最多。有孔刀片一般利用孔来夹固定位，无孔刀片一般用上压式方法夹固定位。

⑤ 号位 5、6 分别表示刀片的切削刃长度和厚度。其代号用整数表示。如切削刃长为 16.5mm，则代号为“16”。当刀片的切削刃长度和厚度为个位数时，代号前应加“0”，如切削刃长为9.526mm，厚度为4.76mm，则代号分别为“09”和“04”。选择刀片切削刃长度应保证大于实际切削刃长度的1.5倍，选择刀片厚度应保证刀片有足够强度，一般 f 和 a_p 较大时，选较厚的刀片。具体使用时可查阅有关刀具手册选取。

⑥ 号位 7 表示刀片的刀尖圆弧半径，代号是用刀尖圆弧半径的 10 倍数字表示的，如刀尖圆弧半径为0.8mm，则代号为“08”。

刀尖圆弧半径的大小直接影响刀尖的强度及被加工零件的表面粗糙度。刀尖圆弧半径大，表面粗糙度值增大，切削力增大且易产生振动，切削性能变坏，但刀刃强度增加，刀具前后刀面磨损减少。通常在切深较小的精加工、细长轴加工、机床刚度较差情况下，选用刀尖圆弧较小些；而在需要刀刃强度高、工件直径大的粗加工中，选用刀尖圆弧大些。国家标准 GB2077-87 规定刀尖圆弧半径的尺寸系列为 0.2mm、0.4mm、0.8mm、1.2mm、1.6mm、2.0mm、2.4mm、3.2mm。图2-9(a)、图2-9(b)分别表示刀尖圆弧半径与表面粗糙度、刀具耐用度关系。刀尖圆弧半径一般适宜选取进给量的2～3 倍。

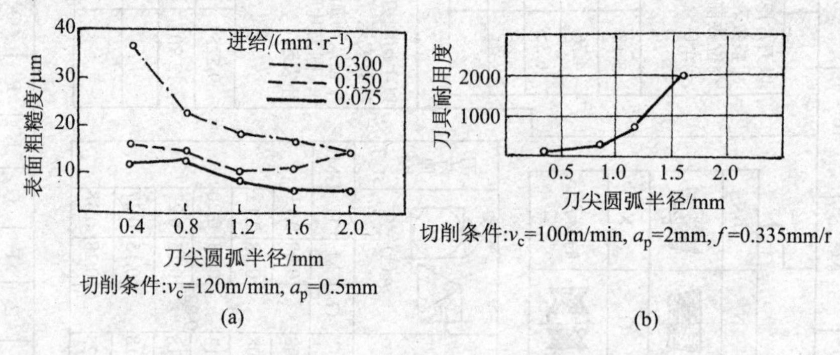

图 2-9　刀尖圆弧半径与表面粗糙度、刀具耐用度关系

⑦ 号位 8 表示刀片刃口形状；代号 F 表示锋刃；代号 E 表示倒圆刃；代号 T 表示负倒棱；代号 S 表示负倒棱加倒圆。

⑧ 号位 9 表示刀片切削方向，代号 R 表示右切刀片；代号 L 表示左切刀片；代号 N 表示既能右切也能左切的刀片。选择时主要考虑机床刀架是前置式还是后置式、前刀面是向上还是向下、主轴的旋转方向以及需要进给的方向等，左右刀在不同的情况下会得到不同的结果，要引起注意。

⑨ 号位 10 表示刀片断屑槽槽型和槽宽。断屑槽有 16 种槽型，用字母表示；槽宽有 7 种，用数字1～7 表示。

2.2.3.3　可转位车刀的夹紧结构

可转位车刀的夹紧结构应能满足刀片重复定位精度好、夹紧可靠，转换切削刃和更换刀片方便、迅速，结构简单，制造容易等要求。常用的夹紧结构有：

(1) 偏心式　偏心式夹紧机构(见图 2-10)是利用偏心自锁力来夹紧刀片的。刀片用偏心销定位，旋转偏心销，使偏心销上端将刀片夹紧在刀槽的侧面上。该结构的特点是结构简单、紧凑，装卸刀片方便快速，但是自锁力不强，一般适用于在中小车床上进行连续平稳的切削。

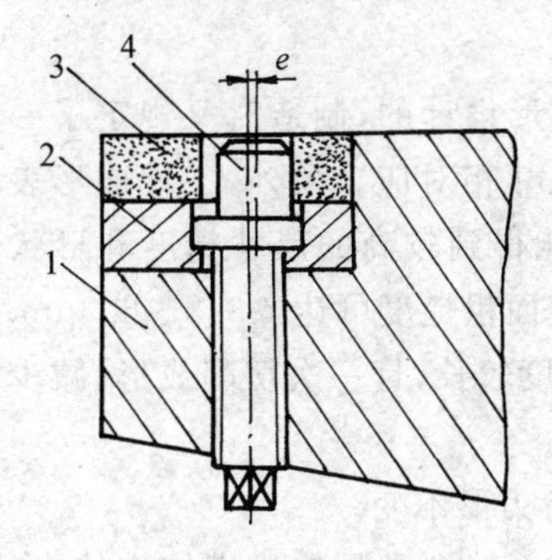

图 2-10　偏心式夹紧机构

1-刀柄；　2-刀垫；　3-刀片；　4-偏心销

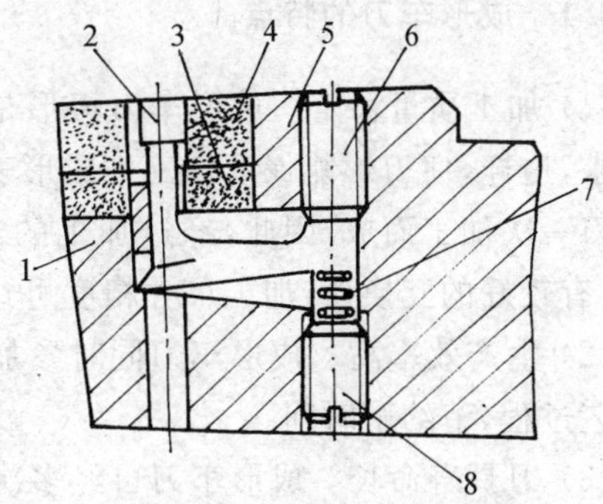

图 2-11　杠杆式夹紧机构

1-弹簧套；　2-杠杆；　3-刀垫；　4-刀片；　5-刀柄；　6-压紧螺钉；　7-弹簧；　8-调节螺钉

(2) 杠杆式　杠杆式(见图 2-11)是利用杠杆原理来夹紧刀片的。通过旋转压紧螺钉，使之朝下移动，推动杠杆摆动，使杠杆的另一端将刀片定位夹紧在刀槽的侧面上。该结构的特点是定位精度高、夹紧可靠；刀片调整、装卸方便；但是结构复杂，制造成本高。

(3) 楔块式　楔块式(见图 2-12)的结构为刀片用圆柱销定位，通过旋紧压紧螺钉，带动带有斜面的楔块朝下压，由于楔块有斜面的一侧与刀槽的斜侧面紧贴，使楔块另一侧面将刀片顶向圆柱销，从而将刀片夹紧。该结构的特点是夹紧可靠，能承受冲击，刀片调整、更换方便，但是定位精度较低。

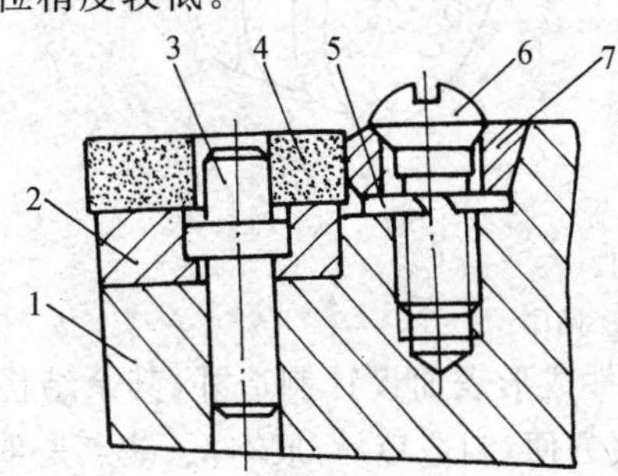

图 2-12　楔块式夹紧机构

1-刀柄；　2-刀垫；　3-圆柱销；　4-刀片；　5-弹簧垫圈；　6-压紧螺钉；　7-楔块

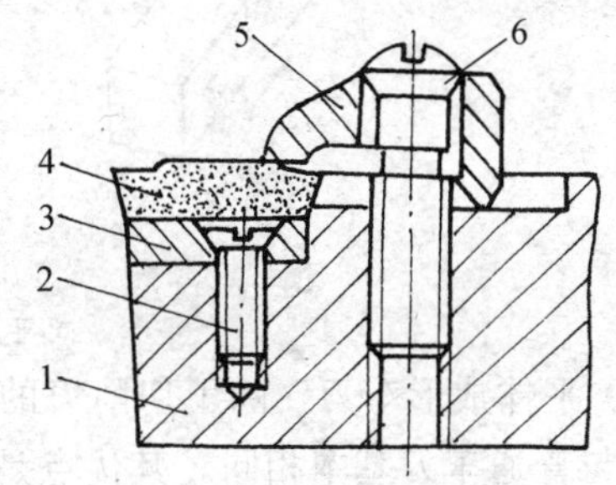

图 2-13　上压式夹紧机构

1-刀柄；　2-螺钉；　3-刀垫；　4-刀片；　5-压板；　6-压紧螺钉

(4) 上压式　上压式(见图 2-13)，主要用于不带孔的刀片，通过压紧螺钉和压板将刀片夹紧。该结构的特点是定位可靠，夹紧力大，结构简单，制造方便，但是对排屑有阻碍作用，适用于粗加工或间断切削的场合。

2.2.4　成形车刀

随着现代科学技术和生产的发展，具有一定精度和互换性要求的回转体成形表面的工件被广泛应用。对于这些工件，如果仍然采用普通车刀来加工，不但要求工人有较高的技术水平，而且劳动强度大，生产率低，质量又不易保证，而采用成形车刀来加工，情况就大不一样了。

成形车刀是加工回转体成形表面的专用刀具，其切削刃形是根据工件廓形设计的，可用在各类车床上加工出回转体的内、外成形表面。

2.2.4.1 成形车刀的特点

(1) 加工质量稳定　成形车刀刃形是根据工件的廓形设计的，制造时又规定了一定的精度要求，这样，使刃形能保证与工件成形表面的形状和尺寸相对应。另外，工件成形表面由成形车刀一次加工而成，因此，经过加工的工件成形表面能得到较高的尺寸精度和形状位置精度，具有较好的互换性，加工尺寸精度可达IT8～IT10，表面粗糙度可达R_a3.2～6.3μm。

(2) 生产效率高　成形车刀同时参加切削的刀刃长度较长，且一次切削成形，减少了复杂的工艺过程，节约了时间。

(3) 刀具寿命长　成形车刀可经多次重磨，仍能保持刃形不变。

(4) 刀具成本较高　成形车刀的设计和制造较复杂。特别是数控机床加工技术的运用，更限制了成形车刀的发展。

2.2.4.2 成形车刀的类型

成形车刀按结构形状可分为平体、棱体和圆体成形车刀三种，如图2-14所示。

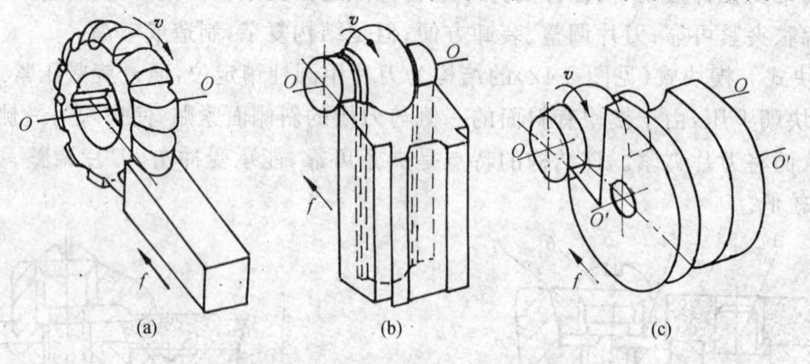

图 2-14　成形车刀

(a) 平体；(b) 棱体；(c) 圆体

(1) 平体成形车刀　除了切削刃的形状必须按工件成形表面设计制造外，其余结构和装夹方法与普通车刀基本相同。其优点是结构简单，装夹方便，制造容易，成本低；缺点是重磨次数少，刚性较差。最常见的有螺纹车刀等。

(2) 棱体成形车刀　刀体外形为棱柱体，棱柱体的一面是成形刃，另一面是用于连接刀柄的燕尾。其优点是切削刃强度高，散热条件好，固定可靠，刚性好，重磨次数比平体成形车刀多；缺点是只能加工外成形表面，制造较复杂。

(3) 圆体成形车刀　刀体外形为回转体，轴心有安装孔，在回转体上开出缺口，形成切削部分。其优点是重磨次数最多，可加工内、外成形表面，制造较容易；缺点是切削刃强度较低，散热条件较差，加工精度比棱体成形车刀差。

2.2.4.3 成形车刀的装夹

工件成形表面的加工质量，不仅与成形刀具的设计制造有关，而且与成形刀具的安装有关。成形车刀是通过专门刀夹安装在机床上的。常用的棱体、圆体成形车刀的装夹结构形式如图2-15、2-16所示。

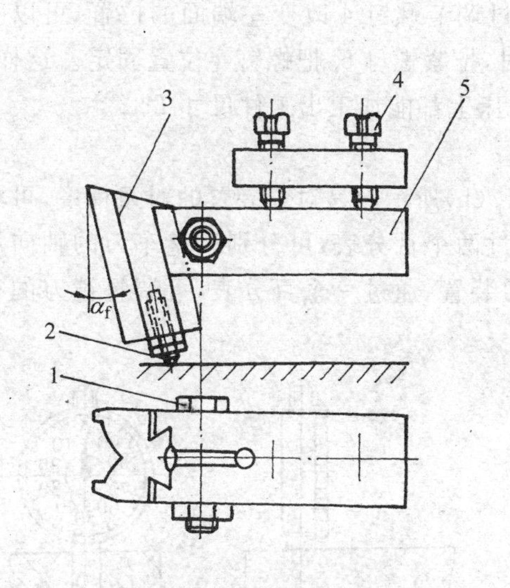

图 2-15 棱体刀的装夹

1-夹紧螺钉； 2-调节螺钉； 3-刀体；
4-螺钉； 5-刀夹

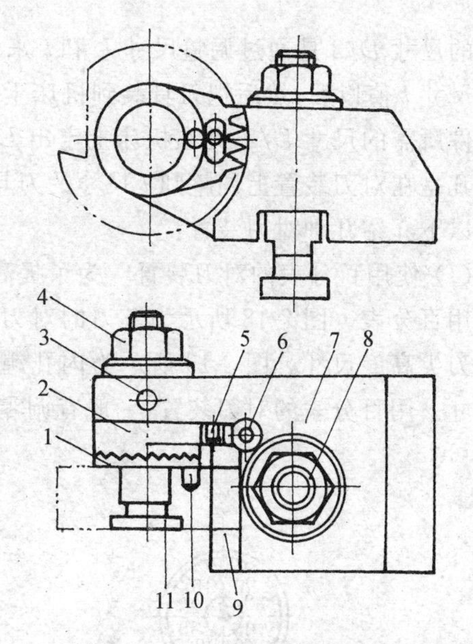

图 2-16 圆体刀的装夹

1-齿盘； 2-扇形板； 3、5、10-销钉； 4-螺母； 6-蜗杆；
7-刀夹； 8-螺钉； 9-刀体； 11-安装轴

如图 2-15 所示，棱体成形车刀 3 以燕尾作为定位基准，装夹在刀夹 5 的燕尾槽内，并用夹紧螺钉 1 夹固，车刀底部的调节螺钉 2 可用来调整刀尖高度，并可增强刀具工作时的刚性。

如图 2-16 所示，圆体成形车刀 9 以内孔作为定位基准，套在安装轴 11 上，并通过销钉 10 与齿盘 1 的端面连接，以防车削受力时转动。齿盘的断面齿与扇形板 2 端面齿相啮合，改变它们之间的位置，可粗调刀尖的高度。扇形板的侧面有几个齿（相当于蜗轮齿），与蜗杆 6 啮合，转动蜗杆，可微调刀尖的高度。销钉 5 是用来限制扇形板转动范围的。当调整完毕后，拧紧夹紧螺母 4，就可将圆体成形刀夹固在刀夹 7 上，刀夹通过螺钉 8 夹固在机床上。

2.2.5 数控机床刀具尺寸的预调（对刀）

为实现刀具的快换，一般要求在数控机床外预先调好刀具尺寸，预调刀具尺寸主要是指轴向尺寸（长度），径向尺寸（直径），切削刃的形状、位置等。这样，在换刀时不需作任何附加调整，换刀后即可进行加工，并能保证加工出合格的零件尺寸。

如图 2-17 所示，是刀具在机床外对刀时的尺寸和刀具装到机床上时的尺寸之间的关系。

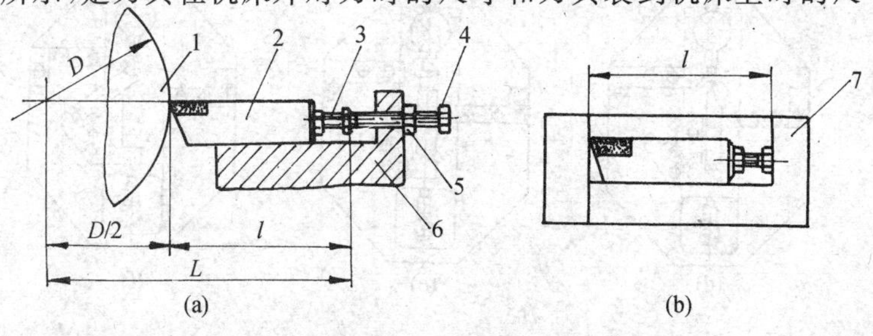

图 2-17 刀具在工作时与对刀时的尺寸关系

(a) 工作状态； (b) 对刀状态

1-工件； 2-刀具； 3-刀具调节螺钉； 4-刀夹调节螺钉； 5-螺母； 6-刀架； 7-对刀装置

工件的尺寸 $D/2$ 是通过调整尺寸 L 和 l 来保证的，调试时，先把刀具放在对刀装置上用螺钉 3 调到尺寸 l 值以后，然后把刀具装到机床上试切，通过调节螺钉 4 改变左端面的位置，可以获得工件所需的尺寸 $D/2$，并在机床上定出 L 值。这时，拧紧螺母 5，把螺钉 4 位置固定。这样，以后凡是在对刀装置上调整到 l 尺寸的刀具，装到机床上都能加工出工件尺寸 $D/2$。

以下介绍几种对刀装置：

(1) 使用百分表的对刀装置　为了提高如图 2-17(b)所示简易对刀装置的对刀精度，可配合使用百分表。图 2-18 所示为车刀的对刀装置，通过两个百分表，可分别调整车刀的轴向尺寸和刀尖高度尺寸。图 2-19 所示为内孔镗刀的对刀装置，通过一个百分表，可调整镗刀的径向尺寸。用百分表的对刀装置，一般有调零的试样。

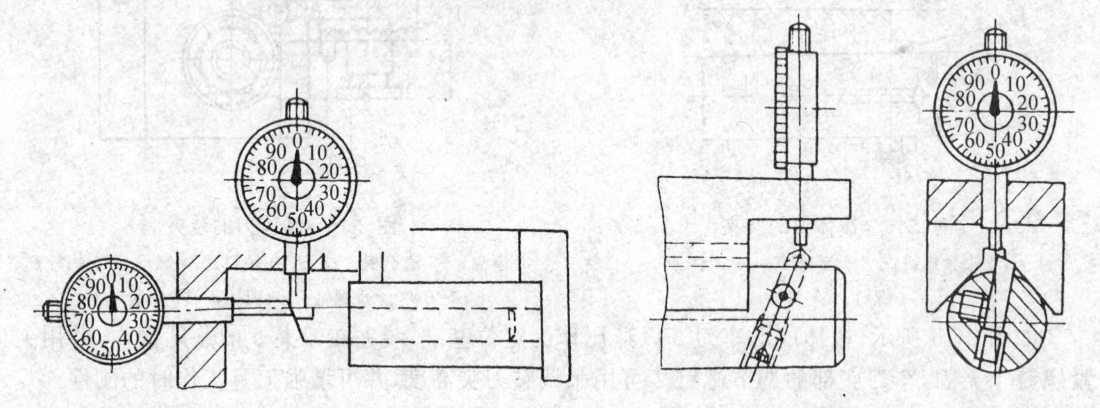

图 2-18　车刀的对刀装置　　图 2-19　内孔镗刀的对刀装置

(2) 多工位对刀装置　如图 2-20 所示，是一个车刀多工位对刀装置，装置中固定有三块对刀板，可以调整数把车刀的轴向尺寸和径向尺寸，如需要还可以添加活动对刀板。

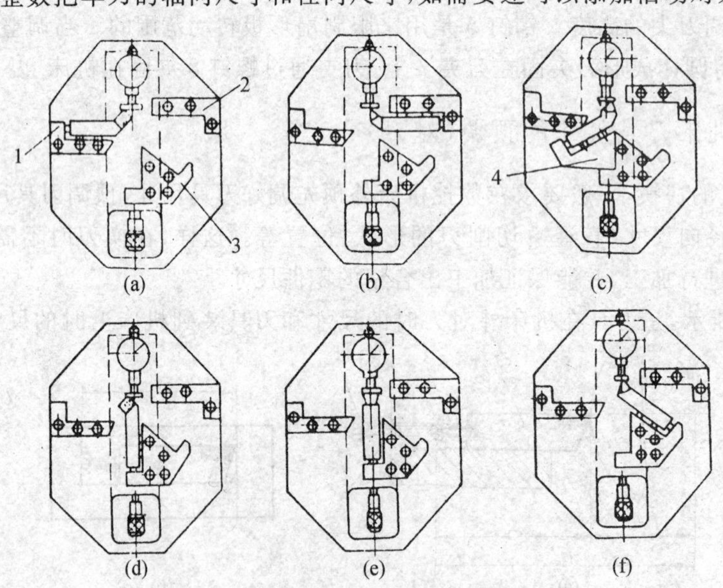

图 2-20　车刀多工位对刀装置

1、2、3-对刀板；　4-活动对刀板

(3) 对刀仪　图 2-21 所示为一台通用型多工位对刀仪，六工位的回转工作台可安装不同规格和类型的刀柄，既可预调镗铣类刀具，也可预调车削类刀具。它用投影屏刻线对刀，用数显装置显示预调尺寸，对刀尺寸精度高。

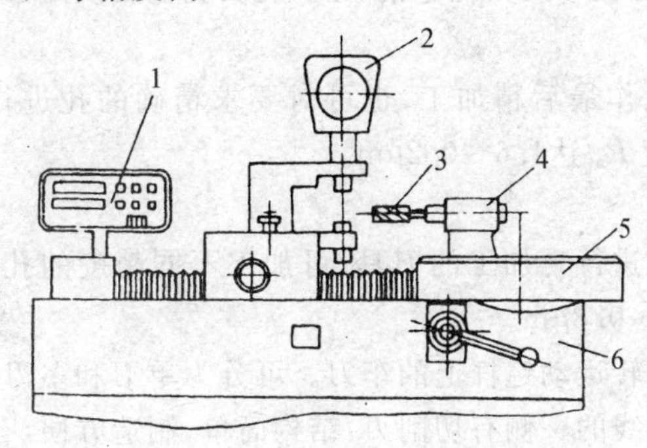

图 2-21 通用型多工位对刀仪

1-数显装置； 2-投影屏； 3-刀具； 4-刀夹； 5-回转工作台； 6-机身

2.3 孔加工刀具

从实体材料上加工出孔或扩大已有孔的刀具称为孔加工刀具。如扁钻、麻花钻、中心钻、深孔钻等可以在实体材料上加工出孔，而扩孔钻、锪钻、铰刀、镗刀等可以在已有孔的材料上进行扩孔加工。

各种孔加工刀具简介如下：

1）扁钻

扁钻是使用最早的钻孔工具。因其结构简单、刚性好、成本低、刃磨方便，故近十几年来经过改进又获得了较多应用，特别是在微孔（$<\phi 1$mm）及大孔（$>\phi 38$mm）加工中更方便、经济。

扁钻有整体式和装配式两种。前者适合于数控机床，常用于较小直径（$<\phi 12$mm）孔加工；后者适用于较大直径（$>\phi 63.5$mm）孔加工。

2）麻花钻

麻花钻是迄今最广泛应用的孔加工刀具。因为它的结构适应性较强，又有成熟的制造工艺及完善的刃磨方法，所以特别是加工$<\phi 30$mm 的孔，麻花钻仍为主要工具。生产中也有将麻花钻作为扩孔钻使用的。

3）中心钻

中心钻是用来加工轴类工件中心孔的，有三种结构形式：带护锥中心钻，无护锥中心钻和弧型中心钻。

4）深孔钻

通常把孔深与孔径之比大于 5～10 倍的孔称为深孔，加工所用的钻头称为深孔钻。

深孔钻有很多种，常用的有：外排屑深孔钻、内排屑深孔钻、喷吸钻及套料钻。

5）扩孔钻

扩孔钻是专门用来扩大已有的孔。它比麻花钻的齿数多（$Z>3$），容屑槽较浅，无横刃，强度和刚度均较高，导向性能、切削性能较好，加工质量和生产效率比麻花钻高，精度可达IT11～IT10级，表面粗糙度 R_a 达6.3～3.2μm。

常用的有高速钢整体扩孔钻，高速钢镶齿套式扩孔钻及硬质合金镶齿套式扩孔钻等。

6）锪钻

常见的锪钻有三种：圆柱形沉头孔锪钻、锥形沉头孔锪钻及端面凸台锪钻。

7）铰刀

铰刀常用来对已有孔作最后精加工，也可对要求精确的孔进行预加工。加工精度可达IT11～IT6级，表面粗糙度 R_a 达1.6～0.2μm。

8）镗刀

镗刀是对工件已有孔进行再加工的刀具，可加工不同精度的孔，加工精度可达IT7～IT6级，表面粗糙度 R_a 达6.3～0.8μm。

镗刀也就是安装在回转运动镗杆上的车刀。可分为单刃和多刃镗刀。

单刃镗刀只在镗杆轴线的一侧有切削刃，结构简单，制造方便，有的带有调整装置，如采用微调装置，可大幅度提高调整精度。

双刃镗刀是镗杆轴线两侧对称装有两个切削刃，可消除径向力对镗孔质量的影响，多采用装配式浮动结构。镗刀头有整体高速钢和硬质合金焊接结构。

孔加工刀具的特点是：

① 大部分孔加工刀具是定尺寸刀具，刀具本身的尺寸精度和形状精度不可避免地对孔的加工精度有重要的影响。

② 孔加工刀具尺寸由于受到被加工孔直径的限制，刀具横截面尺寸较小，特别是用于加工小直径孔和深径比(孔的深度与直径之比的数值)较大的孔的刀具，其横截面尺寸更小，所以刀具刚性差，切削不稳定，易产生振动。

③ 孔加工刀具是在工件已加工表面的包围之中进行切削加工，切削呈封闭或半封闭的状态，因此排屑困难，切削液不易进入切削区，难以观察切削中的实际情况，对工件质量、刀具寿命都将产生不利的影响。

④ 孔加工刀具种类多、规格多。

根据以上所述，加工一个孔的难度要比加工外圆大得多。孔加工刀具的材料、结构、几何要素等将直接影响被加工孔的质量。

本节以麻花钻和铰刀为例，介绍孔加工刀具的有关知识。

2.3.1 高速钢麻花钻

麻花钻形似麻花，俗称钻头，是目前孔加工中应用最广泛的一种刀具。钻头主要用来在实体材料上钻削直径在0.1～80mm的孔，也可用来代替扩孔钻扩孔。钻头是在钻床、车床、铣床、加工中心等机床上对工件进行钻削的。钻头是粗加工刀具，其加工精度一般为IT10～IT13，表面粗糙度R_a6.3～12.5μm。

2.3.1.1 麻花钻的组成

标准麻花钻由工作部分、柄部、颈部三部分组成，如图 2-22 所示。

(1) 工作部分　工作部分是钻头的主要组成部分。它位于钻头的前半部分，也就是具有螺旋槽的部分，包括切削部分和导向部分。切削部分主要起切削的作用，导向部分主要起导向、排屑、切削部分后备的作用，如图2-22(a)、(b)所示。

为了提高钻头的强度和刚性，其工作部分的钻心厚度(用一个假设圆直径—称为钻心直径

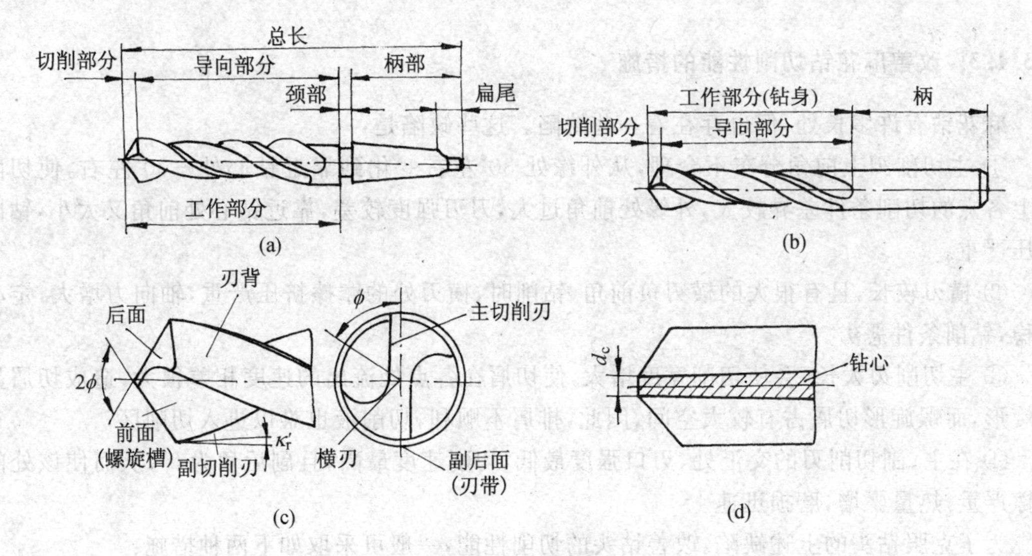

图 2-22　高速钢麻花钻

d_c 表示)一般为(0.125～0.15)d_0(d_0 为钻头直径),并且钻心成正锥形,如图2-22(d)所示,即从切削部分朝后方向,钻心直径逐渐增大,增大量在每 100mm 长度上为1.4～2mm。

为了减小导向部分和已加工孔孔壁之间的摩擦,对直径 1mm 的钻头,钻头外径从切削部分朝后方向制造出倒锥,形成副偏角 κ_r',如图2-22(c)所示。倒锥量在每 100mm 长度上为 0.03～0.12mm。

(2) 柄部　柄部位于钻头的后半部分,起夹持钻头、传递转矩的作用,如图2-22(a)、(b)所示。柄部有直柄(圆柱形)和莫氏锥柄(圆锥形)之分,钻头直径在ϕ13mm以下做成直柄,利用钻夹头夹持住钻头;直径在ϕ12mm以上的做成莫氏锥柄,利用莫氏锥套与机床锥孔连接,莫氏锥柄后端有一个扁尾榫,其作用是供楔铁把钻头从莫氏锥套中卸下,在钻削时,扁尾榫可防止钻头与莫氏锥套打滑。

(3) 颈部　如图 2-22(a)所示,颈部是工作部分和柄部的连接处(焊接处)。颈部的直径小于工作部分和柄部的直径,其作用是便于磨削工作部分和柄部时砂轮的退刀;颈部也起标记打印的作用。小直径的直柄钻头没有颈部。

2.3.1.2　麻花钻切削部分的组成

如图 2-23 所示。

(1) 前面 A_γ　靠近主切削刃的螺旋槽表面。

(2) 后面 A_α　与工件过渡表面相对的表面。

(3) 副后面 A_α'　又称刃带,是钻头外圆上沿螺旋槽凸起的圆柱部分。

(4) 主切削刃 S　前面与后面的交线。

(5) 副切削刃 S'　前面与副后面的交线。

(6) 横刃　两个后面的交线。

钻头的切削部分由两个前面、两个后面、两个副后面、两条主切削刃、两条副切削刃和一条横刃组成。

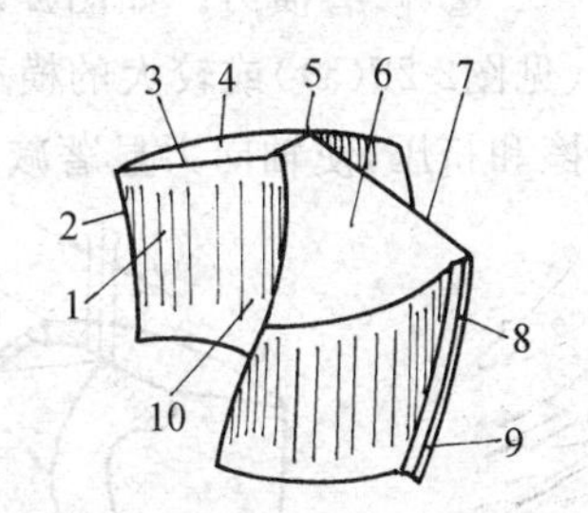

图 2-23　麻花钻切削部分的组成

1-前面；　2、8-副切削刃(棱边)；　3、7-主切削刃；　4、6-后面；　5-横刃；　9-副后面；　10-螺旋槽

2.3.1.3 改善麻花钻切削性能的措施

麻花钻有许多长处，但也存在着一些缺陷。这些缺陷是：

① 主切削刃上前角分布不合理，从外缘处 30°左右变化到靠近钻心处－30°左右，使切削刃上各点的切削条件差异较大，外缘处前角过大，刀刃强度较差，靠近钻心处前角又太小，钻削挤压严重。

② 横刃较长，且有很大的横刃负前角，钻削时，横刃处的摩擦挤压严重，轴向力增大，定心不稳，钻削条件恶劣。

③ 主切削刃太长，会使切削宽度增大，使切屑在各点处流出的速度相差很大，造成切屑呈螺旋形，而螺旋形切屑占有较大空间，因此，排屑不顺利，切削液也难以进入切削区。

④ 在主、副切削刃的交汇处，刃口强度最低，切削速度最高，且副后角为 0°，从而使该处的摩擦严重，热量骤增，磨损迅速。

为了克服钻头的上述缺陷，改善钻头的切削性能，一般可采取如下两种措施：

(1) 麻花钻的修磨　根据麻花钻存在的缺陷，一般采用下列修磨方法：

① 修磨主切削刃。把原来的直线主切削刃修磨成折线或圆弧形，如图 2-24 所示。其优点是刀尖角由 ε_r 增大至 ε_o，使刀尖强度增加和散热条件得到改善，切削刃单位长度上的切削载荷减小，刀具磨损减缓。

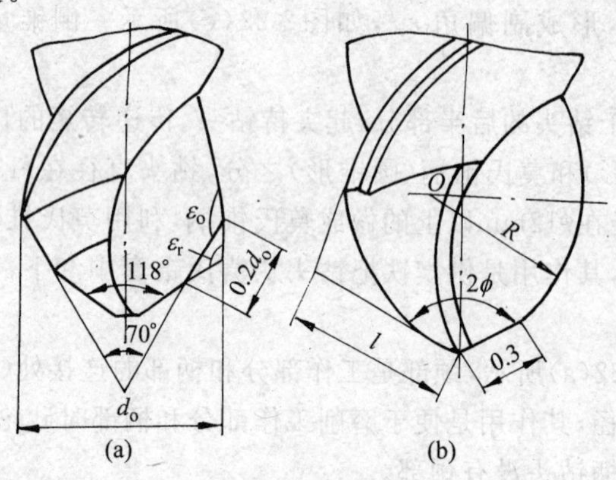

图 2-24　修磨主切削刃

② 修磨横刃。如图 2-25 所示，把原来较长的横刃和很小的横刃前角，修磨成较短的横刃(见图2-25(a))或较大的横刃前角(见图2-25(b)、(c))。其优点是，钻削时减少了横刃处的摩擦和挤压，使轴向力显著减小，定心平稳，从而提高钻孔精度和生产效率。

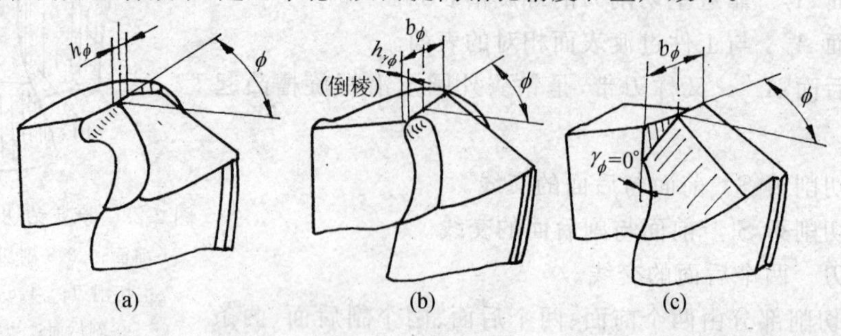

图 2-25　修磨横刃

③ 修磨前面。如图 2-26 所示，把原来的前面修磨成不同形状，可得到不同的效果。如图 2-26(a)所示，修磨主、副切削刃交汇处的前面，将此处的前角磨小，可以增强该处切削刃的强度，避免“扎刀”现象的产生；如图2-26(b)所示，沿主切削刃的前面上磨出倒棱，以增强切削刃的强度，改善切削性能。如图2-26(c)所示，在前面上磨出断屑台，以利于断屑排屑。

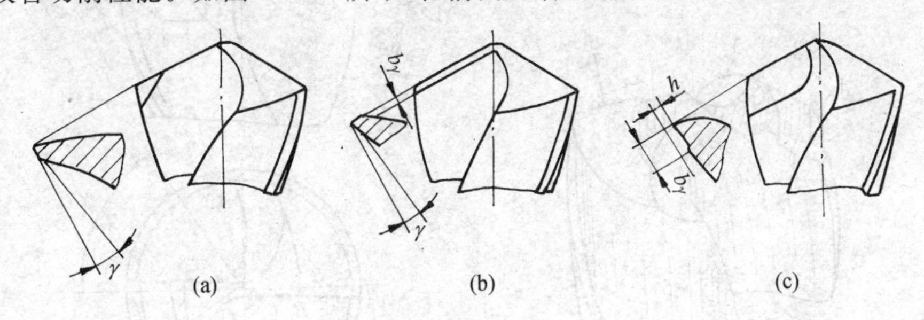

图 2-26　修磨前面

④ 修磨刃带。把原来刃带上 0°的副后角修磨成 6°～8°的副后角。如图 2-27 所示，其结果是减少了刃带与孔壁之间的摩擦，减少了刃带的磨损，有利于提高孔加工的质量。

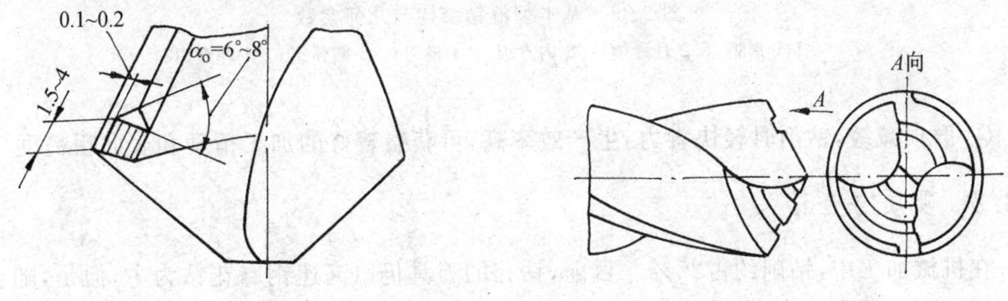

图 2-27　修磨刃带　　图 2-28　开分屑槽

⑤ 开分屑槽。在两个主后面上交错地磨出分屑槽，如图 2-28 所示。钻削时，分屑槽将切屑分割成几条窄而厚的切屑，减少了切屑的卷曲，使排屑通畅；切削液能容易地进入切削区，改善了切削条件，特别是钻削大而深的孔时效果更明显。

(2) 群钻　群钻是我国机械工人在长期的生产实践中，针对标准麻花钻存在的缺陷，综合种种修磨方法和成功经验，设计出的一种先进钻头。为了适应不同工件材料、不同孔径的钻削需要，群钻已形成了多种系列。如图2-29所示，为加工一般钢件、直径为ϕ15～40mm的基本型群钻。它用标准高速钢麻花钻修磨而成。其结构的主要特征是切削刃由七条构成，即内直刃(两条)、圆弧刃(两条)、外直刃(两条)、横刃(一条)；钻尖三个，即原来的钻尖(称中心钻尖)、圆弧刃和外直刃的交点(两个)；分屑槽在一侧的外直刃上磨出，或在两侧外直刃上交错地磨出。中心钻尖的横刃仅比另两个钻尖高出0.03d_0(d_0为钻头外径)，中心钻尖的横刃长度仅为原长的1/4～1/7。基本型群钻在结构上对标准麻花钻作了较大改进，具有以下一些优点：

① 圆弧刃、内直刃和横刃上的前角分别增大 10°、25°、4°～6°左右，使刃口锋利，而且使切削刃上的前角分布趋向合理，提高了切削性能。

② 不仅使横刃的长度缩短，横刃高度降低，而且有三个钻尖，钻削时，轴向力降低了35%～50%，转矩降低了10%～30%，使定心、导向作用明显增强。

③ 圆弧刃和分屑槽把切屑的分段变窄，充分改善切屑的卷曲、折断、排出的效果，使切削液能顺利地进入切削区。

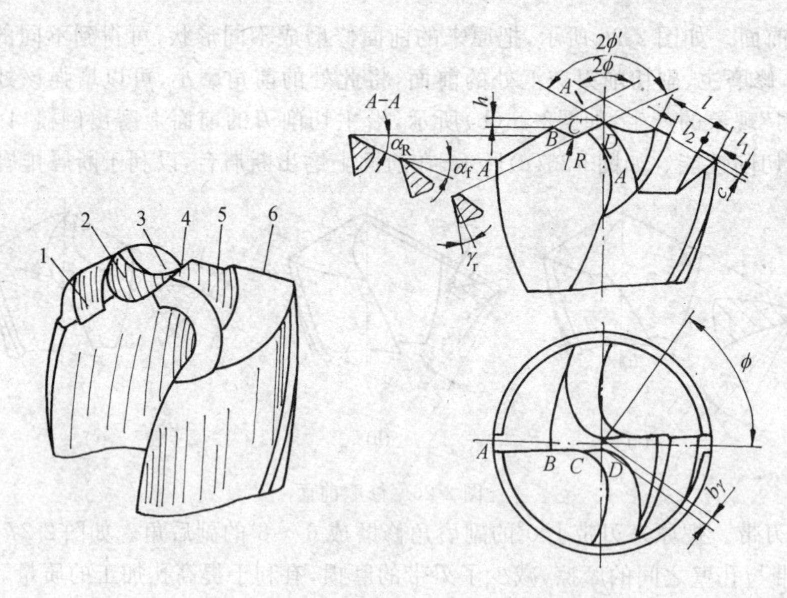

图 2-29 基本型群钻结构与几何参数

1-分屑槽； 2-月牙槽； 3-内直刃； 4-横刃； 5-圆弧刃； 6-外直刃

④ 磨损减缓，钻削时轻快省力，生产效率高，可获得较好的加工精度和表面粗糙度。

2.3.2 硬质合金钻头

在机械加工中，钻削约占25%。目前，钻孔的刀具仍以高速钢麻花钻为主，但是，随着高速度、高刚性、大功率的数控机床、加工中心的应用日益增多，高速钢麻花钻已满足不了先进机床的使用要求。于是在 20 世纪 70 年代出现了无横刃硬质合金钻头和硬质合金可转位浅孔钻头等，其结构和参数与高速钢麻花钻相比发生了根本的变革，适用于高速度、大功率的切削，因此，硬质合金钻头日益受到人们的重视。

2.3.2.1 无横刃硬质合金钻头

(1) 无横刃硬质合金钻头的结构　如图 2-30 所示。无横刃硬质合金钻头的外形与标准高速钢麻花钻相似，在合金钢钻体上开出螺旋槽，其螺旋角比标准麻花钻略小($\beta=20°$)，钻心直径略粗，在钻体顶部焊有两块韧性好、抗黏结性强的硬质合金刀片，两块刀片在钻头轴心处留有 $b=0.8\sim1.5$mm 的间隙。为了保证钻尖的强度，在靠近钻头轴心处的两块刀片切削刃被磨成圆弧形或折线形，而不靠近钻头轴心处的两块刀片切削刃被磨成直线形；圆弧刃或折线刃 B 处前角 $\gamma_{0B}=18°\sim20°$，直线刃 A 处前角为 $\gamma_{0A}=25°\sim28°$，在切削刃上磨出一定宽度的倒棱 b_{r1}，以改善刃口的强度和散热条件；在前面处开出断屑台，以利于排屑；两条切削刃所形成的顶角为 $2\phi=125°\sim145°$，硬质合金刀片外缘处留有刃带，而合金钢钻体直径比硬质合金刀片外缘直径小，从而减少了钻削时无横刃硬质合金钻头与孔壁的摩擦。

(2) 无横刃硬质合金钻头的特点

① 轴向力降低。由于无横刃且各段切削刃处前角均为正值，大大改善了钻削条件，使轴向力明显减小，如钻削 45 钢时，其轴向力比标准麻花钻降低了34%～45%。

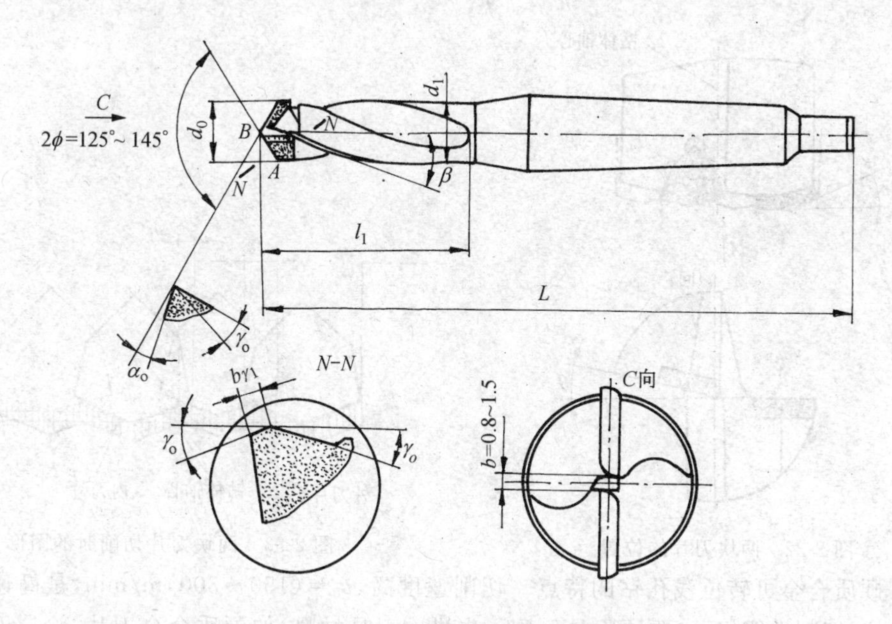

图 2-30　无横刃硬质合金钻头

② 切削速度提高。其切削速度达到 1～1.5m/s，是高速钢麻花钻的 2～5 倍，使生产率提高。

③ 刀具磨损小。由于刀具采用了硬质合金材料，且有较合理的几何参数，所以，刀具磨损显著减缓。如钻 100 件 45 钢工件，如用高速钢麻花钻加工，后面磨损量为0.9～1.2mm，而用无横刃硬质合金钻头钻削，后面磨损量为0.1～0.2mm。

④ 加工质量提高。由于刀具无横刃，切削刃上前角分布趋向合理，刃带与孔壁接触面积减小，所以能使工件加工质量提高。

⑤ 刀具制造复杂。对硬质合金刀片的焊接要求高。另外，刀具仅适合于在工艺系统刚性好的条件下进行钻削。

2.3.2.2　硬质合金可转位浅孔钻

(1) 硬质合金可转位浅孔钻的结构　如图2-31所示，硬质合金可转位浅孔钻的钻体为合金钢，在钻体上开有两条螺旋槽或直槽。在槽的前端开有凹坑，通过沉头螺钉装夹两块硬质合金可转位刀片，也可装夹切削性能更好的涂层刀片。刀片的形状常采用凸三边形(等边不等角六边形)，三边形、四边形等。两块刀片径向位置相互错开，以便切除孔底全部金属，如图2-32所示。靠近钻体轴心的刀片称为内刀片，远离钻体轴心的刀片称为外刀片。内、外刀片不是按 180°对称配置的，而是如图2-32中的 A 向视图所示，采取偏置 θ 角的方法来配置的。内、外刀片应有搭接量 Δr(径向交错量)，如图2-33所示。一般 $\Delta r=2\sim5$mm，预设搭接量的目的是切除孔底的全部金属。为了能保护外刀片的后备刀尖不发生磨损(即后备刀尖不参加切削工作。因为刀片转位以后，后备刀尖将成为钻头的刀尖，保护它，对于刀片转位后的加工质量、钻头的寿命至关重要)，内刀片的后备刀尖不通过钻头轴心，而与钻头轴心保持 Δh 的距离，一般 $\Delta h=0.01\sim0.02d_0$(d_0 为钻头直径)。Δh 的作用也是保护内刀片的后备刀尖不发生磨损。

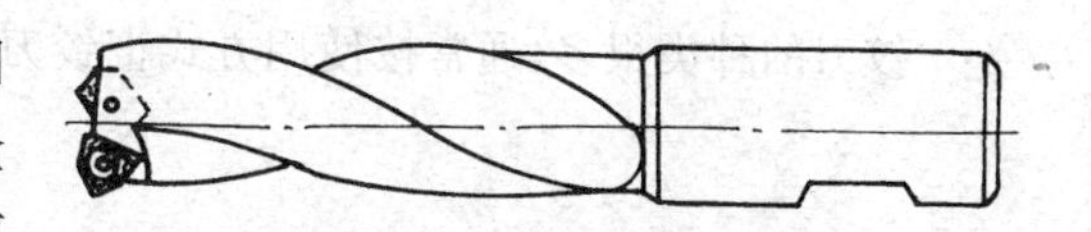

图 2-31　硬质合金可转位浅孔钻

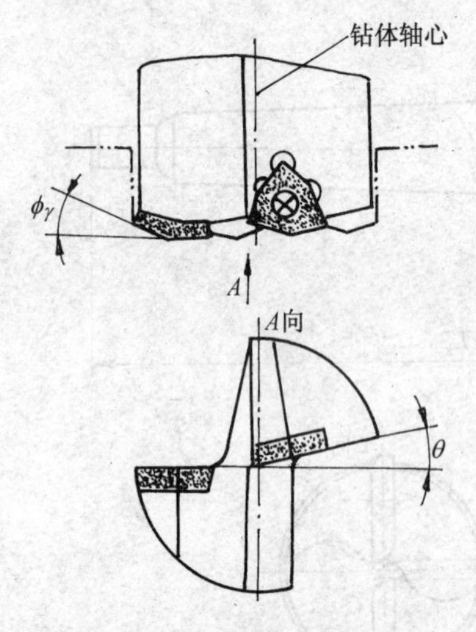

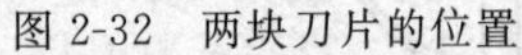

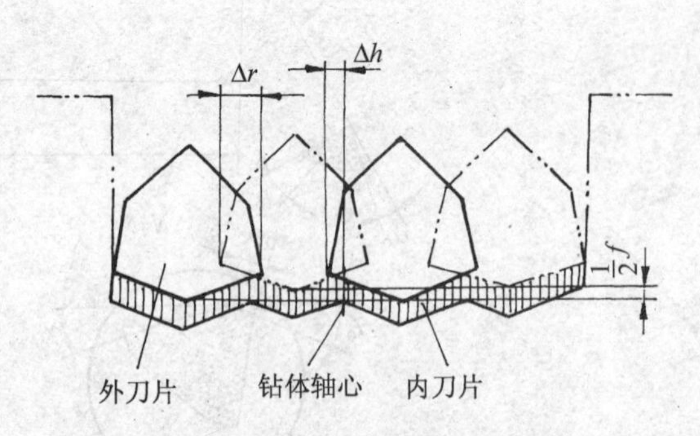

图 2-32　两块刀片的位置　　　图 2-33　两块刀片切削时的图形

(2) 硬质合金可转位浅孔钻的特点　切削速度高，$v_c=(150\sim300)\mathrm{m/min}$，是高速钢钻头的3～10 倍；切削性能好，主要原因是采用了先进的刀具材料，如硬质合金刀片、涂层刀片和陶瓷刀片等；更换调整刀片方便，大大节约了辅助时间；目前硬质合金可转位浅孔钻的加工孔径范围是$\phi16\sim\phi60\mathrm{mm}$，孔深最高不超过$3.5\sim4d_0$。该钻头不仅可用于实心材料上的钻孔，也可用于扩孔；特别适用于数控机床和加工中心上使用。

2.3.3　铰刀

铰刀是对已有孔进行精加工的一种刀具。铰削切除余量很小，一般只有0.1～0.5mm。铰削后的孔精度可达IT6～TI9，表面粗糙度可达$R_a0.4\sim1.6\mu\mathrm{m}$。铰刀加工孔直径的范围从$\phi1\sim\phi100\mathrm{mm}$，它可以加工圆柱孔、圆锥孔、通孔和盲孔。它可以在钻床、车床、数控机床等多种机床上进行铰削。铰刀是一种应用十分普遍的孔加工刀具。

2.3.3.1　铰刀的种类

铰刀的种类很多，通常按使用方式把铰刀分为手用铰刀和机用铰刀，如图2-34、图2-35所示。

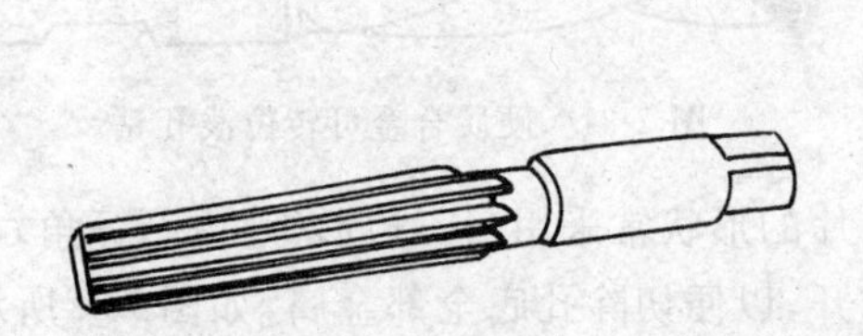

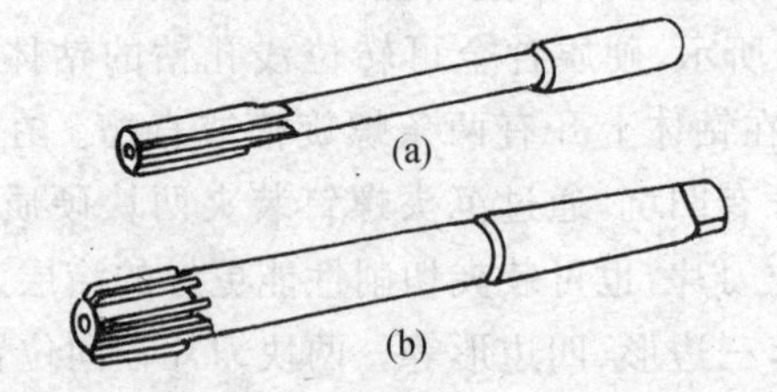

图 2-34　手用铰刀　　　图 2-35　机用铰刀

手用铰刀的刀齿部分较长，用专用扳手套在铰刀尾部的方榫上，通过手动旋转和进给，使铰刀进行切削，由于手用铰刀切削速度低，所以加工孔的精度和表面粗糙度质量较好；机用铰刀的刀齿部分较短，由机床夹住铰刀的柄部，并带动旋转和进给（或工件旋转，铰刀进给），使铰刀进行切削。由于机用铰刀的切削速度相对较高，所以生产效率高。

此外，铰刀还可按刀具材料分为高速钢铰刀和硬质合金铰刀；按加工孔的形状分为圆柱铰刀（见图2-34）和圆锥铰刀（见图 2-36）；按铰刀直径调整方式分为整体式铰刀和可调式铰刀，如

图 2-36、图2-37所示。

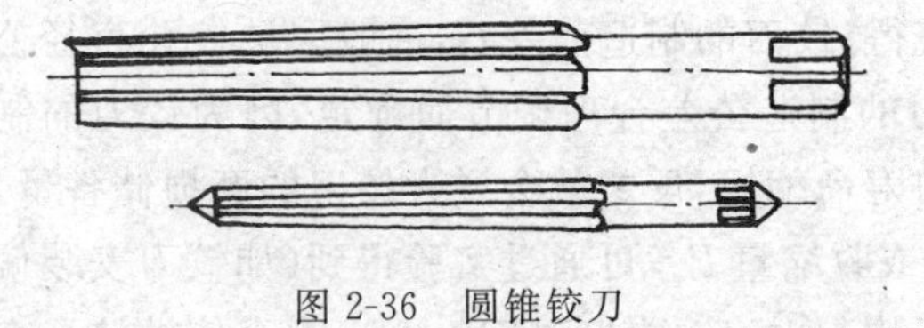

图 2-36　圆锥铰刀　　　　图 2-37　可调节式铰刀

2.3.3.2　铰刀的组成

铰刀由工作部分、柄部和颈部三部分组成，如图 2-38 所示。

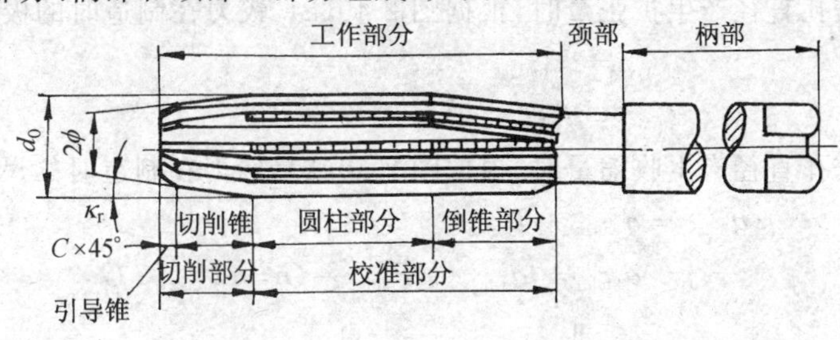

图 2-38　铰刀的组成

工作部分分为切削部分和校准部分。切削部分又分为引导锥和切削锥。引导锥使铰刀能方便地进入预制孔。切削锥起主要的切削作用。校准部分又分为圆柱部分和倒锥部分，圆柱部分起修光孔壁、校准孔径、测量铰刀直径以及切削部分的后备作用。倒锥部分起减小孔壁摩擦、防止铰刀退刀时孔径扩大的作用。柄部是夹固铰刀的部位，起传递动力的作用。手用铰刀的柄部均为直柄（圆柱形），机用铰刀的柄部有直柄和莫氏锥柄（圆锥形）之分。颈部是工作部分与柄部的连接部位，用于标注打印刀具尺寸。

2.3.3.3　铰刀的结构要素

以图 2-39 所示的整体圆柱机用铰刀为例，铰刀结构要素说明如下。

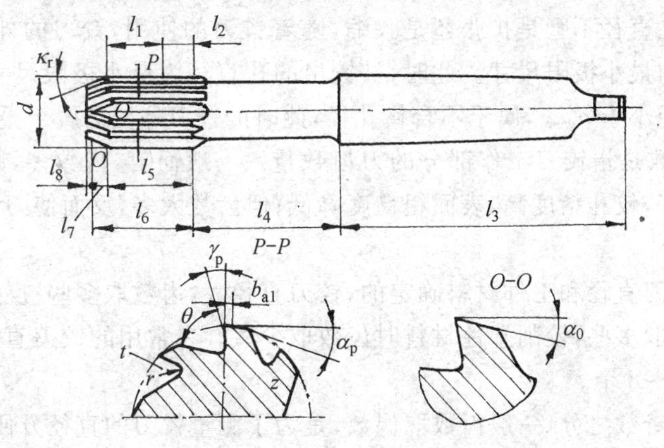

图 2-39　铰刀结构

(1) 直径与公差　铰刀的直径和公差是指校准部分中圆柱部分的直径和公差。由于被铰孔的尺寸和形状的精度最终是由铰刀的直径和公差决定的，因此，铰刀直径的基本尺寸 d_0 应等于被铰孔直径的基本尺寸 d_w，而铰刀直径的公差与被铰孔直径的公差 IT、铰刀本身的制造

公差 G、铰刀使用时所需的磨损储备量 N、铰削后被铰孔直径扩张量 P 或收缩量 P_a 有关。

被铰孔直径的公差 IT，可通过查阅公差表获得；铰刀的制造公差 G，一般取被铰孔直径公差的1/3～1/4；铰刀的磨损储备量 N，通过与铰刀的制造公差合理调节而确定，因为铰刀的制造公差大了，就会减小铰刀的磨损储备量，使铰刀寿命缩短，反之就会增大铰刀的磨损储备量，使铰刀的制造难度增加；被铰孔直径的扩张量 P 或收缩量 P_a，可通过实验得到(如铰刀安装偏离机床旋转中心、刀齿径向跳动较大、切削余量不均匀、机床主轴间隙过大等，都会使被铰孔直径扩张；而当铰削薄壁工件、硬质合金铰刀高速铰削时，由于弹性变形和热变形，被铰孔直径会收缩)。

当铰削后被铰孔直径产生扩张量时，根据图 2-40(a)，铰刀在制造时的极限尺寸应为：

$$d_{0\max} = d_{w\max} - P_{\max}$$

$$d_{0\min} = d_{w\max} - P_{\max} - G = d_{0\max} - G$$

当铰削后被铰孔直径产生收缩量时，根据图 2-40(b)，铰刀在制造时的尺寸应为：

$$d_{0\max} = d_{w\max} + P_{a\min}$$

$$d_{0\min} = d_{w\max} + P_{a\min} - G = d_{0\max} - G$$

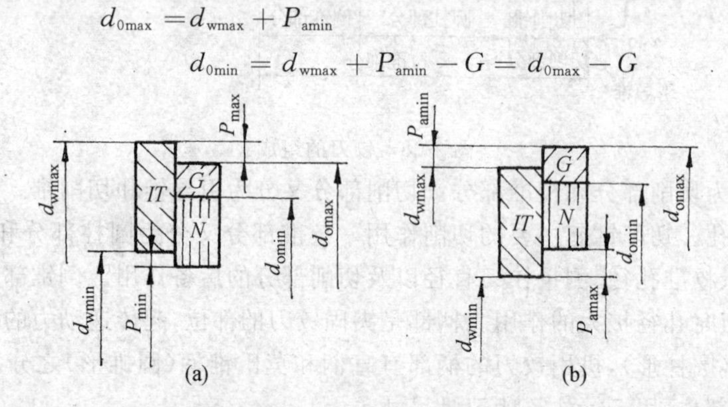

图 2-40　铰刀直径公差的分布

$d_{w\max}$-孔的最大极限尺寸；　$d_{w\min}$-孔的最小极限尺寸；　$d_{0\max}$-铰刀最大极限尺寸；　$d_{0\min}$-铰刀最小极限尺寸；

$P_{\max}$-孔的最大扩张量；　$P_{\min}$-孔的最小扩张量；　$P_{a\max}$-孔的最大收缩量；　$P_{a\min}$-孔的最小收缩量；

IT-孔的公差；　G-铰刀制造公差；　N-铰刀磨损储备量

铰削后，被铰孔直径不管是扩张还是收缩，随着铰刀的使用，铰刀的外径磨损至 $d_{o\min} - N$ 时，即为铰刀使用的最小极限尺寸。此时，被铰出的孔直径为最小极限尺寸 $d_{w\min}$，若铰刀再继续使用，被铰孔直径小于 $d_{w\min}$，属于不合格孔径，此时的铰刀外径已属于报废的尺寸。

(2) 齿数　齿数是指铰刀工作部分的刀齿数量。一般而言，齿数多，则每齿切削载荷小，工作平稳，导向性好，铰孔精度高，表面粗糙度降低；但齿数太多，反而使刀齿强度下降，容屑空间减小，排屑不畅。

齿数是根据铰刀直径和工件材料确定的，铰刀直径大，齿数取多些；反之，齿数取少些。铰削脆性材料时齿数取多些，铰削塑性材料时齿数取少些。在常用的铰刀直径 $d_0 = 6 \sim 40\text{mm}$ 范围内，齿数一般取4～8 个。

齿数有偶数和奇数之分，一般齿数取偶数，是为了测量铰刀的直径方便。有时齿数也取奇数，这是为了增大小直径铰刀的刀齿强度，扩大容屑空间。

(3) 刀齿的分布　刀齿在圆周上的分布有等齿距和不等齿距两种形式，如图 2-41 所示。

等齿距铰刀，如图 2-41(a)所示。齿间角 W 均相等，制造容易，测量方便，应用广泛。但是在铰削过程中，当铰刀的刀齿遇到黏滞在孔壁上的切屑或工件材料中夹杂着硬点或软点时，刀齿所受的载荷将发生周期性的变化，即每一刀齿会周期性地进入前一刀齿所形成的刀痕中去，使加工表面留下纵向刻痕，降低了孔壁质量。

不等齿距铰刀，如图 2-41(b)所示。相邻的齿间角 W 不相等，但对顶角相等，在铰削过程中，由于每瞬时各刀齿都处在新的位置，避免了每一刀齿周期性进入前一刀齿所形成的刀痕中去，从而提高了铰削孔的质量，在铰削大直径的孔时，质量的提高会更明显。

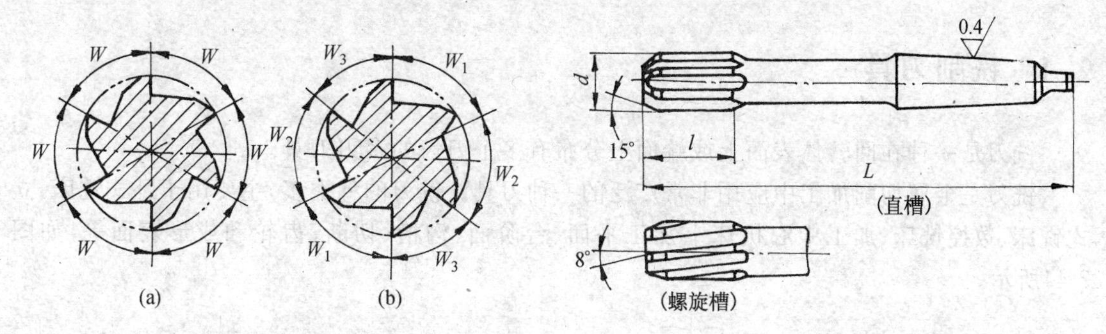

图 2-41　刀齿的分布

(a) 等齿距铰刀；(b) 不等齿距铰刀

图 2-42　铰刀齿槽的方向

(4) 齿槽方向　铰刀的齿槽方向有直槽(直齿)和螺旋槽(螺旋齿)两种形式，如图 2-42 所示。

直槽铰刀：制造方便，刃磨容易，检测简单，应用广泛。

螺旋槽铰刀：切削平稳，排屑性能提高，铰削孔质量好，特别是铰削孔壁上有键槽或不连续内表面时，可避免发生铰刀被卡住或刀齿崩裂的现象。

螺旋槽铰刀有右旋和左旋之分，如图 2-43 所示。右螺旋槽铰刀因其向已加工表面排屑，故适用于铰削盲孔；左螺旋槽铰刀因其向待加工表面排屑，故适用于铰削通孔。

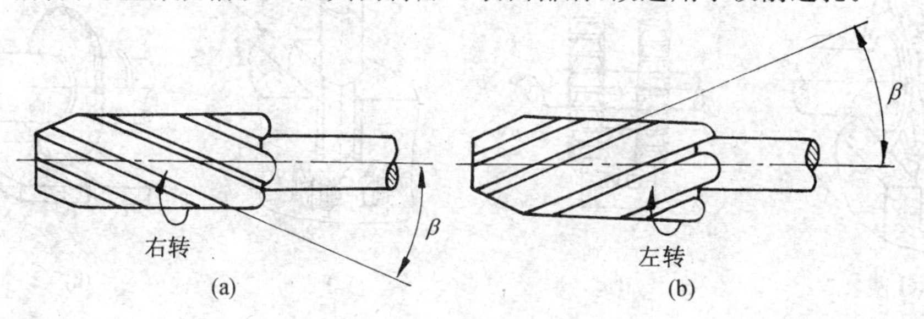

图 2-43　螺旋槽铰刀

(a) 右螺旋槽；(b) 左螺旋槽

(5) 几何角度

① 主偏角 κ_r。如图 2-39 所示，主偏角的大小对铰削时的导向性、轴向力、铰刀切入切出孔的时间等有影响。主偏角较小时，铰刀的导向性好，轴向力小，铰削平稳，有利于被铰孔的精度和表面粗糙度的质量提高；但铰刀切入切出孔的时间增加，不利于生产率的提高，难以铰出孔的全长。

主偏角大小的确定，主要取决于铰刀的种类、孔的结构、工件的材料等。手用铰刀 $\kappa_r=1°$ 左右；机用铰刀加工钢件时 $\kappa_r=12°\sim15°$，加工铸铁时 $\kappa_r=3°\sim5°$，加工盲孔时 $\kappa_r=45°$左右。

② 前角 γ_p。铰刀前角规定在背平面内度量，如图 2-39 所示。由于铰削余量很小，切屑也就很小很薄。铰削时，切屑与铰刀前面接触很少。因此前角大小对切削变形影响不明显，为增强刀齿强度和制造方便，前角一般取 $\gamma_p=0°$。

③ 后角 $\alpha_p(\alpha_o)$。铰刀校准部分的后角规定在背平面内度量，切削部分的后角规定在正交平面内度量，如图 2-39 所示。铰削时，由于切削厚度很小，铰刀磨损主要发生在后面上，为减轻磨损，按理应取较大后角。但是，铰刀是定尺寸刀具(即刀具尺寸直接决定工件尺寸)，过大的后角在铰刀重磨后其直径很快减小，从而降低铰刀的使用寿命。为此，铰刀的后角在切削部分一般取6°～10°，校正部分略大些，取10°～15°。

2.4 铣削刀具

铣刀是一种在回转体表面上或端面上分布有多个刀齿的多刃刀具。

铣刀是金属切削加工中应用非常广泛的一种刀具。铣刀的种类多，主要用于卧式铣床、立式铣床、数控铣床、加工中心机床上加工平面、台阶面、沟槽、切断、齿轮和成形表面等，如图 2-44所示。

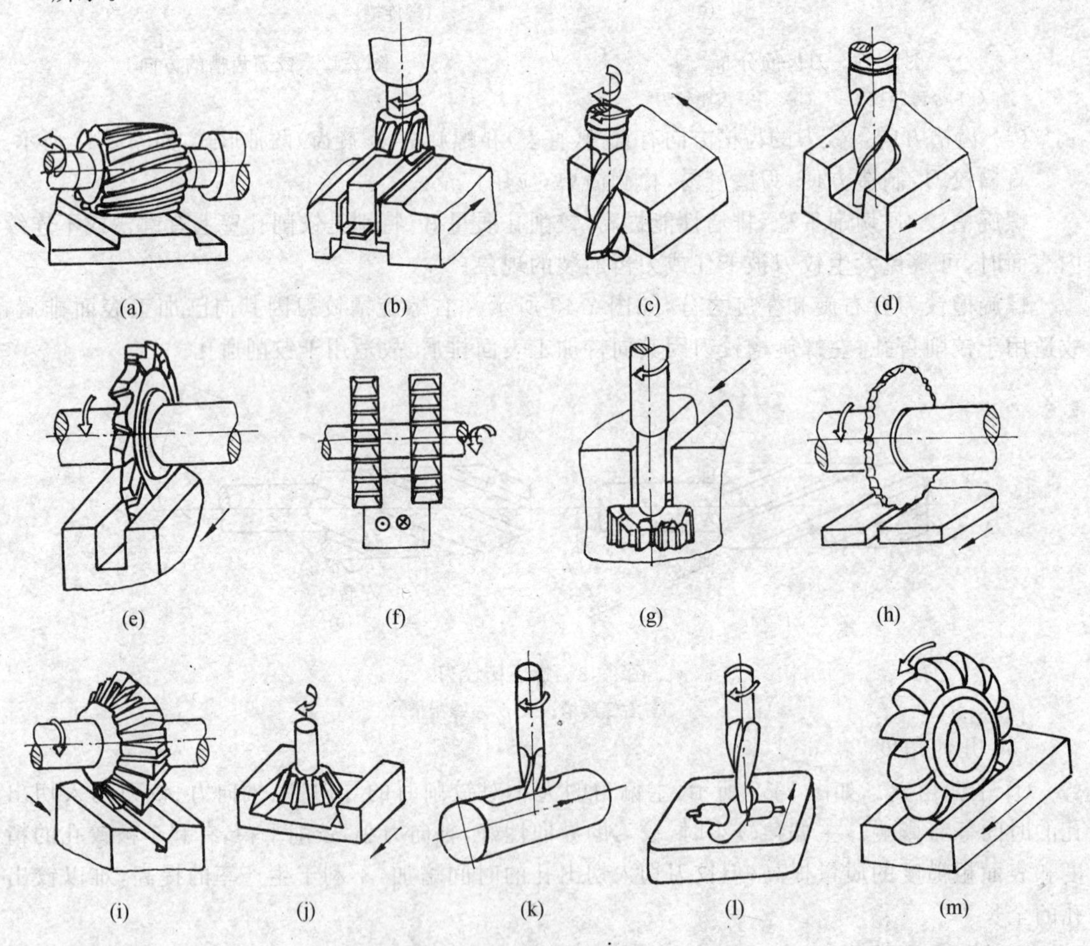

图 2-44　铣刀加工的部分内容

(a) 圆柱铣刀铣平面；(b) 面铣刀铣平面；(c) 立铣刀铣侧平面；(d) 立铣刀铣槽；(e) 三面刃铣刀铣槽；(f) 三面刃铣刀铣台阶面；(g) T 形刀铣 T 形槽；(h) 锯片铣刀切断工件；(i) 角度铣刀铣角度；(j) 角度铣刀铣燕尾槽；(k) 键槽铣刀铣键槽；(l) 模具铣刀铣型腔；(m) 成形铣刀铣圆弧面

铣刀是多齿刀具，每一个刀齿相当于一把车刀，因此采用铣刀加工工件，生产效率高。目前铣刀是属于粗加工和半精加工刀具，其加工精度为IT8～IT9，表面粗糙度为R_a1.6～6.3μm。

按用途分类，铣刀大致可分为：圆柱铣刀、面铣刀、立铣刀、键槽铣刀、盘形铣刀、锯片铣刀、角度铣刀、模具铣刀、成形铣刀。

按齿背加工形式分类，铣刀可分为：尖齿铣刀、铲齿铣刀。尖齿铣刀的齿背经铣削而成，铲齿铣刀的后刀面由铲制而成。尖齿铣刀耐用度较高，加工表面质量较好，对于切屑刃为简单直线或螺旋线的铣刀刃磨方便，使用广泛，图2-44中除(l)、(m)中的铣刀外皆为尖齿铣刀。铲齿铣刀容易制造，重磨简单，后刀面如经铲磨加工可保证较高的耐用度和被加工表面质量。当铣刀切屑刃为复杂廓形时采用铲齿铣刀。

按刀齿疏密程度分类，铣刀可分为：粗齿铣刀、细齿铣刀。粗齿铣刀刀齿数少，刀齿强度高，容屑空间大，重磨次数多，适用于粗加工。细齿铣刀刀齿数多，容屑空间小，工作平稳，适用于精加工。

2.4.1 圆柱铣刀

圆柱铣刀主要用于卧式铣床上加工平面。

圆柱铣刀一般为整体式，材料为高速钢，主切削刃分布在圆柱上，无副切削刃。该铣刀有粗齿和细齿之分。粗齿铣刀适用于粗加工，细齿铣刀适用于精加工。也可以在刀体上镶焊硬质合金刀条。

圆柱铣刀的直径范围$d=50\sim100$mm，齿数$Z=6\sim14$个，螺旋角$\beta=30°\sim45°$。当螺旋角$\beta=0°$时，螺旋刀齿变为直刀齿，目前生产上应用较少。

2.4.2 面铣刀

面铣刀又称端铣刀，主要用于立式铣床上加工平面、台阶面等。

面铣刀的主切削刃分布在铣刀的圆柱面上或圆锥面上，副切削刃分布在铣刀的端面上。

2.4.2.1 面铣刀的分类

面铣刀按结构可以分为整体式面铣刀、硬质合金整体焊接式面铣刀、硬质合金机夹焊接式面铣刀、硬质合金可转位式面铣刀等形式。

(1) 整体式面铣刀　如图2-45所示。由于该铣刀往往采用高速钢材料，使其切削速度、进给量等都受到限制，阻碍了生产效率的提高；又由于该铣刀的刀齿损坏后，很难修复，所以，整体式面铣刀应用少。

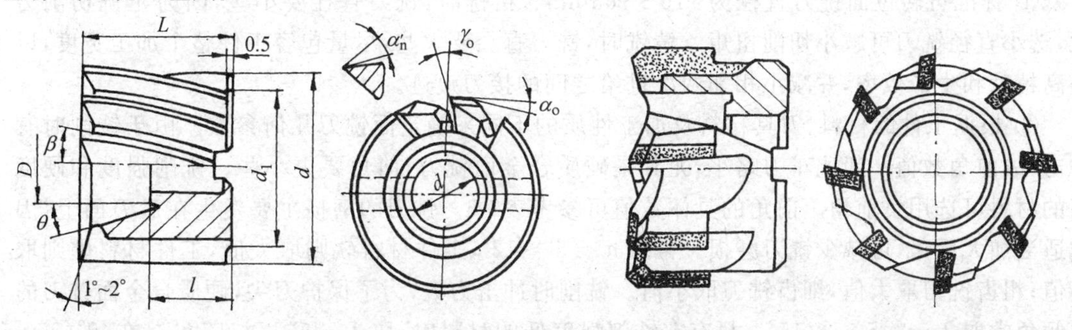

图2-45　整体式面铣刀　　　　图2-46　整体焊接式面铣刀

(2) 硬质合金整体焊接式面铣刀　如图 2-46 所示。该铣刀由硬质合金刀片与合金钢刀体经焊接而成,其结构紧凑,切削效率高,制造较方便。但是,刀齿损坏后,很难修复,所以该铣刀应用不多。

(3) 硬质合金机夹焊接式面铣刀　如图 2-47 所示。该铣刀是将硬质合金刀片焊接在小刀头上,再采用机械夹固的方法将小刀头装夹在刀体槽中,其切削效率高。刀头损坏后,只要更换新刀头即可,延长了刀体的使用寿命。所以,该铣刀应用较多。

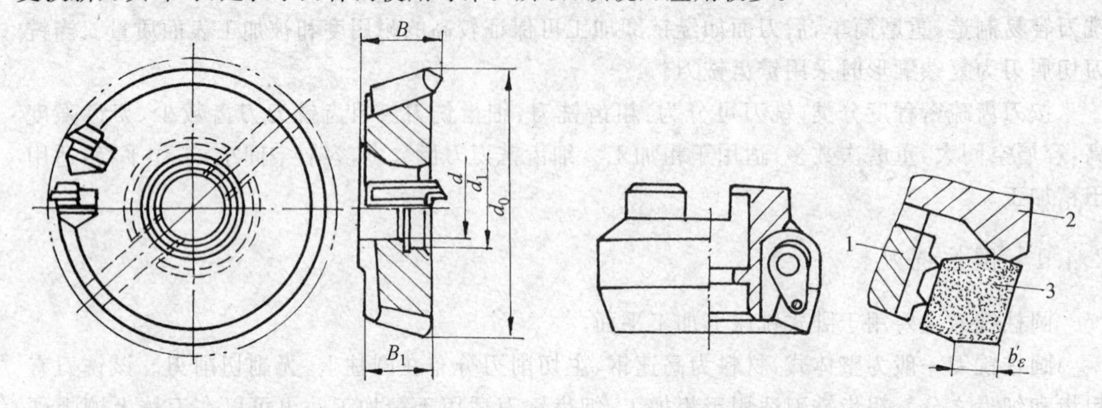

图 2-47　硬质合金机夹焊接式面铣刀

图 2-48　硬质合金可转位式面铣刀

1-刀垫；2-轴向支承块；3-可转位刀片

(4) 硬质合金可转位式面铣刀　该铣刀是将硬质合金可转位刀片直接装夹在刀体槽中,切削刃用钝后,将刀片转位或更换新刀片即可继续使用。

装夹转位刀片的机构形式有多种,图 2-48 所示的是上压式中的压板螺钉装夹机构。该机构刀片采用六点定位方法,即除了刀片底面由刀垫(图2-48中未示出)支承而限制了三个自由度外,其径向和轴向的三个自由度则分别由刀垫 1 上的两个支承点向轴向支承块 2 上的一个支承点限制,从而控制了切削刃的径向和端面跳动量,使该刀片的重复定位精度达0.02～0.04mm。该机构采用螺钉压板夹固刀片,螺钉的夹紧力大,且夹紧可靠。

硬质合金可转位式铣刀与可转位式车刀一样,具有加工质量稳定,切削效率高,刀具寿命长,刀片调整、更换方便,刀片重复定位精度高等特点,适合于数控铣床或加工中心上使用。该铣刀是目前生产上应用最广泛的刀具之一。

2.4.2.2　面铣刀主要参数的选择

① 标准可转位面铣刀直径为 $\phi16$～$\phi63$mm。粗铣时,铣刀直径要小些,因为粗铣切削力大,选小直径铣刀可减小切削扭矩。精铣时,铣刀直径要大些,尽量包容工件整个加工宽度,以提高精度和生产效率,并减小相邻两次进给之间的接刀痕迹。

② 根据工件的材料、刀具材料及加工性质的不同来确定面铣刀几何参数。由于铣削时有冲击,故前角数值一般比车刀略小,尤其是硬质合金面铣刀,前角要更小些。铣削强度和硬度高的材料可选用负前角。前角的具体数值可参考表2-6。铣刀的磨损主要发生在后刀面上,因此适当加大后角,可减少铣刀磨损。常取 $\alpha_o=5°$～$12°$,工件材料软则取大值,工件材料硬则取小值;粗齿铣刀取大值,细齿铣刀取小值。铣削时冲击力大,为了保护刀尖,硬质合金面铣刀的刃倾角常取 $\lambda_s=-5°$～$-15°$。只有在铣削强度低的材料时,取 $\lambda_s=5°$。主偏角 κ_r 在45°～90°范围内选取,铣削铸铁常用45°,铣削一般钢材常用75°,铣削带凸肩的平面或薄壁零件时要用90°。

表 2-6　面铣刀前角的选择

刀具材料 \ 工件材料	钢	铸铁	黄铜、青铜	铝合金
高速钢	10°～20°	5°～15°	10°	25°～30°
硬质合金	−15°～15°	−5°～5°	4°～6°	15°

2.4.3　立铣刀

立铣刀主要用于立式铣床上加工凹槽、台阶面、成形面(利用靠模)等。

图 2-49 所示为高速钢立铣刀。该立铣刀的主切削刃分布在铣刀的圆柱面上，副切削刃分布在铣刀的端面上，且端面中心有顶尖孔，因此，铣削时一般不能沿铣刀轴向作进给运动，只能沿铣刀径向作进给运动。该立铣刀有粗齿和细齿之分，粗齿齿数3～6 个，适用于粗加工；细齿齿数5～10 个，适用于半精加工。该立铣刀的直径范围是ϕ2～ϕ80mm。柄部有直柄、莫氏锥柄、7∶24锥柄等多种形式。该立铣刀应用较广，但切削效率较低。

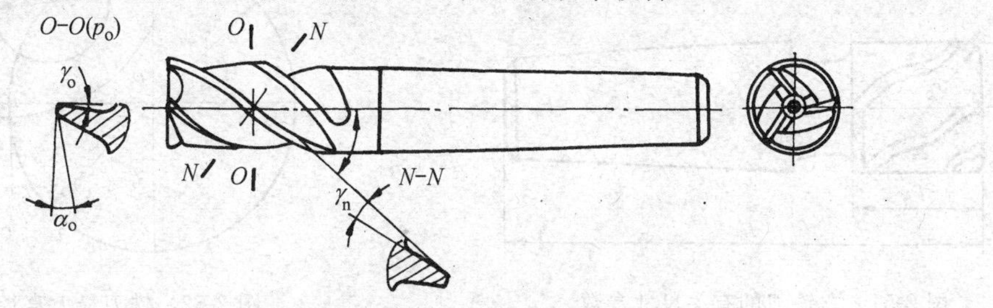

图 2-49　高速钢立铣刀

图 2-50 所示为硬质合金可转位式立铣刀，其基本结构与高速钢立铣刀相差不多，但切削效率大大提高，是高速钢立铣刀的2～4 倍，且适合于数控铣床、加工中心上的切削加工。

选择主要参数时根据工件材料和铣刀直径选取前、后角(都为正值)，其具体参数可参考表 2-7。为了使端面切屑刃有足够的强度，在端面切屑刃前刀面上一般磨有棱边，其宽度为0.4～1.2mm，前角为6°。

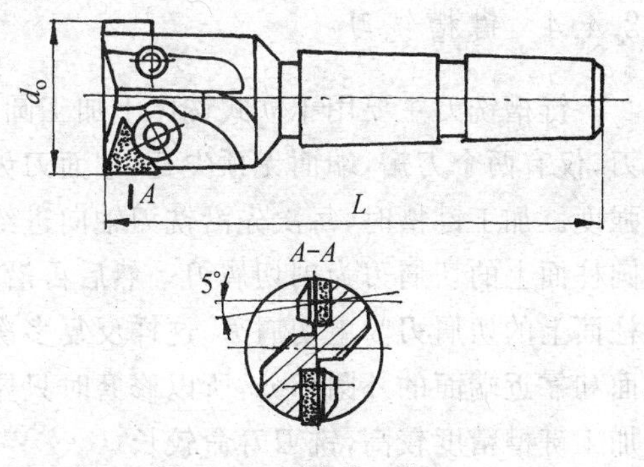

图 2-50　可转位立铣刀

表 2-7　立铣刀前角、后角的选择

工件材料	前　角	铣刀直径	后　角
钢	10°～20°	小于 10mm	25°
铸铁	10°～15°	10～20mm	20°
铸铁	10°～15°	大于 20mm	16°

按下述推荐的经验数据，选取立铣刀的有关尺寸参数(如图 2-51 所示)：

① 刀具半径应小于零件内轮廓面的最小曲率半径 ρ，一般取 $r=(0.8\sim0.9)\rho$。

② 零件的加工高度 $H\leqslant(1/4\sim1/6)r$，以保证有足够的刚度。

③ 对不通孔(深槽),选取 $l=H+(5\sim10)$mm(l 为刀具切削部分长度,H 为零件高度)。

④ 加工外形及通槽时,选取 $l=H+r_{\varepsilon}+(5\sim10)$mm($r_{\varepsilon}$ 为端刃底圆角半径)。

⑤ 加工肋时,刀具直径为 $D=(5\sim10)b$(b 为肋的厚度)。

⑥ 粗加工内轮廓面时,铣刀最大直径 $D_{\max}$ 可按下式计算(如图 2-52 所示):

$$D_{\max}=\frac{2\left[\delta\sin\left(\frac{\phi}{2}\right)-\delta_l\right]}{1-\sin\left(\frac{\phi}{2}\right)}+D$$

式中:D—— 轮廓的最小凹圆角直径;

δ—— 圆角邻边夹角等分线上的精加工余量;

δ_1—— 精加工余量;

ϕ—— 圆角两邻边的最小夹角。

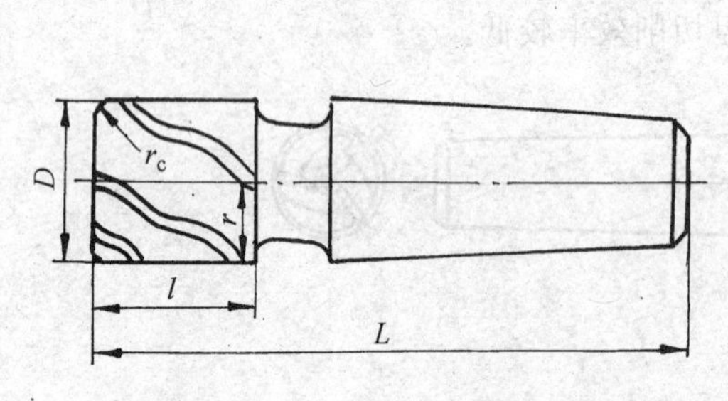

图 2-51 立铣刀的有关尺寸参数

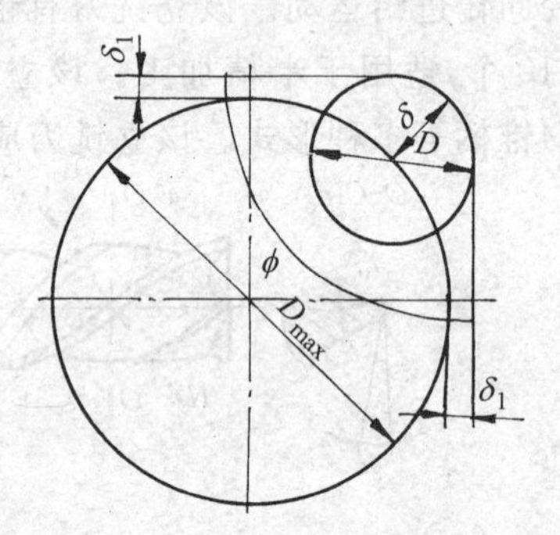

图 2-52 铣刀最大直径

2.4.4 键槽铣刀

键槽铣刀主要用于立式铣床上加工圆头封闭键槽等,如图 2-53 所示。该铣刀外形似立铣刀,仅有两个刀瓣,端面无顶尖孔,端面刀齿从外圆开至轴心,且螺旋角较小,增强了端面刀齿强度。加工键槽时,每次先沿铣刀轴向进给较小的量,此时,端面刀齿上的切屑刃为主切屑刃,圆柱面上的切屑刃为副切屑刃。然后再沿径向进给,此时端面刀齿上的切屑刃为副切屑刃,圆柱面上的切屑刃为主切屑刃,这样反复多次,就可完成键槽的加工。由于该铣刀的磨损是在端面和靠近端面的外圆部分,所以修磨时只要修磨端面切削刃。这样,铣刀直径可保持不变,使加工键槽精度较高,铣刀寿命较长。

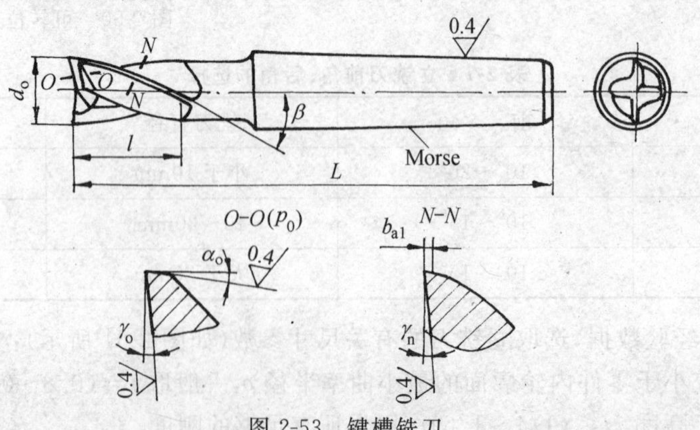

图 2-53 键槽铣刀

键槽铣刀的直径范围为 $\phi2\sim\phi63$mm，柄部有直柄和莫氏锥柄。

2.4.5 盘形铣刀

盘形铣刀包括槽铣刀、两面刃铣刀和三面刃铣刀。

槽铣刀仅在圆柱表面上有刀齿，为了减少端面与沟槽侧面的摩擦，两侧面做成内凹锥面，使副切削刃有 $\kappa_r'=30'$ 的副偏角也参加部分切削工作。槽铣刀只用于加工浅槽。

两面刃铣刀在圆柱表面和一个侧面上做有刀齿，用于加工台阶面。

三面刃铣刀在两侧面上都有刀齿。三面刃铣刀主要用于卧式铣床上加工槽、台阶面等。

三面刃铣刀的主切削刃分布在铣刀的圆柱面上，副切削刃分布在两端面上。该铣刀按刀齿结构可分为直齿、错齿和镶齿三种形式。

2.4.5.1 直齿三面刃铣刀

如图 2-54 所示。该铣刀结构简单，制造方便，但副切削刃前角为0°，切削条件较差。该铣刀直径范围 $d_0=50\sim200$mm，宽度 $B=4\sim40$mm。

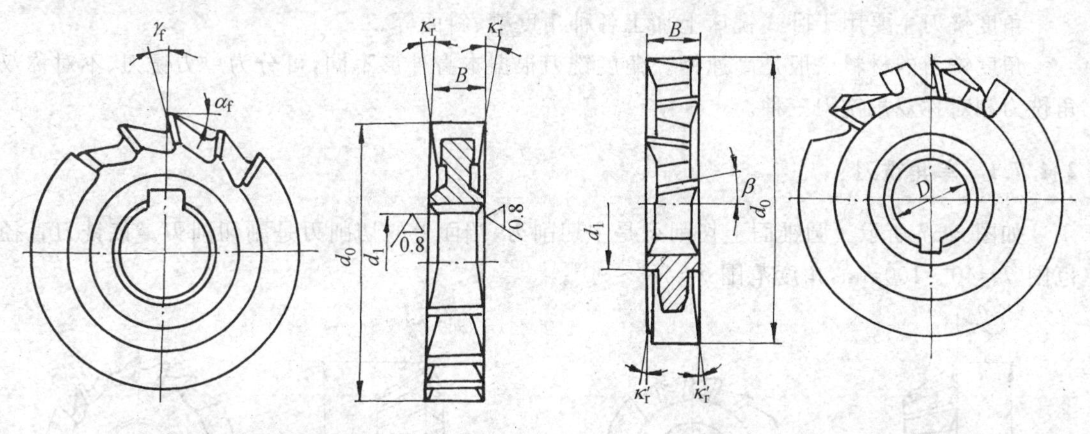

图 2-54 直齿三面刃铣刀

图 2-55 错齿三面刃铣刀

2.4.5.2 错齿三面刃铣刀

如图 2-55 所示。该铣刀每齿有螺旋角并左右相互交错，每齿只在一端面上有副切削刃，副切削刃前角由螺旋角 β 形成。与直齿三面刃铣刀相比，该铣刀切削平稳、轻快、排屑容易，生产上应用广泛。

2.4.5.3 镶齿三面刃铣刀

如图 2-56 所示。该铣刀的刀齿分布、作用和效果与错齿三面刃铣刀相同，不同的是刀齿用高速钢材料做成背面带有齿纹的楔形刀片，并把刀片镶入用优质结构钢材做成的带有齿纹的刀槽内。这样，一方面节约了大量高速钢等优良材料，另一方面当铣刀经重磨后宽度变小时，只要将同向刀片取出，错动一个齿纹，再依次装入同向齿槽内，铣刀宽度就增大了，从而提高了刀具寿命。镶齿三面刃铣刀的直径范围 $d_0=80\sim315$mm，宽度 $B=12\sim40$mm。

除了高速钢三面刃铣刀外，还有硬质合金焊接三面刃铣刀、硬质合金机夹三面刃铣刀等。

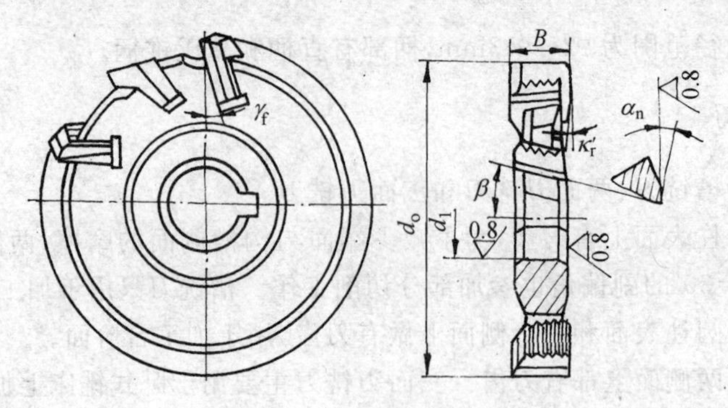

图 2-56　镶齿三面刃铣刀

2.4.6　锯片铣刀

锯片铣刀实际上就是薄片铣刀，与切断车刀类似，用于切断材料或切深而窄的槽。

2.4.7　角度铣刀

角度铣刀主要用于卧式铣床上加工各种角度槽、斜面等。

角度铣刀的材料一般是高速钢。角度铣刀根据本身外形不同，可分为单刃铣刀、不对称双角铣刀和对称双角铣刀三种。

2.4.7.1　单角铣刀

如图 2-57 所示。圆锥面上切削刃是主切削刃，端面上的切削刃是副切削刃。该铣刀直径范围 $d=40\sim100$mm，角度范围 $\theta=18°\sim90°$。

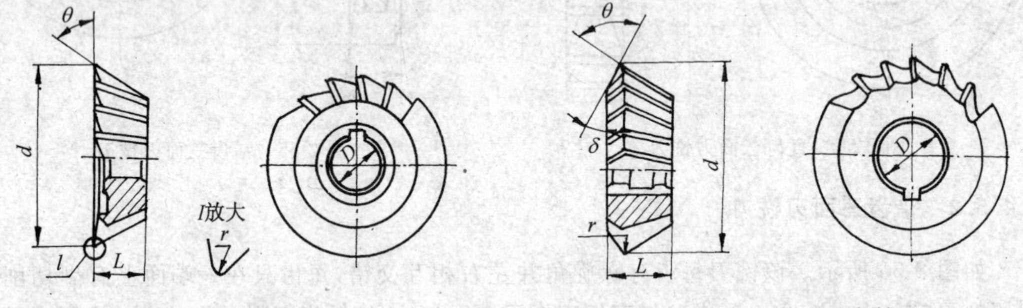

图 2-57　单角铣刀　　图 2-58　不对称双角铣刀

2.4.7.2　不对称双角铣刀

如图 2-58 所示。两圆锥面切削刃是主切削刃，无副切削刃。该铣刀直径范围 $d=40\sim100$mm，角度范围 $\theta=50°\sim100°$，$\delta=15°\sim25°$。

2.4.7.3　对称双角铣刀

如图 2-59 所示两圆锥面上的切削刃是主切削刃，无副切削刃。该铣刀直径范围 $d=50\sim100$mm，角度范围 $\theta=15°\sim90°$。

角度铣刀的刀齿强度较小，铣削时，应选择恰当的切削用量，以防止振动和崩刃。

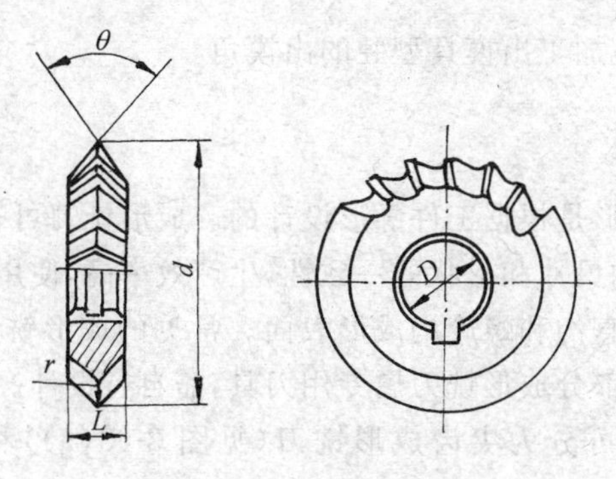

图 2-59 对称双角铣刀

2.4.8 模具铣刀

模具铣刀主要用于立式铣床上加工模具型腔、三维成形表面等。

模具铣刀按工作部分形状不同，可分为圆柱形球头铣刀、圆锥形球头铣刀和圆锥形立铣刀三种形式。

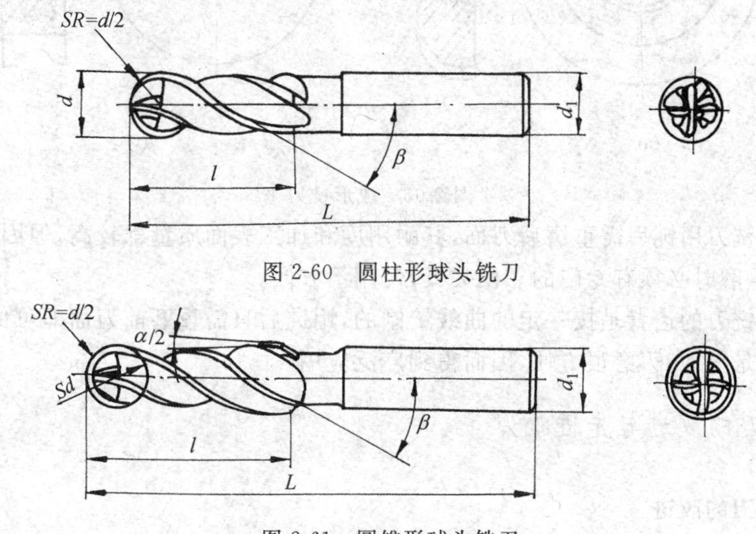

图 2-60 圆柱形球头铣刀

图 2-61 圆锥形球头铣刀

圆柱形球头铣刀如图 2-60 所示，圆锥形球头铣刀如图 2-61 所示。在该两种铣刀的圆柱面、圆锥面和球面上的切削刃均为主切削刃，铣削时不仅能沿铣刀轴向作进给运动，也能沿铣刀径向作进给运动，而且球头与工件接触处往往为一点。这样，该铣刀在数控铣床的控制下，应能加工出各种复杂的成形表面，所以该铣刀用途独特，很有发展前途。

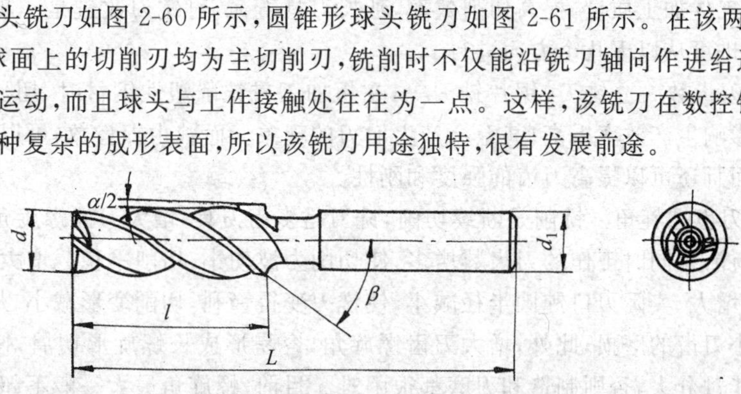

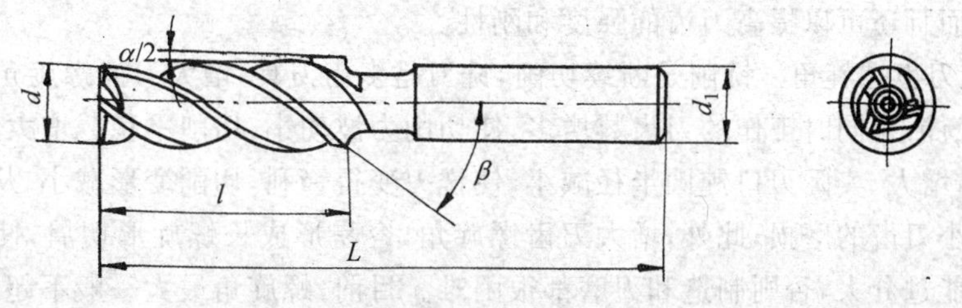

图 2-62 圆锥形立铣刀

圆锥形立铣刀如图 2-62 所示。圆锥形立铣刀的作用与立铣刀基本相同，只是该铣刀可以利用本身的圆锥体，方便地加工出模具型腔的出模角。

2.4.9 成形铣刀

成形铣刀的切屑刃廓形是根据工件廓形设计的。成形铣刀可在通用铣床上加工形状复杂的表面，可保证加工工件的尺寸和形状的一致性，生产效率高，使用方便，故应用广泛。

成形铣刀可用来加工直沟和螺旋沟成形表面。常见的成形铣刀（如凸半圆铣刀和凹半圆铣刀）已有通用标准，但大部分成形铣刀属专用刀具，需自行设计。

成形铣刀按齿背形成可分为尖齿成形铣刀（见图 2-63(a)）和铲齿成形铣刀（见图 2-63(b)）两大类。

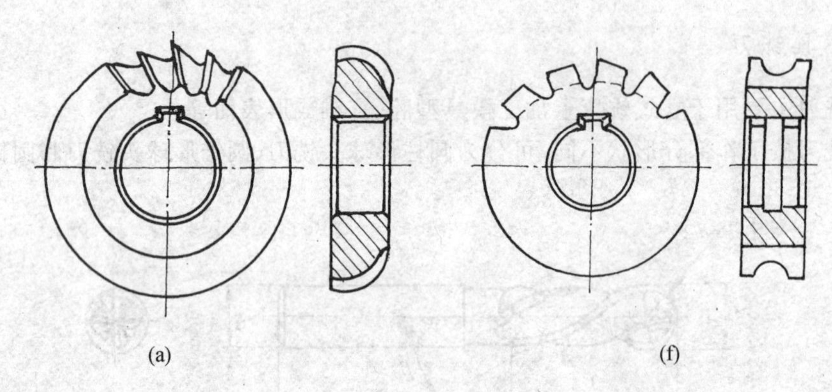

图 2-63 成形铣刀

尖齿成形铣刀用钝后需重磨后刀面，其耐用度和加工表面质量都较高，但因后刀面为成形表面，制造和重磨时必须有专门的靠模夹具，使用不方便。

铲齿成形铣刀的齿背是按一定的曲线铲制的，用钝后只需重磨前刀面即可保证刃形不变，且由于前刀面是平面，刃磨很方便，因而得到广泛应用。

2.4.10 铣刀的改进与先进铣刀

2.4.10.1 铣刀的改进

为了提高工件加工质量，提高切削效率，延长刀具寿命，对铣刀改进是一项非常重要的内容。铣刀的改进可从以下几个方面进行。

(1) 减小刀齿数　立铣刀、锯片铣刀等，在粗加工或铣削塑性钢材时，切屑容易在容屑槽中堵塞，从而影响生产效率提高；甚至会产生崩刃的现象。而减少刀齿数，可以增大容屑空间，使排屑通畅，而且还可以提高刀齿的强度和刚性。

(2) 增大刀齿螺旋角　铣削是断续切削，铣刀是多齿刀具，增大刀齿螺旋角使刀齿能逐渐切入和切离工件，且同时工作的刀齿数增多，使切削力波动小，切削平稳。增大刀齿螺旋角，使实际工作前角增大，实际刃口钝圆半径减小，使铣刀变得锋利，切削变形减小，从而可提高加工表面质量，减小刀齿的磨损；此外，增大刀齿螺旋角，容易形成长螺旋形切屑，使排屑方便。但是，螺旋角不能过分大，否则制造和刃磨都很困难。目前，螺旋角最大一般不超过75°。

(3) 改善切削刃形　圆柱铣刀、立铣刀等铣刀的切削刃较长，切下的切屑往往很宽，使切屑卷曲，排出困难。为此，在切削刃上开出若干分屑槽，(如图2-64)所示，使原来切下宽而薄的切屑变成若干条窄而厚的切屑，改善了切屑的卷曲和排出，且使切削变形减小，切削力和切削热降低，从而，可以采用较大的切削用量，有利于生产率的提高。

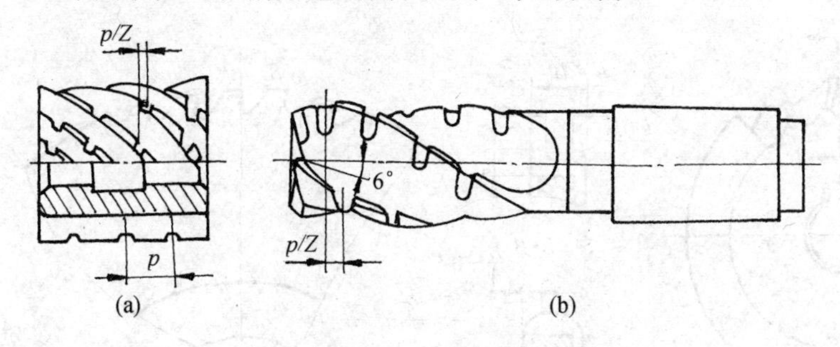

图 2-64　分屑铣刀

(a) 分屑圆柱铣刀；(b)分屑立铣刀

分屑方法有两种：

① 开分屑槽。这种方法用于螺旋齿铣刀，如圆柱铣刀和立铣刀。这些刀具的特点是切削刃工作长度较长，刀齿切削刃上开分屑槽后，可以切断切屑的横向联系，减小切屑变形。

可将现有铣刀切削刃上磨出分屑槽，并且在前后刀齿上沿轴向错开 p/Z(见图 2-64，其中 p 为分屑槽槽距；Z 为铣刀齿数)。但用此法开槽，每次刃磨铣刀时都要重磨分屑槽，很不方便，故又出现了玉米铣刀和波形刃铣刀。

玉米铣刀用铲齿法加工齿背和分屑槽，重磨前刀面后可保持分屑槽深度和形状不变。

波形刃铣刀分为后刀面波形刃铣刀和前刀面波形刃铣刀。

后刀面波形刃也用铲齿法加工齿背。与玉米铣刀不同的是，分屑槽是按螺旋铲齿法而不是径向铲齿法铲出的，使切削刃近似成正弦波形，切削刃是波峰，波谷就是分屑槽了。由于分屑槽到切削刃是圆滑过渡，从而避免了玉米铣刀分屑槽两侧形成尖角之弊端，提高了刀具的耐用度。

前刀面波形刃铣刀的前刀面为波形面(见图 2-65)，与后刀面相交自然形成波浪状切削刃。这种刃形不但可起到分屑作用，还使切削刃局部螺旋角加大，切削省力。这种铣刀需刃磨后刀面。

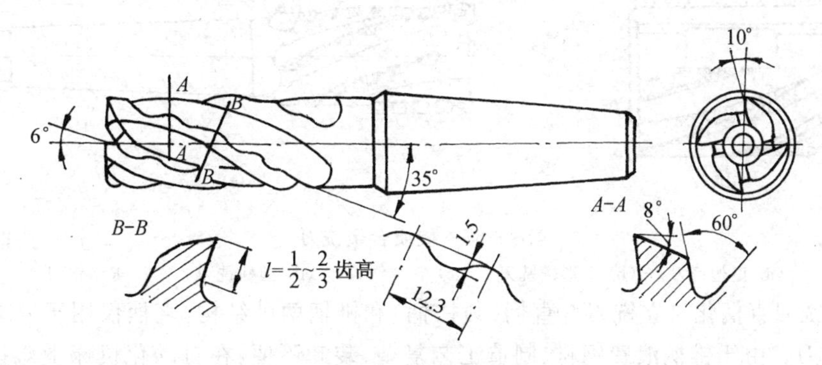

图 2-65　波形刃立铣刀

玉米铣刀和波形刃铣刀的共同缺点是加工残留面积较大，故只宜用于粗加工。

② 交错切削分屑。三面刃铣和锯片铣刀等切槽铣刀均采用此法。由于这些铣刀切削刃较短，无法用开分屑槽方法分屑，因而只能在前、后刀齿上交错磨去一部分切削刃，使每齿切

削宽度减小一半，显著地改善容屑、排屑条件，从而大幅度提高了每齿的进给量，如图2-66所示。

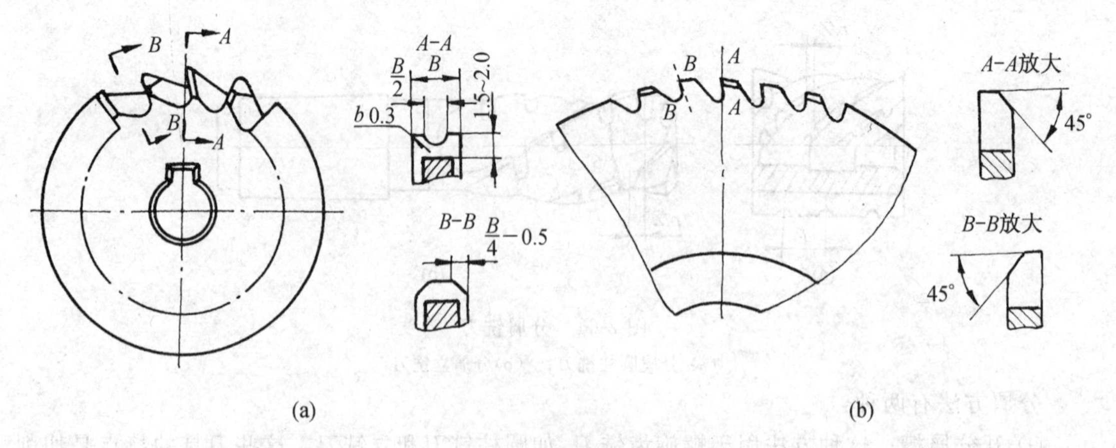

图 2-66　交错切削铣刀

(a) 三面刃铣刀；(b) 锯片铣刀

(4) 采用硬质合金材料　采用硬质合金材料是提高铣刀切削性能的重要途径之一。用硬质合金材料做成的铣刀，其切削速度是高速钢铣刀的 5 倍以上，其磨损比高速钢铣刀慢得多；另外，有些工件的加工，高速钢已难以或无法胜任，而硬质合金铣刀能进行切削。因此，在大批量生产或要求高效率的加工场合，应尽可能采用硬质合金铣刀。图2-67所示为几种典型硬质合金铣刀。

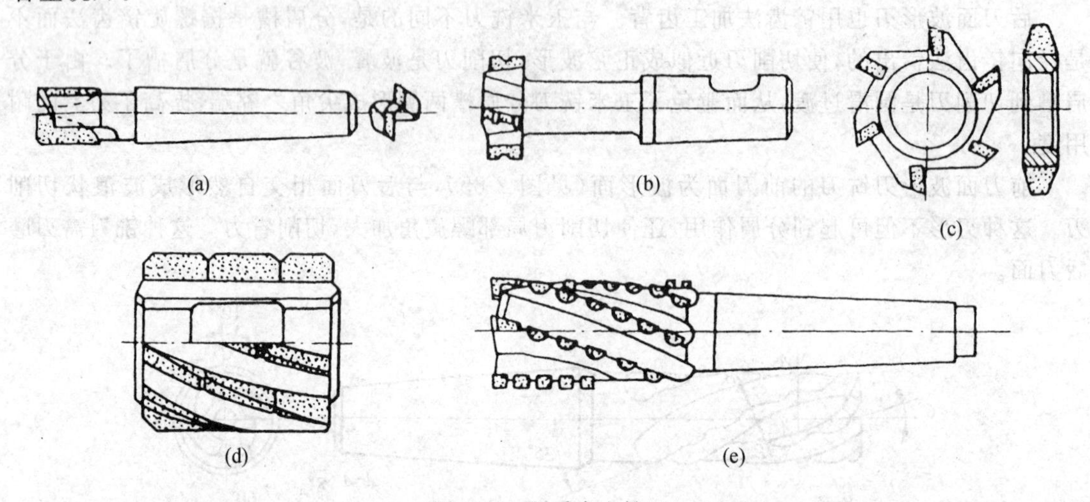

图 2-67　硬质合金铣刀

(a) 键槽铣刀；(b) T 形槽铣刀；(c) 花键铣刀；(d) 圆柱铣刀；(e) 玉米铣刀

(5) 立铣刀直柄化　立铣刀有直柄(圆柱柄)和锥柄两种结构，直柄仅用于 $d_0<20$mm 的小规格立铣刀。由于锥柄浪费钢材、制造工艺复杂、装卸不便，在自动化机床上难以实现快速装夹、自动换刀和轴向尺寸调整等要求，故直柄取代锥柄已成为立铣刀结构改进的主要发展方向。目前，国外 $d_0<\phi 63.5$mm的立铣刀均已直柄化。

2.4.10.2 先进刀具

随着刀具领域里的科技不断发展，研究不断深入，目前已经出现了许多各具特点、能够满足不同加工要求的先进刀具。下面介绍两种较先进的铣刀：

（1）硬质合金可转位式螺旋立铣刀　如图 2-68 所示。该铣刀的刀片沿刀体螺旋槽间隔排列，并且相邻螺旋槽上的刀片沿刀体轴向相互错开，使分屑性能提高，排屑顺利。刀片为有沉孔的可转位刀片，用沉头螺钉偏心压紧，连接可靠，调整、更换刀片方便。刀片为硬质合金材料，使切削性能大大提高。该铣刀螺旋角 $\beta=25^{\circ}\sim30^{\circ}$，减小了铣削过程中的冲击振动，增大了实际工作前角，使切削轻快。但是该铣刀的切削刃上各点不在同一圆柱面上，使加工表面粗糙度较大。因此，硬质合金可转位式螺旋立铣刀是一种高效、适合粗加工的刀具。

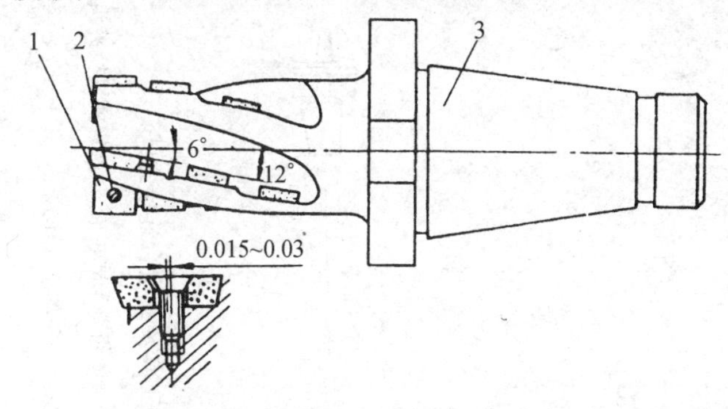

图 2-68　硬质合金可转位式螺旋立铣刀

1-可转位刀片；　2-刀片夹紧螺钉；　3-刀体

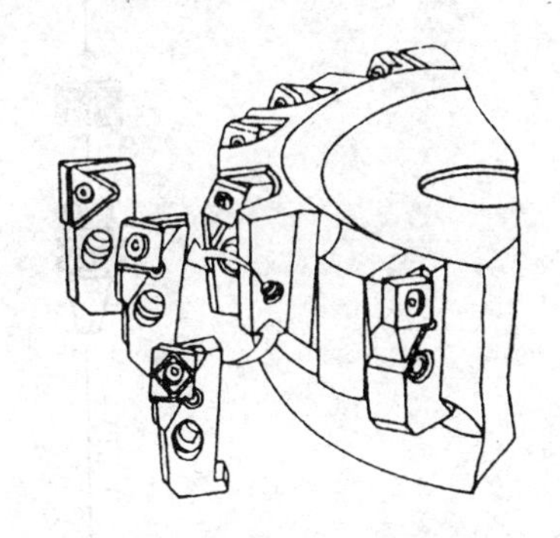

图 2-69　硬质合金可转位模块式铣刀

（2）硬质合金可转位模块式铣刀　如图 2-69 所示。该铣刀的基本特点是：在同一铣刀刀体上，可以安装多种形状的小刀头模块，安装在小刀头上的硬质合金刀片，不仅几何参数可不同，而且刀片的形状也可不同，以满足不同用途的需要。

2.5 数控工具系统

数控机床工具系统（简称数控工具系统）是指连接机床和刀具的一系列刀具，由刀柄、连接杆、连接套和夹头等组成。

由于数控机床所要完成的加工内容多，必须配备许多不同品种、不同规格的刀具，众多数量的刀具只有通过数控工具系统才能与机床连接；同时，数控工具系统还能实现刀具的快速、自动装夹。因此，在数控机床切削加工中，数控工具系统是必不可少的。随着数控工具系统应用的与日俱增，我国已经建立了标准化、系列化的数控工具系统，为普及、发展数控工具系统打下了良好的基础。

数控工具系统按系统的结构不同，可分为整体式和模块式两类。

2.5.1 整体式工具系统

TSG82 是我国已经实行标准化的整体式工具系统，其组合连接方式如图2-70所示。该系统结构简单，使用方便，装卸灵活，更换迅速。但是，该系统中各种工具的品种、规格繁多，共有 12 个类，45 个品种，674 个规格，给生产、使用和管理都带来不便。

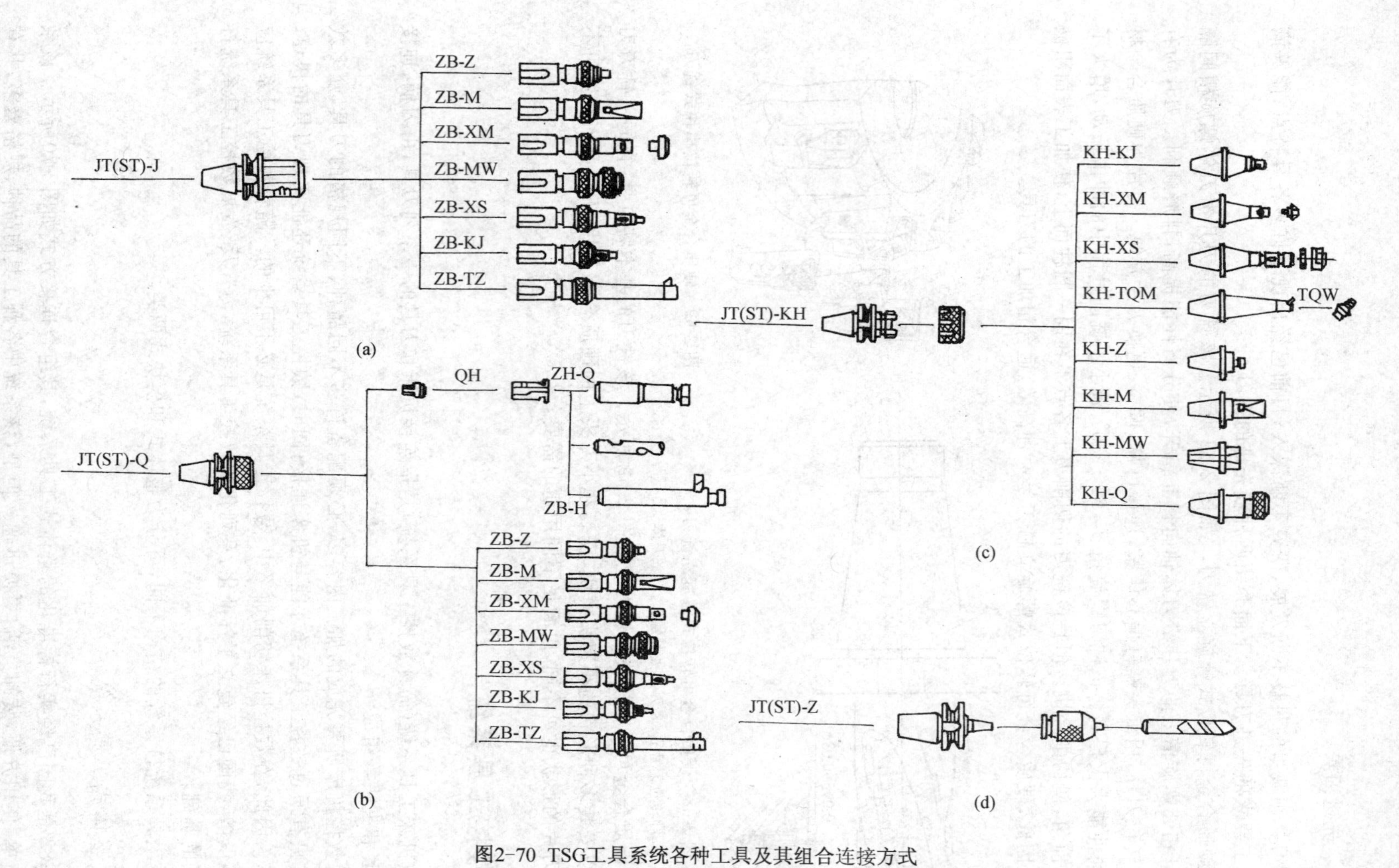

图2-70 TSG工具系统各种工具及其组合连接方式

(a) 接长杆刀柄与接长杆的组合形式； (b) 弹簧夹头刀柄与接杆、卡簧的组合形式； (c) 7:24锥柄块换夹头刀柄与各种接杆的组合形式；(d) 钻夹头刀柄与钻夹头、钻头的组合形式

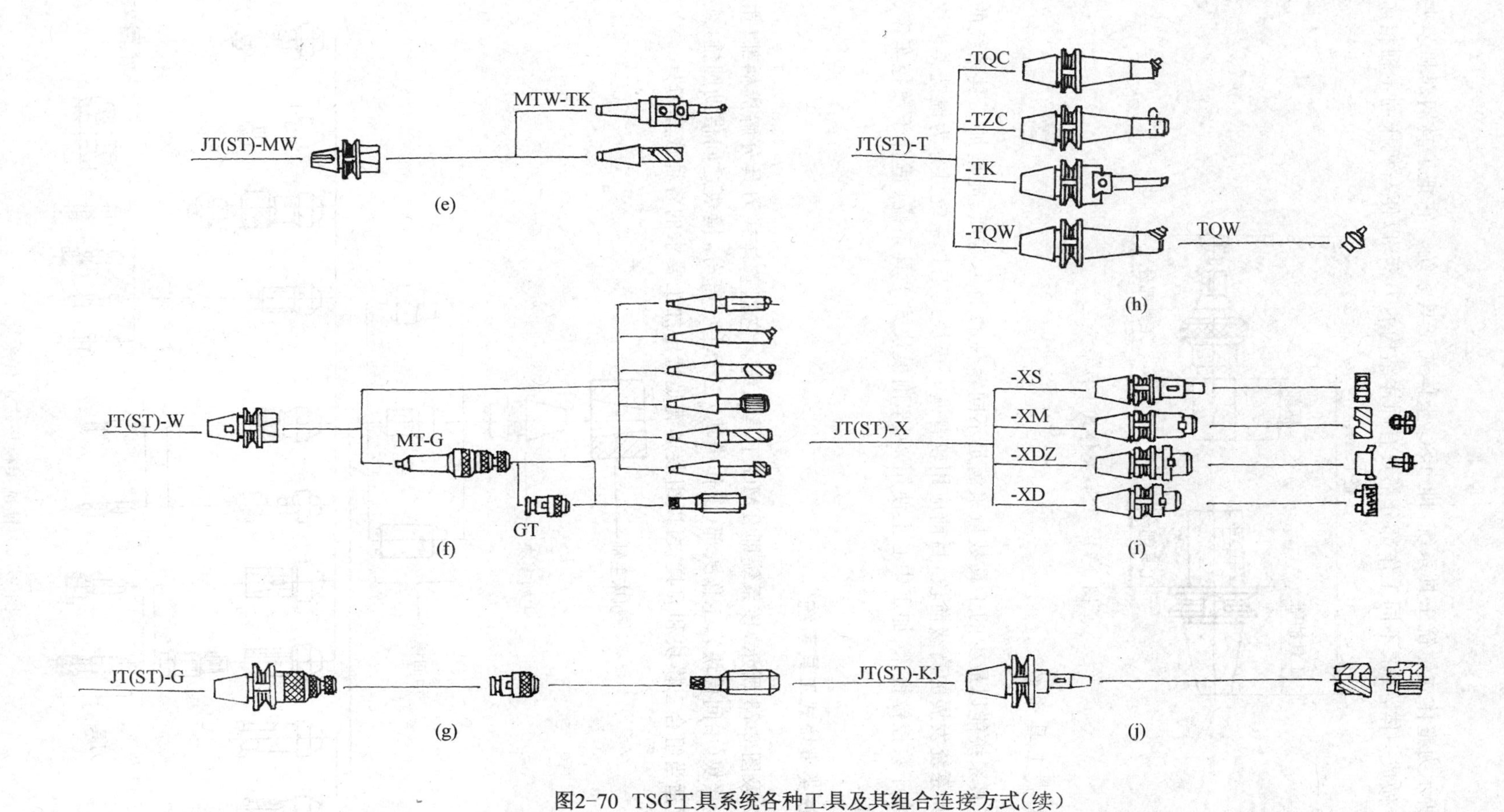

图2-70 TSG工具系统各种工具及其组合连接方式(续)

(e) 无扁尾莫氏锥孔刀柄、接杆和刀具组合形式；(f) 有扁尾莫氏锥孔刀柄、接杆和刀具的组合形式；(g) 攻螺纹夹头刀柄、攻螺纹夹套和丝锥的组合形式；(h) 镗刀类刀柄与镗刀头的组合形成；(i) 铣刀类刀柄与铣刀的组合形式；(j) 套式扩孔钻、铰刀刀柄与刀具的组合形式

图 2-71 所示为整体式镗铣工具系统，即 TSG 整体式工具系统。它把工具柄部和装夹刀具的工作部分做成一体，要求不同工作部分都具有同样结构的刀柄，以便与机床的主轴相连。

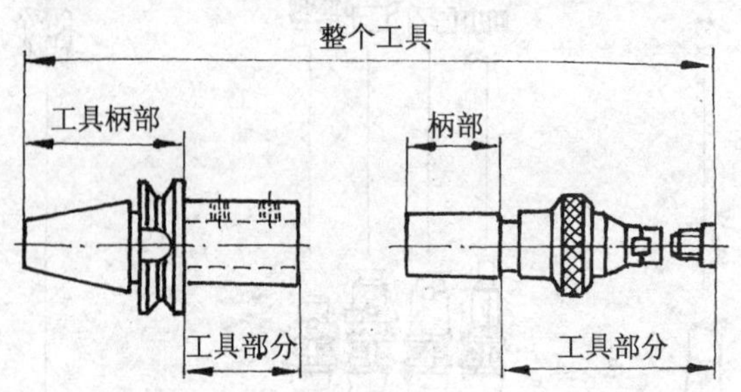

图 2-71　TSG 整体式工具系统

2.5.2　模块式工具系统

模块式工具系统能以最少的工具数量来满足不同零件的加工需要，能增加工具系统的柔性，是数控工具系统发展的高级阶段，目前应用较普遍。模块式工具系统可分为镗铣类模块式工具系统（适合于数控镗铣床、加工中心上使用）和车削模块式工具系统（适合于数控车床、车削中心上使用）。

2.5.2.1　镗铣类模块式工具系统

如图 2-72 及图 2-73 所示，该系统即 TMG 工具系统。它把整体式刀具分解成柄部（主柄模块）、中间连接块（中间模块）、工作头部（工作模块）三个主要部分，模块之间借助圆锥（或圆柱）配合，通过适当组合三模块和刀具，可以组装成满足特定加工要求的各种成套刀具。

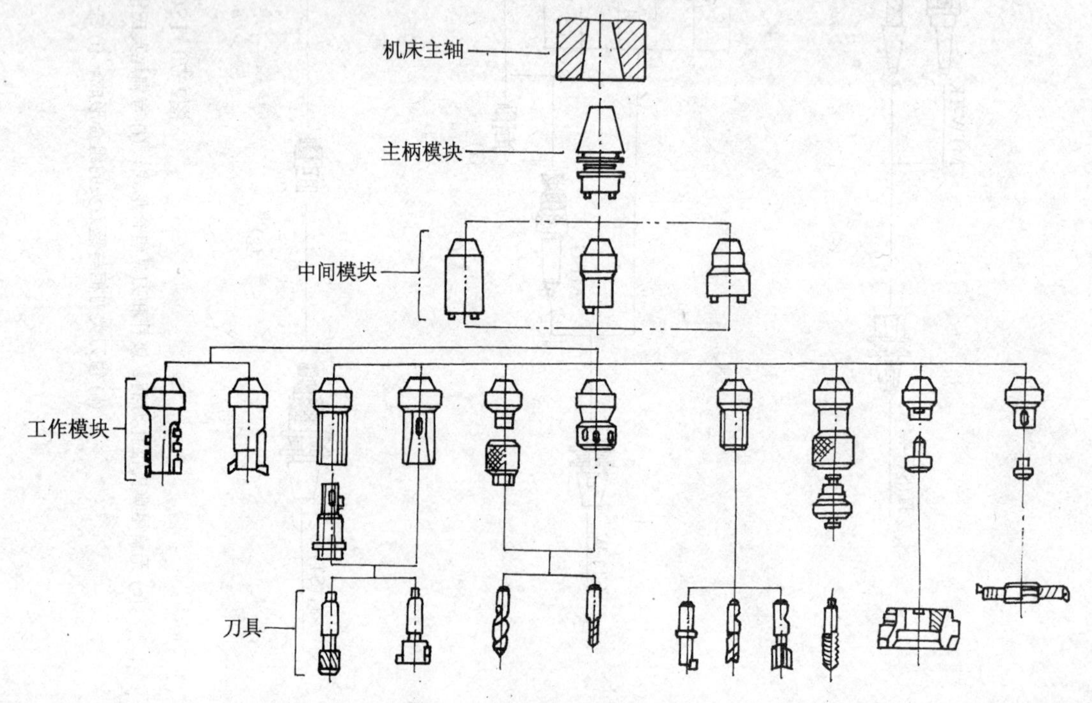

图 2-72　镗铣类模块式工具系统

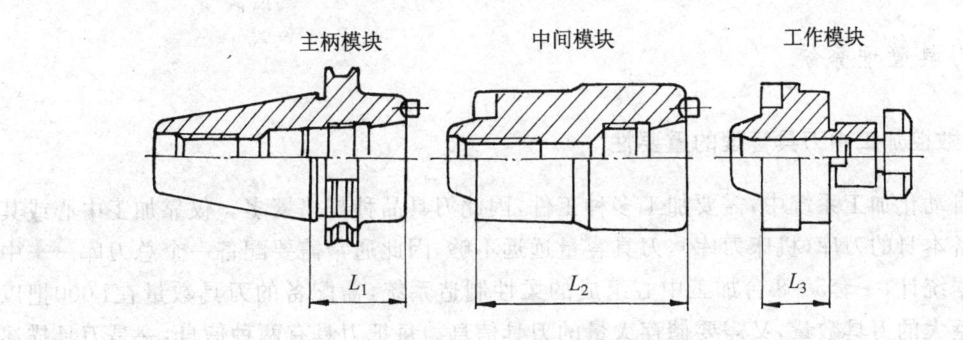

图 2-73　工具系统的基本模块

主柄模块的主要功能是其柄部与机床主轴相连接，起到刀具定位和传递主轴的力、扭矩和运动的作用；而口部能与中间模块或工作模块或整体刀具相连接。此外，主柄模块还起自动换刀被夹持、提供切削液通道等作用。

连接模块的主要功能是在主柄模块和工作模块、专用工具之间起配合安装的作用。

工作模块的主要功能是安装刀具。

2.5.2.2　车削模块式工具系统

如图 2-74 所示。该系统由主柄模块、中间模块和工作模块组成。为了适应车削较小的切削区空间，一般较少使用中间模块。

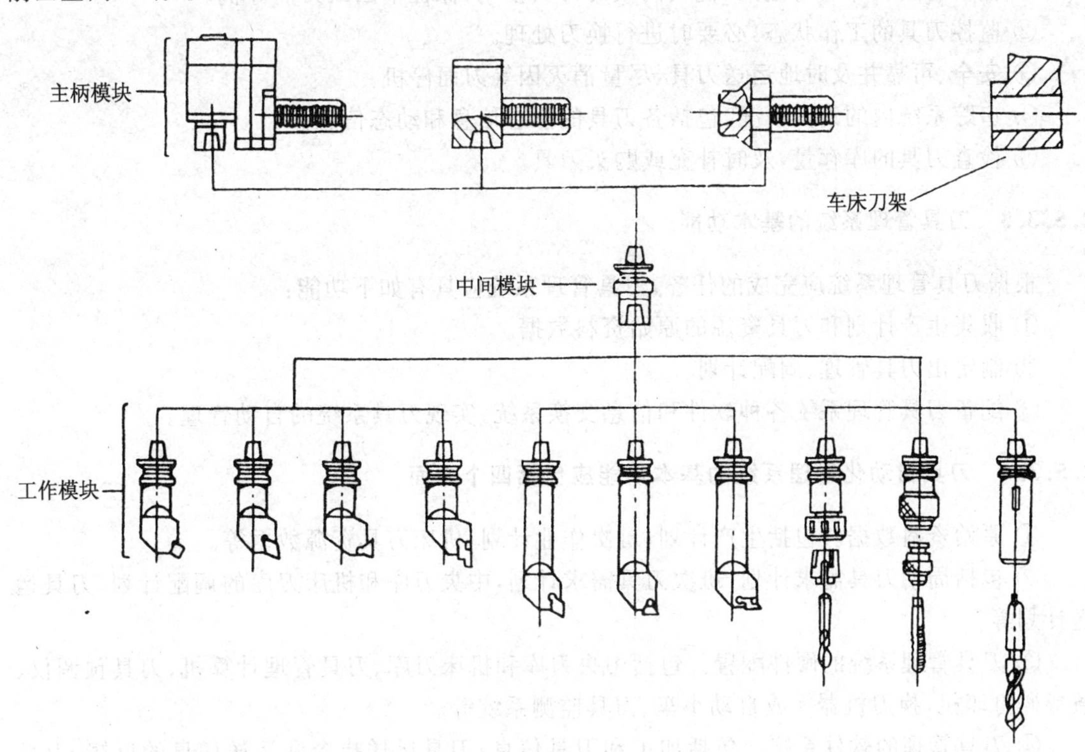

图 2-74　车削模块式工具系统

2.5.3 刀具管理系统

2.5.3.1 数控加工中刀具管理的重要性

柔性自动化加工系统中,需要加工多种工件,因此刀具品种规格繁多。仅靠加工中心或其他加工设备本身的刀库(机床刀库),刀具容量远远不够,因此通常需要配备一个总刀库——中央刀库。据统计,一套5～8台加工中心组成的柔性制造系统,需配备的刀具数量在1000把以上。如此巨大的刀具数量,又需要储存大量的刀具信息。每把刀具有两种信息:一是刀具描述信息(静态信息),如刀具的尺寸规格、几何参数和刀具识别编码等;另一种是刀具状态信息(动态信息),如刀具所在位置、刀具累计使用时间和剩余寿命、刀具刃磨次数等。在加工过程中大量刀具频繁地在系统中交换和流动,加工中刀具磨损破损的监测和更换,刀具信息不断变化而形成一个动态过程。由于刀具信息量甚大,调动、管理复杂,因此需要一个现代化的自动刀具管理系统。在柔性制造系统中,刀具管理系统是一个很重要并且技术难度很大的部分。

2.5.3.2 刀具管理系统的任务

柔性自动化生产系统中的刀具管理系统以柔性制造系统的自动刀具管理系统较为典型,它应完成如下任务:

① 保证每台机床有合适的、优质高效的刀具使用,保证不因缺刀而停机。

② 监控刀具的工作状态,必要时进行换刀处理。

③ 安全、可靠并及时地运送刀具,尽量消灭因等刀而停机。

④ 追踪系统内的刀具情况,包括各刀具的静态信息和动态信息。

⑤ 检查刀具的库存量,及时补充或购买刀具。

2.5.3.3 刀具管理系统的基本功能

根据刀具管理系统应完成的任务,刀具管理系统应具有如下功能:

① 收集生产计划和刀具资源的原始资料数据。

② 制定出刀具管理、调配计划。

③ 配备刀具管理系统各种软件和信息交换系统,实现刀具系统的自动管理。

2.5.3.4 刀具自动化管理系统的基本功能应包括四个方面

① 原始资料数据。包括生产计划、班次作业计划、机床刀具资源数据等。

② 包括周期刀具需求计划、班次刀具需求计划,中央刀库和机床刀库的调配计划,刀具运送计划等。

③ 刀具管理系统的硬件配置。包括中央刀库和机床刀库、刀具管理计算机、刀具预调仪、条形码打印机、换刀机器人或自动小车、刀具监测系统等。

④ 刀具管理的软件系统。包括加工和刀具信息,刀具运送指令和运送信息的反馈,刀具加工状态的监控信息,调度指令和信息传输,监控信息的反馈等。

2.6 刀具的磨损和失效

切削加工中,刀具切下切屑的同时,其自身也会发生一定程度的损耗或破坏。通常把刀具材料在摩擦作用下发生的逐渐损耗称为磨损,而把短时间内发生的不正常损坏称为破损。当刀具磨损到一定程度不能继续正常使用或破损则称为失效。

2.6.1 刀具磨损的形式

2.6.1.1 前刀面磨损

在不使用切削液的条件下切削塑性金属时,如果切削厚度很大($H_D>0.5$mm),切削速度又比较高,则刀具前刀面与切屑底部压强很大,实际接触面积大,润滑条件很差,所以切屑底部与前刀面的摩擦强烈,在刀具前刀面上形成月牙洼磨损,如图2-75(a)所示。月牙洼磨损发生于前刀面上温度最高的区域,并随切削过程的进行而不断加大,直至其扩展到切削刃边缘,使切削刃损坏。前刀面的磨损以月牙洼的最大深度 KT 表示。在切削加工中,发生单纯前刀面磨损的情形很少。

2.6.1.2 后刀面磨损

由于刀具的切削刃并不是绝对锋利的,而是有一定的钝圆半径,因此使后刀面与刚刚切削的新鲜表面接触压力大,摩擦大。在切削脆性金属或以较小的切削厚度($H_D<0.1$mm)切削塑性材料时,刀具后刀面与工件表面摩擦作用强烈,主要发生后刀面磨损,见图2-75(b)。后刀面的磨损带宽度用 VB 表示。后刀面过量的磨损将导致刀具失效。

2.6.1.3 前后刀面同时磨损

在以较高的切削速度和较大的切削厚度切削塑性金属时,将发生前刀面和后刀面的同时磨损。这是常见的刀具磨损形式,见图2-75(c)。刀具磨损后,在切削力加大、切削温度上升的同时,刀具的磨损亦在加剧。

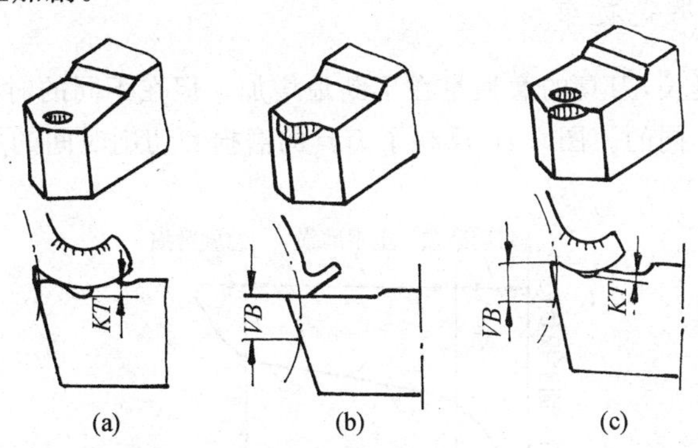

图 2-75 刀具磨损的形式

(a) 前刀面磨损; (b) 后刀面磨损; (c) 前刀面与后刀面同时磨损

2.6.2 刀具磨损的原因

2.6.2.1 磨料磨损

工件材料中的某些硬质点，如碳化物、氮化物颗粒、黏结在工件表面及切削底部的积屑瘤碎片以及已加工表面的硬化层等，都具有相当高的硬度，在切削过程中会在刀具表面刻划出沟痕，带走刀具表面的材料，使刀具材料损耗。这种由于硬质点的机械摩擦作用引起的磨损称为磨料磨损。

2.6.2.2 粘结磨损

在切削过程中，切屑底层与刀具表面之间存在着巨大的压力和相当高的温度，使刀具与切屑、刀具与工件接触面上发生不同程度的粘结（冷焊）。粘结磨损是由两接触面相对剪切破裂而引起的。刀具表面材料在粘结点破裂后被切屑或工件带走，这就造成刀具的粘结磨损。

2.6.2.3 扩散磨损

在刀具与切屑、工件的接触面上温度较高，两种材料中的化学元素将从高浓度材料向低浓度材料中迁移（扩散），这种由于固态下元素相互迁移而引起的刀具磨损称为扩散磨损。高速切削钢件时，硬质合金中的C、W、Co、Ti等元素向工件和切屑中扩散，而工件和切屑中的Fe、Mn等元素向刀具扩散，使刀具的硬度、耐磨性下降，磨损加快。刀具材料的扩散相变也导致扩散磨损。

2.6.2.4 氧化磨损

用硬质合金刀具切削钢件时，切削温度可达700℃以上。在这种条件下，由于高温的影响，空气中的氧与刀具中的元素发生氧化作用，在刀具表面形成一层硬度、强度较低的氧化层薄膜。氧化膜很容易被工件或切屑带走，造成刀具材料的耗损，称为氧化磨损。一般说来，在刀具与切屑接触区域内，空气不易进入，所以，氧化磨损多发生在主、副切削刃工作的边界附近。

2.6.3 磨损过程与磨钝标准

随着切削时间的延长，刀具的磨损量在不断地增加。但在不同的时间阶段，刀具的磨损速度及实际的磨损量是不同的。图2-76反映了刀具的磨损和切削时间的关系，可以将刀具的磨损过程分为三个阶段。

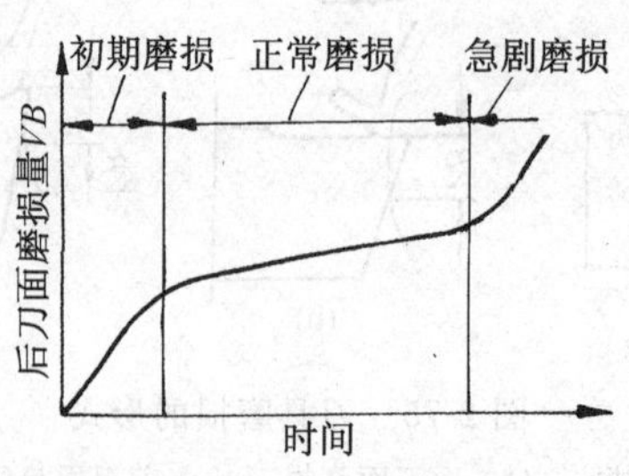

图2-76 刀具的磨损曲线

2.6.3.1 初期磨损阶段

在刀具开始使用的较短时间内,后刀面上即产生一个磨损约为0.05～0.1mm的窄小棱带。这一阶段称为初期磨损阶段。在这一阶段,磨损速率大,但时间较短,磨损量也不大。初期磨损速率大的原因在于新刃磨的刀具后刀面上存在微观凹凸不平、氧化或脱碳等缺陷,而且此阶段后刀面与工件接触面积小,接触压力大,单位面积上的摩擦力大。

2.6.3.2 正常磨损阶段

经过初期磨损阶段后,刀具表面粗糙度降低,接触压强减小,刀具的磨损速率明显降低,磨损量随时间均匀缓慢地增长,这一阶段称为正常磨损阶段。正常磨损阶段的磨损曲线表现为一段近似的直线。直线的斜率反映出刀具正常切削时的磨损速率,它是衡量刀具切削性能的重要指标。正常磨损阶段是刀具发挥正常切削作用的主要阶段,这段时间较长。

2.6.3.3 急剧磨损阶段

随着切削过程的进行,刀具的磨损量不断增加,当磨损量达到一定数值后,切削力、切削温度急剧上升,刀具磨损速率急剧增大,以致刀具失去切削能力。该阶段称为急剧磨损阶段。为保证加工质量,合理使用刀具,应在急剧磨损阶段到来之前及时更换或刃磨刀具。

通过对刀具磨损过程的分析可知,刀具的磨损量达到一定程度就要换刀或刃磨。这个磨损限度称为磨钝标准。一般刀具都存在后刀面磨损,而且后刀面的磨损测量比较方便,所以多以后刀面的磨损棱带的平均宽度 VB 作为指标制订磨钝标准。

在规定磨钝标准的具体数值时,有两种不同的出发点。一是尽可能充分地利用刀具的正常磨损阶段,以接近急剧磨损阶段的磨损量作为磨钝标准,这样可以充分利用刀具材料,减少换刀次数,从而获得高生产率和低成本,这样规定的磨钝标准称为经济磨钝标准。二是根据工件加工精度和表面质量的要求制定磨钝标准,这种标准可以保证工件要求的精度和表面质量,称为工艺磨钝标准,适用于精加工。磨钝标准一般需要通过实验确定。表2-8为生产实践中常用的硬质合金车刀磨钝标准。

表 2-8 硬质合金车刀磨钝标准

加工条件	后刀面的磨钝标准 VB/mm
精车	0.1～0.3
合金钢粗车,粗车刚性较差的工件	0.4～0.5
碳素钢粗车	0.6～0.8
铸铁件粗车	0.8～1.2
钢及铸铁大件低速粗车	1.0～1.5

2.6.4 刀具的破损

刀具的破损往往发生于刀具材料脆性较大或工件材料硬度高的加工中。据统计,硬质合金刀具的失效有50%是由于破损所造成的。

刀具破损的形式有脆性破损和塑性破损两类：

2.6.4.1 脆性破损

刀具破损前切削部分没有明显的变形，称为脆性破损，脆性破损常发生在硬质合金、陶瓷等硬度高、脆性大的刀具上。

脆性破损又可分为以下几种形式：

(1) 崩刃　当工艺系统的刚性较差、断续切削、毛坯余量不均匀或工件材料中有硬质点、气孔、砂眼等缺陷时，切削过程中有冲击力的作用。此时切削刃由于强度不足可能会产生一些小的锯齿缺口，称为崩刃。崩刃多发生于切削过程的早期。

(2) 碎裂　刀具切削部分呈块状损坏称为碎裂。硬质合金刀具和陶瓷刀具断续切削时会在刀尖处发生这种形式的早期破损。如果碎裂范围小，刃磨后刀具还可继续使用，如果碎裂范围大，则刀具无法再重磨使用。大块碎裂往往由很大的冲击力的作用或刀具材料的疲劳造成。刀具材料本身内在质量不好也可能导致大块碎裂。

(3) 剥落　剥落是指刀具表面材料呈片状的脱落。刀具在焊接、刃磨后，表层材料上存在着残余应力或显微裂纹，当刀具受到冲击作用后，表层材料发生剥落。剥落可发生在前后刀面上，有时和切削刃一同剥落。脆性大的刀具材料较易发生剥落。积屑瘤脱离切削区域时也可能造成刀具材料的剥落。

(4) 热裂　在较长时间的断续切削后，由于热冲击，刀具上会产生热裂纹。在机械冲击的作用下，裂纹扩展，导致刀具材料碎裂或断裂。硬质合金刀具切削时，如果切削液不充分也容易导致刀具热裂。

2.6.4.2 塑性破损

由于高温高压的作用，刀具会因切削部分塑性流动而迅速失效，称为塑性破损。刀具的塑性破损直接同刀具材料和工件材料的硬度比有关。硬度比越大，越不容易发生塑性破损。硬质合金刀具的高温硬度高，一般不容易发生塑性破损，而高速钢的耐热性较低，就容易发生这种现象。

在实际加工过程中，通过合理选择刀具材料和切削部分几何参数，选择适当的切削用量，可以减少刀具的破损。采用负的刃倾角、刃磨负倒棱等，可以提高刀具抗冲击的能力。使用高速钢刀具时，不宜采用过高的切削速度。

另外，提高加工工艺系统的刚性，以防止切削振动；提高刀具焊接、刃磨的质量；合理使用切削液等都有利于防止刀具的破损。

2.6.5 刀具失效在线监测方法

在通用机床加工中，一般根据切削过程中的一些现象来判断刀具是否已经失效，如粗加工时观察切屑的颜色和形状的变化、是否出现不正常的振动和声音等；精加工时可观察加工表面的粗糙度变化及测量加工零件的形状与尺寸等。

在数控机床加工中，进行刀具失效的在线监测，可及时发出警报、自动停机并自动换刀，避免刀具的早期磨损或破损导致工件报废，防止损坏机床，减少废品的产生。

近年来国内外在刀具失效的在线监测方面做了大量的工作，发展了不少新的检测预报方法，有些方法已开始应用于生产。刀具失效的在线监测方法很多，有直接检测和间接检测，有连续检测和非连续检测。在刀具切削过程中进行连续检测，能及时发现刀具损坏，但不少刀具很难实现在线连续监测，而在刀具非工作时间容易检测，因此需要根据具体情况选择合适的刀具失效的在线监测方法。表2-9给出了当前刀具磨损破损检测方法，检测的特征量和所使用的传感器及应用场合。刀具磨损失效的在线监测是一项正在研究发展中的技术。

表 2-9　刀具磨损破损检测方法

检测方法		信号	特征量或处理方法	使用传感器	应用场合
直接检测	测切削刃形状、位置	光	将摄像机输出的图像数字化，然后进行计算等	工业电视、光传感器等	在线非实时监视多种刀具
间接检测	测切削力	力	切削力变化量或切削分力比率	测力仪	车、钻、镗削
	测电动机功耗	功率电流	主电动机或进给电动机功率、电流变化量或波形变化	功率计 电流计	车、钻、镗削等
	测刀杆振动	加速度	切削过程中的振动振幅变化	加速度计	车、铣削等
	测声发射	声发射信号	刀具破损时发射信号特征分析	声发射 传感器	车、铣、钻拉、镗、攻丝
	测切削温度	温度	切削温度的突发增量	热电偶	车削
	测工件质量	尺寸变化、表面粗糙度变化	加工表面粗糙度变化、工件尺寸变化	测微仪，光、气、液压传感器等	各种切削工艺

2.7　磨具

磨具为带有磨粒的切削工具，有砂轮、砂带、油石等。其中最主要的是砂轮。砂轮是将磨料颗粒用结合剂粘结起来经压制烧结而成的。砂轮的特征主要由磨料、粒度、结合剂、硬度、组织及形状尺寸等因素所决定。

2.7.1　磨料

磨料颗粒在砂轮中担任切削工作。磨料应具有高硬度、高耐热性和一定的韧性。常用磨料及其用途见表2-10。

表 2-10　常用磨料及其应用

类别	磨料名称	代号	颜色	硬度	韧性	应用说明
刚玉类	棕刚玉	GZ(A)	棕褐色	低	大	磨削碳钢、合金钢、可锻铸铁等
	白刚玉	GB(WA)	白色	↓	↑	磨削淬火钢、高速钢、高碳钢等
	单晶刚玉	GD(SA)	浅黄或乳白			磨削不锈钢、高钒高速钢及其他难加工材料
	铬刚玉	GG(PA)	紫红色			磨削淬硬高速钢、高强度钢，成形磨削
碳化硅	黑色碳化硅	TH(C)	黑色			磨削铸铁、黄铜、耐火材料及非金属材料
	绿色碳化硅	TL(GC)	绿色			磨削硬质合金、宝石、陶瓷、玻璃等
高硬磨料	立方氮化硅	CBN	黑色			磨削各种高温合金、高钼、高钒、高钴钢、不锈钢等
	人造金刚石	JR	乳白色	高	小	磨削硬质合金、光学玻璃、宝石、陶瓷等高硬度材料

2.7.2 粒度

粒度是指磨料颗粒的尺寸，其大小用粒度号表示。GB/T2481.1—1998 规定磨粒和微粉两种粒度号。

2.7.2.1 磨粒

磨粒用筛选法分级，其粒度号用 1 英寸长度上的筛孔来表示。具体粒度号共 27 个。通常粗磨选用较粗的磨粒，如 36＃～46＃；精磨选用较细的磨粒，如 60＃～120＃。磨粒的硬度极高，它不仅可以磨削铜、铁、钢等一般硬度的材料，而且还可以磨削用其他刀具难以加工的硬材料，如淬硬钢、硬质合金、宝石等。

2.7.2.2 微粉

微粉是用水力按不同沉降速度进行分级的，其粒度号用该级颗粒的实际最大尺寸(μm)来表示。微粉的粒度号共 14 个。微粉多用于研磨等精密加工和超精密加工。

2.7.3 结合剂

结合剂的作用是将磨料黏合成具有一定强度和形状的砂轮。砂轮的强度、抗冲击性、耐热性及抗腐蚀能力主要取决于结合剂。常用结合剂的性能及用途见表 2-11。

表 2-11 常用结合剂性能及应用

名称	代号	性能	适用范围
陶瓷	A(V)	强度高，耐热，耐腐蚀性好，气孔率大，易保持轮廓，弹性差	适用于通用砂轮、成形磨削，一般磨削速度小于 35m/s
树脂	S(B)	强度高，弹性好，耐热性差，气孔率小，易磨损	适用于高速磨削，可制成薄片砂轮，用于切割、开槽，速度可达 50m/s 左右
橡胶	X(R)	强度与弹性均高于陶瓷、树脂，但耐热性差、气孔率小	多用于切断、开槽、抛光用砂轮，速度可达 55m/s 左右
金属	J(M)	强度最高，导热性好，但自锐性差	多用于高硬磨料砂轮及电解磨削用砂轮

2.7.4 砂轮的硬度

砂轮的硬度是指砂轮上磨料颗粒受力后自砂轮表层脱落的难易程度，也反映磨粒与结合剂的黏结强度。磨粒难脱落为硬度高，磨粒易脱落为硬度低。

砂轮的硬度从低到高分为超软、软、中软、中、中硬、硬、超硬七类若干等级。通常被加工材料强度、硬度较低时选用较硬的砂轮，反之用较软的砂轮；精加工用较硬的砂轮，粗加工用较软的砂轮；磨削断续表面用较硬的砂轮。

2.7.5 砂轮的组织

砂轮的组织是指砂轮中磨料、结合剂和气孔三者的比例。磨料所占的体积比例大，砂轮组织紧密；气孔所占体积比例大，则砂轮组织疏松。

砂轮的组织分紧密、中等和疏松三个类别 13 个等级。通常加工较硬、较脆的材料用组织较紧密的砂轮；加工较软、韧性好、发热量大的材料用较疏松的砂轮。

2.7.6 砂轮的形状

砂轮形状根据加工方式和被加工面的形状来选择。常见砂轮的形状、代号及用途见表2-12。

表 2-12 砂轮的形状代号及用途

名称	代号	断面简图	基本用途
平形砂轮	P (1)		根据不同尺寸，分别用于外圆磨、内圆磨、平面磨、无心磨、工具磨、螺纹磨和砂轮机上
双斜边一号砂轮	PSX_1 (4)		主要用于磨齿轮齿面和磨单线螺纹
双面凹砂轮	PSA (7)		主要用于外圆磨削和刃磨刀具，还用作无心磨的磨轮和导轮
薄片砂轮	PB (41)		主要用于切断和开槽等
筒形砂轮	N (2)		用于立式平面磨床上
杯形砂轮	B (6)		主要用其端面刃磨刀具，也可用其圆周磨平面和内孔
碗形砂轮	BW (11)		通常用于刃磨刀具，也可用于导轨磨上磨机床导轨
碟形一号砂轮	D_1 (12a)		适用于磨铣刀、铰刀、拉刀等，大尺寸的一般用于磨轮的齿面

在砂轮的端面上一般都印有标志，表示砂轮的形状、尺寸、磨料、粒度、硬度、组织、结合剂、最高线速度，以便于砂轮的选用和管理。例如

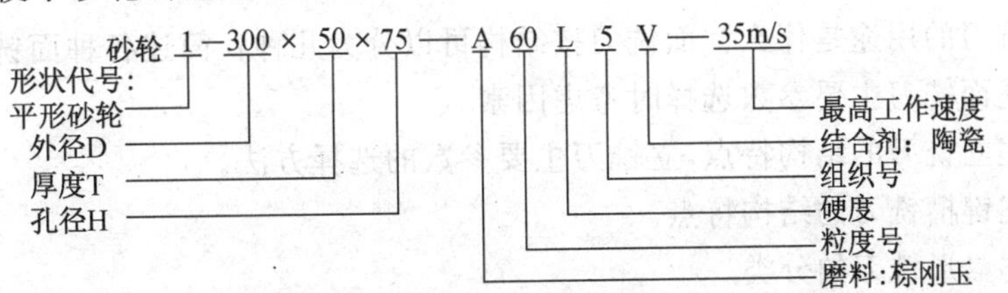

通过磨削能获得高的尺寸精度和小的表面粗糙度。一般尺寸精度可达IT6～IT5，表面粗

糙度可达R_a0.75～1.25μm。如果采用先进的磨削工艺，尺寸精度能达到IT5以上，表面粗糙度能达到R_a0.01～0.08μm，呈光滑镜面。

习题二

2-1　数控刀具的材料有哪些？分别按硬度和韧性分析其性能。
2-2　车刀按用途分为哪几种？按结构分为哪几种？
2-3　试述焊接式车刀的特点。
2-4　试述机夹式车刀的特点。
2-5　试述机夹式车刀夹紧结构的种类及特点。
2-6　试述可转位式车刀的特点。
2-7　说明可转位刀片公制型号TNMM270612所代表的含义。
2-8　试述可转位式车刀夹紧结构的种类及特点。
2-9　什么是成形车刀？成形车刀的特点有哪些？
2-10　试述成形车刀的种类，各种成形车刀的优缺点。
2-11　什么是数控车刀的预调？常用的对刀装置有哪几种？
2-12　孔加工刀具包括哪些类型？
2-13　试述孔加工刀具的特点。
2-14　试述普通麻花钻的各组成部分及功用。
2-15　普通麻花钻的结构存在哪些缺陷？应怎样改进？
2-16　基本型群钻的结构特征是什么？与普通麻花钻相比有哪些优点？
2-17　试述无横刃硬质合金钻头的结构及性能特点。
2-18　试述硬质合金可转位浅孔钻的结构及性能特点。
2-19　什么是铰刀？铰削的特点是什么？
2-20　试述手用铰刀和机用铰刀的结构特点。
2-21　试述铰刀的各组成部分及功用。
2-22　引起被铰孔直径扩张或收缩的原因是什么？
2-23　铰刀的刀齿数量对铰削质量有何影响？
2-24　铰刀的刀齿在圆周上的分布有几种形式？各种形式的特点是什么？
2-25　试述铰刀主偏角、前角、后角在铰削过程中的作用。
2-26　什么是铣刀？铣刀的特点是什么？
2-27　铣刀按用途大致可分几种？
2-28　铣刀按齿背加工形式分几种？
2-29　面铣刀的用途是什么？面铣刀按结构可以分为几种？简述各种面铣刀的特点。
2-30　试述面铣刀主要参数选择时考虑因素。
2-31　试述立铣刀的结构特点，立铣刀主要参数的选择方法。
2-32　试述键槽铣刀的结构特点。
2-33　试述盘形铣刀的分类。
2-34　试述三面刃铣刀的分类及特点。

2-35　试述角度铣刀的用途、分类及特点。

2-36　简述模具铣刀的用途、分类及特点。

2-37　铣刀的改进措施有哪些？

2-38　数控铣镗床上经常使用哪些刀具和高效刀具？

2-39　什么是数控机床的工具系统？整体式和模块式工具系统的优缺点如何？

2-40　镗铣类模块式工具系统由几个模块组成？各基本模块的作用如何？

2-41　车削类模块式工具系统与镗铣类模块式工具系统相比有何特点？

2-42　刀具管理系统的任务和基本功能是什么？

2-43　分析刀具磨损的主要形式及产生原因和对策。

2-44　刀具磨损的过程分几个阶段？刀具使用时的磨损应限制在哪一阶段？

2-45　刀具破损的主要形式是什么？在实际工作中如何减少刀具破损。

2-46　什么是刀具的磨钝标准和寿命？寿命和磨钝标准有什么关系？

2-47　砂轮如何形成？砂轮的特征由何决定？

2-48　试述棕刚玉、白刚玉、铬刚玉、绿色碳化硅的特性、应用和代号。

2-49　什么叫砂轮的粒度？

2-50　试述陶瓷、树脂、橡胶结合剂的特性、应用和代号。

2-51　什么叫砂轮的硬度？

2-52　什么叫砂轮的组织？

2-53　说明下列砂轮牌号的含义：

1－400×50×203－A80L5B－35m/s

1－400×150×203－WA120K5V－35m/s

3 工件的装夹及夹具设计

工件的定位和夹紧是工件装夹的两个过程。为了保证工件被加工表面的技术要求，必须使工件相对刀具和机床处于一个正确的加工位置。在使用夹具的情况下，就要使同一工序中的所有工件都能在夹具中占据同一正确位置，这就是工件的定位问题。在工件定位以后，为了保证工件在切削力作用下保持既定位置不变，这就需要将工件在既定位置上夹紧。因此，定位是让工件有一个正确加工位置，而夹紧是固定正确位置，两者是不同的。若认为把工件夹紧不能动也就是定位正确了，这是错误的。

用以固定工件，使之占有确定位置以接受加工或检测的工艺装备统称为机床夹具，简称夹具。

3.1 工件的定位原则

3.1.1 工件的自由度

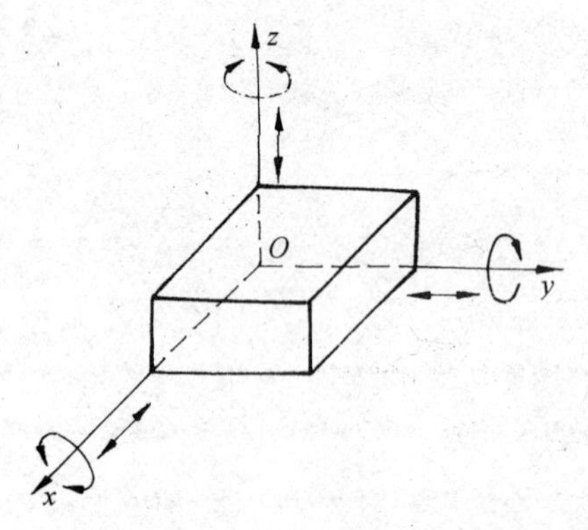

图 3-1 工件的六个自由度

一个尚未定位的工件，其位置是不确定的，如图3-1所示。长方体工件放在空间直角坐标系中，可沿 x、y、z 轴移动，也可以绕 x、y、z 轴转动。我们把沿着轴线移动分别记为 $\vec{x}$、$\vec{y}$、$\vec{z}$，称为沿 x、y、z 轴的自由度；把绕轴线转动分别记为 $\vec{x}$、$\vec{y}$、$\vec{z}$，称为绕 x、y、z 轴的自由度。因此，一个未定位的工件有六个自由度。若在 xOy 平面设一个固定点，使长方体的底面与固定点保持接触，那么，我们就认为该工件沿 z 轴方向的 $\vec{z}$ 自由度被限制了。限制工件自由度的固定点称为定位支承点。定位的实质就是消除工件的自由度。

3.1.2 六点定位规则

工件在空间直角坐标系中有六个自由度，在夹具中用六个定位支承点限制六个自由度，使工件在夹具中的位置完全确定。这种用适当分布的六个支承点限制工件六个自由度的法则，称为六点定位规则。但由于工件的几何形状不同，定位基准不同，六点定位支承分布将有所不同。下面就几种典型工件的六点定位规则应用加以介绍。

3.1.2.1 平面几何体的定位

如图 3-2 所示，工件以 A、B、C 三个平面为定位基准，其中 A 面最大，主要基准为 A 面，设置不在一条直线上的三个支承点1、2、3，当工件 A 面与该三点接触时，限制了 $\vec{z}$、$\vec{y}$、$\vec{x}$ 三个自由度；B 面较 C 面狭长一些，在 B 面上设置两个支承点4、5（不能垂直放置），则限制了 $\vec{y}$、$\vec{z}$ 两个自由度；在 C 面上设置一个支承点6，限制了 $\vec{x}$ 自由度。这样的六点分布，工件的六个自由度都给限制了，则工件位置完全确定。必须注意，限制自由度的定位是靠定位支承与工件定位面接触来实现的，如果两者不接触，则定位作用自然消失。另外，在工件实际定位中，定位支承不一定都以点出现。从几何学观点分析，不在一直线上的三点能组成一个平面；两点可组成一条线；因此，三点可以以平面支承出现，两点支承可以以线支承出现。

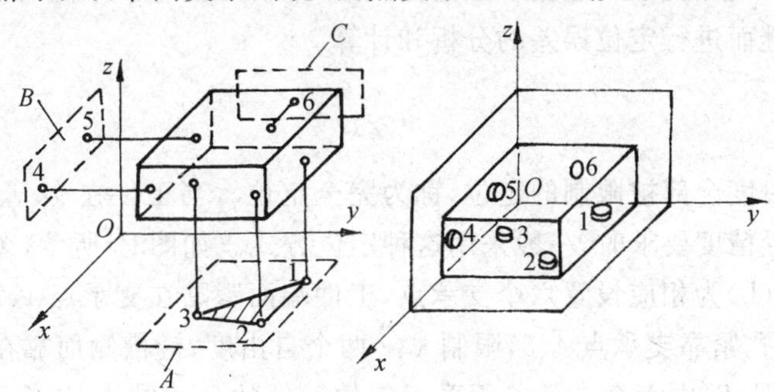

图 3-2　平面几何体的定位

3.1.2.2　圆柱几何体的定位

如图3-3所示，工件以长圆柱面的轴线、后端面和键槽侧面为定位基准。主要定位基准为圆柱面。以V形块的两直线与工件外圆接触，相当于1、2、4、5四个支承点的作用，限制 $\vec{y}$、$\vec{z}$、$\vec{y}$、$\vec{z}$ 四个自由度；后端面设置支承点3，限制 $\vec{x}$ 自由度；在键槽上设置支承点6限制 $\vec{x}$ 自由度。当外圆柱体较长时，往往以V形块代替1、2、4、5四个支承点，以限制工件的四个自由度。

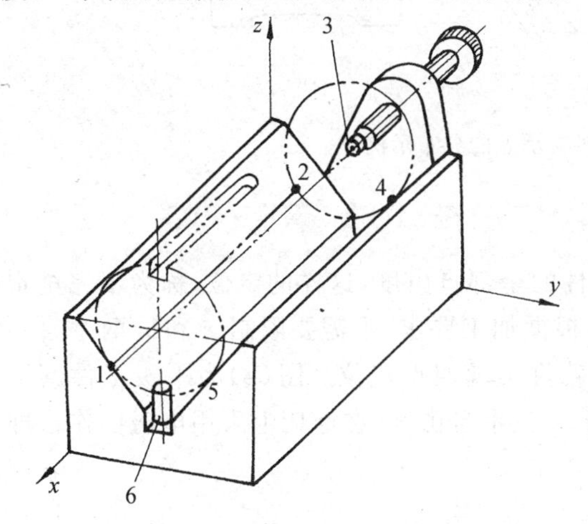

图 3-3　圆柱几何体的定位

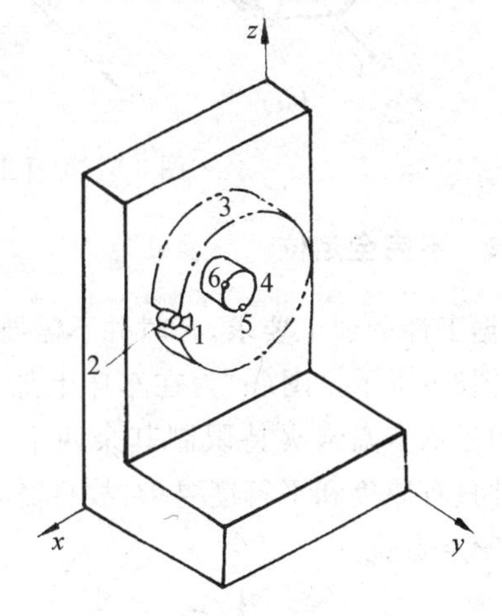

图 3-4　圆盘几何体的定位

3.1.2.3　圆盘几何体的定位

如图3-4所示，可视为圆柱体的缩短。主要定位基准为端面，有支承点1、3、4限制 $\vec{y}$、$\vec{x}$、$\vec{z}$ 自由度；5、6支承点限制 $\vec{x}$、$\vec{z}$ 自由度；支承点2限制 $\vec{y}$ 自由度。

由以上分析可知，六点定位时支承点分布要合理，根据工件定位基准的形状和位置，选择一个主要定位基准，在其表面分布的支承点最多。要完全限制工件的自由度，六个支承点分布必须合理。

3.1.3 限制工件自由度与加工要求的关系

一批工件在夹具中定位时，只有满足以下两条要求，定位方案才是可行的。一是需要限制的自由度，必须都得到恰当的限制；二是保证必要的定位精度和稳定性。因此，确定定位方案时，要根据工件的加工精度要求，遵循六点定位规则，分析工件应该限制的自由度，确定定位方法，选择定位元件，继而进行定位误差的分析和计算。

3.1.3.1 完全定位

工件的六个自由度全部被限制的定位，称为完全定位。当工件在 x、y、z 三个坐标方向上均有尺寸要求或位置精度要求时，一般采用这种定位方式。如图3-5所示，图(a)为在环形工件上钻孔的工序图，图(b)为相应设置六个支承点，工件端面紧贴在支承点 1、2、3 上，限制 $\vec{x}$、$\vec{y}$、$\vec{z}$ 三个自由度；工件内孔紧靠支承点 4、5，限制 $\vec{y}$、$\vec{z}$ 两个自由度；键槽侧面靠在支承点 6 上，限制 $\vec{x}$ 自由度。图(c)是图(b)中六个支承点所采用定位元件的具体结构，以台阶面 A 代替 1、2、3 三个支承点；短销 B 代替 4、5 两个支承点；键槽中的防转销 C 代替支承点 6。

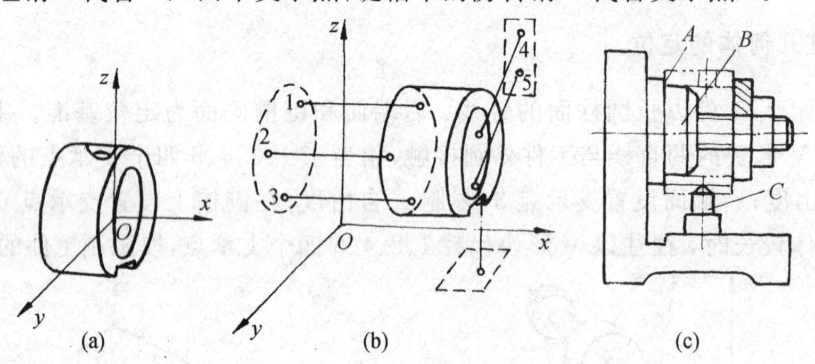

图 3-5 圆环工件定位时支承点的分布示例

3.1.3.2 不完全定位

根据工件的加工要求，有时并不需要限制工件的全部自由度，这样的定位，称为不完全定位。如图3-6所示。图(a)为在车床上加工通孔，根据加工要求，不需要限制 $\vec{x}$ 和 $\overset{\frown}{x}$ 两个自由度，故用三爪卡盘卡夹持限制其余四个自由度，就可实现四点定位。图(b)为平板工件磨平面，工件只有厚度和平行度要求，故只需限制 $\vec{z}$、$\vec{x}$、$\vec{y}$ 三个自由度，在磨床上采用电磁工作台即可实现三点定位。

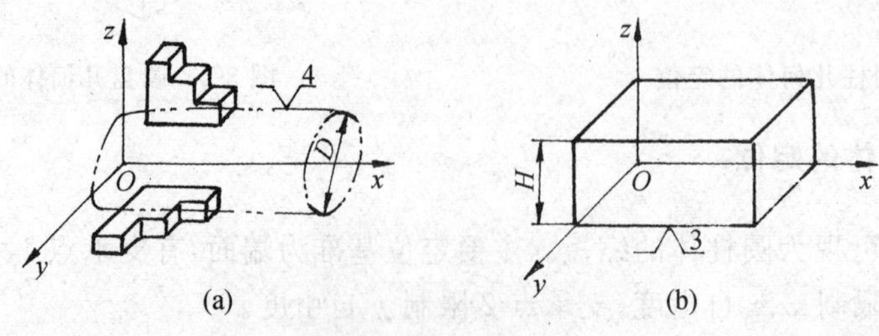

图 3-6 不完全定位示例

3.1.3.3 欠定位

根据工件的加工要求,应该限制的自由度没有完全被限制的定位,称为欠定位。欠定位无法保证加工要求,所以是决不允许的。如图 3-5,若无防转销 C,工件绕 x 轴转动方向上的位置将不确定,钻出的孔与下面的槽不一定能达到对称要求。

3.1.3.4 过定位

夹具上的两个或两个以上的定位元件,重复限制工件的同一个或几个自由度的现象,称为过定位。如图 3-7 所示为两种过定位的例子。图(a)为孔与端面联合定位情况,由于大端面限制 $\vec{y}$、$\widehat{x}$、$\widehat{z}$ 三个自由度,长销限制 $\vec{x}$、$\vec{z}$、$\widehat{x}$、$\widehat{z}$ 四个自由度,可见 $\widehat{x}$、$\widehat{z}$ 被两个定位元所重复限制,出现过定位。图(b)为平面与两个短圆柱销联合定位情况,平面限制 $\vec{z}$、$\widehat{x}$、$\widehat{y}$ 三个自由度,两个短圆柱销分别限制 $\vec{x}$、$\vec{y}$ 和 $\vec{y}$、$\widehat{z}$ 共四个自由度,则 $\vec{y}$ 自由度被重复限制,出现过定位。

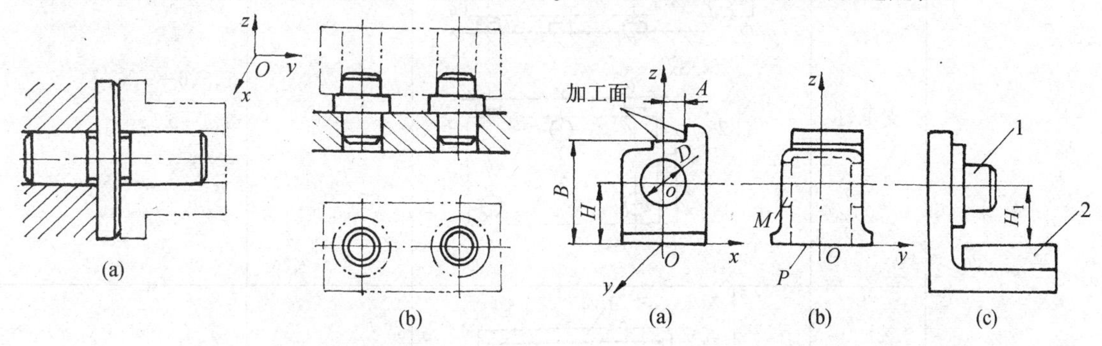

图 3-7 过定位的例子　　　　图 3-8 变速箱壳体定位方案

又如图 3-8 所示工件,工件以 P、M 两面及孔 o 为定位基面,在支承板 2(两块)和定位销 1 上定位。支承板 2(两块)与工件底面 P 接触,限制工件的 $\vec{z}$、$\widehat{x}$、$\widehat{y}$ 三个自由度,则 $\vec{z}$ 自由度被重复限制。当工件的尺寸 H 和夹具上定位元件之间的尺寸 H_1 有误差时,如 $H>H_1$ 时,若保证工件孔 o 与定位销 1 良好配合,则将使工件底面 P 与支承板 2 不能全面贴合;若使工件底面 P 与支承板 2 全面贴合,则将使 o 与 1 配合时发生干涉而无法装入工件。如 $H<H_1$,情况亦然。

由于过定位往往会带来不良后果,一般确定定位方案时,应尽量避免。消除或减小过定位所引起的干涉,一般有两种方法。

① 改变定位元件的结构,使定位元件重复自由度的部分不起定位作用。为达此目的,可采用如图3-9所示方法之一。图(a)、(b)对图3-8的结构作了改进,图(a)将圆柱销改为削边销;图(b)将定位板改为斜楔定位;图(c)为在工件与大端面之间加球面垫圈,或改为小端面,见图(d),则可避免过定位。

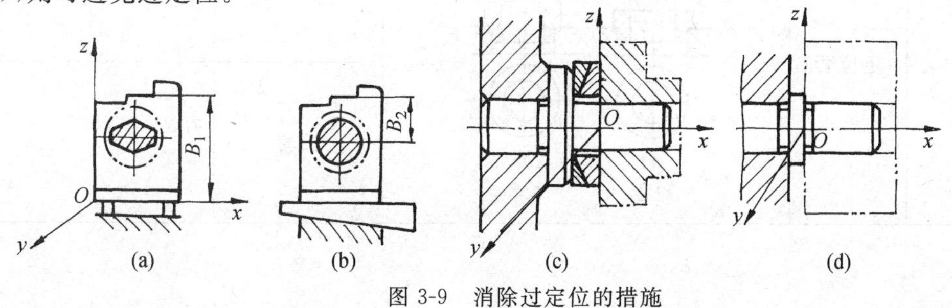

图 3-9 消除过定位的措施

② 提高工件定位基准之间以及定位元件工作表面之间的位置精度。这样也可消除因过定位而引起的不良后果，仍能保证工件的加工精度，而且有时还可以使夹具制造简单，使工件定位稳定，刚性增强。因此，过定位有时亦可合理应用。

3.2 常用定位方法及定位元件

前面所述是工件定位的基本原则。在实际生产时，工件定位的支承件是一定形状的几何体，根据工件定位基面的不同，采用的定位支承形状不同，这些支承件就称为定位元件。

表 3-1 常用定位方法和定位元件所能限制的工件自由度

工件定位基面	定位元件	工件定位简图	定位元件特点	能限制的工件自由度
平 面	支承钉	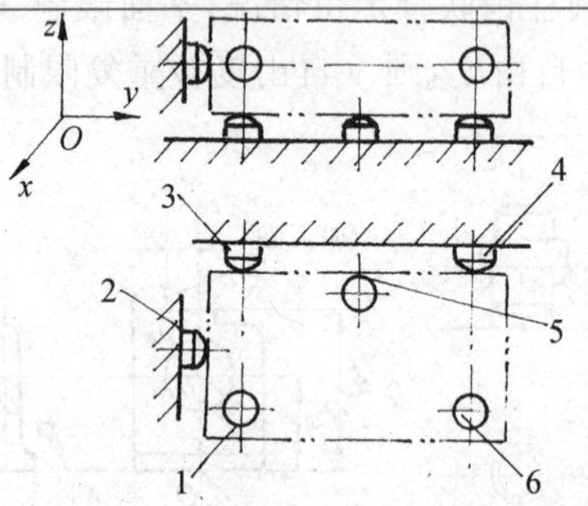		1、5、6—$\vec{z}$、$\vec{x}$、$\vec{y}$ 3、4—$\vec{x}$、$\vec{z}$ 2—$\vec{y}$
	支承板	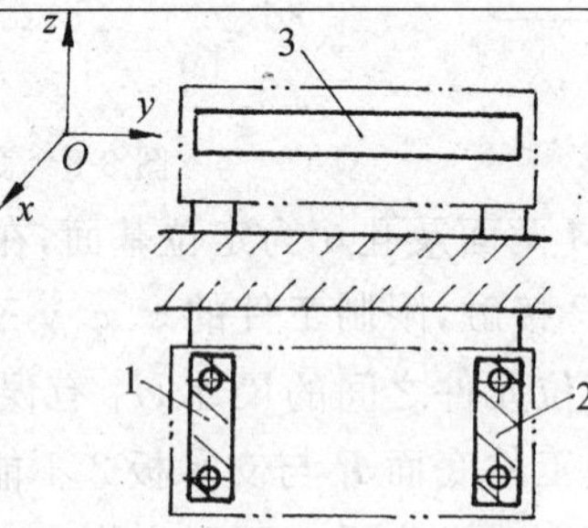		1、2—$\vec{z}$、$\vec{x}$、$\vec{y}$ 3—$\vec{x}$、$\vec{z}$
外圆柱面	支承板	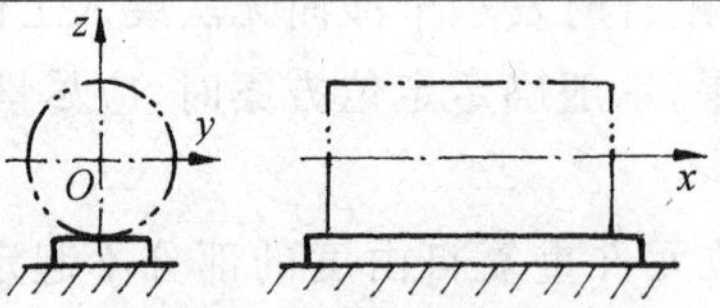		$\vec{z}$、$\vec{y}$
	定位套	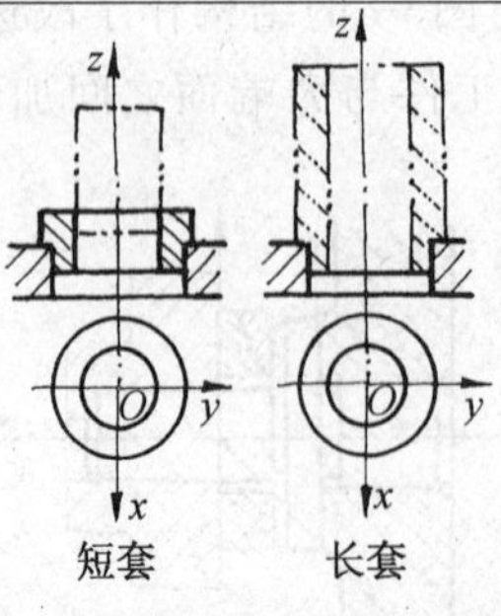	短套	$\vec{x}$、$\vec{y}$
			长套	$\vec{x}$、$\vec{y}$ $\vec{x}$、$\vec{y}$

（续表）

工件定位基面	定位元件	工件定位简图	定位元件特点	能限制的工件自由度
外圆柱面	V形块	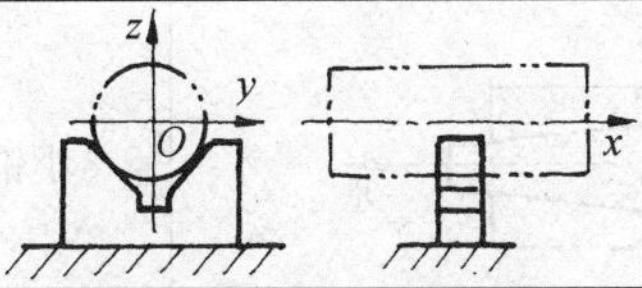	短V形块	$\vec{y}$、$\vec{z}$
	V形块	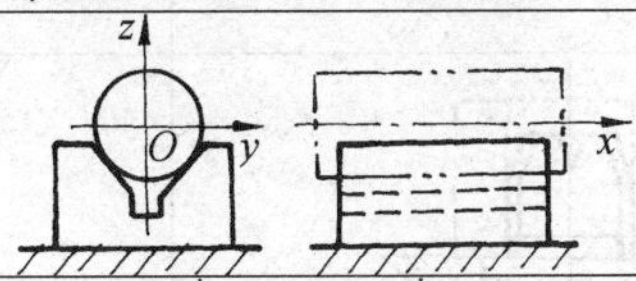	长V形块	$\vec{y}$、$\vec{z}$ $\vec{y}$、$\vec{z}$
	锥　套	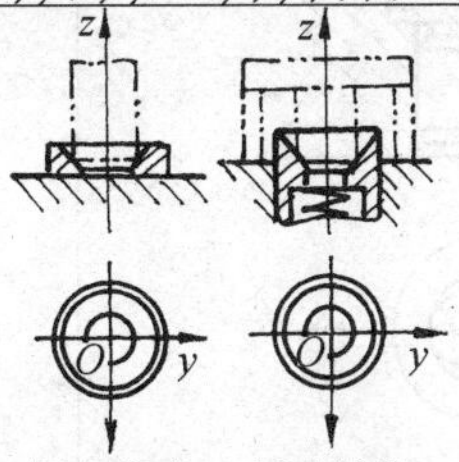 固定锥套　活动锥套	固定锥套	$\vec{x}$、$\vec{y}$、$\vec{z}$
			活动锥套	$\vec{x}$、$\vec{y}$
圆　孔	定位销	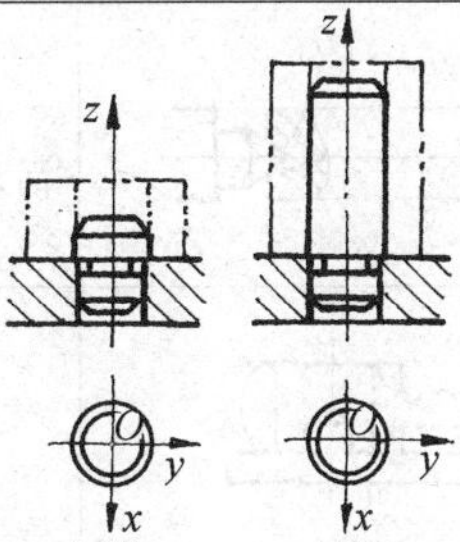 短销　长销	短销	$\vec{x}$、$\vec{y}$
			长销	$\vec{x}$、$\vec{y}$ $\vec{x}$、$\vec{y}$
	心　轴	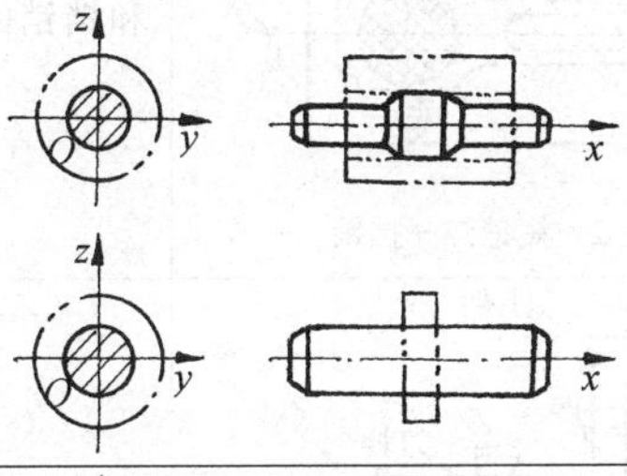	短心轴	$\vec{y}$、$\vec{z}$
		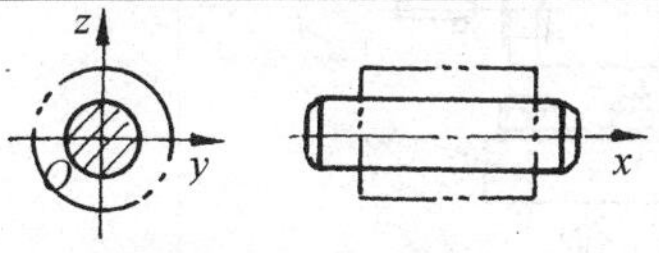	长心轴	$\vec{y}$、$\vec{z}$ $\vec{y}$、$\vec{z}$
	锥　销	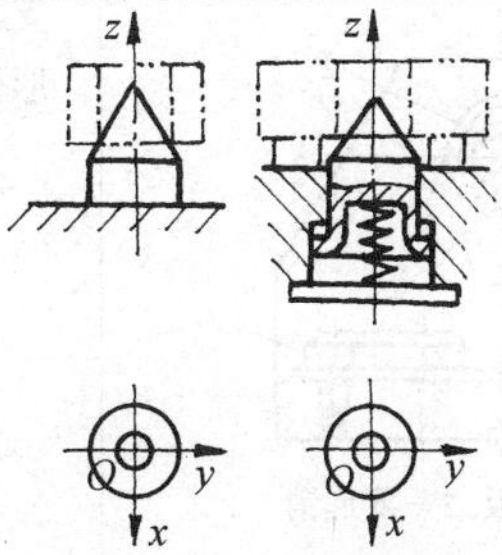 固定锥销　固定锥销	固定锥销	$\vec{x}$、$\vec{y}$、$\vec{z}$
			活动锥销	$\vec{x}$、$\vec{y}$

（续表）

工件定位基面	定位元件	工件定位简图	定位元件特点	能限制的工件自由度
圆　孔	锥形心轴	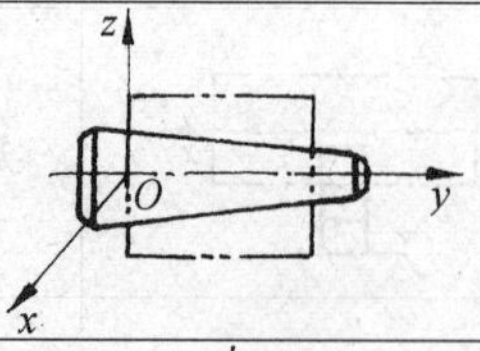	小锥度	$\vec{x}$、$\vec{y}$、$\vec{z}$ $\overset{\frown}{x}$、$\overset{\frown}{z}$
	削边销	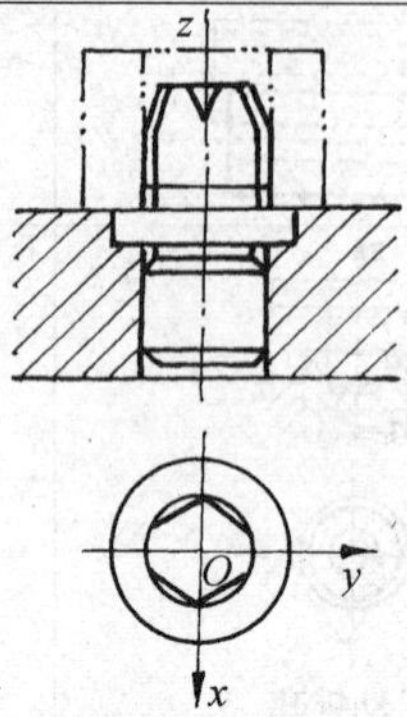	削边销	$\vec{y}$
二锥孔组合	顶　尖	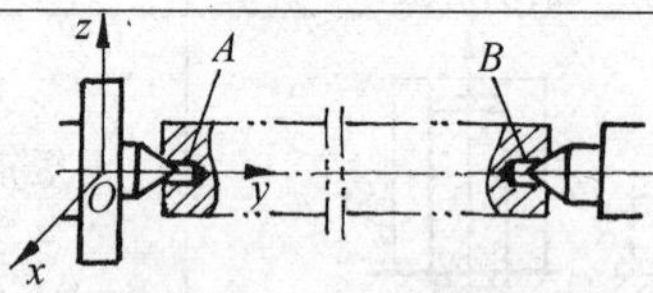	一个固定一个活动顶尖组合	$\vec{x}$、$\vec{y}$、$\vec{z}$ $\overset{\frown}{x}$、$\overset{\frown}{z}$
平面和孔组合	支承板、短销和挡销	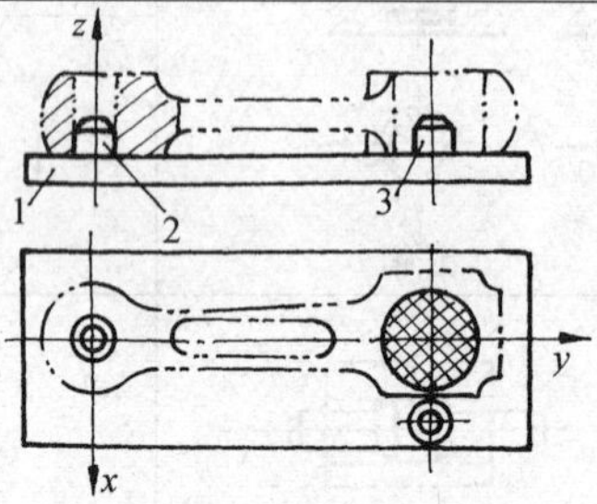 1—支承板；2—短销；3—挡销	支承板、短销和挡销的组合	$\vec{x}$、$\vec{y}$、$\vec{z}$ $\overset{\frown}{x}$、$\overset{\frown}{y}$、$\overset{\frown}{z}$
	支承板和菱形销	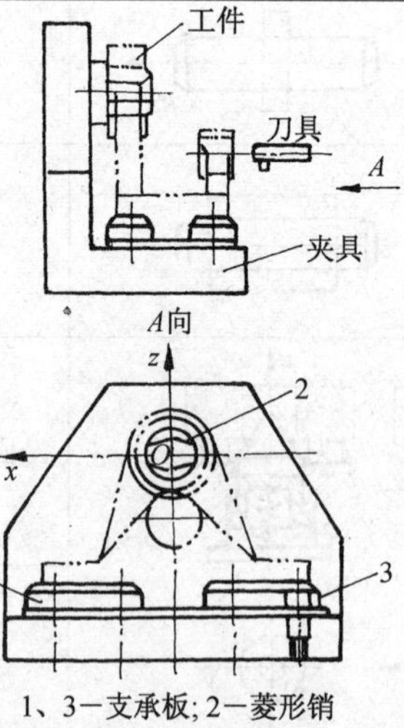 工件 刀具 夹具 A向 1、3—支承板；2—菱形销	支承板和菱形销的组合	$\vec{x}$、$\vec{y}$、$\vec{z}$ $\overset{\frown}{x}$、$\overset{\frown}{y}$、$\overset{\frown}{z}$

（续表）

工件定位基面	定位元件	工件定位简图	定位元件特点	能限制的工件自由度
V形面和平面组合	定位圆柱、支承板和支承钉	z 1 2 3 y (过定位，用于定位基面1、2、3精度较高时)	定位圆柱、支承板和支承钉的组合	定位圆柱—$\vec{y}$、$\vec{z}$、$\vec{y}$、$\vec{z}$ 支承板—$\vec{x}$、$\vec{y}$ 挡销—$\vec{x}$ $\vec{y}$—定位圆柱和支承板重复限制

3.2.1 平面定位

工件以平面作为定位基准时，所用定位元件一般可分为“基本支承”和“辅助支承”两类。“基本支承”用来限制工件的自由度，具有独立定位的作用。“辅助支承”用来加强工件的支承刚性，不起限制工件自由度的作用。

3.2.1.1 基本支承

有固定、可调、自位三种型式，它们的尺寸结构已系列化、标准化，可在夹具设计手册中查用。这里主要介绍它们的结构特点及使用场合。

(1) 固定支承 定位元件装在夹具上后，一般不再拆卸或调节，有支承钉与支承板两种。支承钉一般用于工件的三点支承或侧面支承。其结构有A型(平头)、B型(球头)、C型(齿纹)三种，如图3-10所示。

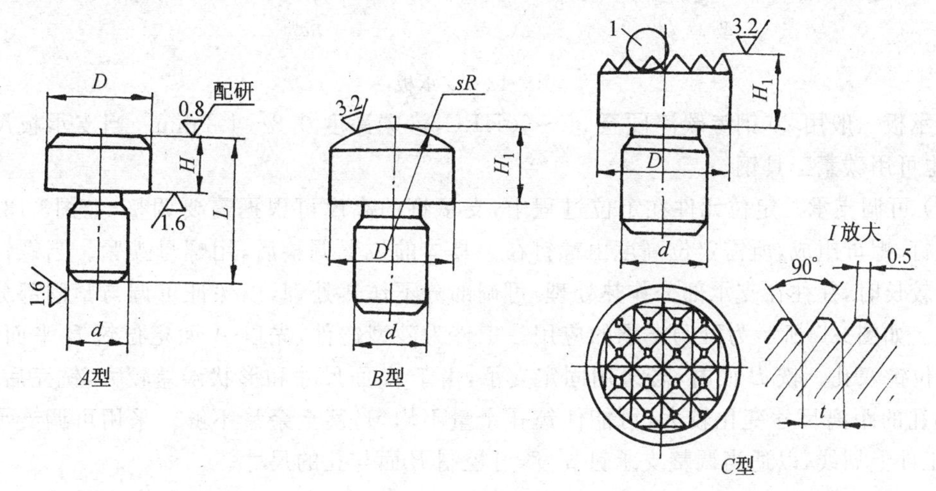

图 3-10 支承钉

A型支承钉与工件接触面大，常用于定位平面较光滑的工件，即适用于精基准。B型、C型支承钉与工件接触面小，适用于粗基准平面定位。C型齿纹支承钉的突出优点是定位面间摩擦力大，可阻碍工件移动，加强定位稳定性。但齿纹槽中易积屑，一般常用于粗糙表面的侧面定位。

这类固定支承钉，一般用碳素工具钢T8经热处理至55～60HRC。与夹具体采用H7/r6过盈配合，当支承钉磨损后，较难更换。若需更换支承钉的应加衬套，如图3-11所示。衬套内

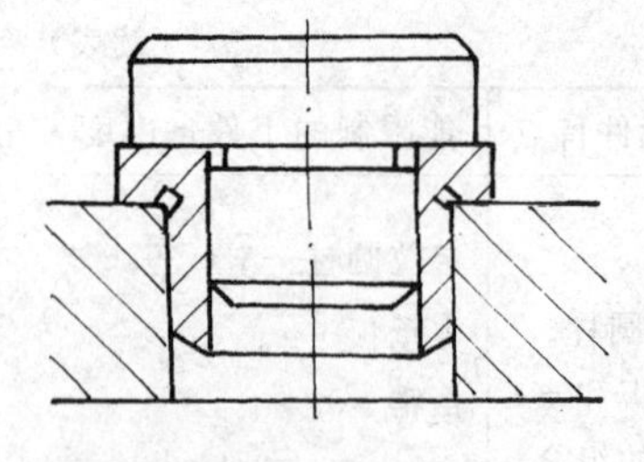

图 3-11　衬套的应用

孔与支承钉采用 H7/js6 过渡配合。

当支承平面较大，而且是精基准平面时，往往采用支承板定位，可以增加工件刚性及稳定性。如图3-12所示为支承板的类型，分 A 型(光面)、B 型(凹槽)两种。A 型结构简单，但沉头螺钉清理切屑较困难，一般用于侧面支承。B 型支承板开了斜凹槽，排屑容易，可防止切屑留在定位面上，一般作水平面支承，用螺钉与夹具体固定。

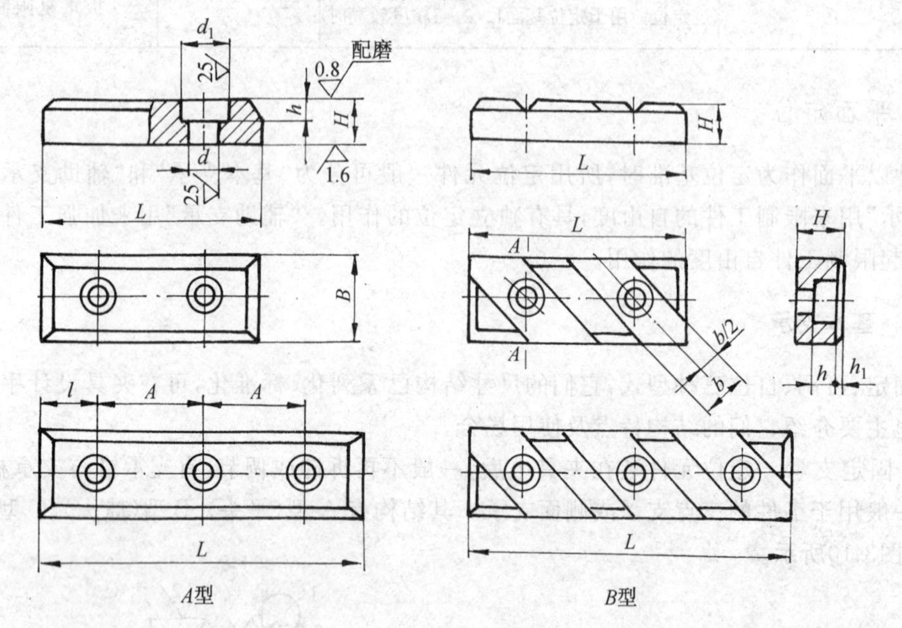

图 3-12　支承板

支承板一般用 20 钢渗碳淬硬至 55～60HRC，渗碳深度 0.8～1.2mm。当支承板尺寸较小时，也可用碳素工具钢。

(2) 可调支承　定位元件在定位过程中，支承钉的高度可根据需要调整，如图3-13所示。它由螺钉、螺母组成，所需定位高度由螺钉在夹具体的位置调整后，用螺母锁紧。当螺钉的可调部分较长时，往往在支承部分作热处理，可调部分不作热处理，以保证可调与紧固部分有一定韧性。如图3-14所示为可调支承的应用。工件为砂型铸件，先以 A 面定位铣 B 平面，再以 B 面定位镗双孔。铣 B 面时，若采用固定支承，由于 A 面尺寸和形状误差较大，铣完后，B 面与毛坯孔的距离尺寸变化较大，可能使镗孔余量不均匀，甚至余量不够。采用可调支承定位时，在工件上划线，以适当调整支承钉高度，可控制 B 面与孔的尺寸。

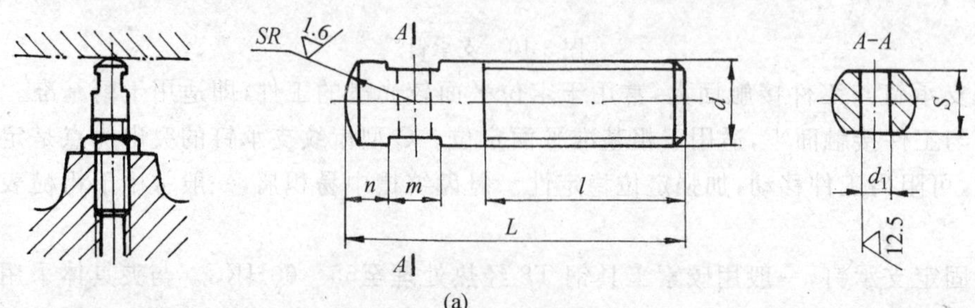

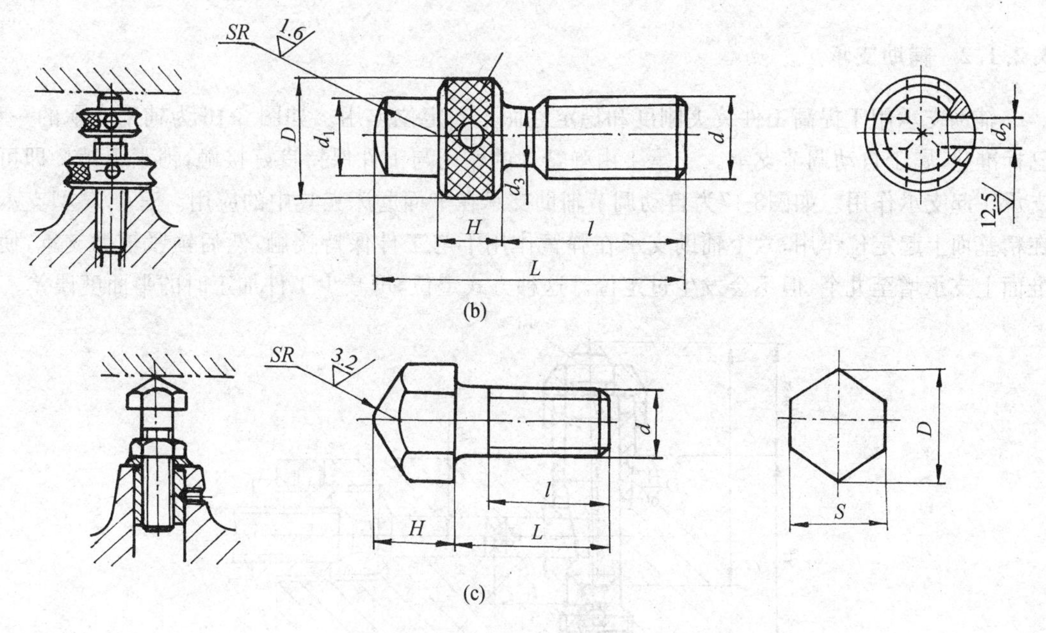

图 3-13 可调节的支承

(a) JB/T8026.4—1995； (b) JB/T8026.3—1995； (c) JB/T8026.1—1995

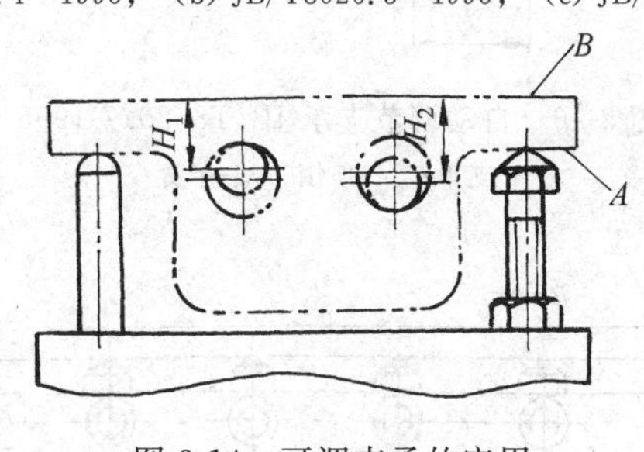

图 3-14 可调支承的应用

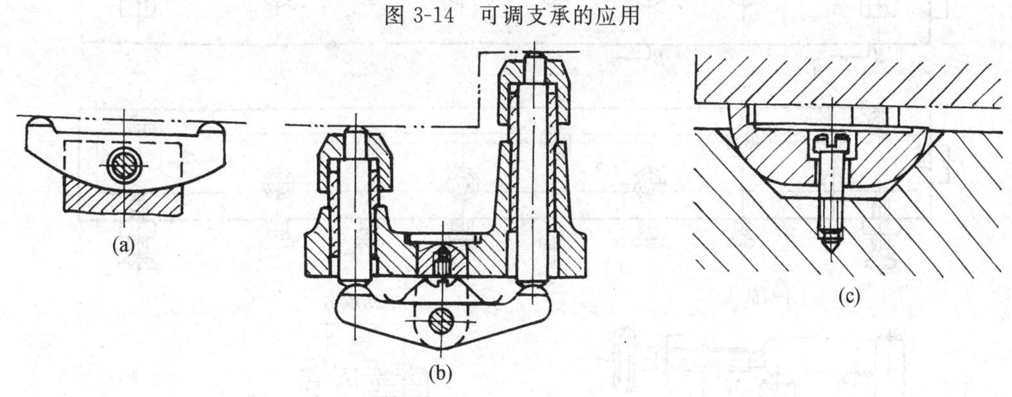

图 3-15 自位支承

(a) 摆动式； (b) 移动式； (c) 球形浮动支承

(3) 自位支承(浮动支承) 定位元件在定位过程中,能自动调整位置。如图3-15所示,常见的有二点、三点与工件接触。当工件压下其中一点接触后,其余的点上升,直至全部点与工件定位表面接触为止。实质上,每一个自位支承,只相当于一个定位点,限制一个自由度。由于增加了与工件的接触点,可减少工件变形,但定位稳定性差。这种支承常用于刚度不足的毛坯平面或不连续的表面定位,可增加与工件接触点又可避免过定位。

3.2.1.2 辅助支承

辅助支承用于提高工件装夹刚度和稳定性而不起定位作用。如图 3-16 为辅助支承的一种，已标准化，属于自动调节支承。支承 1 由弹簧 3 的作用与工件保持良好接触，锁紧顶销 2 即可使支承 1 起支承作用。如图3-17为自动调节辅助支承在平面磨床夹具中的应用。三个 A 型支承钉在精基面上起定位作用，六个辅助支承在弹簧作用下与工件保持接触，然后锁紧辅助支承，使基准面上支承增至九个，但不会发生过定位。这种方式定位，可减少工件加工时的平面度误差。

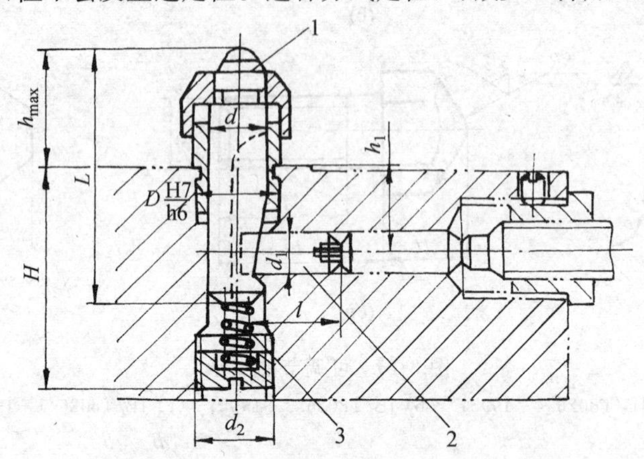

图 3-16　自动调节支承 JB/T8029.7-1995

1-支承；　2-顶销；　3-弹簧

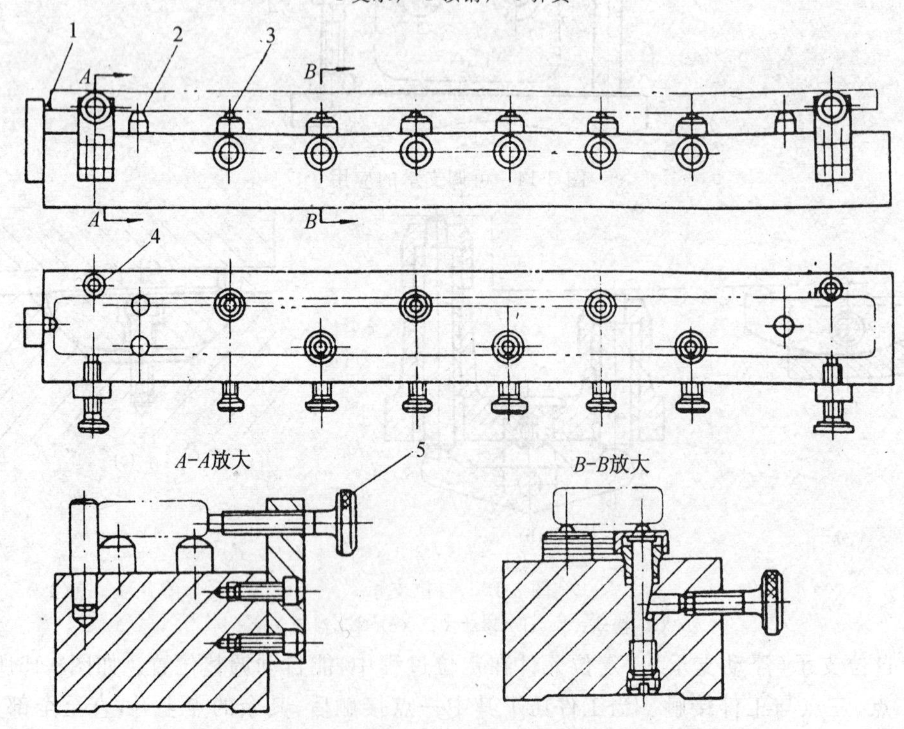

图 3-17　自动调节支承在平面磨床夹具中的应用

1-B 型支承钉；　2-A 型支承钉；　3-自动调节支承；　4-挡销；　5-螺钉

如图 3-18 所示为推引式辅助支承。当工件装在主要支承上后，推动手轮 5 使支承 2 与工件 3 接触，然后转动手轮 5，迫使两个半圆块 4 外胀，锁紧斜楔。它适用于工件较重，垂直切削力较大的场合。

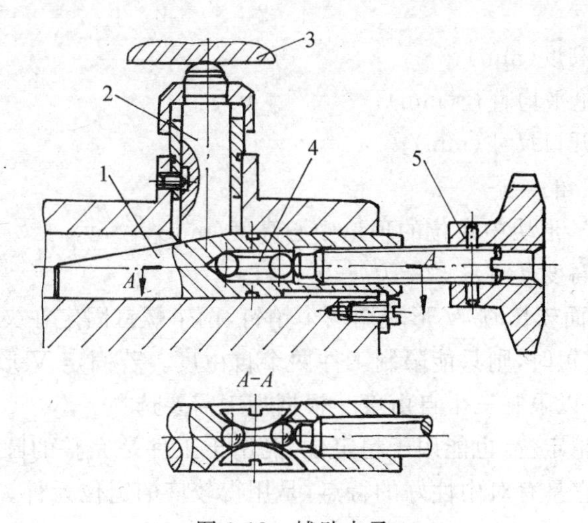

图 3-18 辅助支承

1-斜楔； 2-支承； 3-工件； 4-半圆块； 5-手轮

3.2.2 外圆柱面定位

工件以外圆柱面作为定位基准时，常用 V 形块、半圆套、定位套等定位元件作为中心定位方法。

3.2.2.1 V 形块定位

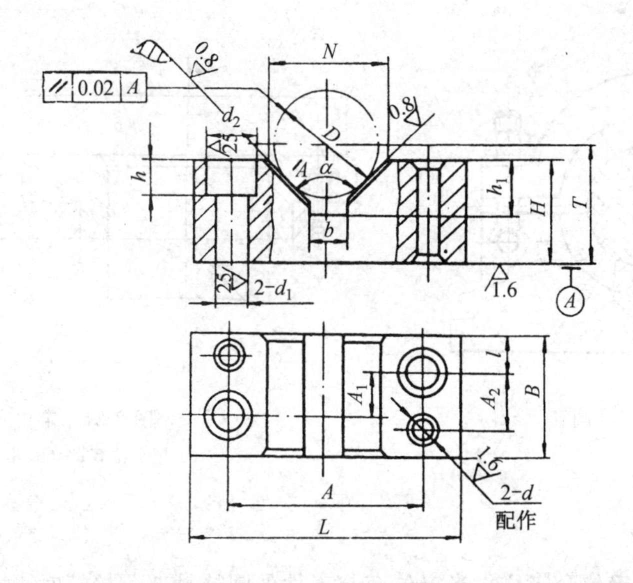

图 3-19 V 形块 JB/T8018.1—1995

图 3-19 为已标准化的固定 V 形块结构。V 形块的夹角 α 对称分布，α 有 60°、90°和 120°不同规格。主要尺寸规格为 V 形块的开口尺寸 N，N 有 9、14、18、……85mm不同。当工件在 V

形块中定位后，其中心高度 T 可按下式计算：

$$T = H + \frac{1}{2}\left(\frac{D}{\frac{\sin\alpha}{2}} - \frac{N}{\frac{\tan\alpha}{2}}\right)$$

式中：H —— V 形块高度(mm)；

D —— 工件理论平均直径(mm)；

N —— V 形块开口尺寸(mm)；

α —— V 形块夹角；

T —— 工件在 V 形块中定位的理论中心高度(mm)。

当 $\alpha=90°$ 时中心高度 $T=H+0.707-0.5N$。

当 V 形块的定位面较长时，V 形块用两个销钉，两个螺钉固定在夹具体上，可限制工件四个自由度；当定位面较短时，则只能限制工件两个自由度。若固定 V 形块与活动 V 形块组合一起对工件定位，则可以限制三个自由度。根据加工需要选择。

V 形块既能用于精定位，也能用于粗定位，能用于工件是完整的圆柱面，也能用于工件是局部圆柱面的定位。它具有对中性好的特点，是用得较广的定位元件。V 形块的 V 形面上可采用硬质合金的镶块来延长 V 形块的使用寿命。

3.2.2.2 半圆套

如图 3-20 所示，定位由下半圆套的 A 面承担，类似于 V 形块定位，但它比 V 形块定位的稳固性好，而定位精度则取决于工件定位面的精度。一般用于大型轴类零件的精基准定位。上半圆套起夹紧工件作用，为了能有效定位及夹紧工件，一般半圆套的最小内径为工件定位面的最大直径。

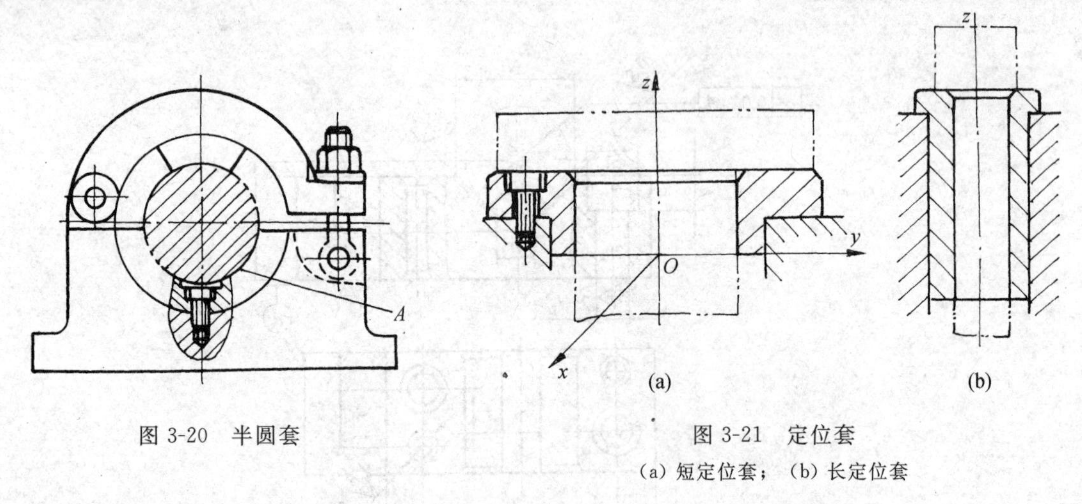

图 3-20 半圆套

图 3-21 定位套

(a) 短定位套；(b) 长定位套

3.2.2.3 定位套

图 3-21 所示为定位套定位。当定位套与工件外圆接触部分较短时，往往可以使工件端面同时定位，限制工件的五个自由度。其中工件端面为主要定位面，限制 $\vec{z}$、$\vec{x}$、$\vec{y}$ 三个自由度；短圆柱定位套限制 $\vec{x}$、$\vec{y}$ 两个自由度。当外圆柱与定位套接触较长时，则圆柱作为主要定位面，

限制工件 $\vec{x}$、$\vec{y}$、$\overset{\frown}{x}$、$\overset{\frown}{y}$ 四个自由度，以工件端面定位又限制了 $\vec{z}$、$\overset{\frown}{x}$、$\overset{\frown}{y}$ 三个自由度，会产生过定位，必须对工件的定位基准面提出要求，才能避免工件装夹时产生变形。

3.2.3 内孔定位

工件以圆柱孔作为定位基准时，定位是一种中心定位，通常要求内孔基准面有较高精度。常用的定位元件有定位销、定位插销和定位心轴等。

3.2.3.1 定位销

图 3-22 所示为固定式定位销。A 型圆形定位销限制工件两个自由度；B 型菱形销限制工件一个自由度。销与夹具体采用H7/r6过盈配合固定。定位销都做成大倒角，便于工件的安装。

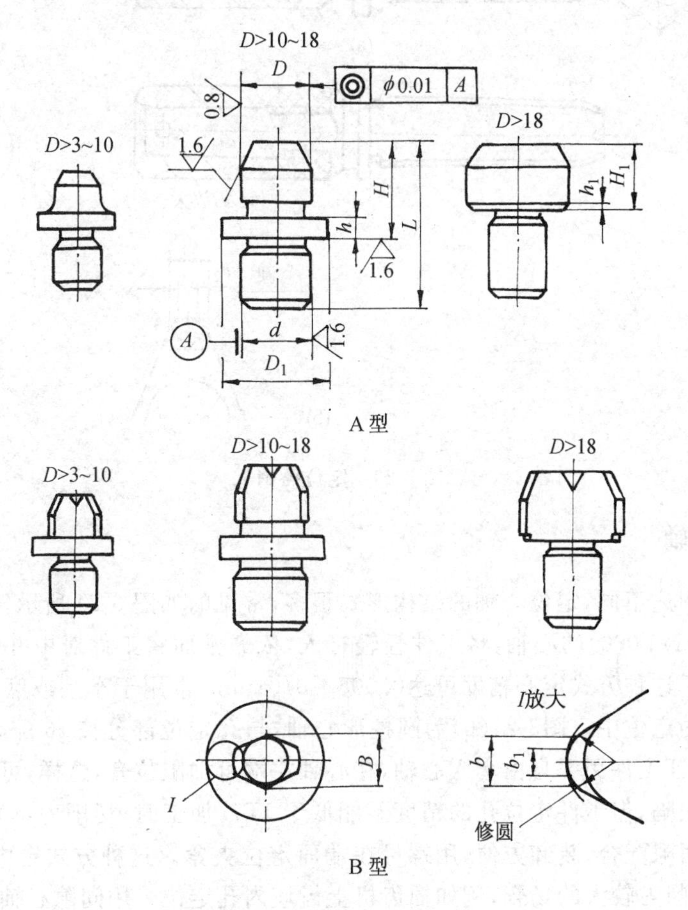

图 3-22　固定式定位销

3.2.3.2 定位插销

如图 3-23 所示，它主要用于工件定位后不易拆卸的部位，或定位在工件加工后作为基准的孔中。定位插销的网纹部分，主要用于操作时增加摩擦力。

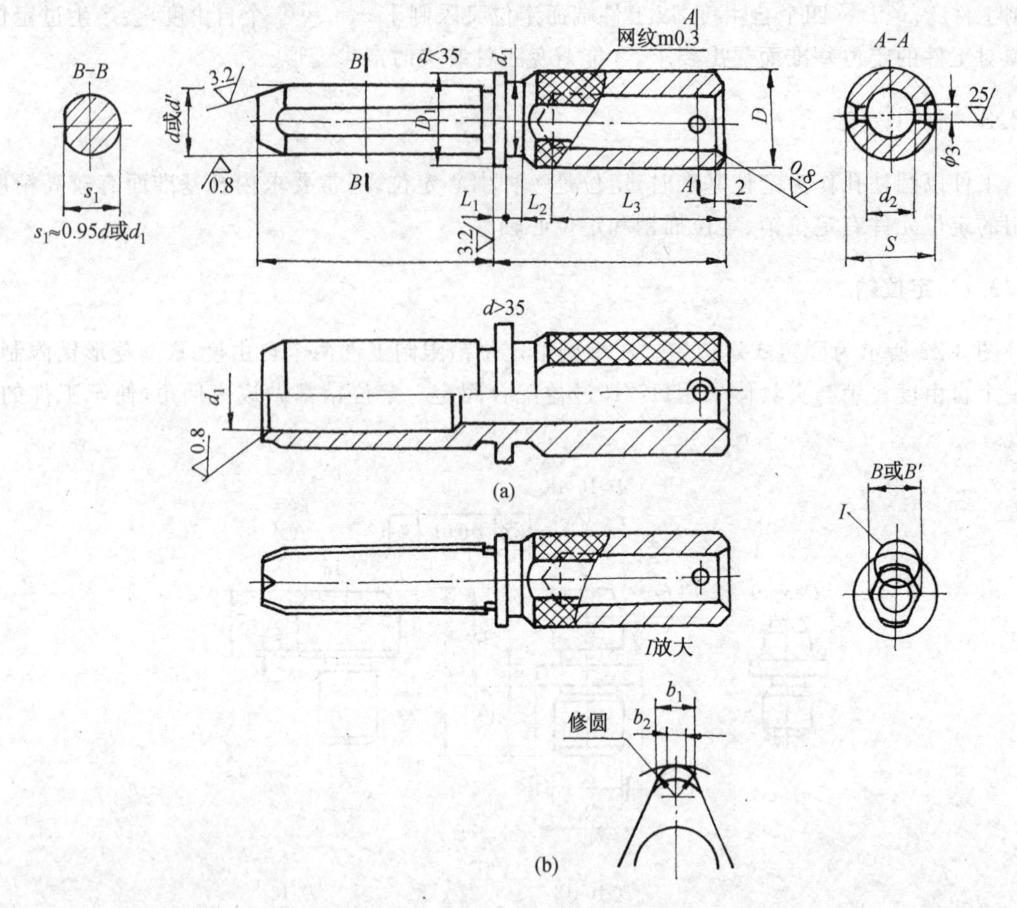

图 3-23 定位插销

3.2.3.3 定位心轴

根据工件及用途不同，定位心轴的结构形式很多，常见的如图 3-24 所示。图 3-24(a)为带小锥度(1/5 000～1/1 000)的心轴，将工件轻轻打入，依靠锥面将工件对中并由孔弹性变形产生摩擦定位夹紧。这种方式定心精度可达0.005～0.01mm，常用于车削或磨削的同轴度要求较高的盘类零件的定位中。图3-24(b)为圆柱形心轴，与孔定位部分按 r6 配合制造，1 为导向部分，其直径要保证工件用手自由套入心轴，在心轴左端可加限位套，这样，可避免锥度心轴轴向位置不固定的缺陷，但工件定位孔的精度不能低于 IT7，加工时，切削力不宜大。图3-24(c)为心轴与工件孔间隙配合，装卸方便，用螺母在端面定位夹紧。这种方式定中心精度低，但夹紧力大，可用于切削力较大的场合，例如插齿机上齿坯内孔定位采用间隙心轴。

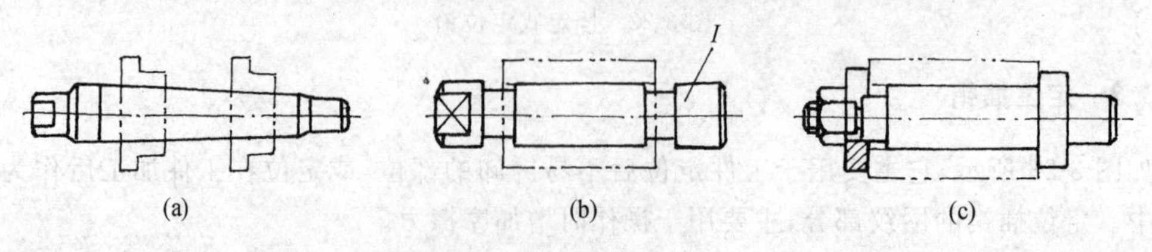

图 3-24 定位心轴

3.2.4 组合表面定位

前面所述的定位方式都是以单一表面定位，而实际上，工件往往是几个不同表面同时定位。例如用工件上的两个平行孔、两个平行阶梯表面、阶梯轴的两个外圆或两个孔及一个平面等，这种定位称为“工件以组合表面定位”。由于不同表面同时作为基准，则表面间的相互位置总有误差。因此，组合表面定位时，必须将定位支承中的一个或几个做成浮动式的或可调的，以补偿定位面间的误差。下面列举常见的几种组合表面定位，并分析定位的合理性。

3.2.4.1 以轴心线平行的两孔定位

工件以两孔定位的方式，在生产中普遍用于各种板状、壳体、杠杆等零件中，例如加工主轴箱、发动机缸体、汽车变速器等都用此方法定位。如图3-25所示的箱体零件，用箱体的两孔及平面定位，加工其余部位。若以一孔一平面定位，限制工件的$\vec{z}$、$\vec{x}$、$\vec{y}$、$\overset{\frown}{x}$、$\overset{\frown}{y}$五个自由度，根据加工要求，必须完全定位，显然属于欠定位；若采用两孔一面定位，则会产生当左销套入工件后，右销很难同时套上的情况，因为$\vec{y}$重复限制，产生定位干涉，即过定位。解决办法之一是，可使右销与右孔配合间隙加大，来弥补工件两孔间距制造误差，但孔销配合间隙过大，会影响$\overset{\frown}{z}$方向的正确定位。解决办法之二是，可把右边圆柱销在两销连心线的垂直方向削去两边做成菱形销。这样，既可保证由于工件两孔间距误差不影响销的插入，又限制了$\overset{\frown}{z}$的自由度，使工件完全定位，又消除过定位。菱形销的尺寸将在3.4节中介绍。

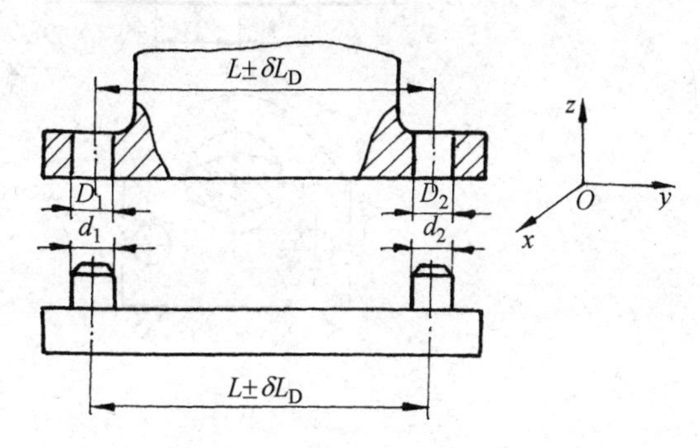

图 3-25　工件以两孔定位

3.2.4.2 以轴心线平行的两外圆柱表面定位

若工件在垂直平面已定位后，再利用两外圆定位时，则工件的一端外圆必须做成浮动结构，只限制一个自由度，否则会产生过定位。图3-26所示为定位套与V形块组成的外圆柱定位，V形块做成浮动式。图3-26(b)为两个V形块组成定位。

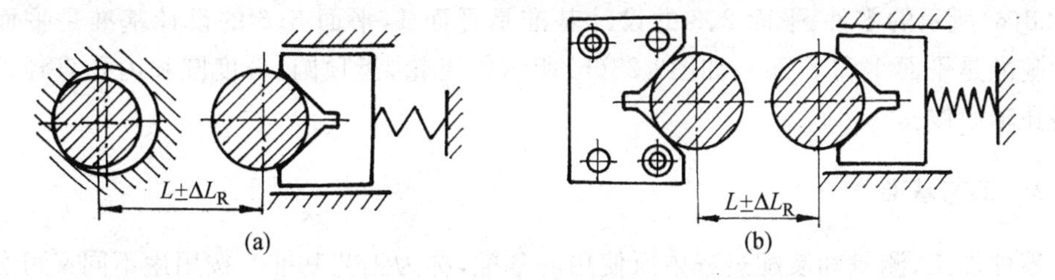

图 3-26　工件以两外圆定位

3.2.4.3 以一孔和平行孔中心线的平面定位

如图 3-27 所示，以底平面与大孔定位，加工两小孔。若保证小孔尺寸 A_1 位置时，见图 3-27(a)，从“基准重合原则”出发，应以底平面为主要定位面，限制$\overset{\frown}{x}$、$\overset{\frown}{y}$、$\vec{z}$三个自由度，再用大孔定位，限制 $\vec{z}$、$\vec{y}$、$\vec{z}$，则 $\vec{z}$ 重复限制，会造成底面接触，销插不进孔的干涉现象。解决办法，把销做成菱形销，消除过定位，如图3-27(c)所示。若按图3-27(b)保证小孔尺寸 A_1 位置要求时，则用圆柱销作为主要定位基准面，可采用以底平面、加入楔形块调整大孔与平面间的制造误差，保证小孔加工要求，如图3-27(d)所示。

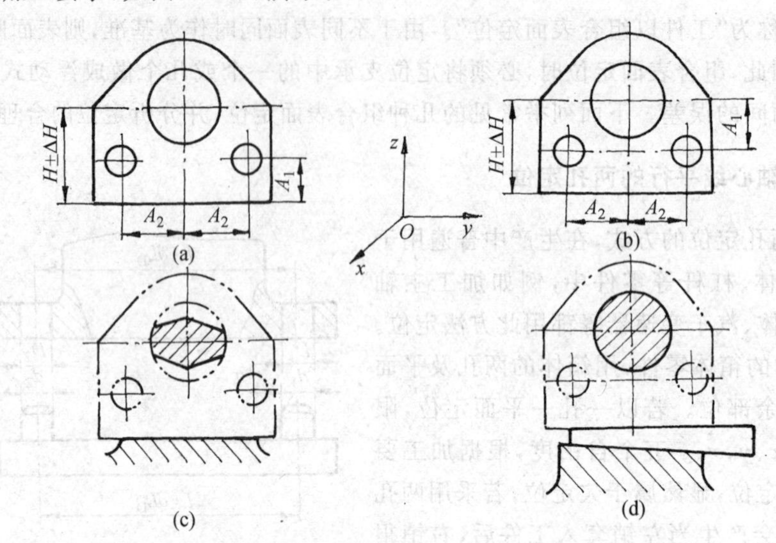

图 3-27　工件以一孔和一平面定位

3.3　定位基准的选择

3.3.1　基准的概念及其分类

基准是零件上用以确定其他点、线、面位置所依据的那些点、线、面。它往往是计算、测量或标注尺寸的起点。根据基准功用的不同，它可分为设计基准和工艺基准两大类。

3.3.1.1　设计基准

设计基准是在零件图上用以确定其他点、线、面位置的基准。它是标注设计尺寸的起点。如图3-28(a)所示的零件，平面 2、3 的设计基准是平面 1，平面 5、6 的设计基准是平面 4，孔 7 的设计基准是平面 1 和平面 4；如图3-28(b)所示的齿轮，齿顶圆、分度圆和内孔直径的设计基准均是孔轴心线。

3.3.1.2　工艺基准

在零件加工、测量和装配过程中所使用的基准，称为工艺基准。按用途不同又可分为定位基准、工序基准、测量基准和装配基准。

(1) 定位基准　在加工时，用以确定零件在机床夹具中的正确位置所采用的基准，称为定位基准。它是工件上与夹具定位元件直接接触的点、线、面。如图3-28(a)所示零件，加工平面 3 和 6 时是通过平面 1 和 4 放在夹具上定位的。所以，平面 1 和 4 是加工平面 3 和 6 的定位基准。又如图3-28(b)所示的齿轮，加工齿形时是以内孔和一个端面作为定位基准的。

(2) 工序基准　在工艺文件上用以标定被加工表面位置的基准，称为工序基准。如图3-28(a)所示零件，加工平面3时按尺寸 H_2 进行加工，则平面1即为工序基准，加工尺寸 H_2 叫做工序尺寸。

(3) 测量基准　零件检验时，用以测量已加工表面尺寸及位置的基准，称为测量基准。

(4) 装配基准　装配时用以确定零件在机器中位置的基准，称为装配基准。

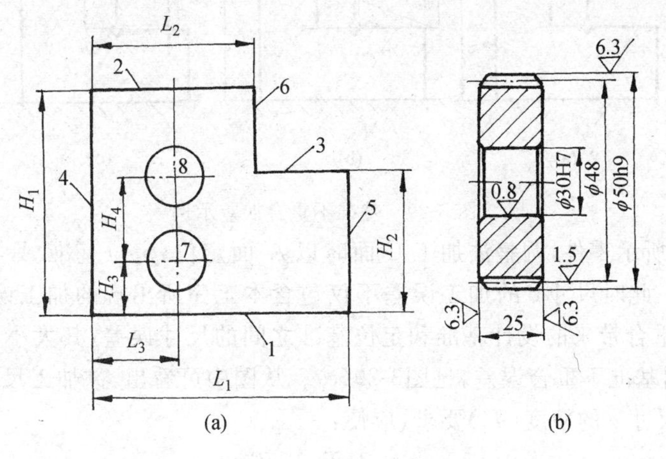

图3-28　设计基准分析

3.3.2　基面

需要说明的是：作为基准的点、线、面在工件上并不一定具体存在，有时甚至是看不见、摸不到、抽象存在的，例如轴心线、中心平面或圆心等。当零件需用这种基准定位时，显然是不现实的。零件在夹具上定位是用零件上具体的面与夹具上的定位元件相接触而使零件获得确定的位置，因此必须用一个具体存在的面来体现这个抽象的基准。这个面就称为基面。例如：在轴上用两个顶尖孔来体现该轴的轴心线，两顶尖孔的表面就称为基面。在第一道工序中，一般只能采用未加工过的毛坯表面作为定位基准面，这个基面称为粗(毛)基面，它体现的基准称为粗基准。显然，粗基准定位时定位精度低，误差大。当采用已加工过的表面作为定位基面时，该表面就称为精(光)基面，它所体现的基准称为精基准。有时零件上没有一个适当的表面来作为定位基面，就可以在零件上专门设置或加工出一个面来作为定位基面，由于这个面在零件中不起任何作用，仅仅是由于工艺上需要才作出的，这种基准面称为辅助基准面，其体现的基准称辅助基准。例如：轴类零件上两顶尖孔，丝杠的大径表面等，均是辅助基面，是用来定位的。由于定位基面是体现定位基准的，因此选择恰当的定位基准的实质就是选择恰当的定位基面。

3.3.3　定位基准的选择

选择定位基准时，是从保证工件加工精度要求出发的，因此，定位基准的选择应先选择精基准，再选择粗基准。

3.3.3.1　精基准的选择原则

选择精基准时，主要应考虑保证加工精度和工件安装方便可靠。其选择原则如下：

(1) 基准重合原则　即选用设计基准作为定位基准，以避免定位基准与设计基准不重合而引起的基准不重合误差。

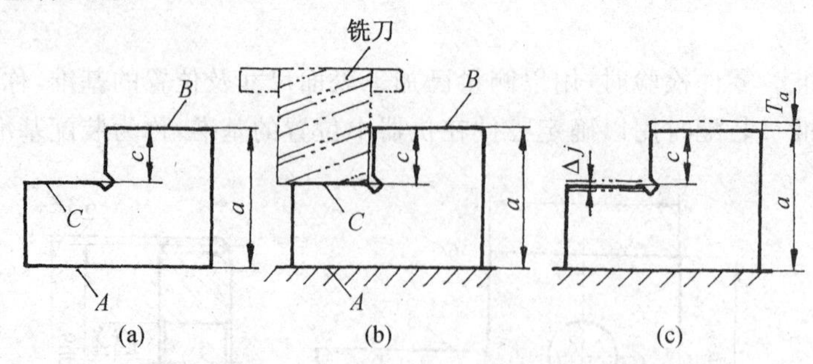

图 3-29　基准不重合误差示例

例如图 3-29 所示零件，调整法加工 C 面时以 A 面定位，定位基准 A 与设计基准 B 不重合，见图3-29(b)。此时尺寸 c 的加工误差不仅包含本工序所出现的加工误差(Δ_j)，而且还加进了由于基准不重合带来的设计基准和定位基准之间的尺寸误差，其大小为尺寸 a 的公差值(T_a)，这个误差叫基准不重合误差，见图3-29(c)。从图中可看出，欲加工尺寸 c 的误差包括 Δ_j 和 T_a，为了保证尺寸 c 的精度(T_c)要求，应使：

$$\Delta_j + T_a \leqslant T_c$$

当尺寸 c 的公差值 T_c 已定时，由于基准不重合而增加了 T_a，就必将缩小本工序的加工误差 Δ_j 的值，也就是要提高本工序的加工精度，增加加工难度和成本。

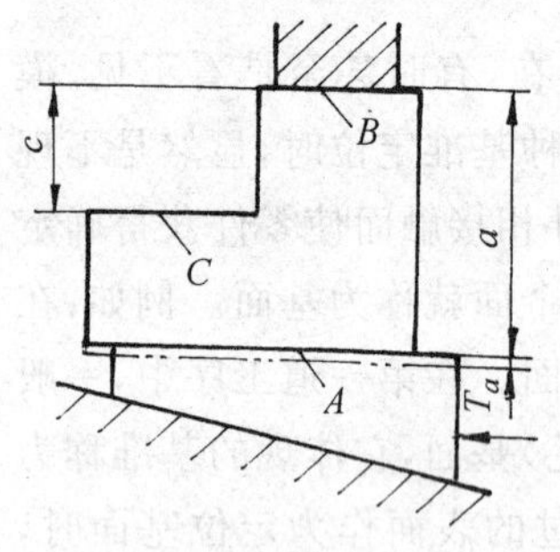

图 3-30　基准重合工件安装示意图

A-夹紧表面；B-定位基面；C-加工面

如果能通过一定的措施实现以 B 面定位加工 C 面(如图 3-30 所示)，则此时尺寸 a 的误差对加工尺寸 c 无影响，本工序的加工误差只需满足：

$$\Delta_j \leqslant T_c$$

显然，这种基准重合的情况能使本工序出现的误差减小，使加工更容易达到精度要求，经济性更好。但是，这样往往会使夹具结构复杂，增加操作的困难。然而，为了保证加工精度，有时不得不采取这种方案。

(2) 基准统一原则　应采用同一组基准定位加工零件上尽可能多的表面，这就是基准统一原则。这样做可以简化工艺规程的制订工作，减少夹具设计、制造工作量和成本，缩短生产准备周期；由于减少了基准转换，因此便于保证各加工表面的相互位置精度。例如，加工轴类零件时，采用两中心孔定位加工各外圆表面，就符合基准统一原则。箱体零件采用一面两孔，齿轮的齿坯和齿形加工多采用齿轮的内孔及一端面为定位基准，均符合基准统一原则。

(3) 自为基准原则　某些要求加工余量小而均匀的精加工工序，选择加工表面本身作为定位基准，称为自为基准原则。例如，图3-31所示的导轨面磨削，在导轨磨床上，用百分表找正导轨面相对机床运动方向的正确位置，然后加工导轨面以保证导轨面余量均匀，满足对导轨面的质量要求。还有浮动镗刀镗孔、磨孔、无心磨外圆等也都是自为基准的实例。

(4) 互为基准原则　当对工件上两个相互位置精度要求很高的表面进行加工时，需要用两个表面互相作为基准，反复进行加工，以保证位置精度要求。例如，要保证精密齿轮的齿圈跳动精度，在齿面淬硬后，先以齿面定位磨内孔，再以内孔定位磨齿面，从而保证位置精度。

此外，所选精基准应保证工件安装可靠，夹具设计简单、操作方便。

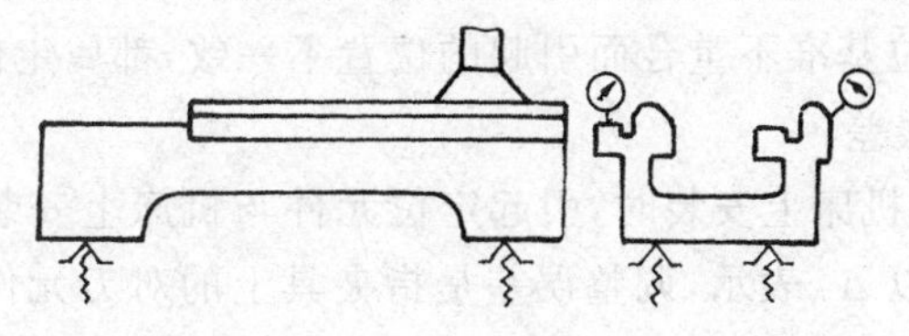

图 3-31　自为基准实例

3.3.3.2　粗基准选择原则

选择粗基准时，主要要求保证各加工面有足够的余量，并注意尽快获得精基面。在具体选择时应考虑下列原则：

① 如果主要要求保证工件上某重要表面的加工余量均匀，则应选该表面为粗基准。例如，车床床身粗加工时，为保证导轨面有均匀的金相组织和较高的耐磨性，应使其加工余量适当而且均匀，因此应选择导轨面作为粗基准先加工床脚面，再以床脚面为精基准加工导轨面。如图3-32所示。

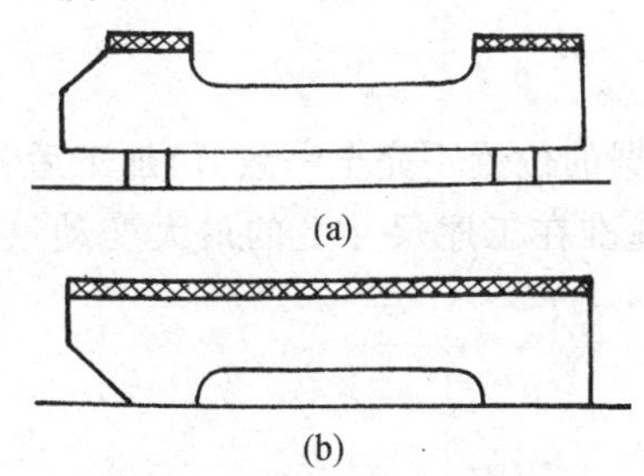

图 3-32　床身加工的粗基准选择

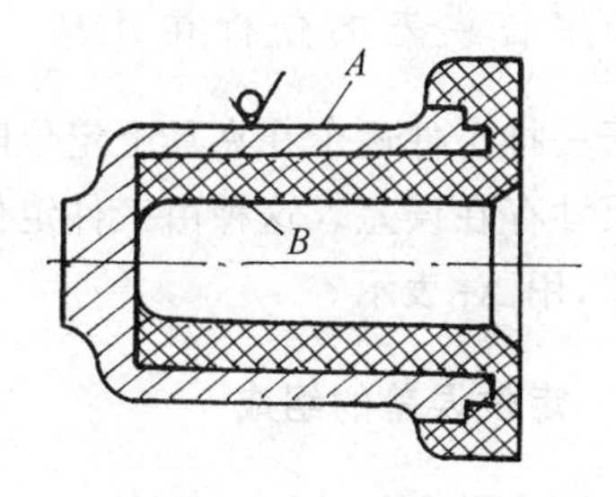

图 3-33　粗基准选择的实例

② 若主要要求保证加工面与不加工面间的位置要求，则应选不加工面为粗基准，如图3-33所示零件，选不加工的外圆 A 为粗基准，从而保证其壁厚均匀。

如果工件上有好几个不加工面，则应选其中与加工面位置要求较高的不加工面为粗基准，以便于保证精度要求，使外形对称等。

如果零件上每个表面都要加工，则应选加工余量最小的表面为粗基准，以避免该表面在加工时因余量不足而留下部分毛坯面，造成工件废品。

③ 作为粗基准的表面，应尽量平整光洁，有一定面积，以使工件定位可靠、夹紧方便。

④ 粗基准在同一尺寸方向上只能使用一次。因为毛坯面粗糙且精度低，重复使用将产生较大的误差。

实际上，无论精基准还是粗基准的选择，上述原则都不可能同时满足，有时还是互相矛盾的。因此，在选择时应根据具体情况进行分析，权衡利弊，保证其主要的要求。

3.4　定位误差的分析和计算

在金属切削加工过程中，能否保证工件的加工精度，取决于刀具与工件之间正确的相互位置，而影响这个正确位置关系的误差因素有以下几种：

1）定位误差

它是指一批工件在夹具中的位置不一致而引起的误差。如定位副的制造误差而引起的位置不一致；工序基准与定位基准不重合而引起的位置不一致，都属定位误差，以 Δ_D 表示。

2）安装误差和调整误差

安装误差是指夹具在机床上安装时，引起定位元件与机床上安装夹具的装夹面之间的位置不准确而引起的误差，以 Δ_A 表示，调整误差是指夹具上的对刀元件或导向元件与定位元件之间的位置不准确所引起的误差。以 Δ_T 表示。

通常把安装误差和调整误差统称为调安误差，以 $\Delta_{T\text{-}A}$ 表示。

3）加工过程误差（或加工方法误差）

此项误差是由机床运动精度和工艺系统的变形等因素而引起的误差，以 Δ_G 表示。

为了保证加工要求，上述三项误差合成后应小于或等于工件误差 δ_K，即

$$\Delta_D + \Delta_{T\text{-}A} + \Delta_G \leqslant \delta_K \tag{3-1}$$

在对定位方案进行分析时，可先假设上述三项误差各占工件误差的 1/3。即

$$\Delta_D \leqslant \frac{\delta_K}{3} \tag{3-2}$$

3.4.1 定位误差的分析和计算

由于一批工件逐个在夹具上定位时，各个工件所占据的位置不完全一致，使加工后各工件的加工尺寸存在误差。这种由工件定位而产生的工序基准在工序尺寸上的最大变动量，称为定位误差，用 Δ_D 表示。

3.4.1.1 定位误差的组成

（1）基准不重合误差　当被加工工件的工艺过程确定了以后，各工序的工序尺寸也就随之而定，此时在工艺文件上的设计基准便转化为工序基准，当工序基准与定位基准不重合时，便产生了基准不重合误差，用 Δ_B 表示。

图 3-34(a)所示是工序简图，在工件上铣缺口，加工尺寸为 A 和 B。图3-34(b)所示是加工示意图，工件以底面和 E 面定位。C 是确定夹具与刀具相互位置的对刀尺寸，在一批工件的加工过程中，C 的大小是不变的。

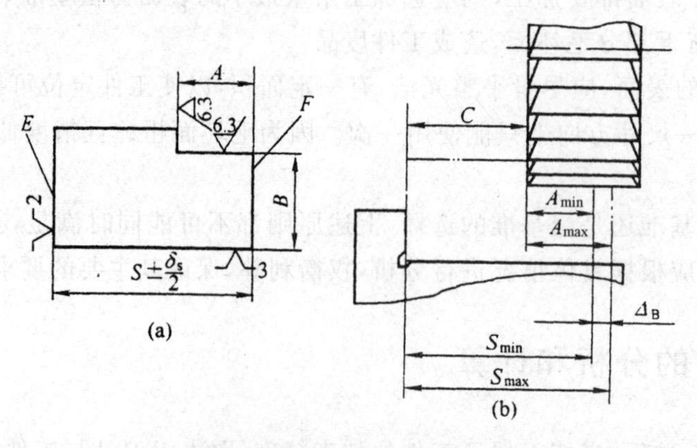

图 3-34　基准不重合误差 Δ_B

加工尺寸 A 的工序基准是 F，定位基准是 E，两者不重合。当一批工件逐个在夹具上定位时，受尺寸 $S\pm\delta_S/2$ 的影响，工序基准 F 的位置是变动的。F 的变动影响 A 的大小，给 A 造成误差，这个误差就是基准不重合误差。

显然，基准不重合误差的大小应等于因定位基准与工序基准不重合而造成的加工尺寸的变动范围。由图 3-34(b)可知

$$\Delta_B = A_{max} - A_{min} = S_{max} - S_{min} = \delta_S$$

S 是定位基准 E 与工序基准 F 的距离尺寸，我们将这个尺寸取名为定位尺寸，这样便可以得到下面两个公式：

① 当工序基准的变动方向与加工方向相同时，基准不重合误差等于定位尺寸的公差，即

$$\Delta_B = \delta_S \tag{3-3}$$

② 当工序基准的变动方向与加工尺寸的方向不同时，基准不重合误差等于定位尺寸的公差与 α 角的余弦的乘积，即

$$\Delta_B = \delta_S \cos\alpha \tag{3-4}$$

式中：α——工序基准的变动方向与加工尺寸方向间的夹角。

(2) 基准位移误差　工件在夹具中定位时，由于定位副的制造公差和最小配合间隙的影响，定位基准与限位基准不重合，导致定位基准在加工尺寸方向上的最大位置变动范围称为基准位移误差，用 Δ_Y 表示。

图 3-35(a)所示是工序简图，在圆柱面上铣槽，加工尺寸为 A 和 B。图 3-35(b)所示是加工示意图，工件以内孔 D 在圆柱心轴上定位，O 是心轴轴心，C 是对刀尺寸。

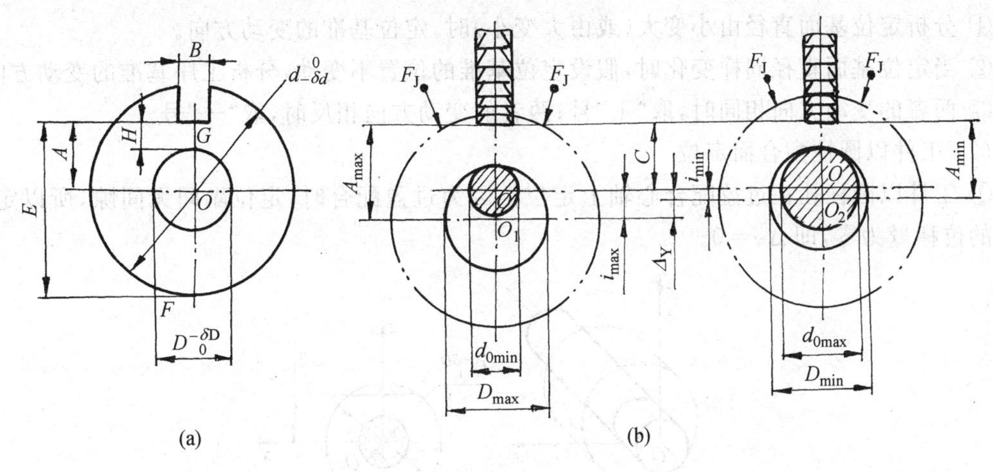

图 3-35　基准位移误差

尺寸 A 的工序基准是内孔轴线，定位基准也是内孔轴线，两者重合，$\Delta_B=0$。但是由于定位副(工件内孔面与心轴圆柱面)有制造公差和最小配合间隙，使得定位基准(工件内孔轴线)与限位基准(心轴轴线)不能重合，定位基准相对于限位基准下移了一段距离。定位基准的位置变动影响到 A 的大小，给 A 造成了误差，这个误差就是基准位移误差。

同样，基准位移误差的大小应等于因定位基准与限位基准不重合造成的加工尺寸的变动范围。由图3-35(b)可知，当工件直径为最大(D_{max})，定位心轴直径为最小(d_{min})时，定位基准的位移量最大($i_{max}=OO_1$)，加工尺寸也最大(A_{max})；当工件直径为最小(D_{min})，定位销直径为最大(d_{max})时，定位基准位移量最小($i_{min}=OO_2$)，加工尺寸也最小(A_{min})。因此

$$\Delta_Y = A_{max} - A_{min} = i_{max} - i_{min} = \Delta_i$$

式中：i——定位基准的位移量；

Δ_i——一批工件定位基准的变动范围。

① 当定位基准的变动方向与工序尺寸的方向相同时，基准位移误差等于定位基准的变动范围，即

$$\Delta_Y = \Delta_i \tag{3-5}$$

② 当定位基准的变动方向与工序尺寸的方向不同时，基准位移误差等于定位基准的变动范围在加工尺寸方向上的投影，即

$$\Delta_Y = \Delta_i \cos\alpha \tag{3-6}$$

式中：α——定位基准的变动方向与工序尺寸方向间的夹角。

3.4.1.2 常见定位方式下定位误差的计算

(1) 定位误差的计算方法　如上所述，定位误差由基准不重合误差与基准位移误差两项组成。计算时，先分别计算出 Δ_B 和 Δ_Y，然后将两者组合而成 Δ_D。组合方法为：

如果工序基准不在定位基面上：

$$\Delta_D = \Delta_B + \Delta_Y \tag{3-7}$$

如果工序基准在定位基面上：

$$\Delta_D = \Delta_B \pm \Delta_Y \tag{3-8}$$

式中："+"，"—"号的确定方法如下：

① 分析定位基面直径由小变大（或由大变小）时，定位基准的变动方向。

② 当定位基面直径同样变化时，假设定位基准的位置不变动，分析工序基准的变动方向。

③ 两者的变动方向相同时，取"+"号；两者的变动方向相反时，取"—"号。

(2) 工件以圆柱配合面定位

① 工件以圆柱孔在过盈配合心轴上定位。因为过盈配合时，定位副间无间隙，所以定位基准的位移量为零，即 $\Delta_Y = 0$。

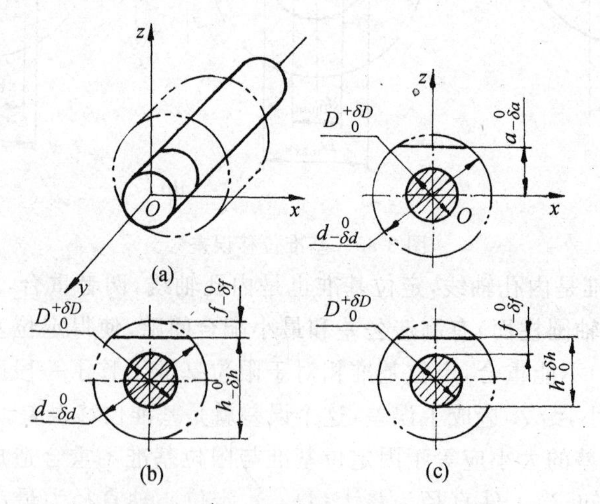

图 3-36　工件以圆孔在过盈配合圆柱心轴上定位的定位误差计算

若工序基准与定位基准重合（见图 3-36(a)），则定位误差为：

$$\Delta_D = \Delta_Y + \Delta_B = 0 \tag{3-9}$$

若工序基准在工件定位孔的母线上(见图 3-36(c)),则定位误差为

$$\Delta_D = \Delta_B = \frac{\delta_D}{2} \tag{3-10}$$

若工序基准在外圆母线上(见图 3-36(b)),则定位误差为

$$\Delta_D = \Delta_Y + \Delta_B = \Delta_B = \frac{\delta_d}{2} \tag{3-11}$$

② 工件以圆柱孔在间隙配合的圆柱心轴(或圆柱销)上定位且为固定单边接触。

如图 3-35(b)所示,当心轴水平放置时,工件在自重作用下与心轴固定单边接触,此时

$$\Delta_Y = \Delta_i = OO_1 - OO_2 = \frac{D_{max} - d_{min}}{2} - \frac{D_{min} - d_{max}}{2}$$

$$= \frac{D_{max} - D_{min} + d_{max} - d_{min}}{2} = \frac{T_D + T_d}{2} \tag{3-12}$$

为安装方便,有时还增加一最小间隙 x_{min},由于 x_{min} 始终是不变的常量,这个数值可以在调整刀具时预先消除,因此在计算 Δ_Y 时不计 x_{min} 的影响。

③ 工件以圆柱孔在间隙配合的圆柱心轴(或圆柱销)上定位且为任意边接触。

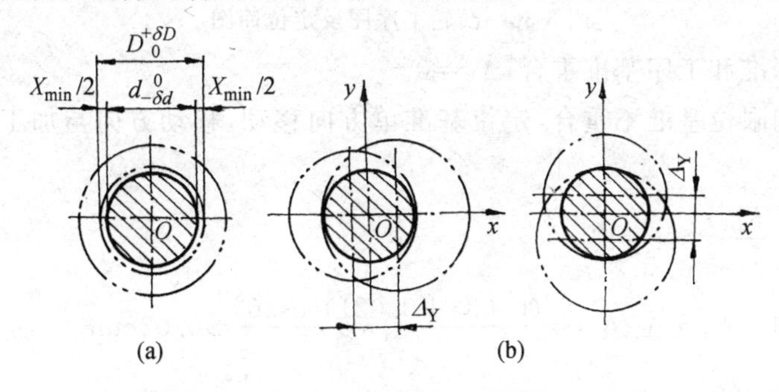

图 3-37 任意边接触基准位移误差分析

如图 3-37 所示,当心轴垂直放置时,工件与心轴为任意边接触,此时

$$\Delta_Y = \Delta_i = OO_1 + OO_2 = D_{max} - d_{min} = T_D + T_d + X_{min} \tag{3-13}$$

式中:T_D—— 工件孔的公差,单位为 mm;

T_d—— 心轴的公差,单位为 mm;

X_{min}—— 工件孔与心轴的最小间隙,单位为 mm。

例 1 在图 3-35 中,设 $A=40\pm0.1$mm,$D=50_{0}^{+0.03}$mm,$d=50_{-0.04}^{-0.01}$mm。求:加工尺寸 A 达到的定位误差。

解 ① 定位基准与工序基准重合,$\Delta_B=0$。

② 定位基准与限位基准不重合,定位基准单方向移动。其最大移动量为:

$$\Delta_i = \frac{T_D + T_d}{2}$$

$$\Delta_Y = \Delta_i = \frac{0.03 + 0.03}{2} = 0.03\text{mm}$$

③ $\Delta_D = \Delta_Y = 0.03$mm

例 2 钻铰图 3-38(a)所示凸轮上的 2－ϕ16mm 孔,定位方式如图 3-38(b)所示。定位销

直径为 $\phi22^{0}_{-0.021}$ mm，求：加工尺寸 100±0.1mm 的定位误差。

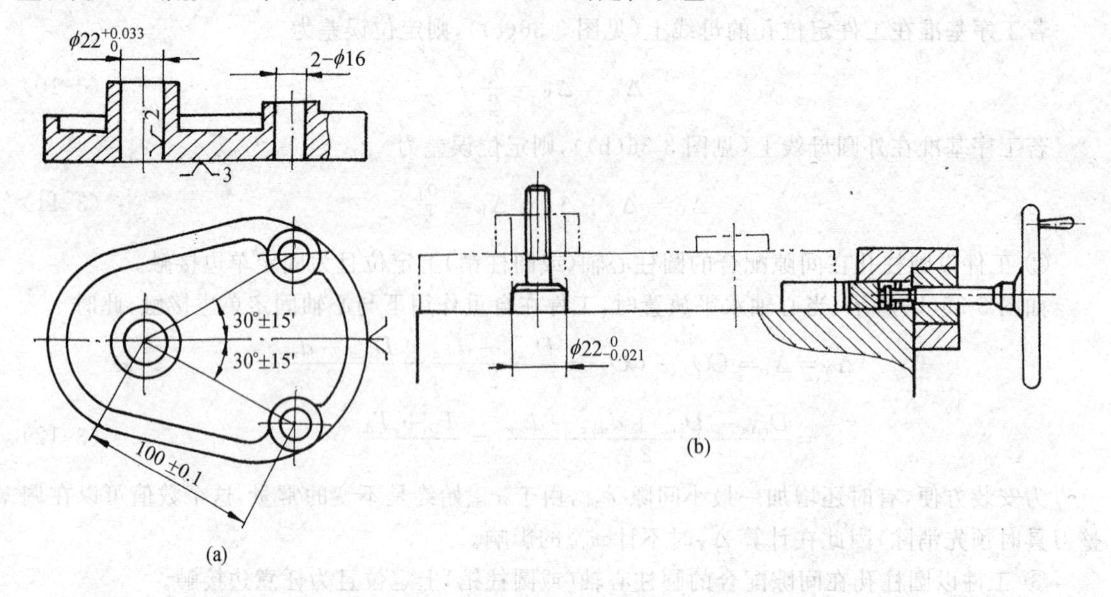

图 3-38 凸轮工序图及定位简图

解 ① 定位基准和工序基准重合，$\Delta_B=0$。

② 定位基准和限位基准不重合，定位基准单方向移动，移动方向与加工方向间的夹角为 30°±15′。

因 $\Delta_i=\dfrac{T_D+T_d}{2}$

根据式(3-6)知 $\Delta_Y=\Delta_i\cos\alpha=\dfrac{(0.033+0.021)\cos30^\circ}{2}=0.02\text{mm}$

③ $\Delta_D=\Delta_Y=0.02$mm。

例 3 如图 3-39 所示，在金刚镗床上镗活塞销孔。活塞销孔轴线对活塞裙部内孔轴线的对称度要求为0.2mm。活塞以裙内孔及端面定位，内孔与限位销的配合为 ϕ95H7/g6，求：对称度的定位误差。

解 查表：$\phi95\text{H7}=\phi95^{+0.035}_{0}$ mm

$$\phi95\text{g6}=\phi95^{-0.012}_{-0.034}\text{mm}$$

① 对称度的工序基准是裙部内孔轴线；

② 定位基准也是裙部内孔轴线，两者重合，$\Delta_B=0$；

③ 定位基准与限位基准不重合，定位基准可任意方向移动。根据式(3-13)可知

$$\Delta_i=T_D+T_d+X_{min}$$

$$\Delta_Y=\Delta_i=(0.035+0.022+0.012)\text{mm}=0.069\text{mm}$$

$$\Delta_D=\Delta_Y=0.069\text{mm}$$

例 4 钻铰图 3-40 所示零件上 ϕ10H7 的孔。工件主要以 $\phi20\text{H7}(^{+0.021}_{0})$mm 孔定位，定位轴直径为 $\phi20^{-0.007}_{-0.016}$mm，求：工序尺寸 50±0.07mm 及平行度的定位误差。

解 ① 计算工序尺寸 50±0.07mm 的定位误差

因定位基准和工序基准重合，均为基准 A，故 $\Delta_B=0$ 且工件与定位销任意边都可能接触。

故　$\Delta_Y=\delta_D+\delta_d+X_{min}=0.021+0.009+0.007=0.037\text{mm}$

所以　$\Delta_D=\Delta_B+\Delta_Y=0+0.037=0.037\text{mm}$

② 计算平行度 0.04mm 的定位误差

同上　$\Delta_B=0$

按公式　$\Delta_Y=\dfrac{(\delta_D+\delta_d+X_{min})L_1}{L_2}$

$$=\frac{(0.021-0.009+0.007)\times 29}{58}=0.018\text{mm}$$

所以　$\Delta_D=\Delta_B+\Delta_Y=0+0.018=0.018\text{mm}$

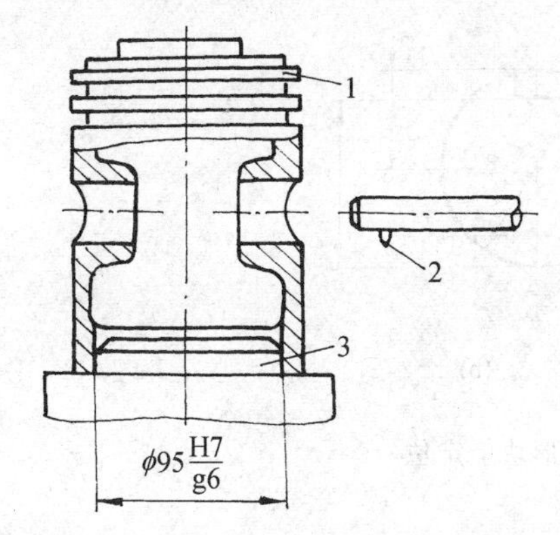

图 3-39　镗活塞销孔示意图

1-工件；2-镗刀；3-定位销

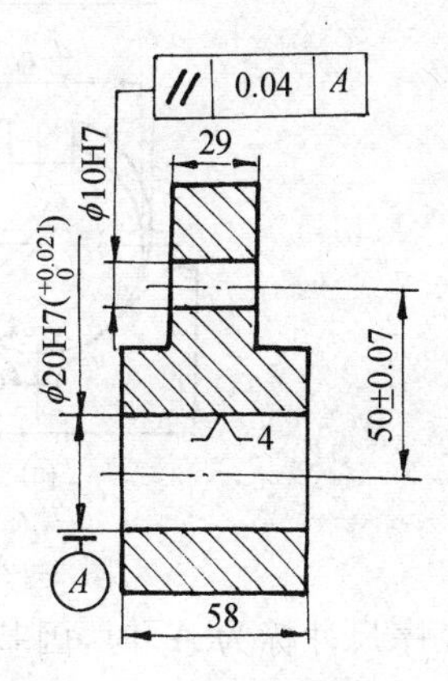

图 3-40　定位误差计算示例

例 5　图 3-41 所示为轴在顶尖和圆柱销上定位铣键槽的情况，加工要求为 30°±20′，求：角定位误差。

解　由图 3-41(a)可知，工序基准为 OA，定位基准为 OO_1，属于基准不重合。定位尺寸为 90°±5′，故 $\Delta_B=10'$。

定位孔为 $\phi18\text{H8}(^{+0.027}_{0})$；圆柱销为 $\phi18\text{f7}(^{-0.016}_{-0.034})$，由图 3-41(b)得

$$\Delta_Y=\frac{O_1'O_1''}{R}\approx\frac{\delta_D+\delta_{d0}+X_{min}}{R}=\frac{0.027+0.034}{60}=0.00102\ (\text{rad})=3'30''$$

角定位误差　$\Delta_D=\Delta_B+\Delta_Y=10'+3'30''=13'30''$

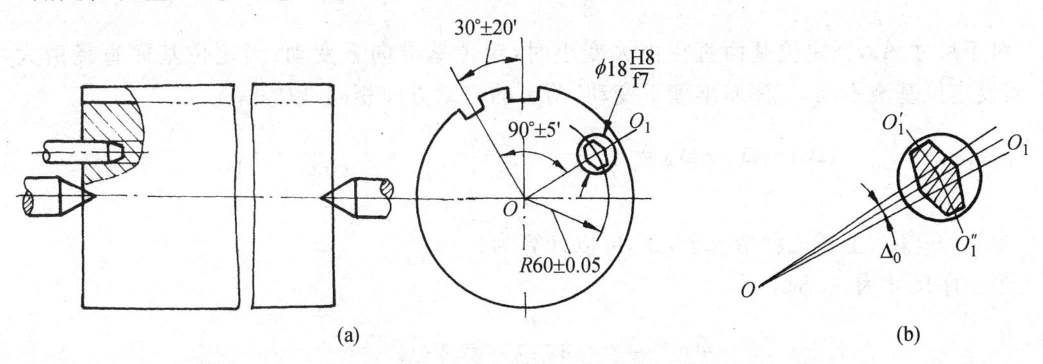

图 3-41　铣键槽的角向定位误差计算

(3) 工件以外圆在 V 形块上定位　如图 3-42 所示，如不考虑 V 形块的制造误差，则定位基准在 V 形块对称平面上。它在水平方向的定位误差为零，但在垂直方向上由图 3-42(a)可

知，因工件外圆柱面直径有制造误差，由此产生基准位移误差为：

$$\Delta_{\mathrm{Y}}=OO_1=\frac{d}{\frac{2\sin\alpha}{2}}-\frac{d-T_{\mathrm{d}}}{\frac{2\sin\alpha}{2}}=\frac{T_{\mathrm{d}}}{\frac{2\sin\alpha}{2}}$$

$$\Delta_{\mathrm{Y}}=\Delta_{\mathrm{i}}=\frac{T_{\mathrm{d}}}{\frac{2\sin\alpha}{2}}$$

对于图 3-42(b)中的三种工序尺寸标注，其定位误差分别为：

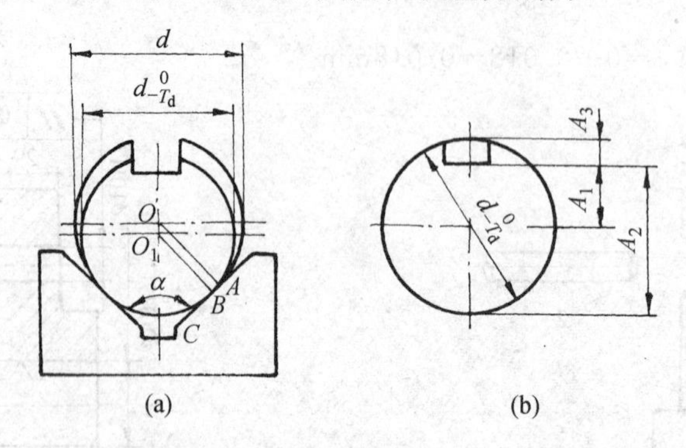

图 3-42　工件以圆柱面在 V 形块上定位

① 当工序尺寸标为 A_1 时，因基准重合：

$$\Delta_{\mathrm{D}}=\Delta_{\mathrm{Y}}=\frac{T_{\mathrm{d}}}{\frac{2\sin\alpha}{2}}$$

② 当工序尺寸标为 A_2 和 A_3 时，工序基准是圆柱母线，存在基准不重合误差，又因工序基准在定位基面上，因此

$$\Delta_{\mathrm{D}}=\Delta_{\mathrm{B}}\pm\Delta_{\mathrm{Y}}$$

对于尺寸 A_2，当定位基面直径由大变小时，定位基准向下变动；当定位基面直径由大变小，假设定位基准不动，工序基准朝上变动，两者的变动方向相反，取“－”号：

$$\Delta_{\mathrm{D}}=\Delta_{\mathrm{Y}}-\Delta_{\mathrm{B}}=\frac{T_{\mathrm{d}}}{\frac{2\sin\alpha}{2}}-\frac{T_{\mathrm{d}}}{2}=\frac{T_{\mathrm{d}}}{2}\times\left(\frac{1}{\frac{\sin\alpha}{2}}-1\right)$$

对于尺寸 A_3，当定位基面直径由大变小时，定位基准向下变动；当定位基面直径由大变小，假设定位基准不动，工序基准朝下变动，两者的变动方向相同，取“＋”号：

$$\Delta_{\mathrm{D}}=\Delta_{\mathrm{Y}}+\Delta_{\mathrm{B}}=\frac{T_{\mathrm{d}}}{\frac{2\sin\alpha}{2}}+\frac{T_{\mathrm{d}}}{2}=\frac{T_{\mathrm{d}}}{2}\times\left(\frac{1}{\frac{\sin\alpha}{2}}+1\right)$$

当 $\alpha=90°$ 时，上述三种情况下，Δ_{D} 可以计算为：

当工序尺寸为 A_1 时

$$\Delta_{\mathrm{D}}=\Delta_{\mathrm{Y}}=\frac{T_{\mathrm{d}}}{2\sin45°}=0.707T_{\mathrm{d}}$$

当工序尺寸为 A_2 时

$$\Delta_{\mathrm{D}}=\Delta_{\mathrm{Y}}-\Delta_{\mathrm{B}}=\left(\frac{1}{2\sin45°}-\frac{1}{2}\right)T_{\mathrm{d}}=0.207T_{\mathrm{d}}$$

当工序尺寸为 A_3 时

$$\Delta_D = \Delta_Y + \Delta_B = \left(\frac{1}{2\sin 45^\circ} + \frac{1}{2}\right) T_d = 1.207 T_d$$

例 6　图 3-43 所示为阶梯轴在 V 形架上定位铣键槽，已知 $d_1 = \phi 25^{0}_{-0.021}$ mm；$d_2 = \phi 40^{0}_{-0.025}$；两外圆柱面的同轴度为 $\phi 0.02$mm；V 形架夹角 $\alpha = 90^\circ$；键槽深度尺寸为 $A = 34.8^{0}_{-0.17}$ mm，试计算其定位误差并分析定位质量。

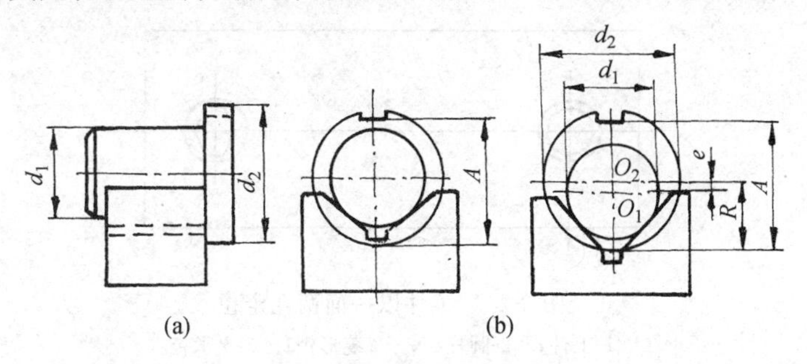

图 3-43　铣键槽定位误差计算

解　各尺寸标注如图(b)所示，其中同轴度可标注为 $e = 0 \pm 0.01$mm；$R = 20^{0}_{-0.0125}$ mm。该定位方案中，d_1 轴心线为定位基准，d_2 外圆下母线为工序基准，可见定位基准与工序基准不重合。定位尺寸为 R，故

$$\Delta_B = \delta_R = 0.0125\text{mm}$$

由于一批工件中 d_1 有制造误差，以及 d_1 和 d_2 的同轴度误差，都使定位基准产生基准位移误差。故

$$\Delta_Y = e + \frac{\Delta_d}{\frac{2\sin\alpha}{2}} = \left(0.02 + \frac{0.021}{2\sin 45^\circ}\right) = 0.02 + 0.0418 = 0.0348\text{mm}$$

所以
$$\Delta_D = \Delta_Y + \Delta_B = (0.0348 + 0.0125) = 0.0473\text{mm}$$

而工件误差的 1/3 为

$$\frac{\delta_K}{3} = \frac{0.017}{3} = 0.056\text{mm}$$

即
$$\Delta_D < \frac{\delta_K}{3}$$

故此定位方案可以保证加工要求。

3.4.2　工件以一面两孔定位

在加工箱体、支架类零件时，常用工件的一面两孔定位，以使基准统一。这种定位方式所采用的定位元件为支承板、定位销和菱形销。在此重点介绍菱形销的设计和布置，以防止产生过定位。

3.4.2.1　定位方式

如图 3-44 所示，工件是以平面作主要定位基准，用支承板限制工件的三个自由度($\vec{x}$，$\vec{y}$，$\vec{z}$)；其中一孔用圆柱销定位，限制工件的两个自由度($\vec{x}$，$\vec{y}$)；另一个孔仅消除工件的一个转动自由度($\vec{z}$)。菱形销作为防转支承，其长轴方向应与销中心连线相垂直，并应正确选择菱形销

直径的基本尺寸和经削边后圆柱部分的宽度。

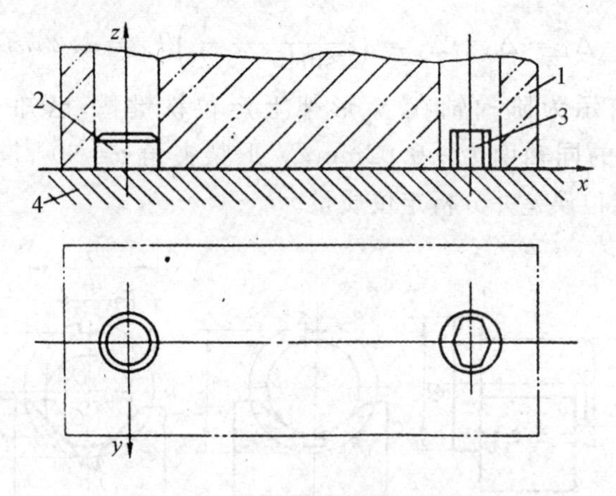

图 3-44　工件以一面两孔定位

1-工件；　2-圆柱销；　3-菱形销；　4-支承板

3.4.2.2　菱形销的设计

如图 3-45(a)所示，当孔距为最大极限尺寸，销距为最小极限尺寸时，菱形销的干涉点会发生在 A、B。当孔距为最小极限尺寸，销距为最大极限尺寸时，菱形销的干涉点则在 C、D(见图 3-45(b))。为了满足工件顺利装卸的要求，需控制菱形销直径 d_2 和经削边后的圆柱部宽度 b。

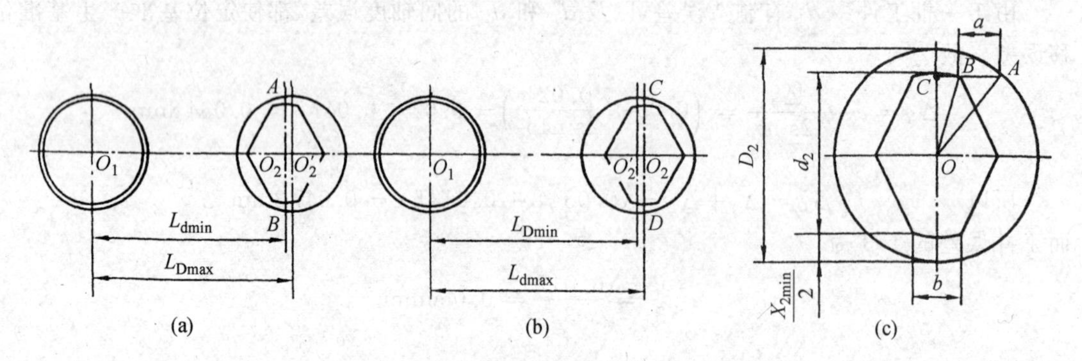

图 3-45　菱形销的设计

菱形销宽度可由图 3-45(c)所示几何关系求得。在△AOC 中

$$CO^2 = AO^2 - AC^2 = \left(\frac{D_2}{2}\right)^2 - \left(\frac{b}{2} + a\right)^2$$

在 ΔBOC 中

$$CO^2 = BO^2 - BC^2 = \left(\frac{D_2 - X_{2\min}}{2}\right)^2 - \left(\frac{b}{2}\right)^2$$

联系两式得

$$b = \frac{D_2 X_{2\min}}{2a} - \left(a + \frac{X_{2\min}}{4a}\right)$$

略去$\left(a + \frac{X_{2\min}}{4a}\right)$项，则

$$b = \frac{D_2 X_{2\min}}{2a} \tag{3-14}$$

菱形销宽度 b 已标准化，故可反算得

$$X_{2\min} = \frac{2ab}{D_2} \tag{3-15}$$

式中：$X_{2\min}$—— 菱形销定位最小间隙，mm；

b—— 菱形销圆柱部分的宽度，mm；

D_2—— 工件定位孔的最大实体尺寸；

a—— 补偿量，mm。

又

$$a = \frac{\delta_{LD} + \delta_{Ld}}{2} \tag{3-16}$$

式中：δ_{LD}—— 孔距误差，mm；

δ_{Ld}—— 销距误差，mm。

菱形销直径可按下式求得

$$d_2 = D_2 - X_{2\min} \tag{3-17}$$

菱形销已标准化，有图 3-46 所示的两种结构形式。B 型结构简单，容易制造，但刚性较差。A 型应用较多，其尺寸见表 3-2。

表 3-2　菱形销的尺寸(单位为 mm)

D	>3～6	>6～8	>8～20	>20～24	>24～30	>30～40	>40～50
B	$d-0.5$	$d-1$	$d-2$	$d-3$	$d-4$	$d-5$	
b_1	1	2	3			4	5
b	2	3	4	5		6	6

注：D 为菱形销限位基面直径，其余尺寸见图 3-46

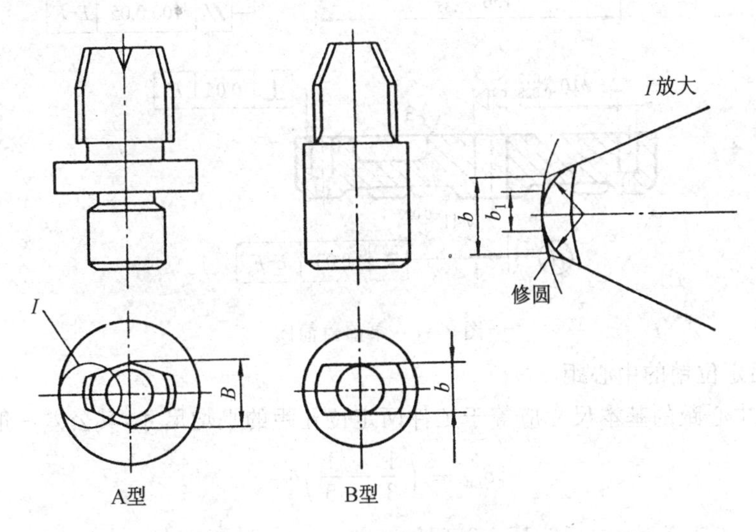

图 3-46　菱形销的结构

3.4.2.3　工件以一面两孔定位时的设计步骤和计算实例

这里只介绍定位元件为一圆柱销和一削边销及一平面支承的情况。在设计圆柱销和削边销时可遵循下列步骤。

① 首先确定定位销的中心距和尺寸公差。

销间距的基本尺寸和孔间距的基本尺寸相同，销心距的公差可取为

$$\delta_{\mathrm{Ld}} = \left(\frac{1}{3} \sim \frac{1}{5}\right)\delta_{\mathrm{LD}}$$

② 确定圆柱销的尺寸及公差。圆柱销直径的基本尺寸（最大尺寸）是该定位孔的最小极限尺寸，配合一般按 g6 或 f7 选取。

③ 按表 3-6 选取削边销的尺寸 b_1 或 b 以及 B。

④ 确定削边销的直径尺寸和公差以及与孔的配合性质。首先根据式(3-15)求出削边销的最小配合间隙 $X_{2\min}$，然后求出削边销工作部分的直径即

$$d_{2\max} = D_{2\min} - X_{2\min}$$

削边销与定位孔的配合一般按 h6 选取。

⑤ 计算定位误差，分析定位质量。

例 7 泵前盖简图如图 3-47 所示，加工工序为镗削 $\phi41_{0}^{+0.023}$ mm 孔，铣削两端面尺寸 $107.5_{0}^{+0.3}$ mm，其设计步骤如下：

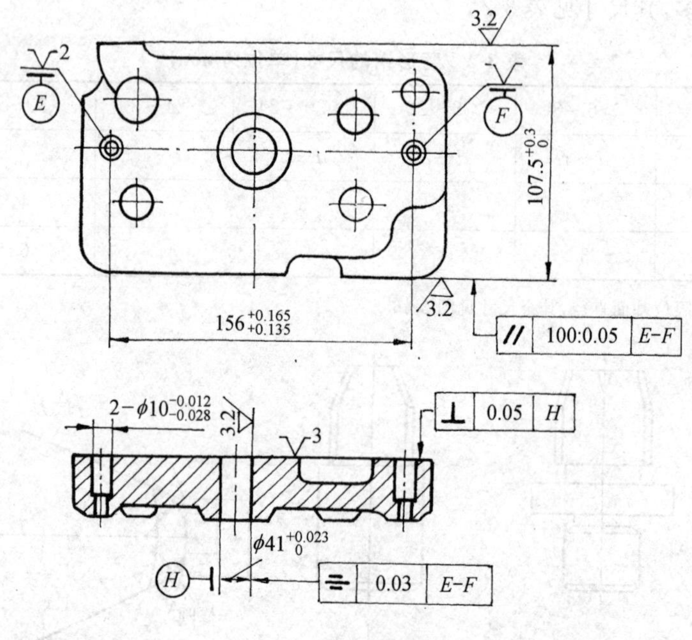

图 3-47　泵前盖简图

1）确定两定位销的中心距

两定位销中心距的基本尺寸应等于工件两定位孔距的平均尺寸，其公差一般为

$$\delta_{\mathrm{Ld}} = \left(\frac{1}{3} - \frac{1}{5}\right)\delta_{LD}$$

因　$L_{\mathrm{D}} = 156_{+0.135}^{+0.165}\,\mathrm{mm} = 156.15 \pm 0.015\,\mathrm{mm}$

故取　$L_{\mathrm{d}} = 156.15 \pm 0.005\,\mathrm{mm}$

2）确定定位销 d_1 的直径

圆柱销 d_1 直径的基本尺寸应等于与之配合的工件孔的最小极限尺寸，其公差一般取 g6 或 h7。泵前盖定位孔的直径为 $\phi10_{-0.028}^{-0.012}$ mm，故取圆柱销的直径 $d_1 = \phi9.972\mathrm{h7}$。

3）选择菱形销的宽度 b

按表 3-6 取 $b=4\text{mm}$。

4）确定菱形销直径 d_2

① 按式(3-16)求补偿量 a

$$a=\frac{\delta_{LD}+\delta_{Ld}}{2}=\frac{0.03+0.01}{2}=0.02\text{mm}$$

② 按式(3-15)计算 X_{2min}

$$X_{2min}=\frac{2ab}{D_2}=\frac{2\times 0.02\times 4}{9.972}=0.016\text{mm}$$

③ 按式(3-17)计算菱形销的直径 d_2

$$d_2=D_2-X_{2min}=9.972-0.016=9.956\text{mm}$$

取公差带为 h6，可选取标准代号为 B9.956h6×12GB/T2203 的菱形销。

5）计算定位误差

① 垂直度 0.05mm　　　　　　　　$\Delta_D=0$

② 对称度 0.03mm　　　　　　　　$\Delta_B=0$

已知 $\delta_{D1}=0.016\text{mm}$，$\delta_{d1}=0.015\text{mm}$，$X_{min}=0$，则

$$\Delta_Y=\delta_D+\delta_d+X_{min}=0.014+0.015=0.029\text{mm}$$

③ 平行度 0.05mm。如图 3-48 所示，当工件歪斜时会影响平行度公差，由图3-48可得工件的转角误差公式

$$\tan\Delta\alpha=\frac{X_{2max}+X_{1max}}{2L}=\frac{\delta_{D1}+\delta_{d1}+\delta_{D2}+\delta_{d2}-X_{2min}}{2L} \tag{3-18}$$

式中：δ_{D1}，δ_{D2}——工件定位孔的直径公差，mm；

δ_{d1}——圆柱定位销的直径公差，mm；

δ_{d2}——菱形定位销的直径公差，mm；

X_{2min}——圆柱定位销与孔间的最小间隙，mm；

L——中心距，mm。

则　$$\tan\Delta\alpha=\frac{0.016+0.015+0+0.016+0.009+0.016}{2}\times 156=0.000\,230$$

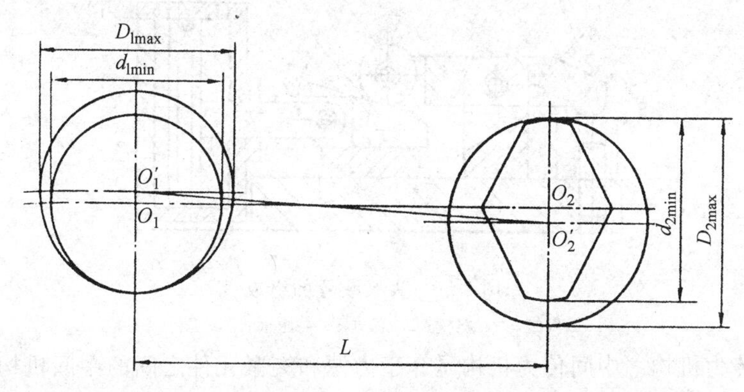

图 3-48　工件的转角误差计算方法

$$\Delta_Y = \frac{0.023}{100}$$

因　$\Delta_B = 0$,得定位误差为 $\Delta_D = \Delta_Y = \frac{0.023}{100}$设计结果如图 3-49 所示。

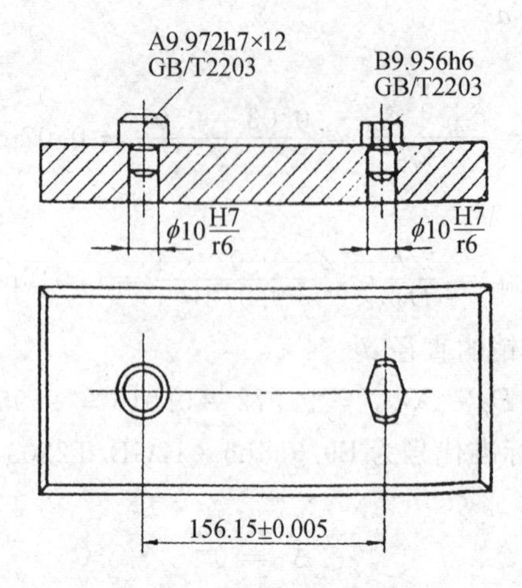

图 3-49　两孔一面定位设计

3.5　工件的夹紧

在机械加工过程中,工件将受到切削力、离心力、惯性力及重力等外力的作用。为了保证在这些外力的作用下,工件仍能在夹具中保持正确的加工位置而不致发生振动或位移,一般在夹具结构中必须设计一定的夹紧装置,将工件可靠地夹紧。

3.5.1　夹紧装置的组成和基本要求

3.5.1.1　夹紧装置的组成

(1) 力源装置　力源装置是产生夹紧作用力的装置。通常是指机动夹紧时所用的气动、液压、电动等动力装置。如图3-50中的气缸 1,便是一种力源装置。

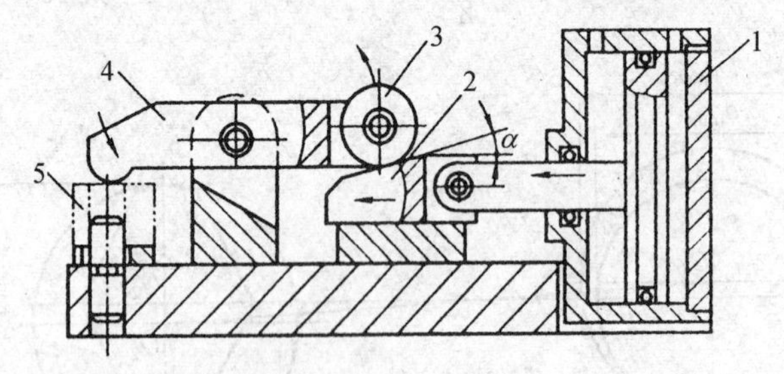

图 3-50　夹紧装置的组成

1-气缸；　2-斜楔；　3-滚子；　4-压板；　5-工件

(2) 中间传力机构　中间传力机构是介于力源和夹紧元件之间的中间机构。它把力源装置的夹紧作用力传递给夹紧元件,然后由夹紧元件最终完成对工件的夹紧。一般传力机构可以在传递夹紧作用力的过程中,改变夹紧作用力的方向与大小,并根据需要亦可具有一定的自锁性能。图3-50中斜楔 2 为中间传力机构。

(3) 夹紧元件与夹紧机构　夹紧元件是夹紧装置的最终执行元件，通过它和工件受压面的直接接触而完成夹紧动作。图3-50中的压板 4 即为夹紧元件。对于手动夹紧装置来说，夹紧机构则由中间传力机构和夹紧元件所组成。

3.5.1.2　夹紧装置的基本要求

① 夹紧过程中，不能改变工件定位后所占据的正确位置。

② 夹紧力的大小要适当，既要保证工件在整个加工过程中位置稳定不变、振动小，又要使工件不产生过大的夹紧变形。

③ 夹紧装置的自动化和复杂程度应与生产类型相适应，在保证生产效率的前提下，其结构要力求简单，便于制造和维修。

④ 夹紧装置的操作应方便、安全、省力。

⑤ 夹紧装置应具有良好的自锁性能，以保证源动力波动或消失后，仍能保持夹紧状态。

3.5.2　夹紧力的确定

确定夹紧力的方向、作用点和大小时，应依据工件的结构特点、加工要求，并结合工件加工中的受力状况及定位元件的结构和布置方式来确定。

3.5.2.1　夹紧力的方向

夹紧力的方向的确定应有助于定位稳定，且主夹紧力应指向主要限位基面。如图3-51(a)所示，夹紧力 F_J 的垂直分力背向限位基面使工件抬起，图3-51(b)中夹紧力的两个分力分别指向了限位基面，将有助于定位稳定。又如图3-52(b)、(c)中的 F_J 都不利于保证镗孔轴线与 A 面的垂直度，图3-52(d)的 F_J 指向了主要限位基面，则有利于保证加工孔轴线与 A 面的垂直度。

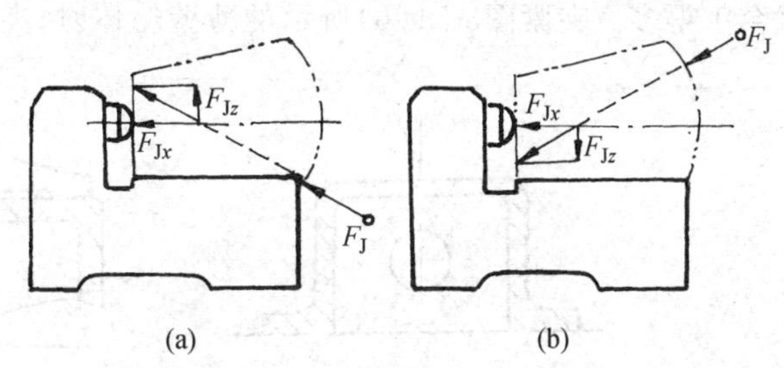

图 3-51　夹紧力的方向的确定应有助于定位

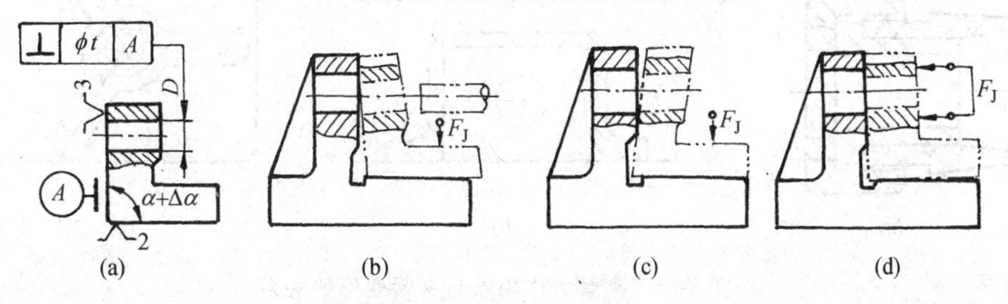

图 3-52　夹紧力应指向主要定位基面

3.5.2.2 夹紧力的作用点

夹紧力的方向确定后，应根据下述原则确定作用点的位置：

① 夹紧力的作用点应落在定位元件的支承范围内，如图 3-53(a)、(c)所示。若夹紧力的作用点落到了定位元件支承范围之外，夹紧时将破坏工件的定位，如图3-53(b)、(d)所示，因而是错误的。

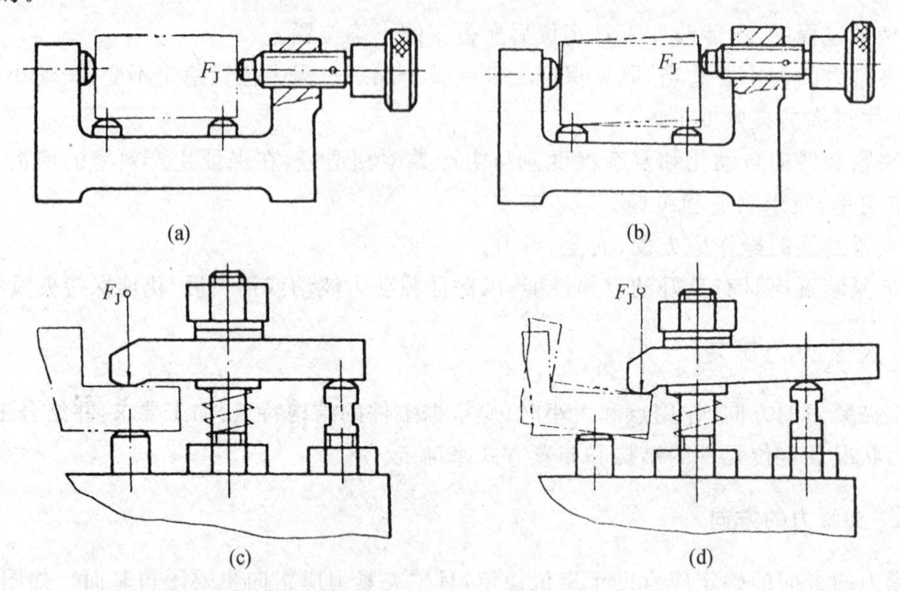

图 3-53 夹紧力作用点的位置

② 夹紧力的作用点应落在工件刚性较好的方向和部位。这一原则对刚性差的工件特别重要。如图3-54(a)所示，薄壁套的轴向刚性比径向好，用卡爪径向夹紧，工件变形大，若沿轴向施加夹紧力，变形就会小得多。夹紧图3-54(b)所示的薄壁箱体时，夹紧力应作用在刚性较好的凸边上。

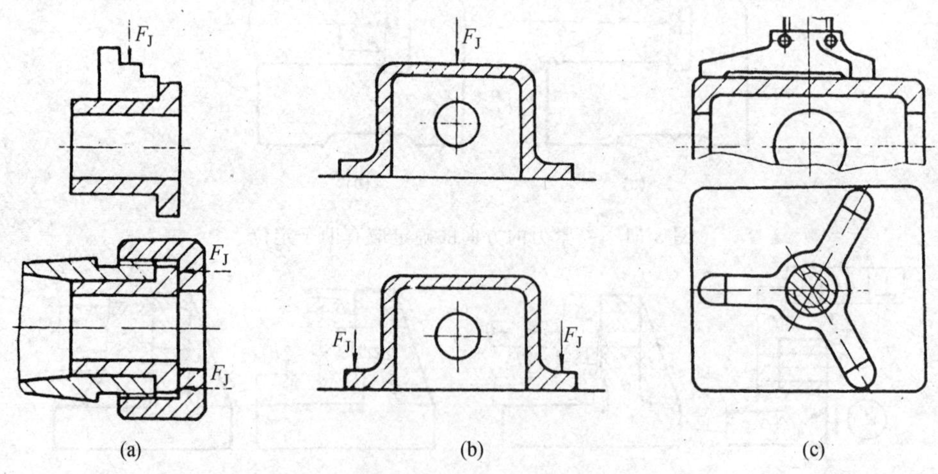

图 3-54 夹紧力作用点与夹紧变形的关系

箱体没有凸边时，可如图 3-54(c)那样，将单点夹紧改为三点夹紧，从而改变着力点的位置，降低着力点的压强，减少工件的夹紧变形。

③ 夹紧力作用点应尽量靠近加工表面。如图 3-55 所示，在拨叉上铣槽。由于主要夹紧力的作用点距加工面较远，所以在靠近加工表面的地方设置了辅助支承，增加了夹紧力 F_J。这样，可提高工件的装夹刚性，减少加工时的工件振动。

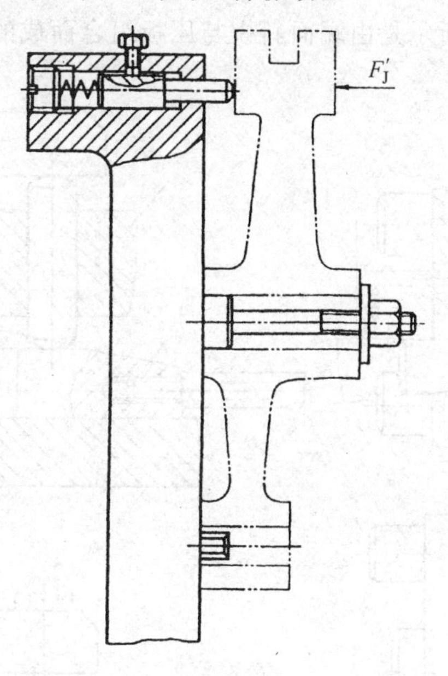

图 3-55　夹紧力作用点靠近加工表面

3.5.2.3　夹紧力大小的估算

计算夹紧力是一个很复杂的问题，一般只能粗略地估算。因为在加工过程中，工件受到切削力、重力、离心力和惯性力等的作用。从理论上讲，夹紧力的作用效果必须与上述作用力(矩)相平衡。但是在不同条件下，上述作用力在平衡系中对工件所起的作用各不相同。如采用一般切削规范，加工中、小工件时起决定作用的因素是切削力(矩)；加工笨重大型工件时，还须考虑工件的重力作用；高速切削时，不能忽视离心力和惯性力的作用。此外，影响切削力的因素也很多。例如，工件材质不匀、加工余量大小不一致、刀具的磨损程度以及切削时的冲击等因素都使得切削力随时发生变化。为简化夹紧力的计算，通常假设工艺系统是刚性的，切削过程是稳定的，在这些假设条件下，根据切削原理公式或计算图表求出切削力，然后找出在加工过程中最不利的瞬时状态，按静力学原理求出夹紧力大小。为保证夹紧可靠，尚需再乘以安全系数即得实际需要的夹紧力

$$F_J = KF_{计} \tag{3-19}$$

式中：$F_{计}$ —— 在最不利条件下由静力平衡计算求出的夹紧力；

K —— 安全系数，一般取 $K=1.5\sim3$，粗加工取大值，精加工取小值。

3.5.3　几种常用的夹紧机构

3.5.3.1　斜楔夹紧机构

利用斜面直接或间接压紧工件的机构称为斜楔夹紧机构。图 3-56 所示为几种用斜楔夹紧机构夹紧工件的实例。图 3-56(a)所示是在工件上钻互相垂直的 ϕ8mm、ϕ5mm 两组孔，工

件装入后，锤击斜楔大头，夹紧工件。加工完毕后，锤击斜楔小头，松开工件。由于用斜楔直接夹紧工件的夹紧力较小，且操作费时，所以，实际生产中应用不多。多数情况下是将斜楔与其他机构联合起来使用。图3-56(b)所示是将斜楔与滑柱组合而成的一种夹紧机构，可以手动，也可以气压驱动。图3-56(c)所示是由端面斜楔与压板组合而成的夹紧机构。

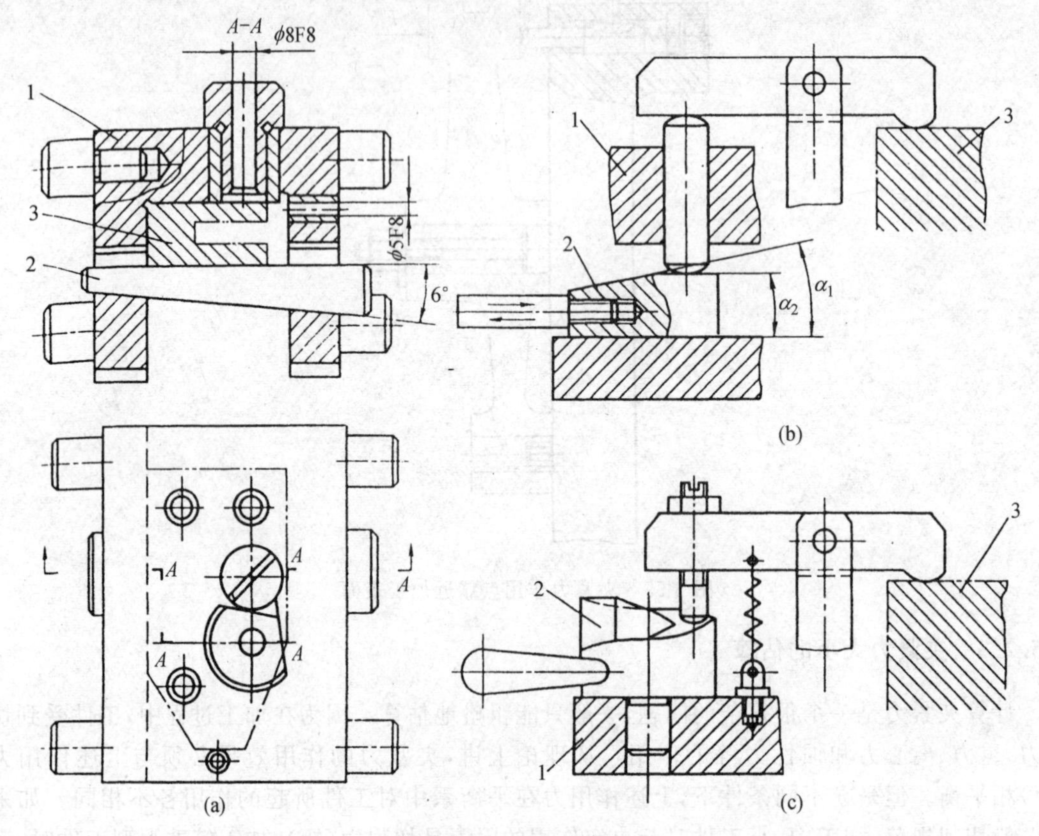

图 3-56 斜楔夹紧机构

1-夹具体； 2-斜楔； 3-工件

(1) 斜楔的夹紧力 图 3-57(a)所示是作用力 F_Q 存在时斜楔的受力情况，根据静力平衡原理

$$F_1 + F_{RX} = F_Q$$

而

$$F_1 = F_J \tan\varphi_1, F_{RX} = F_J \tan(\alpha + \varphi_2)$$

所以

$$F_J = \frac{F_Q}{\tan\varphi_1 + \tan(\alpha + \varphi_2)} \tag{3-20}$$

式中：F_J—— 斜楔对工件的夹紧力，单位为 N；

α—— 斜楔升角，单位为(°)；

F_Q—— 加在斜楔上的作用力，单位为 N；

φ_1—— 斜楔与工件间的摩擦角，单位为(°)；

φ_2—— 斜楔与夹具体间的摩擦角，单位为(°)。

设 $\varphi_1 = \varphi_2 = \varphi$，当 α 很小时($\alpha \leqslant 10°$)，可用下式作近似计算

$$F_J = \frac{F_Q}{\tan(\alpha + 2\varphi)} \tag{3-21}$$

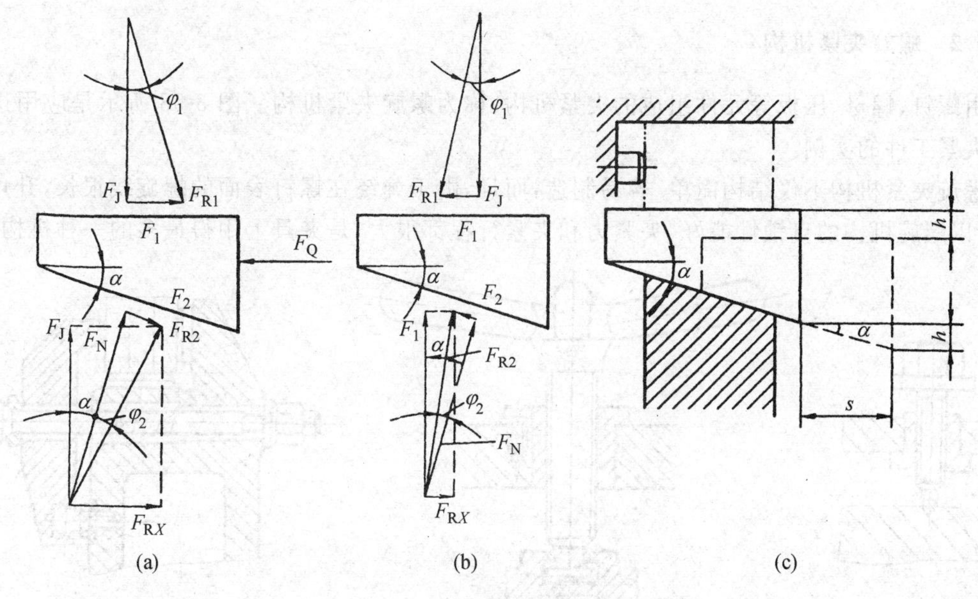

图 3-57　斜楔受力分析

(2) 斜楔自锁条件　图 3-57(b)所示是作用力 F_Q 停止后斜楔的受力情况。从图中可以看出，要自锁必须满足下式：

$$F_1 > F_{RX}$$

因 $$F_1 = F_J\tan\varphi_1 \quad F_{RX} = F_J\tan(\alpha - \varphi_1)$$

代入上式得 $$F_J\tan\varphi_1 > F_J\tan(\alpha - \varphi_2),\tan\varphi_1 > \tan(\alpha - \varphi_2)$$

由于 φ_1、φ_2、α 都很小，$\tan\varphi \approx \varphi_1$，$\tan(\alpha - \varphi_2) \approx \alpha - \varphi_2$ 上式可简化为

$$\varphi_2 > \alpha - \varphi_2$$

或 $$\alpha < \varphi_1 + \varphi_2 \tag{3-22}$$

因此，斜楔的自锁条件是：斜楔的升角小于斜楔与工件、斜楔与夹具体之间的摩擦角之和。

为保证自锁可靠，手动夹紧机构一般取 $\alpha = 6^\circ \sim 8^\circ$。用气压或液压装置驱动的斜楔不需要自锁，可取 $\alpha = 15^\circ \sim 30^\circ$。

(3) 斜楔的扩力比与夹紧行程　夹紧力与作用力之比称为扩力比($i = F_J/F_Q$)或增力系数。i 的大小表示夹紧机构在传递力的过程中扩大(或缩小)作用力的倍数。

由式(3-20)可知，斜楔的扩力比为

$$i = \frac{1}{\tan\varphi_1 + \tan(\alpha + \varphi_2)}$$

如取 $\varphi_1 = \varphi_2 = 6^\circ$，代入上式，得 $i = 2.6$。可见，在作用力 F_Q 不很大的情况下，斜楔的夹紧力是不大的。

在图 3-57(c)里，h 是斜楔的夹紧行程(单位为 mm)，s 是斜楔夹紧过程中移动的距离

$$h = s\tan\alpha$$

由于 s 受到斜楔长度的限制，要增大夹紧行程，就得增大斜角，而斜角太大，便不能自锁。当要求机构既能自锁，又有较大的夹紧行程时，可采用双斜面斜楔。如图3-56(b)所示，斜楔上大斜角的一段使滑柱迅速上升，小斜角的一段确保自锁。

3.5.3.2 螺旋夹紧机构

由螺钉、螺母、压板等元件组成的夹紧机构，称为螺旋夹紧机构。图 3-58 所示是应用这种机构夹紧工件的实例。

螺旋夹紧机构不仅结构简单、容易制造，而且，由于缠绕在螺钉表面的螺旋线很长，升角又小，所以螺旋机构的自锁性能好，夹紧力和夹紧行程都很大，是夹具上用得最多的一种机构。

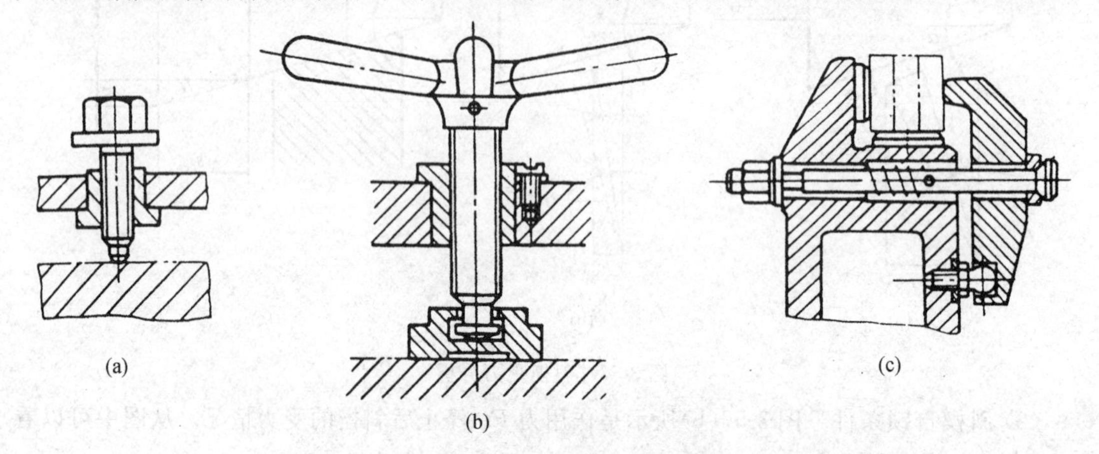

图 3-58 单个螺旋夹紧机构

(1) 单个螺旋机构 图 3-58(a)、(b)所示是直接用螺钉或螺母夹紧工件的机构，称为单个螺旋机构。

在图 3-58(a)中螺钉头直接与工件表面接触，螺钉转动时，可能损伤工件表面，或带动工件旋转。克服这一缺点的办法是在螺钉头部装上如图3-59所示的摆动压块。当摆动压块与工件接触后，由于压块与工件间的摩擦力矩大于压块与螺钉间的摩擦力矩，压块不会随螺钉一起转动。如图3-59所示，A 型的端面是光滑的，用于已加工表面，B 型的端面有齿纹，用于夹紧毛坯面。当要求螺钉只移动不转动时，可采用图3-59(c)所示结构。

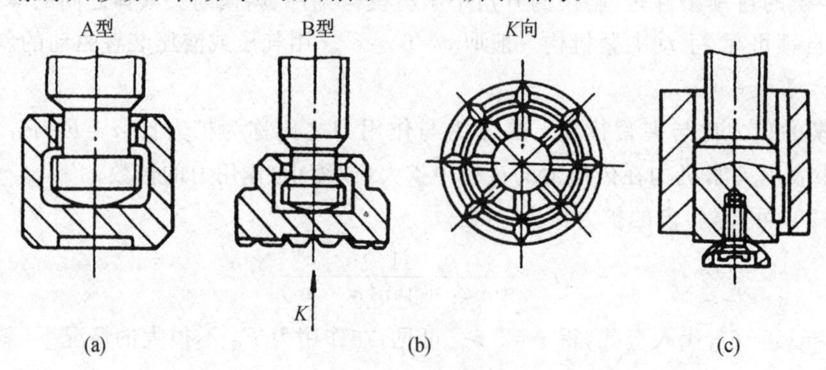

图 3-59 摆动压块

夹紧动作慢，工件装卸费时是单个螺旋机构的另一缺点。如图 3-58(b)所示，装卸工件时，要将螺母拧上拧下，费时费力。克服这一缺点的方法很多，在图3-60(c)中，夹紧轴 1 上的直槽连着螺旋槽，先推动手柄 2，使摆动压块迅速靠近工件，继而转动手柄，夹紧工件并自锁。图3-60(d)中的手柄 4 带动螺母旋转时，因手柄 5 的限制，螺杆不能右移，致使螺杆带着摆动压块向左移动夹紧工件。卸工件时，只要反转手柄 4，稍微松开后，即可转动手柄 5，为手柄 4 的快速右移让出空间。

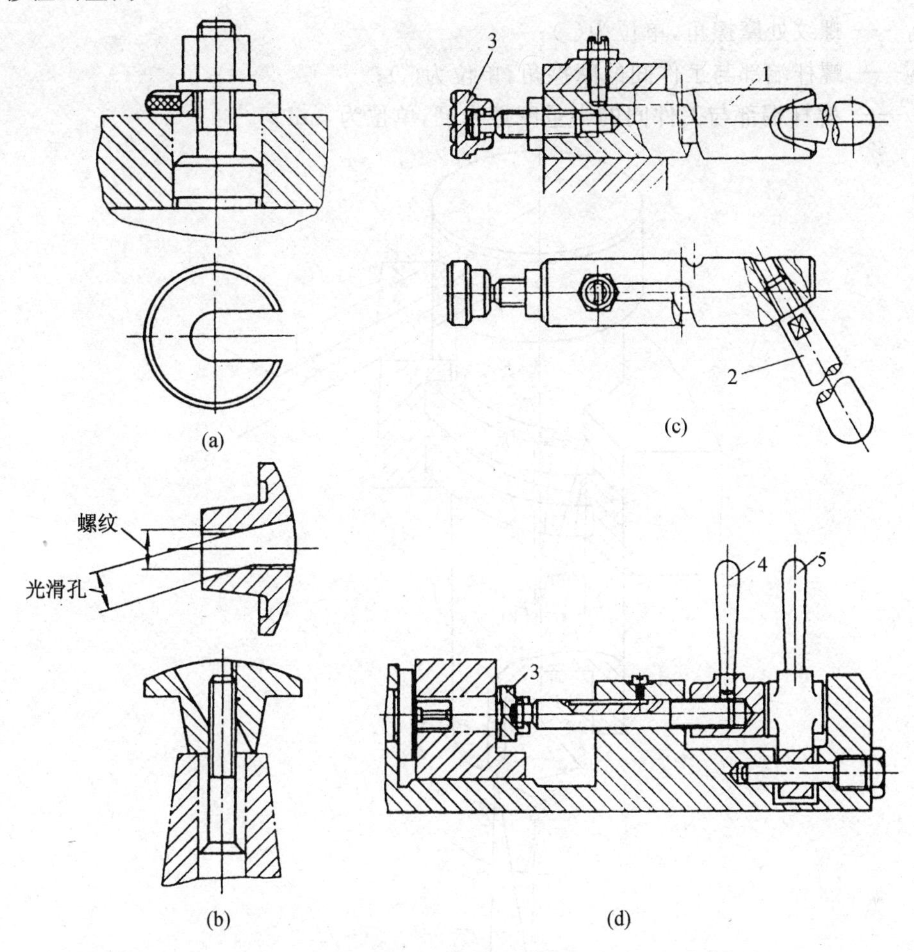

图 3-60　快速螺旋夹紧机构

1-夹紧轴；2、4、5-手柄；3-摆动压块

由于螺旋可以看作是绕在圆柱体上的斜楔，因此，螺钉(或螺母)夹紧力的计算与斜楔相似。图3-61所示是夹紧状态下的螺杆的受力情况。图中，F_2 为工件对螺杆的摩擦力，分布在整个接触面上，计算时可视为集中在半径为 r' 的圆周上，r' 称为当量摩擦半径，它与接触形式有关。F_1 为螺孔对螺杆的摩擦力，也发生在整个接触面上，计算时可视为集中在螺纹中径处。根据平衡条件

$$F_Q L = F_2 r' + \frac{F_1 d_0}{2}$$

得

$$F_1 = \frac{F_Q L}{\frac{d_0 \tan(\alpha + \varphi_1)}{2} + r' \tan\varphi_2}$$

式中：F_J —— 夹紧力，单位为 N；

F_Q —— 作用力，单位为 N；

L —— 作用力臂，单位为 mm；

d_0—— 螺纹中径，单位为 mm；

α—— 螺纹升角，单位为(°)；

φ_1—— 螺纹处摩擦角，单位为(°)；

φ_2—— 螺杆端部与工件间的摩擦角，单位为(°)；

r'—— 螺杆端部与工件间的当量摩擦半径，单位为 mm。

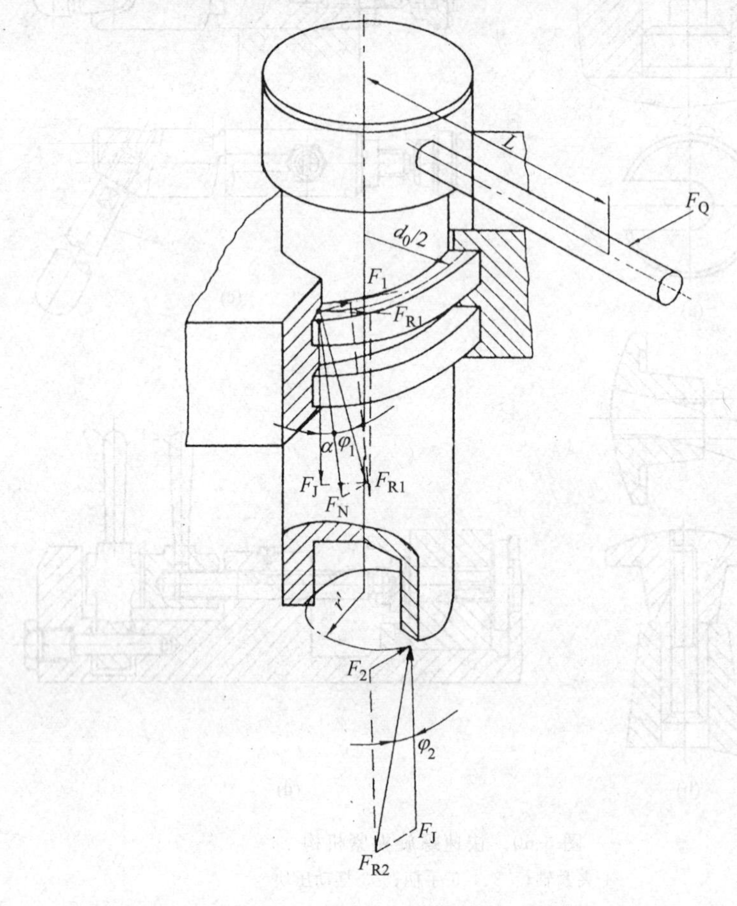

图 3-61 螺杆受力分析

(2) 螺旋压板机构 夹紧机构中，结构形式变化最多的是螺旋压板机构。图3-62所示是螺旋压板机构的四种典型机构。图3-62(a)、(b)所示为移动压板。图3-62(c)、(d)所示为回转压板。

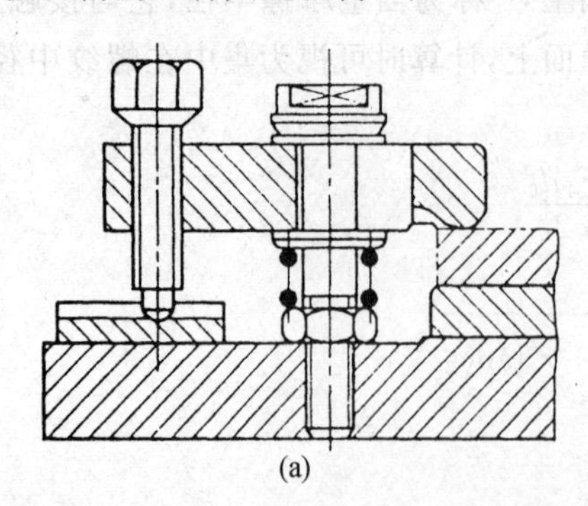

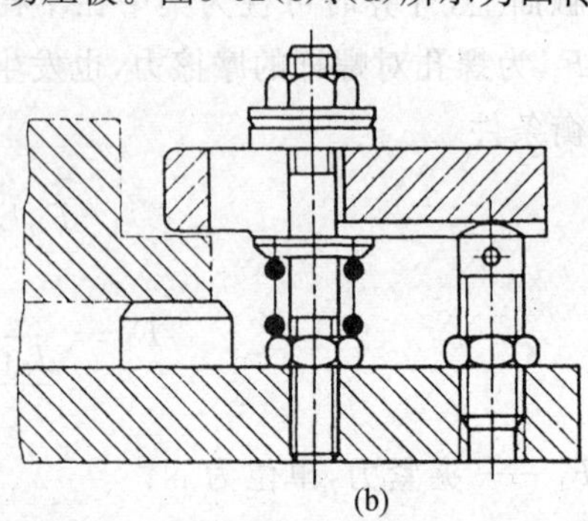

图 3-62 螺旋压板机构

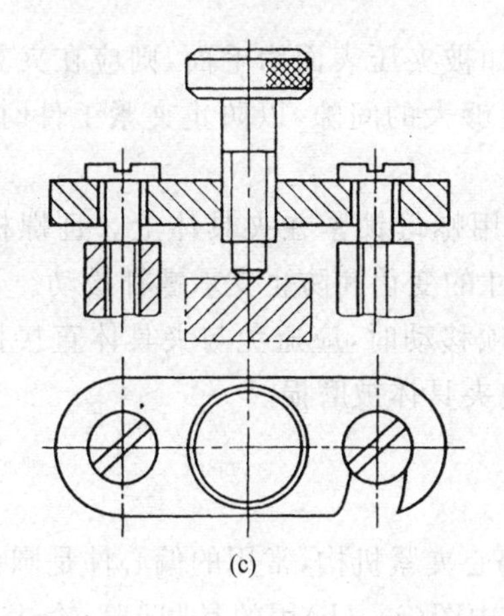
(c)

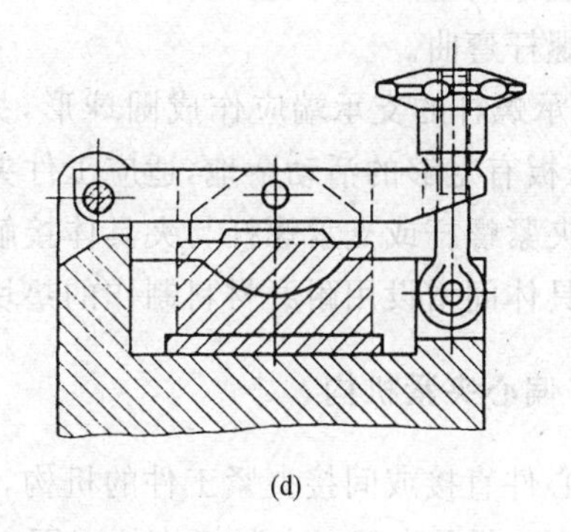
(d)

图 3-62 螺旋压板机构(续)

图 3-63 所示是螺旋钩形压板机构。其特点是结构紧凑,使用方便。当钩形压板妨碍工件装卸时,可采用图3-64所示的自动回转钩形压板,避免了用手动转动钩形压板的麻烦。

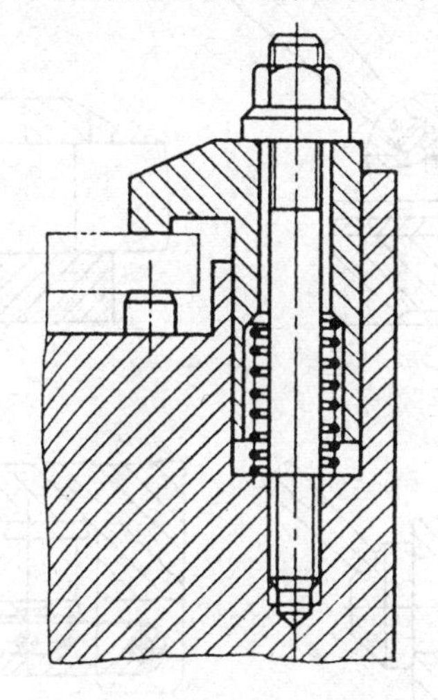

图 3-63 螺旋钩形压板机构

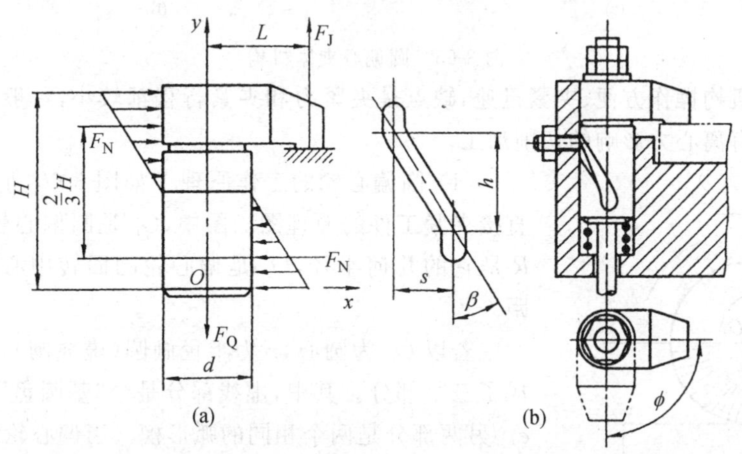

图 3-64 自动回转钩形压板

(3) 设计螺旋压板夹紧机构时应注意的问题。

① 当工件在夹压方向上的尺寸变化较大时，如被夹压表面为毛面，则应在夹紧螺母同压板之间设置球面垫圈，并使垫圈孔与螺杆间保持足够大的间隙，以防止夹紧工件时，由于压板倾斜而使螺杆弯曲。

② 支承螺杆的支承端应作成圆球形，另一端用螺母锁紧在夹具体上。且螺杆高度应可调，以使压板有足够的活动余地，适应工件夹压尺寸的变化和防止支承螺杆松动。

③当夹紧螺杆或支承螺杆与夹具体接触端必须移动时，应避免与夹具体直接接触。应在螺杆与夹具体间增设用耐磨材料制作的垫块，以免夹具体被磨损。

3.5.3.3 偏心夹紧机构

用偏心件直接或间接夹紧工件的机构，称为偏心夹紧机构，常用的偏心件是圆偏心轮和偏心轴。图3-65所示为偏心夹紧机构的应用实例，其中图(a)、(b)用的是圆偏心轮，图(c)用的是偏心轴，图(d)用的是偏心叉。

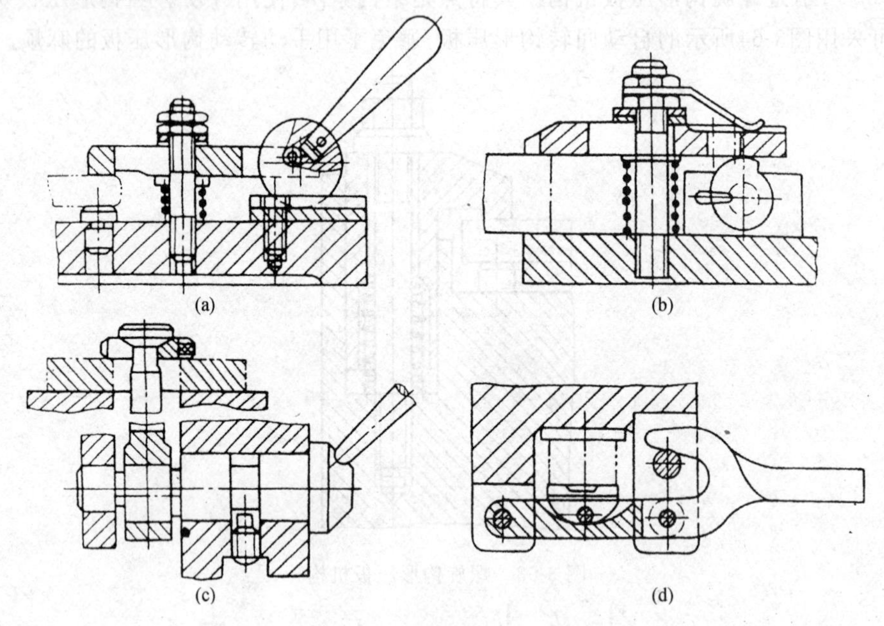

图 3-65 圆偏心夹紧机构

偏心夹紧机构操作方便、夹紧迅速，缺点是夹紧力和夹紧行程都较小，一般用于切削力不大、振动小、没有离心力影响的切削加工。

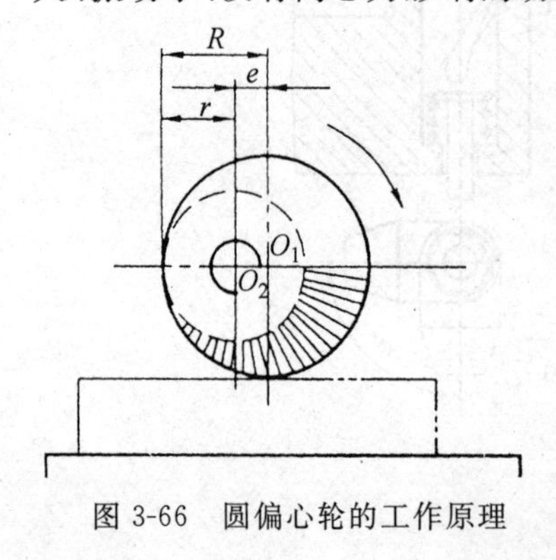

图 3-66 圆偏心轮的工作原理

(1) 圆偏心轮的工作原理 如图 3-66 所示是圆偏心轮直接夹紧工件的原理图。图中，O_1 是圆偏心轮的几何中心，R 是它的几何半径，O_2 是偏心轮的回转中心，O_1O_2 是偏心距。

若以 O_2 为圆心，r 为半径画圆(虚线圆)，便把偏心轮分成了三个部分。其中，虚线部分是个“基圆盘”，半径 $r=R-e$。另两部分是两个相同的弧形楔。当偏心轮绕回转中心 O_2 顺时针方向转动时，相当于一个弧形楔楔入“基圆盘”与工件之间，从而夹紧工件。

(2) 圆偏心轮的夹紧行程及工作段　如图 3-67(a)所示，当圆偏心轮绕回转体中心 O_2 转动时，设轮周上任意点 x 的回转角为 φ_x、回转半径为 r_x。用 φ_x、r_x 为坐标轴建立直角坐标系，再将轮上各点的回转角与回转半径一一对应地记入此坐标系中，便得到了圆偏心轮上弧形楔的展开图，如图 3-67(b)所示。

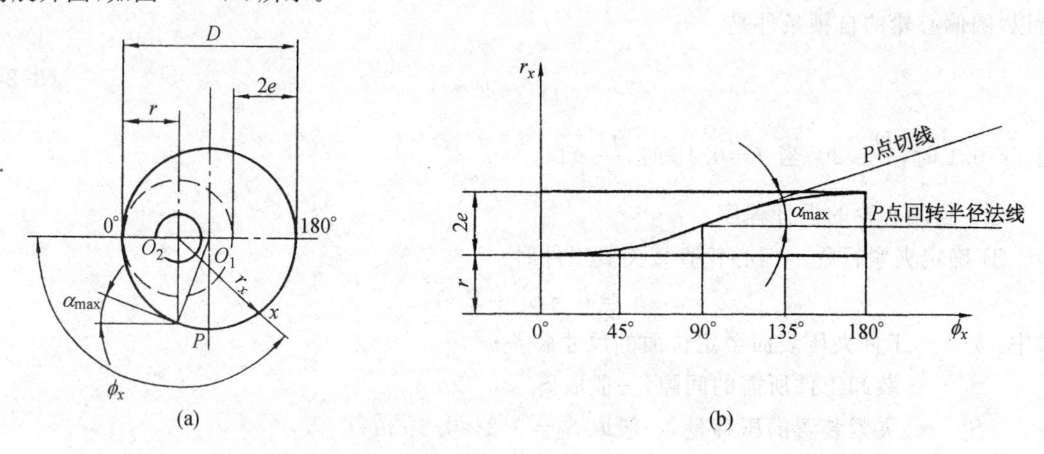

图 3-67　弧形楔展开图

图 3-67 表明，当圆偏心轮从 0°回转到 180°时，其夹紧行程为 $2e$；轮周上各点的升角 α 是不等的，P 点的升角最大(α_{max})。根据解析几何，P 点的升角等于 P 点的切线与 P 点回转半径的垂线间的夹角。

按照上述的原理，在图 3-67(a)中，过 P 点分别作 O_1P、O_2P 的垂线，便可得到 P 点的升角。

因

$$\alpha_{max} = \angle O_1PO_2$$

$$\sin\alpha_{max} = \sin\angle O_1PO_2 = \frac{O_1O_2}{O_1P}$$

所以

$$\sin\alpha_{max} = \frac{e}{R} = \frac{2e}{D} \tag{3-23}$$

圆偏心轮的工作转角一般小于 90°，因为转角太大，不仅操作费时，也不安全。工作转角范围内的那段轮周称为圆偏心轮的工作段。常用的工作段是 $\varphi_x = 45° \sim 135°$ 或 $\varphi_x = 90° \sim 180°$。在 $\varphi_x = 45° \sim 135°$ 范围内，升角大，夹紧力较小，但夹紧行程大($h \approx 1.4e$)。在 $\varphi_x = 90° \sim 180°$ 范围内，升角由大到小，夹紧力逐渐增大，但夹紧行程较小($h = e$)。

(3) 圆偏心轮的自锁条件　由于圆偏心轮夹紧工件的实质是弧形楔夹紧工件，因此，圆偏心轮的自锁条件应与斜楔的自锁条件相同，即

$$\alpha_{max} \leqslant \varphi_1 + \varphi_2$$

式中：α_{max}——圆偏心轮的最大升角；

φ_1——圆偏心轮与工件间的摩擦角；

φ_2——圆偏心轮与回转销之间的摩擦角。

由于回转销的直径较小，圆偏心轮与回转销之间的摩擦力矩不大，为使自锁可靠，将其忽略不计，上式便简化为

$$\alpha_{max} \leqslant \varphi_1$$

或

$$\tan\alpha_{max} \leqslant \tan\varphi_1$$

因 α_{max} 很小，$\tan\alpha_{max} \approx \sin\alpha_{max}$，$\tan\varphi_1 = f$

代入上式得 $$\sin\alpha_{max} \leqslant f$$

而 $$\sin\alpha_{max} = \frac{2e}{D}$$

所以，圆偏心轮的自锁条件是

$$\frac{2e}{D} \leqslant f \tag{3-24}$$

当 $f=0.1$ 时，$\frac{D}{e} \geqslant 20$；当 $f=0.15$ 时，$\frac{D}{e} \geqslant 14$。

(4) 圆偏心轮的设计程序

① 确定夹紧行程。偏心轮直接夹紧工件时

$$h = \delta + S_1 + S_2 + S_3$$

式中：δ—— 工件夹压表面至定位面的尺寸公差；

S_1—— 装卸工件所需的间隙，一般取 $S_1 \geqslant 0.3$mm

S_2—— 夹紧装置的压移量，一般取 $S_2 = 0.3 \sim 0.5$mm

S_3—— 夹紧行程储备量，一般取 $S_3 = 0.1 \sim 0.3$mm。

偏心轮不直接夹紧工件时

$$h = K(\delta + S_1 + S_2 + S_3)$$

式中：K—— 夹紧行程系数，其值取决于偏心夹紧机构的结构。如图 3-67(a)所示，设偏心轮回转中心至螺杆轴线的距离为 60mm，螺杆轴线至工件夹紧点的距离为 40mm，则

$$K = \frac{60}{40} = 1.5$$

② 计算偏心距。用 $\varphi_x = 45° \sim 135°$ 作为工作段时：$e = 0.7h$。用 $\varphi_x = 90° \sim 180°$ 作为工作段时：$e = h$。

③ 按自锁条件计算 D。$f=0.1$ 时，$D=20e$；$f=0.15$ 时，$D=14e$。

④ 查“夹具标准”确定圆偏心轮的参数。

3.5.3.4 其他夹紧机构

(1) 铰链夹紧机构　它是一种铰链和杠杆组合的夹紧机构，这种机构具有结构简单，扩力比较大，摩擦损失小的优点，因此应用也很广泛。它的主要缺点是自锁性很差，一般不单独使用，多与气动、液压等夹具配合使用，作为扩力机构。

图 3-68 所示为用于铣床或钻床上同时在两个位置夹紧工件的双杠杆铰链扩力机构的气压夹紧装置。工作时气缸活塞产生原始力 F_1 拉铰链杠杆 2 向下，使左、右推杆 1 向外移动，通过左、右杠杆，压板将工件夹紧。这里铰链杠杆 2 倾斜角 α 影响扩力系数和行程大小。夹紧力 F(单位为 N) 按下式计算：

$$F = \frac{0.97 \times 2F_1 L \times i_{F1}}{L_1}$$

$$F_1 = \frac{\pi(D^2 - d^2)p}{4}$$

式中：F—— 夹紧力，单位为 N；

F_1—— 原始力，单位为 N；

D—— 气缸直径，单位为 mm；

d—— 活塞杆直径，单位为 mm；

L/L_1—— 杠杆比；

i_{F1}—— 扩力系数，与倾角有关，可由夹具手册中查；

p—— 压强，取 40～50N/cm^2。

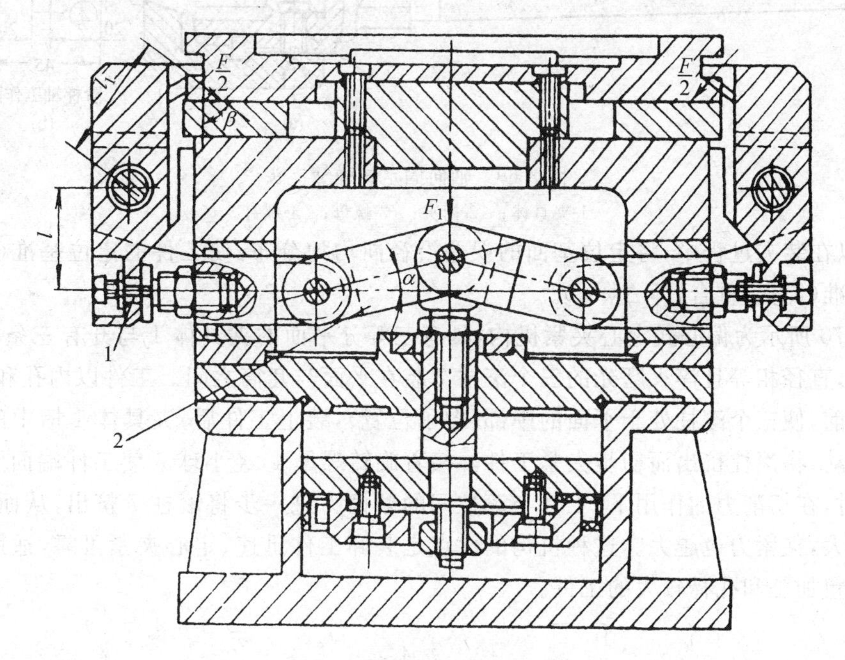

图 3-68　杠杆铰链扩力机构

1-推杆；　2-杠杆

(2) 定心夹紧机构　在机械加工中常遇到以轴线或对称中心为设计基准的工件，为了使定位基准与设计基准重合，就必须采用定心夹紧机构，如图 3-69、图 3-70 所示。

定心夹紧机构具有在实现定心作用的同时将工件夹紧的特点。工件的对称中心与夹具夹紧机构的中心重合，与工件接触的元件既是定位元件，又是夹紧元件(称工作元件)。工作元件的动作通常是联动的，能等速趋近或退离工件，所以能将定位基面的公差对称分布使工件的轴线、对称中心不产生位移，从而实现定心夹紧作用。

定心夹紧机构主要用于要求准确定心和对中的场合。此外，由于定位与夹紧同时进行，缩短了辅助时间，可提高劳动生产率，因此在生产中广泛应用。

图 3-69 是加工阶梯轴上 $\phi30^{0}_{-0.033}$mm 外圆柱面及端面(见图 3-69(b))的车床夹具。如果采用三爪自定心卡盘装夹工件，则很难保证两段圆柱面的同轴度要求，为此，设计了专用弹簧夹头。

工件以 $\phi20^{0}_{-0.021}$mm 圆柱面及端面 C 在弹簧筒夹 2 内定位，夹具体以锥柄插入车床主轴的锥孔中。当拧紧螺母 3 时，其内锥面迫使筒夹收缩将工件夹紧。反转螺母时，筒夹涨开，松开工件。

在图 3-69 所示的弹簧夹头上，当螺母迫使筒夹收缩时，由于筒夹的厚度均匀，径向变形量

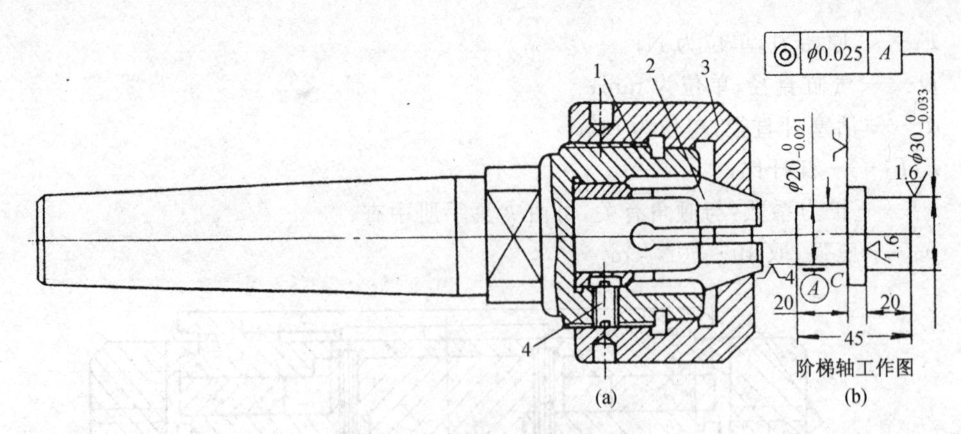

图 3-69　轴向固定式弹簧夹头

1-夹具体；　2-筒夹；　3-螺母；　4-螺钉

相等，所以在装夹过程中，将定位基面的误差沿径向均匀分布，使工件的定位基准（轴线）总能与限位基准（筒夹）重合，即 $\Delta_Y=0$。

图 3-70 所示为偏心式定心夹紧机构，具有三等分平面的夹具体 1 与开有三条槽的套筒 6 间隙配合，直径相等且淬火磨光的三个滚柱 7 装在平面与套筒之间。工件以内孔和端面定位，装夹工件前，使三个滚柱处于平面的中部（图示位置），装上工件后，夹具体 1 槽中的弹簧 5 使套筒 6 转动，将滚柱挤出而初步夹紧工件。接着旋转螺母 4，经小球 3 使工件端面紧靠夹具体 1。加工时，在切削力的作用下，工件与滚柱间的摩擦力进一步将滚柱 7 挤出，从而夹紧工件。切削力越大，夹紧力也越大。这种机构的优点是装卸工件迅速、定心夹紧可靠，适用于定位孔表面经过粗加工和孔径较大的工件。

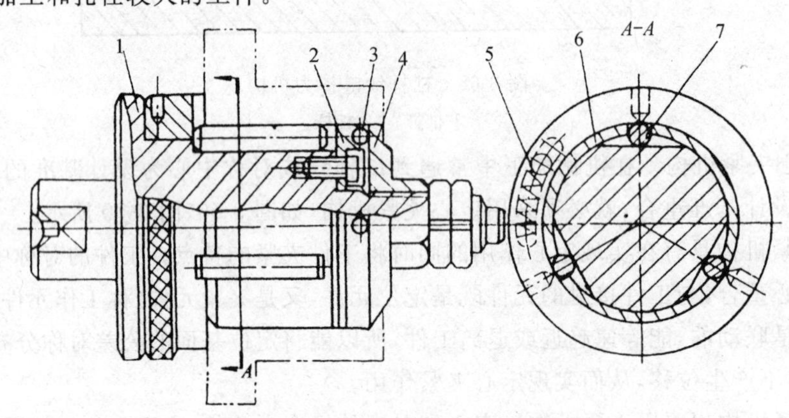

图 3-70　偏心式定心夹紧机构

1-夹具体；　2-锥套；　3-小球；　4-螺母；　5-弹簧；　6-套筒；　7-滚柱

图 3-71 所示为利用胶状塑料（液体塑料）和油液作传力介质，使薄壁弹性套产生弹性变形将工件定心夹紧的机构。图3-71(a)为液性塑料夹头，图3-71(b)为以油液作为传力介质的弹性心轴，它们的基本结构和工作原理是相同的。弹性元件为薄壁套筒 5，它的两端与夹具体为过渡配合，两者之间所形成的环状槽与主通道和柱塞 3 的孔道相通，在通道和环状槽内灌满液性介质。拧紧加压螺钉 2，使柱塞 3 对密封腔内的介质施加压力，迫使薄壁套产生均匀的变形，将工件定心并夹紧。为防止在加工时由于切削力使薄壁套随工件转动，在图3-71(a)中设置了止动螺钉 6。图3-71(b)是在薄壁套的右端面铣出键槽，通过端盖 8 的端面键、螺钉 7 使之

和夹具体连成一体。

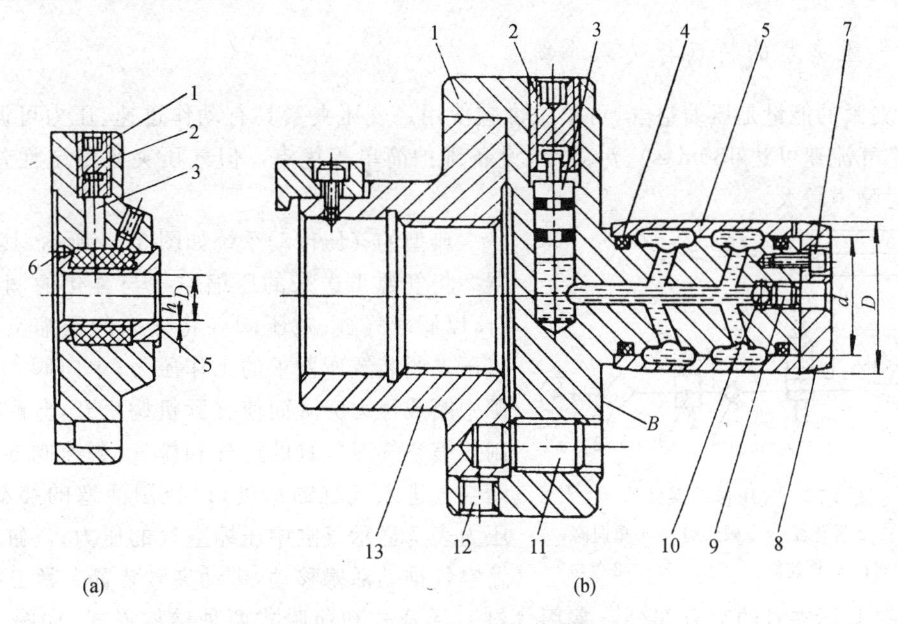

图 3-71　液性介质定心夹紧机构

1-夹具体； 2-加压螺钉； 3-柱塞； 4-密封圈； 5-薄壁弹性套筒； 6-止动螺钉；
7-螺钉； 8-端盖； 9-螺塞； 10-钢球； 11、12-调整螺钉； 13-过渡盘

(3) 联动夹紧机构　能同时多点夹紧一个工件或同时夹紧几个工件的机构，称为联动夹紧机构。在夹具上要同时装夹多个工件时，不能采用刚性压板，如图3-72(a)所示，因为工件的夹压表面(外圆)有制造误差，V 形块也有制造误差，使用刚性压板则工件受力不等或夹不住。应采用图3-72(b)所示的浮动压板结构。

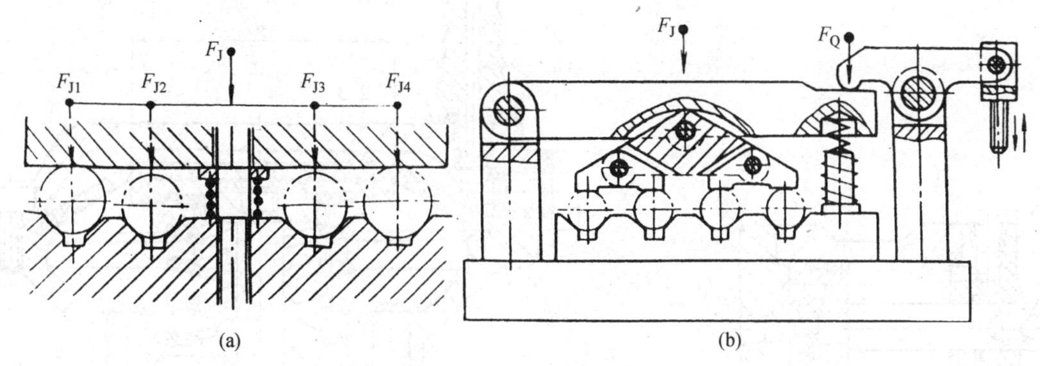

图 3-72　多件联动夹紧

3.6　动力装置

用人的体力，通过各种增力机构对工件进行夹紧，称手动夹紧。手动夹紧的夹具结构简单，在生产中获得广泛应用，特别是较小的夹紧机构，常采用螺旋手动夹紧、斜楔手动夹紧等。但人的体力有限，尤其是大批量生产夹紧频繁时，操作者的劳动强度大，因此需要采用动力装置来代替人的体力进行夹紧，称之为机动夹紧。常用的动力装置有：液压装置、气压装置、电磁

装置、电动装置、气液联合装置和真空装置等。

3.6.1 气压夹紧的特点与传动系统

气压夹紧的能量是压缩空气，可集中供应使用。气压夹紧具有动作迅速、压力可调、夹紧效率高(空气流速可达 180m/s)、污染小、设备维护简单等优点。但气压夹紧稳定性差、刚性差，排气时噪声较大。

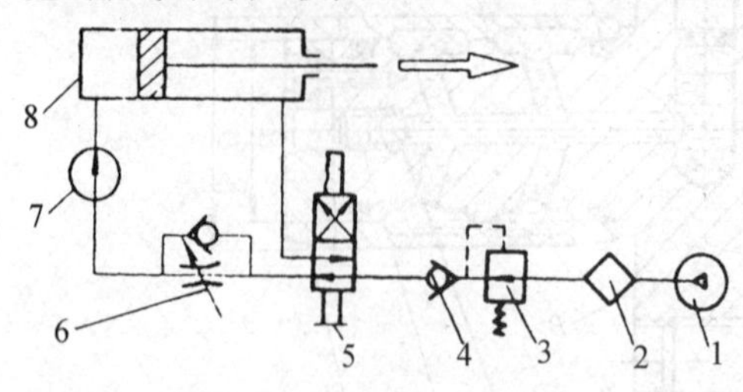

图 3-73 气压传动系统

1-气源； 2-雾化器； 3-减压阀； 4-单向阀； 5-分配阀； 6-调速阀； 7-压力表； 8-气缸

典型的气压传动系统如图 3-73 所示，其中雾化器 2 将气源 1 送来的压缩空气与雾化的润滑油混合，以润滑气缸；减压阀 3 将送来的压缩空气减至气压夹紧装置所要求的工作压力；单向阀 4 防止气源中断或压力突降而使夹紧机构松开；分配阀 5 控制压缩空气对气缸的进气和排气；调速阀 6 调节压缩空气进入气缸的速度，以控制活塞的移动速度；压力表 7 显示气缸中压缩空气的压力；气缸 8 以压缩空气推动活塞移动，带动夹紧装置夹紧工件。

气缸是气压夹具的动力部分。常用气缸有活塞式和薄膜式两种结构形式，如图 3-74 所示。活塞式气缸(图 3-74(a))的工作行程较长，其作用力的大小不受行程长度的影响。薄膜式气缸(图 3-74(b))密封性好，简单紧凑，摩擦部位少，使用寿命长，但其工作行程短，作用力随行程大小而变化。

气压装置的元件已标准化，选用时，可根据所需夹紧力的大小，选择气缸直径，一般空气压力控制在0.4～0.6MPa之间。

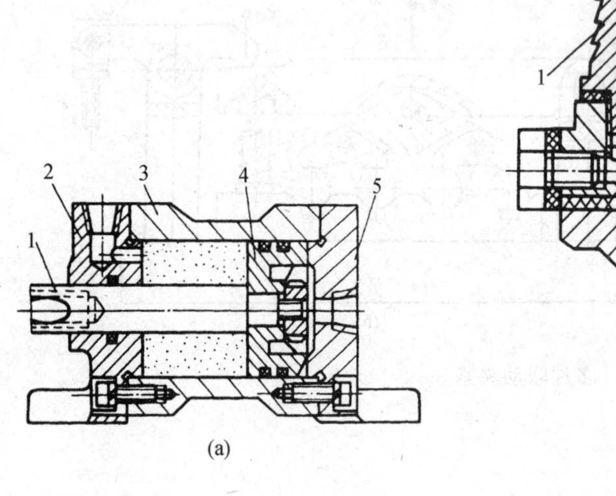

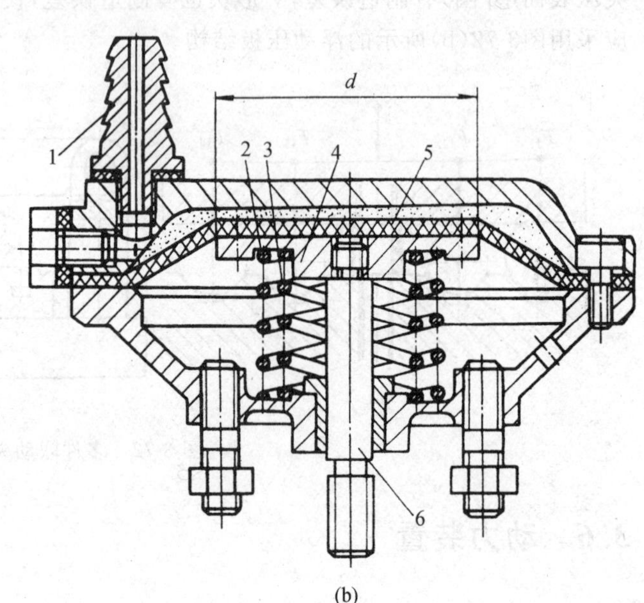

图 3-74 活塞式和薄膜式气缸

(a) 1-活塞杆； 2-前盖； 3-气缸体； 4-活塞； 5-后盖

(b) 1-接头； 2、3-弹簧； 4-托盘； 5-薄膜； 6-推杆

3.6.2 液压夹紧的特点与传动系统

液压夹紧装置的工作原理和结构与气压夹紧装置类似，不同的是以油液压力产生动力，与气压传动装置相比，具有夹紧力稳定可靠、夹紧刚性好及噪声小等优点。缺点是易漏油、液压元件制造精度要求高等。

图 3-75 为液压夹紧装置的示意图。由液压泵 8、电动机 11、油箱 13 组成动力源，提供油压，经单向阀 7、高压软管 5、快换接头 3，进入执行液压缸 1，把液压力转换成机械的夹紧力。电磁卸荷阀，用于取消夹紧力时释放油液回油箱。溢流阀用于控制油缸油压力的大小。

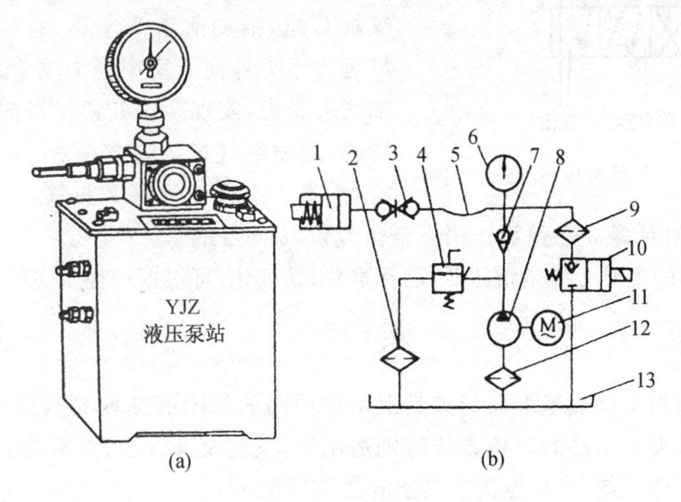

图 3-75　YJZ 型液压泵站

1-液压缸；　2、9、12-过滤器　3-快换接头；　4-溢流阀；　5-高压软管；　6-电接点压力表；
7-单向阀；　8-液压泵；　10-电磁卸荷阀；　11-电动机；　13-油箱

3.6.3 气液联合夹紧装置

气液联合夹紧装置集中了气压来源方便、液压工作动作稳定和元件体积小的特点。能量来源是压缩空气，经增压器后，执行机构是液压缸。

如图 3-76 所示，增压器是 B 腔内充满油液，并与液压缸接通。压缩空气进入增压器的 A 腔，推动活塞 1 左移，油液受压，产生液压力，推动活塞 2 上移，使工件夹紧。松开工件时，使压缩空气进入 C 腔，则活塞 2 靠弹簧力下移，松开工件。

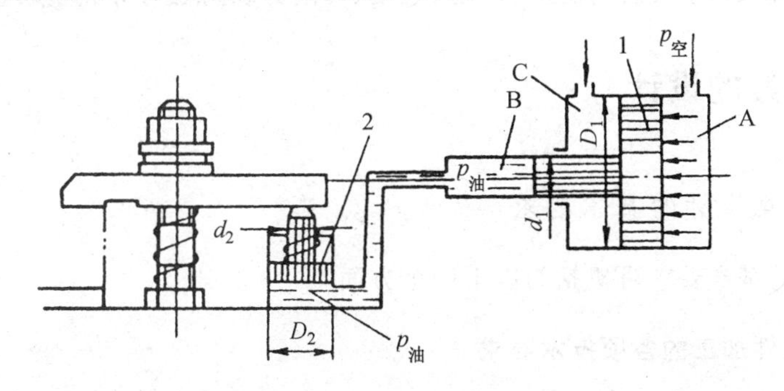

图 3-76　气液联合夹紧原理

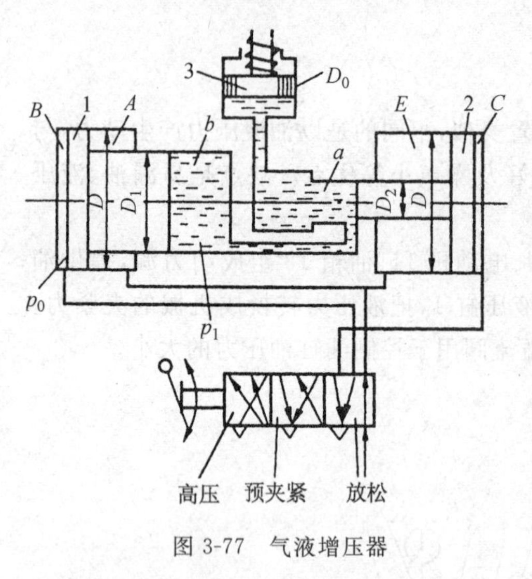

图 3-77　气液增压器

增压器(见图 3-77)的工作原理如下:当三位五通阀由手柄打到预夹紧位置时,压缩空气进入左气室 B,活塞 1 右移。将 b 油室的油压入 a 室至夹紧油缸下端,推动活塞 3 来夹紧工件。由于 D 和 D_1 相差不大,因此压力油的压力 p_1 仅稍大于压缩空气压力 p_0。但由于 D_1 比 D_0 大,因此左气缸会将 b 室的油大量压入高压夹紧油缸,实行快速预夹紧。此后,将手柄打入高压夹紧位置,压缩空气进入右气缸 C 室,推动活塞 2 左移,a、b 两室隔断。由于 D 远大于 D_2,使 a 室中压力增大许多,推动活塞 3 加大夹紧力,实现高压夹紧。当把手柄打到放松位置时,压缩空气进入左气缸的 A 室和右气缸的 E 室,活塞 1 左移而活塞 2 右移,a、b 两室连通,a 室油压降低,夹紧油缸活塞 3 在弹簧作用下下落复位,放松工件。

气液联合夹紧的主要元件是增压器,已标准化、系列化,可根据行程及夹紧力大小进行选择。

3.6.4　真空夹紧

真空夹紧是利用工件上基准面与夹具上定位面间的封闭腔抽取真空后来吸紧工件,也就是利用大气压力来夹紧工件的。该方法特别适用于铝、铜及其合金、塑料等非导磁材料制成的薄板形或薄壳形工件。图 3-78 为真空夹紧的工作情况。

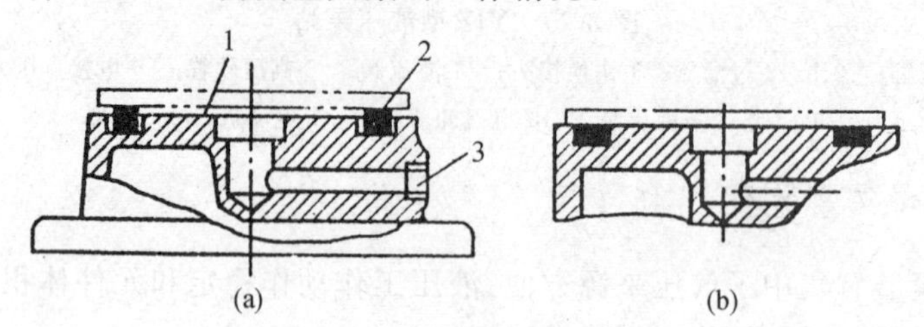

图 3-78　真空夹紧

(a) 未夹紧状态; (b) 夹紧状态

1-封闭腔; 2-橡胶密封圈; 3-抽气口

夹紧动力装置除以上几种外,还有电磁、电动、切削力和离心力等夹紧装置。

3.7　专用夹具的设计

3.7.1　专用夹具设计的基本要求

对机床夹具的基本要求可概括为以下四个方面。

3.7.1.1　保证工件加工的各项技术要求

这是设计夹具最基本的要求,其关键在于正确确定定位方案和夹紧方案,合理选用与设计定位元件、夹紧装置以及对刀元件等,以及合适的尺寸、公差和技术要求。

3.7.1.2 提高生产率和降低生产成本

应根据工件生产批量的大小选用不同复杂程度的快速、高效夹紧装置,如采用多件装夹、夹紧与定位联动、联动夹紧装置等,缩短辅助时间。

3.7.1.3 工艺性好

所设计的夹具应便于制造、检验、装配、调整和维修等。

3.7.1.4 使用性好

夹具的操作应简便、省力(可采用气动、液压和气液联动等机械化夹紧装置)、安全可靠、排屑方便。

3.7.2 专用夹具设计方法与步骤

3.7.2.1 明确设计任务与收集设计资料

夹具设计的第一步是在已知生产纲领的前提下,研究工件的零件图、工序图、工艺规程和设计任务书,对工件进行工艺分析。了解工件的结构特点、材料,本工序的加工表面、加工要求、加工余量、定位基准和夹紧表面及所用的机床、刀具、量具等。

其次是根据设计任务收集有关资料,如机床的技术参数,夹具零部件的国家标准、部颁标准和厂订标准,各类夹具图册、夹具设计手册等,还可收集一些同类夹具的设计图样,并了解该厂的工装制造水平,以供参考。

3.7.2.2 拟定夹具结构方案,绘制夹具草图

① 确定工件的定位方案,设计定位装置。
② 确定工件的夹紧方案,设计夹紧装置。
③ 确定其他装置及元件的结构形式,如对刀、导向装置,分度装置等。
④ 确定夹具体的结构形式及夹具在机床上的安装方式。
⑤ 绘制夹具草图。

3.7.2.3 进行必要的分析计算

工件的加工精度较高时,应进行工件加工精度分析,并计算定位误差。有动力装置的夹具,需计算夹紧力。当有几种夹具方案时,可进行经济分析,选用经济效益较高的方案。

3.7.2.4 绘制夹具总图

在绘制夹具总图时,应按国家标准绘制。绘制比例尽量采用 1∶1,主视图取操作者看到夹具的位置。总图中的视图应尽量少,但应把夹具的工作原理、各种装置的结构及其相互关系表达清楚。

绘制总图的顺序如下:

① 选择操作者工作时看到的位置为主视图。

② 用双点划线将工件的外形轮廓、定位基面、夹紧表面以及加工表面画在各视图相应的位置上，待加工面上的加工余量可用网纹线或粗实线表示。在夹具总图中，工件可看作透明体，不遮挡后面的线条。

③ 依次画出定位、夹紧、导向元件或装置的具体结构，再画出夹具体，将各元件或装置连成一个整体。

④ 在总图上标注尺寸(包括轮廓尺寸、联系尺寸、重要的配合尺寸等)、公差和技术要求。

⑤ 绘制夹具零件图　夹具中的非标准零件都要绘制零件图，并按总图要求确定零件的尺寸、公差及技术条件。

3.7.2.5　编制夹具明细表及标题栏

3.7.3　钻床夹具

3.7.3.1　主要类型

钻床上进行孔加工时所用的夹具称钻床夹具，也称钻模。钻模的类型很多，有固定式、回转式、移动式、翻转式、盖板式和滑柱式等。

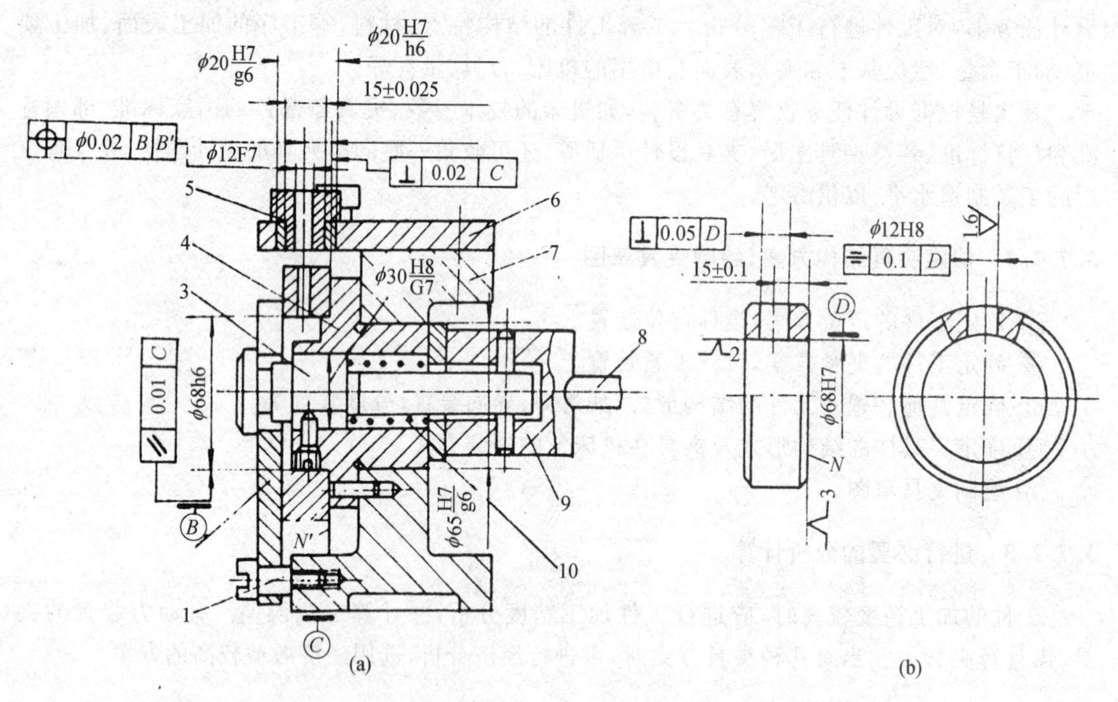

图 3-79　固定式钻模

1-螺钉；　2-转动开口垫圈；　3-拉杆；　4-定位法兰；　5-快换钻套；

6-钻模板；　7-夹具体；　8-手柄；　9-圆偏心凸轮；　10-弹簧

(1) 固定式钻模　固定式钻模的特点是在加工中，钻模固定不动，可用于在立式钻床上加工单孔或在摇臂钻床上加工位于同一方向上的平行孔系。图3-79(b)所示，是零件加工孔的工序图，孔 ϕ68H7 与两端面已加工完。本工序加工 ϕ12H8 孔，要求孔中心至 N 面为 15±

0.1mm；与 ϕ68H7 孔轴线的垂直度公差为0.05mm，对称度公差为0.1mm。为此，采用了图3-79(a)所示的固定式钻模来加工工件。加工时选定工件端面 N 和 ϕ68H7 内圆表面为定位基面，分别在定位法兰 4 的 ϕ68h6 短外圆面和端面 N' 上定位，限制了工件 5 个自由度。工件安装后扳动手柄 8 借助圆偏心轮 9 的作用，通过拉杆 3 与转动开口垫圈 2 夹紧工件。反方向扳动手柄 8，拉杆 3 在弹簧 10 的作用下松开工件。为保证加工要求，钻模板 6 用螺钉和圆柱定位销固连在夹具体 7 上，并在装配时调整位置。固定式钻模结构简单，制造方便，定位精度高，但有时装卸工件不便。

(2) 回转式钻模　回转式钻模用于加工工件上围绕某一轴线分布的轴向或径向孔系。工件一次安装，经夹具分度机构转位而顺序加工各孔。图3-80为加工套筒上三圈径向孔的回转式钻模。

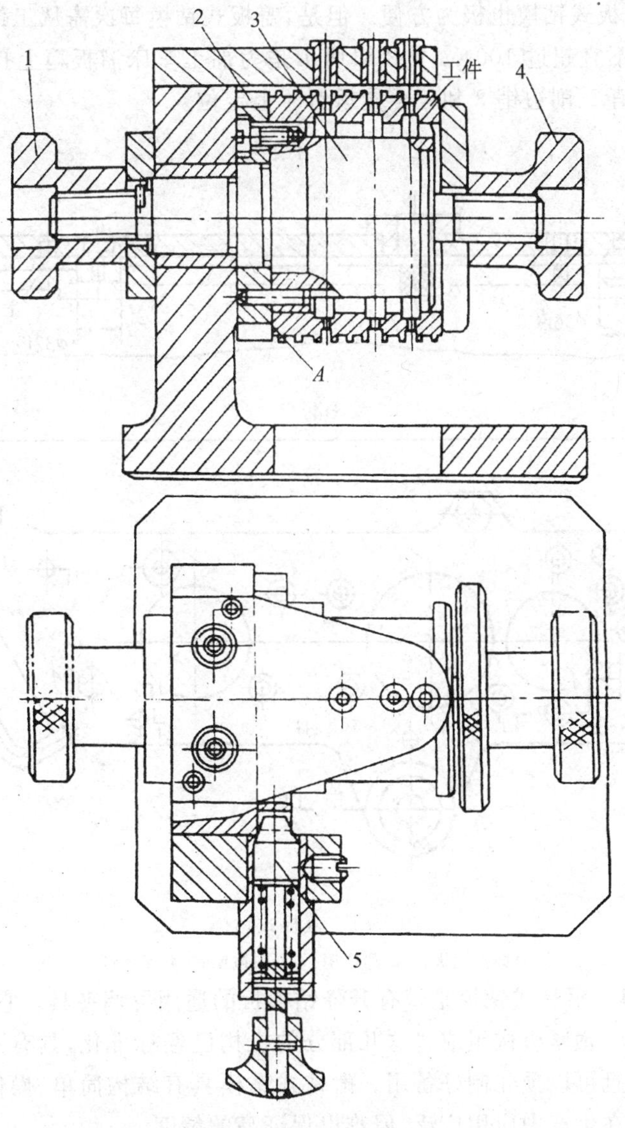

图 3-80　回转式钻模

1、4-螺母；　2-分度盘；　3-定位轴；　5-分度销

工件以内孔和一个端面在定位轴 3 和分度盘 2 的端面 A 上定位，用螺母 4 夹紧工件。钻完一排孔后，将分度销 5 拉出，松开螺母 1，即可转动分度盘 2 至另一位置，再插入分度销，拧紧螺母 1 和 4 后，即进行另一排孔的加工。

(3) 翻转式钻模 在加工中，翻转式钻模一般用手进行翻转。所以夹具和工件一起总重量不能太重，一般以不超过 100N 为宜。翻转式钻模主要用于加工小型工件分布在不同表面上的孔。它可以减少安装次数，提高各被加工孔间的位置精度。其加工的批量不宜过大。工件上钻削的孔径一般小于$\phi 8 \sim \phi 10$mm。

(4) 盖板式钻模 盖板式钻模无夹具体，其定位元件和夹紧装置直接安装在钻模板上。它的主要特点是钻模在工件上定位，夹具结构简单、轻便，易清除切屑。盖板式钻模适合在体积大而笨重的工件上加工小孔。对于中小批量的生产，凡需钻铰后立即进行倒角、锪孔、攻螺纹等工序时，采用盖板式钻模也极为方便。但是，盖板式钻模每次需从工件上装卸，比较费时，故钻模的重量一般不宜超过 100N。图3-81所示是为加工车床溜板箱上孔系而设计的盖板式钻模。工件在圆柱销 2、削边销 3 和三个支承钉 4 上定位。

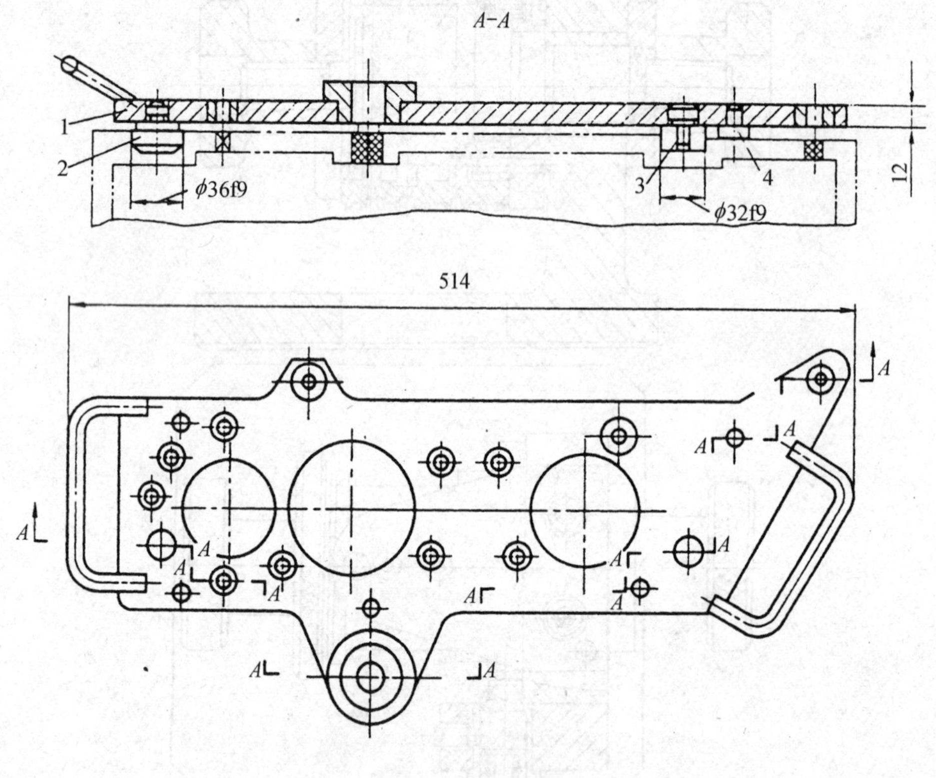

图 3-81 盖板式钻模

1-钻模盖板； 2-圆柱销； 3-削边销； 4-支承钉

(5) 滑柱式钻模 滑柱式钻模是带有升降钻模板的通用可调夹具。它由钻模板、滑柱、夹具体和齿轮齿条传动、锁紧机构组成。这几部分的机构已经标准化，具有不同系列，钻模板也有不同的结构形式，且可以预先制好备用。滑柱式钻模具有结构简单、操作方便和动作迅速、制造周期短的优点，在生产中应用广泛，但难以保证高的精度。

3.7.3.2 钻套

钻套可分为标准钻套和特殊钻套两大类。标准钻套的结构参数、材料、热处理及配合关系等可查有关手册。标准钻套又可分为固定钻套,可换钻套和快换钻套。

图 3-82 为固定钻套,钻套直接压装在钻模板上,固定钻套结构简单,钻孔精度高,但磨损后不能更换。固定钻套适用于单一钻孔工序的小批生产。

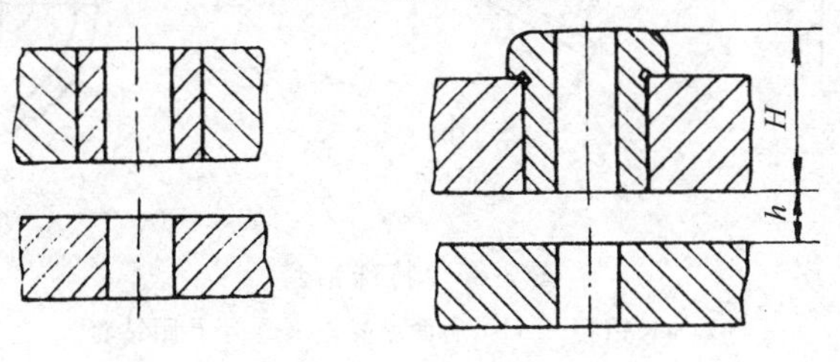

图 3-82 固定钻套

图 3-83 为可换钻套,钻套装在衬套中,衬套压装在钻模板上,由螺钉将钻套压紧,以防止钻套转动和退刀时脱出。钻套磨损后,将螺钉松开可迅速更换。适用于大批量生产时的单一钻孔工序。

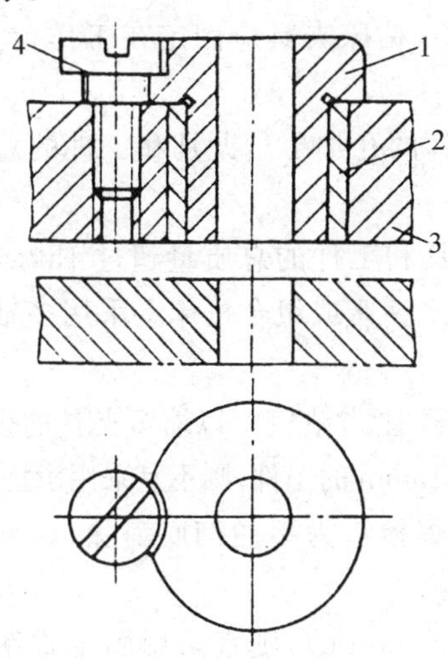

图 3-83 可换钻套

1-螺钉; 2-钻套; 3-衬套; 4-钻模板

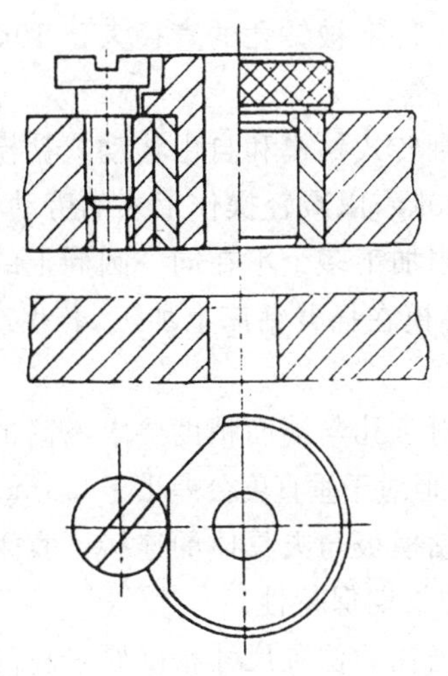

图 3-84 快换钻套

图 3-84 为快换钻套。其结构与可换钻套相似。当一道工序中工件上同一孔须经多工步加工(如经钻、扩、铰或攻螺纹等)时,能快速更换不同孔径的钻套,更换时,将钻套缺口转至螺钉处,即可取出。

图 3-85 是特殊钻套,当工件的结构形状不适合采用标准钻套时,可自行设计与工件相适应的特殊钻套。

钻套的高度 H 增大,则导向性能好,刀具刚度提高,加工精度高,但钻套与刀具的磨损加剧,一般取 $H=(1\sim2.5)d$。排屑空间 h 增大,排屑方便,但刀具的刚度和孔的加工精度都会降低。对钻削较易排屑的铸铁,$h=(0.3\sim0.7)d$;对钻削较难排屑的钢件,$h=(0.7\sim1.5)d$。

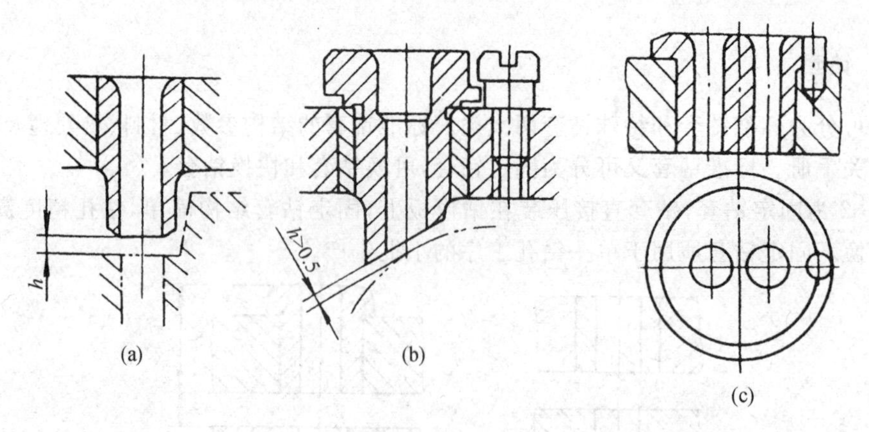

图 3-85　特殊钻套

(a) 加长钻套；(b) 斜面钻套；(c) 小孔距钻套

3.7.3.3　钻床夹具设计要点

(1) 钻模类型的选择　在设计钻模时，需根据工件的尺寸、形状、质量和加工要求，以及生产批量、工厂的具体条件来考虑夹具的结构。设计时注意以下几点：

① 工件上被钻孔的直径大于 10mm 时(特别是钢件)，钻床夹具应固定在工作台上，以保证操作安全。

② 翻转式钻模和自由移动式钻模适用于中、小型工件的孔加工。夹具和工件的总质量不宜超过 10kg，以减轻操作工人的劳动强度。

③ 当加工多个不在同一圆周上的平行孔系时，如夹具和工件的总质量超过 15kg，宜采用固定式钻模在摇臂钻床上加工，若生产批量大，可以在立式钻床或组合机床上采用多轴传动头进行加工。

④ 对于孔与端面精度要求不高的小型工件，可采用滑柱式钻模。以缩短夹具的设计与制造周期。但对于垂直度公差小于 0.1mm、孔距精度小于±0.15mm 的工件，则不宜采用滑柱式钻模。

⑤ 钻模板与夹具体的连接不宜采用焊接的方法，因焊接应力不能彻底消除，影响夹具制造精度的长期保持性。

⑥ 当孔的位置尺寸精度要求较高时(其公差小于±0.05mm)，则宜采用固定式钻模板和固定式钻套的结构形式。

(2) 钻模板

钻模板用于安装钻套，并确保钻套在钻模上的正确位置，钻模板多装配在夹具体或支架上，常见的钻模板有以下几种：

① 固定式钻模板　固定在夹具体上的模板称为固定式钻模板。这种钻模板结构简单，钻孔精度高，如图3-79所示。

② 铰链式钻模板　当钻模板妨碍工件装卸或钻孔后需攻螺纹时，可采用如图3-86所示的铰链式钻模板。销轴 1 与钻模板 5 的销孔采用$\frac{G7}{h6}$配合，与铰链座 3 采用$\frac{N7}{h6}$配合，钻模板 5 与铰链座 3 采用$\frac{H8}{g7}$配合。钻套孔与夹具安装面的垂直度可通过支承钉 4 的高度调整加以保证。加工时钻模板 5 由菱形螺母 6 锁紧。由于铰链结构存在间隙，所以它的加工精度不如固定式

钻模板高。

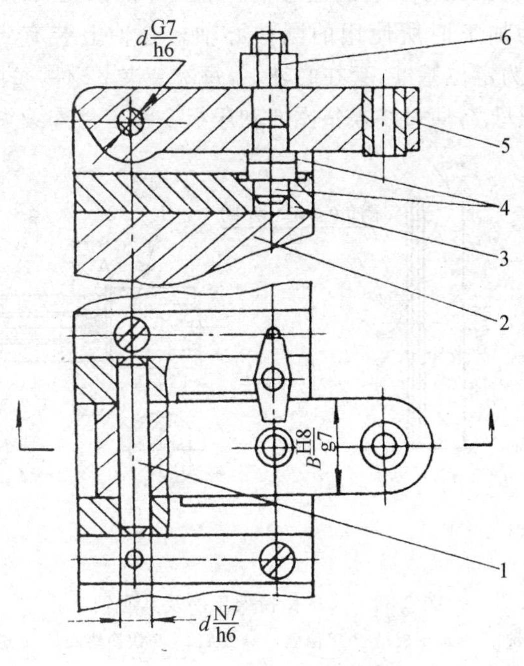

图 3-86 铰链式钻模板

1-铰链销； 2-夹具体； 3-铰链座；
4-支承钉； 5-钻模板； 6-菱形螺母

③ 可卸式钻模板　可卸式钻模板又称分离式钻模板，它与夹具体可分离。图3-87所示为可卸盖式钻模板，加工过程中需将钻模板卸下才能装卸工件，比较费事，且定位精度低，一般多用于工件不便装卸的情况。

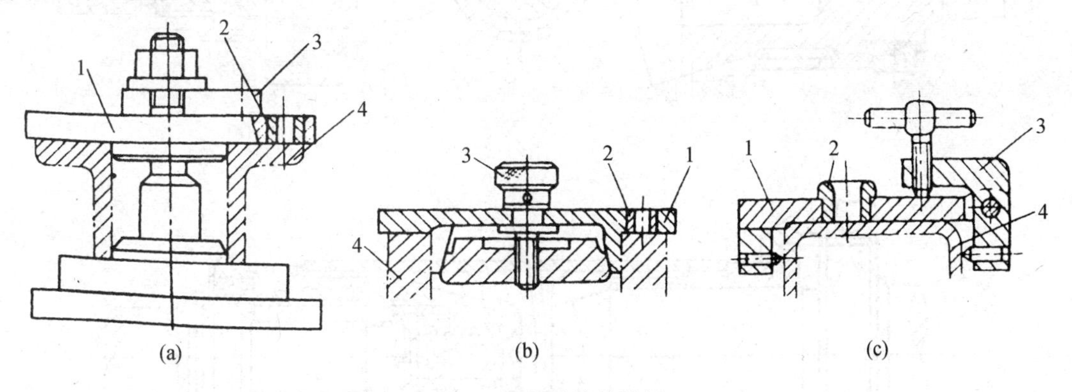

图 3-87 可卸盖式钻模板

1-钻模板； 2-钻套； 3-压板(图 b 中为螺钉)； 4-工件

3.7.4 车床夹具

3.7.4.1 主要类型

(1) 心轴类车床夹具　心轴类车床夹具，多用于工件以内孔为定位基准加工外圆柱面的情况。常见的车床心轴有圆柱心轴、弹簧心轴、顶尖式心轴等。

图 3-88(a)为飞球保持架工序及其圆柱心轴。本工序的加工要求是：车外圆$\phi 92^{0}_{-0.5}$ mm及两端倒角。图 3-88(b)为加工时所使用的圆柱心轴。心轴上装有定位键 3，工件以ϕ33mm孔、一端面及槽的侧面作为定位基准，套在心轴上，每次装夹 22 件，每隔一件装一垫圈，以便加工倒角0.5×45°。旋转螺母 7，通过快换垫圈 6 和压板 5 将工件连续夹紧。

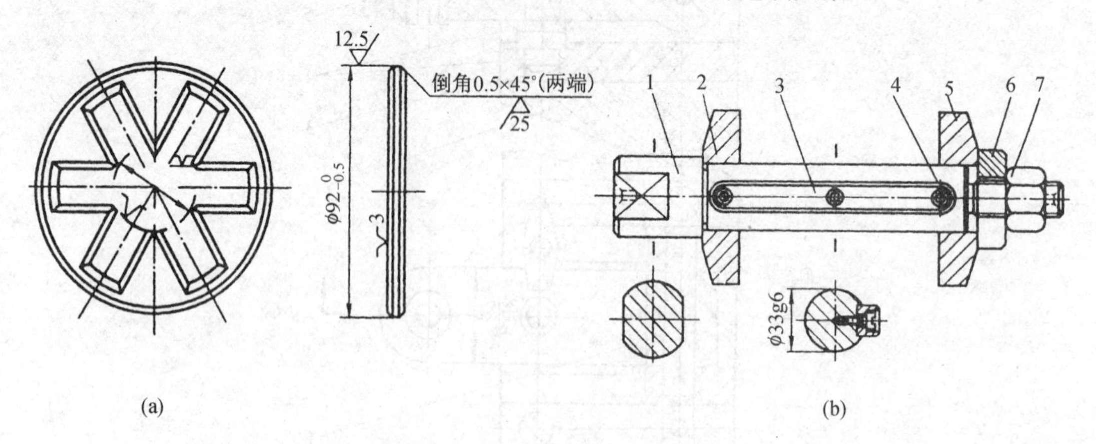

图 3-88 飞球保持架工序及其心轴

1-心轴； 2、5-压板； 3-定位键； 4-螺钉； 6-快换垫圈； 7-螺母

图 3-89 所示为几种常见弹簧心轴的结构形式。图 3-89(a)为前推式弹簧心轴。转动螺母

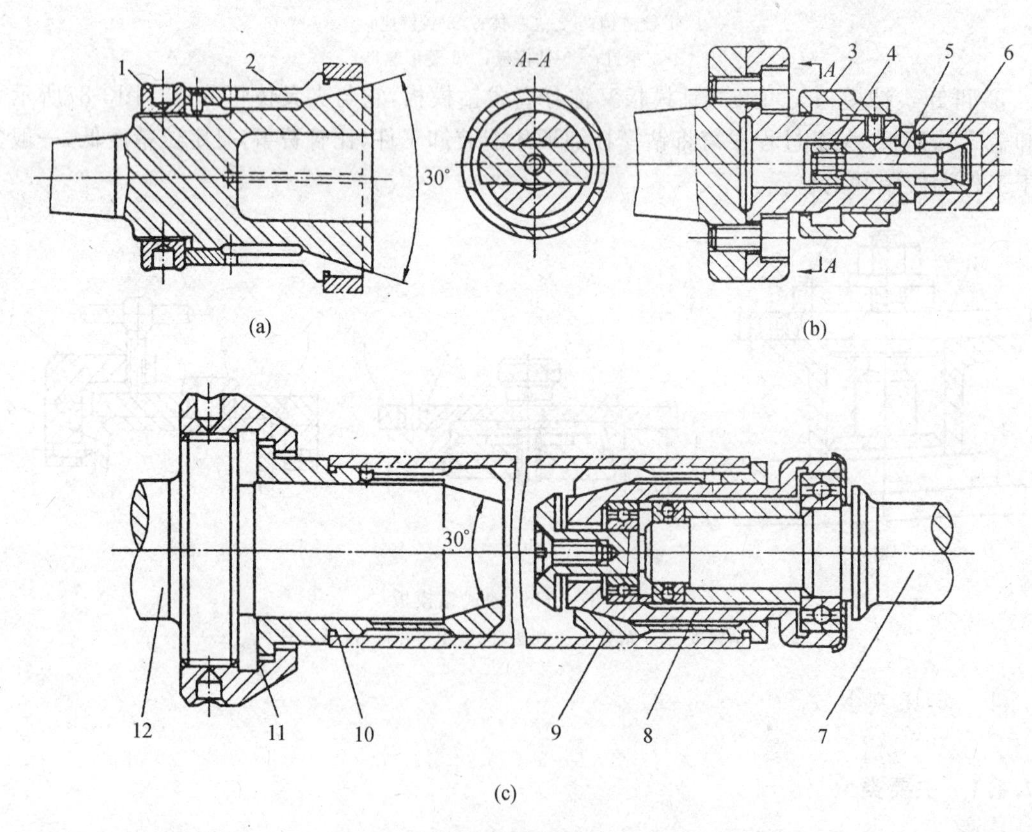

图 3-89 弹簧心轴

1、3、11-螺母； 2、6、9、10-筒夹； 4-滑条； 5-拉杆； 7、12-心轴体； 8-锥套

1，弹簧筒夹 2 前移，使工件定心及夹紧，这种结构不能进行轴向定位。图3-89(b)为带强制退出的不动式弹簧心轴，转动螺母 3，推动滑条 4 后移，使锥形拉杆 5 移动而将工件定心夹紧。反转螺母，滑条前移而使筒夹 6 松开。此外，筒夹元件不动，依靠其台阶端面对工件实现轴向定位。该结构形式常用于加工以不通孔作为定位基准的工件。图3-89(c)为加工长薄壁工件用的分开式弹簧心轴。心轴体 12 和 7 分别置于车床主轴一尾座中，用尾座顶尖套顶紧时，锥套 8 撑开筒夹 9，使工件右端定心夹紧。转动螺母 11，使筒夹 10 移动，依靠心轴体 12 的 30°锥角将工件另一端定心夹紧。

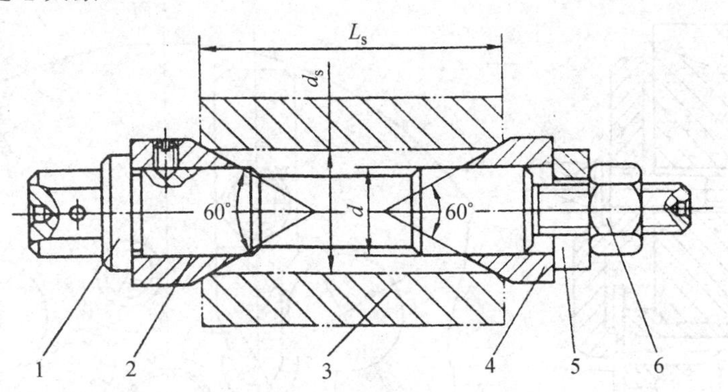

图 3-90　顶尖式心轴

1-心轴；　2-固定顶尖套；　3-工件；　4-活动顶尖套；　5-快换垫圈；　6-螺母

图 3-90 所示为顶尖式心轴。工件以孔口 60°角定位车削外圆表面，旋转螺母 6，活动顶尖套 4 左移，从而使工件定心夹紧。顶尖式心轴的结构简单、夹紧可靠、操作方便，适用于加工内、外圆无同轴度要求，或只需加工外圆的套筒类零件。被加工工件的内径 d_s 一般在 ϕ32～ϕ110mm 范围内，长度 L_s 在 120～780mm 范围内。

(2) 花盘式车床夹具　花盘式车床夹具的夹具体为圆盘形。在花盘式夹具上加工的工件一般形状都较复杂，多数情况是工件的定位基准为圆柱面和与其垂直的端面。夹具上的平面定位件与车床主轴的轴线相垂直。

图 3-91 所示为十字槽轮零件精车圆弧 $\phi 23_0^{+0.023}$mm 的工序简图。本工序要求保证四处 $\phi 23_0^{+0.023}$mm 圆弧；对角圆弧位置尺寸 18±0.02mm 及对称度公差0.02mm；$\phi 23_0^{+0.023}$mm 轴线与 ϕ5.5h6 轴线的平行度允差 ϕ0.01mm。

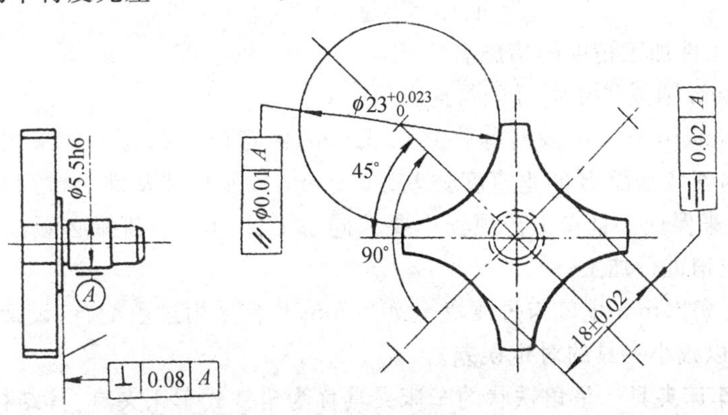

图 3-91　十字槽轮精车工序简图

如图 3-92 所示，为加工该工序的车床夹具，工件以 $\phi5.5h6$ 外圆柱面与端面 B、半精车的 $\phi22.5h8$ 圆弧面(精车第二个圆弧面时则用已经车好的 $\phi23_{0}^{+0.023}$ mm 圆弧面)为定位基面，在夹具上定位套 1 的内孔表面与端面、定位销 2(安装在定位套 3 中，其限位表面尺寸为 $\phi22.5_{-0.01}^{0}$ mm，安装在定位套 4 中，其限位表面尺寸为 $\phi23_{-0.008}^{0}$ mm，图中未画出，精车第二个圆弧面时使用)的外圆表面为相应的限位基面。限制工件 6 个自由度，符合基准重合原则。同时加工三件，利于对尺寸的测量。

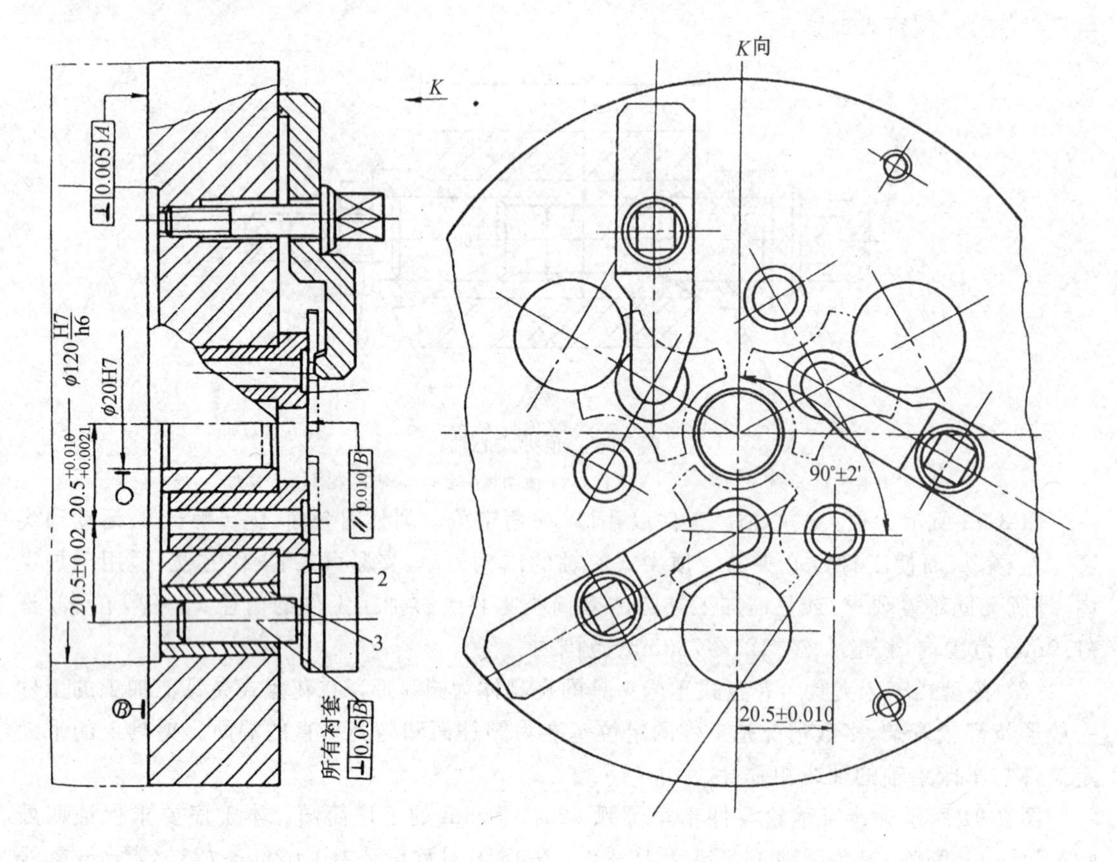

图 3-92 花盘式车床夹具

1、3、4-定位套； 2-定位销

该夹具保证工件加工精度的措施有：

① $\phi23_{0}^{+0.023}$ mm 圆弧尺寸由刀具调整来保证。

② 尺寸 18mm±0.02mm 及对称公差 0.02mm，由定位套孔与工件采用 $\phi5.5G5/h6$ 配合精度、限位基准与安装基面 B 的垂直度公差0.005mm，以及安装基准 A($\phi120H7$ 孔轴线)的距离 $20.5_{+0.002}^{+0.01}$ mm 来保证。且在工艺规程中要求同一工件的 4 个圆弧必须在同一定位套中定位，使用同一定位销进行加工。

③ 夹具体上 $\phi120$mm 止口与过渡盘上 $\phi120$mm 凸台采用过盈配合，设计要求就地加工过渡盘端面及凸台以减小夹具的对定误差。

(3) 角铁式车床夹具　呈角铁状的车床夹具称为角铁式车床夹具，其结构不对称，用于加工壳体、支座、杠杆、接头等零件上的回转面和端面，如图 3-93 所示。

图 3-93 所示为加工图 3-94 所示的开合螺母上 $\phi40_{0}^{+0.027}$ mm 孔的专用夹具。工件的燕尾

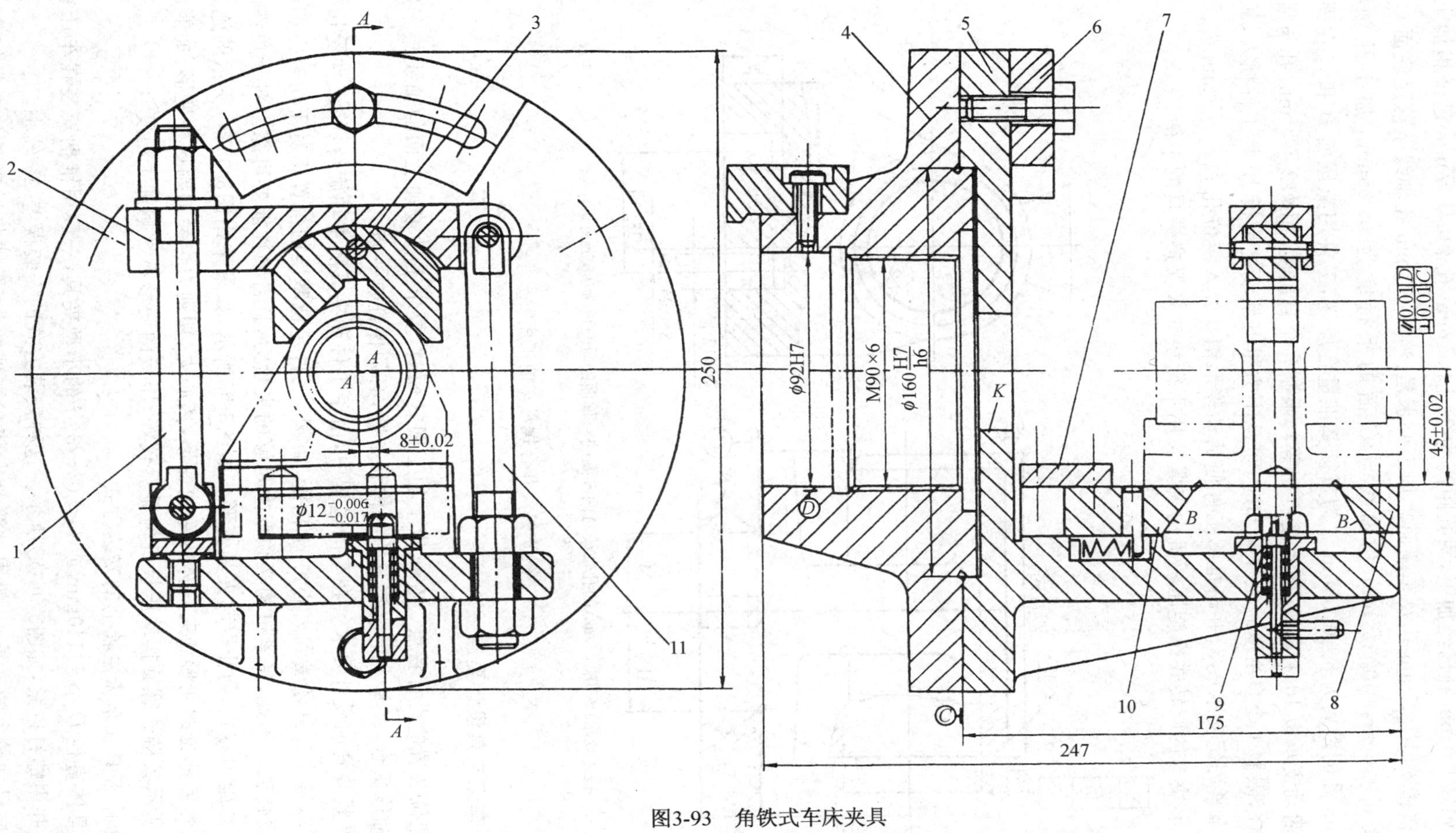

图3-93　角铁式车床夹具

1、11－螺栓；2－压板；3－摆动V形块；4－过渡盘；5－夹具体；6－平衡块；7－盖板；
8－固定支承板；9－活动菱形销；10－活动支承板

面和两个 $\phi12_{0}^{+0.019}$mm 孔已经加工，两孔距离为 38±0.1mm，孔 $\phi40_{0}^{+0.027}$mm 已经粗加工。本道工序为精镗 $\phi40_{0}^{+0.027}$mm 孔及车端面。加工要求是：$\phi40_{0}^{+0.027}$mm 孔轴线至燕尾底面 C 的距离为 45 ± 0.05mm，$\phi40_{0}^{+0.027}$mm 孔轴线与 C 面的平行度为 0.05mm，加工孔轴线与 $\phi12_{0}^{+0.019}$mm 孔的距离为 8±0.05mm。为贯彻基准重合原则，工件用燕尾面 B 和 C 在固定支承板 8 及活动支承板 10 上定位（两板高度相等），限制 5 个自由度；用 $\phi12_{0}^{+0.019}$mm 孔与活动菱形销 9 配合，限制 1 个自由度。工件装卸时，可从上方推开活动支承板 10 将工件插入，靠弹簧力使工件靠紧固定支承板 8，并略推移工件使活动菱形销 9 弹入定位孔 $\phi12_{0}^{+0.019}$mm 内。采用带摆动 V 形块 3 的回转式螺旋压板机构夹紧。用平衡块 6 来保持夹具的平衡。

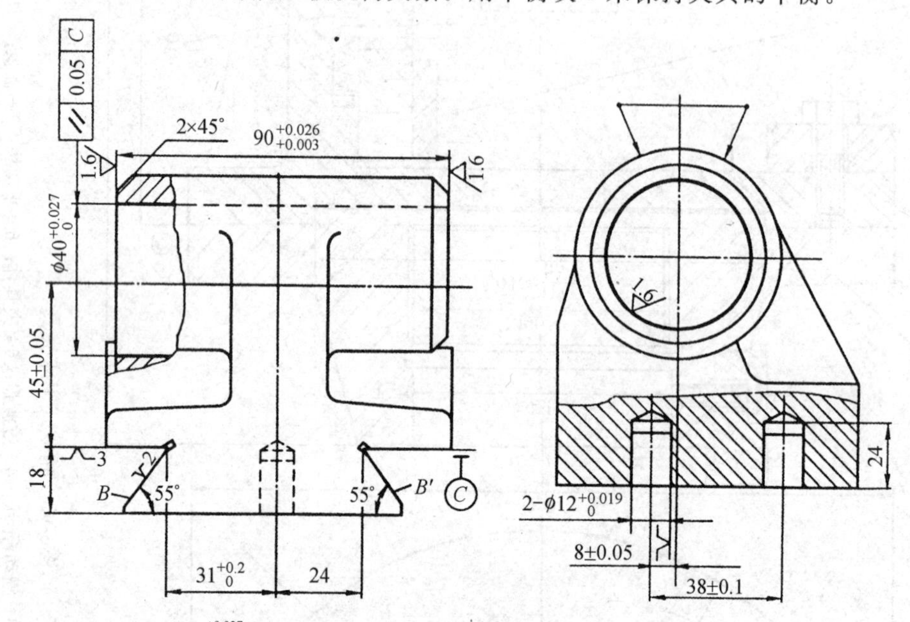

技术要求：$\phi40_{0}^{+0.027}$mm 的孔轴线对两 B 面的对称面的垂直度为0.05mm。

图 3-94　开合螺母车削工序

3.7.4.2　车床夹具设计要点

（1）定位装置的设计特点　在车床上加工回转面时，要求工件被加工面的轴线与车床主轴的旋转轴线重合，夹具上定位装置的结构和布置，必须保证这一点。

（2）夹紧装置的设计要求　在车削过程中，由于工件和夹具随主轴旋转，除工件受切削扭矩的作用外，整个夹具还受到离心力的作用。此外，工件定位基准的位置相对于切削力和重力的方向是变化的。因此，夹紧机构必须产生足够的夹紧力，且自锁性能要可靠。对于角铁式夹具，还应注意施力方式，防止引起夹具变形。如图3-95所示，如果采用图3-95(a)所示的施力方式，会引起悬伸部分的变形和夹具体的弯曲变形，离心力、切削力也会加剧这种变形；如能改用图3-95(b)所示铰链式螺旋摆动压板机构显然较好，压板的变形不影响加工精度。

（3）车床夹具在车床主轴上的安装方式

① 夹具体直径 D 小于 140mm 或 $D<(2\sim3)d$ 的小型夹具，一般用锥柄安装在车床主轴的锥孔中，并用螺钉拉紧，如图3-96(a)所示。这种安装方式的安装误差 Δ_A 较小。

② 径向尺寸较大的夹具，一般用过渡盘安装在主轴的头部，或将过渡盘与夹具体合成一

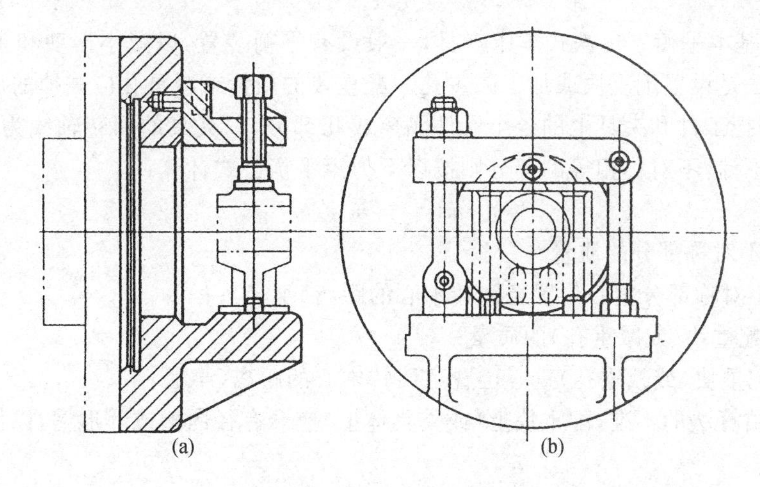

图 3-95　夹紧施力方式的比较

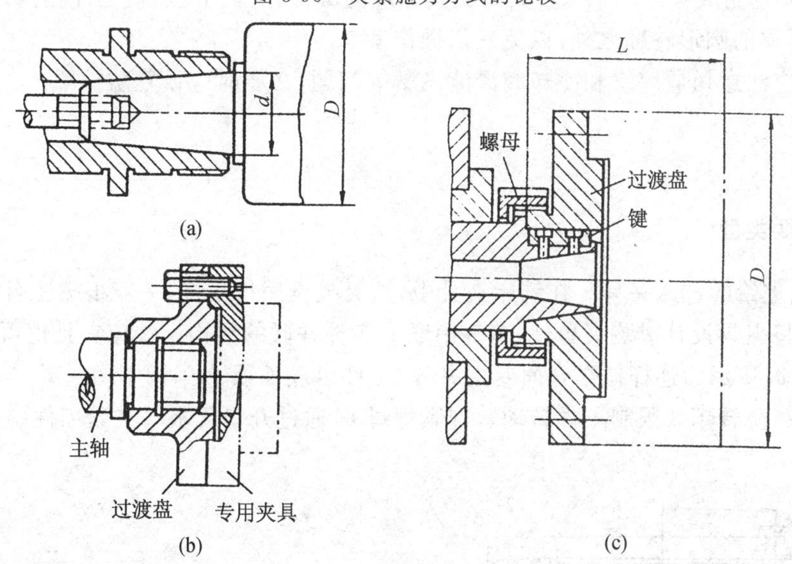

图 3-96　车床夹具与机床主轴的连接

个零件。过渡盘与主轴配合处的形状取决于主轴前端的结构。

为了使车床夹具在机床主轴上安装正确，除了在过渡盘上用止口孔定位外，常常在车床夹具上设置找正孔、校正基圆或其他测量元件，以保证车床夹具精确地安装到机床主轴回转中心上。

(4) 设计车床夹具时应注意的问题

① 结构要紧凑、悬伸长度要短。车床夹具的悬伸长度过大，会加剧主轴轴承的磨损，同时引起振动，影响加工质量。因此，夹具结构应紧凑，悬伸长度要短。

夹具的悬伸长度 L 与轮廓直径 D 之比应控制如下：

直径小于 150mm 的夹具，$\frac{L}{D}\leqslant 2.5$；

直径在 150～300mm 之间的夹具，$\frac{L}{D}\leqslant 0.9$；

直径大于 300mm 的夹具，$\frac{L}{D}\leqslant 0.6$。

② 夹具应基本平衡。角铁式车床夹具，一般设有平衡装置，以减小振动和主轴轴承的磨损。平衡的办法是设置配重块或加工减重孔。配重块的质量或减重孔应去掉的质量可用隔离法近似计算，即把工件和夹具上的各个元件隔离成几部分，以夹具的回转轴线为对称中心，对称相等的略去不计，不对称相等的部分则按以下力矩平衡公式计算：

$$m_1 r_1 = m_2 r_2$$

式中：m_1—— 不对称部分的质量；

r_1—— 不对称部分重心位置至回转中心的距离(半径)；

m_2—— 配重块(或减重孔)的质量；

r_2—— 配重块(或减重孔)重心位置至回转中心的距离(半径)。

为了弥补估算法的不准，配重块上(或夹具体上)应开有径向槽或环形槽，以便夹具装配时调整其位置。

③ 夹具体应制成圆形。车床夹具的夹具体应为圆形，夹具上(包括工件在内)的各个元件不应伸出夹具体的圆形轮廓之外，以免碰伤操作者。

此外，还应注意切屑缠绕和冷却润滑液飞溅等问题，必要时应设置防护罩。

3.7.5 铣床夹具

3.7.5.1 主要类型

(1) 直线进给的铣床夹具　在铣床夹具中，这类夹具用得最多，一般根据工件质量和结构及生产批量，将夹具设计成装夹单件、多件串联或多件并联的结构。铣床夹具也可采用分度等形式。如图3-97所示为连杆铣结合面专用夹具，工件以底面及 ϕ20H8 孔在三个支承钉 2 及定位销 7 上定位，防转销 3 限制工件转动。拧紧螺母 6，通过开口压板 5 夹紧工件。

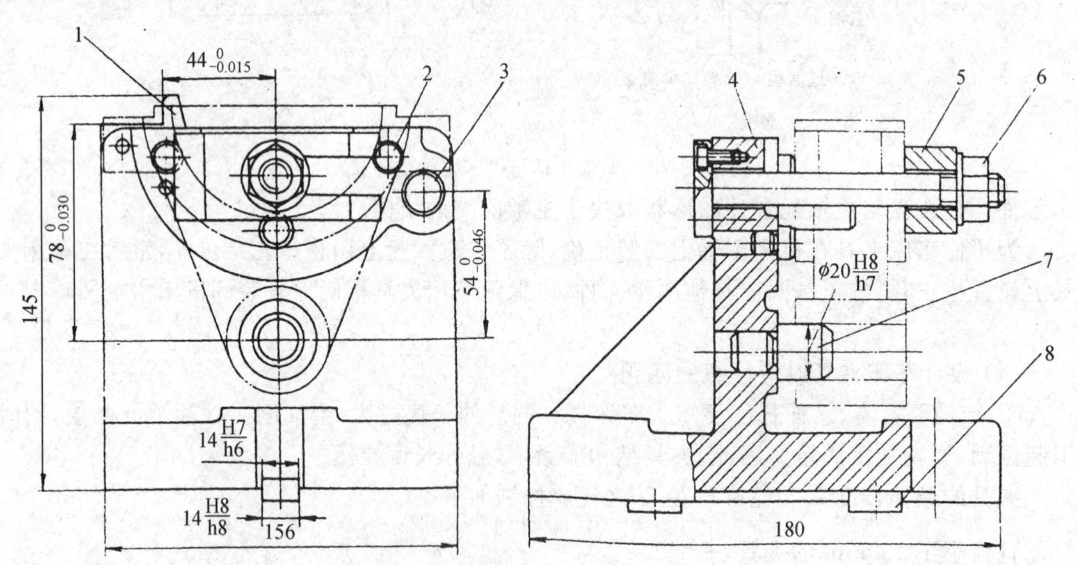

图 3-97　连杆铣结合面专用夹具

1-对刀块；2-支承钉；3-防转销；4-夹具体；5-开口压板；6-螺母；7-定位销；8-定位键

(2) 圆周进给铣床夹具　如图 3-98 所示，该夹具在立式铣床上连续铣削拨叉上、下两端面。工件以圆孔、端面及侧面在定位销 2 和挡销 4 上定位，由液压缸 6 驱动拉杆 1 通过开口垫圈 3 将工件夹紧。夹具上同时装夹 12 个工件。工作台由电动机通过蜗杆蜗轮机构带动回转。AB 扇形区是切削区域，CD 扇形区是装卸工件区域。

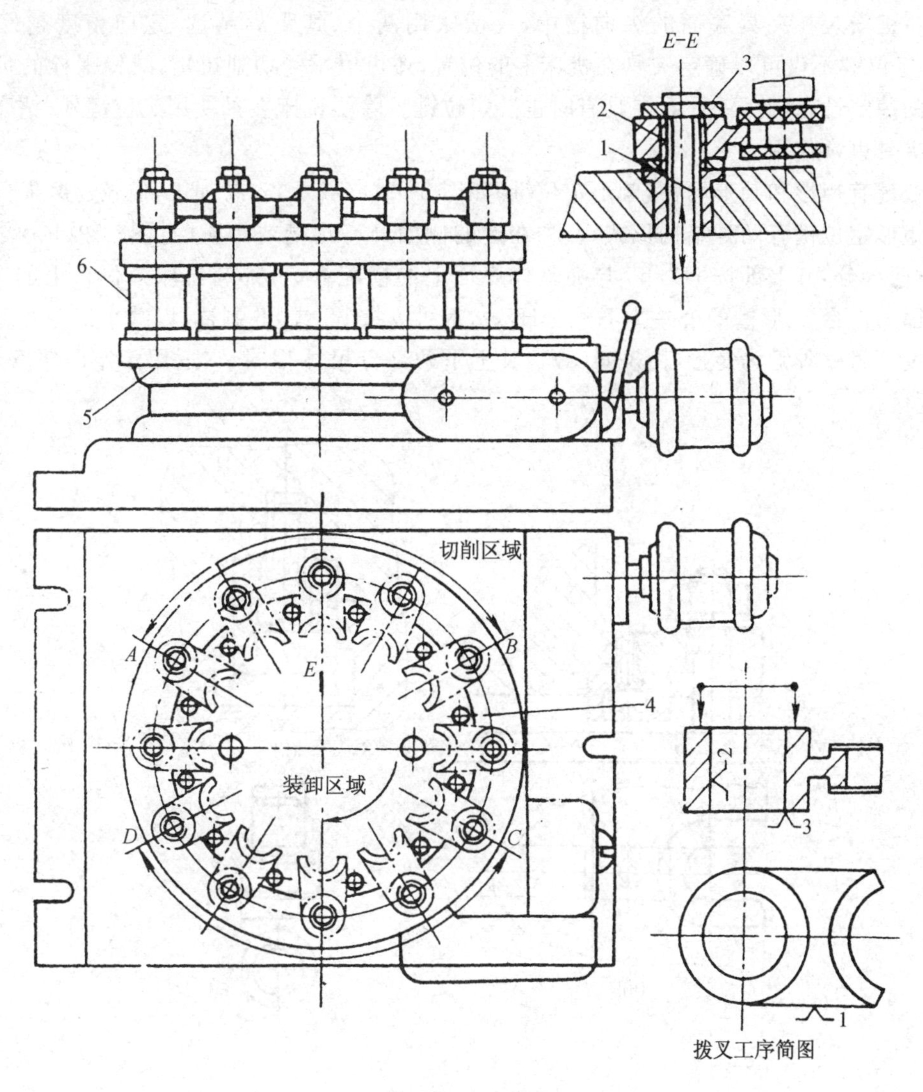

图 3-98　圆周进给铣床夹具

1-拉杆；　2-定位销；　3-开口垫圈；　4-挡销；　5-转台；　6-液压缸

3.7.5.2　铣床夹具设计要点

由于铣削过程不是连续切削，极易产生铣削振动，铣削的加工余量一般比较大，铣削力也较大，且方向是变化的，因此设计时要注意：

① 夹具要有足够的刚度和强度；

② 夹具要有足够的夹紧力，夹紧装置自锁性要好；

③ 夹紧力应作用在工件刚度较大的部位上，且着力点和施力点方向要恰当；

④ 夹具的重心应尽量低，高度与宽度之比不应大于1～1.25；

⑤ 要有足够的排屑空间。切屑和冷却液能顺利排出，必要时可设计排屑孔。

为了调整和确定夹具相对于机床的位置及工件相对于刀具的位置，铣床夹具应设置定位键和对刀装置。

定位键安装在夹具底面的纵向槽中，一般采用两个，其距离越远，定向精度越好（见图3-99）。定位键不仅可以确定夹具在机床上的位置，还可以承受切削扭矩，减轻螺栓的负荷，增加夹具的稳定性，因此，铣平面夹具有时也装定位键。除了铣床夹具使用定位键外，钻床、镗床等专用夹具也常使用之。

定位键有矩形和圆形两种，圆形定位键（如图3-99(c)所示）容易加工，但较易磨损，故用得不多。矩形定位键有两种结构形式，一种在键的侧面开有沟槽或台阶（见图3-99(b)），把键分为上、下两部分，其上部按H7/h6与夹具体底面上的槽配合，下部与铣床工作台上的T形槽配合。因工作台T形槽的公差为H8或H7，故尺寸b按h8或h6制造，以减小配合间隙，提高定向精度。另一种键为矩形（图3-99(a)），其上下两部分尺寸相同，它适用于定向精度要求不高的夹具。

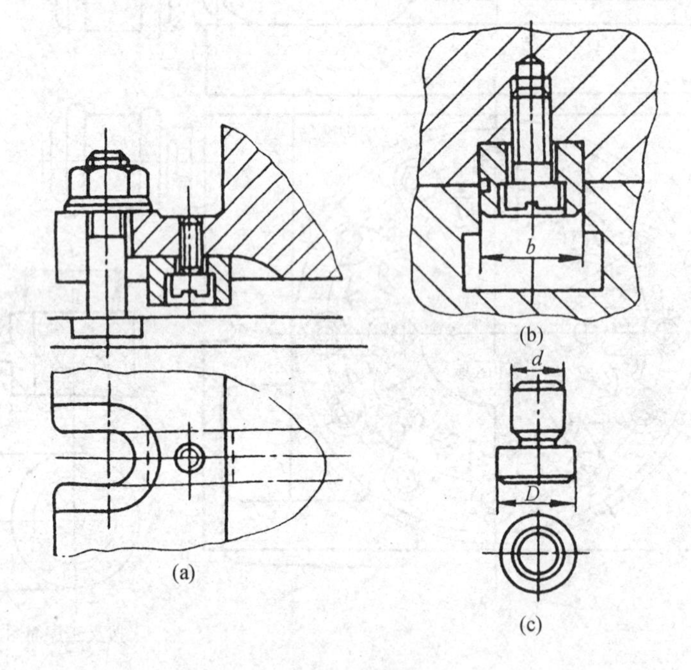

图3-99　定位键

对于安装精度要求高的夹具，可不设置定位键（或定向键），而在夹具体的侧面加工出一窄长平面作为夹具安装时的找正基面，通过找正使夹具获得较高的安装精度。

定位键的材料常用45钢，淬硬至40～45HRC。

对刀装置主要由对刀块和塞尺组成，用以确定夹具和刀具的相对位置。对刀装置的结构形式取决于加工表面的形状。图3-100(a)为圆形对刀块，用于加工平面；图3-100(b)为方形对刀块，用于调整组合铣刀的位置；图3-100(c)为直角对刀块，用于加工两相互垂直面或铣槽时的对刀；图3-100(d)为侧装对刀块，亦用于加工两相互垂直面或铣槽时的对刀。图3-100(e)为对刀块的使用。这些标准对刀块的结构参数均可从有关手册中查取。

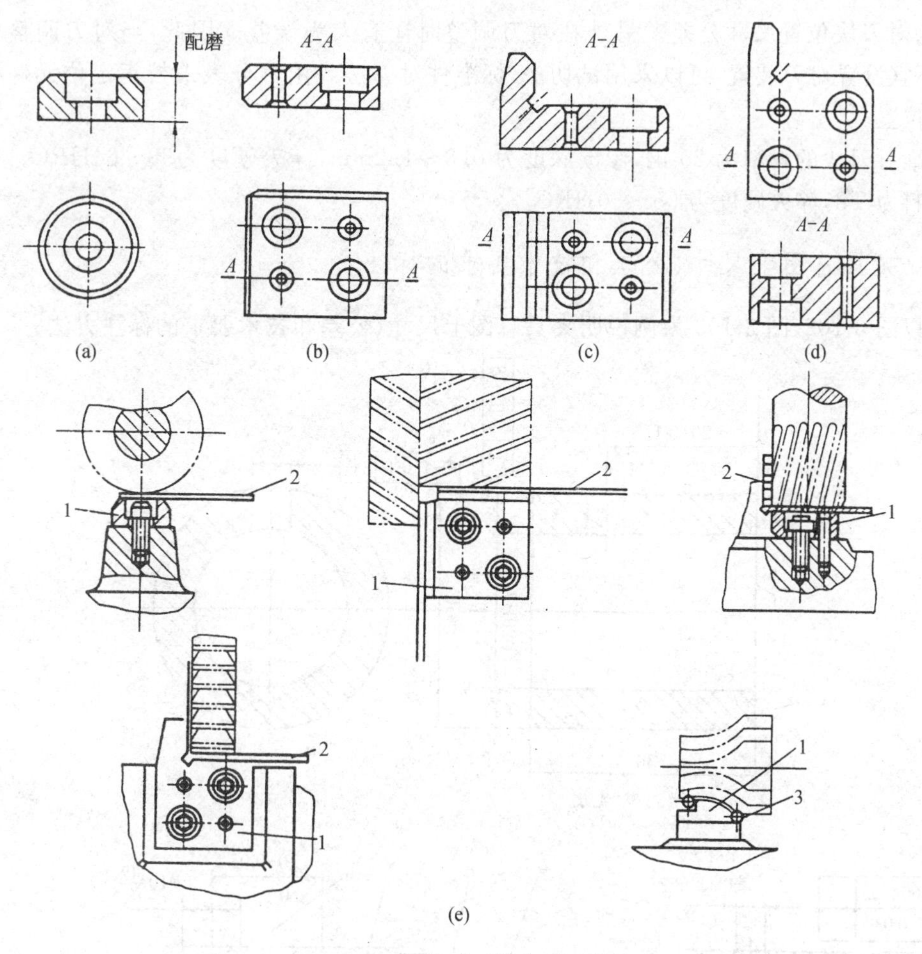

图 3-100　标准对刀块和对刀装置

1-对刀块；　2-对刀平塞尺；　3-对刀圆柱塞尺

使用对刀装置对刀时，在刀具和对刀块之间用塞尺进行调整，以免损坏切削刃或造成对刀块过早磨损。图3-101所示为常用标准塞尺的结构，图3-101(a)为对刀平塞尺，图3-101(b)为对刀圆柱塞尺。平塞尺的基本尺寸 H 为1～5mm，圆柱塞尺的基本尺寸 d 为 ϕ3mm 或 ϕ5mm，按国家标准 h8 的公差制造，在夹具总图上应注明塞尺的尺寸。

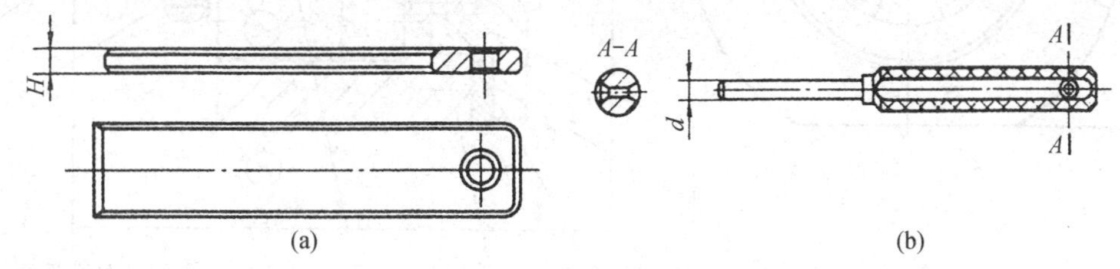

图 3-101　标准对刀塞尺

对刀块通常制成单独的元件，用销钉和螺钉紧固在夹具上，其位置应便于使用塞尺对刀和不妨碍工件的装卸。对刀块的工作表面与定位元件间应有一定的位置尺寸要求，即应以定位元件的工作表面或其对称中心作为基准进行计算和在夹具总图上标注。

采用标准塞尺和对刀块进行对刀时，其对刀误差为：$\Delta_T = \delta_s + \delta_h$。其中 δ_s 为塞尺的制造公差，δ_h 为对刀块位置尺寸公差。另外在对刀调整时还有人为误差。因此，当对刀调整要求较高时，不宜设置对刀装置，可以采用试切法、标准件对刀法或用百分表来校正定位元件相对于刀具的位置。

标准对刀块的材料为 20 钢，渗碳深度为 0.8～1.2mm，淬火硬度为58～64HRC。标准塞尺的材料为 T8，淬火硬度为 55～60HRC。

3.7.6 夹具总图上尺寸、公差和技术要求的标注

现以图 3-102、图 3-103 为例说明夹具总图上尺寸、公差和技术要求的标注方法。

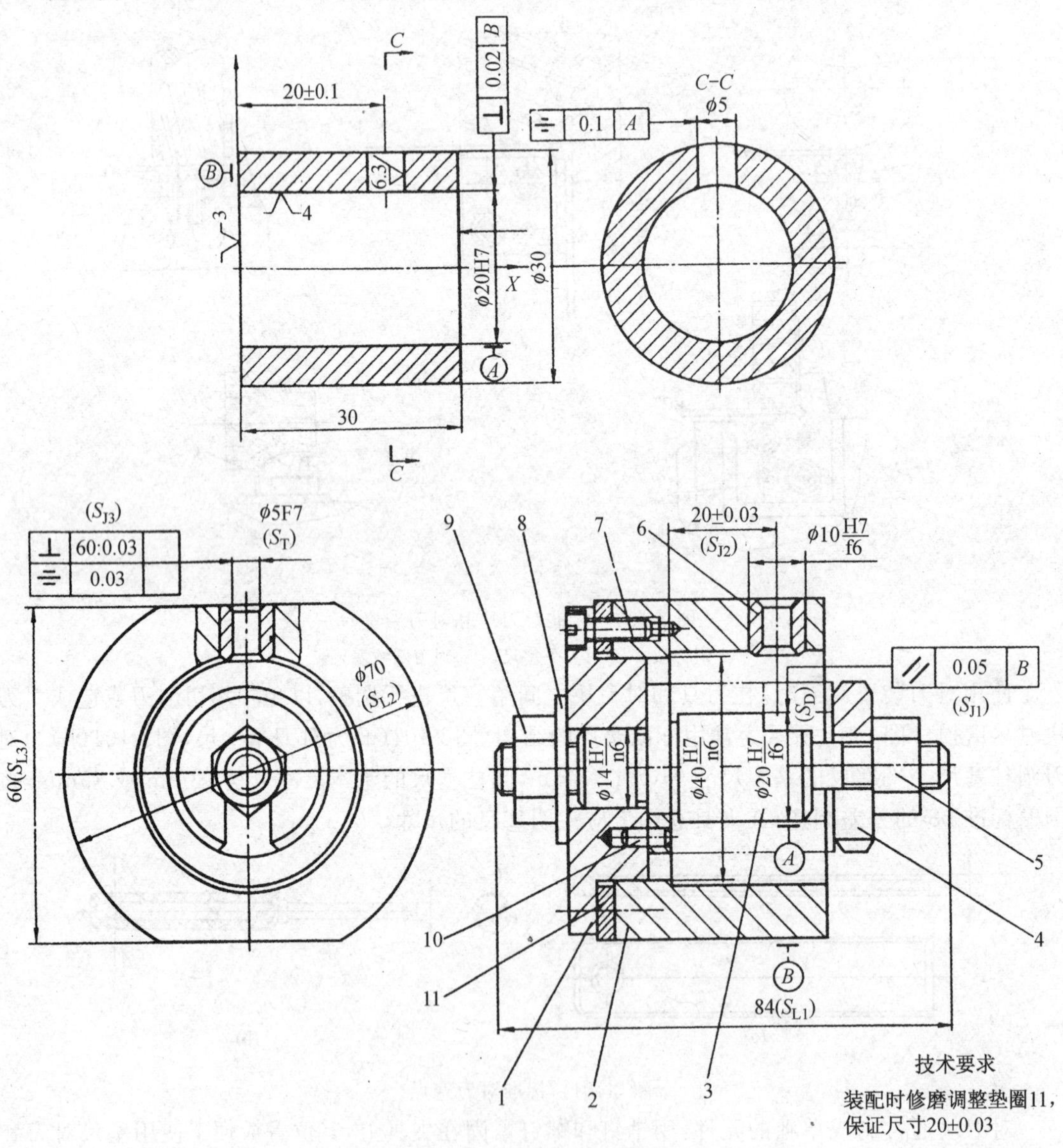

图 3-102 型材夹具体钻模

1-盘； 2-套； 3-定位心轴； 4-开口垫圈； 5-夹紧螺母； 6-固定钻套；
7-螺钉； 8-垫圈； 9-锁紧螺母； 10-防转销钉； 11-调整垫圈

3.7.6.1 夹具总图上应标注的尺寸和公差

(1) 最大轮廓尺寸(S_L) 若夹具上有活动部分,则应用双点划线划出最大活动范围,或标出活动部分的尺寸范围。如图3-102中最大轮廓尺寸 S_L 为:84mm、ϕ70 和 60mm。在图3-103所示的车床夹具中,S_L 标注 ϕD 及 H。

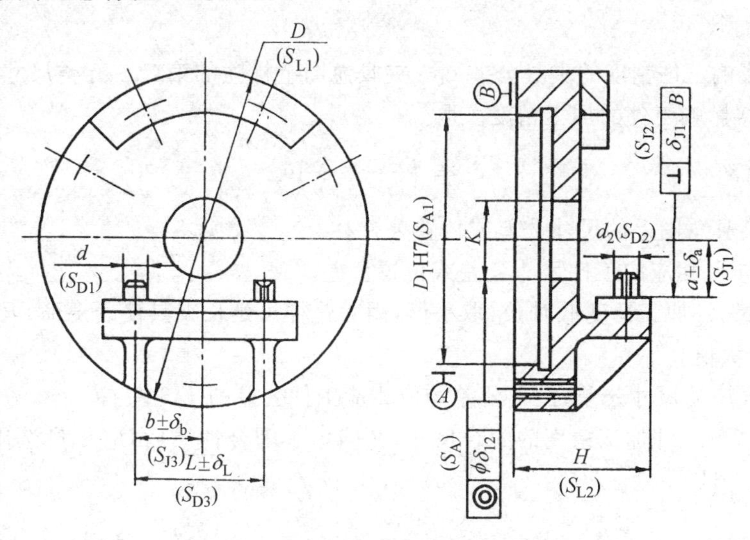

图 3-103 车床夹具尺寸标注示意

(2) 影响定位精度的尺寸和公差(S_D) 它们主要指工件与定位元件及定位元件之间的尺寸、公差。如图3-102中标注的定位基面与限位基面的配合尺寸 $\phi 20\ \frac{H7}{f6}$;图3-103中标注圆柱销及菱形销的尺寸 ϕd_1、ϕd_2 及销间距离 $L\pm\delta_L$。

(3) 影响对刀精度的尺寸和公差(S_T) 它们主要指刀具与对刀或导向元件之间的尺寸、公差。如图3-102中标注的钻套导引孔的尺寸 ϕ5F7。

(4) 影响夹具在机床上安装精度的尺寸和公差(S_A) 它们主要指夹具安装基面与机床相应配合表面之间的尺寸、公差。如图3-103中标注的安装基面 A 与机床主轴的配合尺寸 ϕD_1H7。在图3-102中,钻模的安装基面是平面,可不必标注。

(5) 影响夹具精度的尺寸和公差(S_J) 它们主要指定位元件、对刀元件、安装基面三者之间的位置尺寸和公差。如图3-102中标注的钻套轴线与限位基面间的尺寸 20±0.03mm,钻套轴线相对于定位心轴的对称度0.03mm,钻套轴线相对于安装基面的平行度0.05mm。又如在图3-103中标注的限位平面到安装基准的距离 $a+\delta_a$,限位平面相对安装基面 B 的垂直度 δ_{J1},找正面 K 相对安装基面 A 的同轴度 δ_{J2}。

(6) 其他重要尺寸和公差 它们为一般机械设计中应标注的尺寸、公差,如图3-102中标注的 $\phi 14\ \frac{H7}{n6}$、$\phi 40\ \frac{H7}{n6}$、$\phi 10\ \frac{H7}{n6}$。

3.7.6.2 夹具总图上应标注的技术要求

夹具总图上无法用符号标注而又必须说明的问题,可作为技术要求用文字写在总图的空白处。如几个支承钉采用装配后修磨达到等高,活动 V 形块应能灵活移动,夹具装饰漆颜色,夹具使用时的操作顺序等。如图3-102中标注装配时修磨调整垫圈 11，保证尺寸（20±0.03）mm。

3.7.6.3 夹具总图上公差值的确定

夹具总图上标注公差值的原则是在满足工件加工要求的前提下，尽量降低夹具的制造精度。

（1）直接影响工件精度的夹具公差 δ_J　夹具总图上标注的第二～五类尺寸的尺寸公差和位置公差均直接影响工件的加工精度。取

$$\delta_J = \left(\frac{1}{2} \sim \frac{1}{5}\right)\delta_k$$

式中：δ_J——夹具总图上的尺寸公差或位置公差；

δ_k——与 δ_J 相应的工件尺寸公差或位置公差。

当工件产量大，加工精度低时，δ_J 取小值，因为这样可延长夹具使用寿命，又不增加夹具制造难度；反之取大值。

如图 3-102 中的尺寸公差、位置公差均取相应工件公差的 1/3 左右。

对于直接影响工件加工精度的配合尺寸，在确定了配合性质后，应尽量选用优先配合，如图3-102中的 $\phi 20\ \frac{H7}{f6}$。

工件的加工尺寸未注公差时，工件公差 δ_k 视为 IT12～IT14，夹具上的相应尺寸公差按 IT9～IT11 标注；工件上的位置要求未注公差时，工件位置公差 δ_k 视为9～11 级，夹具上相应位置公差按7～9 级标注；工件上加工角度未注公差时，工件公差 δ_k 视为±30′～±10′，夹具上相应角度公差标为±10′～±3′（相应边长为10～400mm，边长短时取大值）。

（2）夹具上其他重要尺寸的公差与配合　这类尺寸的公差与配合的标注对工件的加工精度有间接影响。在确定配合性质时，应考虑减小其影响，其公差等级可参照"夹具手册"或《机械设计手册》标注。如图3-102中的 $\phi 40\ \frac{H7}{n6}$、$\phi 14\ \frac{H7}{n6}$、$\phi 10\ \frac{H7}{n6}$。

3.8 组合夹具

3.8.1 组合夹具的特点及应用范围

3.8.1.1 组合夹具的特点

组合夹具是在夹具的零部件标准化、系列化和规格化的基础上发展起来的新型夹具。根据被加工零件的不同要求，可用具有不同功能、不同形状和不同规格尺寸的元件与组合件组装成不同用途、不同型式的组合夹具，它的设计、制造、组装和使用过程与专用夹具有显著的不同。

由图 3-104 可以看出，专用夹具在使用后由于产品更换或精度损失，就作报废处理，而组合夹具在上述情况下则可在使用后拆散元件，进行重新组合，元件可以反复使用。这就大大地提高了组合夹具的利用价值。因此，综合起来，组合夹具与专用夹具相比具有以下的一些特点：

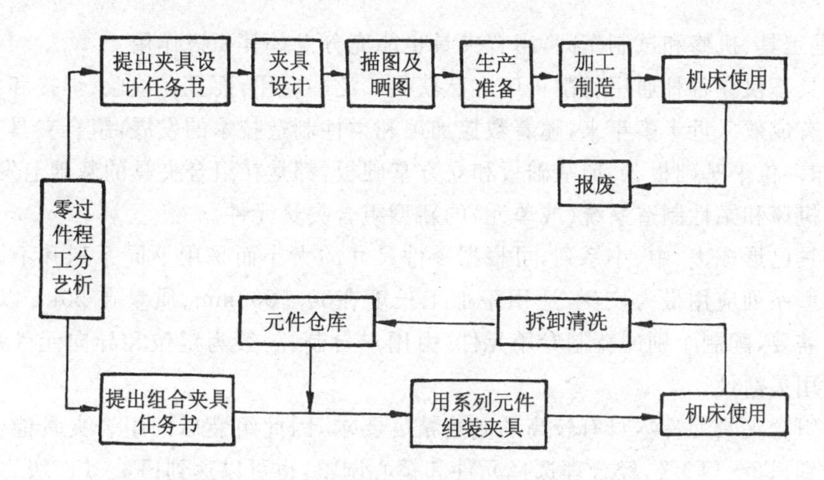

图 3-104　专用夹具与组合夹具设计、制造过程比较

① 设计、组装工时短，可以大大地缩短生产准备周期。专用夹具从提出设计开始，经过图样设计、工艺编制、生产准备、加工制造直到使用，对一般中等复杂程度的夹具来说，这个过程平均约一个月左右。而组合夹具，从使用前的组装到使用后的拆卸入库总共约4～8 小时左右。由此可知组合夹具比专用夹具可节省大量时间。

② 可降低材料消耗。一套中等复杂程度的专用夹具约需金属材料10～35kg，而组合夹具元件可以重复循环使用，每次使用仅折旧消耗0.3～1kg，从而可以节约95％以上的材料。

③ 可以提高工艺装备系数和工艺装备水平。由于组装站可以为用户迅速而及时地提供(或出租)组合夹具，因此可使多品种、小批量企业的工艺装备情况达到大批量生产的水平。以某城市组合夹具站为例，该站拥有 14 万个元件，工作人员 30 余人，20 多年为该市 1200 家企业(其中大多为中小企业)提供了 16 万套次的组合夹具，有力地促进了生产的发展。

④ 结构灵活多变。一个拥有 2 万个左右元件的组合夹具组装站，每月可组装出各类组合夹具 400 多套，以适应千变万化的被加工零件的需要。与专用夹具相比，它有更大的灵活性。

由于组合夹具具有以上的优点，因而在多品种、小批量生产的企业中得到了有效的应用，特别在新产品试制阶段，使用组合夹具可以取得明显的技术-经济效益。

但是应当指出，组合夹具也有不足之处，使其应用受到一定的限制。主要表现在：

① 初期投资费用高。由于组合夹具元件和组合件需要有较大数量的储备，而这些元件的制造精度又要求高，一般为IT6～IT7 级，工艺复杂，材料多为合金钢。这是一般中小企业难以承受的。

② 在组装用于加工较复杂零件的夹具时，元件和组合件的数量和层次可能较多，因而影响了夹具的刚性并增大夹具的质量。

③ 由于元件的储备量较大，需要有专人负责元件的管理、维护以及夹具的组装等工作。

随着组合夹具技术的不断发展、新型元件的出现、组装工艺的改进、制造技术的提高，上述问题是可以得到克服和改善的。事实上近几年来的新型组合夹具系列的发展也逐步证实了这一点。

3.8.1.2　组合夹具的应用范围

对不同的生产类型而言，组合夹具主要适用于品种多、批量小的生产。即使在大批生产的企业，尤其是工具、机修和试制车间，组合夹具也能充分发挥其积极作用。

组合夹具不仅在各种通用切削机床上已获得广泛的应用，而且在检验、焊接和冲压等工序中应用也很有成效。近十多年来，随着数控加工和柔性制造技术的发展，组合夹具元件也有了许多改进，如多位平基础板、T形基础板和立方基础板，都是在组合夹具的基础上发展起来的，可用于数控机床和柔性制造系统（或单元）的新型组合夹具元件。

组合夹具已形成大、中、小系列，可根据零件尺寸的大小而采用不同系列和不同规格的元件。当前中型系列应用最为广泛，适用于加工长度在30～500mm、质量在50kg以内的工件。有时可根据需要，配制个别的特制专用元件（由用户自制，一般为定位和导向元件），以扩大组合夹具的应用灵活性。

由于对组合夹具元件本身有较高的制造精度要求，因此组装后的组合夹具能保证工件的位置精度达到IT8～IT9级，经合理选择元件和精心调整，也可以达到IT6～IT7级。

据国内多年推广使用组合夹具的实践表明，在机床、刀具和操作正确的情况下，组合夹具所能加工工件的精度如表3-3所示。

表3-3　组合夹具加工工件能达到的位置精度

夹具种类	位置精度项目	极限误差/mm
钻床夹具	钻、铰两孔的孔距误差	0.05/100mm
	钻、铰两孔的孔间垂直度或平行度	0.05/100mm
	钻、铰分布在圆周上各孔间的孔距误差	±0.03mm
	钻、铰分布在圆周上各孔间的角度误差	±3′
	钻、铰双导向上下两孔的同轴度	0.03/100mm
	钻、铰孔与底面的垂直度	0.05/100mm
	钻、铰斜孔的角度误差	±0.2′
镗床夹具	镗两孔的孔距误差	±0.02/100mm
	镗两孔的孔间垂直度	0.01/200mm
	镗两孔的孔间平行度	0.01/200mm
	镗两孔的同轴度	0.01/200mm
铣床、刨床夹具	铣、刨斜面的角度误差	±2′
	铣、刨两面的平行度或垂直度	0.02/100mm
平面磨床夹具	磨斜面的角度误差	±30′
	磨平面与基准平面的平行度	0.01/100mm
车床夹具	镗两孔的孔距误差	±0.03/100mm
	加工孔与工件基准平面的平行度	0.01/100mm
	加工孔与工件基准平面的垂直度	0.01/100mm

3.8.2　组合夹具的系统、系列及元件

3.8.2.1　组合夹具系统简介

自第二次世界大战中英国华而通（John Wharton）发明“积木式夹具”系统以来，世界各工业发达国家先后出现了各具特色的组合夹具系统。归纳起来，目前组合夹具系统按元件结合面的连接方式可以分为两种类型：槽（T形）系和孔系。

(1) 槽系　槽系组合夹具主要元件表面上具有Ⅱ形和T形槽，组装时通过键和螺栓来实现元件的相互定位和紧固。英国华而通(John Wharton)系统，原苏联乌斯贝(УСП)系统、原联邦德国哈尔德(Harlder)系统均为具有代表性的槽系组合夹具系统。

(2) 孔系　孔系组合夹具主要元件表面上具有光孔和螺纹孔，组装时，通过圆柱定位销(一面两销)和螺栓实现元件的相互定位和紧固。

孔系组合夹具以原联邦德国勃吕克(Blüco)系统、蔡斯(Zeiss)光学仪器厂VEB系统和美国史蒂文斯(STEVENS)系统最有代表性。

3.8.2.2　组合夹具系列

组合夹具根据连接部位结构要素的承效能力和适应工件外形尺寸大小，可分为大、中、小三种系列(见表3-4)。

表3-4　组合夹具系列

系列名称及代号	结构要素(mm)	可加工最大工件轮廓尺寸/mm
大型组合夹具元件 DZY	槽口宽度 16 连接螺栓 M16	2500×2500×1000
KH 型组合夹具元件 ZZY	槽口宽度 12 连接螺栓 M12	1500×1000×500
小型组合夹具元件 XZY	槽口宽度 8;6 连接螺栓 M8;M6	500×250×250

3.8.2.3　组合夹具元件及其功能

按使用功能不同，组合夹具元件一般可分为八大类，每一类中又有多个品种和多种规格，详见表3-5(以槽系为例)。

表3-5　组合元件类别、品种和规格

序号	类别	元件功能	品种数			规格数		
			大型	中型	小型	大型	中型	小型
1	基础件	作夹具的基础元件	3	9	8	9	39	35
2	支承件	作支承其他元件形成夹具骨架用	17	24	34	105	230	186
3	定位件	作工件或元件间定位和正确安装用	7	25	27	30	335	236
4	导向件	保证切削刀具的正确位置，也可用作工件的定位和夹具中活动元件的导向	6	12	17	16	406	300
5	压紧件	作压紧元件和工件用	6	9	11	13	32	31
6	紧固件	作紧固元件和工件用	15	16	18	96	143	133
7	其他件	起其他辅助作用	8	18	13	25	135	74
8	合件	作分度、支承、定位、夹紧等用的组合件	2	6	11	4	13	22

组合夹具的各类元件形状，由于品种和数量繁多，不能一一列举。图3-105至图3-112列举了槽系各类元件中一些主要品种的外观形状。

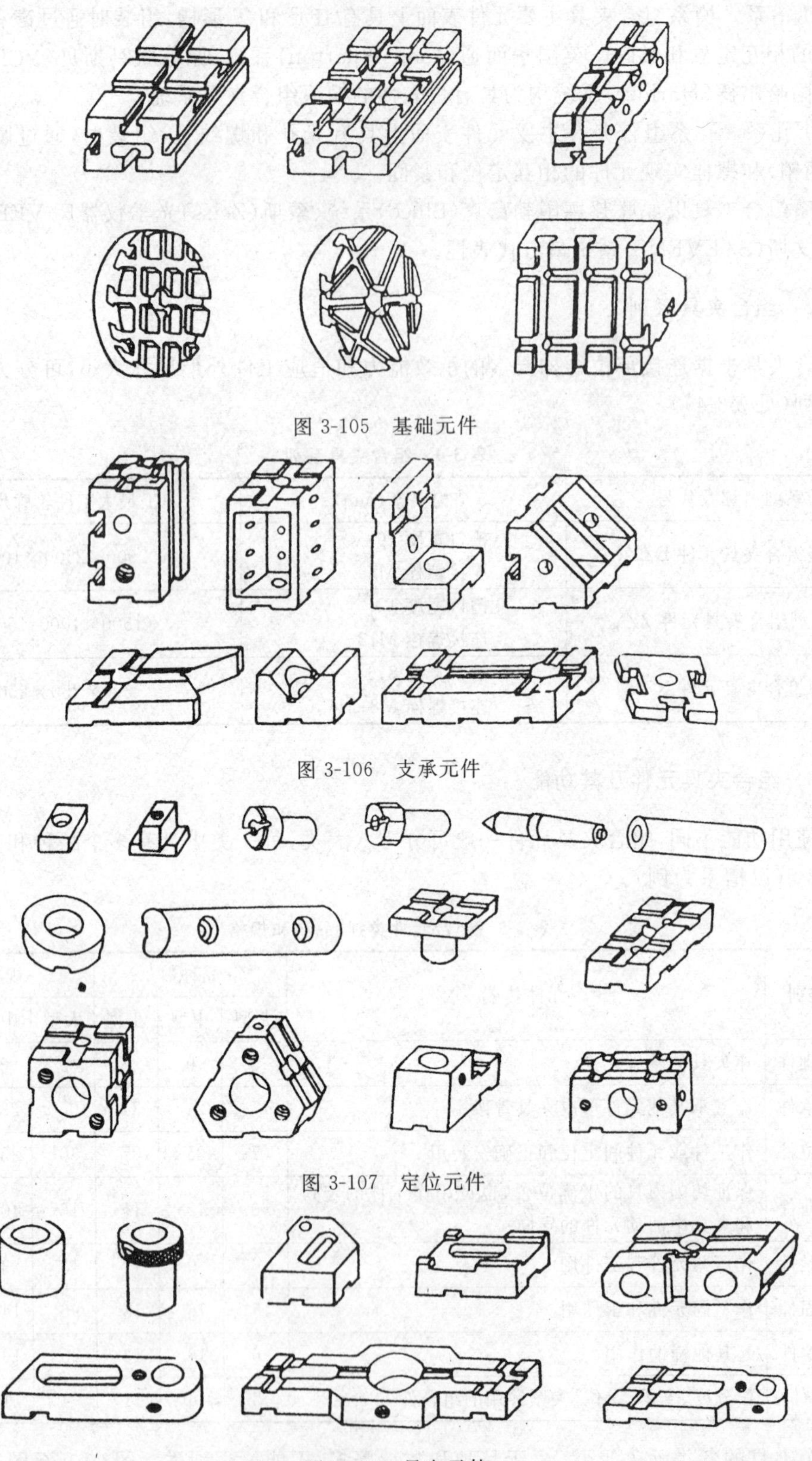

图 3-105 基础元件

图 3-106 支承元件

图 3-107 定位元件

图 3-108 导向元件

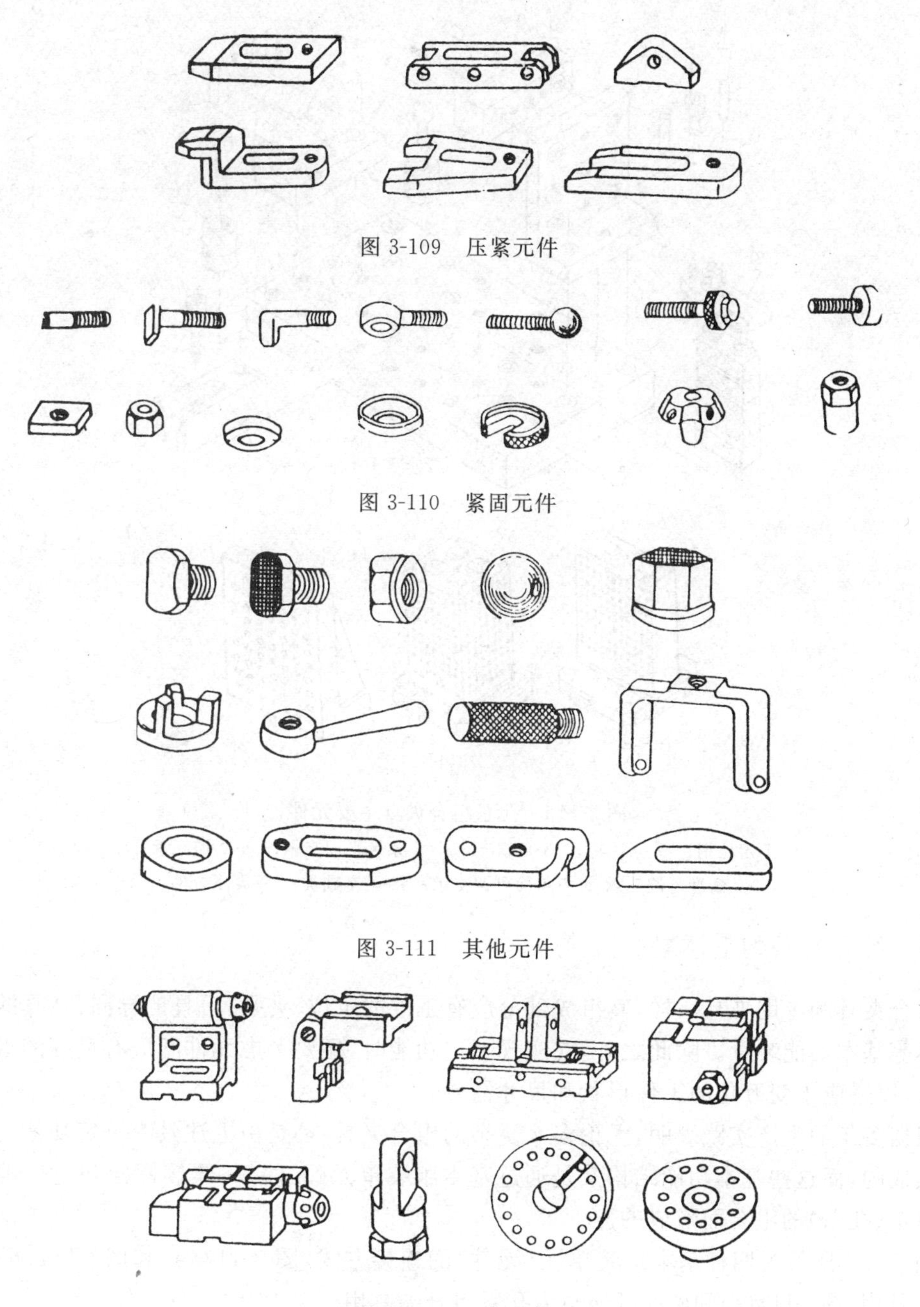

图 3-109　压紧元件

图 3-110　紧固元件

图 3-111　其他元件

图 3-112　组合元件

孔系组合夹具元件的分类与槽系基本相同。图 3-113(a)为孔系组合夹具一种配套元件的外形。图3-113(b)为各种形状的基础元件，分别为 T 形基础板、立方基础板和角铁基础板。

组合夹具元件的材料，由于要求元件能多次循环使用，并长期保持一定精度，这就要求表面耐磨，耐锈蚀，还要求有较好的强度和刚度，因此多选用优质钢材制造。如基础件、支承件、定位件、导向件等主要元件，常用 18CrMnTi、18CrMnMo、12CrNi3A 及 20Cr 等合金钢。经渗碳淬火HRC58～62，其他如压紧、紧固等零件则多用 45 或 40Cr 钢制成，淬火后HRC38～42左右。

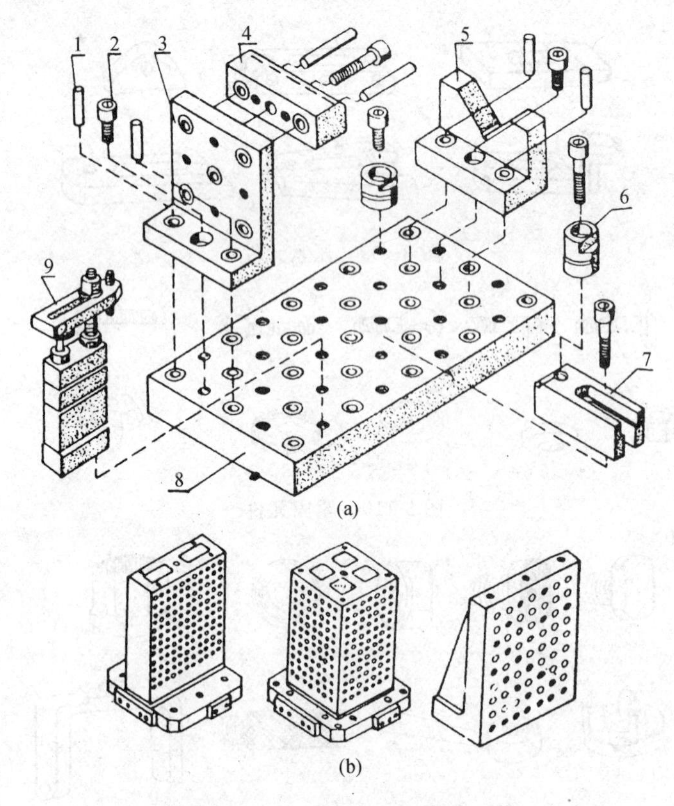

图 3-113　孔系组合夹具主要元件

1-定位销； 2-紧固件； 3-角铁支承； 4-条形平面支承； 5-V 形支承；
6-高度可调支承； 7-单面可调支承； 8-平基础板； 9-夹压合件

3.8.3　组合夹具的基本功能结构

组合夹具和专用夹具一样，其组成部分应有工件的定位、夹紧；刀具的导向；夹具的分度及夹具体等基本功能装置。除此之外，在实现上述功能时，还要考虑元件间应有良好的组合性和可调性，以适应千变万化的工件形状和尺寸需要。

根据多年的生产实践表明，无论多么复杂的组合夹具，都是由上述具有一定功能的基本结构所组成的，而这些基本功能结构又是通过基本组装单元（元件）—连接螺栓和定位键（槽系）或定位销（孔系）的组合而形成的。

图 3-114 所示为四种基本组装单元（元件）的连接方式，图 3-114(a)和图3-114(b)为槽系组合夹具用；图3-114(c)和图3-114(d)为孔系组合夹具用。

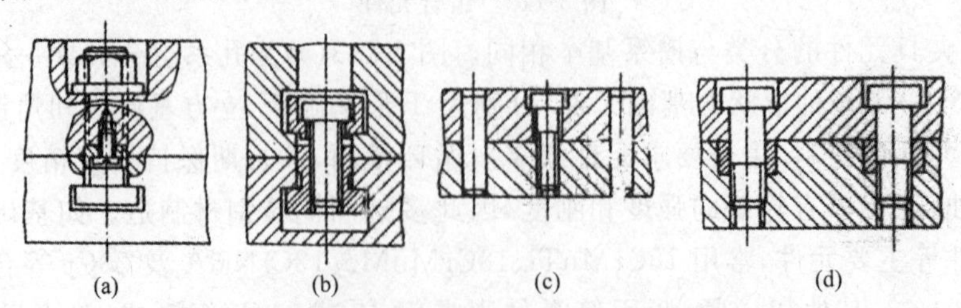

图 3-114　组合夹具组装基本单元的连接方式

基本功能结构除已形成标准的合件外，按其功能不同可分为以下几类：

3.8.3.1 基础扩展结构

基础板是组合夹具作为基体以提供组装各种基本功能结构的基础件。在实际使用中为适应工件的外形特点，基础板常需要作纵向或横向扩展而形成某种基础结构。图3-115～图3-118为各种常用的基础扩展结构。

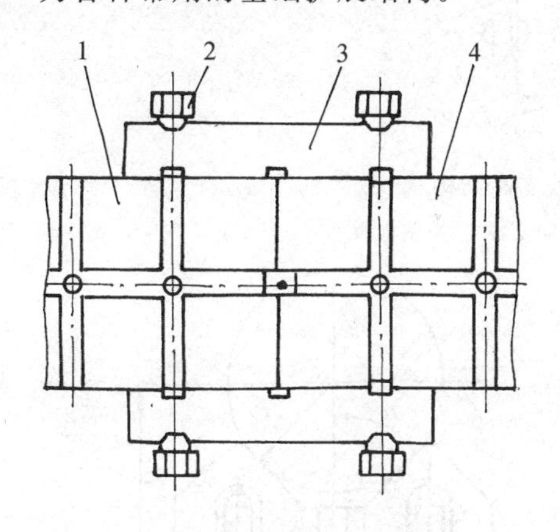

图 3-115 基础板纵向加长结构

1、4-基础板； 2-特厚螺母； 3-伸长板

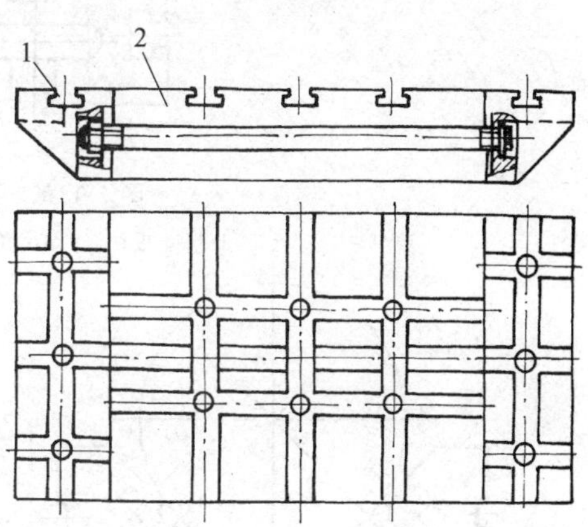

图 3-116 基础板横向加宽结构

1-带肋角铁； 2-基础板

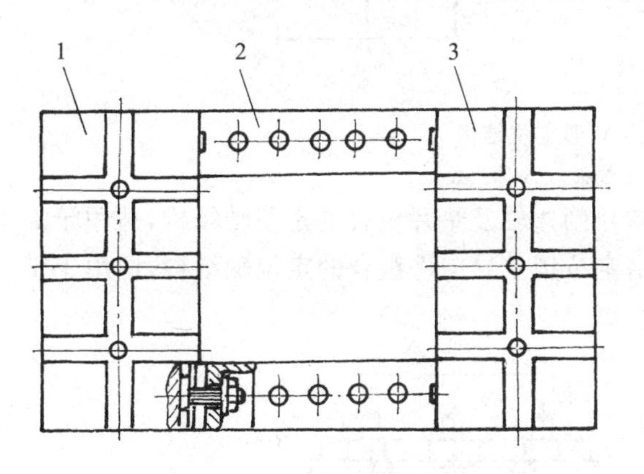

图 3-117 基础板加大结构

1、3-基础板； 2-空心支承

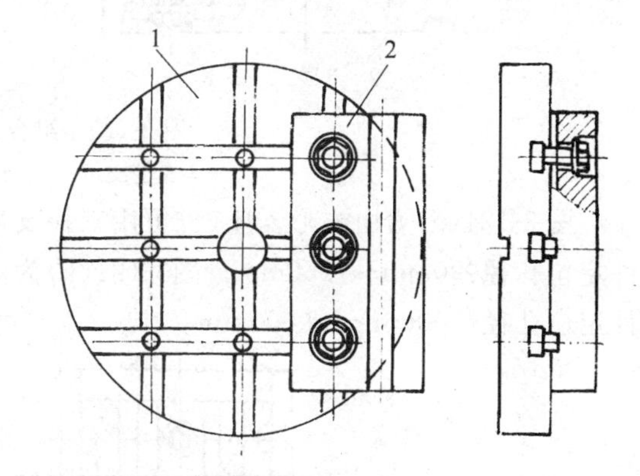

图 3-118 基础板加宽结构

1-圆基础板； 2-宽板

3.8.3.2 支承支高结构

在基础板上根据工件不同的高度，用支承件或定位件等可组装成各种不同的支承支高结构，以形成刀具导向装置（钻模），见图3-119。

3.8.3.3 定位基本结构

对非平面定位（如以内外圆柱面或曲面）的情况，常用组合方式形成定位基本结构。图3-120为在基础板上用支承件或定位件组合的各种V形定位结构。

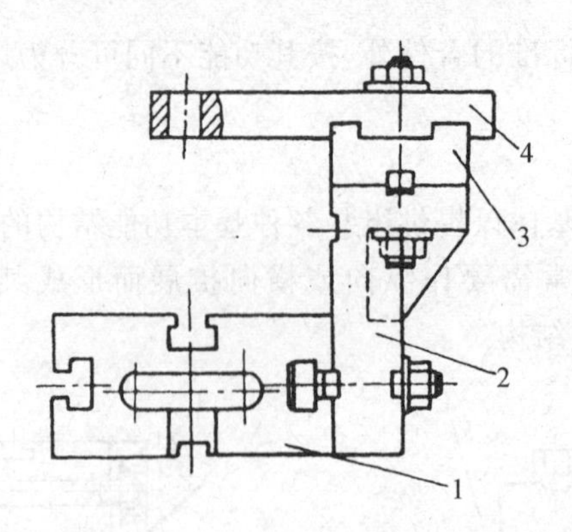

图 3-119　用支承角铁支高结构

1-基础板；　2-支承角铁；　3-导向支承；　4-钻模板

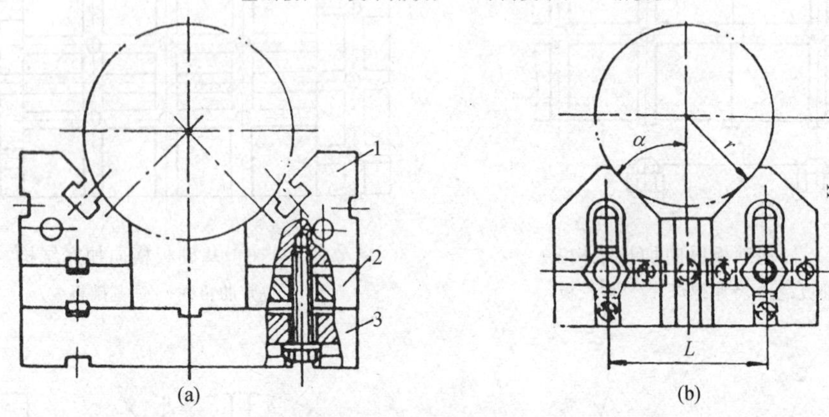

图 3-120　组合式 V 形定位结构

1-角度支承；　2-支承垫板；　3-伸长板

图 3-121(a)为由方形支座(也可用三棱支座)、削边轴及垫片组合的定位轴结构,适用于工件定位孔径ϕ90mm～ϕ250mm。图3-121(b)为由定位销及导向件组合的定位轴结构,适用于工件定位孔径ϕ500mm～ϕ1 000mm。

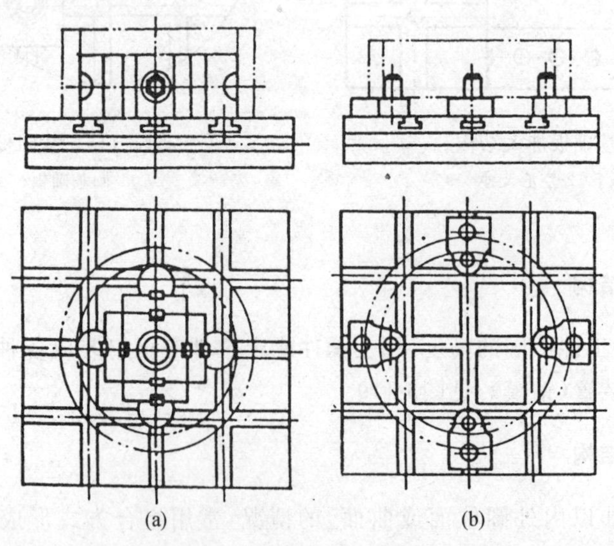

图 3-121　组合式定位轴定位结构

3.8.3.4　夹紧基本结构

图 3-122(a)为两点联动夹紧结构，由于关节压板 5 高出基础板 2 减重窝深度，必须在底面加装中孔定位板 3。图3-122(b)为两点夹紧结构的另一种形式，为了防止夹紧时支承 7 和 8 之间的错位必须加一连接板 6。

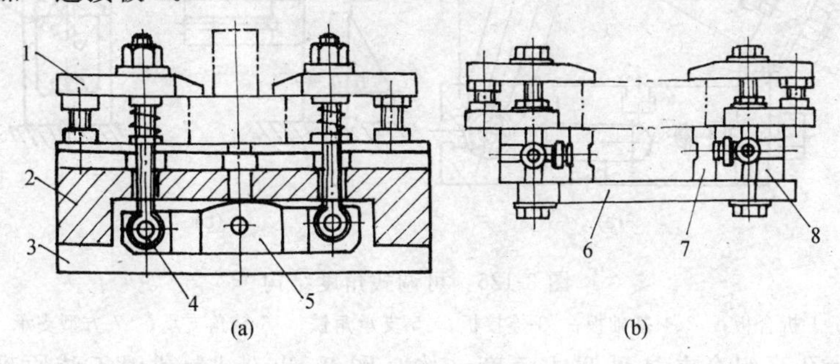

图 3-122　两点夹紧结构

1-平压板；　2-基础板；　3-支承；　4-关节螺栓；　5-关节压板；　6-连接板；　7、8-支承

图 3-123 为两种杠杆压紧方式，图 3-123(b)结构的夹紧力大，且形成"自身夹紧"的力封闭系统，不致引起夹具变形。

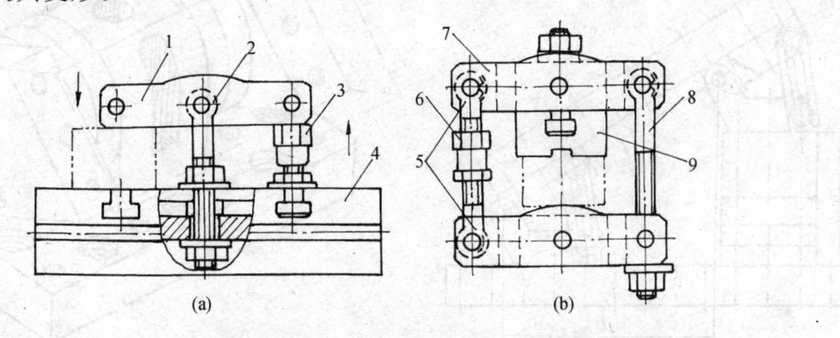

图 3-123　杠杆夹紧结构

1-关节压板；　2-关节螺栓；　3-特厚螺母；　4-基础板；

5、8-关节螺栓；　6-特厚螺母；　7-关节压板；　9-支承角铁

3.8.3.5　角度结构

在加工带有斜面、斜孔及斜槽等零件时，为使加工面与机床主轴方向相垂直或平行，则需采用组合角度结构。角度结构可分为固定式和可调式两大类。图3-124为用角度支承组合的固定式角度结构。图3-125为用折合板或可调角度合件组合的可调式角度结构。

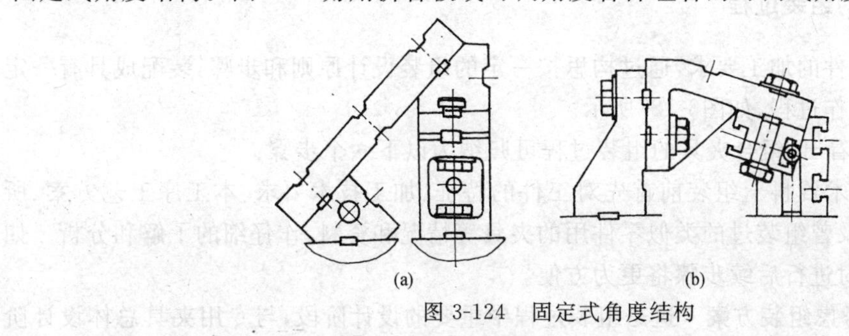

图 3-124　固定式角度结构

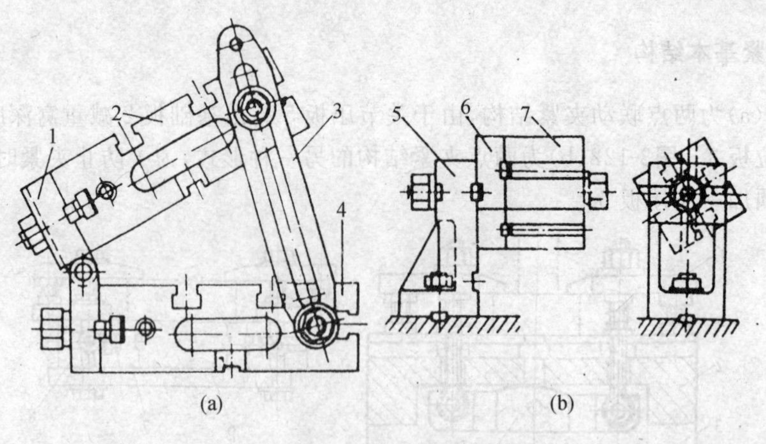

图 3-125　可调式角度结构

1-折合板； 2、4-基础板； 3-连接板； 5-支承角铁； 6-转角支承； 7-方型支承

图 3-126 为孔系组合夹具可调式角度结构。图 3-126(a)为利用正弦原理组合而成。图 3-126(b)为利用角度垫板(上有不同间隔的分度孔)组合的结构。

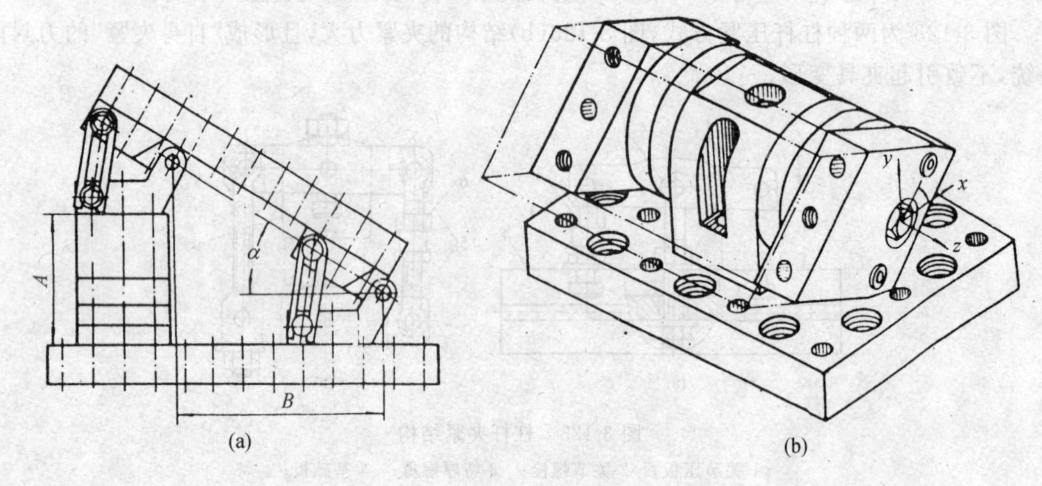

图 3-126　孔系组合夹具可调式角度结构

组合夹具的基础功能结构除上面所介绍的几类以外，还有移动、回转、翻转等结构，在此就不一一列举。

3.8.4　组合夹具的组装及应用

3.8.4.1　组合夹具的组装过程

组装就是根据工件的加工要求，通过构思按一定的组装设计原则和步骤，装配成具有一定功能的组合夹具的工作过程，如图3-127所示。

由图 3-127 可以看出，组合夹具的组装过程可归纳为以下六个步骤：

(1) 熟悉原始技术资料　组装前首先对工件的特征、加工技术要求、本工序工艺方案、所使用的机床、刀具以及曾组装过的类似零件用的夹具等情况和资料，作仔细的了解和分析。如有工件实物作依据，对进行后续步骤将更为方便。

(2) 构思结构，考虑组装方案　这是组装过程中重要的设计阶段，与专用夹具总体设计阶

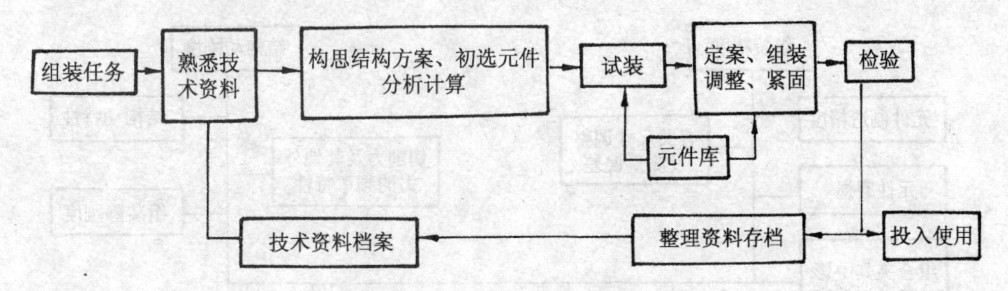

图 3-127　组合夹具组装过程

段相似。按工件的定位原理、夹紧的基本要求和导向的合理安排等先进行组合夹具的总体构思，初步形成结构方案，然后初步确定元件品种规格，进行必要的尺寸计算、误差分析及夹紧力分析与计算等。有时还应根据需要，提出专用件及特殊要求，以满足扩大组合夹具应用范围的可能性。

(3) 试装　按所拟订的结构方案和初选的元件，预装出一个夹具"模样"，以便检验夹具结构的合理性和可能性，及时发现问题和提出改进措施等。例如，试装中要仔细检查每一部分的元件选择合理与否，连接方式是否合理可靠，调整检验是否方便，以及实际外形尺寸和重量等的可行性等。

(4) 确定方案　根据试装中所发现各种问题，逐个进行修正、改进，必要时可改变局部结构，精选元件，甚至重新拟定方案，直至获得满意的组合方案为止。这时即可确定连接和组装方案并正式组装。在正式组装过程中，连接元件时相互间应按要求选择和安装一定数量的定位键和连接螺钉。同时，要根据所要求的元件间相互位置和尺寸精度，进行边安装边测量和边调整。元件的组装一般按先下后上，先内后外的顺序进行。夹具上有关组合尺寸的公差一般取工件的相应公差的1/3～1/2。当工件的公差为未注尺寸公差时，夹具上相应尺寸的公差可取±0.05mm，角度公差可取±5′。调整至符合要求后应及时紧固有关元件。

(5) 检验　组装完毕之后，需进行一次全面仔细地检查，有时还需要在机床上进行试切，以确保加工精度和其他要求。

检验工作除组装后需自检外，一般应有专职检验人员进行复检。检验的项目，根据工件加工面的精度要求而定。一般包含夹具上与工件工序尺寸有关的夹具尺寸和位置精度，以及与组合夹具配套的附件、专用件图纸和特殊使用说明资料等。

(6) 整理组装资料，存档积累　整理、积累组装技术资料的过程，是个总结、提高组装技术的重要手段。也是供以后他人组装同样或类似夹具作参考和进行技术交流的重要资料。

整理、积累资料方法有：画组装结构图，夹具实物照相，记录分析计算，夹具精度检验数据，填写元件明细表，保存专用件图纸等。所有资料应在组合夹具交付使用后，立即存档以备查用。

3.8.4.2　提高组装精度的措施

在组合夹具组装中，贯穿于全过程的一个核心问题是如何保证和提高组装精度，以确保工件的加工质量。从而要求组装人员应对组装中影响加工精度的各种因素有较全面的认识和具有一定的分析判断能力，以便在组装中有意识地采取各种措施提高组装精度。

在组合夹具中影响加工精度的因素有很多方面，如图 3-128 所示。

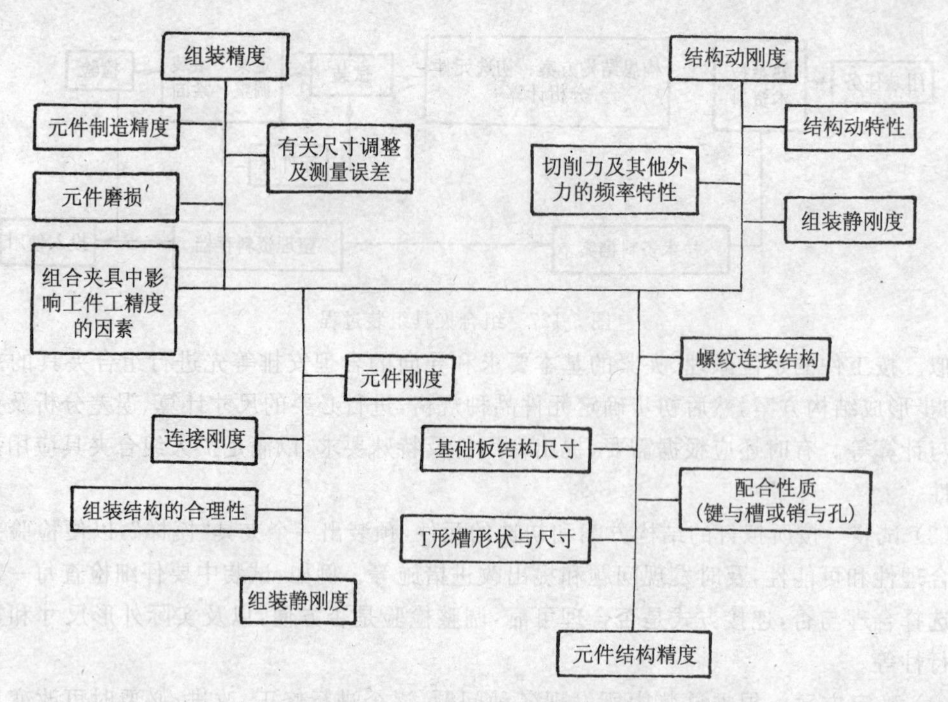

图 3-128　在组合夹具中影响工件加工精度的主要因素

组装精度、组装静刚度和动刚度等是影响工件加工精度的主要方面。在元件结构参数和制造精度既定的条件下,组装精度的提高,就直接有赖于组装技术水平的发挥。

从设计角度或系列选择而言,孔系组合夹具比槽系有更多的优越性,这主要表现在:

① 元件的刚度高。一般同样尺寸的基础板,孔系的刚度为槽系的 1.7～2.0 倍,因孔系元件上没有纵横交错的 T 形槽,底面也没有槽。元件间由一面两销定位,定位精度和可靠性高,组装也比槽系方便。

② 元件制造工艺性好,销孔位置可用粘接衬套和孔距模板达到很高的孔距精度。

③ 用于数控加工时,任一定位孔可作为坐标原点,无需专设原点元件。

由此可以看出,孔系组合夹具的组装时容易保证较高的组装精度。

此外,为了提高组装精度,除元件本身结构参数要很好考虑应有足够的刚度外,改进组装方法,提高组装操作技术,也应给予高度重视。这方面具体措施有:

① 精选元件,即选择制造精度高的元件用于精密尺寸的组装。

② 采用六点组装法,即在槽系元件交叉方向的槽里都装上定位键,形成十字键形式,以限制元件的六个自由度(其效果与孔系的一面两销相同),如图3-129所示。

③ 在结构中采用加强措施。如对于悬伸较长或刚性不足的部位可以用连接板、支承角铁和辅助支承等。

④ 尽量减少元件数量,以减小由于尺寸链过长而引起的尺寸积累误差,并可提高刚度。

⑤ 提高测量精度,组装过程中测量和调整是最终决定组装精度的环节,因此必须选用合适的量具,努力提高调整和测量水平。

为了提高组装精度和组装效率,在槽系和孔系组合夹具发展的基础上,近年来出现的一种新型 V 形槽系基本组装单元(见图3-130(a))。其组装原理是采用由圆柱销和橡胶衬套组成的十字定位键(见图3-130(b)),置于两接合元件的纵横相交的 V 形槽中,通过紧固元件 V 形槽与定位销键之间的微量接触变形，可形成可靠的过盈配合连接。这种结构具有组装快、刚性好、组装精度高的优点，不仅可用于组合夹具，而且在需经常拆卸的连接件中也很适用，因而是一种很有发展前途的连接单元结构。

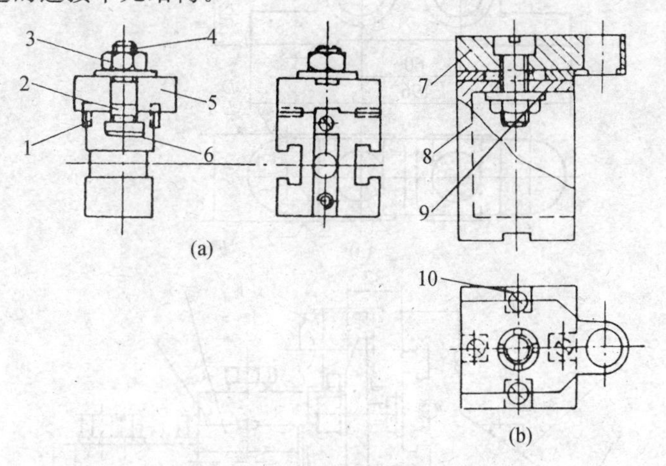

图 3-129　用十字键形式的六点组装法

1、2-键；　3-螺母；　4-螺栓；　5、6-方支承；　7-钻模板；　8-空心支承；　9、10-键

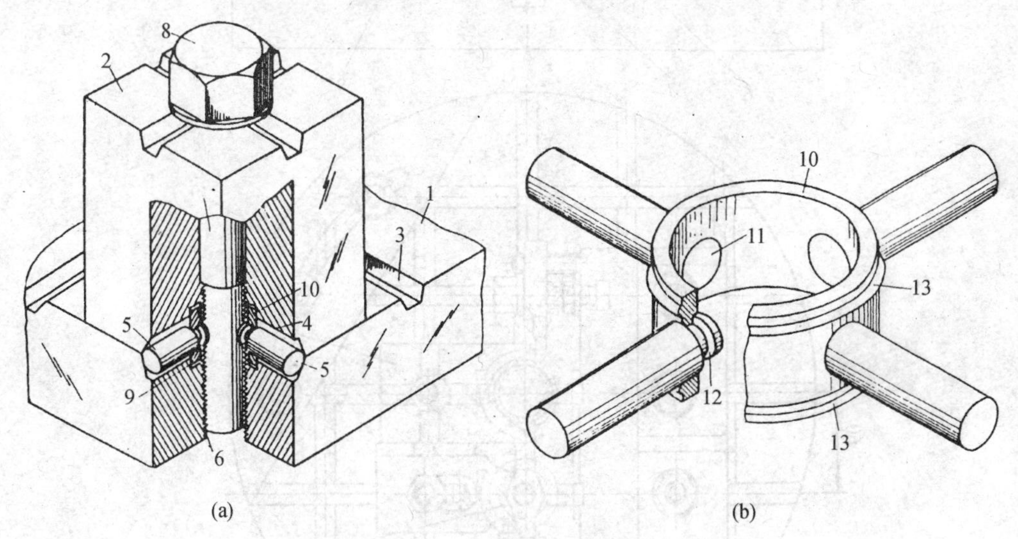

图 3-130　新型基本组装单元

1、2-连接的主体件；　3、4-交叉 V 形槽；　5-十字形定位键；

6-螺纹孔；　7、8-连接螺钉；　9-圆柱凹槽；　10-橡胶衬套

3.8.4.3　组合夹具的应用实例

例 1　图 3-131 所示为车削轴承座两孔和端面的组合夹具。图(a)为工件的工序简图。工件先以底面 D 和侧面 F(已加工)在宽角铁 4 及 V 形块 10 与钻模板 3 组成的平面上(见图 b)定位，并找正右面的ϕ30H11孔(第一孔)台阶面，用伸长压板 7 将工件两头夹紧，车削 E 面和第 1 孔。然后松开将工件掉头以底面 D、另一侧面 E 和第一孔(用菱形定位销)定位，车削左面第 2 孔。组装时宽角铁 4 的位置，采用偏心键 6 定位以控制工序尺寸 32mm。V 形块用方支承 8 支高，可起空刀作用。

该夹具采用了六点组装法组装，具有结构简单、刚性好、精度稳定和操作方便等特点。

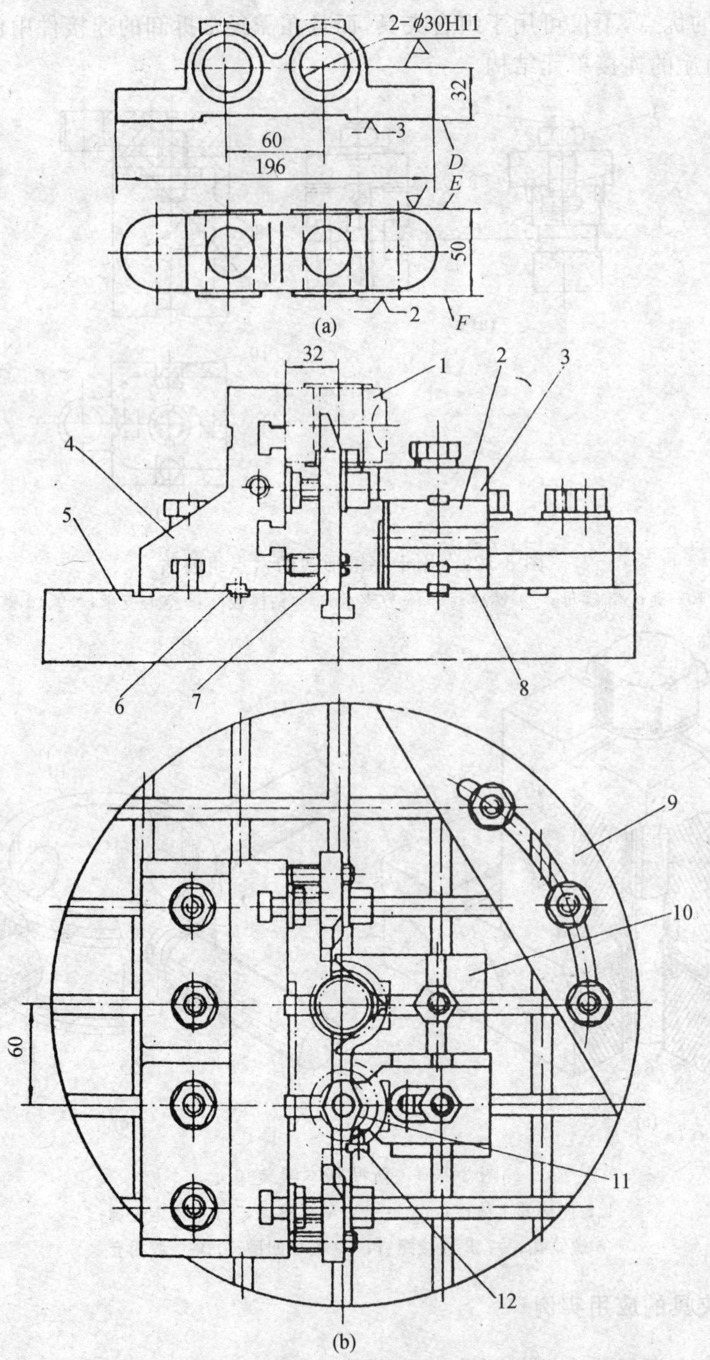

图 3-131　轴承座车削组合夹具

1-工件；2-对称槽方支承；3-钻模板；4-宽角铁；5-圆形基础板；6-偏心键($e=2$)；7-伸长压板；8-简式方支承；9-平衡块；10-V 形板；11-菱形定位销；12-钻套螺钉

例 2　在立式铣床上加工拨杆零件上互成 60°的两个平面。工序见图 3-132(a)。铣削组合夹具如图3-132(b)。工件以 $\phi10^{0}_{-0.01}$ mm 与 $\phi16^{0}_{-0.1}$ mm 外圆及一台肩端面在两 V 形块 9 上定位，并用定位插销插入工件 $\phi5_{0}^{+0.08}$ mm 的孔内作角向位置固定，然后通过螺钉压板夹紧。整个夹具由基础板、支承块、V 形块、钻模板（作支承定位作用）、夹紧件等组成。加工一个面以后，松开工件，拔出定位插销，工件 60°旋转，插销插入另一钻模板与工件孔配合定位，夹紧后即可加工另一平面。

该夹具具有构思巧妙、结构紧凑及加工稳定性好等特点。

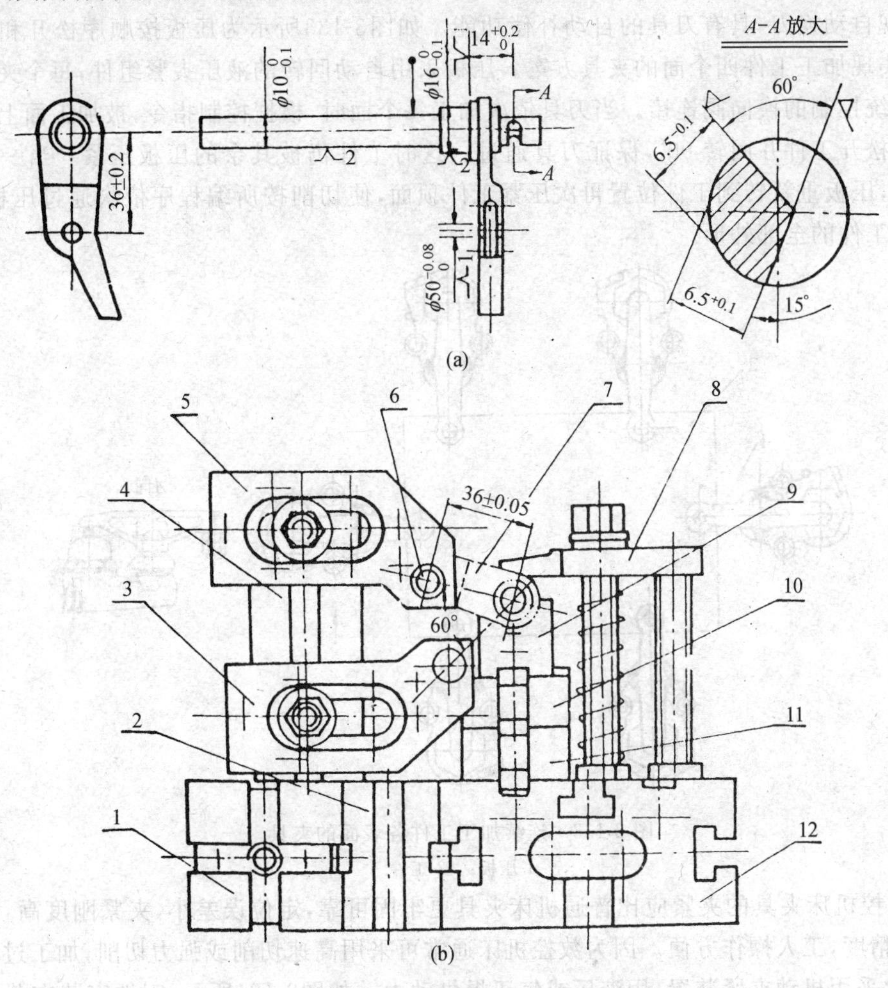

图 3-132　拨杆铣削组合夹具

1、2、4-支承；　3、5-弯头钻模板；　6-定向插销；　7-工件；

8-压板；　9-V 形块；　10、11-垫块；　12-基础板

3.9　数控机床夹具

3.9.1　数控机床夹具的特点及分类

3.9.1.1　数控机床夹具的特点

数控机床由于控制方式的改变，传动形式变化以及刀具材料的更新，使工件的成形运动变

得更为方便和灵活。数控机床是一种高效、高精度的加工设备，这类机床在成批大量生产时所用的夹具除了通用夹具、组合夹具外，也用一些专用夹具。在设计数控机床专用夹具时，除了应遵循夹具设计的原则外，还应注意数控机床夹具有以下特点。

① 数控机床夹具应有利于实现加工工序的集中。即可使工件在一次装夹后，能进行多个表面的加工，减少工件的装夹次数，这有利于提高加工精度和效率。因为数控机床的工艺范围广，可实现自动换刀，具有刀具的自动补偿功能。如图3-133所示为压板按顺序松开和夹紧工件顶面，实现加工工件四个面的夹具方案。压板采用自动回转的液压夹紧组件，每个夹紧组件与液压系统控制的换向阀连接。当刀具依次加工每个面时，根据控制指令，被加工面上的压板顺序自动松开工件并回转 90°，保证刀具通过。这时工件仍被其余的压板压紧。当一个面加工完成后，压板重新转到工件位置再次压紧工件顶面，使切削按所编程序依次通过压板，完成连续加工工件的全部外形。

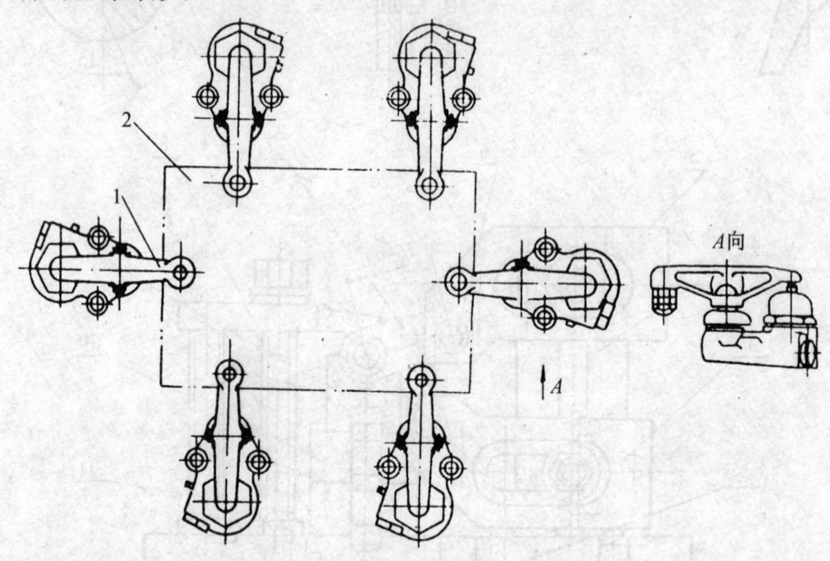

图 3-133　连续加工工件各表面的夹具

1-压板；2-工件

② 数控机床夹具的夹紧应比普通机床夹具更牢固可靠，定位误差小，夹紧刚度高，能保证高的加工精度，工人操作方便。因为数控机床通常可采用高速切削或强力切削，加工过程全自动化，通常采用机动夹紧装置，用液压或气压提供动力。如图3-134所示，工件安装在分度回转工作台上，进行多个表面加工，由于强力切削，为防止在很大的切削力作用下使得工件窜动，先用螺钉 4 将工件压紧在分度回转工作台上，再用两个液压传动的压板 1 和 3 从上面压紧工件。两个压板的机座 6 安装在工作台不转动部分 7 上。当工件一个面加工完成后，根据程序指令，压板自动松开工件，分度回转工作台带着工件回转 90°后，压板再压紧工件，继续加工另一个面。

③ 夹具上应具有工件坐标原点及对刀点。因为数控机床有自己的机床坐标系，工件的位置尺寸是靠机床自动获得、确定和保证的。夹具的作用是把工件精确地安装入机床坐标系中，保证工件在机床坐标系中的确定位置。所以，必须建立夹具（工件）坐标系与机床坐标系的联系点。图3-135所示为钻床夹具钻模板上工件的坐标系，一般以其零件图上的设计基准作为工件原点。为方便夹具在机床上装夹，夹具的每个定位基面相对于机床的坐标原点都应有精确

的、一定的坐标尺寸关系，以确定刀具相对于工件坐标系和机床坐标系之间的关系。对刀点可选在工件的孔中心，或在夹具上设置专用对刀装置。

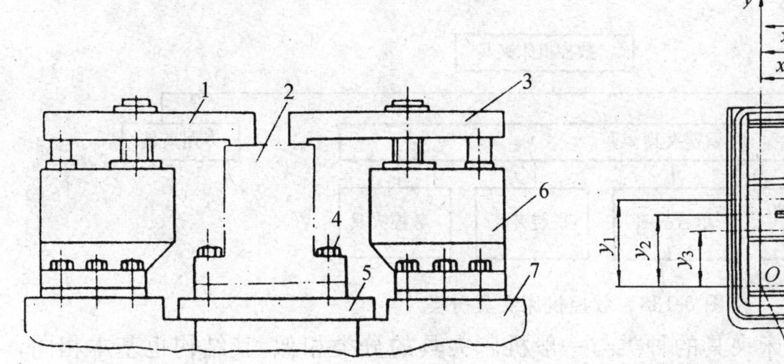

图 3-134　连续加工工件四个侧面的夹具

1、3-压板；　2-工件；　4-螺钉；　5-分度回转工作台；

6-压板基座；　7-工作台

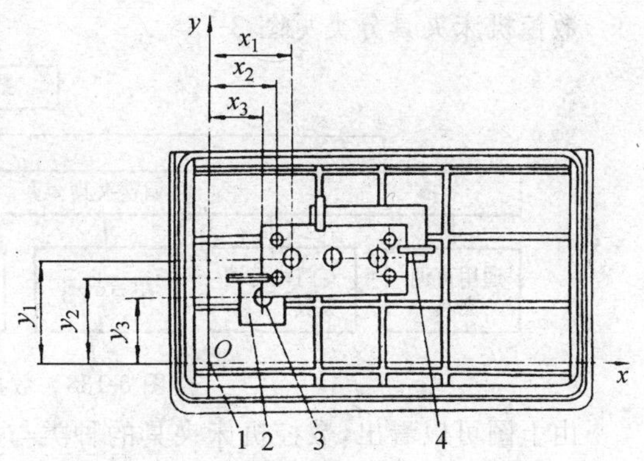

图 3-135　工件在机床工作台上的坐标系

1-机床工作台零点；　2-定位块；

3-工件原点；　4-支承件及压板

④ 各类数控机床夹具在设计时，还应考虑自身的加工工艺特点，注意结构合理性。

数控车床夹具应注意夹紧力的可靠性及夹具的平衡。图 3-136 所示为数控车床液动三爪自定心夹具，为了保证夹紧可靠，利用平衡块在主轴高速旋转的离心力作用下，通过杠杆给卡爪一个附加夹紧力。卡爪的夹紧与松开，则由液压力作用在锲槽轴 4 上，使之左右运动，卡爪实现夹紧与松开。夹具的平衡对数控车床尤为重要，平衡不好，会引起工件振动，加工精度受影响。

数控铣床夹具通常不设置对刀装置，由夹具坐标系原点与机床坐标系原点建立联系，通过对刀点的程序编制，采用试切法加工、刀具补偿功能，或用机外对刀仪来保证工件与刀具的正确位置，位置精度由机床运动精度保证。数控铣床通常采用通用夹具装夹工件，例如机床用平口虎钳、回转工作台等，对大型工件，常采用液压或气动作为夹紧动力源。

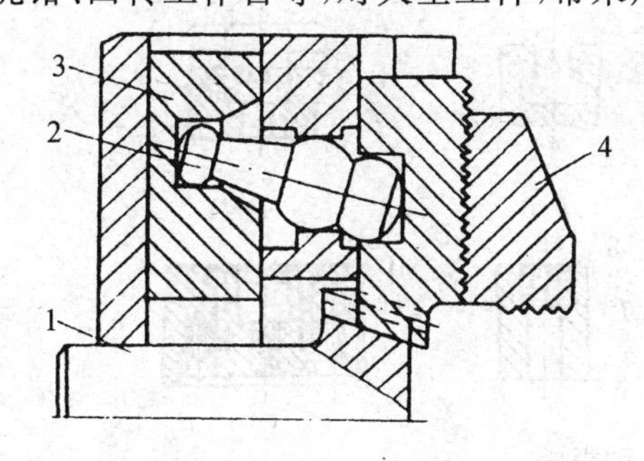

图 3-136　液动三爪自动定心卡盘

1-卡爪；　2-杠杆；　3-平衡块；4-楔槽轴

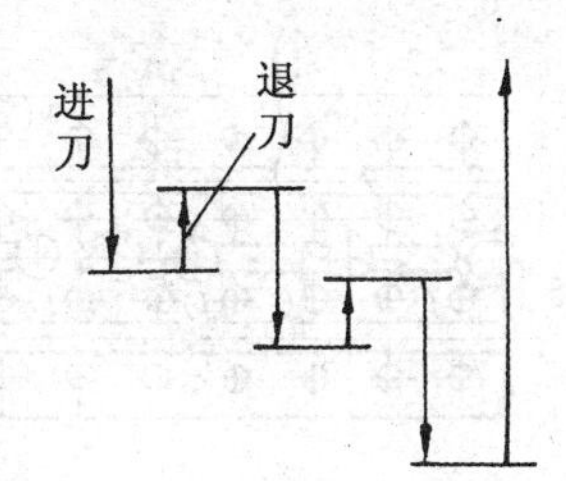

图 3-137　往复排屑示意图

数控钻床夹具，一般可不用钻模，而在加工方法、选用刀具形式及工件装夹方式上采取一些措施，保证孔的位置和加工精度。可先用中心钻定孔位，然后用钻削刀具加工孔深，孔的位置由数控装置控制。当孔属于细长孔时，可利用程序控制采用往复排屑钻削方式加工，如图 3-137所示；再者，采用高速钻削，刀具的刚度和切削性能都比较好。

随着技术的发展，数控机床夹具的柔性化程度也在不断的提高，柔性夹具应适合工件的不同尺寸、不同形状的定位夹紧，同时在装夹后，可以确定工件相对刀具或机床的位置，并比较方便地把工件坐标位置编入程序中。

3.9.1.2 数控机床夹具的分类

数控机床夹具分类见图 3-138。

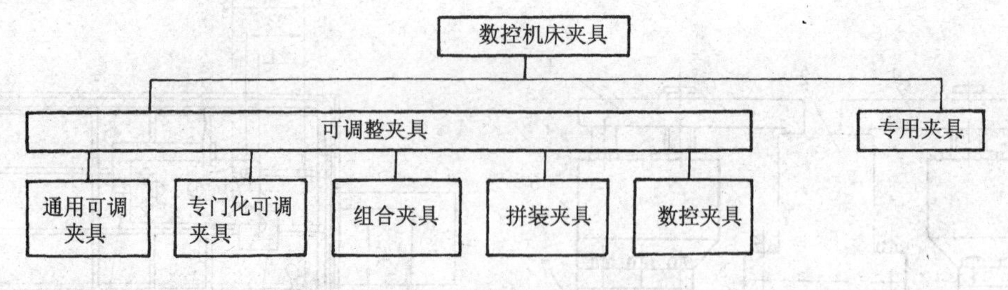

图 3-138 数控机床夹具分类

由上图可以看出，数控机床夹具的种类与一般机床夹具的分类相似，其结构也基本相同，其不同之处主要是数控机床夹具的适应性强，更换或重调时间短，以及具有适应于数控机床加工特点与要求的结构等，因而特别适用于中小批量的多品种生产类型。

下面主要介绍拼装夹具。

拼装夹具具有可供在数控机床上组合，用于加工工件的一系列成组合件和元件，它是在成组工艺的基础上发展起来的。它的合件多于元件，因而拼装时比一般组合夹具的时间短，重调和更换也更方便、迅速。

一套拼装夹具元件系统包括有若干合件和元件，按其用途可分为四类：基础件、定位-支承件、夹压件及紧固件。

基础件类包括矩形基础板、圆基础板、基础角铁、分度支架等。这些都可作拼装夹具主体元件。如图3-139所示为矩形基础板，板上有纵向 T 形槽和按坐标分布的定位孔系，由于没有横向 T 形槽和底面的凹槽，基础板的刚度比槽系组合夹具的基础板约高一倍，板上的定位孔

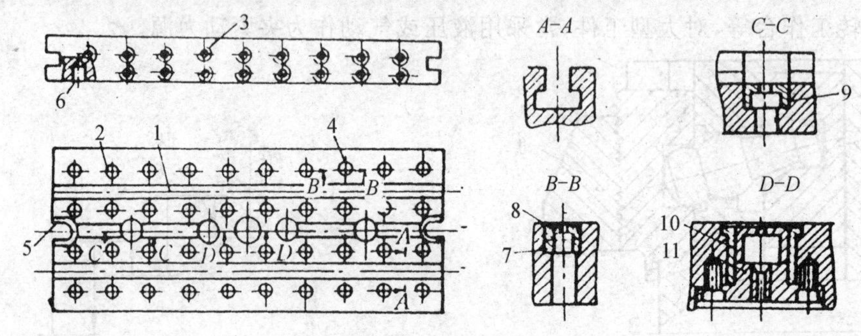

图 3-139 矩形基础板

1-T 形槽； 2-定位销孔； 3-紧固螺纹孔； 4-连接孔； 5-耳座；
6-定位销孔； 7、10-衬套； 8、9-防尘罩； 11-法兰盘

可用于安置定位销，同时也可作夹具安置在机床工作台上时的置位点，也可作编程用的起始点。销孔精度为 H7，两孔中心距精度为±0.02mm，图的 *B-B* 截面中 7 是高强度耐磨衬套，8 为防尘罩（塑料）；*C-C* 截面的孔为辅助连接孔，用于与机床工作台的连接。平时孔中有防尘罩 9 遮盖。*D-D* 截面中所示的孔为基础板的几何中心孔，用于基础板上的坐标孔系与机床工作台中心定位。孔中 10 为耐磨衬套，11 为可卸法兰盘。基础板在机床工作台上可通过底部的两个定位销孔 6 以实现一面两孔的定位。由图可以看出，在拼装夹具的基础板上既有纵向槽，

又有坐标定位孔，因而具有集槽系和孔系组合夹具基础板的优点于一身的特点，孔槽结合使用非常方便。

为了提高夹紧效率和减轻劳动强度，在拼装夹具中普遍采用了机动-液压传动元件，如在基础板上可安装小型高压油缸以及各种液压夹紧压板。图3-140所示为液压矩形基础板，板内可根据不同规格尺寸安置不同数量的油缸。

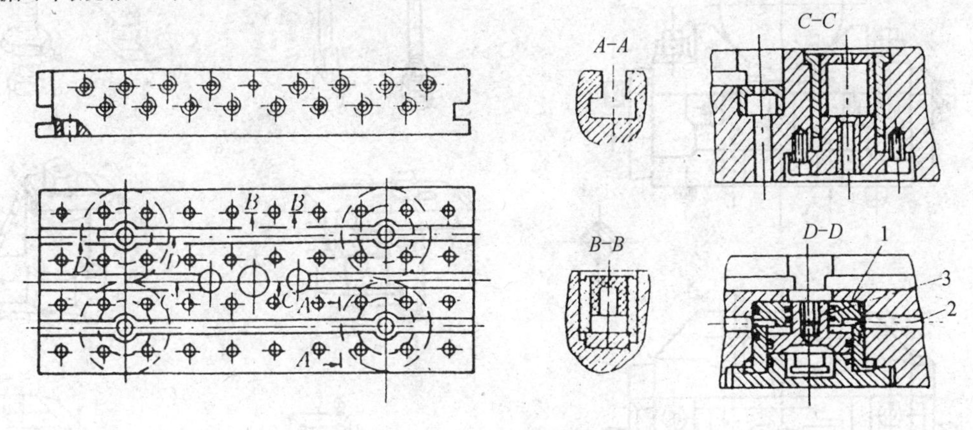

图 3-140　液压矩形基础板

1-油缸；　2-通用孔；　3-活塞

圆形基础板及基础角铁等的结构与组合夹具的相应元件大致相似，但与机床工作台连接时定位、夹紧等部位应有特殊考虑，如圆基础板两侧设有耳座(带 U 形槽)，底面还有两个定位孔以便与数控机床的工作台固定连接。

图 3-141 所示为拼装式夹具中常用的定位-支承合件及元件。可调支承的高度及支承的安装位置均可根据需要在基础板上调节。

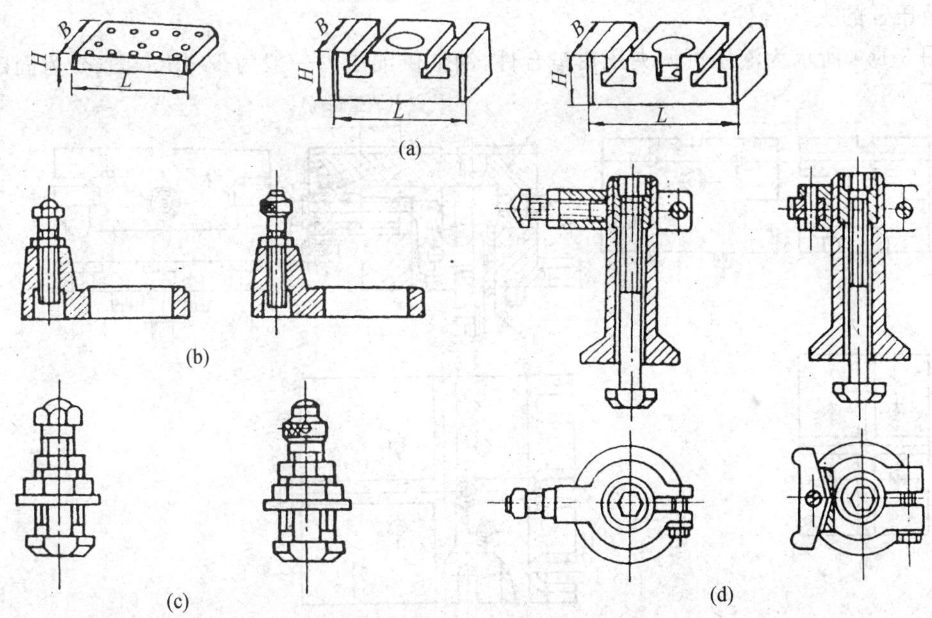

图 3-141　定位-支承合件及元件

(a) 支承板；　(b) 可移入式调长支承；　(c) T 形槽安装可调支承；　(d) 侧面可调支承

图 3-142 所示为可调 V 形块合件。其调节直径范围有 ϕ25mm～ϕ100mm 和ϕ40mm～ϕ160mm 两种，由左右螺纹的丝杆调节。V 形块底部有两个定位销(其中一个为削边销)以便于在基础上定位。

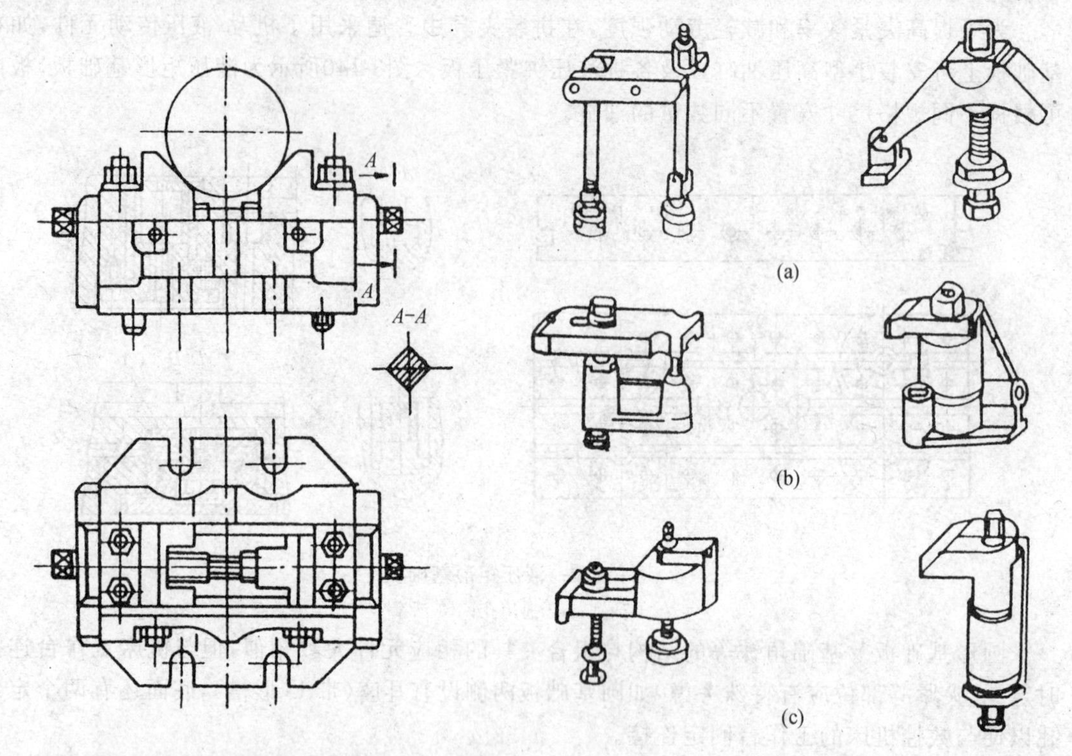

图 3-142　可调 V 形块合件　　　　图 3-143　可调夹压合件

图 3-143 所示为几种常用的可调夹压合件，图(a)为铰链式，图(b)为杠杆和钩形式，图(c)为带液压缸的夹压合件。

图 3-144 所示为液压可调夹压钳口合件，油缸供油压力一般为 10MPa，图(a)为固定钳口，

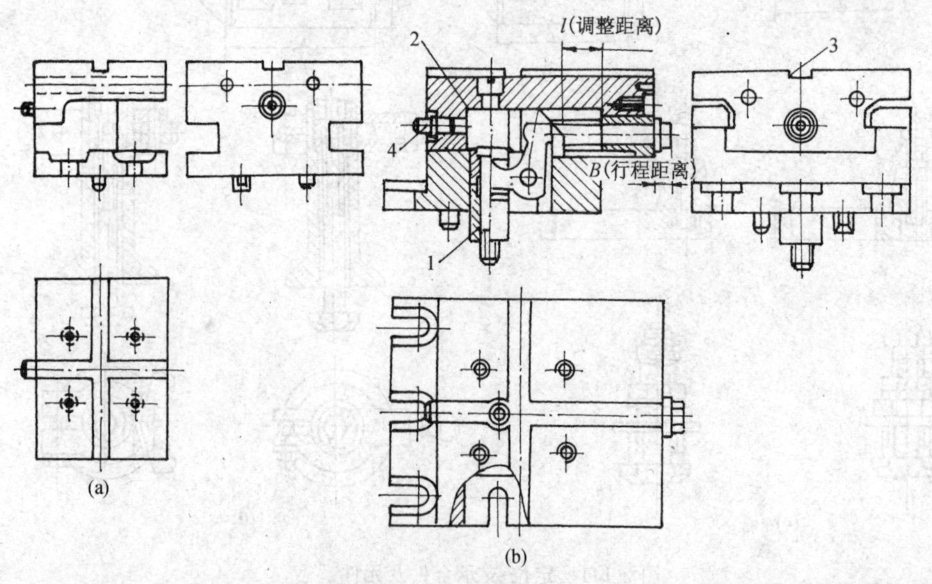

图 3-144　液压可调夹压钳口合件

图(b)为活动钳口。两种钳口均可通过一面两销与基础板定位并用螺钉紧固在基础板上。活动钳口内部装有动力杠杆1,经杠杆推动活动钳口2,两个钳口上表面和前表面都有定位槽3和定位销4,可根据工件形状安装不同形式的夹压元件和合件,活动钳口的调节量约为0～40mm。

以上介绍了拼装夹具的部分合件和元件,实际上一套拼装夹具的合件和元件总数一般均在1000件左右。

3.9.2 数控夹具

数控夹具是指夹具本身具有按数控程序使工件进行定位和夹紧的功能的一种夹具。在数控夹具上,工件一般采用一面两销定位,夹具上两个定位销之间的距离以及定位销插入和退出定位孔,均可按程序实现自动调节。距离的调节有按直角坐标平移方式、按极坐标回转方式及复合式三种(见图3-145)。

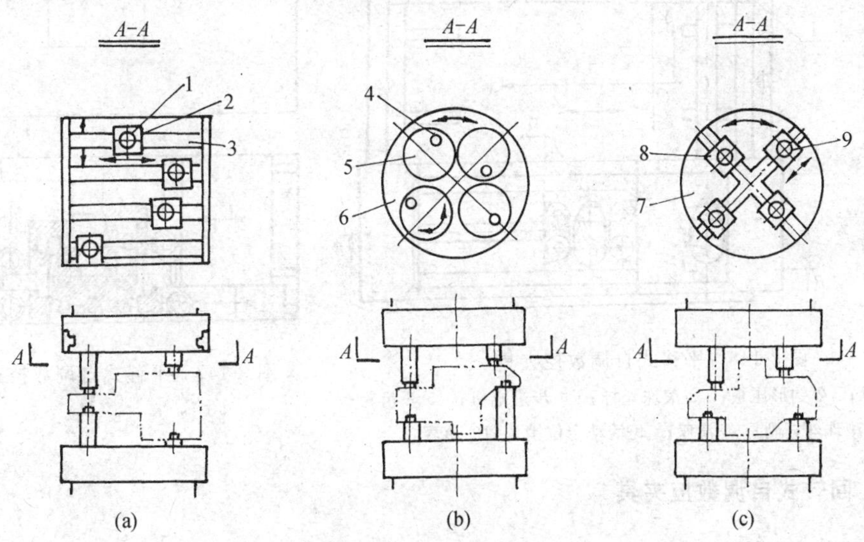

图3-145 数控夹具的调整示意图

(a) 平移式; (b) 回转式; (c) 复合式

1、4、9-定位或夹紧元件; 2-纵向移动元件; 3-横向移动元件; 5-回转轴; 6、7-回转台; 8-径向移动元件

3.9.2.1 平移式自调数控夹具

如图3-146所示,夹具上有四个固定支承,各支承的内部设有活动定位销9,工件以一面两孔定位。支承的上方有钩形(可回转)压板2,工作时根据需要可自动调节支承块及定位销间的距离。其中支承1固定不动,另外三个支承可沿 X 向或 Y 向由两套步进电机4(X 及 Y 方向各一个)通过齿轮5、6及滚珠丝杆副7传动滑座8,从而带动支承、定位销和钩形压板2以适应不同的定位和夹压位置要求。压板由液压传动实现自动夹紧。

图3-147所示为平移式自调数控夹紧装置。工件以一面两孔定位在回转工件台上,工件的三个侧面装有可沿 X、Y、Z 三轴线方向移动的夹紧元件和辅助支承件,各元件均可根据工件的形状和夹紧等的要求,单独由步进电机(或液压)传动按程序实现动作。

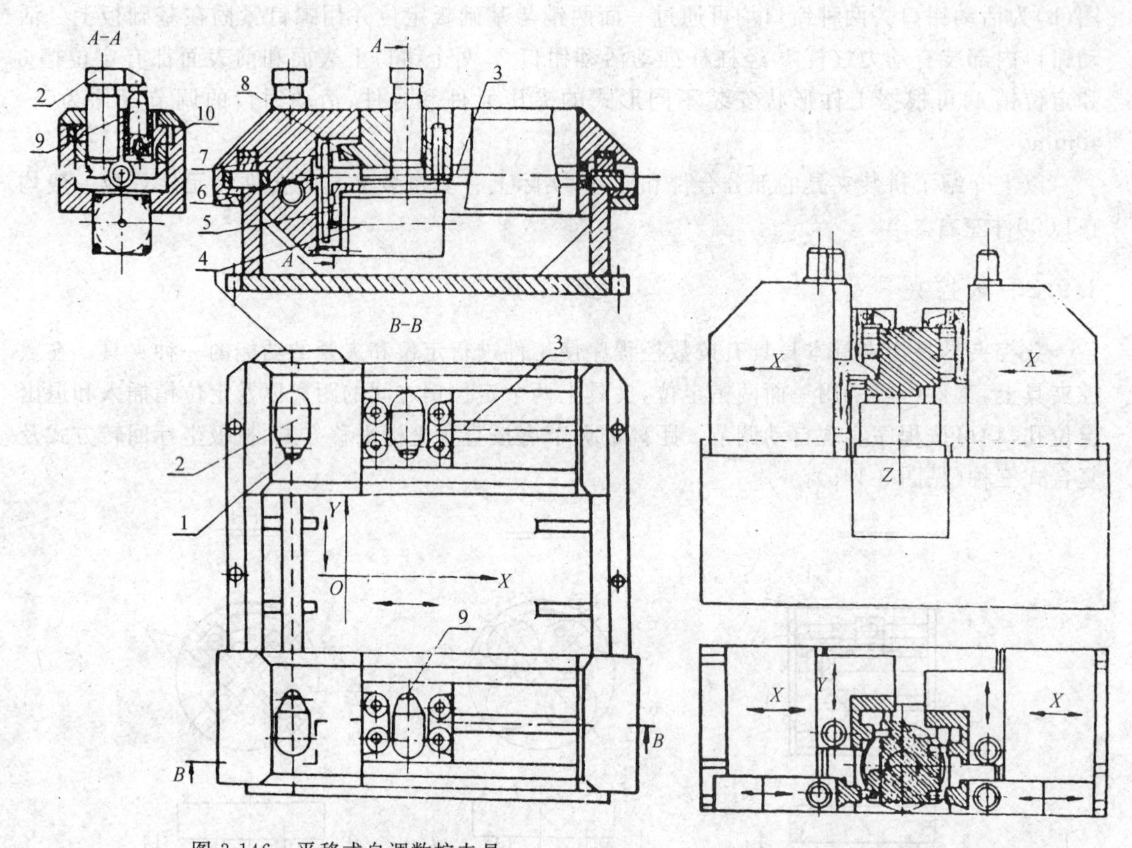

图 3-146　平移式自调数控夹具

1-定位支承；　2-钩形压板；　3-滚珠丝杆；　4-步进电机；　5、6-齿轮；

7-滚珠丝杆副；　8-滑座；　9-活动定位销；　10-弹簧

图 3-147　平移式自调数控夹紧装置

3.9.2.2　回转式自调数控夹具

如图 3-148 所示为回转式自调数控夹具外观图。工件以一面两孔定位安放在底面回转工作台上。必要时也可以底面及一侧面和一孔定位。回转工作台中有2～4 个偏心定位轴，轴端装有定位销，根据工件定位表面情况和工艺定位孔中心距大小，定位销轴可以通过工作台的回转(公转)与定位轴自转来调节到所需要适应的孔距。底面回转工作台的结构如图3-149所示，每个定位轴的回转调整，由步进电机 1，小蜗轮副 2 单独驱动。定位轴上下位置(高低)的调整则可通过步进电机 5、丝杆和螺母的传动实现。工件在被加工一个面以后的转位是通过大蜗轮副来实现。

为使工件定位稳定可靠，每个定位轴在调整后设有鼠牙盘式锁紧装置锁紧(见图3-149(b))，当需要回转调整时，先由油缸 12 使鼠牙盘 11 脱开，步进电机驱动小蜗轮副 2 和 3，使定位销 4 回转到所需的位置，调整范围见图(c)，然后油缸动作使鼠牙盘啮合达到锁紧状态。

装在夹具上方的夹紧装置 3(见图 3-148)，其回转动作与底面回转工作台结构的原理相同，夹紧工件的压杆动作由油缸 4 实现。

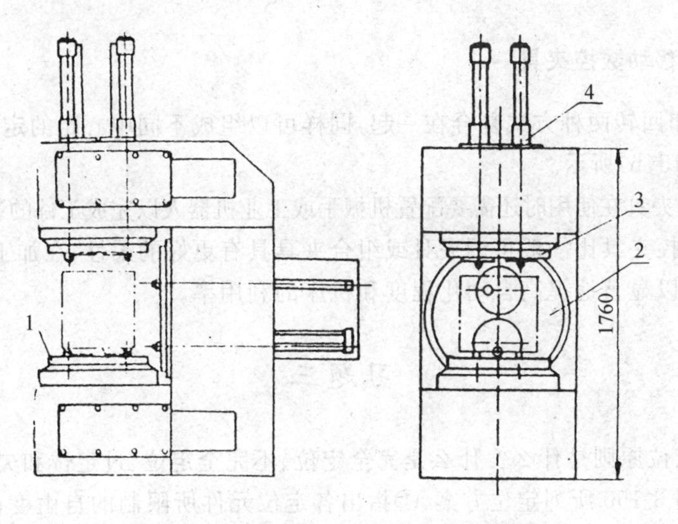

图 3-148　回转式自调数控夹具外观图

1-平定位转台； 2-侧定位转台； 3-夹紧转鼓； 4-夹紧油缸

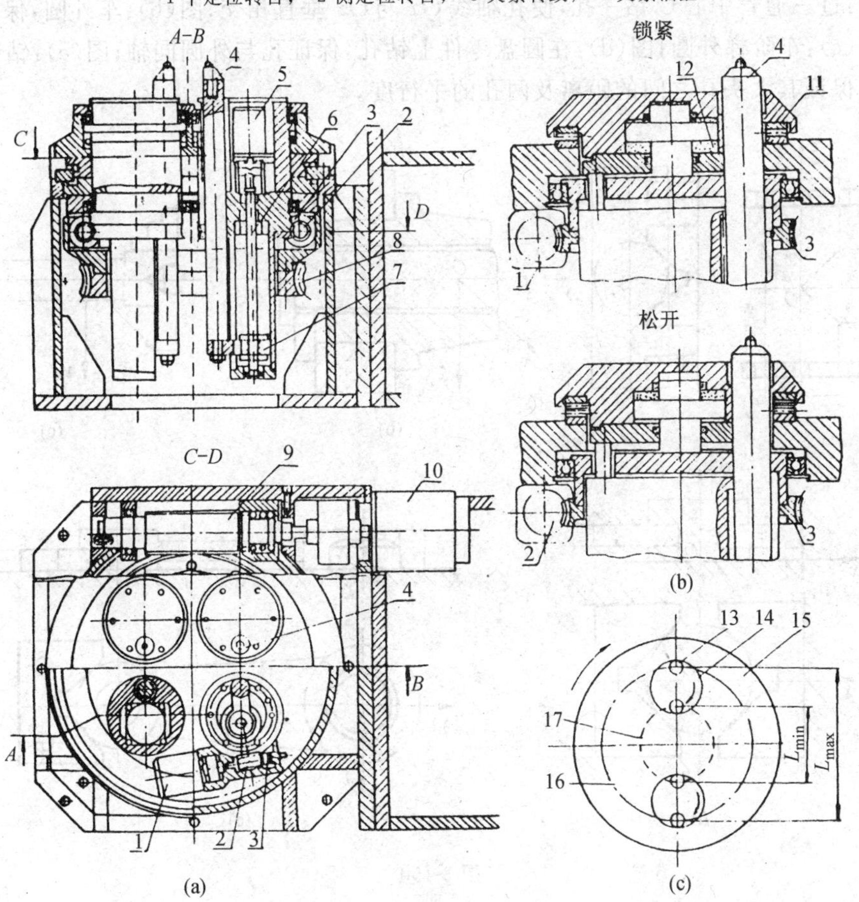

图 3-149　底部定位元件结构

1-步进电机； 2-蜗杆； 3-蜗轮； 4-定位轴； 5-步进电机； 6-丝杆； 7-螺母； 8-蜗轮； 9-蜗杆；
10-步进电机； 11-鼠牙盘； 12-油缸； 13-定位销； 14-回转轴； 15-回转台；
16-定位销中心距 L 最大变动范围； 17-定位销中心距 L 最小变动范围

3.9.2.3　复合式移动数控夹具

将直线移动和回转两种方式复合在一起，同样可以组成不同中心距的定位和夹紧装置，其工作原理如图3-145(b)所示。

以上三类数控夹具在使用时还需要配置机械手或工业机器人以完成工件的装卸和输送任务。

由上可知，数控夹具比一般可调夹具或组合夹具具有更好的柔性，在加工中心和柔性制造单元上使用时，可以显著地提高自动化程度和机床的利用率。

习题三

3-1　六点定位原则是什么？什么是完全定位、不完全定位、过定位和欠定位？

3-2　分析图 3-150 所列定位方案，①指出各定位元件所限制的自由度；②判断有无欠定位或过定位；③对不合理的定位方案提出改进意见。

图(a)：过三通管中心 O 钻一孔，使孔轴线 Ox 与 Oz 垂直相交；图(b)：车外圆，保证外圆内孔同轴；图(c)：车阶梯外圆；图(d)：在圆盘零件上钻孔，保证孔与外圆同轴；图(e)：钻铰链杆零件小头孔，保证其大头孔之间的距离及两孔的平行度。

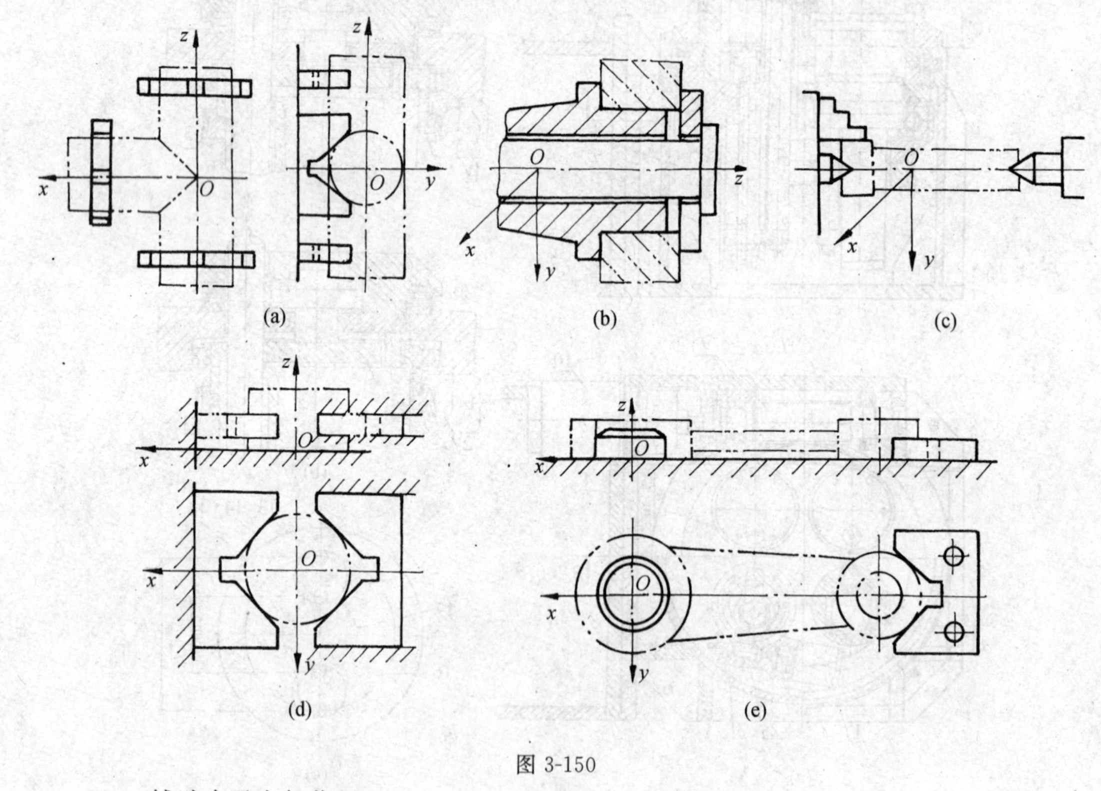

图 3-150

3-3　辅助支承有何作用？

3-4　试述基准定位原则，精基准的选择原则，粗基准的选择原则。

3-5　造成定位误差的原因是什么？

3-6　V 形块的限位基准在哪里？V 形块的定位高度怎样计算？

3-7　在图 3-151 所示套筒零件上铣键槽，要保证尺寸 $54^{0}_{-0.14}$ mm 及对称度。现有三种定位方案，分别如图(b)、(c)、(d)所示。试计算三种不同定位方案的定位误差，并从中选择最优方案(已知内孔与外圆的同轴度误差不大于0.02mm)。

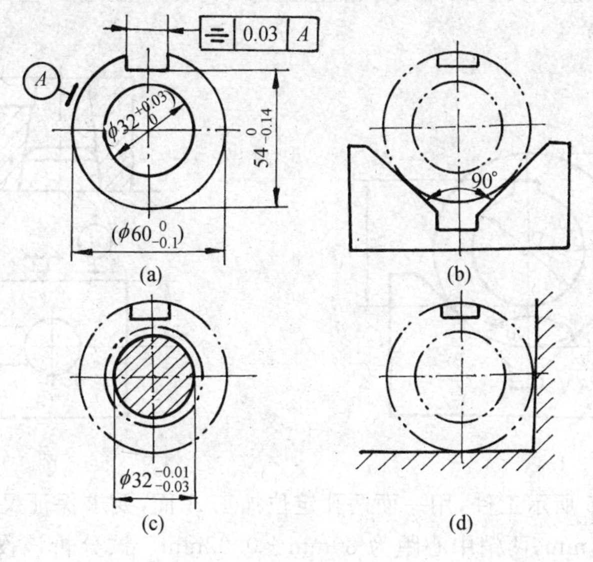

图 3-151

3-8　用图 3-152 所示定位方式在阶梯轴上铣轴，V 形块的 V 形角 $\alpha=90°$，试计算加工尺寸 74mm±0.1mm的定位误差。

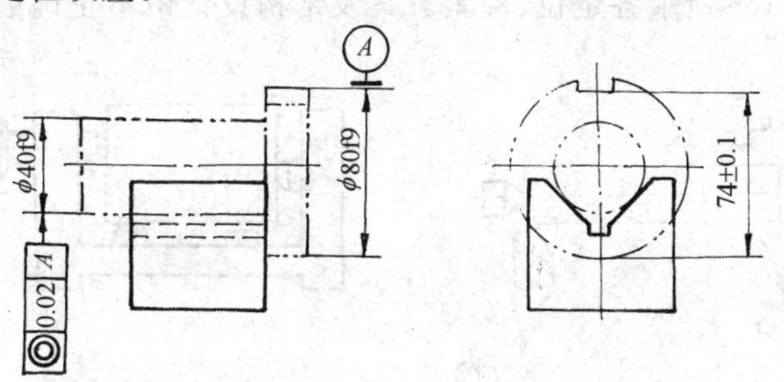

图 3-152

3-9　用图 3-153 所示的定位方式铣削连杆的两个侧面，计算加工尺寸 $12^{+0.3}_{0}$ mm 的定位误差。

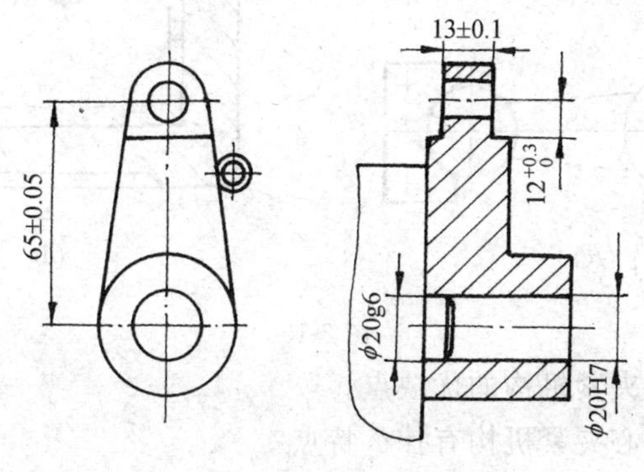

图 3-153

3-10　图 3-154 所示齿轮坯，内孔和外圆已加工合格（$d=80^{0}_{-0.1}$mm，$D=35^{+0.025}_{0}$mm），现在插床上用调整法加工内键槽，要求保证尺寸 $H=38.5^{+0.2}_{0}$mm。试分析采用图示定位法能否满足加工要求（定位误差不大于工件尺寸公差的 1/3）？若不能满足，应如何改进？（忽略外圆与内孔的同轴度误差）

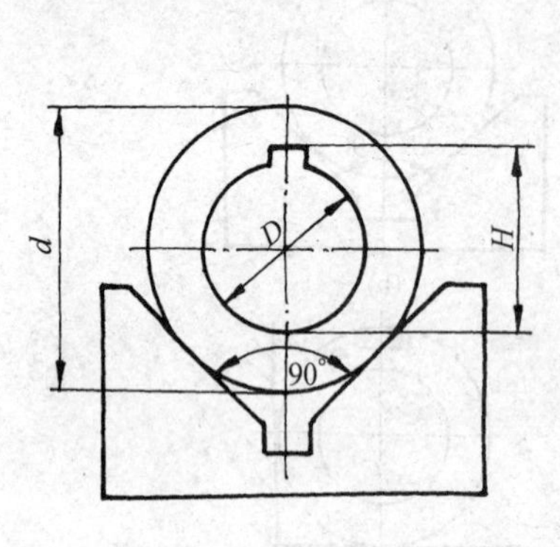

图 3-154

图 3-155

3-11　如图 3-155 所示工件，用一面两孔定位加工 A 面，要求保证尺寸 18mm±0.05mm。若两销直径为$\phi16^{-0.01}_{-0.02}$mm，两销中心距为 80mm±0.02mm。试分析该设计能否满足要求（要求工件安装无干涉现象，定位误差不大于工件加工尺寸公差的 1/2）？若满足不了，提出改进办法。

3-12　指出图 3-156 所示各定位、夹紧方案及结构设计中不正确的地方，并提出改进意见。

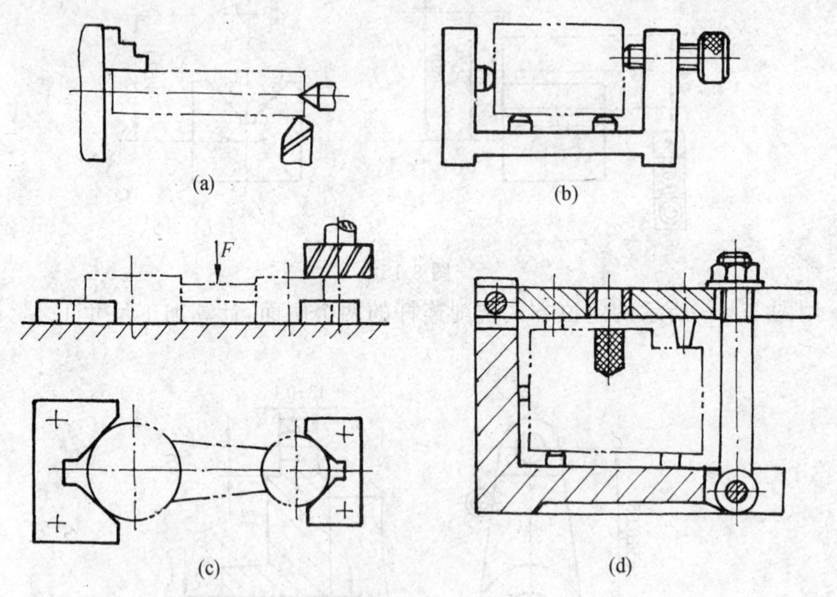

图 3-156

3-13　分析三种基本夹紧机构的优缺点。

3-14　何谓定心？定心夹紧机构有什么特点？

3-15　何谓联动夹紧机构？设计联动夹紧机构时应注意哪些问题？

3-16　工件在夹具中定位、夹紧的任务是什么？

3-17　分析图 3-157 所列零件加工时必须限制的自由度，选择定位基准和定位元件，并在图中示意画出；确定夹紧力作用点的位置和方向，并用规定的符号在图中标出。

图(a)：过球心钻一孔；图(b)：加工齿轮坯两端面，要求保证尺寸 A 与及两端面与内孔的垂直度；图(c)：在小轴孔上铣轴，保证尺寸 H 和 L；图(d)：过轴心钻通孔，保证尺寸；图(e)：在支座零件上加工两通孔，保证尺寸 A 和 H。

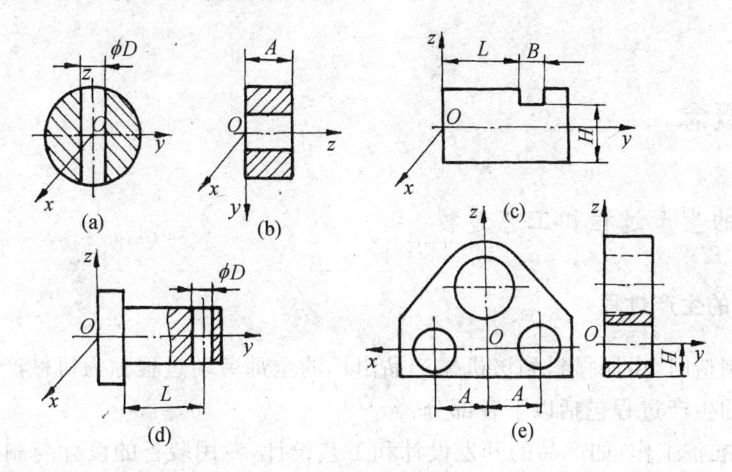

图 3-157

3-18　车床夹具与车床主轴的连接方式有哪几种？

3-19　试述铣床夹具的主要类型、铣床夹具的设计特点。

3-20　夹具总图上如何标注尺寸、公差、技术要求？

3-21　什么是组合夹具？试说明其工作原理、特点及应用范围。

3-22　组合夹具从结构形式及尺寸大小上分哪几种类型和系列？其组成元件有哪几类？各有何用途？

3-23　试述数控机床夹具设计的特点。

4　机械加工工艺基础

4.1　基本概念

4.1.1　机械的生产过程和工艺过程

4.1.1.1　机械的生产过程

机械产品制造时，由原材料到该机械产品出厂的全部劳动过程称为机械产品的生产过程。

机械产品的生产过程包括以下各部分：

① 生产的准备工作，如产品的开发设计和工艺设计，专用装备的设计与制造，各种生产的组织及其他生产所需物资的准备工作。

② 原材料及半成品的运输和保管。

③ 毛坯的制造过程，如铸造、锻造和冲压等。

④ 零件的各种加工过程，如机械加工、焊接、热处理和表面处理等。

⑤ 部件和产品的装配过程，包括组装、部装等。

⑥ 产品的检验、调试、油漆和包装等。

需指出的是：上述的“原材料”和“产品”的概念是相对的。一个工厂的“产品”可能是另一个工厂的“原材料”，而另一个工厂的“产品”又可能是其他工厂的“原材料”。因为在现代制造业中，生产专业化的程度越来越高，如汽车上的轮胎、仪表、电器元件、标准件等许多零件都是由其他专业厂生产的，汽车制造厂只生产一些关键部件和配套件，并最后装配成完整产品——汽车。

4.1.1.2　工艺过程

在机械产品的生产过程中，毛坯的制造、机械加工、热处理和装配等，这些与原材料变为成品直接有关的制造过程称为工艺过程。而在工艺过程中，用机械加工的方法直接改变毛坯形状、尺寸和表面质量，使之成为合格零件的那部分工艺过程称为机械加工工艺过程。

4.1.2　机械加工工艺过程的组成

机械加工工艺过程一般由一个或若干个工序组成。而工序又可分为安装、工位、工步和进给，它们按一定顺序排列，逐步改变毛坯的形状、尺寸和材料的性能，使之成为合格的零件。

4.1.2.1　工序

工序是指一个（或一组）工人，在一个工作地点（如一台设备）对一个（或同时对几个）工件所连续完成的那一部分工艺过程。

工序是工艺过程的基本单元，划分工序的主要依据是零件加工过程中工作地点(设备)是否变动，该工序的工艺过程是否连续完成。如图4-1所示的阶梯轴，在生产批量较小时其工序的划分如表4-1所示；加工批量较大时，可按表4-2划分工序。

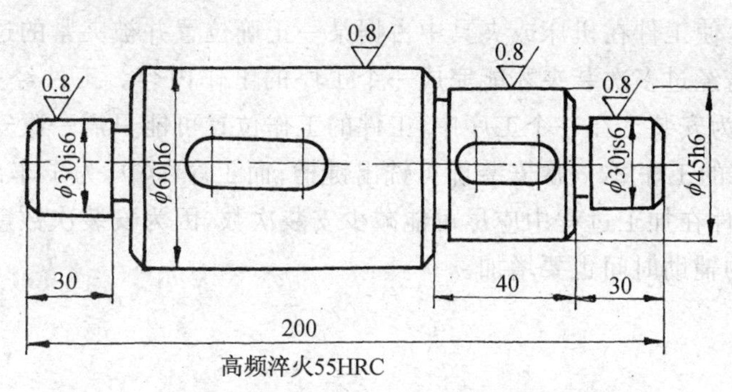

图 4-1　阶梯轴简图

表 4-1　阶梯轴加工工艺过程(生产批量较小时)

工序号	工 序 内 容	设　备
1	车端面，钻中心孔，车全部外圆，车槽与倒角	车床
2	铣键槽，去毛刺	铣床
3	粗磨各外圆	外圆磨床
4	热处理	高频淬火机
5	精磨外圆	外圆磨床

表 4-2　阶梯轴加工工艺过程(成批生产)

工序号	工 序 内 容	设　备
1	铣两端面，钻中心孔	铣端面钻中心孔专用机床
2	车一端外圆，车槽与倒角	车　床
3	车另一端外圆，车槽与倒角	车　床
4	铣键槽	铣床
5	去毛刺	钳工台
6	粗磨外圆	外圆磨床
7	热处理	高频淬火机
8	精磨外圆	外圆磨床

从表 4-1 和表 4-2 可以看出，当工作地点变动时，即构成另一工序；同时，在同一工序内所完成的工作必须是连续的，若不连续，则也构成另一工序。如表4-2中的工序 2 和工序 3，先将一批工件的一端全部车好，然后掉头在同一车床上再车这批工件的另一端，尽管工作地点没有变动，但对每一工件来说，两端的加工是不连续的，也应划分为两道不同工序。不过，在这种情况下，究竟是先将工件的两端全部车好再车另一阶梯轴，还是先将这批工件一端全部车好后再

分别车工件的另一端，对生产率和产品质量影响不大，可以由操作者自行决定，在工序的划分上有时也把它当作一道工序。

4.1.2.2 安装

在机械加工中，使工件在机床或夹具中占据某一正确位置并被夹紧的过程，称为装夹。有时，工件在机床上需经过多次装夹才能完成一个工序的工作内容。工件经一次装夹后所完成的那一部分工序称为安装。在一个工序中，工件的工作位置可能只需一次安装，也可能需要几次安装。例如表4-1的工序2，一次安装即可铣出键槽；而工序1中，为了车出全部外圆则最少需要两次安装。零件在加工过程中应尽可能减少安装次数，因为安装次数愈多，安装误差就愈大，而且安装工件的辅助时间也要增加。

4.1.2.3 工位

为了减少工件的安装次数，在大批量生产时，常采用各种回转工作台、回转夹具或移位夹具，使工件在一次安装中先后处于几个不同位置进行加工。工件在一次安装下相对于机床或刀具每占据一个加工位置所完成的那部分工艺过程称为工位。图4-2所示为一种用回转工作台在一次安装中顺次完成装卸工件、钻孔、扩孔和铰孔4个工位加工的实例。

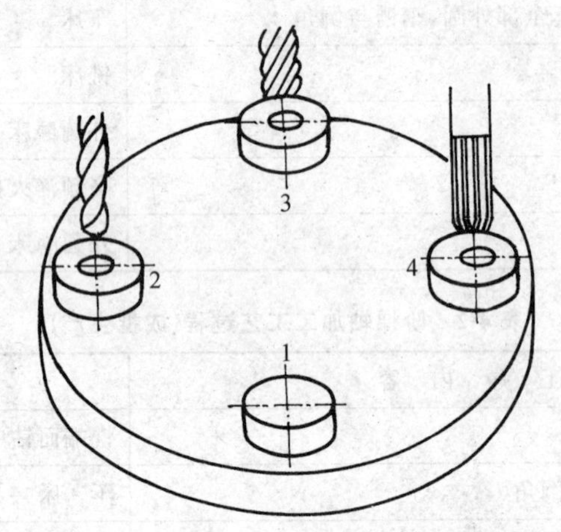

图 4-2 多工位加工

工位 1-装卸工件； 工位 2-钻孔； 工位 3-扩孔； 工位 4-铰孔

4.1.2.4 工步

工步是指加工表面(或装配时的连接面)和加工(或装配)工具不变的情况下，所连续完成的那一部分工序内容。划分工步的依据是加工表面和刀具是否变化。一道工序可以包括几个工步，也可以只包括1个工步。例如在表4-2的工序3中，包括车各外圆表面及车槽等工步。而工序4中采用键槽铣刀铣键槽时，就只包括1个工步。

构成工步的任一因素改变后，一般即为另一工步。但对于那些在一次安装中连续进行的若干相同工步，可简写成1个工步。有时为了提高生产率，用几把不同刀具同时加工几个不同表面，此类工步称为复合工步(见图4-3)。在工艺文件上，复合工步应视为1个工步。

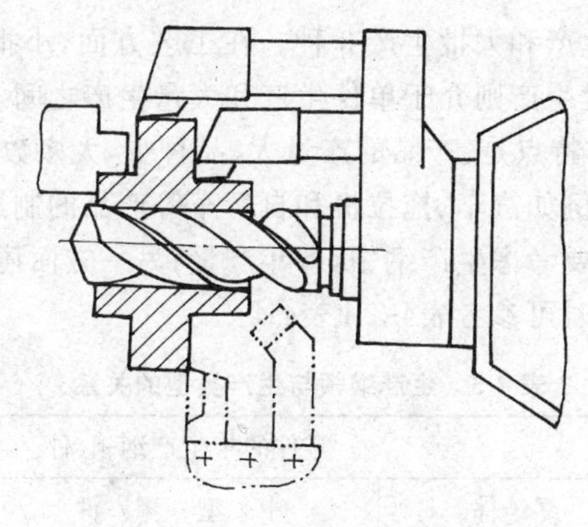

图 4-3　复合工步

4.1.2.5　进给

在 1 个工步内，若被加工表面要切除的金属层很厚，需要分几次切削，则每进行一次切削就是一次进给。

4.1.3　生产纲领与生产类型

机械产品的制造工艺不仅与产品的结构和技术要求有很大关系，而且也与企业的生产类型有很大关系，而企业的生产类型是由企业的生产纲领决定的。

4.1.3.1　生产纲领

企业在计划期内应当生产的产品产量和进度计划称为生产纲领。计划期常定为 1 年，所以年生产纲领也称年产量。零件的年生产纲领可按下式计算：

$$N = Qn(1+\alpha)(1+\beta)$$

式中：N—— 零件的年生产纲领(件/年)；

Q—— 产品的年产量(台/年)；

n—— 每台产品中该零件的数量(件/台)；

α—— 备品的百分率；

β—— 废品的百分率。

生产纲领的大小对生产组织和零件加工工艺过程起着重要的作用，它决定了各工序所需专业化和自动化的程度，决定了所应选用的工艺方法和工艺装备。

4.1.3.2　生产类型及其工艺特点

根据生产纲领的大小和产品品种的多少，机械制造业的生产类型可分为：单件生产、成批生产和大量生产 3 种类型。

① 单件生产　它的基本特点是：产品品种多，但同一产品的产量少，而且很少重复生产，各工作地加工对象经常改变。例如重型机械产品制造和新产品试制等都属于单件生产。

② 成批生产　它是分批地生产相同的零件，生产周期性重复。例如机床、机车、纺织机械等产品制造多属于成批生产。同一产品(或零件)每批投入生产的数量称为批量。批量可根据零件的年产量及 1 年中的生产批数计算确定。按照批量的大小和被加工零件的特征，成批生

产又可分为小批生产、中批生产和大批生产 3 种。在工艺方面，小批生产与单件生产相似，大批生产与大量生产相似，中批生产则介于单件生产和大量生产之间。

③ 大量生产　它的基本特点是：产品的产量大、品种少，大多数工作地长期重复地进行某一零件的某一工序的加工。例如汽车、拖拉机和自行车等产品的制造多属于大量生产。

生产类型的划分一方面要考虑生产纲领，即年产量；另一方面还必须考虑产品本身的大小和结构的复杂性。具体确定时可参考表4-3和表4-4。

表 4-3　生产纲领与生产类型的关系

生产类型	零件的年生产纲领/件		
	重型零件	中型零件	轻型零件
单件生产	<5	<10	<100
小批生产	5～100	10～200	100～500
中批生产	100～300	200～500	500～5 000
大批生产	300～1 000	500～5 000	5 000～50 000
大量生产	>1 000	>5 000	>50 000

表 4-4　不同机械产品的零件重量型别

机械产品类别	零件的质量/kg		
	轻型零件	中型零件	重型零件
电子机械	≤4	>4～30	>30
机床	≤15	>15～50	>50
重型机械	≤100	>100～2 000	>2 000

不同生产类型零件的加工工艺有很大的差异，产量大、产品固定时，有条件采用各种高生产率的专用机床和专用夹具，以提高劳动生产率和降低成本，但在产量小、产品品种多时，目前多采用通用机床和通用夹具，生产率较低；当采用数控机床加工时，生产率将有很大的提高。各种生产类型的工艺特征见表4-5。

随着技术进步和市场需求的变化，生产类型的划分正发生着深刻的变化，传统的大批量生产往往不能适应产品及时更新换代的需要，而单件小批生产的生产能力又跟不上市场之急需，因此各种生产类型都朝着生产过程柔性化的方向发展。成组技术（包括成组工艺、成组夹具）为这种柔性化生产提供了主要基础。

表 4-5　各种生产类型的工艺特征

工艺特征	生产类型		
	单件小批	中批	大批大量
零件的互换性	用修配法，钳工修配，缺乏互换性	大部分具有互换性，装配精度要求高时，灵活应用分组装配法和调整法，同时还保留某些修配法	具有广泛的互换性，少数装配精度较高，采用分组装配法和调整法

（续表）

工艺特征	生产类型		
	单件小批	中批	大批大量
毛坯的制造方法与加工余量	木模手工造型或自由锻造毛坯精度低，加工余量大	部分采用金属模铸造和模锻，毛坏精度和加工余量中等	广泛采用金属模机器造型、模锻或其他高效方法，毛坯精度高、加工余量小
机床设备及其布置形式	通用机床，按机床类别采用机群式布置	部分通用机床和高效机床按工件类别分工段排列设备	广泛采用高效专用机床及自动机床，按流水线和自动线排列设备
工艺装备	大多采用通用夹具、标准附件、通用刀具和万能量具，靠划线和试切法达到精度要求	广泛采用夹具，部分靠找正装夹达到精度要求，较多采用专用刀具和量具	广泛采用高效专用夹具、复合刀具、专用量具或自动检验装置，靠调整法达到精度要求
对工人技术要求	需技术水平较高的工人	需一般技术水平的工人	对调整工的技术水平要求较高，对操作工的技术水平要求较低
工艺文件	有工艺过程卡，关键工序的工序卡	有工艺过程卡，关键零件的工序卡	有工艺过程卡和工序卡，关键工序要调整卡和检验卡
成本	较高	中等	较低

4.2 机械加工工艺规程的制订

机械加工工艺规程是规定零件机械加工工艺过程和操作方法等的工艺文件之一，它是在具体的生产条件下，把较为合理的工艺过程和操作方法，按照规定的形式书写成工艺文件，经审批后用来指导生产。机械加工工艺规程一般包括以下内容：工件加工的工艺路线、各工序的具体内容及所用的设备和工艺装备、工件的检验项目及检验方法、切削用量、时间定额等。

4.2.1 机械加工工艺规程的作用

4.2.1.1 是指导生产的重要技术文件

工艺规程是依据工艺学原理和工艺试验，经过生产验证而确定的，是科学技术和生产经验的结晶。所以，它是获得合格产品的技术保证，是指导企业生产活动的重要文件。正因为这样，在生产中必须遵守工艺规程，否则常常会造成废品。但是，工艺规程也不是固定不变的，它可以根据生产实际情况进行修改，但必须要有严格的审批手续。

4.2.1.2 是生产组织和生产准备工作的依据

生产计划的制订，产品投产前原材料和毛坯的供应，工艺装备的设计、制造与采购，机床负荷的调整，作业计划的编排，劳动力的组织，工时定额的制订以及成本的核算等，都是以工艺规程作为基本依据的。

4.2.1.3 是新建和扩建工厂(车间)的技术依据

在新建和扩建工厂(车间)时,生产所需要的机床和其他设备的种类、数量和规格,车间的面积,机床的布置,生产工人的工种、技术等级及数量,辅助部门的安排等都以工艺规程为基础,根据生产类型来确定。除此以外,先进的工艺规程也起着推广和交流先进经验的作用,典型工艺规程可指导同类产品的生产。

4.2.2 工艺规程制订的原则

工艺规程制订的原则是优质、高效和低成本,即在保证产品质量的前提下,争取最好的经济效益。在具体制定时,还应注意下列问题:

4.2.2.1 技术上的先进性

在制订工艺规程时,要了解国内外本行业工艺技术的发展,通过必要的工艺试验,尽可能采用先进适用的工艺和工艺装备。

4.2.2.2 经济上的合理性

在一定的生产条件下,可能会出现几种能够保证零件技术要求的工艺方案。此时应通过成本核算或相互对比,选择经济上最合理的方案,使产品生产成本最低。

4.2.2.3 良好的劳动条件及避免环境污染

在制订工艺规程时,要注意保证工人操作时有良好而安全的劳动条件。因此,在工艺方案上要尽量采取机械化或自动化措施,以减轻工人繁重的体力劳动。同时,要符合国家环境保护法的有关规定,避免环境污染。

产品质量、生产率和经济性这三个方面有时相互矛盾,因此,合理的工艺规程应该处理好这些矛盾,体现这三者的统一。

4.2.3 制订工艺规程的原始资料

① 产品全套装配图和零件图。

② 产品验收的质量标准。

③ 产品的生产纲领(年产量)。

④ 毛坯资料。包括各种毛坯制造方法的技术经济特征;各种型材的品种和规格,毛坯图等;在无毛坯图的情况下,需实际了解毛坯的形状、尺寸及机械性能等。

⑤ 本厂的生产条件。为了使制订的工艺规程切实可行,一定要考虑本厂的生产条件。如了解毛坯的生产能力及技术水平;加工设备和工艺装备的规格及性能;工人技术水平以及专用设备与工艺装备的制造能力等。

⑥ 国内外先进工艺及生产技术发展情况。工艺规程的制订,要经常研究国内外有关工艺技术资料,积极引进适用的先进工艺技术,不断提高工艺水平,以获得最大的经济效益。

⑦ 有关的工艺手册及图册。

4.2.4　制订工艺规程的步骤

① 计算年生产纲领，确定生产类型。

② 分析零件图及产品装配图，对零件进行工艺分析。

③ 选择毛坯。

④ 拟订工艺路线。

⑤ 确定各工序的加工余量，计算工序尺寸及公差。

⑥ 确定各工序所用的设备及刀具、夹具、量具和辅助工具。

⑦ 确定切削用量及工时定额。

⑧ 确定各主要工序的技术要求及检验方法。

⑨ 填写工艺文件。

在制订工艺规程的过程中，往往要对前面已初步确定的内容进行调整，以提高经济效益。在执行工艺规程过程中，可能会出现前所未料的情况，如生产条件的变化，新技术、新工艺的引进，新材料、先进设备的应用等，都要求及时对工艺规程进行修订和完善。

4.2.5　工艺文件的格式

将工艺规程的内容，填入规定的卡片，即成为生产准备和施工依据的工艺文件。常用的工艺文件格式有下列几种：

4.2.5.1　综合工艺过程卡片

这种卡片以工序为单位，简要地列出了整个零件加工所经过的工艺路线（包括毛坯制造、机械加工和热处理等），它是制订其他工艺文件的基础，也是生产技术准备、编排作业计划和组织生产的依据。

在这种卡片中，由于各工序的说明不够具体，故一般不能直接指导工人操作，而多作生产管理方面使用。但是，在单件小批生产中，由于通常不编制其他较详细的工艺文件，因此以这种卡片指导生产。工艺过程卡片的格式见表4-6。

表 4-6　综合工艺过程卡片

<table>
<tr><td rowspan="4">厂名</td><td rowspan="4">综合工艺过程卡片</td><td colspan="2">产品名称及型号</td><td></td><td colspan="2">零件名称</td><td></td><td colspan="3">零件图号</td><td colspan="2"></td></tr>
<tr><td rowspan="3">材料</td><td>名称</td><td></td><td rowspan="2">毛坯</td><td>种类</td><td></td><td colspan="2" rowspan="2">零件重量
/kg</td><td>毛重</td><td></td><td>第　页</td></tr>
<tr><td>牌号</td><td></td><td>尺寸</td><td></td><td>净重</td><td></td><td>共　页</td></tr>
<tr><td>性能</td><td></td><td colspan="2">每料件数</td><td></td><td colspan="2">每台件数</td><td></td><td>每批件数</td><td></td></tr>
<tr><td rowspan="2">工序号</td><td colspan="3" rowspan="2">工　序　内　容</td><td rowspan="2">加工
车间</td><td colspan="2" rowspan="2">设备名称
及编号</td><td colspan="3">工艺装备名称及编号</td><td rowspan="2">工人技
术等级</td><td colspan="2">时间定额/min</td></tr>
<tr><td>夹具</td><td>刀具</td><td>量具</td><td>单件</td><td>准备-终结</td></tr>
<tr><td></td><td colspan="3"></td><td></td><td colspan="2"></td><td></td><td></td><td></td><td></td><td></td><td></td></tr>
<tr><td>更改内容</td><td colspan="12"></td></tr>
<tr><td>编　制</td><td></td><td>抄　写</td><td></td><td colspan="2">校　对</td><td></td><td colspan="2">审　核</td><td></td><td colspan="2">批　准</td><td></td></tr>
</table>

4.2.5.2　机械加工工序卡片

机械加工工序卡片是根据工艺卡片为每一道工序制订的。它更详细地说明整个零件各个工序的加工要求，是用来具体指导工人操作的工艺文件。在这种卡片上，要画出工序简图，注明该工序每一工步的内容、工艺参数、操作要求以及所用的设备和工艺装备。机械加工工序卡片的格式见表4-7。

表 4-7　机械加工工序卡片

<table>
<tr><td rowspan="2">工厂</td><td rowspan="2">机械加工
工序卡片</td><td>产品名称及型号</td><td>零件名称</td><td>零件图号</td><td>工序名称</td><td>工序号</td><td>第　页</td></tr>
<tr><td></td><td></td><td></td><td></td><td></td><td>共　页</td></tr>
</table>

<table>
<tr><td rowspan="6">（工序简图）</td><td>车间</td><td>工段</td><td>材料名称</td><td>材料牌号</td><td>力学性能</td></tr>
<tr><td></td><td></td><td></td><td></td><td></td></tr>
<tr><td>同时加工工件数</td><td>每料件数</td><td>技术等级</td><td>单件时间/min</td><td>准-终时间/min</td></tr>
<tr><td></td><td></td><td></td><td></td><td></td></tr>
<tr><td>设备名称</td><td>设备编号</td><td>夹具名称</td><td>夹具编号</td><td>切削液</td></tr>
<tr><td></td><td></td><td></td><td></td><td></td></tr>
</table>

<table>
<tr><td rowspan="2">工步号</td><td rowspan="2">工步内容</td><td rowspan="2">进给
次数</td><td colspan="3">切削用量</td><td colspan="2">时间定额/min</td><td colspan="4">工艺装备</td></tr>
<tr><td>切削深度
/mm</td><td>进给量
$/(mm\cdot r^{-1})$</td><td>切削速度
$/(m\cdot min^{-1})$</td><td>基本
时间</td><td>辅助
时间</td><td>名称</td><td>规格</td><td>编号</td><td>数量</td></tr>
<tr><td></td><td></td><td></td><td></td><td></td><td></td><td></td><td></td><td></td><td></td><td></td><td></td></tr>
</table>

<table>
<tr><td>编　制</td><td></td><td>抄　写</td><td></td><td>校　对</td><td></td><td>审　核</td><td></td><td>批　准</td><td></td></tr>
</table>

4.2.6　零件图分析

在制订零件的机械加工工艺规程时，首先要对照产品装配图分析零件的零件图，明确零件在产品中的位置、作用及相关零件的位置关系，然后着重对零件进行结构分析和技术要求的分析。

4.2.6.1　零件结构分析

零件的结构分析主要包括以下三方面：

① 零件表面的组成和基本类型。尽管组成零件的结构多种多样，但从形体上加以分析，都是由一些基本表面和特形表面组成的。基本表面有内外圆柱表面、圆锥表面和平面等；特形表面主要有螺旋面、渐开线齿形表面、圆弧面（如球面）等。在零件结构分析时，根据机械零件不同表面的组合形成零件结构上的特点，就可选择与其相适应的加工方法和加工路线，例如外圆表面通常由车削或磨削加工；内孔表面则通过钻、扩、铰、镗和磨削等加工方法获得。

机械零件不同表面的组合形成零件结构上的特点。在机械制造中，通常按零件结构和工艺过程的相似性，将各类零件大致分为轴类零件、套类零件、箱体类零件、齿轮类零件和叉架类零件等。

② 主要表面与次要表面区分。根据零件各加工表面技术要求的不同，可以将零件的加工表面划分为主要加工表面和次要加工表面，这样，就能在工艺路线拟定时，做到主次分开以保证主要表面的加工精度。

③ 零件的结构工艺性。所谓零件的结构工艺性是指零件在满足使用要求的前提下，制造该零件的可行性和经济性。功能相同的零件，其结构工艺性可以有很大差异。所谓结构工艺

性好，是指在现有工艺条件下，既制造方便，制造成本又较低。

4.2.6.2 零件的技术要求分析

零件图样上的技术要求，既要满足设计要求，又要便于加工，而且齐全和合理。其技术要求包括下列几个方面：

① 加工表面的尺寸精度、形状精度和表面质量；

② 各加工表面之间的相互位置精度；

③ 工件的热处理和其他要求，如动平衡、镀铬处理、去磁等。

零件的尺寸精度、形状精度、位置精度和表面粗糙度的要求，对确定机械加工工艺方案和生产成本影响很大。因此，必须认真审查，以避免过高的要求使加工工艺复杂化和增加不必要的费用。

在认真分析了零件的技术要求后，结合零件的结构特点，对零件的加工工艺过程便有一个初步的轮廓。加工表面的尺寸精度、表面粗糙度和有无热处理要求，决定了该表面的最终加工方法，进而得出中间工序和粗加工工序所采用的加工方法。如，轴类零件上IT7级精度、表面粗糙度$R_a 1.6\mu m$的轴颈表面，若不淬火，可用粗车、半精车、精车最终完成；若淬火，则最终加工方法选磨削，磨削前可采用粗车、半精车（或精车）等方法加工。表面间的相互位置精度，基本上决定了各表面的加工顺序。

4.2.7 毛坯的选择

毛坯的确定，不仅影响毛坯制造的经济性，而且影响机械加工的经济性。所以在确定毛坯时，既要考虑热加工方面的因素，也要兼顾冷加工方面的要求，以便从确定毛坯这一环节中，降低零件的制造成本。

4.2.7.1 机械加工中常用毛坯的种类

毛坯的种类很多，同一种毛坯又有多种制造方法，机械制造中常用的毛坯有以下几种：

① 铸件。形状复杂的零件毛坯，宜采用铸造方法制造。目前铸件大多用砂型铸造，它又分为木模手工造型和金属模机器造型。木模手工造型铸件精度低，毛坯的加工表面余量大，生产率低，适用于单件小批生产或大型零件的铸造。金属模机器造型生产率高，铸件精度高，但设备费用高，铸件的重量也受到限制，适用于大批量生产的中小铸件。其次，少量质量要求较高的小型铸件可采用特种铸造（如压力铸造、离心铸造和熔模铸造等）。

② 锻件。机械强度要求高的钢制件，一般要用锻件毛坯。锻件有自由锻造锻件和模锻件两种。自由锻造锻件可用手工锻打（小型毛坯）、机械锤锻（中型毛坯）或压力机压锻（大型毛坯）等方法获得。这种锻件的精度低，生产率不高，加工余量较大，而且零件的结构必须简单，适用于单件和小批生产，以及制造大型锻件。

模锻件的精度和表面质量都比自由锻件好，而且锻件的形状也可较为复杂，因而能减小机械加工余量。模锻的生产率比自由锻高得多，但需要特殊的设备和锻模，故适用于批量较大的中小型锻件。

③ 型材。型材按截面形状可分为：圆钢、方钢、六角钢、扁钢、角钢、槽钢及其他特殊截面的型材。型材有热轧和冷拉两类。热轧的型材精度低，但价格便宜，用于一般零件的毛坯；冷

拉的型材尺寸较小、精度高，易于实现自动送料，但价格较高，多用于批量较大的生产，适用于自动机床加工。

④ 焊接件。焊接件是用焊接方法而获得的结合件，焊接件的优点是制造简单、周期短、节省材料，缺点是抗振性差，焊后变形大，需经时效处理后才能进行机械加工。

除此之外，还有冲压件、冷挤压件、粉末冶金等其他毛坯。

4.2.7.2 毛坯种类选择中应注意的问题

① 零件材料及其力学性能。零件的材料大致确定了毛坯的种类。例如，材料为铸铁和青铜的零件应选择铸件毛坯；钢质零件形状不复杂，力学性能要求不太高时可选型材；重要的钢质零件，为保证其力学性能，应选择锻件毛坯。

② 零件的结构形状与外形尺寸。形状复杂的毛坯，一般用铸造方法制造。薄壁零件不宜用砂型铸造；中小型零件可考虑用先进的铸造方法；大型零件可用砂型铸造。一般用途的阶梯轴，如各阶梯直径相差不大，可用圆棒料；如各阶梯直径相差较大，为减少材料消耗和机械加工的劳动量，则宜选择锻件毛坯。尺寸大的零件一般选择自由锻造；中小型零件可选择模锻件；一些小型零件可做成整体毛坯。

③ 生产类型。大量生产的零件应选择精度和生产率都比较高的毛坯制造方法，如铸件采用金属模机器造型或精密铸造；锻件采用模锻、精锻；型材采用冷轧或冷拉型材；零件产量较小时应选择精度和生产率较低的毛坯制造方法。

④ 现有生产条件。确定毛坯的种类及制造方法，必须考虑具体的生产条件，如毛坯制造的工艺水平，设备状况以及对外协作的可能性等。

⑤ 充分考虑利用新工艺、新技术和新材料。随着机械制造技术的发展，毛坯制造方面的新工艺、新技术和新材料的应用也发展很快。如精铸、精锻、冷挤压、粉末冶金和工程塑料等在机械中的应用日益增加。采用这些方法大大减少了机械加工量，有时甚至可以不再进行机械加工就能达到加工要求，其经济效益非常显著。我们在选择毛坯时应给予充分考虑，在可能的条件下尽量采用。

4.2.7.3 毛坯形状和尺寸的确定

毛坯的形状和尺寸，基本上取决于零件的形状和尺寸。零件和毛坯的主要差别，在于在零件需要加工的表面上，加上一定的机械加工余量，即毛坯加工余量。毛坯制造时，同样会产生误差，毛坯制造的尺寸公差称为毛坯公差。毛坯加工余量和公差的大小，直接影响机械加工的劳动量和原材料的消耗，从而影响产品的制造成本，所以现代机械制造的发展趋势之一，便是通过毛坯精化，使毛坯的形状和尺寸尽量和零件一致，力求作到少、无切削加工。毛坯加工余量和公差的大小，与毛坯的制造方法有关，生产中可参考有关工艺设计手册或有关企业、行业标准来确定。

在确定了毛坯加工余量以后，毛坯的形状和尺寸，除了将毛坯加工余量附加在零件相应的加工表面上外，还要考虑毛坯制造、机械加工和热处理等多方面工艺因素的影响。

在确定了毛坯种类、形状和尺寸后，还应绘制一张毛坯图，作为毛坯生产单位的产品图样。绘制毛坯图，是在零件图的基础上，在相应的加工表面上加上毛坯余量。但绘制时还要考虑毛坯的具体制造条件，如铸件上的孔、锻件上的孔和空档、法兰等的最小铸出和锻出条件；铸件和锻件表面的起模斜度(拔模斜度)和圆角;分型面和分模面的位置等。并用双点划线在毛坯图中表示出零件的表面,以区别加工表面和非加工表面。除了图中表示的尺寸、精度外,还应在图上写明具体的技术要求,如未注圆角、起模斜度、热处理要求、组织要求、表面质量及硬度要求等。

4.3 工艺路线的拟订

工艺路线的拟订是制订工艺规程的关键,它制订得是否合理,直接影响到工艺规程的合理性、科学性和经济性。工艺路线拟订的主要任务是选择各个表面的加工方法和加工方案、确定各个表面的加工顺序以及工序集中与分散的程度、合理选用机床和刀具、检具,确定所用夹具的大致结构等。关于工艺路线的拟订,经过长期的生产实践已总结出一些带有普遍性的工艺设计原则,但在具体拟订时,特别要注意根据生产实际灵活应用。

4.3.1 表面加工方案的选择

4.3.1.1 各种加工方法所能达到的经济精度及表面粗糙度

为了正确选择表面加工方法,首先应了解各种加工方法的特点和掌握加工经济精度的概念。所谓加工经济精度是指在正常的加工条件下(采用符合质量的标准设备,工艺装备和标准技术等级的工人,不延长加工时间)所能保证的加工精度。

各种加工方法所能达到的加工经济精度和表面粗糙度,以及各种典型表面的加工方案已制成表格,在机械加工手册中都能查到。表4-8、表4-9、表4-10中分别摘录了外圆、平面和内孔等典型表面的加工方法和加工方案以及所能达到的加工经济精度和表面粗糙度,供选用时参考。这里要指出的是,加工经济精度的数值并不是一成不变的,随着科学技术的发展,工艺技术的改进,加工经济精度会逐步提高。

表 4-8 外圆柱面加工方案

序号	加工方法	经济精度(公差等级表示)	表面粗糙度值 $R_a/\mu m$	适用范围
1	粗车	IT11～13	10～50	适用于淬火钢以外的各种金属
2	粗车－半精车	IT8～10	2.5～6.3	
3	粗车－半精车－精车	IT7～8	0.8～1.6	
4	粗车－半精车－精车－滚压(或抛光)	IT7～8	0.025～0.2	
5	粗车－半精车－磨削	IT7～8	0.4～0.8	主要用于淬火钢,也可用于未淬火钢,但不宜加工有色金属
6	粗车－半精车－粗磨－精磨	IT6～7	0.1～0.4	
7	粗车－半精车－粗磨－精磨－超精加工(或轮式超精磨)	IT5	0.012～0.1(或 R_z0.1)	
8	粗车－半精车－精车－精细车(金刚石车)	IT6～7	0.025～0.4	主要用于要求较高的有色金属加工
9	粗车－半精车－粗磨－精磨－超精磨(或镜面磨)	IT5 以上	0.006～0.025(或 R_z0.05)	极高精度的外圆加工
10	粗车－半精车－粗磨－精磨－研磨	IT5 以上	0.006～0.1(或 R_z0.05)	

表 4-9 平面加工方案

序号	加工方法	经济精度(公差等级表示)	表面粗糙度值 $R_a/\mu m$	适用范围
1	粗车	IT11～13	12.5～50	端面
2	粗车－半精车	IT8～10	3.2～6.3	
3	粗车－半精车－精车	IT7～8	0.8～1.6	
4	粗车－半精车－磨削	IT6～8	0.2～0.8	
5	粗刨(或粗铣)	IT11～13	6.3～25	一般不淬硬平面(端铣表面粗糙度 R_a 值较小)
6	粗刨(或粗铣)－精刨(或精铣)	IT8～10	1.6～6.3	
7	粗刨(或粗铣)－精刨(或精铣)－刮研	IT6～7	0.1～0.8	精度要求较高的不淬硬平面,批量较大时宜采用宽刃精刨方案
8	以宽刃精刨代替上述刮研	IT7	0.2～0.8	
9	粗刨(或粗铣)－精刨(或精铣)－磨削	IT7	0.2～0.8	精度要求高的淬硬平面或不淬硬平面
10	粗刨(或粗铣)－精刨(或精铣)－粗磨－精磨	IT6～7	0.025～0.4	
11	粗铣－拉	IT7～9	0.2～0.8	大量生产,较小的平面(精度视拉刀精度而定)
12	粗铣－精铣－磨削－研磨	IT5 以上	0.006～0.1(或 R_z0.05)	高精度平面

表 4-10 孔加工方案

序号	加工方法	经济精度(公差等级表示)	表面粗糙度值 $R_a/\mu m$	适用范围
1	钻	IT11～13	12.5	加工未淬火钢及铸铁的实心毛坯,也可用于加工有色金属,孔径小于15～20mm
2	钻－铰	IT8～10	1.6～6.3	
3	钻－粗铰－精铰	IT7～8	0.8～1.6	
4	钻－扩	IT10～11	6.3～12.5	加工未淬火钢及铸铁的实心毛坯,也可用于加工有色金属,孔径大于15～20mm
5	钻－扩－铰	IT8～9	1.6～3.2	
6	钻－扩－粗铰－精铰	IT7	0.8～1.6	
7	钻－扩－机铰－手铰	IT6～7	0.2～0.4	
8	钻－扩－拉	IT7～9	0.1～1.6	大批大量生产(精度由拉刀的精度而定)
9	粗镗(或扩孔)	IT11～13	6.3～12.5	除淬火钢外各种材料,毛坯有铸出孔或锻出孔
10	粗镗(粗扩)－半精镗(精扩)	IT9～10	1.6～3.2	
11	粗镗(粗扩)－半精镗(精扩)－精镗(铰)	IT7～8	0.8～1.6	
12	粗镗(粗扩)－半精镗(精扩)－精镗－浮动镗刀精镗	IT6～7	0.4～0.8	
13	粗镗(扩)－半精镗－磨孔	IT7～8	0.2～0.8	主要用于淬火钢,也可用于未淬钢,但不宜用于有色金属
14	粗镗(扩)－半精镗－粗磨－精磨	IT6～7	0.1～0.2	
15	粗镗－半精镗－精镗－精细镗(金刚镗)	IT6～7	0.05～0.4	主要用于精度要求高的有色金属

（续表）

序号	加 工 方 法	经济精度（公差等级表示）	表面粗糙度值 $R_a/\mu m$	适 用 范 围
16	钻－(扩)－粗铰－精铰－珩磨；钻－(扩)－拉－珩磨；粗镗－半精镗－精镗－珩磨	IT6～7	0.025～0.2	精度要求很高的孔
17	以研磨代替上述方法中的珩磨	IT5～6	0.006～0.1	

4.3.1.2 选择表面加工方案时考虑的因素

选择表面加工方案，一般是根据经验或查表来确定，再结合实际情况或工艺试验进行修改。表面加工方案的选择，应同时满足加工质量、生产率和经济性等方面的要求，具体选择时应考虑以下几方面的因素：

(1) 选择能获得相应经济精度的加工方法　例如加工精度为IT7，表面粗糙度为 R_a 0.4μm 的外圆柱面，通过精细车削是可以达到要求的，但不如磨削经济。

(2) 零件材料的可加工性能　例如淬火钢的精加工要用磨削，有色金属圆柱面的精加工为避免磨削时堵塞砂轮，则要用高速精细车或精细镗(金刚镗)。

(3) 工件的结构形状和尺寸大小　例如对于加工精度要求为IT7的孔，采用镗削、铰削、拉削和磨削均可达到要求。但箱体上的孔，一般不宜选用拉孔或磨孔，而宜选择镗孔(大孔)或铰孔(小孔)。

(4) 生产类型　大批量生产时，应采用高效率的先进工艺，例如用拉削方法加工孔和平面，用组合铣削或磨削同时加工几个表面，对于复杂的表面采用数控机床及加工中心等；单件小批生产时，宜采用刨削，铣削平面和钻、扩、铰孔等加工方法，避免盲目地采用高效加工方法和专用设备而造成经济损失。

(5) 现有生产条件　充分利用现有设备和工艺手段，发挥工人的创造性，挖掘企业潜力，创造经济效益。

4.3.2 加工阶段的划分

4.3.2.1 划分方法

零件的加工质量要求较高时，都应划分加工阶段。一般划分为粗加工、半精加工和精加工三个阶段。如果零件要求的精度特别高，表面粗糙度值很低时，还应增加光整加工和超精密加工阶段。各加工阶段的主要任务是：

(1) 粗加工阶段　主要任务是切除毛坯上各加工表面的大部分加工余量，使毛坯在形状和尺寸上接近零件成品。因此，应采取措施尽可能提高生产率。同时要为半精加工阶段提供精基准，并留有充分均匀的加工余量，为后续工序创造有利条件。

(2) 半精加工阶段　达到一定的精度要求，并保证留有一定的加工余量，为主要表面的精加工作准备。同时完成一些次要表面的加工(如紧固孔的钻削，攻螺纹，铣键槽等)。

(3) 精加工阶段　主要任务是保证零件各主要表面达到图纸规定的技术要求。

(4) 光整加工阶段　对精度要求很高(IT6以上)、表面粗糙度很小(小于 R_a0.2μm)的零件,需安排光整加工阶段。其主要任务是减小表面粗糙度或进一步提高尺寸精度和形状精度。

4.3.2.2 划分加工阶段的原因

(1) 保证加工质量的需要　零件在粗加工时,由于要切除掉大量金属,因而会产生较大的切削力和切削热,同时也需要较大的夹紧力,在这些力和热的作用下,零件会产生较大的变形。而且经过粗加工后零件的内应力要重新分布,也会使零件发生变形。如果不划分加工阶段而连续加工,就无法避免和修正上述原因所引起的加工误差。加工阶段划分后,粗加工造成的误差,通过半精加工和精加工可以得到修正,并逐步提高零件的加工精度和表面质量,保证了零件的加工要求。

(2) 合理使用机床设备的需要　粗加工一般要求功率大,刚性好,生产率高而精度不高的机床设备。而精加工需采用精度高的机床设备,划分加工阶段后就可以充分发挥粗、精加工设备各自优势,避免以粗干精,做到合理使用设备。这样不但提高了粗加工的生产效率,而且也有利于保持精加工设备的精度和延长使用寿命。

(3) 及时发现毛坯缺陷　毛坯上的各种缺陷(如气孔、砂眼、夹渣或加工余量不足等),在粗加工后即可被发现,便于及时修补或决定报废,以免继续加工后造成工时和加工费用的浪费。

(4) 便于安排热处理工序　热处理工序使加工过程划分成几个阶段,如精密主轴在粗加工后进行去除应力的人工时效处理,半精加工后进行淬火,精加工后进行低温回火和冰冷处理,最后再进行光整加工。这几次热处理就把整个加工过程划分为粗加工——半精加工——精加工——光整加工阶段。

在零件工艺路线拟订时,一般应遵守划分加工阶段这一原则,但具体应用时还要根据零件的情况灵活处理,例如对于精度和表面质量要求较低而工件刚性足够、毛坯精度较高、加工余量小的工件,可不划分加工阶段。又如对一些刚性好的重型零件,由于装夹吊运很费时,也往往不划分加工阶段而在一次安装中完成粗精加工。

还需指出的是,将工艺过程划分成几个加工阶段是对整个零件加工过程而言的,各个加工部位的不同加工阶段可以互相穿插安排,不能单纯从某一表面的加工或某一工序的性质来判断。例如工件的定位基准,在半精加工阶段甚至在粗加工阶段就需要加工得很准确,而在精加工阶段中安排某些钻孔之类的粗加工工序也是常有的。

4.3.3 工序的划分

工序集中就是零件的加工集中在少数工序内完成,而每一道工序的加工内容却比较多;工序分散则相反,整个工艺过程中工序数量多,而每一道工序的加工内容则比较少。

4.3.3.1 工序集中的特点

① 有利于采用高生产率的专用设备和工艺装备,如采用多刀多刃、多轴机床、数控机床和加工中心等,从而大大提高生产率。

② 减少了工序数目,缩短了工艺路线,从而简化了生产计划和生产组织工作。

③ 减少了设备数量,相应地减少了操作工人和生产面积。

④ 减少了工件安装次数,不仅缩短了辅助时间,而且在一次安装下能加工较多的表面,也易于保证这些表面的相对位置精度。

⑤ 专用设备和工艺装备复杂，生产准备工作和投资都比较大，尤其是转换新产品比较困难。

4.3.3.2 工序分散的特点

① 设备和工艺装备结构都比较简单，调整方便，对工人的技术水平要求低。

② 可采用最有利的切削用量，减少机动时间。

③ 容易适应生产产品的变换。

④ 设备数量多，操作工人多，占用生产面积大。

工序集中和工序分散各有特点，在拟订工艺路线时，工序是集中还是分散，即工序数量是多还是少，主要取决于生产规模和零件的结构特点及技术要求。在一般情况下，单件小批量生产时，多采用工序集中；大批量生产时，既可采用多刀、多轴等高效率机床将工序集中，也可将工序分散后组织流水线生产，目前的发展趋势是倾向于工序集中。

4.3.4 工序顺序的安排

4.3.4.1 机械加工工序的安排

(1) 基准先行　零件加工一般多从精基准的加工开始，再以精基准定位加工其他表面。因此，选作精基准的表面应安排在工艺过程起始工序先进行加工，以便为后续工序提供精基准。例如轴类零件先加工两端中心孔，然后再以中心孔作为精基准，粗、精加工所有外圆表面。齿轮加工则先加工内孔及基准端面，再以内孔及端面作为精基准，粗、精加工齿形表面。

(2) 先粗后精　精基准加工好以后，整个零件的加工工序，应是粗加工工序在前，相继为半精加工、精加工及光整加工。按先粗后精的原则先加工精度要求较高的主要表面，即先粗加工再半精加工各主要表面，最后再进行精加工和光整加工。在对重要表面精加工之前，有时需对精基准进行修整，以利于保证重要表面的加工精度，如主轴的高精度磨削时，精磨和超精磨削前都须研磨中心孔；精密齿轮磨齿前，也要对内孔进行磨削加工。

(3) 先主后次　根据零件的功用和技术要求，先将零件的主要表面和次要表面分开，然后先安排主要表面的加工，再把次要表面的加工工序插入其中。次要表面一般指键槽、螺孔、销孔等表面。这些表面一般都与主要表面有一定的相对位置要求，应以主要表面作为基准进行次要表面加工，所以次要表面的加工一般放在主要表面的半精加工以后，精加工以前一次加工结束。也有放在最后加工的，但此时应注意不要碰伤已加工好的主要表面。

(4) 先面后孔　对于箱体、底座、支架等类零件，平面的轮廓尺寸较大，用它作为精基准加工孔，比较稳定可靠，也容易加工，有利于保证孔的精度。如果先加工孔，再以孔为基准加工平面，则比较困难，加工质量也受影响。

4.3.4.2 热处理工序的安排

热处理可用来提高材料的力学性能，改善工件材料的加工性能和消除内应力，其安排主要是根据工件的材料和热处理的目的来进行的。

(1) 正火、退火　正火和退火是为了改善切削加工性能和消除毛坯的内应力。如含碳量大于0.5%的高碳钢和高碳合金钢，为降低硬度便于切削，常采用退火；含碳量低于0.3%的低碳钢和低碳合金钢为避免硬度过低切削时粘刀，一般采用正火以提高硬度；退火和正火常安排在毛坯制造之后粗加工之前。

(2) 调质　调质处理即淬火后的高温回火，能获得均匀细致的索氏体组织，为以后表面淬火和渗氮作组织准备，常安排在粗加工之后半精加工之前进行。

(3) 时效处理　时效处理主要用于消除毛坯制造和机械加工中产生的内应力。常安排在粗加工之后进行。对于加工精度要求不高的工件，也可放在粗加工之前进行。

(4) 淬火　淬火处理的目的主要是提高零件材料的硬度和耐磨性。淬火工序一般安排在半精加工与精加工之间进行，因淬火后工件硬度很高，且有一定变形，需再进行磨削或研磨加工，以修正热处理工序产生的变形。在淬火工序之前需将铣键槽、车螺纹、钻螺纹底孔、攻螺纹等次要表面的加工进行完毕，以防止零件淬硬后不能加工。

(5) 渗碳淬火　渗碳淬火适用于低碳钢和低碳合金钢，其目的是使零件表层含碳量增加，经淬火后使表层获得高的硬度和耐磨性，而芯部仍保持其较高的韧性。由于渗碳淬火变形大，且渗碳层深度一般为0.5～2mm之间，因此渗碳淬火工序一般安排在半精加工与精加工之间。

(6) 渗氮处理　渗氮是使氮原子渗入金属表面而获得一层含氮化合物的处理方法。渗氮层可以提高零件表面的硬度、耐磨性、疲劳强度和抗蚀性。由于渗氮处理温度较低，变形小，且渗氮层较薄(0.6～0.7mm)，因此常安排在精加工之间进行。为减小渗氮变形，在切削加工之后一般需进行调质处理。

4.3.4.3　检验工序的安排

检验工序一般安排在粗加工后，精加工前；送往外车间前后；重要工序和工时长的工序前后；零件加工结束后，入库前。

4.3.4.4　其他工序的安排

(1) 表面强化工序　如滚压、喷丸处理等，一般安排在工艺过程的最后。

(2) 表面处理工序　如发蓝、电镀等一般安排在工艺过程的最后。

(3) 探伤工序　如X射线检查、超声波探伤等多用于零件内部质量的检查，一般安排在工艺过程的开始。磁力探伤、荧光检验等主要用于零件表面质量的检验，通常安排在该表面加工结束以后。

(4) 平衡工序　包括动、静平衡，一般安排在精加工以后。

在安排零件的工艺过程中，不要忽视去毛刺、倒棱和清洗等辅助工序。在铣键槽、齿面倒角等工序后应安排去毛刺工序。零件在装配前都应安排清洗工序，特别在研磨等光整加工工序之后，更应注意进行清洗工序，以防止残余的磨料嵌入工件表面，加剧零件在使用中的磨损。

4.4　加工余量的确定

4.4.1　加工余量的概念及其影响因素

在选择了毛坯，拟订出加工工艺路线之后，就需确定加工余量，计算各工序的工序尺寸。加工余量大小与加工成本有密切关系，加工余量过大不仅浪费材料，而且增加切削工时，增大刀具和机床的磨损，从而增加成本；加工余量过小，会使前一道工序的缺陷得不到纠正，造成废品，从而也使成本增加，因此，合理地确定加工余量，对提高加工质量和降低成本都有十分重要的意义。

4.4.1.1 加工余量的概念

在机械加工过程中从加工表面切除的金属层厚度称为加工余量。加工余量分为工序余量和加工总余量。

工序余量是指为完成某一道工序所必须切除的金属层厚度，即相邻两工序的工序尺寸之差。

加工总余量是指由毛坯变为成品的过程中，在某加工表面上所切除的金属层总厚度，即毛坯尺寸与零件图设计尺寸之差。

由于毛坯尺寸和各工序尺寸不可避免地存在公差，因此无论是加工总余量还是工序余量实际上是个变动值，因而加工余量又有基本余量、最大余量和最小余量之分，通常所说的加工余量是指基本余量。加工余量、工序余量的公差标注应遵循"入体原则"即：毛坯尺寸按双向标注上、下偏差；被包容表面尺寸上偏差为零，也就是基本尺寸为最大极限尺寸（如轴）；对包容面尺寸下偏差为零，也就是基本尺寸为最小极限尺寸（如内孔）。

加工过程中，工序完成后的工件尺寸称为工序尺寸。由于存在加工误差，各工序加工后的尺寸也有一定的公差，称为工序公差。工序公差带的布置也采用"入体原则"法。

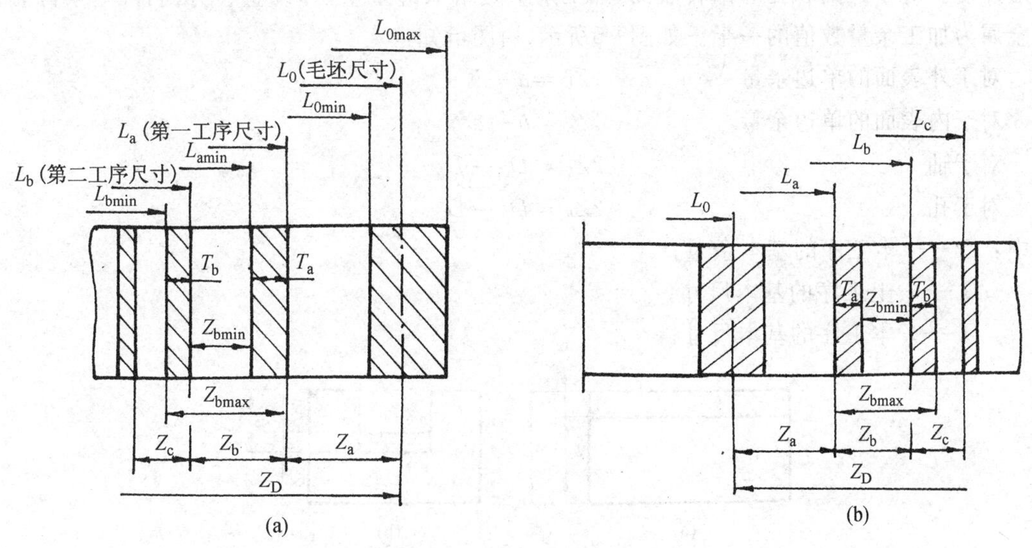

图 4-4 加工余量及公差

(a) 被包容面加工余量及公差；(b) 包容面加工余量及公差

图 4-4 表示加工余量及其公差的关系。从图中可见，不论是被包容面还是包容面，其加工总余量均等于各工序余量之和。

$$Z_D = Z_a + Z_b + Z_c + \cdots$$

即

$$Z_D = \sum_{i=1}^{n} Z_i$$

式中：Z_D—— 加工总余量；

Z_i—— 第 i 道工序余量；

n—— 为工序数。

(1) 对于被包容面(见图 4-4(a))

本工序的基本余量 $Z_b = L_a - L_b$

本工序的最大余量 $Z_{b\max} = Z_b + T_b$

本工序的最小余量 $Z_{b\min} = Z_b - T_a$

本工序余量公差 $T_z = T_b + T_a$

式中：L_a、T_a—— 上工序的基本尺寸和尺寸公差；

L_b、T_b—— 本工序的基本尺寸和尺寸公差。

(2) 对于包容面(见图 4-4(b))

本工序的基本余量 $Z_b = L_b - L_a$

本工序的最大余量 $Z_{b\max} = Z_b + T_b$

本工序的最小余量 $Z_{b\min} = Z_b - T_a$

本工序余量公差 $T_z = T_b + T_a$

式中：L_a、T_a—— 上工序的基本尺寸和尺寸公差；

L_b、T_b—— 本工序的基本尺寸和尺寸公差。

加工余量还有双边余量和单边余量之分，平面加工余量是单边余量，它等于实际切削的金属层厚度。对于外圆和孔等回转表面，加工余量是指双边余量，即以直径方向计算，实际切削的金属为加工余量数值的一半。如图4-5所示，由图可知：

对于外表面的单边余量 $Z_b = a - b$

对于内表面的单边余量 $Z_b = b - a$

对于轴 $2Z_b = D_a - D_b$

对于孔 $2Z_b = D_b - D_a$

式中：Z_b—— 本工序的基本余量；

D_a—— 上工序的基本尺寸；

D_b—— 本工序的基本尺寸。

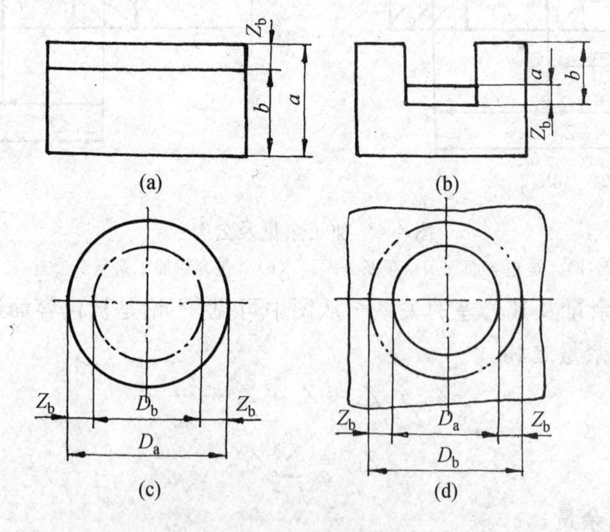

图 4-5 加工余量

4.4.1.2 确定加工余量应考虑的因素

为切除前工序在加工时留下的各种缺陷和误差的金属层，又考虑到本工序可能产生的安装误差而不致使工件报废，必须保证一定数值的最小工序余量。为了合理确定加工余量，首先必须了解影响加工余量的因素。影响加工余量的主要因素有：

(1) 前工序的尺寸公差　由于工序尺寸有公差，上工序的实际工序尺寸有可能出现最大或最小极限尺寸。为了使上工序的实际工序尺寸在极限尺寸的情况下，本工序也能将上工序留下的表面粗糙度和缺陷层切除，本工序的加工余量应包括上工序的公差。

(2) 前工序的形状和位置公差　当工件上有些形状和位置偏差不包括在尺寸公差的范围内时，这些误差又必须在本工序加工纠正，在本工序的加工余量中必须包括它。

(3) 前工序的表面粗糙度和表面缺陷　为了保证加工质量，本工序必须将上工序留下的表面粗糙度和缺陷层切除。

(4) 本工序的安装误差　安装误差包括工件的定位误差和夹紧误差，若用夹具装夹，还应有夹具在机床上的装夹误差。这些误差会使工件在加工时的位置发生偏移，所以加工余量还必须考虑安装误差的影响。如图4-6所示用三爪自动定心卡盘夹持工件外圆加工孔时，若工件轴心线偏移机床主轴回转轴线一个 e 值，造成内孔切削余量不均匀，则为使上工序的各项误差和缺陷在本工序切除，应将孔的加工余量加大 $2e$。

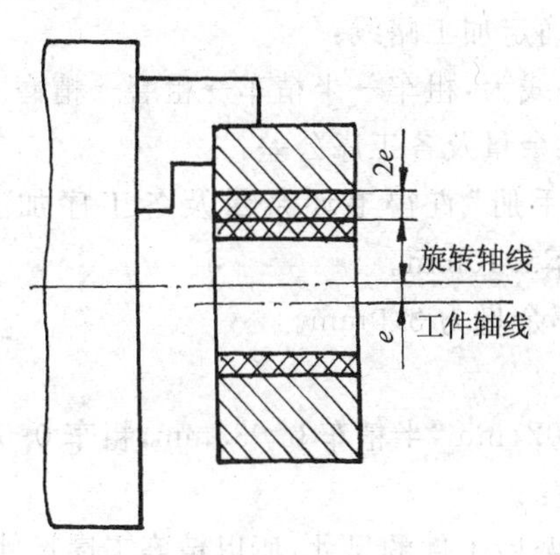

图 4-6 工件的安装误差

4.4.2 确定加工余量的方法

确定加工余量的方法有 3 种：分析计算法、经验估算法和查表修正法。

4.4.2.1 分析计算法

本方法是根据有关加工余量计算公式和一定的试验资料，对影响加工余量的各项因素进行分析和综合计算来确定加工余量。用这种方法确定加工余量比较经济合理，但必须有比较全面和可靠的试验资料。目前，只在材料十分贵重，以及军工生产或少数大量生产的工厂中采用。

4.4.2.2 经验估算法

本方法是根据工厂的生产技术水平，依靠实际经验确定加工余量。为防止因余量过小而产生废品，经验估计的数值总是偏大，这种方法常用于单件小批量生产。

4.4.2.3 查表修正法

此法是根据各工厂长期的生产实践与试验研究所积累的有关加工余量数据，制成各种表格并汇编成手册，确定加工余量时，查阅有关手册，再结合本厂的实际情况进行适当修正后确定，目前此法应用较为普遍。

4.5 工序尺寸及其公差的确定

4.5.1 基准重合时工序尺寸及公差的确定

当零件定位基准与设计基准（工序基准）重合时，零件工序尺寸及其公差的确定方法是：先根据零件的具体要求确定其加工工艺路线，再通过查表确定各道工序的加工余量及其公差，然后计算出各工序尺寸及公差。计算顺序是：先确定各工序余量的基本尺寸，再由后往前逐个工序推算，即由工件上的设计尺寸开始，由最后一道工序向前工序推算直到毛坯尺寸。

例 1 直径为 $\phi 30h6$，长度为 50mm 的短轴，材料为 45 钢，需经表面淬火，其表面粗糙度值为 $R_a 0.8\mu m$，试查表确定其工序尺寸和毛坯尺寸。

解 ① 根据技术要求，确定加工路线：

由表4-8取外圆的工艺路线为：粗车→半精车→粗磨→精磨。

② 查表确定各工序加工余量及各工序公差：

由“机械制造工艺人员手册”查得毛坯余量及各工序加工余量为：毛坯 4.5mm 精磨 0.1mm，粗磨0.30mm，半精车1.10mm。

由总余量公式可知：粗车余量为 3.0mm。

查得各工序公差：

精磨 0.013mm，粗磨 0.021mm，半精车 0.033mm，粗车 0.52mm，毛坯 0.8mm；

③ 确定工序尺寸及公差：

由于精磨工序尺寸为精磨后工件的尺寸，所以精磨工序尺寸为 $\phi 30^{0}_{-0.013}$ mm；

粗磨工序尺寸为粗磨后精磨前工件的尺寸，因此粗磨工序尺寸为：

粗磨工序尺寸＝精磨工序尺寸＋精磨余量，即：$\phi 30.1^{0}_{-0.021}$ mm；

半精车工序尺寸为半精车后粗磨前的工件尺寸，因此半精车工序尺寸为：

半精车工序尺寸＝粗磨工序尺寸＋粗磨削余量，即：$\phi 30.4^{0}_{0.033}$ mm；

粗车工序尺寸为粗车后半精车前的工序尺寸，因此粗车工序尺寸为：

粗车工序尺寸＝半精车工序尺寸＋半精车余量，即：$\phi 31.5^{0}_{-0.52}$ mm；

毛坯直径为 $\phi 34.5 \pm 0.4$mm。

4.5.2 基准不重合时工序尺寸及其公差的确定

定位基准与设计基准或工序基准不重合时，工序尺寸及其公差的确定比较复杂，需用工艺尺寸链来进行分析计算。

机械加工过程中，工件的尺寸在不断地变化，由毛坯尺寸到工序尺寸，最后达到设计要求的尺寸。在这个变化过程中，加工表面本身的尺寸及各表面之间的尺寸都在不断地变化，这种变化无论是在一个工序内部，还是在各个工序之间都有一定的内在联系。应用尺寸链理论去揭示它们之间的内在关系，掌握它们的变化规律是合理确定工序尺寸及其公差和计算各种工艺尺寸的基础，因此，本节先介绍工艺尺寸链的基本概念，然后分析工艺尺寸链的计算方法以及工艺尺寸链的应用。

4.5.2.1 工艺尺寸链的概念

(1) 工艺尺寸链的定义　如图 4-7(a)所示为一定位套，A_0 与 A_1 为图样上已标注的尺寸。按零件图进行加工时，尺寸 A_0 不便直接测量。如欲通过易于测量的尺寸 A_2 进行加工，以间接保证尺寸 A_0 的要求，则首先需要分析尺寸 A_1、A_2 和 A_0 之间的内在关系，然后据此算出尺寸 A_2 的数值。尺寸 A_1、A_2 和 A_0 就构成一个封闭的尺寸组合，即形成了一个尺寸链，如图4-7(b)所示。

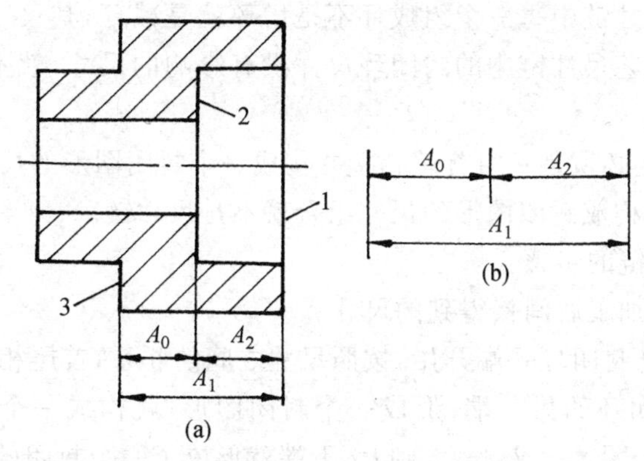

图 4-7　定位套的尺寸联系

又如图 4-8 所示的台阶零件，该零件先以 A 面定位加工 C 面，得到尺寸 L_c；再加工 B 面，得到尺寸 L_a；这样该零件在加工时并未直接予以保证的尺寸 L_b 就随之确定。尺寸 L_c、L_a、L_b 就构成一个封闭的尺寸组合，即形成了一个尺寸链。

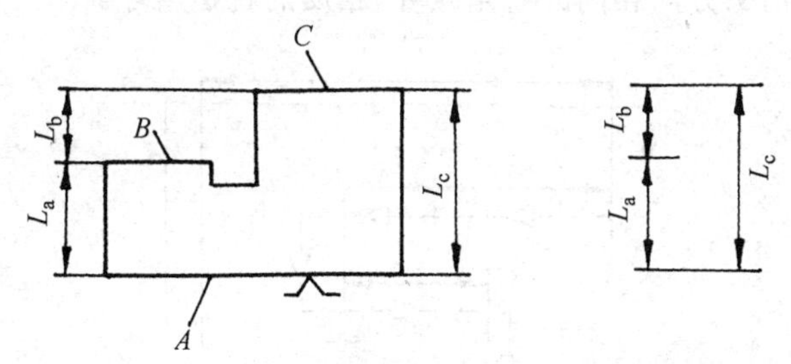

图 4-8　台阶零件的尺寸联系

由上述两例可知，在零件的加工过程中，为了加工和检验的方便，有时需要进行一些工艺尺寸的计算。为使这种计算迅速准确，按照尺寸链的基本原理，将这些有关尺寸以一定顺序首尾相连排列成一封闭的尺寸系统，即构成了零件的工艺尺寸链，简称工艺尺寸链。

(2) 工艺尺寸链的组成　组成工艺尺寸链的各个尺寸都称为工艺尺寸链的环。图4-7中的尺寸 A_1、A_2、A_0 和图4-8中的尺寸 L_a、L_b、L_c 都是工艺尺寸链的环。

① 封闭环。工艺尺寸链中间接得到的环称为封闭环。图 4-7 中的尺寸 A_0 和图4-8中的尺

寸 L_b，都是加工后间接获得的，因此是封闭环。封闭环一般以下角标“0”表示。如“A_0”。

② 组成环。除封闭环以外的其他环都称为组成环。图 4-7 中的尺寸 A_1、A_2 和图4-8中的尺寸 L_a、L_c 都是组成环。组成环分增环和减环两种。

当其余各组成环保持不变，某一组成环增大，封闭环也随之增大，该组成环即为增环。一般在该环尺寸的代表符号上，加一向右的箭头表示，如$\overrightarrow{A_1}$、$\overrightarrow{L_c}$，图4-7中的尺寸 A_1 和图4-8中尺寸 L_c 为增环。

当其余各组成环保持不变，某一组成环增大，封闭环反而减小，该组成环即为减环。一般在该尺寸的代表符号上，加一向左的箭头表示，如$\overleftarrow{A_2}$、$\overleftarrow{L_a}$，图4-7中的尺寸 A_2 和图4-8中的尺寸 L_a 为减环。

(3) 工艺尺寸链的特征　工艺尺寸链具有如下特征：

① 关联性。组成工艺尺寸链的各尺寸之间必然存在着一定的关系，相互无关的尺寸不组成工艺尺寸链。工艺尺寸链中每一个组成环不是增环就是减环，其尺寸发生变化都要引起封闭环的尺寸变化。对工艺尺寸链中的封闭环尺寸没有影响的尺寸，就不是该工艺尺寸链的组成环。

② 封闭性。尺寸链必须是一组首尾相接并构成一个封闭图形的尺寸组合，其中应包含一个间接得到的尺寸。不构成封闭图形的尺寸组合就不是尺寸链。

(4) 建立工艺尺寸链的步骤。

① 确定封闭环，即加工后间接得到的尺寸。

② 查找组成环。从封闭环一端开始，按照尺寸之间的联系，首尾相连，依次画出对封闭环有影响的尺寸，直到封闭环的另一端，形成一个封闭图形，就构成一个工艺尺寸链。如图4-8中，从尺寸 L_b 上端开始，沿 $L_b-L_c-L_a$ 到 L_b 下端就形成了一个封闭的尺寸组合，即构成了一个工艺尺寸链。

③ 按照各组成环对封闭环的影响，确定其为增环或减环。确定增环或减环可用如图4-9所示的方法：先给封闭环任意规定一个方向，然后沿此方向，绕工艺尺寸链依次给各组成环画出箭头，凡是与封闭环箭头方向相同的就是减环，相反的就是增环。

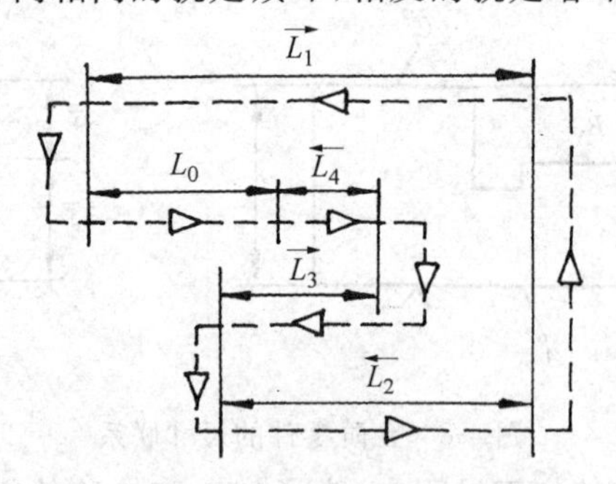

图 4-9　增环、减环的判断

L_0-封闭环；　L_1、L_3-增环；　L_2、L_4-减环

4.5.2.2　工艺尺寸链的计算

尺寸链的计算方法有两种：极值法与概率法。极值法是从最坏情况出发来考虑问题的，即

当所有增环都为最大极限尺寸而减环恰好都为最小极限尺寸，或所有增环都为最小极限尺寸而减环恰好都为最大极限尺寸时，来计算封闭环的极限尺寸和公差。事实上，一批零件的实际尺寸是在公差带范围内变化的。在尺寸链中，所有增环不一定同时出现最大或最小极限尺寸，即使出现，此时所有减环也不一定同时出现最小或最大极限尺寸。概率法解尺寸链，主要用于装配尺寸链。这里只介绍极值法解工艺尺寸链的基本计算公式。

表 4-11 列出了计算公式中的有关符号。

表 4-11 工艺尺寸链计算所用符号

环　名	基本尺寸	最大尺寸	最小尺寸	上偏差	下偏差	公差	平均尺寸
封闭环	L_0	$L_{0\max}$	$L_{0\min}$	ES_0	EI_0	T_0	L_{0m}
增　环	$\overrightarrow{L}$	$\overrightarrow{L}_{\max}$	$\overrightarrow{L}_{\min}$	$\overrightarrow{ES_i}$	$\overrightarrow{EI_i}$	T_i	$\overrightarrow{L_{im}}$
减　环	$\overleftarrow{L}$	$\overleftarrow{L}_{\max}$	$\overleftarrow{L}_{\min}$	$\overleftarrow{ES_i}$	$\overleftarrow{EI_i}$	T_0	$\overleftarrow{L_{im}}$

(1) 封闭环的基本尺寸 L_0

$$L_0 = \sum_{i=1}^{k} \overrightarrow{L_i} - \sum_{i=k+1}^{m} \overleftarrow{L_i} \tag{4-1}$$

式中：k——增环的环数；

m——组成环的环数(下同)。

(2) 封闭环的极限尺寸

$$L_{0\max} = \sum_{i=1}^{k} \overrightarrow{L_{i\max}} - \sum_{i=k+1}^{m} \overleftarrow{L_{i\min}} \tag{4-2}$$

$$L_{0\min} = \sum_{i=1}^{k} \overrightarrow{L_{i\min}} - \sum_{i=k+1}^{m} \overleftarrow{L_{i\max}} \tag{4-3}$$

(3) 封闭环的极限偏差

$$ES_0 = \sum_{i=1}^{k} \overrightarrow{ES_i} - \sum_{i=k+1}^{m} \overleftarrow{EI_i} \tag{4-4}$$

$$EI_0 = \sum_{i=1}^{k} \overrightarrow{EI_i} - \sum_{i=k+1}^{m} \overleftarrow{ES_i} \tag{4-5}$$

(4) 封闭环的公差 T_0

$$T_0 = ES_0 - EI_0 = \sum_{i=1}^{m} T_i \tag{4-6}$$

(5) 封闭环的平均尺寸 L_{0m}

$$L_{0m} = \sum_{i=1}^{k} \overrightarrow{L_{im}} - \sum_{i=k+1}^{m} \overleftarrow{L_{im}} \tag{4-7}$$

式中：$\overrightarrow{L_{im}}$——增环的平均尺寸；

$\overleftarrow{L_{im}}$——减环的平均尺寸。

组成环的平均尺寸

$$L_{im} = \frac{L_{i\max} + L_{i\min}}{2}$$

4.5.2.3 工艺尺寸链的应用

(1) 测量基准与设计基准不重合时工序尺寸及其公差的计算　在加工中，有时会遇到某些加工表面的设计尺寸不便测量，甚至无法测量的情况，为此需要在工件上另选一个容易测量的测量基准，通过对该测量尺寸的控制来间接保证原设计尺寸的精度。这就产生了测量基准与设计基准不重合时，测量尺寸及公差的计算问题。

例 2　如图 4-10 所示零件，加工时要求保证尺寸 6±0.1mm，但该尺寸不便测量，只好通过测量尺寸 L 来间接保证，试求工序尺寸 L 及其上、下偏差。

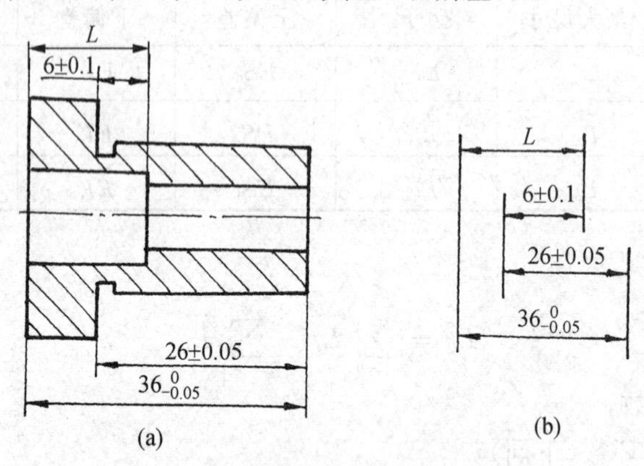

图 4-10　测量基准与设计基准不重合的尺寸换算

解　在图 4-10(a)中尺寸 6±0.1mm 是间接得到的，即为封闭环。工艺尺寸链图如图4-10(b)所示，其中尺寸 L、26±0.05mm为增环，尺寸 $36^{0}_{-0.05}$ mm 为减环。

由式(4-1) 得　$6 = L + 26 - 36$

$L = 16\text{mm}$

由式(4-4) 得　$0.1 = ES_L + 0.05 - (-0.05)$

$ES_L = 0\text{mm}$

由式(4-5) 得　$-0.1 = EI_L + (-0.05) - 0$

$EI_L = -0.05\text{mm}$

因而　$L = 16^{0}_{-0.05}\,\text{mm}$

极值法的计算也可以用竖式法，清晰方便，一目了然。计算如表 4-12 所示。

表 4-12　竖式法(极值法)解工艺尺寸链　(单位：mm)

环的名称	基本尺寸	上偏差(ES)	下偏差(EI)	公差 T_i
增环 $\vec{L}$	(16)	(0)	(−0.05)	(0.05)
增环	26	0.05	−0.05	0.1
减环	−36	0.05	0	0.05
封闭环 L_0	6	0.1	−0.1	0.2

因而　$L = 16^{0}_{-0.05}\,\text{mm}$。

竖式法是利用极值法的公式来求解工艺尺寸链，为了计算方便，将减法运算变为加法运算。因此在表中凡是减环将上、下偏差对调后变号，即正值改为负值，负值变为正值。注意，当利用竖式法求解某减环的尺寸及公差时，求出的结果，应是将表中所示的数值上下偏差对调、变号，才是真正的结果。用竖式法可以验算计算的结果是否正确。

(2) 定位基准与设计基准不重合时工序尺寸的计算　在零件加工过程中有时为方便定位或加工，选用不是设计基准的几何要素作定位基准，在这种定位基准与设计基准不重合的情况下，需要通过尺寸换算，改注有关工序尺寸及公差，并按换算后的工序尺寸及公差加工。以保证零件的原设计要求。

例 3　如图 4-11(a)所示零件以底面 N 为定位基准镗 O 孔，确定 O 孔位置的设计基准是 M 面(设计尺寸100±0.15mm)，用镗夹具镗孔时，镗杆相对于定位基准 N 的位置(即 L_1 尺寸)预先由夹具确定。这时设计尺寸 L_0 是在 L_1、L_2 尺寸确定后间接得到的。问如何确定 L_1 尺寸及公差，才能使间接获得的 L_0 尺寸在规定的公差范围之内？

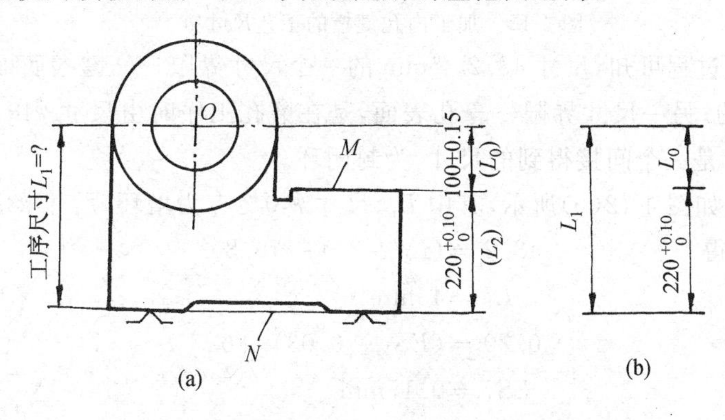

图 4-11　定位基准与设计基准不重合的尺寸换算

解　① 根据题意可看出尺寸 100±0.15mm 是封闭环。

② 工艺尺寸链如图 4-11(b)所示，其中尺寸 $220_0^{+0.10}$ 为减环，L 为增环。

③ 按公式计算工序尺寸，由式(4-1)得

$$100 = L_1 - 220$$

$$L_1 = 320\text{mm}$$

由式(4-4)得

$$+0.15 = ES_1 - 0$$

$$ES_1 = +0.15\text{mm}$$

由式(4-5)得

$$-0.15 = EI_1 - 0.10$$

$$EI_1 = -0.05\text{mm}$$

因而

$$L = 320_{-0.05}^{+0.15}\text{mm}$$

(3) 中间工序的工序尺寸及其公差的求解计算　在工件加工过程中，有时一个基面的加工会同时影响两个设计尺寸的数值。这时，需要直接保证其中公差要求较严的一个设计尺寸，而另一设计尺寸需由该工序前面的某一中间工序的合理工序尺寸间接保证。为此，需要对中间工序尺寸进行计算。

例 4　如图 4-12(a)所示齿轮内孔，孔径设计尺寸为 $\phi40_0^{+0.06}$mm，键槽设计深度为$43.2_0^{+0.20}$mm，内孔及键槽加工顺序为：①镗内孔至 $\phi39.6_0^{+0.1}$mm；②插键槽至尺寸 L_1；③淬火热处理；④磨内孔至设计尺寸$\phi40_0^{+0.06}$mm，同时要求保证键槽深度为$43.2_0^{+0.20}$mm。试问：如何规定镗后的插键槽深度 L_1 值，才能最终保证得到合格产品？

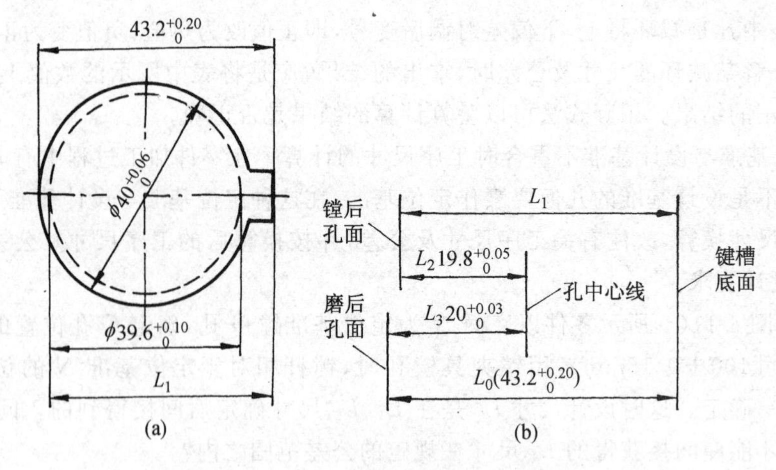

图 4-12　加工内孔键槽的工艺尺寸链

解　① 由加工过程可知，尺寸 $43.2_0^{0.20}$ mm 的一个尺寸界限——键槽底面，是在插槽工序时按尺寸 L_1 确定的；另一尺寸界限——孔表面，是在磨孔工序时由尺寸 $\phi40_0^{+0.06}$ mm 确定的，故尺寸$43.2_0^{+0.20}$ mm是一个间接得到的尺寸，为封闭环。

② 工艺尺寸链如图 4-12(b)所示，其中 L_1、尺寸 $\phi40_0^{+0.06}$ 为增环，尺寸 $\phi39.6_0^{+0.1}$ 为减环。

③ 由式(4-1)得　　$43.2 = (L_1 + 20) - 19.8$

$$L_1 = 43\text{mm}$$

由式(4-4)得　　$0.20 = (ES_1 + 0.03) - 0$

$$ES_1 = 0.17\text{mm}$$

由式(4-5)得　　$0 = (EI_1 + 0) - 0.05$

$$EI_1 = 0.05\text{mm}$$

因而　　$L_1 = 43_{+0.05}^{+0.17}\text{mm}$

(4) 保证应有渗碳或渗氮层深度时工艺尺寸及其公差的计算　零件渗碳或渗氮后，表面一般要经磨削保证尺寸精度，同时要求磨后保留有规定的渗层深度。这就要求进行渗碳或渗氮热处理时按一定渗层深度及公差进行(用控制热处理时间保证)，并对这一合理渗层深度及公差进行计算。

例 5　一批圆轴工件如图 4-13 所示，其加工过程为：车外圆至 $\phi20.6_{-0.04}^{0}$ mm；渗碳淬火；磨外圆至$\phi20_{-0.02}^{0}$ mm。试计算保证磨后渗碳层深度为0.7～1.0mm时，渗碳工序的渗入深度及其公差。

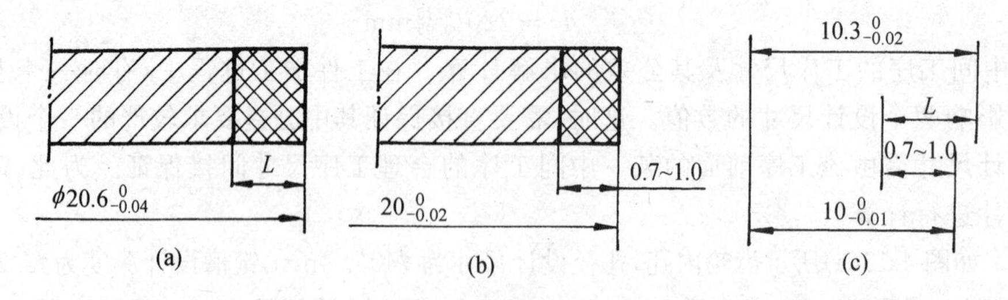

图 4-13　保证渗碳层深度的尺寸换算

(a) 渗碳；(b) 磨外圆；(c) 尺寸链

解　① 由题意可知，磨后保证的渗碳层深度 0.7～1.0mm 是间接获得的尺寸，为封闭环。

② 工艺尺寸链如图 4-13(b)所示，其中尺寸 L、$10^{0}_{-0.01}$ 为增环，尺寸 $10.3^{0}_{-0.02}$ 为减环。

③ 由式(4-1) 得　$0.7 = L + 10 - 10.3$

$L = 1\text{mm}$

由式(4-4) 得　$0.3 = ES_L + 0 - (-0.02)$

$ES_L = 0.28\text{mm}$

由式(4-5) 得　$0 = EI_L + (-0.01) - 0$

$EI_L = 0.01\text{mm}$

因此　$L = 1^{+0.28}_{+0.01}\text{mm}$

4.6　机械加工的生产率及技术经济分析

4.6.1　机械加工时间定额的组成

4.6.1.1　时间定额的概念

所谓时间定额是指在一定生产条件下，规定生产一件产品或完成一道工序所需消耗的时间。它是安排作业计划、核算生产成本、确定设备数量、人员编制以及规划生产面积的重要依据。

4.6.1.2　时间定额的组成

(1) 基本时间 T_j　基本时间是指直接改变生产对象的尺寸、形状、相对位置以及表面状态或材料性质等工艺过程所消耗的时间。对于切削加工来说，基本时间就是切除金属所消耗的时间(包括刀具的切入和切出时间在内)。

(2) 辅助时间 T_f　辅助时间是为实现工艺过程所必须进行的各种辅助动作所消耗的时间。它包括：装卸工件，开停机床，引进或退出刀具，改变切削用量，试切和测量工件等所消耗的时间。

辅助时间的确定方法随生产类型而异。大批大量生产时，为使辅助时间规定得合理，需将辅助动作分解，再分别确定各分解动作的时间，最后予以综合；中批生产则可根据以往统计资料来确定；单件小批量生产常用基本时间的百分比进行估算。

基本时间和辅助时间的总和称为作业时间。它是直接用于制造产品或零部件所消耗的时间。

(3) 布置工作地时间 T_b　布置工作地时间是为了使加工正常进行，工人照管工作地(如更换刀具，润滑机床，清理切屑，收拾工具等)所消耗的时间。它不是直接消耗在每个工件上的。而是将消耗在一个工作班内的时间，再折算到每个工件上的。一般按作业时间的2%～7%估算。

(4) 休息与生理需要时间 T_x　休息与生理需要时间是工人在工作班内恢复体力和满足生理上的需要所消耗的时间。T_x 是按一个工作班为计算单位，再折算到每个工件上的。对机床操作工人一般按作业时间的2%估算。

以上四部分时间的总和称为单件时间 T_d，即

$$T_d = T_j + T_f + T_b + T_x$$

(5) 准备与终结时间 T_e　准备与终结时间是指工人为了生产一批产品或零部件，进行准备和结束工作所消耗的时间。在单件或成批生产中，每当开始加工一批工件时，工人需要熟悉工艺文件，领取毛坯、材料、工艺装备、安装刀具和夹具，调整机床和其他工艺装备等所消耗的时间以及加工一批工件结束后，需拆下和归还工艺装备，送交成品等所消耗的时间。T_e 既不是直接消耗在每个工件上的，也不是消耗在一个工作班内的时间，而是消耗在一批工件上的时间。因而分摊到每个工件的时间为 T_e/n，其中 n 为批量。故单件和成批生产的单件工时定额的计算公式 T_c 应为：

$$T_c = T_d + \frac{T_e}{n}$$

大批大量生产时，由于 n 的数值很大，$T_e/n \approx 0$，故不考虑准备与终结时间，即

$$T_c = T_d$$

4.6.2　提高机械加工生产率的途径

劳动生产率是指工人在单位时间内制造的合格产品的数量或制造单件产品所消耗的劳动时间。劳动生产率是一项综合性的技术经济指标。提高劳动生产率，必须正确处理好质量、生产率和经济性三者之间的关系。应在保证质量的前提下，提高生产率，降低成本。提高劳动生产率的措施很多，涉及到产品设计、制造工艺和组织管理等多方面，这里仅就通过缩短单件时间来提高机械加工生产率的工艺途径作一简要分析。

由上式所示的单件时间组成，不难得知提高劳动生产率的工艺措施可有以下几个方面。

4.6.2.1　缩短基本时间

在大批大量生产时，基本时间在单位时间中所占比重较大，缩短基本时间的主要途径有以下几种：

(1) 提高切削用量　增大切削速度、进给量和背吃刀量，都可缩短基本时间，但切削用量的提高受到刀具耐用度和机床功率、工艺系统刚度等方面的制约。随着新型刀具材料的出现，切削速度得到了迅速的提高，目前硬质合金车刀的切削速度可达200m/min，陶瓷刀具的切削速度达500m/min。近年来出现的聚晶人造金刚石和聚晶立方氮化硼刀具切削普通钢材的切削速度达900m/min。

在磨削方面，近年来发展的趋势是高速磨削和强力磨削。国内生产的高速磨床和砂轮磨削速度已达60m/s，国外已达 90～120m/s；强力磨削的切入深度已达 6～12mm，从而使生产率大大提高。

(2) 采用多刀同时切削　采用多刀同时切削比单刀切削的加工时间大大缩短。

(3) 多件加工　这种方法是通过减少刀具的切入、切出时间或者使基本时间重合，从而以缩短每个零件加工的基本时间来提高生产率。多件加工的方式有以下三种：

① 顺序多件加工。即工件顺着走刀方向一个接着一个地安装。这种方法减少了刀具切入和切出的时间，也减少了分摊到每一个工件上的辅助时间。

② 平行多件加工。即在一次走刀中同时加工 n 个平行排列的工件。加工所需基本时间

和加工一个工件相同，所以分摊到每个工件的基本时间就减少到原来的$1/n$，其中n是同时加工的工件数，这种方式常见于铣削和平面磨削。

③ 平行顺序多件加工。这种方法为顺序多件加工和平行多件加工的综合应用，适用于工件较小，批量较大的情况。

(4) 减少加工余量　采用精密铸造、压力铸造、精密锻造等先进工艺提高毛坯制造精度，减少机械加工余量，以缩短基本时间，有时甚至无需再进行机械加工，这样可以大幅度提高生产效率。

4.6.2.2 缩短辅助时间

辅助时间在单件时间中也占有较大比重，尤其是在大幅度提高切削用量之后，基本时间显著减少，辅助时间所占比重就更高。此时采取措施缩减辅助时间就成为提高生产率的重要方向。缩短辅助时间有两种不同的途径，一是使辅助动作实现机械化和自动化，从而直接缩短辅助时间；二是使辅助时间与基本时间重合，间接缩短辅助时间。

(1) 直接缩短辅助时间　采用专用夹具装夹工件，工件在装夹中不需找正，可缩短装卸工件的时间。大批大量生产时，广泛采用高效的气动、液动夹具来缩短装卸工件的时间。单件小批量生产中，由于受专用夹具制造成本的限制，为缩短装卸工件的时间，可采用组合夹具及可调夹具。

此外，为减小加工中停机测量的辅助时间，可采用主动检测装置或数字显示装置在加工过程中进行实时测量，以减少加工中需要的测量时间。主动检测装置能在加工过程中测量加工表面的实际尺寸，并根据测量结果自动对机床进行调整和工作循环控制，例如磨削自动测量装置、数显装置能把加工过程或机床调整过程中机床运动的移动量或角位移连续精确地显示出来，这些都大大节省了停机测量的辅助时间。

(2) 间接缩短辅助时间　为了使辅助时间和基本时间全部或部分地重合，可采用多工位夹具和连续加工的方法。

4.6.2.3 缩短布置工作地时间

布置工作地时间，大部分消耗在更换刀具上，因此必须减少换刀次数并缩短每次换刀所需的时间。提高刀具的耐用度可减少换刀次数。而换刀时间的减少，则主要通过改进刀具的安装方法和采用装刀夹具来实现，可采用各种快换刀夹、刀具微调机构、专用对刀样板或对刀样件以及自动换刀装置等，以减少刀具的装卸和对刀所需时间。例如在车床和铣床上采用可转位硬质合金刀片刀具，既减少了换刀次数，又可减少刀具装卸、对刀和刃磨的时间。

4.6.2.4 缩短准备与终结时间

缩短准备与终结时间的途径有二：第一，扩大产品生产批量，以相对减少分摊到每个零件上的准备与终结时间；第二，直接减少准备与终结时间。扩大产品生产批量，可以通过零件标准化和通用化实现，并可采用成组技术组织生产。

单件小批量生产复杂零件时，其准备与终结时间以及样板、夹具等的制造准备时间都很长。而数控机床、加工中心机床或柔性制造系统则很适合这种小批量复杂零件的生产要求，使用这些机床和系统时，作为生产准备的程序编制可以在机外由专职人员进行，加工中自动控制刀具与工件间的相对位置和加工尺寸，自动换刀，使工序可高度集中，从而获得高的生产效率和稳定的加工质量。

4.6.3 机械加工技术经济分析的方法

制订机械加工工艺规程时，在同样能满足工件的各项技术要求下，一般可以拟订出几种不同的加工方案，而这些方案的生产效率和生产成本会有所不同。为了选取最佳方案就需进行技术经济分析。所谓技术经济分析就是通过比较不同工艺方案的生产成本，选出最经济的加工工艺方案。

生产成本是指制造一个零件或生产一台产品所必需的一切费用的总和。生产成本包括两大类费用：第一类是与工艺过程直接有关的费用，叫工艺成本，约占生产成本的70%～75%；第二类是与工艺过程无关的费用，如行政人员工资、厂房折旧、照明取暖等。由于在同一生产条件下与工艺过程无关的费用基本上是相等的，因此对零件工艺方案进行经济分析时，只要分析与工艺过程直接有关的工艺成本即可。

4.6.3.1 工艺成本的组成

工艺成本由可变费用和不变费用两大部分组成。

(1) 可变费用　可变费用是与年产量有关并与之成正比的费用，用“V”表示(元/件)。包括：材料费、操作工人的工资、机床电费、通用机床折旧费、通用机床修理费、刀具费、通用夹具费。

(2) 不变费用　不变费用是与年产量的变化没有直接关系的费用。当产量在一定范围内变化时，全年的费用基本上保持不变，用“S”表示(元/年)。包括：机床管理人员、车间辅助工人、调整工人的工资，专用机床折旧费，专用机床修理费，专用夹具费。

4.6.3.2 工艺成本的计算

(1) 零件的全年工艺成本

$$E = V \cdot N + S$$

式中：E——零件(或零件的某工序)全年的工艺成本(元/年)；

V——可变费用(元/件)；

N——年产量(件/年)；

S——不变费用(元/年)。

由上述公式可见，全年工艺成本 E 和年产量 N 成线性关系，如图 4-14 所示。它说明全年工艺成本的变化 ΔE 与年产量的变化 ΔN 成正比；又说明 S 为投资定值，不论生产多少，其值不变。

(2) 零件的单件工艺成本

$$E_d = V + \frac{S}{N}(\text{元} / \text{件})$$

单件工艺成本 E_d 与年产量 N 呈双曲线关系，如图 4-15 所示。在曲线的 A 段，N 很小，设备负荷也低，即单件小批生产区，单件工艺成本 E_d 就很高。此时若产量 N 稍有增加(ΔN)将使单件成本迅速降低(ΔE_d)。在曲线 B 段，N 很大，即大批大量生产区。此时曲线渐趋水平，年产量虽有较大变化，而对单件工艺成本的影响却很小。这说明对于某一个工艺方案，当 S 值(主要是专用设备费用)一定时，就应有一个与此设备能力相适应的产量范围。产量小于这个范围时，由于 S/N 比值增大，工艺成本就增加。这时采用这种工艺方案显然是不经济的，应减少使用专用设备数，即减少 S 值来降低工艺成本。当产量超过这个范围时，由于 S/N 比值变小，这时就需要投资更大而生产率更高的设备，以便减小 V 而获得更好的经济效益。

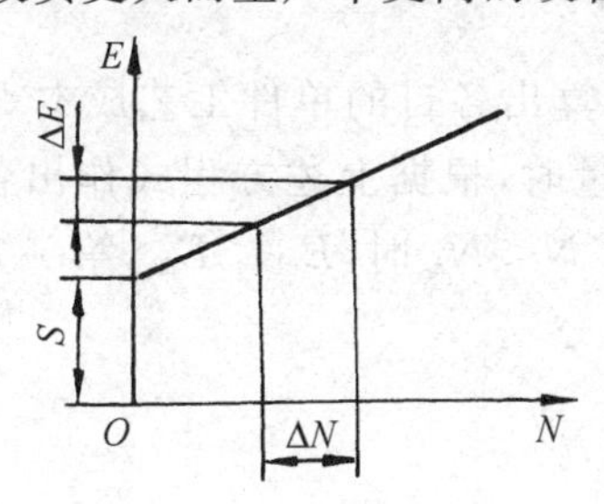

图 4-14　全年工艺成本

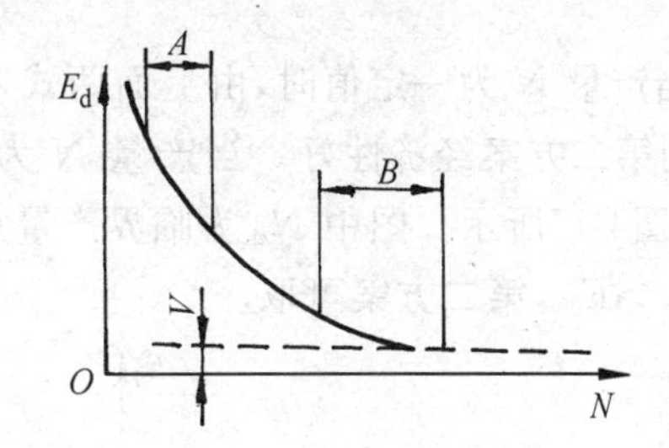

图 4-15　单件工艺成本

4.6.4　不同工艺方案的经济性分析

对不同的工艺方案进行经济比较时，有以下两种情况。

4.6.4.1　工艺方案的基本投资相近或在采用现有设备的条件下

这时工艺成本即可作为衡量各工艺方案经济性的依据。比较方法如下。

① 当两种工艺方案多数的工序不同而只有少数工序相同时，需比较整个工艺过程的优劣，应以该零件的全年工艺成本进行比较。全年工艺成本分别为：

$$E_1 = V_1 N + S_1$$

$$E_2 = V_2 N + S_2$$

当产量 N 为一定数时，可根据上式直接算出 E_1 及 E_2。分别计算上式，若 $E_1 > E_2$，则第二方案的经济性好，为可取方案。若产量 N 为一变量时，则根据上式作图解进行比较，如图4-16所示。

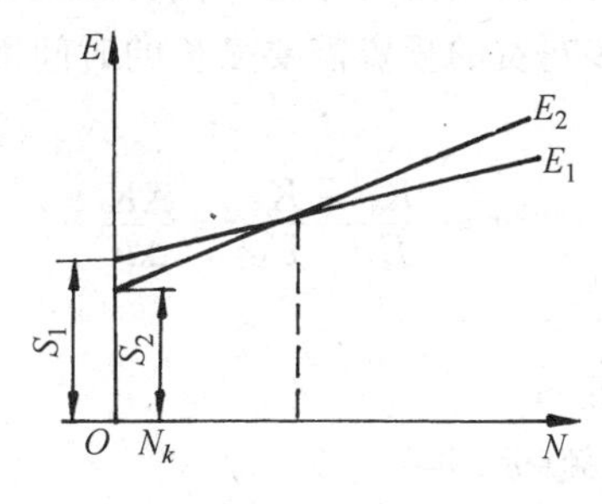

图 4-16　两种工艺方案全年工艺成本的比较

由图可知，各方案的优劣与加工零件的年产量有密切关系，当 $N < N_k$ 时，$E_1 > E_2$，宜采用第二方案。当 $N > N_k$ 时，$E_1 < E_2$，宜采用第一方案。图中 N_k 为临界产量，当 $N = N_k$ 时，$E_1 = E_2$，有：

$$N_k V_1 + S_1 = N_k V_2 + S_2$$

所以

$$N_k = \frac{S_2 - S_1}{V_1 - V_2}$$

② 当两种工艺方案只有少数工序不同，多数工序相同时，为了作出选择，可通过计算零件的单件工艺成本进行比较。单件工艺成本分别为：

$$E_{d1} = V_1 + \frac{S_1}{N}$$

$$E_{d2} = V_2 + \frac{S_2}{N}$$

当产量 N 为一定值时，由上面两式可直接算出各自的单件工艺成本 E_{d1} 和 E_{d2}，若 $E_{d1} > E_{d2}$，则第二方案经济性好。当产量 N 为一变量时，根据上述方程式作出各自的曲线进行比较，如图4-17所示。图中 N_k 为临界产量点。当 $N < N_k$ 时，$E_{d1} < E_{d2}$，第一方案可取。$N > N_k$ 时，$E_{d1} > E_{d2}$，第二方案可取。

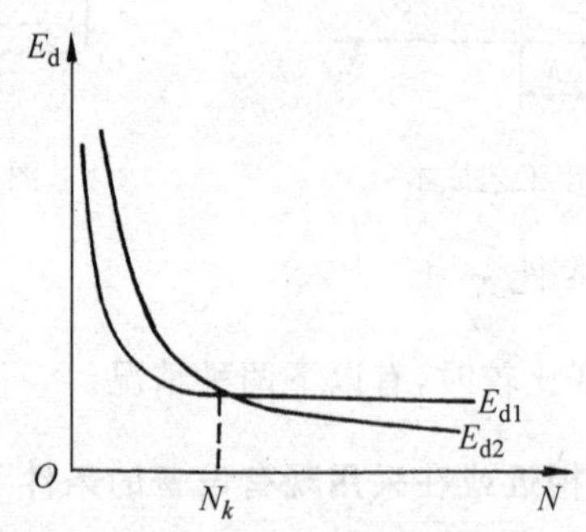

图 4-17　两种工艺方案单件工艺成本的比较

4.6.4.2　当两种工艺方案的基本投资相差较大时

这时在考虑工艺成本的同时还要考虑基本投资差额的回收期限。

例如，第一种方案采用了高生产率价格较贵的机床及工艺装备，所以基本投资较大，但工艺成本较低；第二种方案采用了生产率较低但价格便宜的机床及工艺装备，基本投资较小，但工艺成本较高。也就是说工艺成本的降低是以增加基本投资为代价的，这时单纯比较其工艺成本是难以全面评定其经济性的。而应同时考虑不同方案的基本投资差额的回收期限，也就是应考虑第一方案比第二方案多花费的投资需要多长的时间因工艺成本降低而收回来。回收期限计算公式为：

$$\tau = \frac{K_1 - K_2}{E_2 - E_1} = \frac{\Delta K}{\Delta E}$$

式中：τ —— 回收期限(为年)；

ΔK —— 基本投资差额(元)；

ΔE —— 全年工艺成本差额(元/年)

回收期限愈短，则经济效益愈好。一般回收期限必须满足以下要求：

① 回收期限应小于所采用的设备的使用年限；

② 回收期限应小于该产品由于结构性能及国家计划安排等因素所决定的稳定生产年限；

③ 回收期限应小于国家所规定的标准回收期限。如新夹具的回收期一般为 2～3 年，新机床为4～6 年。

4.7 机械加工精度

4.7.1 获得机械加工精度的方法

4.7.1.1 获得尺寸精度的方法

(1) 试切法　通过试切→测量→调整→再试切,反复进行,直至达到要求为止。如图4-18(a)所示,通过反复试切保证尺寸 l。此法生产效率低,加工精度取决于操作者的技术水平,但有可能获得较高的精度且不需复杂的装置,常用于单件小批生产。

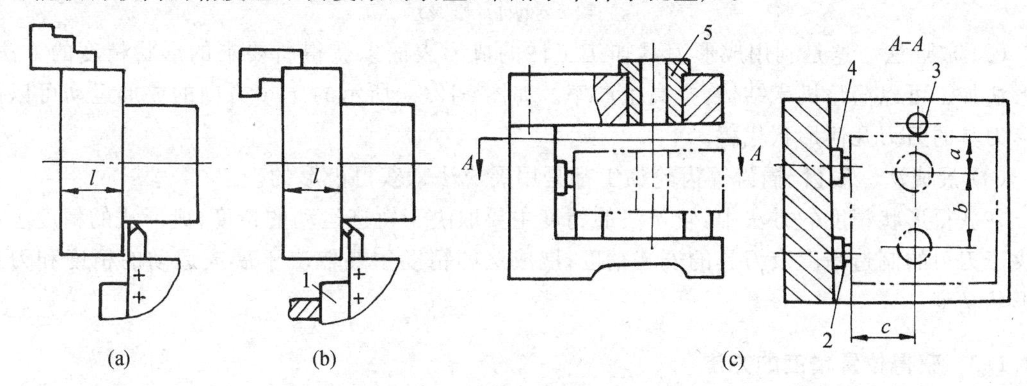

图 4-18　试切法与调整法

(a) 试切法；(b) 用挡块调整；(c) 用夹具调整

1-挡块；2、3、4-定位元件；5-导向元件

(2) 调整法　预先按要求调整好刀具与工件的位置并在一批零件的加工中均保持此位置不变,以获得规定的加工尺寸。用此法加工时,刀具的位置调整好后,必须保证每一个工件都安装在同一位置上。如图4-18(b)所示,刀具位置靠挡块 1 控制,每一个工件的位置则靠三爪自定心卡盘的反爪台阶确定。图4-18(c)则是通过夹具的定位元件 2、3、4 和导向元件 5 来控制工件与刀具的位置。此法生产效率高且精度保持性好,常用于成批和大量生产中。

(3) 定尺寸刀具法　直接靠刀具的尺寸来保证工件的加工尺寸。如钻孔、铰孔,工件的孔径靠钻头、铰刀的直径来保证。此法的加工精度主要取决于刀具的制造和安装精度。

(4) 自动控制法　将测量装置、进给装置和控制系统组成一个自动加工系统,加工过程中测量装置自动测量工件的加工尺寸,并与要求的尺寸进行比较后发出信号,信号通过转换、放大后控制进给系统对刀具或机床的位置作相应的调整,直至达到规定的加工尺寸要求后,加工自动停止。早期的自动控制多采用凸轮控制、机械-液压控制等,近年来则广泛采用计算机数字控制,控制精度更高,使用更方便,适应性更好。

4.7.1.2 获得形状精度的方法

(1) 轨迹法　它是依靠刀具与工件的相对运动轨迹获得工件形状。如图4-19(a)所示是利用工件的旋转和刀具的 x、y 两个方向的直线运动合成来车削成形表面的,图4-19(b)是利用刨刀的纵向直线运动和工件的横向进给运动来获得平面的。

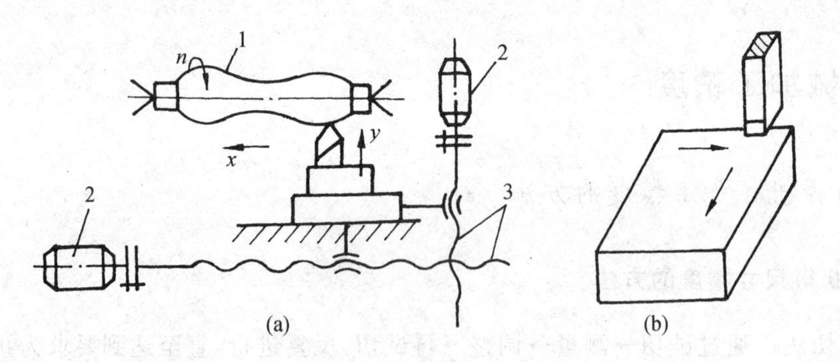

图 4-19　轨迹法获得工件形状

(a)　车成形表面；(b)　刨平面

1-工件；2-电机；3-丝杠

(2) 成形法　这是利用成形刀具加工工件的成形表面以获得所要求的形状精度的方法。成形法加工可以简化机床结构，提高生产率。如图4-19(a)所示的 x、y 方向的成形运动可以由成形刀具的刀刃几何形状代替。

(3) 展成法　滚齿、插齿等齿轮加工都是用展成法来获得齿形的。

在获得形状精度的方法中，轨迹法的精度主要取决于轨迹运动的精度；成形法的精度主要取决于刀刃的制造精度及刀具的安装精度；展成法的精度主要取决于展成运动的精度和刀刃的形状精度。

4.7.1.3　获得位置精度的方法

位置精度包含了如同轴度、对称度等的定位精度和平行度、垂直度等的定向精度。定位精度的获得需要确定刀具与工件的相对位置，定向精度则取决于工件与机床运动方向的相对位置是否正确。在刀具位置已调定的前提下，工件与刀具、机床之间的位置关系就取决于工件在机床上的正确定位。

4.7.2　加工误差概述

任何机械产品都是由各零件装配而成的，零件的质量将直接影响到机械产品的使用性能和寿命。因此在加工制造零件时必须保证其质量。零件的机械加工质量包含了加工精度和表面质量两方面，只有这两方面都达到了设计要求，才能认为该零件合格。

加工精度是指加工后所得到的零件的实际几何参数与理想几何参数的符合程度；加工误差是指加工后所得到的零件的实际几何参数偏离理想几何参数的程度。所以加工精度和加工误差是一个问题的两个方面，加工误差越小则加工精度越高。

零件加工过程中需要通过夹具装夹工件，需要通过机床提供表面成形运动。因此在加工过程中，机床、刀具、夹具、工件组成了一个统一体，我们把这个统一体称为工艺系统。

工艺系统中各方面的误差都有可能造成工件的加工误差。我们把能直接引起工件加工误差的各种误差因素称为“原始误差”。根据原始误差的性质、状态，可将其归纳成 4 个方面：

原始误差
- 原理误差
- 工艺系统几何误差
- 工艺系统受力变形引起的误差
- 工艺系统受热变形引起的误差

误差是有方向的，在原始误差中，不一定每个方向上的误差都会全部反映到工件上。如图4-20所示的在牛头刨床上刨平面，若在加工过程中刀具在垂直方向上的运动轨迹有误差 Δ_V，则该误差会全部传给工件，造成工件的平面度误差；而刀具在水平方向上的运动轨迹误差 Δ_H 则对工件的加工精度没有影响。此时，我们把垂直方向称为加工误差的“敏感方向”，水平方向称为加工误差的“非敏感方向”。

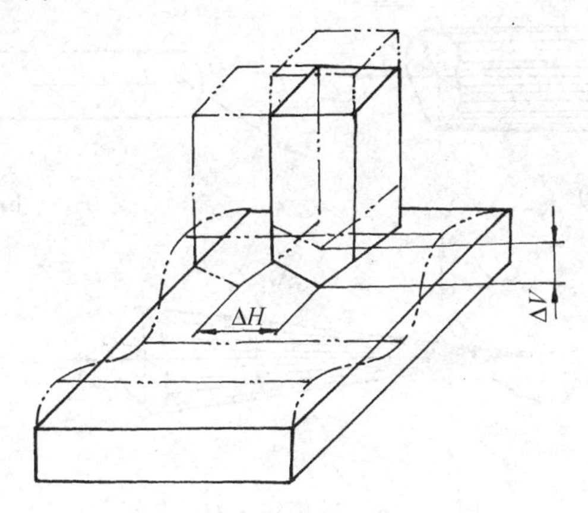

图 4-20　原始误差的方向对加工精度的影响

一般地说，加工误差的敏感方向在工件加工表面的法线方向，非敏感方向在工件加工表面的切线方向。

4.7.3　原理误差

原理误差是指采用了近似的成形运动或近似的刀具切削刃形状来加工而产生的加工误差。如车蜗杆时，因采用了近似的传动挂轮齿数而造成了工件的导程误差；用模数铣刀加工渐开线齿轮的齿形时因采用了近似刀刃形状的刀具而造成了工件的齿形误差。

虽然有原理误差的加工方法会造成工件的加工误差，但却降低了加工成本、简化了机床结构、提高了生产率。因此，只要造成的加工误差在允许范围内，这些加工方法就可以采用。

4.7.4　工艺系统几何误差

4.7.4.1　机床的几何误差

在加工过程中，刀具相对工件的各种成形运动一般由机床来完成，而刀具、工件和机床之间的位置关系也要靠机床来保证。因此机床的几何误差对加工精度的影响是很大的。

机床的几何误差包括机床的制造、安装、调整误差及磨损引起的误差。在机床的各个部件中，主轴、导轨、传动链是影响加工精度的主要部件。

（1）主轴旋转误差　理论上，主轴旋转时的旋转轴线应与主轴的几何轴线重合且在旋转的过程中该轴线在空间中的位置应保持不变。但由于各种误差因素的影响，实际主轴的回转轴线在每一瞬时的空间位置都是变化的，因而就有了主轴旋转误差。

主轴旋转误差就是主轴的实际旋转轴线相对于平均旋转轴线（实际旋转轴线变动范围的对称中心线）的变动量。为便于分析问题，将主轴旋转误差分解成3个方面（见图4-21）：

① 径向圆跳动：主轴瞬时旋转轴线始终作平行于平均旋转轴线的径向漂移运动。

② 轴向窜动:主轴瞬时旋转轴线相对于平均旋转轴线在轴向的漂移运动。

③ 角度摆动:主轴瞬时旋转轴线与平均旋转轴线成一倾斜角,其交点位置固定不变的漂移运动。

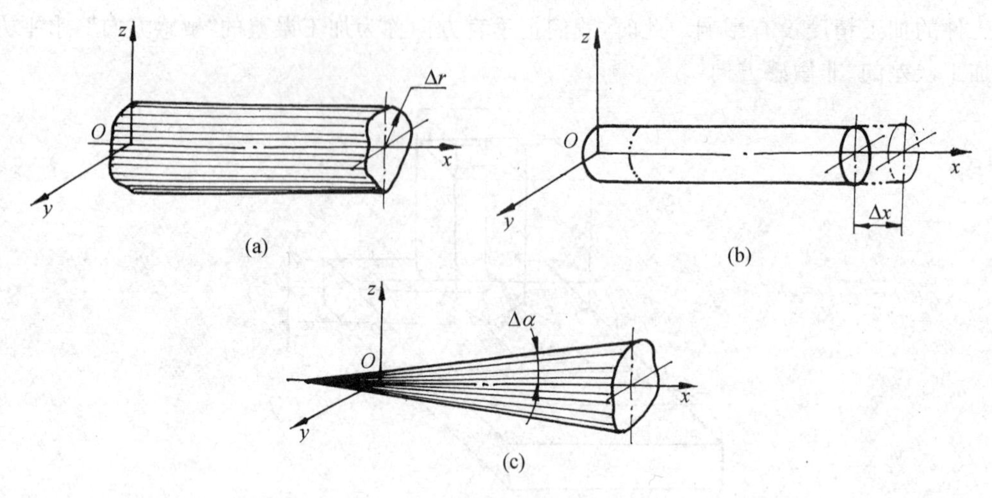

图 4-21　主轴旋转误差的分解

(a) 径向圆跳动；(b) 轴向窜动；(c) 角度摆动

机床主轴上一般都安装有刀具或工件,其旋转误差一方面使表面成形运动不准确,另一方面使刀具与工件之间的正确位置遭到破坏。若该误差刚好处在加工误差的敏感方向,就会造成加工误差。

如车床、镗床主轴的旋转运动是形成圆形所需的成形运动,若主轴有径向圆跳动,就会造成工件的圆度误差;车外圆时,主轴的角度摆动将会使车出来的外圆有锥度误差;车端面时,主轴的径向圆跳动对其精度没有影响,但轴向窜动则使得工件端面时而接近刀具,时而远离刀具,造成实际背吃刀量时而减小,时而增大,最终造成工件端面不平。

车螺纹时,由于螺纹牙形为三角形或梯形,径向和轴向都是其敏感方向,因此主轴的径向圆跳动和轴向窜动都使得刀具相对于工件的位置发生变动,从而造成工件的螺距误差。

铣削、磨削平面时,若铣床、磨床主轴有径向圆跳动或轴向窜动,也会使铣刀(砂轮)中心的运动轨迹或刀具(砂轮)与工件之间的相对位置发生变化,从而造成工件的形状误差。

主轴旋转误差产生的原因是:主轴一般通过轴承安装在箱体的主轴孔中,因此轴承的制造、安装误差是造成主轴旋转误差的主要原因。以滚动轴承为例,其内、外环滚道的不圆,滚动体的不圆和尺寸不一致,轴承内环孔与滚道、外环外圆与滚道的不同轴等误差都是造成主轴旋转误差的原因。由于轴承内、外环均是薄壁零件,极易变形,因此主轴支承轴颈的圆度误差及其与各段配合轴颈的不同轴、箱体主轴孔的圆度误差及各轴承孔的不同轴,也是造成主轴旋转误差的原因。此外,轴承间隙的调整质量也是一个不可忽视的因素。

(2) 机床导轨误差　机床导轨的作用是支承并引导运动部件使之沿直线或圆周轨迹准确运动。导轨的误差将使该运动轨迹出现误差,进而造成工件的形状误差。一般导轨的误差主要表现形式有:

① 导轨的直线度误差。导轨的直线度误差可有水平和垂直两个方向(如图4-22所示),这两个方向上的误差并不一定全部传给工件,只是处于加工误差敏感方向上的误差才会对工件精度造成较大影响。

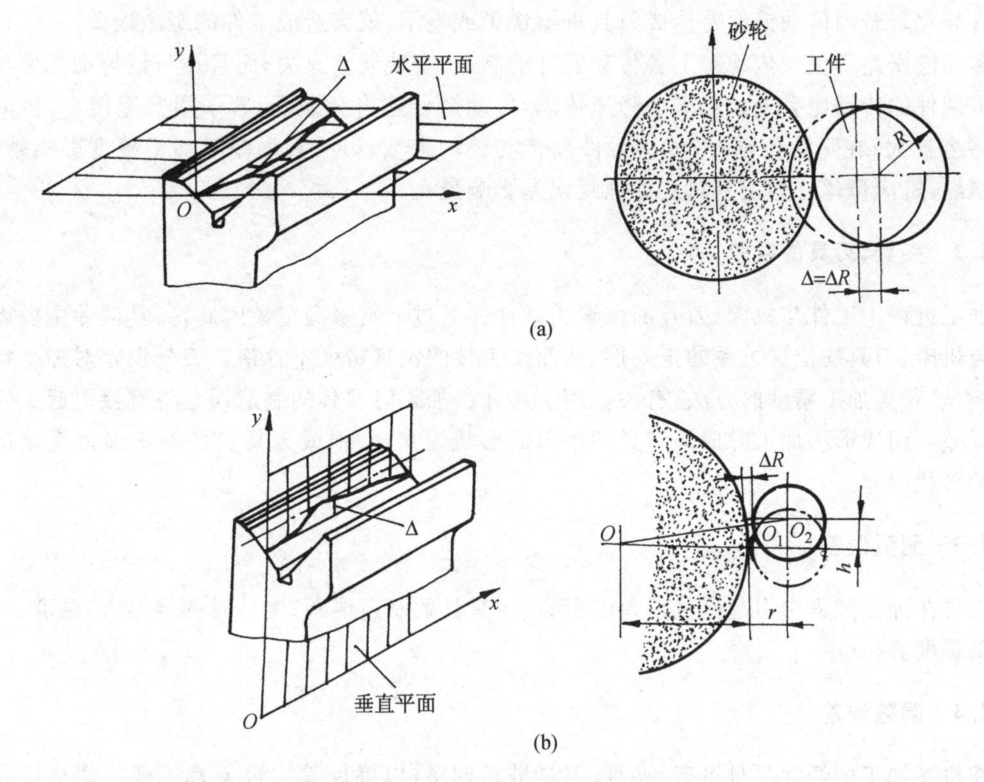

图 4-22　机床导轨的直线度误差

(a) 平面内的直线度；(b) 垂直面内的直线度

对车床、圆磨床，因为刀具(砂轮)处于水平位置，水平方向是敏感方向，因此导轨在水平面的直线度误差将会使工件的素线不直(工件素线的形状与导轨形状相同)，造成工件的圆柱度误差。

在刨床、铣床、平面磨床上加工平面时，刀具(砂轮)处于垂直平面内，加工误差的敏感方向是垂直方向。此时，导轨在垂直平面内的直线度误差将造成工件的平面度误差。

② 导轨在垂直平面内的平行度误差。机床前后两导轨在垂直平面内不平行会造成其上的运动部件前后摆动，使得刀具或工件的运动轨迹成了一条空间曲线，从而造成工件形状误差。

③ 导轨与主轴之间的位置误差。导轨与主轴之间的位置关系不正确将会造成工件母线与其轴线之间的位置关系不正确。

如车床，若纵向导轨与主轴在水平方向不平行，车外圆时就会使工件产生锥度误差，若是横向导轨与主轴轴线不垂直，则车端面时就会使工件端面变成中凹或中凸的圆锥面。

在镗床上镗孔时，导轨与主轴不平行造成的误差与镗孔方式有关。因为镗床镗孔是刀具旋转，圆柱孔的圆是靠刀尖旋转形成的，直线素线则是由进给运动形成的。当工作台带动工件进给时，镗杆的旋转轴线与进给方向不平行就相当于斜着切一圆柱体，因此镗出的孔是椭圆形，而孔轴线对其定位面却是平行的。若采用镗杆进给方式镗孔，因为镗杆的旋转轴线与进给方向平行，所以镗出的孔是圆的，孔的轴线却对其定位面不平行。

(3) 传动链误差　当需要用展成法来获得工件表面形状时，就必须用内传动链来保持两执行件之间的运动关系。若由于内传动链有误差而造成了该运动关系不准确，就会造成工件的加工误差。如车螺纹，两执行件分别是主轴和刀具，其运动关系为主轴转一转，刀具进给一个工件导程。若因传动链误差造成刀具进给快了或慢了，就会造成工件的螺距误差。

传动链误差不仅与传动链上各传动元件的制造、安装误差有关，而且还与该传动元件与传动链末端件的传动比有关。若采用降速传动，传动链误差将会缩小，若采用升速传动，传动链误差将会扩大；在降速传动时，传动元件离传动链的末端越近，其误差对加工精度影响越大。如车螺纹，机床母丝杠的误差对工件螺距误差影响最大。

4.7.4.2 夹具、刀具的误差

加工过程中工件与机床、刀具的位置关系往往通过夹具来确定。因此，夹具误差主要影响工件与机床、刀具的位置关系的正确性，从而使工件的位置精度不合格。刀具误差对加工精度的影响与“获得加工精度的方法”有关。用定尺寸法加工时刀具的制造误差将直接引起工件的尺寸误差。用成形法加工时成形刀具切削刃的形状误差、磨损或刀具安装不正确将直接造成工件的形状误差。

4.7.4.3 测量误差

工件在加工过程中引起测量误差的因素有：量具的制造误差；测量时的接触力、温度、目测的正确程度等。

4.7.4.4 调整误差

在机械加工中经常要对机床、夹具、刀具进行调整，以确保其位置关系正确。调整误差的来源视不同的加工方式而异。

4.7.5 工艺系统的受力变形

4.7.5.1 工艺系统的刚度

工艺系统在加工时，受到各种外力(切削力、夹紧力、传动力、惯性力等)及内应力的作用而产生弹性变形和塑性变形，造成系统原有的几何精度丧失，从而引起加工误差。

同样的外力作用在不同的物体上造成的变形量是不同的，因此我们把物体抵抗外力使之变形的能力称为刚度。从影响加工精度的角度来看，用在加工误差敏感方向(y 向)上产生单位变形所需要的力来表示，即

$$k = \frac{F_y}{y}$$

式中：k —— 物体的刚度，其单位常用 N/mm；

F_y —— 物体所受的在 y 向上的分力；

y —— 物体在各种力的作用下在 y 向上产生的变形量。

工艺系统的受力变形，是机床的相关部件、夹具、刀具、工件等变形的叠加，工艺系统刚度的一般表达式为：

$$k_{xt} = \frac{1}{\frac{1}{k_{jc}} + \frac{1}{k_{dj}} + \frac{1}{k_{jj}} + \frac{1}{k_{gj}}}$$

式中：k_{xt} —— 工艺系统的刚度；

k_{jc}——机床的刚度；

k_{dj}——刀具的刚度；

k_{jj}——夹具的刚度；

k_{gj}——工件的刚度。

刀具、工件的刚度可按材料力学的公式求出，而机床、夹具的刚度只能用实测的方法确定。

4.7.5.2 工艺系统受力变形对加工精度的影响

在切削力的作用下，由于工艺系统的间隙和变形，工件和刀具会相互退让（称为让刀），造成实际背吃刀量 a_{PS} 小于理论值 a_{PL}，若在整个加工长度上各处让刀量相等，则将造成工件的尺寸误差；若各处让刀量不等，则将造成工件形状误差。

在车床上用2顶尖安装工件车外圆，当工件刚度较差而机床刚度很好时，在工件的两端因刚度较好而产生的让刀量较小；在工件的中部因刚度较差而产生的让刀量较大，从而使加工后的工件呈两头小、中间大的鼓形（见图4-23(a)）。

若工件刚度很好而机床刚度较差，作用在机床主轴A、尾座B上的力的大小随作用点 x 而变化，当 $x=L$ 时，$F_A=0$ 而 F_B 最大，此时尾座向后变形让刀最大，车B端时 a_{PS} 最小；随着刀具的进给，x 逐步减小，作用在尾座上的力逐步减小，而作用在主轴上的力逐步增大，当 $x=L/2$ 时，作用在A、B两端的力相等且最小，由机床变形引起的让刀量也最小，因此车到中部时 a_{PS} 最大；当 $x=0$ 时，$F_B=0$ 而 F_A 最大，此时主轴向后变形让刀最大，因此车到A端时 a_{PS} 又减小。从而使车出的工件呈两头大、中间小的鞍形（见图4-23(b)）。

若工件、机床刚度均不太好，则造成的误差是上述两种误差的叠加。这些误差均属于圆柱度误差。

同样，若镗孔时采用镗杆进给方式，镗杆的长度随着进给而变化，则刀具的受力变形量也随着镗杆的进给而变化，从而使镗出的孔素线不直，如图4-23(c)所示。

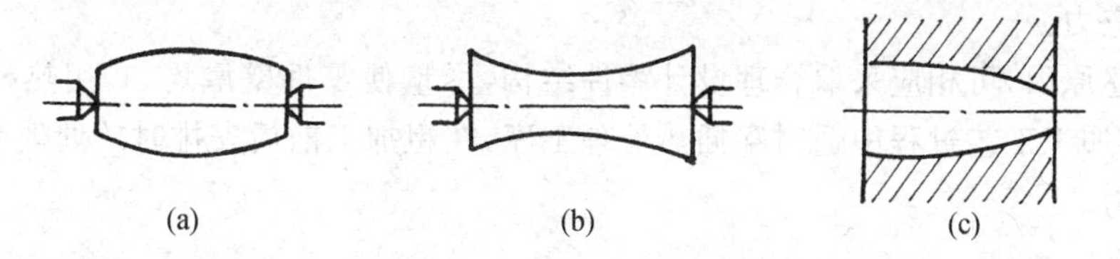

图4-23 切削力作用点位置变化造成的工件误差

(a) 鼓形；(b) 鞍形；(c) 孔素线不直

当由毛坯误差造成实际背吃刀量变化时，会引起切削力 F_P 大小的变化，而 F_P 大小的变化又会造成让刀量的变化，从而使加工后的工件保留了与毛坯相似的误差。此种工件经机械加工后仍具有与毛坯相似的误差的现象称为“误差复映”。

生产中用“误差复映系数 ε”来定量地反映毛坯误差经加工后减小的程度：

$$\varepsilon=\frac{\Delta_{gj}}{\Delta_{mp}}=\frac{\Delta_y}{\Delta_{a_p}}=\frac{\Delta F}{k_{xt}\Delta_{a_p}}$$

式中：Δ_{gj}——工件误差；

Δ_{mp}——毛坯误差；

$\Delta F=Fa_{p1}-Fa_{p2}$，Fa_{p1}、Fa_{p2} 分别为工件一转中的最大背吃刀量和最小背吃刀量处所受的力；

$\Delta a_p = a_{p1} - a_{p2}$，$a_{p1}$、$a_{p2}$分别为工件一转中的最大背吃刀量和最小背吃刀量。

由此可知，系统的刚度越大，复映系数越小，毛坯误差对加工精度的影响越小。

由于ε是一个小于1的正数，所以当一次走刀不能满足精度要求时，可以用多次走刀的办法来降低毛坯的误差复映。若每次走刀的误差复映系数分别为ε_1、ε_2、…、ε_n，则总的误差复映系数为

$$\varepsilon_{总} = \varepsilon_1 \varepsilon_2 \cdots \varepsilon_n << 1$$

离心惯性力和传动力共同的特点是力的方向在每一转中不断地改变，因此它在y向的分力有时和切削力同向，有时则相反，从而破坏工艺系统各成形运动的位置精度。

刚性较差的工件安装时，由于夹紧力方向和作用点不当，都会引起工件的相应变形，从而造成加工误差。

重力的影响主要是引起机床的变形，使机床原有几何精度丧失。这种影响对于大型机床和工件尤为严重。如龙门刨床，若安装不当，重力的作用将使床身导轨产生弯曲变形，影响导轨的直线度，从而使工件产生平面度误差。

内应力是指当外部载荷去除后，仍然残存在工件内部的应力。具有内应力的工件处在一种不稳定的状态，它的内部组织有一种恢复原状的本能，即使在常温下，其内部组织也在不断地变化，直到内应力全部消失为止。在这个变化的过程中，工件的外部形状也会逐渐变化，使原有的加工精度逐渐丧失。

产生内应力原因有：

① 在铸、锻、焊及热处理等热加工中，由于工件各部分的壁厚不均匀、冷却速度不一致、局部受热高温，使得工件内部组织互相牵制而形成内应力；

② 在常温下对刚度较差的工件进行校直、校平（称为冷校直）时，由于工件内外层的变形性质不同，外层为塑性变形而里层为弹性变形，校正力去除后，内外层互相牵制而形成内应力；

③ 切削加工中切削力、切削热的作用引起工件表层的组织或性能的改变，表里层互相牵制而引起内应力。

根据上述原因，可相应采取合理设计零件结构，尽量使零件壁厚均匀，用热校直代替冷校直，在工件的加工工艺过程中适时穿插热处理工序，在粗加工前后安排时效处理等措施来减小或消除内应力。

4.7.5.3 减小工艺系统受力变形的途径

减小工艺系统受力变形的途径不外乎是从减小切削力和提高系统刚度两个方面来考虑。减小切削力主要从合理选择切削用量和刀具角度两方面着手，但会使生产率受到影响。提高工艺系统的刚度可采取以下措施：

(1) 提高接触刚度　对各零、部件的接触面间，可通过提高其形状精度、表面硬度、降低表面粗糙度值、预加载荷等措施来提高接触刚度。

(2) 提高刀具的刚度　对于刚度较差的刀具，如镗杆、内圆磨砂轮杆等可采用加装辅助支承等办法来提高其支承刚度。

(3) 合理装夹工件，减小工件变形　当工件刚度较差时，工件变形就成了影响加工精度的主要矛盾。减小工件变形的措施有：夹紧工件时应夹工件刚性好的方向和部位；使夹紧力对准定位支承，从而使工件受“拉压”而不受弯矩作用；加装辅助支承，提高支承刚度，如车细长轴时

采用跟刀架、中心架等;使夹紧力分散,避免局部压强过大。通过加宽夹爪、用浮动压块、开口环等夹紧元件过渡,使作用在工件上的夹紧力分散。

(4) 提高机床、夹具等部件的刚度　可加强薄弱环节,使各零部件的刚度基本一致;提高接触精度;从采用"预紧"的办法(如当工作台纵向进给时把横向、垂向锁紧;在机床主轴锥孔中装刀、装夹具时用拉杆从主轴后端将刀具或夹具拉紧等)消除间隙等方面入手。

(5) 消除离心惯性力、重力的影响　如对高速旋转件进行仔细的平衡、装夹偏心工件时加配重块;安装大型机床、工件时支承点位置布置在离两端 $2L/9$ 处(L 是被支承面的全长)、加装辅助支承等。

4.7.6 工艺系统的热变形

在机械加工过程中,由于受到内部和外部热源的影响,工艺系统各部分的温度升高,因而产生热膨胀。由于各部分的受热情况、热容量、散热条件等均不相同,产生的温升和热膨胀也就不同,从而使工艺系统各部分产生变形,造成工件的加工误差。

虽然各种热源产生的热量会向工艺系统内传递,但同时,系统内部产生的热量也在向外部环境中散发。当单位时间内传入和散发的热量相等,系统的温度不再变化时,则称工艺系统处于热平衡状态。系统达到热平衡后,热变形量不再变化,引起的加工误差也比较固定。

机床的热变形主要是因主轴箱的发热使主轴位移、倾斜;床身、立柱等零件因其导轨面与其余部分的温度不同而使导轨产生弯曲变形。弯曲的方向是向高温面凸出。

对于数控机床、加工中心等机床而言,除了机械系统的发热造成机床几何精度降低外,电气系统的发热还会造成数控系统不稳定等问题。因此这类设备常在恒温室里使用。

工件受热后膨胀,其直接结果是造成刀具"多切",即使 $a_{PS} > a_{PL}$,若各处的多切量相同,则造成工件尺寸误差;若各处的多切量不同,则造成工件形状误差。

当加工表面较短时,工件受热均匀,易造成尺寸误差。当加工表面较长时,刚开始切削时工件温升为零,随着切削的进行,工件温度逐渐升高,直径逐渐增大,使得 $a_{P实际}$ 也逐渐增大,待工件冷却后就成了圆锥形。车螺纹时,工件的热伸长将会造成工件的螺距误差。此外,若工件前后用固定顶尖装夹,工件的热伸长会把工件顶弯,因此在切削进行的过程中要根据实际情况不时放松后顶尖或后顶尖采用可自行后退的弹簧顶尖。

磨削平面、导轨面时工件单面受热而产生中凸变形,造成各处的 a_{PS} 不等,中部的 a_{PS} 最大。待工件冷却后,将产生"中凹"的平面度误差。

在数控机床、加工中心等自动化程度很高的机床上加工时,由于工序高度集中,工件受热大且来不及散发、冷却,工件热变形的影响将会更大,必须引起高度的重视。

减少工艺系统热变形的工艺措施:

① 减少发热。合理选择切削用量和刀具角度、及时修整砂轮和刃磨刀具以减小切削热;对各摩擦部位加强润滑以减小摩擦热。

② 加强散热。采用冷却性能好的切削液使切削区温度降低。

③ 隔离热源。将润滑油池、液压油箱、电动机等移出机床外;及时将切屑排出机床外或用隔热垫来接切屑以免将热量传给机床。

④ 控制温度变化。加工前先让机床高速空运转一段时间,使系统达到热平衡后再加工;在恒温室内加工。

⑤ 误差补偿。装夹工件时给工件附加一个夹紧力，用工件受力产生的弹性变形去弥补热变形（如磨床身导轨，工件的热变形会使磨出的工件中凹，装夹床身时，在中部用螺拴压板加压，使其加工前先产生一个中凹变形，就可避免因热变形而使中部磨去较多的现象）；根据季节温度及时调整机床地脚螺钉的压力，以补偿温差的影响（如夏天，床身易中凸，宜将床身中部的地脚螺钉收紧些，冬天反之）。

4.8 表面加工质量

表面加工质量的含义包括表面粗糙度和波度、表面层物理力学性能。

表面粗糙度是衡量表面微观不平度的指标，国家标准规定用"表面微观的算术平均偏差 R_a"或"轮廓微观不平度十点高度 R_z"来衡量。

表面波度则是界于表面粗糙度和形状误差之间的一种几何误差，主要由机械振动引起，目前还没有国家标准。

工件表面层内部组织遭到破坏的外在表现就是物理力学性能的改变，具体表现在：

① 表面层冷作硬化——表层的显微硬度高于母体。

② 表面层残余应力——加工后，表层中残留的压应力或拉应力。

③ 表面层金相组织变化——表层的金相组织与基体不同。

4.8.1 表面质量对产品使用性能的影响

4.8.1.1 表面粗糙度

表面粗糙度对工作精度的影响主要是使实际接触面积减小。对于配合表面来说，表面粗糙度将影响其实际配合性质：对于间隙配合，表面太粗糙将使零件的初期磨损太快，使实际配合间隙过大；对于过盈配合，太粗糙的表面在装配过程中其凸峰将被挤压倒塌，使实际过盈量不足，影响连接强度。对于相互接触的两零件，表面粗糙将使接触变形增大，接触刚度降低。

对于有相对运动的表面，表面粗糙度对摩擦面的磨损影响很大，但不是越细越好，也不是越粗越好。表面太粗，实际接触面积太小，容易磨损，但太细的表面储存润滑油的能力差，一旦润滑条件恶化，紧密接触的两表面会发生分子亲合现象而咬合起来，结果反而使磨损加剧。因此有一个耐磨的最佳粗糙度值，该值与机器零件的工作情况有关，一般最佳粗糙度值为0.8～0.4μm。

对于受交变载荷作用的零件，粗糙表面的尖峰、深谷很容易引起应力集中，使零件产生疲劳裂纹。因此，受交变载荷作用的零件，尤其是其上具有应力集中倾向的表面的粗糙度应细些。

此外，在腐蚀环境中工作的零件，粗糙的表面也会因其易于储藏腐蚀液体而使零件的耐腐蚀性下降。

4.8.1.2 表面冷作硬化

适当的冷作硬化使表面硬度提高，从而提高零件的耐磨性，但冷作硬化太过将使表层组织过度疏松，受力后容易产生裂纹甚至是成片剥落。因此也有一个最佳冷硬值。

此外,冷作硬化还具有防止疲劳裂纹产生和阻止其扩大的作用,因而可提高零件的疲劳强度,但却会使零件的抗腐蚀能力降低。

4.8.1.3 表面残余应力

残余应力又有压应力和拉应力之分,其中拉应力会加速疲劳裂纹扩大,而压应力则正好相反。因此适当的压应力可提高零件的疲劳强度,拉应力则反之。

此外,残余应力将影响零件精度的稳定性,使零件在使用过程中逐步变形而丧失精度。

4.8.1.4 表面金相组织的变化

表面金相组织的变化将使零件表面原有的力学性能改变,如强度、硬度降低,出现内应力等,从而影响零件的耐磨性和疲劳强度。

4.8.2 影响表面质量的因素及其控制措施

4.8.2.1 影响表面粗糙度的因素及其控制措施

在切削加工过程中,由于受刀尖几何形状和进给运动的影响,刀具并没有把应切削的金属层全部切掉,而是在切过的表面上残留了一小部分金属,称为残留面积。若只考虑几何的因素,该残留面积的高度就是表面粗糙度。此外,切削过程中工件加工面受到了刀具刃口钝圆的挤压和后刀面、副后刀面的摩擦而产生塑性变形,将残留面积挤歪或使沟纹加深;中速切削塑性金属时积屑瘤周期性地生成、长大、脱落;低速切削塑性金属时产生的鳞刺等因素均会在工件表面留下深浅不一、凹凸不平的切痕,使工件表面粗糙。从以上分析中归纳出控制切削表面粗糙度的措施有以下几种。

(1) 合理选择切削用量

① 进给量 f。减小 f 可使残留面积高度降低,从而使粗糙度值降低。但 f 太小时一方面影响生产率,另一方面也会因刀具对工件已加工面反复挤压而使粗糙度值增大,还会因切削厚度太薄而引起振动。因此,适当减小 f 可使表面粗糙度值降低,但当 $f<0.15$mm/r后,再进一步减小 f 时作用就不太明显了。

② 切削速度 v_c。v_c 主要是通过对积屑瘤和鳞刺的影响来起作用的。一般在 $v_c=(20\sim60)$m/min 的中速段最容易生成积屑瘤,因此,在切削塑性材料时,应避开中速切削,适当提高切削速度,以防止积屑瘤和鳞刺的产生。切削铸铁等脆性材料时基本不形成积屑瘤,故切削速度对粗糙度的影响较小。

(2) 合理选择刀具角度参数

① 前角 γ_o 和刃倾角 λ_s。虽然 γ_o 和 λ_s 不直接影响残留面积高度,但却通过对切削力、金属塑性变形、切屑的流向等的影响而间接影响表面粗糙度。加大 γ_o 能使切削力、塑性变形减小,也不易生成积屑瘤;加大 λ_s 可使刀具实际前角增大、刀刃显得锋利,$\lambda_s>0$ 时还可使切屑流向工件待加工面和使背向力 F_P 减小。这些均有利于降低粗糙度值。

② 主偏角 κ_r、副偏角 κ_r' 和刀尖圆弧半径 r_ε。适当减小 κ_r、κ_r',增大 r_ε 均可使残留面积高度降低,因而对降低粗糙度值有利。但 κ_r、κ_r' 太小,r_ε 过大都有可能因背向切削力 F_P 过大而引起振动。另外,精加工时因背吃刀量很小,且刀尖都带有一定的圆角,因此主、副偏角实际上

并不参与残留面积的构成。

③ 刀具本身的粗糙度。刀具前刀面粗糙会使刀具与切屑摩擦增大，容易生成积屑瘤；刀具后刀面粗糙会加剧刀具与工件已加工面之间摩擦，两者都会影响工件的粗糙度。因此，一般刀具前后刀面的粗糙度值要比加工面要求的粗糙度值低1～2级。

(3) 改善工件材料的切削性能　一般来说，切削太硬和太软的材料及韧性太大的材料都不易得到光洁的表面，金相组织粒度越细的材料越容易获得光洁的表面。因此，可在切削加工前采取适当的热处理来获得粒度细密的金相组织和最佳加工硬度。如切低碳钢前先正火、切高碳钢前先退火等。

(4) 正确选择切削液　切削液的冷却和润滑作用对降低表面粗糙度值都有利，其中更直接的是润滑作用。因为切削液可降低切削温度、抑制积屑瘤生成、改善刀具与加工面的摩擦状况。对于精加工来说，切削液的作用尤为重要。

磨削过程比切削复杂得多。磨削时起作用的是砂轮上的砂粒，而砂粒在砂轮表面上分布的高度不太一致；与刀具相比，砂粒显得较钝，相当于负前角切削，且磨削时背吃刀量很小。因此磨削的过程是滑擦、刻划和切削共同作用的过程。控制磨削表面粗糙度的措施有以下几种。

① 合理选择和修整砂轮。

砂轮的砂粒越细，在工件表面上留下的刻痕越密、越浅，粗糙度就越细。但砂粒过细又容易引起砂轮堵塞，使工件表面温度增高，塑性变形加大，粗糙度反而会增大。所以一般磨削所用砂轮粒度不超过80号，常用的是40～60号。

砂轮太软，砂粒容易脱落，有利于保持砂粒的锋利，但不利于保持砂粒的等高性；砂轮太硬则正好相反。因此砂轮的硬度以适中为好，主要根据工件材料来选择。

砂轮表面修整得不好，表面砂粒不处于同一高度，部分较低的砂粒就没有起到作用，加工时单位时间内通过工件被磨表面的磨粒数就减少，表面就粗糙。而用小的修整进给量和小的修整深度及时修整砂轮可获得锋利、细密、等高的微刃，就可获得光滑的表面。

② 合理选择磨削用量。

砂轮线速度 v_s 大，同一时间内参加磨削的砂粒就多，每颗磨粒切去的金属厚度就少，工件表面刻痕就密，因此也就越光滑。

工件的线速度 v_g 大，单位时间内划过工件被磨表面的磨粒数就减少，刻痕就疏，磨出的表面就粗糙。但 v_g 过小也不好，过小的 v_g 时工件与砂轮的接触时间延长，传到工件的热量增多，甚至会造成工件表面金属微熔变软，使隆起高度增加，反而使工件表面变粗。一般取 $v_g = v_s/60$。

同样道理，纵磨法磨削时适当减小纵向进给量 f_a 可使工件表面粗糙度值减小。

磨削深度(背吃刀量)a_P 的增大将使塑性变形增大，从而使工件表面变粗。因此，精密磨削的最后几刀总是采用极小的 a_P。在磨削的最后阶段，光磨5～10次(无进给磨削)，依靠工艺系统的弹性恢复，就可获得极小的 a_P，从而获得光滑的表面。

此外，冷却润滑液的成分、洁净程度，工艺系统的抗振性等也是影响磨削表面粗糙度的不可忽视的因素。

4.8.2.2　影响表面物理力学性能的因素及其控制

机械加工中，由于切削力的作用，使被加工表面产生强烈的塑性变形，晶格严重扭曲、晶格被拉长和纤维化，引起材料的强化，其强度和硬度均有所提高，这种现象就称为冷作硬化。冷作硬化的程度取决于使加工表面产生塑性变形的力、变形速度及变形时的温度。力越大、硬化程度越大；变形速度快，塑性变形不充分，硬化程度就小；温度升高将使硬化程度减小。

(1) 影响冷作硬化的主要工艺因素

① 刀具。刀具切削刃的钝圆和后刀面对已加工表面的挤压、摩擦是产生冷作硬化的原因之一。刀具磨损后钝圆半径增大，后角为零度，对已加工表面的挤压、摩擦加剧，表面硬化程度和深度也随之加剧。

② 切削用量。其中影响最大的是切削速度和进给量。切削速度增大时，刀具与工件接触时间缩短，塑性变形减小；且速度增大将使切削温度上升，有助于冷硬恢复。因此冷硬的程度和深度随速度增大而减小。进给量、背吃刀量增大则切削力增大，塑性变形加剧，因此硬化程度也大。但过小的进给量将使刀刃反复挤压已加工表面，也会使硬化程度增大。

③ 工件材料。其塑性越大，切削时的塑性变形也越大，冷作硬化现象越严重。

(2) 引起表面残余应力的主要原因

① 冷塑性变形的影响。加工中在力的作用下，工件表层产生了塑性变形，其体积因其晶格被拉长而增大，但基体仍处于弹性状态。当切削力消失后，基体金属欲弹性恢复却受到了表层金属的阻碍，因而表层残留了压应力，基体残留了拉应力。

② 热塑性变形的影响。加工中在热的作用下，工件表层温度较高，基体的温度较低，表层受热伸长，但受到了基体的限制，此时表层产生压应力。当压应力大于材料的弹性极限时，表层就会产生热塑性变形（缩短到与基体等长）。切削结束后，温度下降。此时表层金属要收缩却受到了基体的限制，因而表层产生拉应力，基体产生压应力。

加工过程中力和热是同时存在的，因此最后产生的是哪种应力要看加工过程中哪个起主要作用。一般来说，用比较钝的刀具（如负前角）切削、滚轮滚压等较低速度加工时，容易获得表面压应力；磨削加工时产生的热量较大，容易产生表面拉应力。

③ 金相组织变化的影响。金属材料在不同的温度和热处理状态下有不同的金相组织，不同金相组织的体积是不同的。加工过程中若被加工表面的温度超过了材料的相变温度，工件表层的金相组织就会改变。若改变前体积大，改变后体积欲变小而受到基体限制，则表层产生拉应力；反之，表层产生压应力。

造成金相组织变化的主要因素是温度。一般磨削时产生的热量有60%～80%传给工件，造成工件表面温度较高，严重时引起金相组织变化。这种现象称为磨削烧伤。烧伤严重时，工件表面会出现黄、褐、紫、青等烧伤色。但表面没有烧伤色并不表明工件一定没有烧伤，也许烧伤色被后面的光磨磨掉了。工件表层烧伤后容易产生拉应力，若拉应力过大，就会产生裂纹。有些裂纹肉眼看不见，需要借助磁力探伤、超声波探伤等探伤仪器来检查。

(3) 表面物理力学性能的控制　表面物理力学性能中，适当的冷作硬化和残余压应力能使工件表面强化，可适当保留甚至故意去获得；而残余拉应力、磨削烧伤则使工件表面弱化，应尽量减少或避免。

① 表面强化措施。从前面分析可知，造成表面强化的主要因素是“力”，力越大硬化程度也越大。因此应从增大“力”的角度去考虑。用各种滚轮、滚珠对工件表面进行滚压、用高速的珠丸喷打工件表面等加工均是表面强化的有效措施。若想减轻冷作硬化程度，则可从减小“力”的角度去考虑，如减小刀刃的钝圆半径和后刀面的磨损、增加切削速度、适当减小进给量等。

② 减少或避免表面弱化的措施。造成表面弱化的主要因素是温度,因此应从降温的角度来考虑。降温的主要措施不外乎减少发热和加速散热。具体工艺措施有:合理选择磨削用量、提高冷却效果、合理选择和修整砂轮。

4.9 轴类零件的加工

4.9.1 概述

4.9.1.1 轴类零件的功用和结构特点

轴类零件是机器中应用广泛的一种零件,通常用于支承传动零件(如齿轮、带轮等),传递扭矩和承受载荷。构成轴类零件的表面主要有圆柱面、圆锥面、螺纹表面、花键、沟槽等。按其表面类型和结构特征的不同,轴类零件可分为光轴、阶梯轴、半轴、空心轴、花键轴、凸轮轴、偏心轴、曲轴等,如图4-24所示。

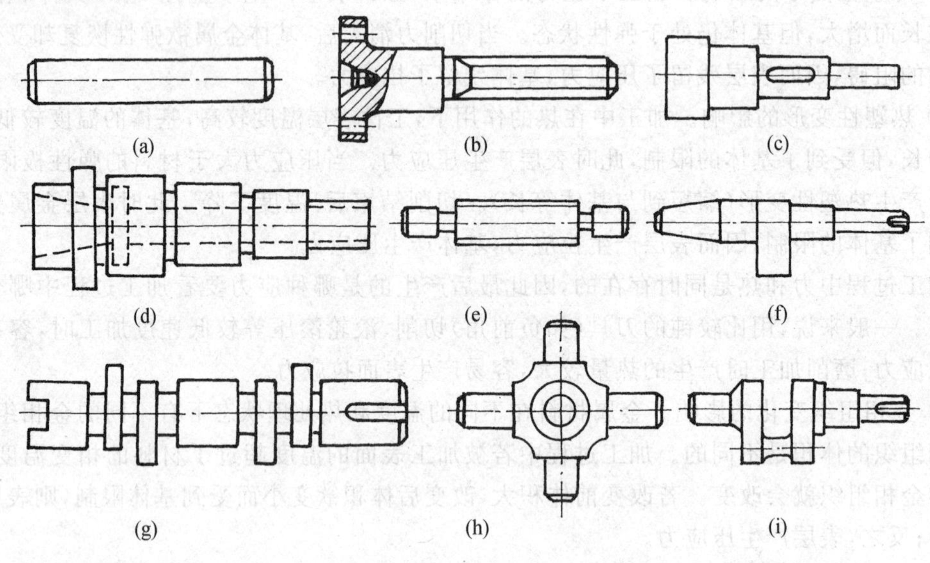

图 4-24 轴的类型

4.9.1.2 轴类零件的技术要求

轴通常由其轴颈支承在机器的机架或箱体上,实现运动和动力的传递。根据其功用及工作条件,轴类零件的技术要求通常包括以下几方面。

(1) 尺寸精度和形状精度 轴类零件的尺寸精度主要指轴的直径尺寸精度。轴上支承轴颈和配合轴颈(装配传动件的轴颈)的尺寸精度和形状精度是轴的主要技术要求之一,它将影响轴的回转精度和配合精度。

(2) 位置精度 为保证轴上传动件的传动精度,必须规定支承轴颈与配合轴径的位置精度。通常以配合轴颈相对于支承轴颈的径向圆跳动或同轴度来保证。

(3) 表面粗糙度 轴上的表面以支承轴颈的表面质量要求最高,其次是传动零件的配合表面或工作表面。这是保证轴与轴承以及轴与轴上传动件正确可靠配合的重要因素。

在生产实际中，轴颈的尺寸精度通常为IT6～IT8，精密的轴颈可达IT5；一般轴的形状精度应控制在直径公差之内；精密轴颈的形状精度应控制在直径公差的1/2～1/5之内。表面粗糙度 R_a 值，支承轴颈一般为0.63～0.16μm，配合表面一般为2.5～0.63μm。配合表面对支承轴颈的径向圆跳动一般为0.01～0.03mm，高精度轴为0.001～0.005mm。

4.9.1.3 轴类零件的材料、毛坯和热处理

为保证轴能可靠地传递动力，除了正确的结构设计外，还应合理地选择材料及毛坯类型和热处理方法。

一般轴类零件的材料常用价格较便宜的45钢，这种材料经调质或正火后，能得到较好的切削性能及较高的强度和一定的韧性，具有较好的综合力学性能。对于中等精度而转速较高的轴类零件，可选用40Cr等合金结构钢，经调质和表面淬火处理后同样具有较好的综合力学性能。对于较高精度的轴，可选用轴承钢GCr15和弹簧钢65Mn等材料，经调质和表面高频感应加热淬火后再回火，表面硬度可达50～58HRC，并具有较高的耐疲劳性能和较好的耐磨性。对于高转速和重载荷轴，可选用20CrMnTi、20Cr等渗碳钢或38CrMoAl渗氮钢，经过淬火或氮化处理后获得更高的表面硬度、耐磨性和心部强度。

毛坯制造方法主要与零件的使用要求和生产类型有关。光轴或直径相差不大的阶梯轴，一般常用热轧圆棒料毛坯。当成品零件尺寸精度与冷拉圆棒料相符合时，其外圆可不进行车削，这时可采用冷拉圆棒料毛坯。比较重要的轴，多采用锻件毛坯。由于毛坯加热锻打后，能使金属内部纤维组织沿表面均匀分布，从而能得到较高的机械强度。对于某些大型、结构复杂的轴(如曲轴等)可采用铸件毛坯。

4.9.2 典型轴类零件加工工艺分析

主运动为回转运动的各种金属切削机床的主轴，是轴类零件中最有代表性的零件。主轴上通常有着内外圆柱面和圆锥面以及螺纹、键槽、花键、横向孔、沟槽、凸缘等不同形式的几何表面。主轴的精度要求高，加工难度大，如果对主轴加工中的一些重要问题，如基准的选择、工艺路线的拟订等，能作出正确的分析和解决，则其他轴类零件的加工就能迎刃而解。本节以CA6140型卧式车床主轴为例，分析轴类零件的加工工艺。图4-25为CA6140车床主轴简图，其材料为45钢。

4.9.2.1 主轴的功用及技术要求

主轴是车床的关键零件之一，其前端直接与夹具(卡盘、顶尖等)相连接，用以夹持并带动工件旋转完成表面成形运动。为保证机床的加工精度，要求主轴有很高的回转精度，工作时要承受弯矩和扭矩作用，又要求主轴有足够的刚性、耐磨性和抗振性。所以，主轴的加工质量对机床的工作精度有很大影响。为此，对主轴的技术要求有以下几个方面。

(1) 支承轴颈　主轴的两支承轴颈 A、B 与相应轴承的内孔配合，是主轴组件的装配基准，其制造精度将直接影响到主轴组件的旋转精度。当支承轴颈不同轴时，主轴产生径向圆跳动，影响以后车床使用时工件的加工质量，所以对支承轴颈提出了很高要求。尺寸精度按IT5级制造，两支承轴颈的圆度公差为0.004mm，两支承轴颈的径向跳动公差为0.005mm，表面粗糙度 R_a 值为0.4μm。

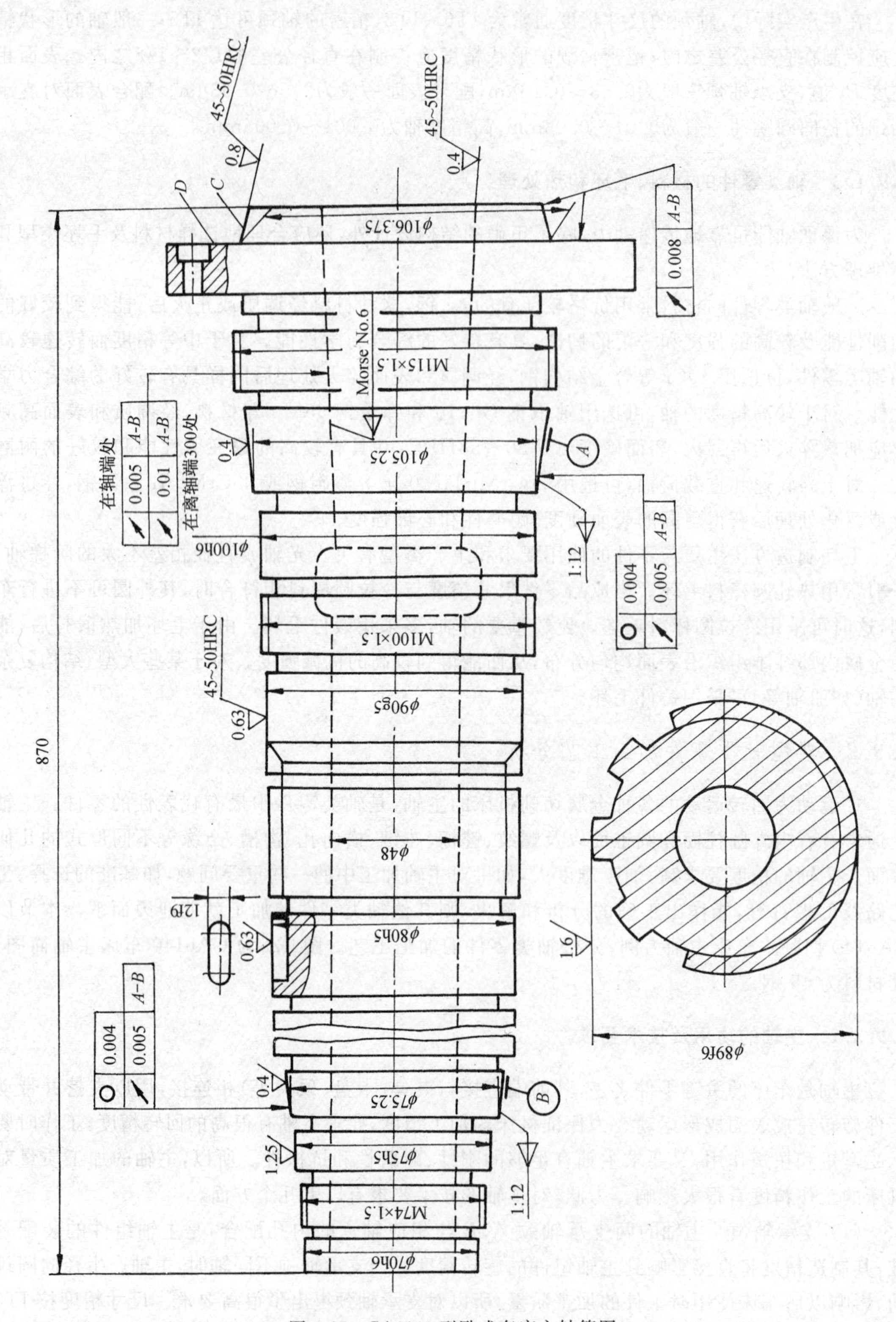

图 4-25　CA6140 型卧式车床主轴简图

(2) 装夹表面　主轴前端锥孔是用于安装顶尖或心轴的莫氏锥孔，其中心线必须与支承轴颈中心线严格同轴，否则会使工件产生圆度、同轴度误差，主轴锥孔锥面的接触率要大于75%；锥孔对支承轴颈 A、B 的圆跳动允差：近轴端为0.005mm，距轴端 300mm 处为0.01mm，表面粗糙度 R_a 值为0.4μm。

主轴前端短圆锥面是安装卡盘的定心表面。为了保证卡盘的定心精度，短圆锥面必须与支承轴颈同轴，端面必须与主轴回转中心垂直。短圆锥面对支承轴颈 A、B 的圆跳动允差为0.008mm，端面对支承轴颈中心的端面跳动允差为0.008mm，表面粗糙度 R_a 值为0.8μm。

(3) 螺纹表面　主轴的螺纹表面用于锁紧螺母的配合。当螺纹表面中心线与支承轴颈中心线歪斜时，会引起主轴组件上锁紧螺母的端面跳动，导致滚动轴承内圈中心线倾斜，引起主轴径向跳动，所以加工主轴上的螺纹表面，必须控制其中心线与支承轴颈中心线的同轴度。

(4) 轴向定位面　主轴轴向定位面与主轴回转轴线要保证垂直度，否则会使主轴周期性轴向窜动，影响被加工工件的端面平面度，加工螺纹时则会造成螺距误差。

(5) 其他技术要求　为了提高零件的综合力学性能，除以上对各表面的加工要求外，还制订了有关的材料选用、热处理等要求。

4.9.2.2　主轴的机械加工工艺过程

经上述对 CA6140 型卧式车床主轴的结构特点和技术要求进行分析后，可根据生产批量、设备条件，结合轴类零件的加工特点，考虑主轴的加工工艺过程。

表 4-13 为单件小批生产时，主轴的加工工艺过程。

表 4-13　CA6140 型卧式车床主轴加工工艺过程

序号	工序内容	定位基准	设备
1	自由锻		
2	正火		
3	画两端面加工线(总长 870mm)		
4	铣两端面(按画线找正)	外圆	端面铣床
5	画两端中心孔的位置		
6	钻两端中心孔(按画线找正中心)	外圆	钻床或卧式车床
7	车外圆	中心孔	卧式车床
8	调质		
9	车大头外圆、端面及台阶，掉头车小头各部外圆	中心孔顶一端，夹另一端	卧式车床
10	钻 Φ48mm 通孔(用加长麻花钻加工)	夹一端，托另一端支承轴颈	卧式车床
11	车大头锥孔、外短锥及端面(配莫氏 6 号锥堵)，掉头车小头孔(配 1∶12 锥堵)	夹一端，托另一端支承轴颈	卧式车床
12	画大头端面各孔		
13	钻大头端面孔及攻螺纹(按画线找正)		
14	表面淬火		

（续表）

序号	工序内容	定位基准	设备
15	精车外圆并车槽	中心孔顶一端夹另一端	卧式车床
16	精磨 Φ75h5、Φ90g5、Φ100h6 外圆	两锥堵中心孔	外圆磨床
17	磨小头内锥孔（重配 1∶12 锥堵），掉头粗磨大头锥孔（重配莫氏 6 号锥堵）	夹一端，托另一端支承轴颈	内圆磨床
18	粗、精铣花键	两锥堵中心孔	卧式铣床
19	铣 12f9 键槽	Φ80h5 车 M115×1.5 处外圆	万能铣床
20	车大头内侧、车三处螺纹（配螺母）	两锥堵中心孔	卧式车床
21	精磨各外圆及两端面	两锥堵中心孔	外圆磨床
22	粗磨两处 1∶12 外锥面	两锥堵中心孔	外圆磨床
23	粗精两处 1∶12 外锥面、D 端面及短锥面 C	两锥堵中心孔	外圆磨床
24	精磨莫氏 6 号内锥孔	夹小头，托大头支承轴颈	锥孔磨床
25	按图样要求全部检验		

4.9.2.3 主轴加工工艺分析

(1) 定位基准的选择　主轴主要表面的加工顺序，在很大程度上取决于定位基准的选择。轴类零件本身的结构特征和主轴上各主要表面的位置精度要求都决定了以轴线为定位基准是最理想的。这样既基准统一，又使定位基准与设计基准重合。一般多以外圆为粗基准，以轴两端的顶尖孔为精基准。具体选择时还要注意以下几点。

① 当各加工表面间相互位置精度要求较高时，最好在一次装夹中完成各个表面的加工。

② 粗加工或不能用两端顶尖孔（如加工主轴锥孔）定位时，为提高工件加工时工艺系统的刚度，可只用外圆表面定位或用外圆表面和一端中心孔作定位基准。在加工过程中，应交替使用轴的外圆和一端中心孔作定位基准，以满足相互位置精度要求。

③ 由于主轴是带通孔的零件，在通孔钻出后将使原来的顶尖孔消失。为了仍能用顶尖孔定位，一般均采用带有顶尖孔的锥堵或锥套心轴。如图4-26所示。当主轴孔的锥度较大（如铣床主轴）时，可用锥套心轴；当主轴锥孔的锥度较小（如 CA6140 机床主轴）时，可采用锥堵。必须注意，使用的锥套心轴和锥堵应具有较高的精度并尽量减少其安装次数。锥堵和锥套心轴上的中心孔既是其本身制造的定位基准，又是主轴外圆精加工的基准，因此必须保证锥堵或锥套心轴上的锥面与中心孔有较高的同轴度。若为中小批生产，工件在锥堵上安装后一般中途不更换。若外圆和锥孔需反复多次，互为基准进行加工，则在重装锥堵或心轴时，必须按外圆找正，或重新修磨中心孔。

从以上分析来看，表 4-13 的主轴加工工艺过程中选择定位基准正是这样考虑安排的。工艺过程一开始就以外圆作粗基准铣端面钻中心孔，为粗车准备了定位基准；而粗车外圆则为钻深孔准备了定位基准；此后，为了给半精加工、精加工外圆准备定位基准，又先加工好前后锥孔，以便安装锥堵，即可用锥堵上的两中心孔作定位基准；终磨锥孔前须磨好轴颈表面，为的是将支承轴颈作定位基准。上述定位基准选择各工序兼顾，也体现了互为基准原则。

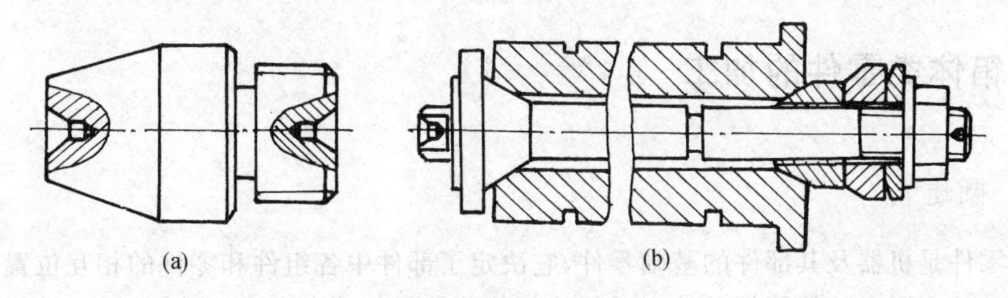

图 4-26 锥堵与锥套心轴

(a) 锥堵；(b) 锥套心轴

(2) 热处理工序的安排　在主轴加工的整个工艺过程中，应安排足够的热处理工序，以保证主轴力学性能及加工精度要求，并改善工件加工性能。

一般在主轴毛坯锻造后，首先安排正火处理，以消除锻造内应力，细化晶粒，改善机加工时的切削性能。

在粗加工后安排调质处理。在粗加工阶段，经过粗车、钻孔等工序，主轴的大部分加工余量被切除。粗加工过程中切削力和发热都很大，在力和热的作用下，主轴产生很大内应力，通过调质处理可消除内应力，代替时效处理，同时可以得到所要求的韧性。

半精加工后，除重要表面外，其他表面均已达到设计尺寸。重要表面仅剩精加工余量，这时对支承轴颈、配合轴颈、锥孔等安排淬火处理，使之达到设计的硬度要求，保证这些表面的耐磨性。而后续的精加工工序可以消除淬火的变形。

(3) 加工顺序的安排　机加工顺序的安排依据"基面先行，先粗后精，先主后次"的原则进行。对主轴零件一般是准备好中心孔后，先加工外圆，再加工内孔，并注意粗精加工分开进行。在 CA6140 型卧式车床主轴加工工艺中，以热处理为标志，调质处理前为粗加工，淬火处理前为半精加工，淬火后为精加工。这样把各阶段分开后，保证了主要表面的精加工最后进行，不致因其他表面加工时的应力影响主要表面的精度。

在安排主轴工序的次序时，还应注意以下几点。

① 深孔加工应安排在调质以后进行。因为调质处理变形较大，深孔产生弯曲变形难以纠正，不仅影响以后机床使用时棒料的通过，而且会引起主轴高速旋转的不平衡；此外，深孔加工还应安排在外圆粗车或半精车之后，以便有一个较精确的轴颈作定位基准，保证孔与外圆同心，使主轴壁厚均匀。若仅从定位基准考虑，希望始终用中心孔定位，避免使用锥堵，那么，深孔加工安排到最后为好，但深孔加工是粗加工，发热量大，破坏外圆加工精度，所以深孔只能在半精加工阶段进行。

② 外圆表面的加工顺序应先加工大直径外圆，然后加工小直径外圆，以免一开始就降低了工件的刚度。

③ 主轴上的花键、键槽等次要表面的加工一般应安排在外圆精车或粗磨之后、精磨外圆之前进行。因为如果在精车前就铣出键槽，一方面，在精车时，由于断续切削而产生振动，既影响加工质量，又容易损坏刀具；另一方面，键槽的尺寸要求也难以保证。这些表面加工也不宜安排在主要表面精磨后进行，以免破坏主要表面的精度。

④ 主轴上螺纹表面加工宜安排在主轴局部淬火之后进行，以免由于淬火后的变形而影响螺纹表面和支承轴颈的同轴度。

4.10 箱体类零件的加工

4.10.1 概述

箱体零件是机器及其部件的基础零件，它决定了部件中各组件和零件的相互位置，并使其能协调地运动。因而箱体零件的精度对箱体部件装配后的精度有决定性影响。

4.10.1.1 箱体的功用和结构特点

箱体的结构形状虽然随着机器的结构和箱体在机器中的功用不同而变化，但各种箱体仍有一些共同的特点：结构形状都比较复杂，内部呈腔形，箱壁较薄且不均匀；在箱壁上既有许多精度较高的轴承孔和平面需要加工，也有许多精度较低的紧固孔和一些次要平面需要加工。因此，一般说来，箱体需要加工的部位较多，且加工的难度也较大。

4.10.1.2 箱体零件的材料及毛坯

箱体零件的材料常采用普通灰铸铁，常用铸铁的牌号为 HT200、HT250，对于强度要求高的箱体，可采用铸钢件，航空及军用快艇发动机的箱体为了减轻重量，常采用镁铝合金或其他铝合金。在单件生产情况下，为了缩短生产周期，有时也采用焊接件。

当箱体为铸件时，若生产批量不大，常采用木模手工造型，但毛坯的精度较低，余量较大。大批大量生产时，通常采用金属模机器造型，毛坯的精度较高，余量可适当减少。单件小批生产时大于 50mm 的孔，或成批生产时大于 30mm 的孔，一般均应铸出，以减少加工余量。

4.10.1.3 箱体零件的主要技术要求

零件的主要技术要求是为了保证箱体的装配精度，达到机器设备对它提出的要求，箱体零件的主要技术要求有以下几个方面。

(1) 孔的尺寸精度、几何形状精度和表面粗糙度　轴承支承孔应有较高的尺寸精度、几何形状精度及较小的表面粗糙度要求，否则将影响轴承外圈与箱体上孔的配合精度，使轴的旋转精度降低；若是主轴支承孔，还会进一步影响机床的加工精度。一般机床的床头箱，主轴支承孔精度为 IT6 级，表面粗糙度为$R_a0.8\sim1.6\mu m$，其他支承孔精度为 IT6～IT7 级，表面粗糙度为 $R_a1.6\sim3.2\mu m$。几何形状精度一般应在孔的公差范围内，要求高的应不超过孔公差的 1/2～1/3。

(2) 支承孔之间的孔距尺寸精度及相互位置精度　在箱体上有齿轮啮合关系的相邻孔之间，应有一定的孔距尺寸精度及平行度要求，否则会影响齿轮的啮合精度，工作时会产生噪声和振动，并影响齿轮寿命。这项精度主要取决于传动齿轮副的中心距与齿轮啮合精度。一般机床箱体的中心距公差为0.02～0.08mm，轴心线平行度为0.03～0.1mm。箱体上同轴线孔应有一定的同轴度要求。同轴线孔的同轴度超差，不仅会给箱体中轴的装配带来困难，且使轴的运转情况恶化，轴承磨损加剧，温度升高。影响机器设备的精度和正常运转。同轴线支承孔的同轴度为0.03～0.1mm。

(3) 主要平面的形状精度、相互位置精度和表面粗糙度　箱体的主要平面就是装配基面或加工中的定位基面，它们直接影响箱体与机器总装时的相对位置及接触刚性，影响箱体加工中的定位精度，因而有较高的平面度和表面粗糙度要求。如一般机床箱体装配基面和定位基面的平面度为0.03～0.1mm，表面粗糙度为R_a1.6～3.2μm。其他平面对装配基面也有一定的平行度、垂直度要求，如一般平面间的平行度为0.05～0.2mm，平面间的垂直度为0.1mm。

(4) 支承孔与主要平面的尺寸精度及相互位置精度　箱体上各支承孔对装配基面有一定的尺寸精度和平行度要求；对端面有一定的垂直度要求。如车床主轴孔轴心线对装配基面在水平平面内有偏斜，则加工时工件会产生锥度；主轴孔轴心线对端面的垂直度超差，装配后将引起机床主轴的端面跳动等。

4.10.2　箱体零件加工工艺

4.10.2.1　箱体零件机械加工工艺特点

由于箱体零件的结构复杂、刚性差和加工后容易变形，因此如何保证各表面间的相互位置精度，是箱体加工的一个重要问题。拟定箱体零件的工艺过程应遵循以下几个原则。

(1) 先面后孔　因为箱体中主要孔的加工比平面加工困难得多，加工顺序应该先以毛坯孔为粗基准加工平面，然后以加工好的平面作为精基准去加工孔。这样不仅可以保证孔的加工余量均匀，而且为孔加工提供了稳定可靠的精基准。

(2) 主要表面粗、精加工分开　不但箱体零件要划分粗、精加工阶段，而且各主要表面粗、精加工工序要分开。这样定位精基准要分两次加工，可以提高基准面的精度和定位精确性，同时轴承支承孔的加工质量也可以得到保证。在孔系粗加工时产生大量的切削热，同样的热量在不同的壁厚处有不同的温升，薄壁处温度高，孔径胀大得多，厚壁处温度低，孔径胀大得少；另一方面在较大的切削力作用下，孔壁也会有弹性变形，在薄壁处会因此而发生“退让”，而厚壁处则无此情况。这样在加工时得到的圆孔，在加工后会变为椭圆。此外，较大夹紧力引起箱体的弹性变形也造成孔的形位误差。只有粗、精加工分开，粗加工后孔的变形，才能在精加工时获得修正。

(3) 合理安排热处理工序　箱体结构比较复杂，铸造时形成了较大的内应力。为了消除内应力，减小变形，保证其加工后精度的稳定性，在毛坯铸造之后要安排一次人工时效。对普通精度的箱体，一般在毛坯铸造之后安排一次人工时效即可；而对一些高精度的箱体或形状特别复杂的箱体，应在粗加工之后再安排一次人工时效处理，以消除粗加工所造成的内应力，进一步提高箱体加工精度的稳定性。

4.10.2.2　箱体零件加工工艺过程举例

在单件小批生产分离式减速箱体时(见图 4-27)，其加工工艺过程见表 4-14 所示。由图4-27可知，分离式减速箱体的主要加工部位有：

主要孔：安装轴承的支承孔 2-$\phi110_{0}^{+0.035}$mm、$\phi150_{0}^{+0.04}$mm 及孔内的环槽。

主要平面：底座的底面和对合面，箱盖的对合面和顶部斜方孔面等。另外还有轴承支承孔的两侧端面也须加工。

其他加工部位有连接孔、螺孔、销孔和连接孔的孔口端面等。

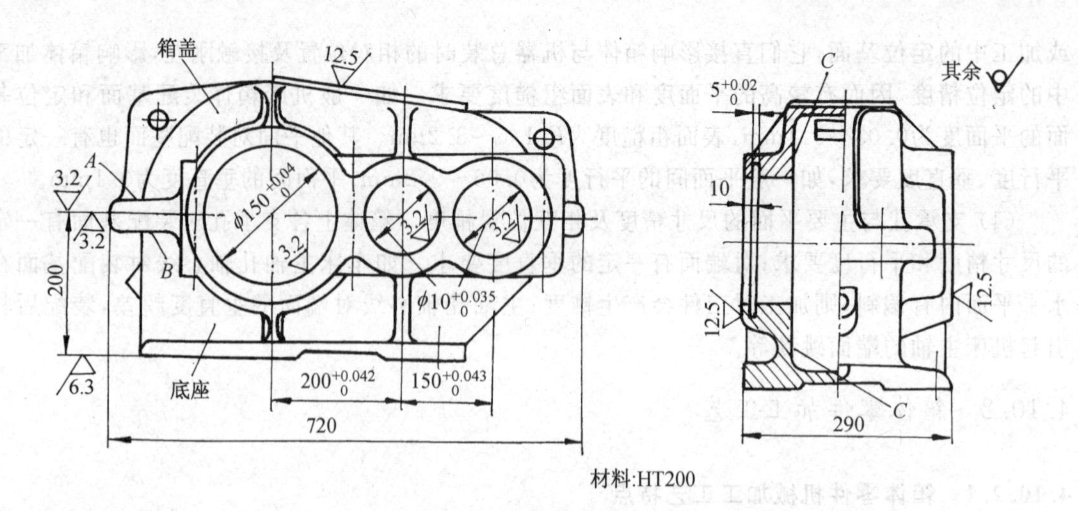

图 4-27　分离式箱体

表 4-14　分离式减速箱体加工工艺过程

序号	工序内容	定位基准
1	铸造毛坯	
2	时效处理	
3	分别画出箱盖和底座上各平面的加工线和校正线	箱盖以 A 面和 C 面，底座以 B 面和 C 面
4	粗刨箱盖的对合面，方孔顶面和轴承孔的二端面；粗刨底座的对合面，底面和轴承孔的两端面	按画线找正加工对合面，然后以对合面和 C 面
5	精刨箱盖对合面至尺寸，再精刨方孔顶面至尺寸；精刨底座对合面至尺寸，再精刨底面至高度 200mm，R_a 值为 6.3μm	方孔和对合面互为基准
6	分别画出箱盖各孔的位置线和加工边界线	箱盖以对合面，底座以底面
7	按画线钻箱盖各孔，并锪平端面；配钻底座螺纹底孔并攻丝	箱盖以对合面，底座以底面
8	将箱盖和底座对合，用螺钉连接，钻、铰定位销孔，并紧固	
9	精刨对合箱体轴承孔的两端面至宽 290mm，R_a12.5μm	以底面定位，端面本身找正
10	在一端面上画出三个轴承孔的位置线和加工边界线	
11	粗镗二个轴承孔至 ϕ108mm，另一个至 ϕ148mm；加工三个轴承孔内的环槽，宽度为 5mm	按画线找正
12	精镗三个轴承孔至尺寸，并保证各孔距位置精度要求	底面和端面
13	配钻箱盖顶面螺孔底孔，并攻丝；钻底座上油标指示孔，并锪平端面；钻、攻油塞螺孔	
14	按图样要求检验各加工面	

(1) 减速箱箱体加工工艺过程的分析　从表 4-13 可知，分离式减速箱箱体虽然也遵循一般箱体的加工原则，但由于结构上的可分离特征，因而在工艺路线的拟定和定位基准的选择方面均有一些特点。

① 拟定加工路线。分离式箱体工艺路线可分为两个大的阶段，先对箱体的两个独立部分，即箱盖与底座分别进行加工，而后再对装配好的箱体进行整体加工。第一阶段主要完成主

要平面粗、精加工，连接孔和定位孔的加工，为箱体的对合装配做准备；第二阶段为在对合装配好的箱体上粗、精加工三个轴承孔2-$\phi110_0^{+0.035}$ mm、$\phi150_0^{+0.04}$ mm。在两个加工阶段之间，应安排钳工工序，将箱体的箱盖和底座装配成一整体，并用销子定位，使其保持一定的相互位置。这样安排既符合了先面后孔的原则，又符合粗、精加工分开的原则，只有这样才能保证分离式箱体轴承孔的加工精度及轴承孔的中心高度等达到技术要求。

② 选择定位基准。定位基准的选择是工艺方案确立的关键，通常要合理选择精基准和粗基准，分离式减速箱体的粗、精基准选择方法和依据如下：分离式减速箱体的对合面与底面（装配基面）有一定的位置精度要求，轴承孔轴心线应在对合面上，与底座也有一定的位置精度要求。精加工底座的对合面时，应以底座的底面为精基面（见表4-14工序 7 所示），这样可使对合面的设计基准与加工时的定位基准重合，有利于保证对合面至底面的尺寸精度和平行度要求。箱体组合装配后加工轴承孔时，仍然以底面为主要定位基面（见表4-14中工序 13、14）。粗基准的选择，分离式减速箱体三个轴承孔分布在箱盖和底座的两个部位上，毛坯外形不规则，因而在加工时无法以支承孔的毛面为粗基准面，故应采用凸缘的不加工面为粗基面（如图4-27所示的 B 面为粗基面），这样可以保证对合处两凸缘的厚度较为均匀，还能保证箱体装合后轴承孔有足够的加工余量。

(2) 箱体的成批加工　为了保证轴承孔轴心线与箱体端面的垂直度及其他技术要求，除按上述工艺过程，以底面和端面定位，按画线镗孔外，成批生产时可以底面上两定位销孔配合底面定位，成为典型的一面两孔的定位方式，这就需要在箱体对合前，以对合面和轴承孔端面定位，加工好底座底面上两定位销孔。以底座底面定位，符合基准统一原则，也合乎基准重合原则，有利于保证轴承孔轴心线与底面的平行度要求。

成批加工箱体时，要采取以铣削代替刨削，以机床专用夹具进行工件装夹，省去画线工序；采用耐用度高的刀具进行加工等措施，以提高生产率。大批大量生产箱体时，可采用专用机床和专用工艺装备进行加工。也可采用数控机床、自动线加工设备。

习题四

4-1　什么是生产过程、工艺过程、工序、安装、工步、工位？

4-2　什么是生产纲领？生产类型有几种？各有什么特点？

4-3　工艺规程的作用和制订原则各有哪些？

4-4　综合工艺过程卡、工艺卡和工序卡的主要区别是什么？各应用于什么场合？

4-5　如何衡量零件的结构工艺性的好坏？试举例说明。

4-6　机械加工工艺过程划分加工阶段的原因是什么？

4-7　何为工序集中？何为工序分散？各有何特点？

4-8　机械加工工序的安排原则是什么？

4-9　何谓毛坯余量？何谓工序余量和总余量？影响加工余量的因素有哪些？

4-10　欲在某工件上加工 $\phi72.5_0^{+0.03}$ mm 孔，其材料为 45 钢，加工工序为：扩孔、粗镗孔、半精镗、精镗孔、精磨孔。已知各工序尺寸及公差如下：

精磨－$\phi72.5_0^{+0.03}$ mm；　　粗镗－$\phi68_0^{+0.3}$ mm；

精镗－$\phi71.8_0^{+0.046}$ mm；　　扩孔－$\phi64_0^{+0.46}$ mm；

半精镗$-\phi70.5_{0}^{+0.19}$mm；　　模锻孔$-\phi59_{-2}^{+1}$mm；

试计算各工序加工余量及余量公差。

4-11　在大批大量生产条件下，加工一批直径为$\phi45_{-0.005}^{0}$mm长度为68mm的轴，$R_a<0.16\mu m$，材料为45钢，试安排其加工路线。

4-12　如图4-28所示零件，内、外圆及端面已加工，现需铣出右端槽，并保证尺寸$5_{-0.06}^{0}$mm及20 ± 0.2mm，求试切调刀的测量尺寸H、A及其上、下偏差。

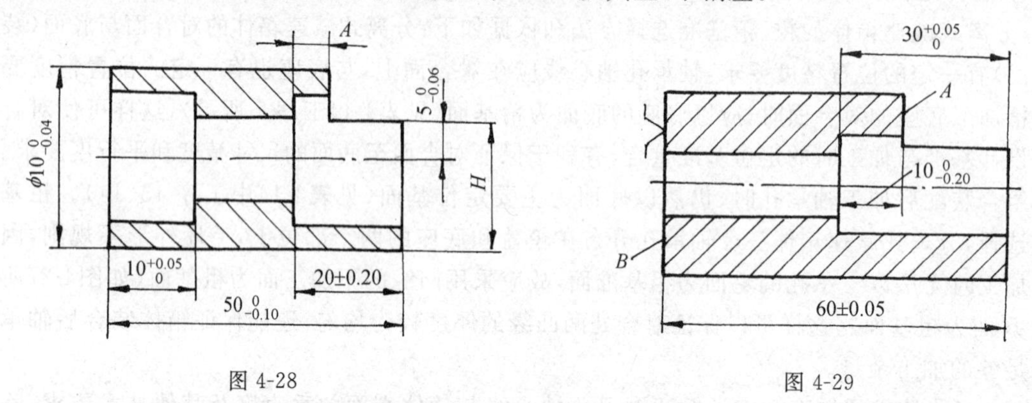

图 4-28　　　　图 4-29

4-13　如图4-29所示工件成批生产时用端面B定位加工表面A(调整法)，以保证尺寸$10_{-0.20}^{0}$mm，试标注铣削表面A时的工序尺寸及上、下偏差。

4-14　获得加工精度的方法都有哪些？

4-15　何谓加工误差的敏感方向？说明下列加工方法的误差敏感方向：磨外圆；铣平面；车螺纹；在镗床上镗孔。

4-16　机床几何误差有哪几项？各项误差对加工精度有何影响？

4-17　为什么卧式车床床身导轨在水平面的直线度要求高于在垂直面的直线度要求？而对平面磨床的床身导轨，其要求却相反？

4-18　在车床上用两顶尖安装工件车削细长轴时，产生图4-30所示的3种情况的误差。试分析其原因并指出消除或减小这些误差的方法。

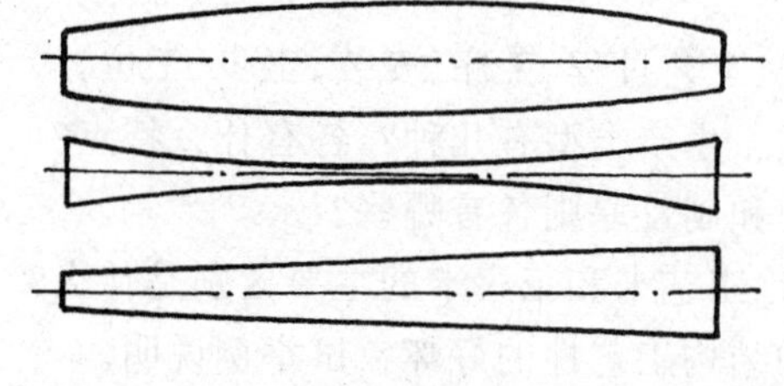

图 4-30

4-19　在卧式铣镗床镗孔时，若采用主轴进给方式，造成工件孔母线不直的主要原因是什么？若采用工作台进给方式，造成工件孔母线不直的主要原因又是什么？

4-20　在导轨磨床上磨削某车床床身导轨面，磨后发现导轨呈中间凹下的直线度误差，请分析原因。

4-21　零件表面质量包括哪几方面的含义？

4-22　零件表面质量对产品使用性能有何影响？

4-23　切削加工中，减小工件表面粗糙度的工艺措施有哪些？

4-24　磨削加工中，减小工件表面粗糙度的工艺措施有哪些？

4-25　在切削加工中，造成工件表面层的冷作硬化的原因是什么？应如何控制？

4-26　在切削加工中，造成工件表面层的残余应力的原因是什么？应如何控制？

4-27　对轴类零件的技术要求有哪些？在编制轴类零件的工艺过程时要考虑哪些因素？

4-28　主轴加工时，采用哪些表面为粗基准和精基准？为什么？安排主轴加工顺序时，应注意哪些问题？

4-29　说明箱体零件的功用和主要工作表面。

4-30　箱体零件的加工顺序应怎样安排？

4-31　箱体零件的热处理工序应怎样安排？

5　数控车削加工工艺

5.1　数控车削加工概述

5.1.1　数控车床的组成及布局

数控车床即装备了数控系统的车床或采用了数控技术的车床。一般是将事先编好的加工程序输入到数控系统中，由数控系统通过伺服系统去控制车床各运动部件的动作，加工出符合要求的各种形状回转体零件。

5.1.1.1　数控车床的组成

数控车床与普通车床相比较，其结构上仍然是由床身、主轴箱、刀架、进给传动系统、液压、冷却、润滑系统等部分组成。在数控车床上由于实现了计算机数字控制，伺服电动机驱动刀具作连续纵向和横向进给运动，所以数控车床的进给系统与普通车床的进给系统在结构上存在着本质上的差别。普通车床主轴的运动经过挂轮架、进给箱、溜板箱传到刀架实现纵向和横向进给运动。而数控车床是采用伺服电动机经滚珠丝杠，传到滑板和刀架，实现纵向(Z 向)和横向(X 向)进给运动。可见数控车床进给传动系统的结构大为简化。

5.1.1.2　数控车床的布局

数控车床的主轴、尾座等部件相对床身的布局形式与普通车床基本一致。因为刀架和导轨的布局形式直接影响数控车床的使用性能及机床的结构和外观，所以刀架和导轨的布局形式发生了根本的变化。另外，数控车床上都设有封闭的防护装置，有些还安装了自动排屑装置。

(1) 床身和导轨的布局　数控车床床身导轨与水平面的相对位置如图 5-1 所示，它有 4 种布局形式：平床身、斜床身、平床身斜滑板和立床身。

水平床身配上水平放置的刀架可提高刀架的运动精度，具有工艺性好、便于导轨面的加工等特点，一般可用于大型数控车床或小型精密数控车床的布局。但是水平床身由于下部空间小，故排屑困难。从结构尺寸上看，刀架水平放置使得滑板横向尺寸较长，从而加大了机床宽度方向的结构尺寸。水平床身配上倾斜放置的滑板，并配置倾斜式导轨防护罩，这种布局形式一方面有水平床身工艺性好的特点，另一方面机床宽度方向的尺寸较水平配置滑板的要小，且排屑方便。

由于水平床身配上倾斜放置的滑板和斜床身配置斜滑板布局这两种布局形式具有排屑容易，从工件上切下的炽热铁屑不会堆积在导轨上，便于安装自动排屑器；操作方便，易于安装机

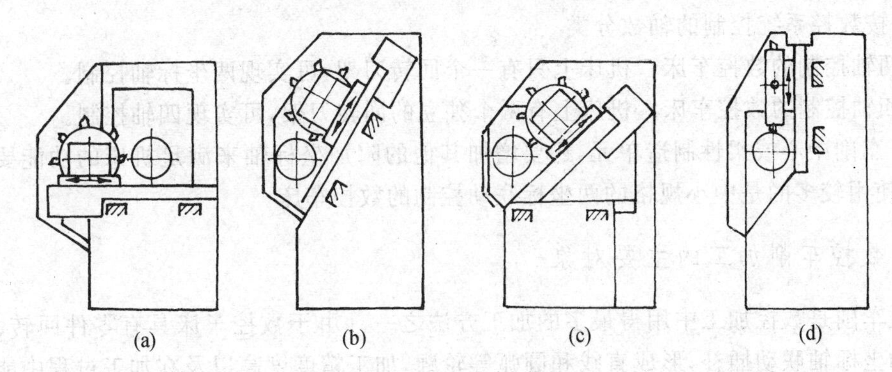

图 5-1　数控车床布局形式
(a) 平床身；(b) 斜床身；(c) 平床身斜滑板；(d) 立床身

械手，以实现单机自动化；机床外形简洁、美观，占地面积小，容易实现封闭式防护等特点，所以中、小型数控车床普遍采用这两种形式。

斜床身导轨倾斜的角度分别为 30°、45°、60°、75°，当角度为 90°时称为立式床身。倾斜角度小，排屑不便；倾斜角度大，导轨的导向性差，受力情况也差。导轨倾斜角度的大小还会直接影响机床外形尺寸高度与宽度的比例。综合考虑上面的诸因素，中小规格的数控车床，其床身的倾斜度以 60°为宜。

(2) 刀架的布局　刀架作为数控车床的重要部件之一，它对机床整体布局及工作性能影响很大。两坐标联动数控车床多采用 12 工位的回转刀架，也有的采用 6 工位、8 工位、10 工位回转刀架。回转刀架在机床上的布局有两种形式。一种是适用于加工轴类和盘类零件的回转刀架，其回转轴与主轴平行；另一种是适用于加工盘类零件的回转刀架，其回转轴与主轴垂直。

四坐标控制的数控车床，床身上安装有两个独立的滑板和回转刀架，故称为双刀架四坐标数控车床。由于分别控制每个刀架的切削进给量，因此两刀架可以同时切削同一工件的不同部位，不仅扩大了加工范围，还提高了加工效率。四坐标数控车床需要配置专门的数控系统来控制两个独立刀架，而且机械结构复杂。这种机床主要适合加工曲轴、飞机零件等形状复杂、批量较大的零件。

5.1.1.3　数控车床的分类

随着数控车床制造技术的不断发展，为了满足不同的加工需要，数控车床的品种和数量越来越多，形成了品种繁多、规格不一的局面。对数控车床的分类可以采用不同的方法。

(1) 按数控系统的功能分

① 全功能型数控车床。如配有日本 FANUC-OTE、德国 SIEMENS-810T 系统的数控车床都是全功能型的。

② 经济型数控车床。经济型数控车床是在普通车床基础上改造而来的，一般采用步进电动机驱动的开环控制系统，其控制部分通常采用单片机来实现。

(2) 按主轴的配置形式分类

① 卧式数控车床。主轴轴线处于水平位置的数控车床。

② 立式数控车床。主轴轴线处于垂直位置的数控车床。还有具有两根主轴的车床，称为双轴卧式数控车床或双轴立式数控车床。

(3) 按数控系统控制的轴数分类

① 两轴控制的数控车床。机床上只有一个回转刀架,可实现两坐标轴控制。

② 四轴控制的数控车床。机床上有两个独立的回转刀架,可实现四轴控制。

对于车削中心或柔性制造单元,还要增加其他的附加坐标轴来满足机床的功能要求。目前,我国使用较多的是中小规格的两坐标联动控制的数控车床。

5.1.2 数控车削加工的主要对象

数控车削是数控加工中用得最多的加工方法之一。由于数控车床具有零件回转、回转刀架能实动坐标轴联动插补,形成直线和圆弧等轮廓,加工精度度高以及在加工过程中能自动变速的特点,因此,其工艺范围较普通机床宽得多。针对数控车床的特点,下列几种零件最适合数控车削加工。

5.1.2.1 表面形状复杂的回转体零件

由于数控车床具有直线和圆弧插补功能,所以可以车削由任意直线和曲线组成的形状复杂的回转体零件。如图5-2所示的壳体零件封闭内腔的成形面,具有直线、圆弧轮廓,同时“口小肚大”,在普通车床上是无法加工的,而在数控车床上则很容易加工出来。组成零件轮廓的曲线可以是数学方程式描述的曲线,也可以是列表曲线。对于由直线或圆弧组成的轮廓,直接利用机床的直线或圆弧插补功能,对于由非圆曲线组成的轮廓应先用直线或圆弧去逼近,然后再用直线或圆弧插补功能进行插补切削。

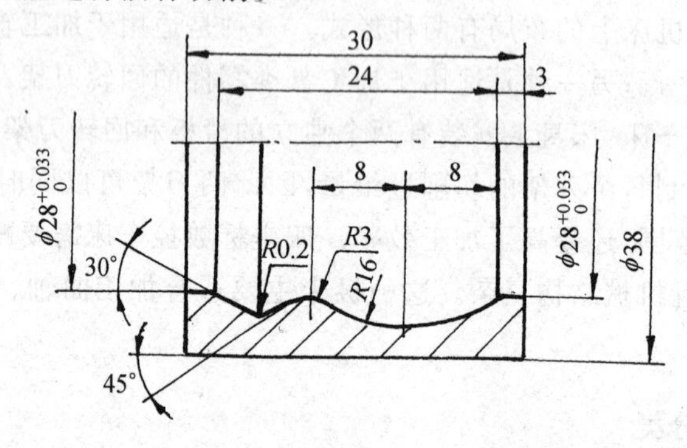

图 5-2 成形内腔零件示例

5.1.2.2 带特殊螺纹的回转体零件

普通车床所能车削的螺纹相当有限,它只能车等导程的圆柱、端面公、英制螺纹,而且一台车床只能限定加工若干种导程。数控车床不但能车削任何等导程的圆柱、圆锥和端面螺纹,而且能车增导程、减导程,以及要求等导程与变导程之间平滑过渡的螺纹。数控车床车削螺纹时主轴回转与刀架进给可实现多种同步功能,主轴转向不必像普通车床那样交替变换,它可以一刀又一刀不停顿地循环,直到完成,所以它车螺纹的效率很高。数控车床可以配备精密螺纹切削功能,再加上一般采用硬质合金成形刀片,以及可使用较高的转速,所以车削出来的螺纹精度高、表面粗糙度小。

5.1.2.3 精度要求高的回转体零件

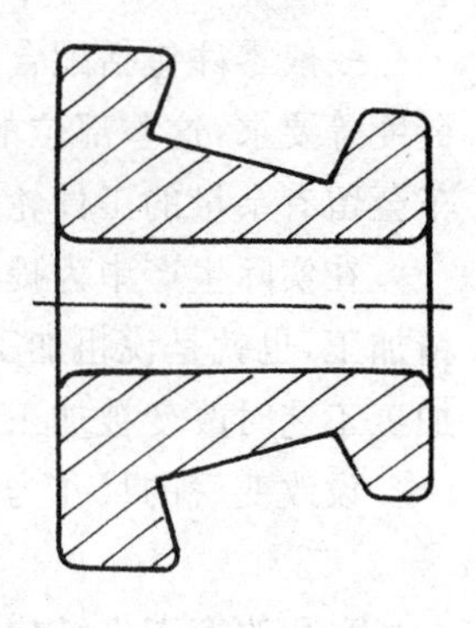

图 5-3 轴承内圈示意图

由于数控车床刚性好，制造和对刀精度高，以及能方便和精确地进行人工补偿和自动补偿，所以能加工尺寸精度要求较高的零件。在有些场合可以以车代磨。此外，数控车削的刀具运动是通过高精度插补运算和伺服驱动来实现的，再加上机床的刚性好和制造精度高，所以它能加工对母线直线度、圆度、圆柱度等形状精度要求高的零件。对于圆弧以及其他曲线轮廓，加工出的形状与图纸上所要求的几何形状的接近程度比用仿形车床要高得多。数控车削对提高位置精度也特别有效。不少位置精度要求高的零件用普通车床车削时，因机床制造精度低，工件装夹次数多，而达不到要求，只能在车削后用磨削或其他方法弥补。例如，图5-3所示的轴承内圈，原采用三台液压半自动车床和一台液压仿形车床加工，需多次装夹，因而造成较大的壁厚差，达不到图纸要求；若改用数控车床加工，一次装夹即可完成滚道和内孔的车削，且壁厚差非常小，加工质量稳定。

5.1.2.4 表面粗糙度要求低的回转体零件

数控车床具有恒线速切削功能，能加工出表面粗糙度值小而均匀的零件。在材质、精车余量和刀具已定的情况下，表面粗糙度取决于进给量和切削速度。在普通车床上车削锥面和端面时，由于转速恒定不变，致使车削后的表面粗糙度不一致，只有某一直径处的粗糙度值最小。使用数控车床的恒线速切削功能，就可选用最佳线速度来切削锥面和端面，使车削后的表面粗糙度值既小又一致。数控车削还适合于车削各部位表面粗糙度要求不同的零件。粗糙度值要求大的部位选用大的进给量，要求小的部位选用小的进给量。

5.2 数控车削加工工艺的制订

制订工艺是数控车削加工的前期重要技术准备工作。工艺制订得合理与否，对程序编制、机床的加工效率和零件的加工精度都有重要影响。因此，应遵循一般的工艺原则并结合数控车床的特点认真而详细地制订好零件的数控车削加工工艺。其主要内容有：分析零件图纸、确定工件在车床上的装夹方式、各表面的加工顺序和刀具的进给路线以及刀具、夹具和切削用量等。

5.2.1 零件结构工艺分析

数控车床所能加工零件的复杂程度比数控铣床简单，数控车床最多能控制三个轴(即 X、Z、C 轴)，加工出的曲面是刀具(包括成形刀具)的平面运动和主轴的旋转运动共同形成的，所以数控车床的刀具轨迹不会太复杂，其难点主要在于加工效率、加工精度的提高，特别是对切削性能差的材料或切削工艺性差的零件，例如小深孔、薄壁件、窄深槽等，这些结构的零件允许刀具运动的空间狭小，工件结构刚性差，安排工序时要特殊考虑。

5.2.1.1 零件的配合表面和非配合表面

一般零件包括配合表面和非配合表面。配合表面标注有尺寸公差、形位公差以及表面粗糙度等要求，这些部位的加工包括三部分工艺安排：首先去除余量以接近工件形状，然后半精车至留有余量的工件轮廓形状，最后精加工完成。

在实际生产中为提高效率、延长刀具使用寿命，精加工时往往只对有精度要求的部位进行精加工，也就是说粗加工时只对需要精加工的部位留余量。为达到此目的需要人为地在编制加工工艺时改变被加工件的结构尺寸，具体讲就是改变需要精加工部位的尺寸。

设改变后的尺寸为 D_1，图样标注尺寸为 D，则有：

$$D_1 = D + \text{精加工余量}$$

采用改变工件结构尺寸的方法可以避免对工件不必要的部位进行精加工，特别是在大批量生产中可有效地提高生产率，减小刀具损耗，提高产品合格率。

5.2.1.2 悬伸结构

大部分车床在切削时是在零件悬伸状态下进行的。悬伸件的加工分两种形式，一种是尾端无支撑，另一种是尾端有顶尖支撑。尾端用顶尖支撑是为了避免工件悬伸过长时，造成刚性下降，在切削过程中引起工件变形。

工件切削过程中的变形与悬伸长度成正比，可以采取几种方式减小工件悬伸过长造成的变形。

(1) 合理选择刀具角度

主偏角：刀具要求径向切削力越小越好，因为造成工件悬伸部分弯曲的主要是径向力。刀具主偏角常选用 93°。

前角：为减小切削力和切削热，应选用较大的前角($\gamma_0 = 15° \sim 30°$)。

刃倾角：选择正刃倾角 $\lambda_s = 3°$，使切屑流向未加工表面，并使卷屑效果更好，避免产生切屑缠绕。

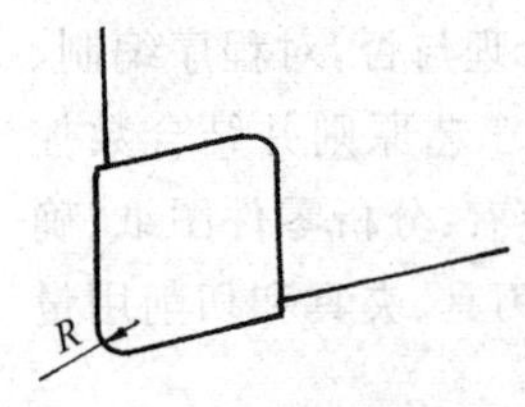

图 5-4 车削刀具的刀尖圆弧半径

刀尖圆弧半径：为减小径向切削力应选用较小的刀尖圆弧半径($R < 0.3$mm)，如图5-4所示。

(2) 选择循环去除余量方式　此方式适用于悬伸较长、尾端无支撑、径向变形较小的台阶轴。数控车床在粗加工时(棒料)要去除较多的余量，其合理的方法是循环去除余量。循环去除余量的方式有两种：一种是局部循环去除余量，如图5-5(a)所示；另一种是整体循环去除余量，如图5-5(b)所示。

整体式循环去除余量方式的径向进刀次数少、效率高，但会在切削开始时就减小工件根部尺寸，从而削弱了工件抵抗切削力变形的能力；局部循环去除余量方式从被加工件的悬臂端依次向卡盘方向循环去除余量，此种方式虽然增加了径向进刀次数、降低了加工效率，但工件可获得更好的抵抗切削力变形的能力。

(3) 改变刀具轨迹补偿切削力引起的变形　随着工件悬伸量的加大，工件因切削力产生的变形将增大，在很多情况下采用上述方法仍不能解决问题。

因切削力产生变形的规律是离固定端越远，变形越大，在尾端无支撑情况下形成所谓的倒

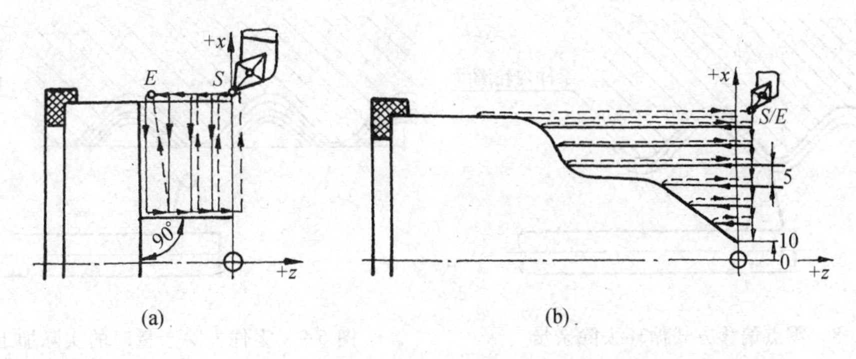

图 5-5 循环去除余量

(a) 局部循环去除余量；(b) 整体循环去除余量

锥形；在尾端有支撑的情况形成所谓的腰鼓形。遇到这种情况时，可以改变刀具轨迹来补偿因切削力引起的工件变形，加工出符合图纸要求的工件。刀具轨迹的修改要根据实际测得的工件变形量设计。

5.2.1.3 内腔狭小类结构

某些套类零件直径较小、长度较长、内表面起伏较大，使得切削空间狭小、刀具动作困难。针对这类结构的工件在设定刀具切削运动轨迹时，不能完全按照工件的结构形状编程，必须留出退刀空间。

例如图 5-6 所示是一汽车加速杆橡胶螺纹套模具的凹模型腔。橡胶模具尺寸精度要求不是很严格，模具型腔内表面的粗糙度可以通过后序抛光来达到。加工该凹模的最大困难是型腔深而且长，为增强镗刀杆的刚性，刀杆在型腔的允许空间内应尽可能粗，而模具本身型腔内部结构轮廓起伏又比较大，这样就限制了镗刀杆尺寸的增加。镗刀如图5-7所示，按模具内部型腔空间对镗刀各部分的要求如下：

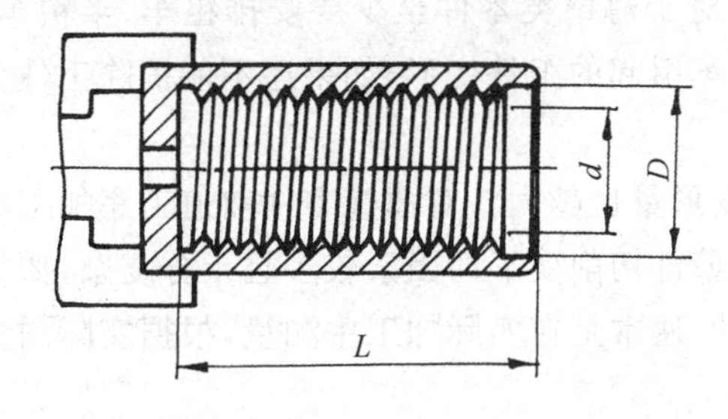

图 5-6 汽车加速杆螺纹套模具的凹模型腔

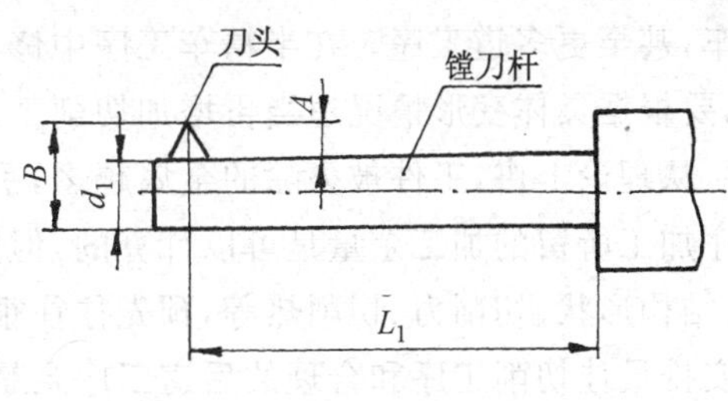

图 5-7 镗刀结构

(1) 刀头伸出长度 $A \geqslant (D-d)/2$；

(2) 镗刀宽度 $B=A+d_1$，且 $B<d$；

(3) 镗刀杆直径 $d_1=B-A$。

对加工曲线起伏大的内轮廓表面同加工阶梯轴一样，要首先循环去除余量，通常考虑采用如图5-8所示的零点偏移方式，但由于镗刀需要较大的退刀空间而无法实现，因此需要根据零件内轮廓形状重新设计去除余量的刀具轨迹，如图5-9所示，这样虽然增加了编程难度和工作量，却能保证加工的顺利完成。

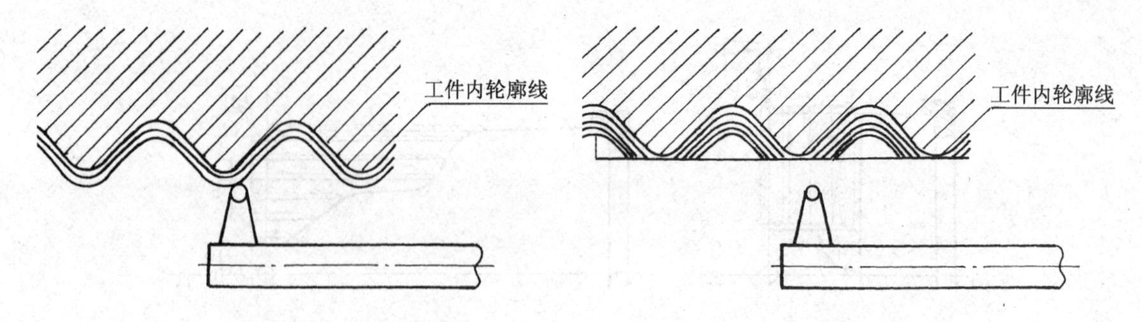

图 5-8　零点偏移方式循环去除余量　　　　图 5-9　零件去除余量时的实际加工轨迹

5.2.1.4　台阶式曲线深孔结构

此类结构与空间狭小类结构有相似之处，不同的是内孔曲面自端面向内逐渐缩小，且大小端直径尺寸相差较大，此类结构的典型模具是圆瓶形型腔，如图5-10所示。加工这类结构零件的主要问题是刀杆刚性、刀头合理的悬伸长度及刀具的切削角度。加强刀杆刚性有两种途径，一种是根据被加工型腔曲线设计变截面刀杆，材料可选用合金钢加淬火处理，如仍不能满足使用要求，可采用硬质合金刀杆，但成本相对较高，常被一些专业生产厂家采用。

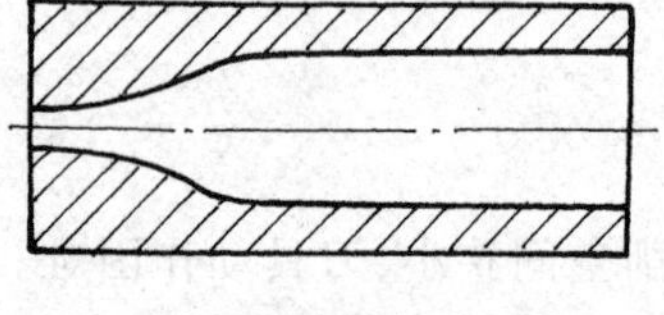

图 5-10　圆瓶形型腔

5.2.1.5　薄壁结构

薄壁类零件自身结构刚性差，在切削过程中易产生振动和变形，承受切削力和夹紧力能力差，容易引起热变形，在编制加工此类结构工件的程序时要注意以下几方面的问题。

(1) 增加切削次数　对于结构刚性较好的轴类零件，由于因去除多余材料而产生变形的问题不严重，一般只安排粗车和精车两道工序。但对于薄壁类零件至少要安排粗车、半精车、精车，甚至更多道工序。在半精车工序中修正因粗车引起的工件变形，如果还不能消除工件变形，要根据具体变形情况适当再增加切削工序。

从理论上讲，工件被去除的金属越多，引起的变形量也越大。对薄壁零件前道工序加工给后序加工所留的加工余量是可以计算的，但引起薄壁件切削变形的因素较多且十分复杂，如材料、结构形状、切削力、切削热等，预先往往很难估计，通常是在实际加工中测量，根据实际测量值安排最佳切削工序和合理的后道工序余量。

以半精加工工序为例，计算后序加工余量的公式为：

半精加工余量＝粗加工后工件变形量＋精加工余量

如果采用更多的加工工序，计算方法依此类推。

(2) 工序分析　薄壁类零件应按粗、精加工划分工序，以降低粗加工对变形的影响。薄壁件通常需要加工工件的内、外表面，内表面的粗加工和精加工都会导致工件变形，所以应按粗、精加工划分工序。首先内外表面粗加工，然后内外表面半精加工，依此类推，均匀地去除工件表面多余部分，这样有利于消除切削变形。此种方法虽然增加了走刀路线、降低了加工效率，但提高了加工精度。

(3) 加工顺序安排　薄壁类零件的加工要经过内外表面的粗加工、半精加工、精加工等多道工序，工序间的顺序安排对工件变形量的影响较大，一般应作如下考虑：

① 粗加工时优先考虑去除余量较大的部位。因为余量去除大，工件变形量就大，两者成正比。如果工件外圆和内孔需切除的余量相同，则首先进行内孔粗加工，因为先去除外表面余量时工件刚性降低较大，而在内孔加工时，排屑较困难，使切削热和切削力增加，两方面的因素会使工件变形扩大。

② 精加工时优先加工精度等级低的表面(虽然精加工切削余量小，但也会引起被切削工件微小变形)，然后再加工精度等级高的表面(精加工可以再次修正被切削工件的微小变形量)。

③ 保证刀具锋利，加注切削液。

④ 增加装夹接触面积。增加接触面积可使夹紧力均布在工件上，使工件不易变形。通常采用开缝套筒和特殊软卡爪，如图5-11和图 5-12 所示。

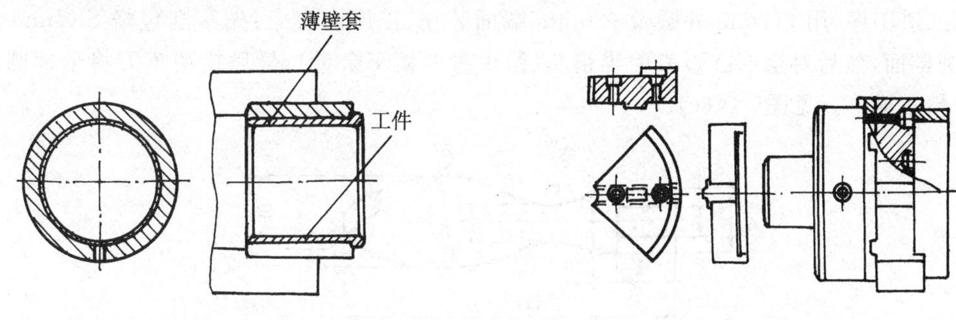

图 5-11　开缝套筒　　　　图 5-12　特殊软卡爪

5.2.2　工序和装夹方式的确定

在数控车床上加工零件，应按工序集中的原则划分工序，在一次安装下尽可能完成大部分甚至全部表面的加工。根据零件的结构形状不同，通常选择外圆、端面或内孔、端面装夹，并力求设计基准、工艺基准和编程原点的统一。在批量生产中，常用下列两种方法划分工序：

5.2.2.1　按零件加工表面的位置精度高低划分

将位置精度要求较高的表面安排在一次安装下完成，以免多次安装所产生的安装误差影响位置精度。例如，图5-13所示的轴承内圈，其内孔对小端面的垂直度、滚道和大挡边对内孔回转中心的角度差以及滚道与内孔间的壁厚差均有严格的要求，精加工时划分成两道工序，用两台数控车床完成。第一道工序采用图5-13(a)所示的以大端面和大外径装夹的方案，将滚道、小端面及内孔等安排在一次安装下车出，很容易保证了上述的位置精度。第二道工序采用图5-13(b)所示的以内孔和小端面装夹方案，车削大外圆和大端面。

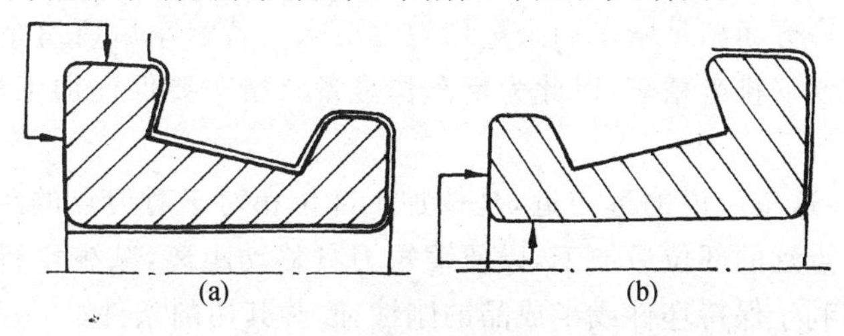

图 5-13　轴承内圈加工方案

5.2.2.2 按粗、精加工划分

对毛坯余量较大和加工精度要求较高的零件，应将粗车和精车分开，划分成两道或更多的工序。将粗车安排在精度较低、功率较大的数控车床上，将精车安排在精度较高的数控车床上。如图5-13所示的轴承内圈就是按粗、精加工划分工序的。

下面以车削图 5-14(a)所示的手柄零件为例，说明工序的划分及装夹方式的选择。

该零件加工所用坯料为 ϕ32mm 棒料，批量生产，加工时用一台数控车床。工序的划分及装夹方式如下：

第一道工序，按图 5-14(b)所示将一批工件全部车出，工序内容有：先车出 ϕ12mm 和 ϕ20mm 两圆柱面及圆锥面(粗车掉 R42mm 圆弧的部分余量)，转刀后按总长要求留下加工余量切断。

第二道工序，用 ϕ12mm 外圆及 ϕ20mm 端面装夹，工序内容有：先车削包络 SR7mm 球面的 30°圆锥面，然后对全部圆弧表面半精车(留少量的精车余量)，最后换精车刀将全部圆弧表面一刀精车成形。见图5-14(c)。

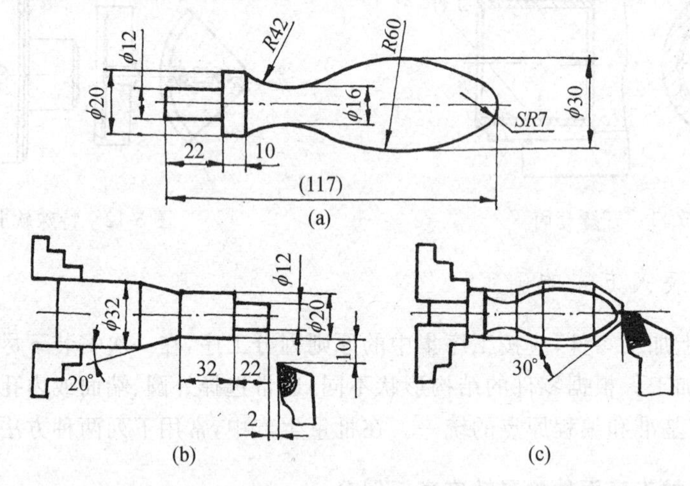

图 5-14　手柄加工示意图

5.2.3 加工顺序的确定

在分析了零件图样和确定了工序、装夹方式之后，接下来应确定零件的加工顺序。制订零件车削加工顺序一般遵循下列原则。

(1) 先粗后精　按照粗车、半精车、精车的顺序进行，逐步提高加工精度。粗车将在较短的时间内将工件表面上的大部分加工余量(如图5-15中的双点划线内所示部分)切掉，一方面提高金属切除率，另一方面满足精车的余量均匀性要求。若粗车后所留余量的均匀性满足不了精加工的要求，则要安排半精车，以此为精车作准备。精车要保证加工精度，按图样尺寸一刀切出零件轮廓。

(2) 先近后远　这里所说的远与近，是按加工部位相对于对刀点的距离大小而言的。在一般情况下，离对刀点远的部位后加工，以便缩短刀具移动距离，减少空行程时间。对于车削而言，先近后远还有利于保持坯件或半成品的刚性，改善其切削条件。

例如，当加工图 5-16 所示的零件时，如果按 ϕ38mm、ϕ36mm、ϕ34mm 的次序安排车削，不

仅会增加刀具返回对刀点所需的空行程时间，而且一开始就削弱了工件的刚性，还可能使台阶的外直角处产生毛刺（飞边）。对这类直径相差不大的台阶轴，当第一刀的背吃刀量（图中最大背吃刀量可为 3mm 左右）未超限时，宜按 ϕ34mm、ϕ36mm、ϕ38mm 的次序先近后远地安排车削。

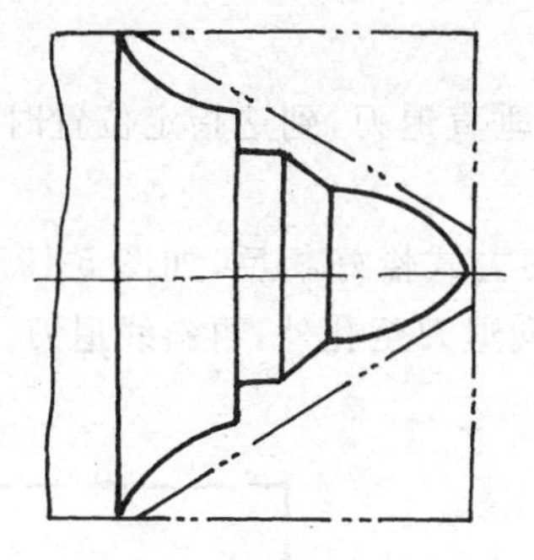
图 5-15　先粗后精示例

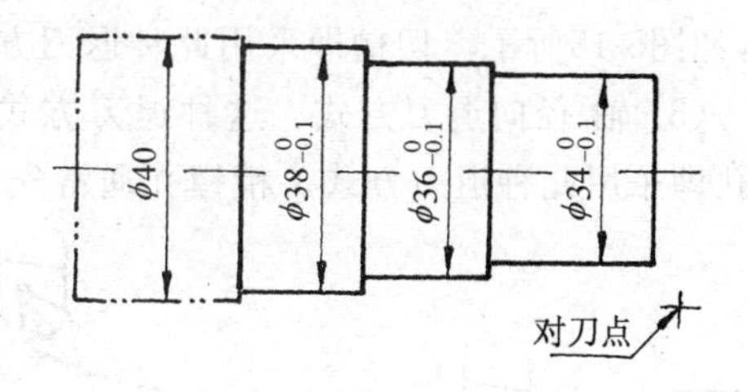

图 5-16　先近后远示例

（3）内外交叉　对既有内表面（内型腔），又有外表面需加工的零件，安排加工顺序时，应先进行内外表面粗加工，后进行内外表面精加工。切不可将零件上一部分表面（外表面或内表面）加工完毕后，再加工其他表面（内表面或外表面）。

5.2.4　进给路线的确定

数控车削的走刀路线包括刀具的运动轨迹和各种刀具的使用顺序，是预先编制在加工程序中的。合理地确定走刀路线、安排刀具的使用顺序对于提高加工效率、保证加工质量是十分重要的。数控车削的走刀路线不是很复杂，也有一定规律可遵循。

5.2.4.1　循环切除余量

数控车削加工过程一般要经过循环切除余量、粗加工和精加工三道工序。应根据毛坯类型和工件形状确定循环切除余量的方式，以达到减少循环走刀次数、提高加工效率的目的。

（1）轴套类零件　轴套类零件安排走刀路线的原则是轴向走刀、径向进刀，循环切除余量的循环终点在粗加工起点附近，这样可以减少走刀次数，避免不必要的空走刀，节省加工时间。

（2）轮盘类零件　轮盘类零件安排走刀路线的原则是径向走刀、轴向进刀，循环去除余量的循环终点在粗加工起点。编制轮盘类零件的加工程序时，与轴套类零件相反，是从大直径端开始加工。

（3）铸锻件　铸锻件毛坯形状与加工后零件形状相似，留有一定的加工余量。循环去除余量的方式是刀具轨迹按工件轮廓线运动，逐渐逼近图纸尺寸。这种方法实质上是采用轮廓车削的方式。

5.2.4.2　确定退刀路线

数控机床加工过程中，为了提高加工效率，刀具从起始点或换刀点运动到接近工件部位及加工完成后退回起始点或换刀点是以凹方式（快速）运动的。数控系统退刀路线，原则是第一考虑安全性，即在退刀过程中不能与工件发生碰撞；第二是考虑使退刀路线最短。相比之下安全是第一位的。

根据刀具加工零件部位的不同，退刀的路线确定方式也不同，车床数控系统提供了以下三种退刀方式。

（1）斜线退刀方式　斜线退刀方式路线最短，适用于加工外圆表面的偏刀退刀，如图 5-17 所示。

（2）径-轴向退刀方式　这种退刀方式是刀具先径向垂直退刀，到达指定位置时再轴向退刀，如图5-18所示。切槽即采用此种退刀方法。

（3）轴-径向退刀方式　这种退刀方式与径-轴向退刀方式恰好相反，如图 5-19 所示。粗镗孔即采用此种退刀方式。精镗孔通常先径向退刀再轴向退刀至孔外，再斜线退刀。

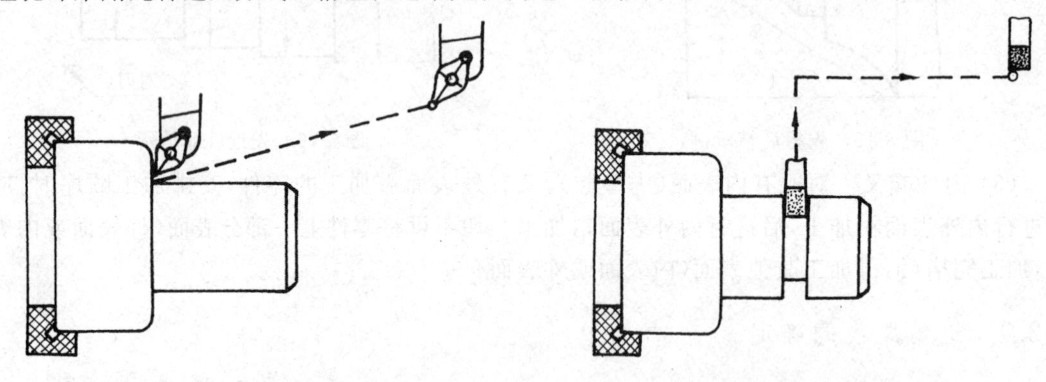

图 5-17　斜线退刀方式　　图 5-18　径-轴向退刀方式

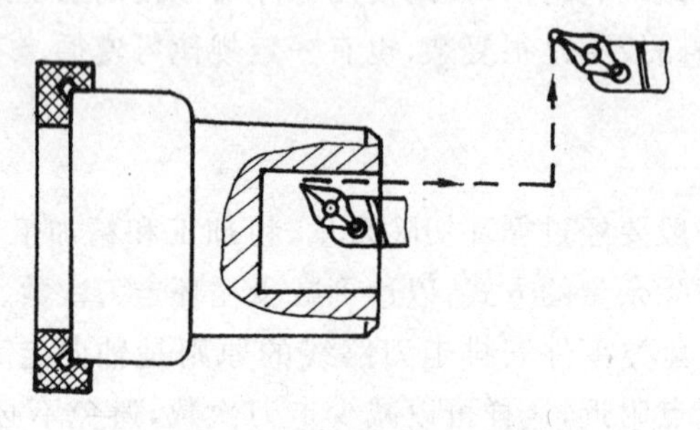

图 5-19　轴-径向退刀方式

5.2.4.3　进给路线选择

（1）最短的切削进给路线　切削进给路线为最短，可有效地提高生产效率，降低刀具的损耗等。在安排粗加工或半精加工的切削进给路线时，应同时兼顾到被加工零件的刚性及加工的工艺性等要求，不要顾此失彼。

图 5-20 为粗车图 5-15 所示例件时几种不同切削进给路线的安排示意图。其中，图5－20(a)表示利用数控系统具有的封闭式复合循环功能控制车刀沿着工件轮廓进行进给的路线；图5-20(b)为利用其程序循环功能安排的“三角形”进给路线；图5-20(c)为利用其矩形循环功能而安排的“矩形”进给路线。

对以上三种切削进给路线，经分析和判断后可知矩形循环进给路线的进给长度总和最短。因此，在同等条件下，其切削所需时间(不含空行程)最短，刀具的损耗最少。

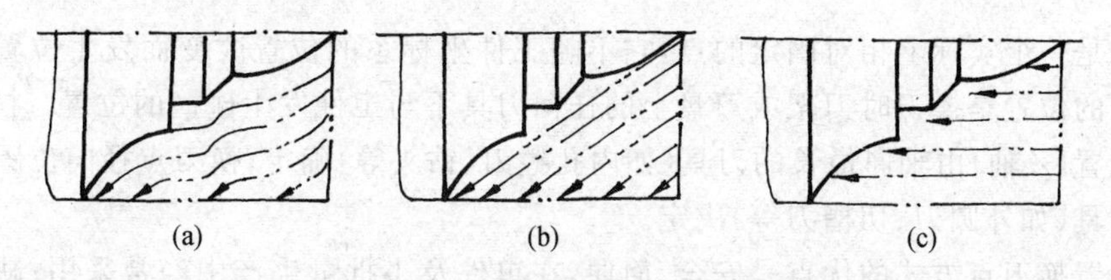

图 5-20　不同粗车进给路线示意图

(2) 大余量毛坯的阶梯切削进给路线　图 5-21 所示为车削大余量工件的两种加工路线。其中,图5-21(a)是错误的阶梯切削路线;图5-21(b)按1～5 的顺序切削,每次切削所留余量相等,是正确的阶梯切削路线。因为在同样背吃刀量的条件下,按图5-21(a)的方式加工所剩的余量过多。

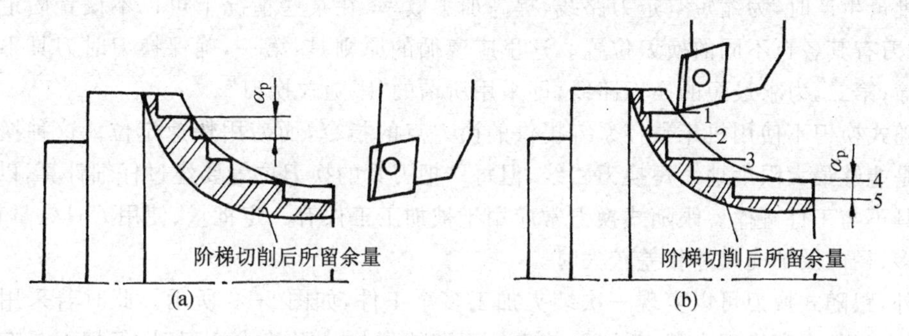

图 5-21　车削大余量工件两种加工路线

根据数控车床加工的特点,还可以放弃常用的阶梯车削法,改用依次从轴向和径向进刀,顺工件毛坯轮廓进给的路线,如图5-22所示。

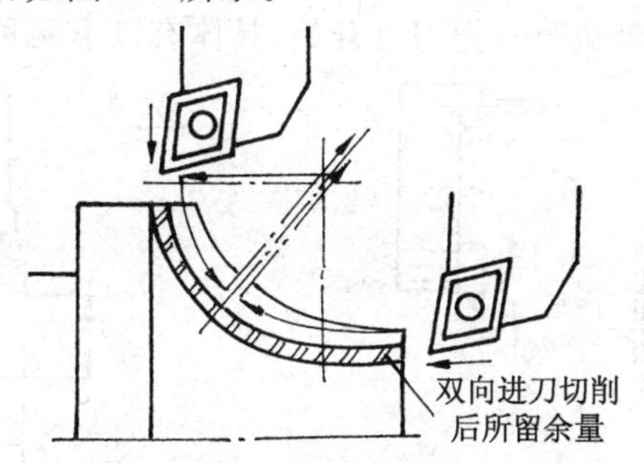

图 5-22　顺工件毛坯轮廓进给的路线

(3) 完工轮廓的连续切削进给路线　在安排可以一刀或多刀进行的精加工序时,其零件的完工轮廓应由最后一刀连续加工而成,这时,加工刀具的进、退刀位置要考虑妥当,尽量不要在连续的轮廓中安排切入和切出或换刀及停顿,以免因切削力突然变化而造成弹性变形,致使光滑连接的轮廓上产生表面划伤、形状突变或滞留刀痕等缺陷。

5.2.5　换刀

5.2.5.1　固定点换刀

数控车床的刀盘结构有两种,一是刀盘前置,其结构与普通车床相似,经济型数控车床多采用这种结构;另一种是刀盘后置,这种结构是中高档数控车床常采用的。

换刀点是一个实际上相对固定的点，它不随工件坐标系的位置改变而发生位置变化。换刀点最安全的位置是换刀时刀架或刀盘上的任何刀具不与工件发生碰撞的位置。换句话说换刀点轴向位置(Z 轴)由轴向最长的刀具(如内孔镗刀、钻头等)确定；换刀点径向位置(X 轴)由径向最长刀具(如外圆刀、切槽刀等)决定。

这种设置换刀点方式的优点是安全、简便，在单件及小批量生产中经常采用；缺点是增加了刀具到零件加工表面的运动距离，降低了加工效率，机床磨损也加大，大批量生产时往往不采用这种设置换刀点的方式。

5.2.5.2 跟随式换刀

在批量生产时，为缩短空走刀路线，提高加工效率，在某些情况下可以不设置固定的换刀点，每把刀有其各自不同的换刀位置。这里应遵循的原则是：第一，确保换刀时刀具不与工件发生碰撞；第二，力求最短的换刀路线，即采用所谓的“跟随式换刀”。

跟随式换刀不使用机床数控系统提供的换刀点的指令，而使用快速定位。这种换刀方式的优点是能够最大限度地缩短换刀路线，但每一把刀具的换刀位置要经过仔细计算，以确保换刀时刀具不与工件碰撞。跟随式换刀常应用于被加工工件有一定批量、使用刀具数量较多、刀具类型多、径向及轴向尺寸相差较大时。

另外，跟随式换刀可以实现一次装夹加工多个工件，如图 5-23 所示。此时若采用固定换刀点换刀，工件会离换刀点越来越远，使空走刀路线增加。跟随式换刀时，每把刀具有各自的换刀点，设置换刀点时只考虑换下一把刀具是否与工件发生碰撞，而不用考虑刀盘上所有刀具是否与工件发生碰撞，即换刀点位置只参考下一把刀具，但这样做的前提是刀盘上的刀具是按加工工序顺序排列的。调试时从第一把刀具开始，具体有以下两种方法：

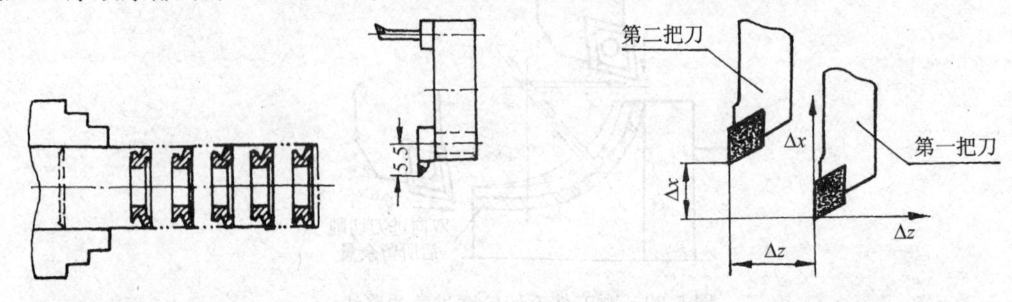

图 5-23　固定式换刀示意图　　图 5-24　机床直接调试示意图

(1) 直接在机床上调试　这种方法的优点是直观，缺点是增加了机床的辅助时间。如图 5-24所示，第二把外圆刀的安装位置与第一把外圆刀的安装位置不会完全重合。以第一把刀刀尖作为 Δx、Δz 的基准，比较第二把刀的刀尖与第一把刀的刀尖位置差和方向，在换第二把刀时，第一把刀所在的位置应该是刀尖距工件的加工部位最近点再叠加上第二把刀尖与第一把刀尖的差值 Δx、Δz。例如：第一把刀离工件的加工部位最近点是 $x=20$、$z=1$，第二把刀的刀尖位置与第一把刀的刀尖位置差值为 $\Delta x=-1$、$\Delta z=1$，则第一把刀的换刀点位置是 $x=21$、$z=1$，这样每把刀具都有各自的换刀点，以保证按加工顺序换刀时，刀具不会与工件发生碰撞，而新换刀具的位置又离加工位置最近，程序中所有刀具都离各自加工部位最近点换刀，从而缩短了刀具的空行程，提高了加工效率，这在批量生产中经常使用。

(2) 使用机外对刀仪对刀　这种方法可直接得出程序中所有使用刀具的刀尖位置差。换刀点可根据对刀仪测得数据按上述方法直接计算，写入程序。但如果计算错误就会导致换刀时刀具与工件发生碰撞，轻则损坏刀具、工件，重则机床严重受损。

使用跟随式换刀方式，换刀点位置的确定与刀具的安装参数有关。如果加工过程中更换刀具，刀具的安装位置改变，程序中有关的换刀点也要修改。

5.2.5.3 排刀法

在数控车床的生产实践中，为缩短加工时间、提高生产效率，针对特定几何形状和尺寸的工件常采用所谓的“排刀法”。这种刀具排列方式的好处是在换刀时，刀盘或刀塔不需要转动，是一种加工效率很高的安排走刀路线的方法。

如图5-25所示为一利用排刀法加工的工件。所用刀具种类：外圆粗车刀；外圆精车刀；内圆粗车刀；内圆精车刀；切槽刀；螺纹刀。

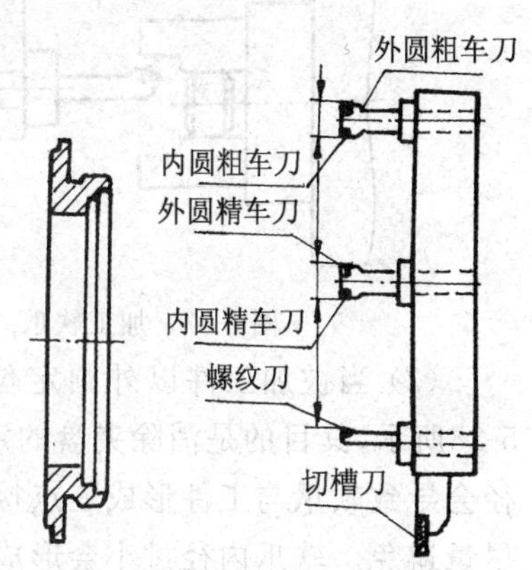

图 5-25 排刀法示意图

内、外圆车刀是背靠背并列在一起的，刀具距离 d 应等于或小于管材毛坯内径。这样排列刀具的目的是保持加工过程中主轴始终朝一个方向转动，避免主轴反转；内圆粗车刀与外圆精车刀之间的距离 D 应大于管材毛坯的内外半径之差。排刀式装卡刀具有一定的局限性，适用于小型零件。排刀法能够装卡刀具的数量受刀具间隔及拖板(x 轴)行程限制。

使用排刀法时，程序与刀具位置有关。一种编程方法是使用变换坐标系指令，为每一把刀具设立一个坐标系；另一种方法是所有刀具使用一个坐标系，刀具的位置差由程序坐标系补偿，但刀具一旦磨损或更换就要根据刀尖实际位置重新调整程序，十分麻烦。

5.2.6 夹具的选择

为了充分发挥数控机床的高速度、高精度和自动化的效能，还应有相应的数控夹具进行配合。数控车床夹具除了使用通用三爪自定心卡盘、四爪卡盘、大批量生产中使用便于自动控制的液压、电动及气动夹具外，数控车床加工中还有多种相应的夹具，它们主要分为三大类，即圆周定位夹具、中心孔定位夹具和其他车削工装夹具。

5.2.6.1 圆周定位夹具

在车床加工中，大多数情况是使用工件或毛坯的外圆定位。

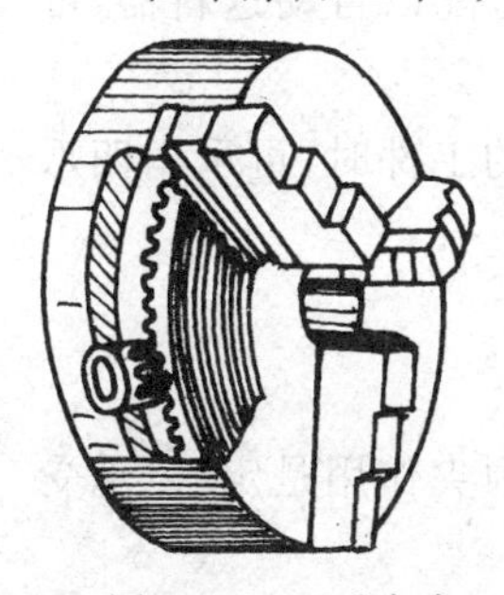
图 5-26 三爪卡盘

(1) 三爪卡盘　三爪卡盘是最常用的车床通用卡具，如图 5-26 所示。它最大的优点是可以自动定心，夹持范围大，但定心精度存在误差，不适用于同轴度要求高的工件的二次装夹。常见的三爪卡盘有机械式和液压式两种。液压卡盘装夹迅速、方便，但夹持范围变化小，尺寸变化大时需重新调整卡爪位置。数控车床经常采用液压卡盘。液压卡盘还特别适用于批量加工。

(2) 软爪　由于三爪卡盘定心精度不高，当加工同轴度要求高的工件二次装夹时，常常使用软爪。

通常三爪卡盘为保证刚度和耐磨性要进行热处理，硬度较高，很难用常用刀具切削。软爪是在使用前配合被加工工件特别制造的，加工软爪时要注意以下几方面的问题：

(1) 软爪要在与使用时相同的夹紧状态下加工，以免在加工过程中松动和由于反向间隙而引起定心误差。加工软爪内定位表面时，要在软爪尾部夹紧一适当的棒料，以消除卡盘端面螺纹的间隙，如图5-27所示。

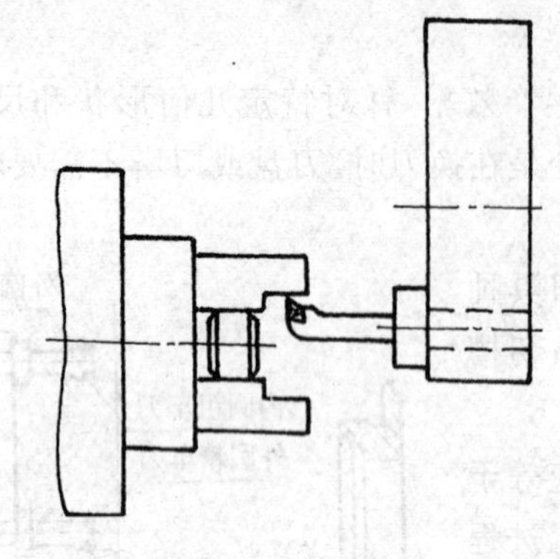

图 5-27 加工软爪

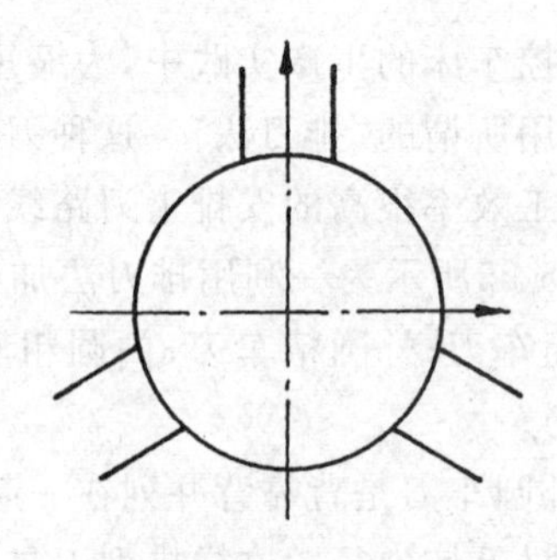

图 5-28 理想的软爪内径

(2) 当被加工工件以外圆定位时，软爪内圆直径应与工件外圆直径相同，略小更好，如图5-28所示，其目的是消除夹盘的定位间隙，增加软爪与工件的接触面积。软爪内径大于工件外径会导致软爪与工件形成三点接触，如图5-29所示，此种情况接触面积小，夹紧牢固程度差，应尽量避免。软爪内径过小会形成六点接触，一方面会在被加工表面留下压痕，同时也使软爪接触面变形，如图5-30所示。

软爪也有机械式和液压式两种。软爪常用于加工同轴度要求较高的工件的二次装夹。

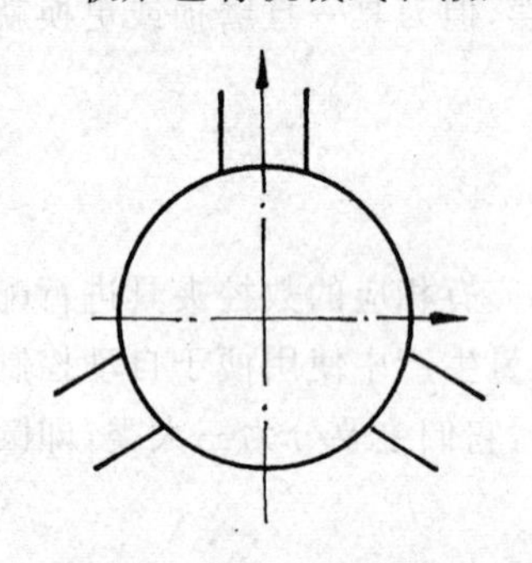

图 5-29 软爪内径过大

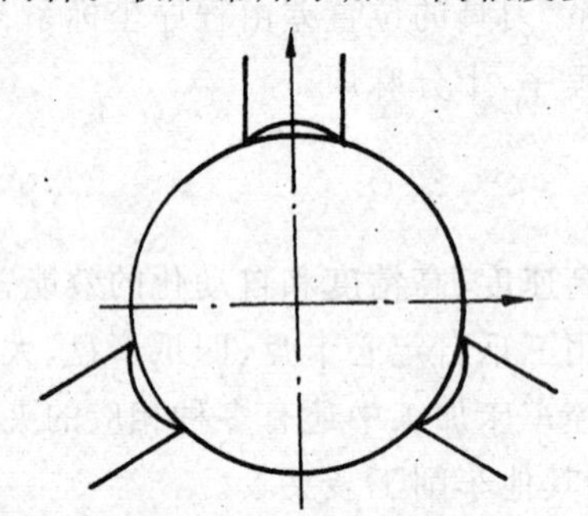

图 5-30 软爪内径过小

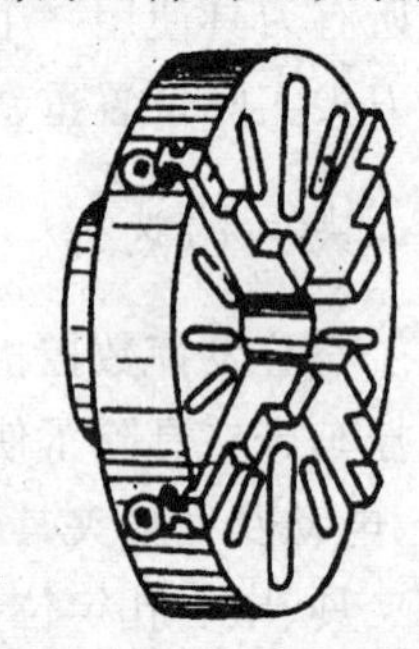

图 5-31 四爪卡盘

(3) 弹簧夹套　弹簧夹套定心精度高，装夹工件快捷方便，常用于精加工的外圆表面定位。弹簧夹套特别适用于尺寸精度较高、表面质量较好的冷拔圆棒料，若配以自动送料器，可实现自动上料。弹簧夹套夹持工件的内孔是标准系列，并非任意直径。

(4) 四爪卡盘　在加工精度要求不高、偏心距较小、零件长度较短的工件时，可采用四爪卡盘，如图5-31所示。

5.2.6.2 中心孔定位夹具

(1) 两顶尖拨盘　两顶尖定位的优点是定心准确可靠，安装方便。顶尖作用是定心、承受工件的重量和切削力。顶尖分前顶尖和后顶尖。

一种前顶尖是插入主轴锥孔内的，如图 5-32(a)所示；另一种是夹在卡盘上的，如图5-32(b)所示。前顶尖与主轴一起旋转，与主轴中心孔不产生摩擦。

后顶尖插入尾座套筒。一种后顶尖是固定的，如图 5-33 所示；另一种是回转的。回转顶尖使用较为广泛。

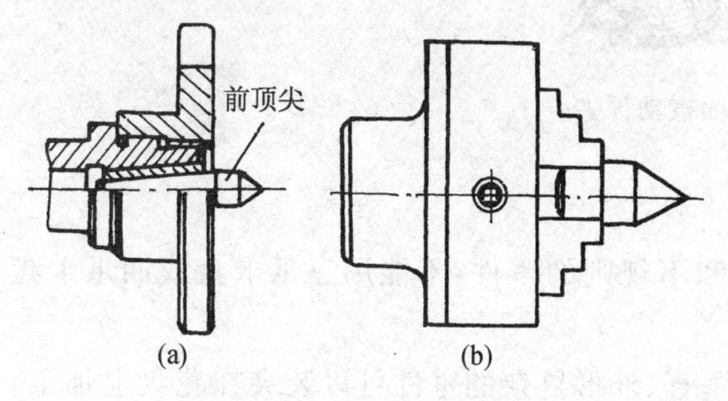

图 5-32 前顶尖

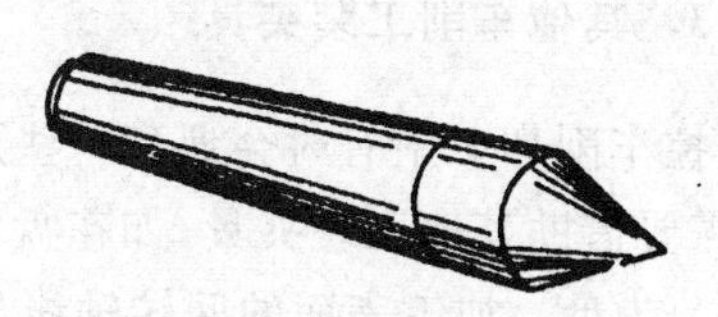

图 5-33 后顶尖

工件安装时用对分夹头或鸡心夹头夹紧工件一端，拨杆伸向端面。两顶尖只对工件有定心和支撑作用，必须通过对分夹头或鸡心夹头的拨杆带动工件旋转，如图5-34所示。利用两顶尖定位还可加工偏心工件，如图5-35所示。

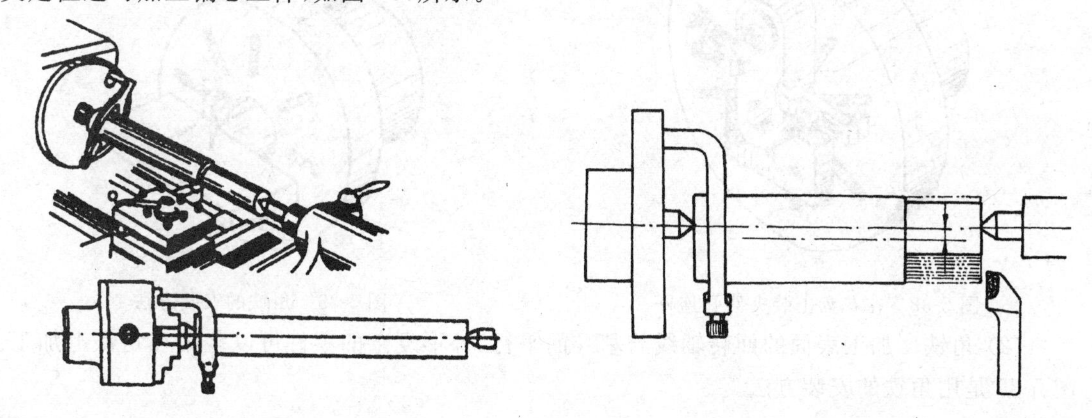

图 5-34 两顶尖装夹工件　　图 5-35 两顶尖车偏心轴

(2) 拨动顶尖　常用的拨动顶尖有内、外拨动顶尖和端面拨动顶尖两种。

① 内、外拨动顶尖。内、外拨动顶尖如图 5-36 所示，这种顶尖的锥面带齿，能嵌入工件，拨动工件旋转。

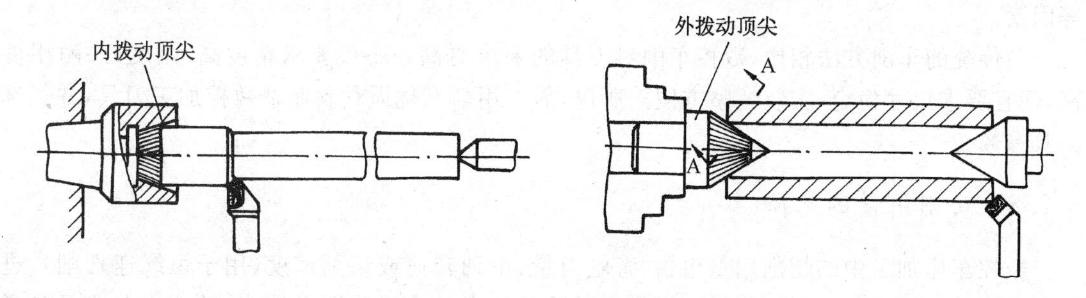

图 5-36 内、外拨动顶尖

② 端面拨动顶尖。端面拨动顶尖如图 5-37 所示。这种顶尖利用端面拨爪带动工件旋转，适合装夹工件的直径在ϕ50mm～ϕ150mm 之间。

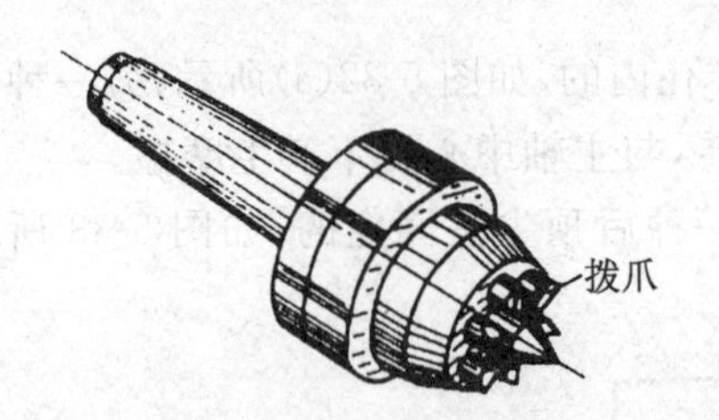

图 5-37　端面拨动顶尖

5.2.6.3　其他车削工装夹具

数控车削加工中有时会遇到一些形状复杂和不规则的零件，不能用三爪卡盘或四爪卡盘装夹，需要借助其他工装夹具，如花盘、角铁等。

(1) 花盘　加工表面的回转轴线与基准面垂直、外形复杂的零件可以装夹在花盘上加工。图5-38是用花盘装夹双孔连杆的方法。

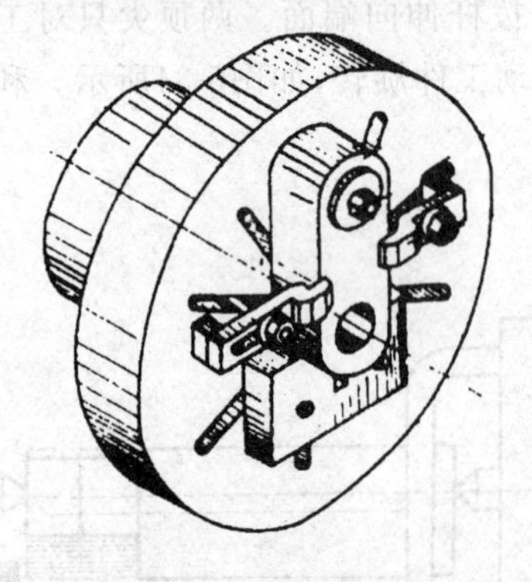

图 5-38　在花盘上装夹双孔连杆

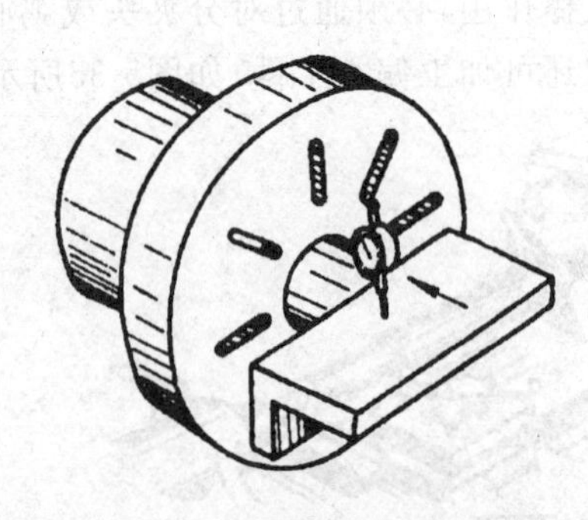

图 5-39　角铁的安装方法

(2) 角铁　加工表面的回转轴线与基准面平行、外形复杂的零件可以装夹在角铁上加工。图 5-39 是用角铁的安装方法。

5.2.7　数控车床刀具的选择

刀具的选择是数控加工工艺中的重要内容之一。刀具选择合理与否不仅影响机床的加工效率，而且还直接影响加工质量。选择刀具通常要考虑机床的加工能力、工序内容、工件材料等因素。

与传统的车削方法相比，数控车削对刀具的要求更高。不仅要求精度高、刚度好、耐用度高，而且要求尺寸稳定、安装调整方便。所以，需采用新型优质材料制造数控加工刀具，并优选刀具参数。

5.2.8　切削用量的选择

数控车床加工中的切削用量包括：背吃刀量、主轴转速或切削速度(用于恒线速切削)、进给速度或进给量。上述切削用量应在机床说明书给定的允许范围内选取，其选择办法可参考第1章。

5.2.9 螺纹加工

车削螺纹是数控车床常见的加工任务。螺纹种类按牙型分有三角、梯形、矩形等，按螺纹在零件中的部位分有圆柱螺纹、锥面螺纹、端面螺纹等。螺纹实际上是由刀具的直线运动和主轴按预先输入的比例转数同时运动而形成的。切削螺纹使用的是成形刀具，螺距和尺寸精度受机床精度影响，牙型精度由刀具精度保证。

5.2.9.1 常见螺纹及加工工艺

(1) 圆柱螺纹　圆柱螺纹在加工中最为常见，通常在切削螺纹时需要多次进刀才能完成。由于螺纹刀具是成形刀具，所以刀刃与工件接触线较长，切削力较大。切削力过大会损坏刀具或在切削中引起震颤，在这种情况下为避免切削力过大可采用“斜进法”，如图5-40所示。一般情况下，当螺距小于1.5mm时可采用“直进法”，如图5-41所示。

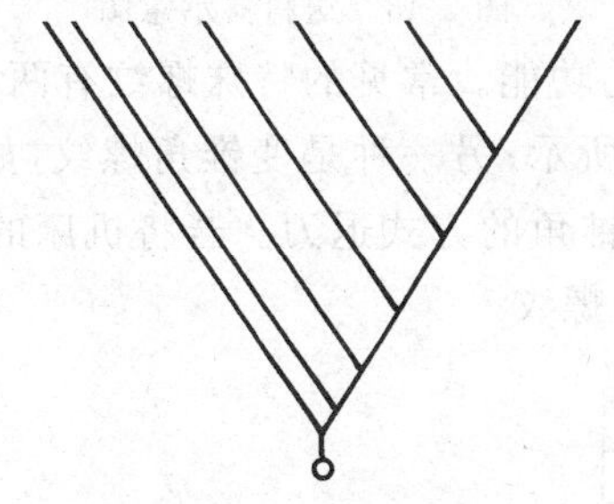

图 5-40　斜进法

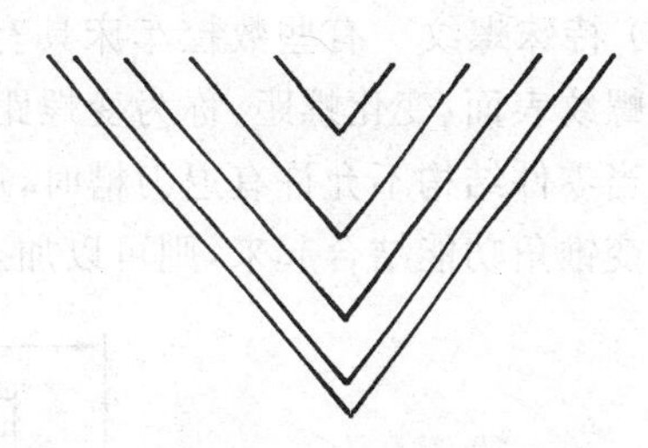

图 5-41　直进法

直进法与斜进法在数控车床编程系统中一般有相应的指令，也有的数控系统根据螺距的大小自动选择直进法或斜进法，圆柱螺纹进刀方向垂直于主轴轴线。圆柱螺纹有内螺纹和外螺纹两种形式。

由于两侧刃同时工作，直进法切削的切削力较大，而且排屑困难，因此在切削时，两切削刃容易磨损。在切削螺距较大的螺纹时，由于切削深度较大，刀刃磨损较快，从而造成螺纹中径产生误差；但是其加工的牙形精度较高，因此一般多用于小螺距螺纹加工。由于其刀具移动切削均靠编程来完成，所以加工程序较长。另外，刀刃容易磨损，因此加工中要做到勤测量。

斜进法切削，由于为单侧刃加工，加工刀刃容易损伤和磨损，使加工的螺纹面不直，刀尖角发生变化，而造成牙形精度较差。但由于其为单侧刃工作，刀具负载较小，排屑容易，并且切削深度为递减式。因此，此加工方法一般适用于大螺距螺纹加工。由于此加工方法排屑容易、刀刃加工工况较好，在螺纹精度要求不高的情况下，此加工方法更为方便。在加工较高精度螺纹时，可采用两刀加工完成，既先用斜进法加工方法进行粗车，然后用直进法进行精车。但要注意刀具起始点要准确，不然容易乱扣，造成零件报废。

(2) 圆锥螺纹　圆锥螺纹在机械结构中经常采用，数控车床一般都具有加工圆锥螺纹的功能。

加工圆锥螺纹时机床 X、Z、C 轴按比例联动，进刀方向垂直于主轴轴线。圆锥螺纹也有内螺纹和外螺纹两种形式。

(3) 端面螺纹　端面螺纹进刀方向平行于主轴轴线，端面螺纹切削方向一般由外向内，如图5-42所示。端面螺纹没有内、外之分。

(4) 锥面螺纹　如图5-43所示，送料器为锥面螺纹，锥面螺纹与圆锥螺纹车削的区别在于进刀方向，锥面螺纹进刀方向同端面螺纹一样平行于机床主轴轴线，在编制这类加工工艺时要特别注意螺纹的切深进给方向，根据进刀方向的不同采用相应指令。

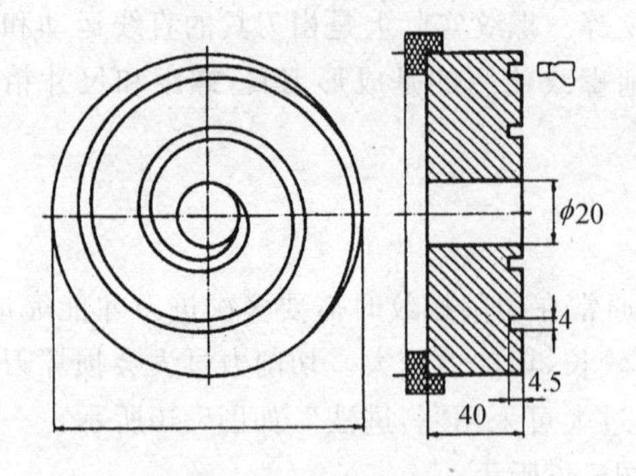

图5-42　端面螺纹

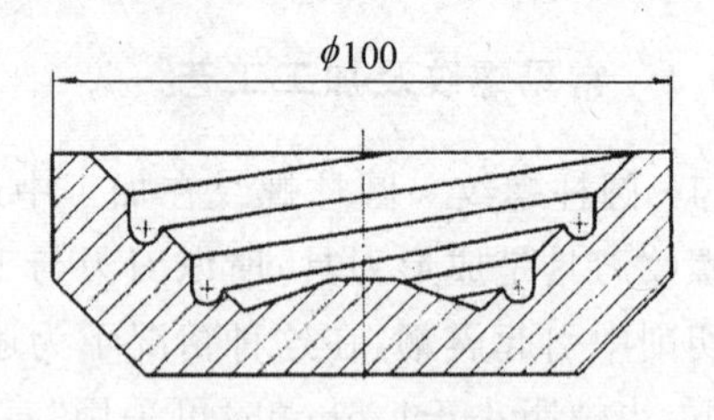

图5-43　送料器示意图

(5) 特殊螺纹　有些数控车床具有加工特殊螺纹的功能。常见的特殊螺纹有两种：一种是连续螺纹表面、变化螺距，称为变螺距螺纹，如图5-44所示；另一种是变锥角螺纹，如图5-45所示。当零件结构不允许有退刀槽时，可利用变化螺纹锥角的方式退刀。若将机床的变螺距功能和变锥角功能结合起来，则可以加工变螺距、变锥角螺纹。

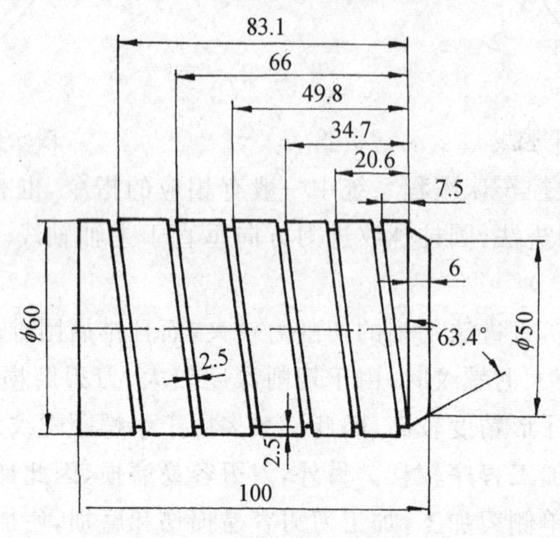

图5-44　变螺距螺纹

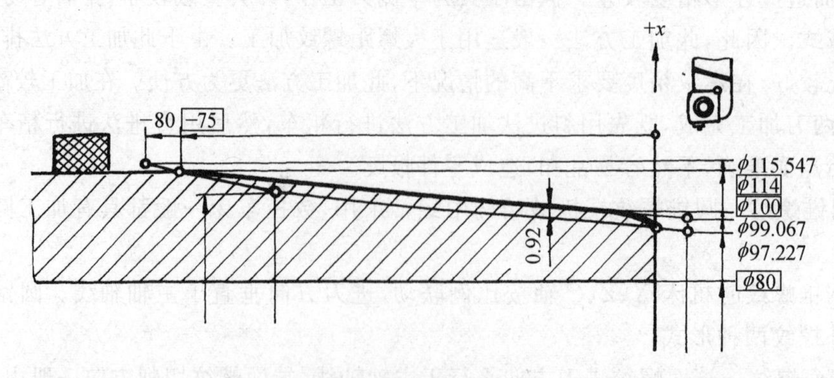

图5-45　变锥角螺纹

5.2.9.2 螺纹加工数据处理

(1) 加工的前提条件数控车床加工螺纹的前提条件是主轴有位置测量装置，使主轴转速与进给同步，同时加工多头螺纹通过主轴起点偏移来实现。如图5-46所示。例如两头螺纹 SF 相差180°。

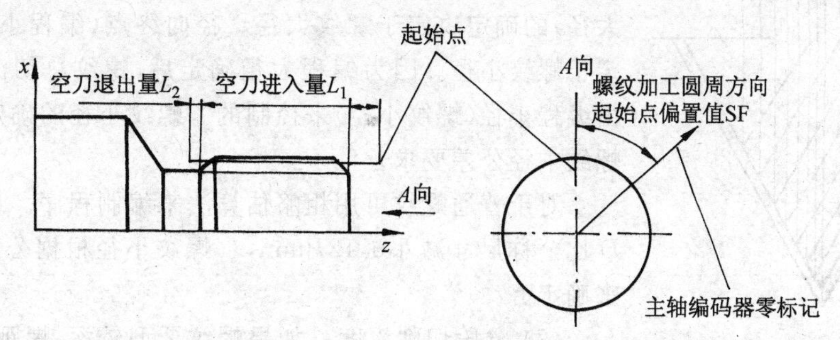

图 5-46　螺纹加工起始点偏移示意图

(2) 车削螺纹时不能使用恒切削速度功能　因为车削时 X 轴的直径值是逐渐减小的，若使用恒线速切削使主轴回转，则工件转速将非固定转速回转，会随工件直径减小而增加转速，转速会增加，会使 F 导程指定的值产生变动而发生乱牙现象。

(3) 适当的空刀导入量和空刀退出量　为防止产生非定值导程螺纹，车削螺纹之前后，需有适当的空刀导入量 L_1 和空刀退出量 L_2。数控车床的螺纹加工是靠伺服马达转动，带动滚珠螺杆，再驱动螺纹刀移动的。伺服马达由静止状态必须先加速再达到等速移动，而由静止经加速到达等速移动，此段时间所移动的距离会切削出非定值导程螺纹，应予以避开，此即为空刀导入量，如图5-46。同理，伺服马达等速回转后须先减速再达到静止，故仍需有空刀退出量。

L_1 和 L_2 因机床制造厂商而异，但相差不大。$L_1 \geqslant 2P$，$L_2 \geqslant 0.5P$，其中 P 为螺距。由以上公式所计算而得的 L_1 和 L_2 是理论上所需的最小引距，故实际应用上皆取比 L_1 与 L_2 之值略大。

(4) 主轴转速　因数控机床系统和机械结构等原因，车削螺纹时主轴的转速有一定的限制，因厂商而异，编程时参照机床说明书。

(5) 螺纹牙型高度（螺纹总切深）　螺纹牙型高度是指在螺纹牙型上，牙顶到牙底之间垂直于螺纹轴线的距离。如图5-47所示，它是车削时车刀总切入深度。

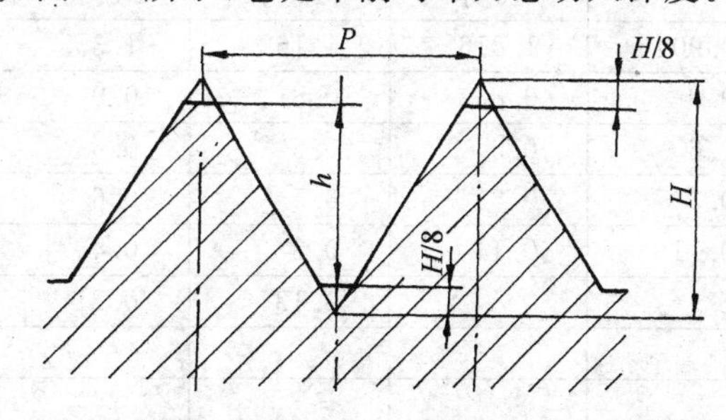

图 5-47　螺纹牙型高度示意图

根据 GB192～197-2003 普通螺纹国家标准规定，普通螺纹的牙型理论高度 $H=0.866P$，实际加工时，由于螺纹车刀刀尖半径的影响，螺纹的实际切深有变化。根据 GB197-2003 规定螺纹车刀可在牙底最小削平高度$H/8$处削平或倒圆。则螺纹实际牙型高度可按下式计算：

$$h = H - 2\left(\frac{H}{8}\right) = 0.6495P。$$

式中：H——螺纹原始三角形高度，$H=0.866P$。

P——螺距。

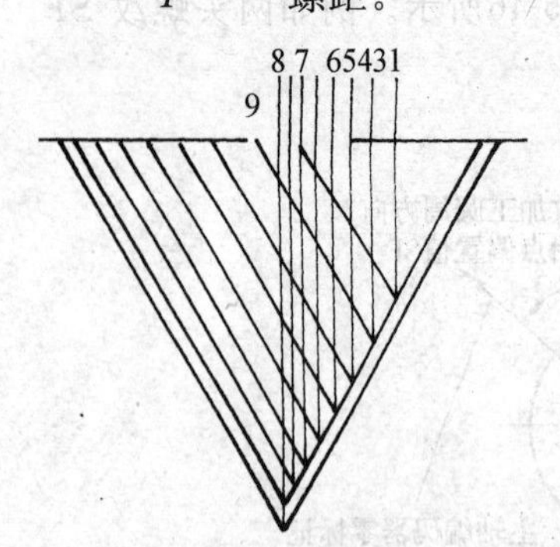

图 5-48　螺纹分段切削示意

(6) 径向起点和终点的确定　螺纹加工中，径向起点(编程大径)的确定决定于螺纹大径。径向终点(编程小径)的确定决定于螺纹小径。因为编程大径确定后，螺纹总切深在加工时是由编程小径(螺纹小径)来控制的。螺纹小径的确定应考虑满足螺纹中径公差要求。

对于普通螺纹可用粗略估算法来编制程序。通常螺纹大径 D 比公称尺寸减小 $0.12P$mm，螺纹小径根据公式 $d_1=M-2h$ 来确定。

(7) 分段切削深度　如果螺纹牙型较深，螺距较大，可分几次进给。每次进给的背吃刀量用螺纹深度减精加工背吃刀量所得的差按递减规律分配，如图5-48所示。常用螺纹切削的进给次数与背吃刀量可参考表5-1。

表 5-1　常用螺纹切削的进给次数与背吃刀量

米制螺纹								
螺距		1.0	1.5	2.0	2.5	3.0	3.5	4.0
牙深		0.649	0.974	1.299	1.624	1.949	2.273	2.598
背吃刀及切削次数	1次	0.7	0.8	0.9	1.0	1.2	1.5	1.5
	2次	0.4	0.6	0.6	0.7	0.7	0.7	0.8
	3次	0.2	0.4	0.6	0.6	0.6	0.6	0.6
	4次		0.16	0.4	0.4	0.4	0.6	0.6
	5次			0.1	0.4	0.4	0.4	0.4
	6次				0.15	0.4	0.4	0.4
	7次					0.2	0.2	0.4
	8次						0.15	0.3
	9次							0.2

英制螺纹								
牙/in		24牙	18牙	16牙	14牙	12牙	10牙	8牙
牙深		0.678	0.904	1.016	1.162	1.355	1.626	2.033
背吃刀及切削次数	1次	0.8	0.8	0.8	0.8	0.9	1.0	1.2
	2次	0.4	0.6	0.6	0.6	0.6	0.7	0.7
	3次	0.16	0.3	0.5	0.5	0.6	0.6	0.6
	4次		0.11	0.14	0.3	0.4	0.4	0.5
	5次				0.13	0.21	0.4	0.5
	6次						0.16	0.4
	7次							0.17

5.2.9.3　车螺纹时主轴转速

在切削螺纹时，车床的主轴转速将受到螺纹的螺距(或导程)大小、驱动电动机的矩频特性及螺纹插补运算速度等多种因素影响，故对于不同的数控系统，推荐不同的主轴转速选择范围。如大多数经济型车床数控系统推荐车螺纹时的主轴转速如下：

$$n \leqslant \frac{1\,200}{P} - K$$

式中：P —— 工件螺纹的螺距或导程，单位为 mm。

K —— 保险系数，一般取 80。

5.3 典型零件的数控车削加工工艺分析

5.3.1 轴类零件数控车削加工工艺

下面以图 5-49 所示零件为例，介绍其数控车削加工工艺。该零件表面由圆柱、圆锥、顺圆弧、逆圆弧及双线螺纹等表面组成，其中多个直径尺寸有较严的尺寸精度和表面粗糙度等要求；球面ϕ50mm的尺寸公差还兼有控制该球面形状（线轮廓）误差的作用。尺寸标注完整，轮廓描述清楚。零件材料为 45 钢，无热处理和硬度要求。

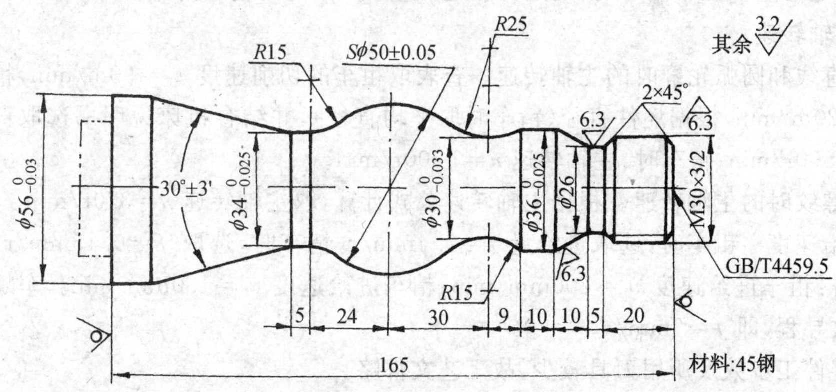

图 5-49　典型轴类零件

通过上述分析，采取以下几点工艺措施：对图样上给定的几个精度（IT7～IT8）要求较高的尺寸，因其公差数值较小，同时公差值偏向一边，故编程时不必取平均值，而全部取其基本尺寸即可。为便于装夹，坯件左端应预先车出夹持部分（双点划线部分），右端面也应先车出并钻好中心孔。毛坯选ϕ60mm棒料。

5.3.1.1 确定装夹方案

确定坯件轴线和左端大端面（设计基准）为定位基准。左端采用三爪自定心卡盘定心夹紧，右端采用活动顶尖支承的装夹方式。

5.3.1.2 确定加工顺序及进给路线

加工顺序按由粗到精、由近到远（由右到左）的原则确定。即先从右到左进行粗车（留 0.25mm精车余量），然后从右到左进行精车，最后车削螺纹。

CK7525 数控车床具有粗车循环和车螺纹循环功能，只要正确使用编程指令，机床数控系统就会自行确定其进给路线，因此，该零件的粗车循环和车螺纹循环不需要人为确定其进给路线。但精车的进给路线需要人为确定,该零件是从右到左沿零件表面轮廓进给,如图5-50所示。

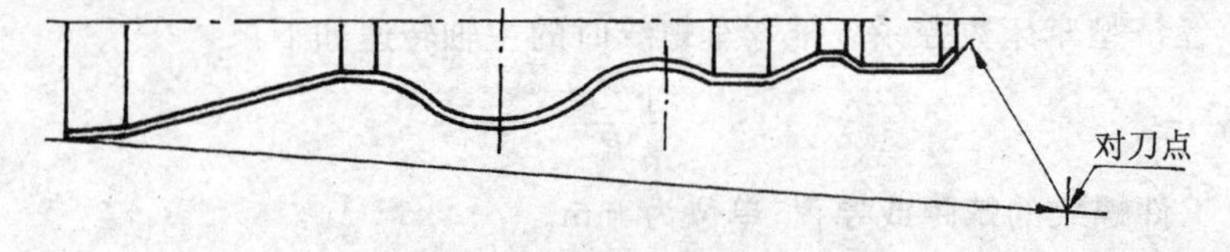

图 5-50 轴类零件加工路线图

5.3.1.3 选择刀具

① 粗车选用硬质合金 90°外圆车刀,副偏角不能太小,以防与工件轮廓发生干涉,必要时应作图检验,本例取 35°。

② 精车和车螺纹选用硬质合金 60°外螺纹车刀,取刀尖角 $\varepsilon_r = 59°30'$,取刀尖圆弧半径 $\gamma_\varepsilon = 0.15 \sim 0.2$mm。

5.3.1.4 选择切削用量

(1) 背吃刀量 粗车循环时,确定其背吃刀量 $a_P = 3$mm;精车时 $a_P = 0.25$mm。

(2) 主轴转速

① 车直线和圆弧轮廓时的主轴转速。查表取粗车的切削速度 $v_c = 90$m/min,精车的切削速度 $v_c = 120$m/min,根据坯件直径(精车时取平均直径),并结合机床说明书选取:粗车时,主轴转速 $n = 500$r/min;精车时,主轴转速 $n = 1\,200$r/min。

② 车螺纹时的主轴转速。根据主轴转速公式计算,取主轴转速 $n = 320$r/min。

③ 进给速度。粗车时,选取进给量 $f = 0.4$mm/r,精车时,选取 $f = 0.15$mm/r,根据相关公式计算得:粗车进给速度 $v_f = 200$mm/min;精车进给速度 $v_f = 180$mm/min。车螺纹的进给量等于螺纹导程,即 $f = 3$mm/r。

因该零件工步数及所用刀具较少,故工艺文件略。

5.3.2 轴套类零件数控车削加工工艺

零件如图 5-51 所示。材料:45 钢,毛坯尺寸:ϕ80×110。

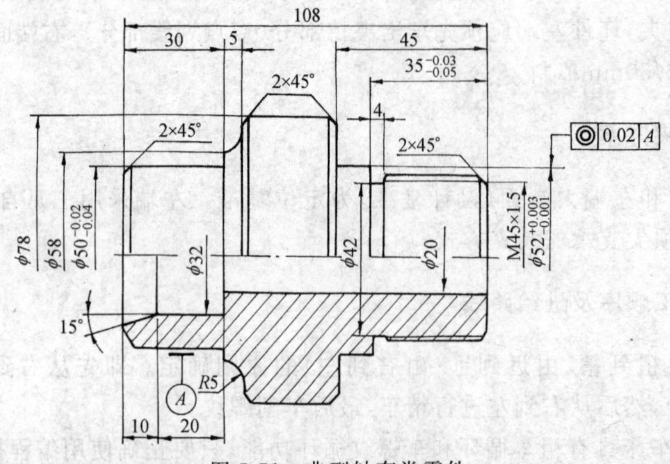

图 5-51 典型轴套类零件

5.3.2.1　图纸分析

(1) 加工内容　此零件加工包括车端面、外圆、倒角、内锥面、圆弧、螺纹、退刀槽等。

(2) 工件坐标系　该零件加工时需掉头，从图纸上尺寸标注分析应设置两个工件坐标系，两个工件原点均定于零件装夹后的右端面(精加工面)。掉头后装夹 ϕ50 外圆，ϕ58 圆柱做轴向(Z 向)定位，平端面，测量，设置第 2 个工件原点(设在精加工端面上)。

5.3.2.2　工艺处理

(1) 装夹定位方式　此工件不能一次装夹完成加工，必须分两次装夹。该工件右端外表面为螺纹不适于做装夹表面，ϕ52 圆柱面又较短，也不适于做装夹表面，所以第一次装夹工件右端面，加工左端面，伸出长度定位 76mm，使用三爪卡盘夹持，如图5-52所示。

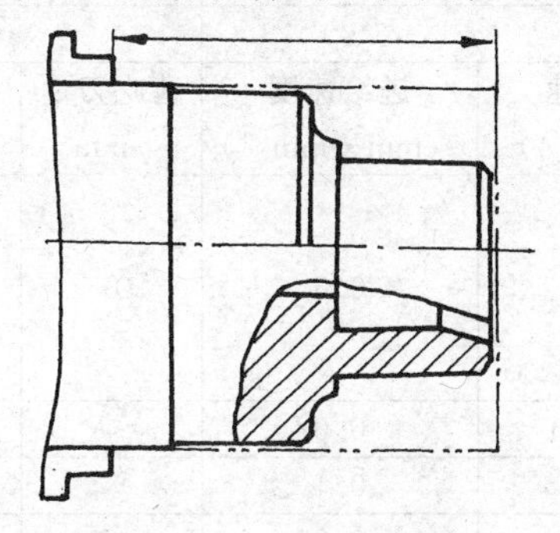

图 5-52　第一次装夹示意图

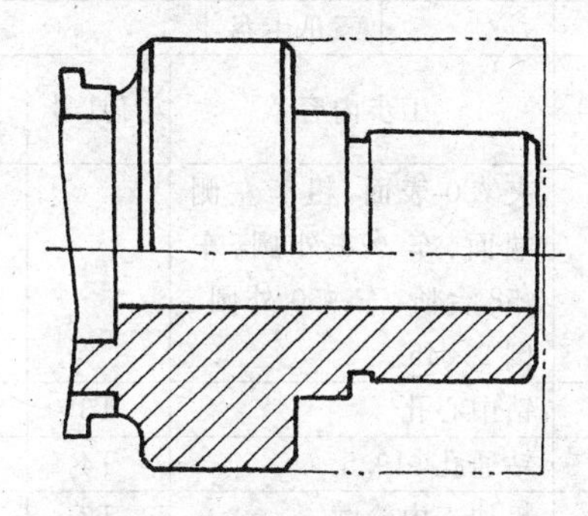

图 5-53　第二次装夹示意图

第二次装夹如图 5-53 所示，完成工件右端面、2×45°倒角、螺纹、ϕ42 退刀槽、ϕ52 外圆、轴肩、2×45°倒角的粗、精加工。

(2) 换刀点　换刀点为(200.0,300.0)。

(3) 公差处理　尺寸公差不对称取中值。

(4) 工步和走刀路线。

(5) 按加工过程确定走刀路线如下：

① 第一次装夹 ϕ80 表面，粗加工零件左侧端面、2×45°倒角、ϕ50 外圆、ϕ58 台阶、R5 圆弧、2×45°倒角、ϕ78 外圆。

② 精加工上述轮廓。

③ 钻中心孔。

④ 钻孔，通孔。

⑤ 粗加工中 ϕ32 内轮廓。

⑥ 精加工中 ϕ32 内轮廓。

⑦ 第二次掉头装夹 ϕ50 外圆，粗加工右端面、2×45°倒角、螺纹、ϕ42 退刀槽、ϕ52 外圆、轴肩、2×45°倒角的粗、精加工。

⑧ 精加工上述轮廓。

⑨ 精加工 ϕ20 内轮廓。

⑩ 切槽。

⑪ 螺纹加工。

5.3.2.3 填写工艺文件

① 按加工顺序将工步的加工内容、所用刀具及切削用量等填入表 5-2 数控加工工序卡片中。

② 将选定的各工步所用刀具的刀具型号、刀片型号、刀片牌号及刀尖圆弧半径等填入表 5-3数控加工刀具卡片中。

③ 将各工步的进给路线绘成文件形式的进给路线图。本例因篇幅所限，故略去。

表 5-2　数控加工工序卡片

工厂	数控加工工序卡片		产品名称或代号	零件名称	材料		零件图号
				轴套	45		
工序号	程序编号	夹具名称	夹具编号	使用设备		车　间	
		三爪卡盘					
工步号	工步内容	刀具号	刀具规格	主轴转速 /(r·min^{-1})	进给速度 /(mm·min^{-1})	背吃刀量 /mm	余量 /mm
1	夹 ϕ80 表面，粗车左侧端面、车 ϕ78 外圆、车 ϕ58 台阶、车 ϕ50 外圆、倒 2×45°	T1		180	0.3	3	0.3
2	钻中心孔	T3		1 500r/min^{-1}	0.02		
3	钻通孔 ϕ19.5	T4		600r/min^{-1}	0.1		
4	粗加工内轮廓	T5		160	0.25	2	0.2
5	精加工外轮廓	T2		200	0.1		
6	精加工内轮廓	T6		200	0.1		
7	夹 ϕ50 表面，粗车右侧端面、车 ϕ52 外圆、车 M45 螺纹外圆 ϕ44.82 至右端面 35、倒角 2×45°	T1		180	0.3	3	0.3
8	精加工内轮廓	T6		200			
9	精加工外轮廓	T2		200			
10	切槽	T7		1 500	0.04		
11	螺纹加工	T8		1 200			
编制		审核		批准	共 1 页	第 1 页	

表 5-3　数控加工刀具卡片

产品名称或代号			零件名称		零件图号		程序号
工步号	刀具号	刀具名称	刀具型号	刀片 型号	刀片 牌号	刀尖半径 /mm	备　注
1	T1	外圆粗车刀	DCLNL2525M12	CNMM160612-PR	GC4035	0.8	
2	T2	外圆精车刀	PCLNL2525M12	DNMG150404-PF	GC4015	0.4	
3	T3	中心孔钻					
4	T4	钻头					
5	T5	内圆粗车刀	PCLNR09	CNMG090308-PM		0.8	

(续表)

产品名称或代号			零件名称		零件图号			程序号
工步号	刀具号	刀具名称	刀具型号	刀片			刀尖半径/mm	备　注
				型号		牌号		
6	T6	内圆精车刀	PCLNR09	CNMG090304-PF			0.4	
7	T7	切槽刀	LF123H13-2525B	N123H2-0400-0003-GM		GC4025	0.3	
8	T8	螺纹刀	L166.4FG-2525-16	R166.0G-16MM01-150		GC1020		
编制		审核		批准			共1页	第1页

习题五

5-1　数控编程时尺寸公差如何处理？

5-2　制订数控车削加工工艺路线时应遵循哪些基本原则？

5-3　数控加工文件通常有哪几种，它们各有什么作用？

5-4　说明数控车削加工中恒切速的意义。分析在实际加工中何时考虑使用恒切速，何时考虑使用恒转速。

5-5　在加工轴类和盘类零件时，循环去除余量有何不同？

5-6　数控加工中批量生产与单件加工在加工工艺安排上有何不同？

5-7　用外圆表面定位的常用车床夹具有几种？

5-8　用三爪卡盘夹持工件，硬爪和软爪哪种定位精度高？

5-9　在自制软爪时应注意哪些事项？

5-10　常用的薄壁件的装夹方式有几种，是什么？

5-11　数控系统可以设定换刀点的方式有几种，具体如何，各用于什么场合？

5-12　确定走刀路线的依据是什么？

5-13　图5-54所示零件的毛坯为$\phi72\times150$，材料为铝合金，试分析其工艺过程。

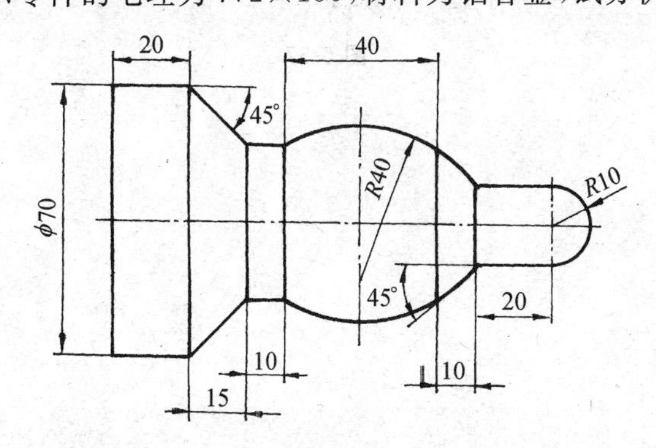

图5-54

5-14　跟随式换刀的特点是什么？

5-15　图5-55所示零件的毛坯为$\phi88\times125$，45号钢。请完成图示零件的工序安排，给出走刀路线，选择所用刀具和切削用量。

5-16　分析图5-56所示薄壁件的装夹方式和粗、精加工工艺安排，零件材料为40钢。

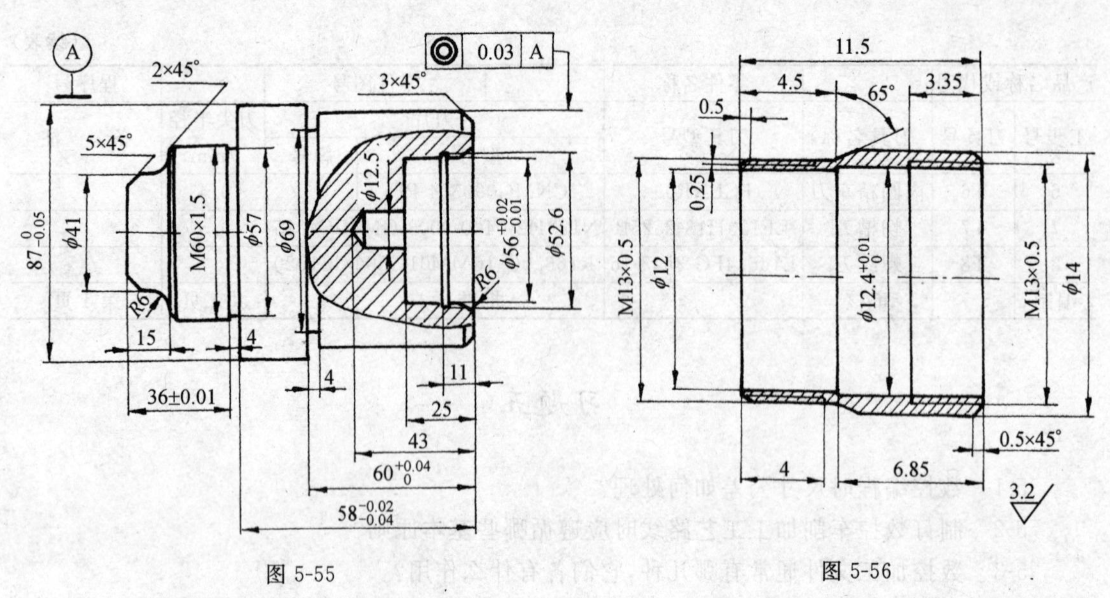

图 5-55　　　　图 5-56

5-17　图 5-57 所示为球阀阀芯，为保证球面和孔的同心度，要求一次装夹完成，试安排去除余量的方式和走刀路线。

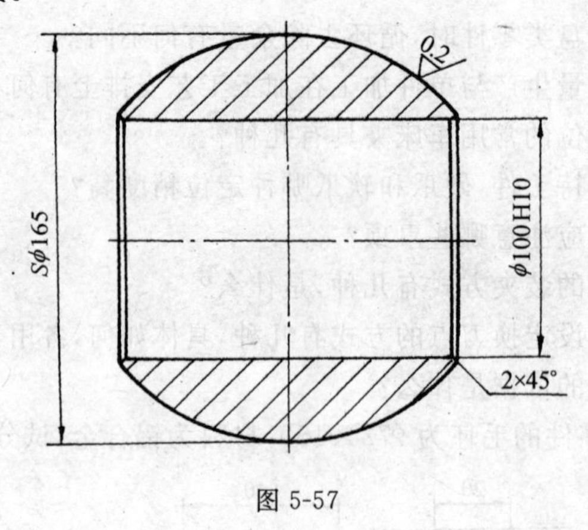

图 5-57

6 数控铣削加工工艺

6.1 数控铣削加工的主要对象

数控铣削是机械加工中最常用和最主要的数控加工方法之一。主要用于各种较复杂的平面、曲面和壳体类零件的加工，同时还可以进行钻、扩、锪、铰、攻螺纹、镗孔等加工。根据数控铣床所用刀具的不同，可以加工不同的表面。圆柱形铣刀主要用于加工平面，其中粗齿圆柱形铣刀适用于粗加工，细齿圆柱形铣刀适用于精加工；立铣刀主要用于加工平面凹槽、台阶面以及加工成形表面；键槽铣刀主要用于加工圆头封闭键槽；三面刃铣刀适用于加工凹槽和台阶面；角度铣刀主要用于加工带角度沟槽和斜面；模具铣刀用于加工模具型腔或凸模成形表面。根据数控铣床的特点，从铣削加工角度来考虑，适合数控铣削的主要加工对象有下面几类。

6.1.1 平面类零件

加工面平行或垂直于水平面，或加工面与水平面的夹角为定角的零件为平面类零件，如图6-1所示。目前在数控机床上加工的绝大多数零件属平面类零件。由于平面类零件的各个加工面是平面，或可以展开成平面，所以它是数控铣削加工对象中最简单的一类零件，一般只需用三坐标数控铣床的两坐标联动（或两轴半坐标联动）就可以把它们加工出来。

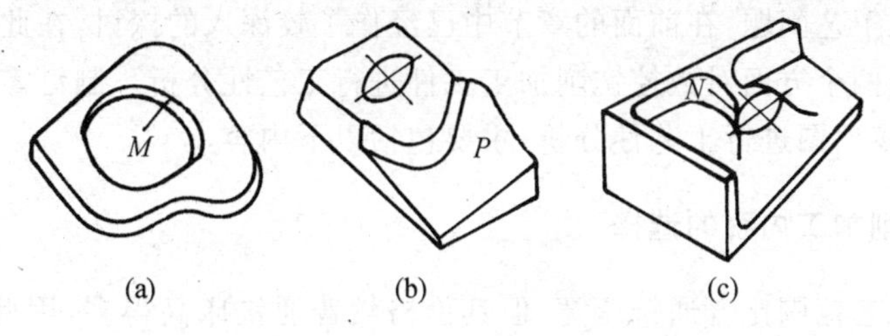

图 6-1 平面类零件

6.1.2 变斜角类零件

加工面与水平面的夹角呈连续变化的零件称为变斜角类零件。这类零件多为飞机零件，如图6-2所示是飞机上的一种变斜角椽条。由于变斜角类零件的变斜角加工面不能展开为平面，但在加工中，加工面与铣刀圆周接触的瞬间为一条线，所以最好采用四坐标或五坐标数控铣床摆角加工。在没有上述机床时，可采用三坐标数控铣床，进行两轴半坐标近似加工。

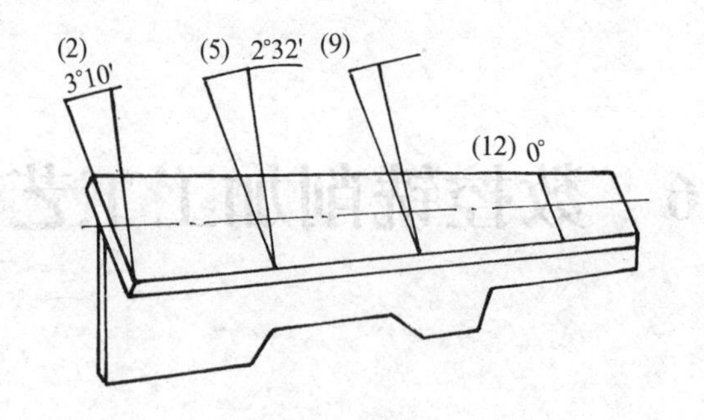

图 6-2 变斜角零件

6.1.3 曲面类零件

加工面为空间曲面的零件称曲面类零件，如模具、叶片、螺旋桨等。曲面类零件的加工面不能展开为平面，加工时加工面与铣刀始终为点接触。加工曲面类零件一般采用球头铣刀在三坐标数控铣床上加工。当曲面较复杂、通道较狭窄、会伤及毗邻表面及需刀具摆动时，要采用四坐标或五坐标铣床。

6.2 数控铣削加工工艺的制订

数控铣削加工工艺制订是对工件进行数控铣削加工的前期工艺准备工作，合理的工艺设计方案是编数控加工程序的依据。制订铣削加工工艺时，主要应完成对所加工的工件进行铣削加工工艺性分析、拟定工艺路线、设计加工工序等工作。

6.2.1 数控铣削加工工艺性分析

关于机械加工工艺问题，在前面的章节中已经作了较深入的探讨，在此仅从数控铣削加工的可能性与方便性两个方面对数控铣削加工工件进行工艺性分析。制订零件的数控铣削加工工艺时，首先要对零件图进行工艺性分析，主要包括以下内容。

6.2.1.1 数控铣削加工内容的选择

数控铣削的工艺范围比普通铣床宽，但其价格较普通铣床高得多，因此，选择数控铣削加工内容时，应从实际需要和经济性两方面考虑。一般情况下，并非其全部加工内容都采用数控铣床加工，而经常只是其中一部分进行数控加工。因此在选择数控铣削加工时，一定要结合实际情况，注意充分发挥数控铣削加工的优势，选择那些最需要进行数控加工的内容和工序，一般可按以下顺序考虑：

(1) 普通铣床上无法加工的应作为优先选择的内容；

(2) 普通铣床上难以加工，质量也难以保证的应作为重点选择的内容；

(3) 普通铣床上加工效率低下，手工操作劳动强度大的，可在数控铣床尚有加工能力的基础上进行选择。

具体地讲，对于零件上的曲线轮廓，已给出数学模型的空间曲面，形状复杂、尺寸繁多、划线与检测困难的部位，用通用铣床加工难以观察、测量和控制进给的内外凹槽，以及高精度孔或面等加工内容，通常可选用数控铣床进行加工。

6.2.1.2 零件结构工艺性分析

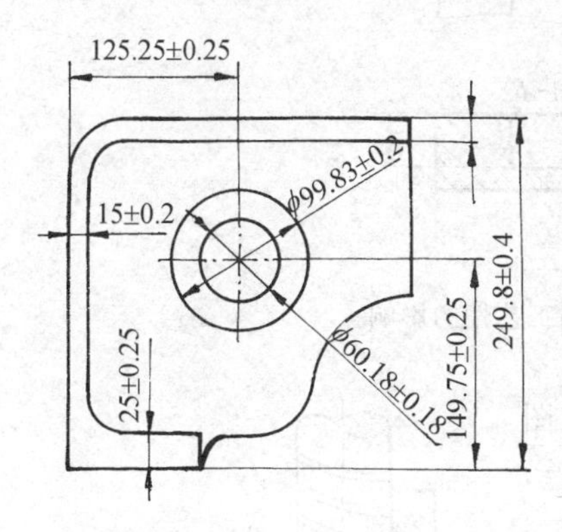

图 6-3 零件尺寸公差的处理

（1）零件图尺寸的标注方法 编程方便与否常常是衡量数控加工工艺性好坏的一个指标。对于数控加工来说，零件图上应以同一基准引注尺寸或直接给出坐标尺寸。这种尺寸标注法既便于编程，也便于尺寸之间的相互协调，在保持设计基准、工艺基准、测量基准与编程原点设置的一致性方面带来很大方便。由于数控加工精度及重复定位精度都很高，不会产生较大的累积误差而破坏使用性能，因此可将局部的尺寸分散标注法改为以同一基准引注尺寸或直接给出坐标尺寸的标注法。另外，零件尺寸公差对编程有一定影响，如果处理不好将很难保证零件的加工精度。为保证加工精度，应使其公差带对称分布，如图6-3所示。

（2）构成零件轮廓的几何元素条件 在手工编程时要计算构成零件轮廓的每一个节点坐标，在自动编程时要对构成零件轮廓的所有几何元素进行定义，但常常遇到构成零件轮廓的几何元素的条件不充分。如圆弧与直线、圆弧与圆弧在图样上相切，可是依据图样给出的尺寸计算相切条件时变成了相交或相离状态，这种情况导致编程无法进行。因此，当审查与分析图样时，发现构成零件轮廓的几何元素的条件不充分时，应及时与零件设计者协商解决。对于复杂表面进行自动编程时，须仔细分析其数学模型是否能适应自动编程的要求。通常，数控编程所需的数学模型必须满足如下要求：

① 数学模型必须是完整的几何模型，不能有多余的或遗漏的曲面。

② 数学模型不能有多义性，不允许有曲面重叠现象存在；曲面修剪应彻底、干净，无曲面拓扑、结构错误。

③ 数学模型应是光滑的几何模型。在曲面的相交处，应按技术要求进行倒圆角处理，并对曲面的多余部分进行修剪处理，以满足曲面光滑处理的要求。

④ 对外表面的数学模型，必须进行光顺处理，以消除曲面内部的微观缺陷，从而满足零件的光顺要求。

⑤ 数学模型中的曲面参数分布合理、均匀，曲面不能有异常的凸起和凹坑。

（3）零件的结构工艺性

对于数控铣削加工的零件，其结构工艺性除应满足普通铣床对零件工艺性的要求外，还应注意以下问题：

① 零件的内腔和外形应尽量采用统一的几何类型和尺寸，尤其是加工面转接处的凹圆半径，这样可以减小刀具规格和换刀次数，方便编程，提高生产效益。

② 内槽及缘板之间的转接圆角半径不应过小，这是因为此处圆角半径大小决定了刀具的直径，而刀具直径的大小与被加工工件轮廓的高低影响着工件加工工艺性的好坏。如图6-4所示，图(b)与图(a)相比，转接圆弧半径 R 大，则可采用较大直径的铣刀来加工，加工其腹板面时，进给次数也相应减少，表面加工质量也好一些，所以工艺性较好。反之，工艺性较差。通常当 $R<0.2H$（H 为被加工工件轮廓面的最大高度）时，可以判定零件的该部位工艺性不好。

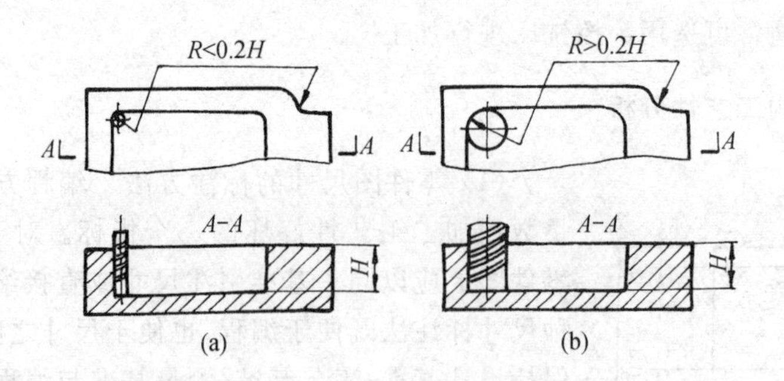

图 6-4　肋板的高度与内转接圆弧对零件铣削工艺性的影响

(a) 工艺性不好；(b) 工艺性好

③ 铣削零件底部平面时，槽底圆角半径 r 不应过大，如图6-5所示，圆角半径 r 越大，铣刀端刃铣削平面的能力就越差，效益也越低。当 r 大到一定程度时甚至必须用球头铣刀加工，这是应该尽量避免的。因为铣刀与铣削平面接触的最大直径 $d=D-2r$（D 为铣刀直径）。当 D 一定时，r 越大，铣刀端刃铣削平面的面积越小，加工表面的能力越差，工艺性也越差。

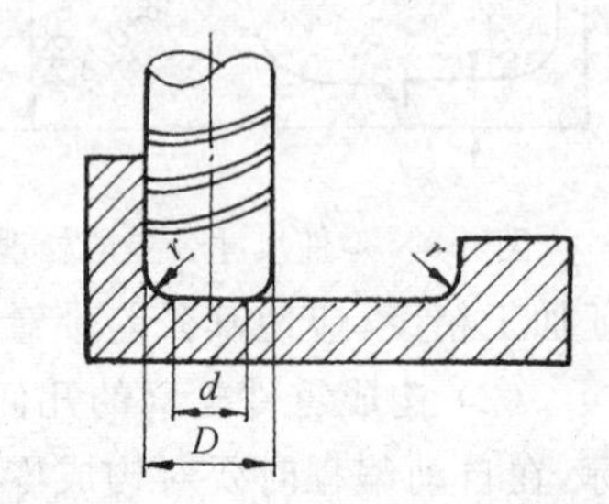

图 6-5　底板与肋板的转接圆弧对零件铣削工艺性的影响

④ 虽然数控机床精度很高，但对一些特殊情况，例如过薄的底板与肋板，因为加工时产生的切削拉力及薄板弹性退让极易产生切削面的振动，使薄板厚度尺寸公差难以保证，其表面粗糙度也将增大。根据实践经验，对于面积较大的薄板，当其厚度小于3mm时，就应在工艺上充分重视这一问题。

(4) 数控加工的定位基准

① 应采用统一的基准定位。数控加工工艺性特别强调定位加工，若无统一的基准定位，会因工件重新安装产生的定位误差而导致加工后的零件达不到技术要求，因此为保证两次装夹加工后其相对位置的准确性，应采用统一的基准定位。

② 统一的基准可以是工件上已有表面也可以是辅助基准。工件上最好有合适的孔作为定位基准，若没有，应专门设置工艺孔作为定位基准，称之为辅助基准。工件上如没有合适的辅助基准位置，可考虑在毛坯上增加工艺凸台，制出工艺孔，或在后续加工工序要加工掉的余量上设置工艺孔，在完成加工后再去除。

(5) 分析零件的变形情况　零件在数控铣削加工时的变形，不仅影响加工质量，而且当变形较大时，将使加工不能继续进行下去。这时就应当考虑采取一些必要的工艺措施进行预防，如对钢件进行调质处理，对铸铝件进行退火处理，对不能用热处理方法解决的，也可考虑粗、精加工分开及对称去余量等常规方法。

(6) 选择合适的加工方案　工艺分析的另一个重要任务是选择合适的加工方案。一个零件往往有几种可能的加工方案。例如图6-6是加工固定斜角的斜面，由图可看出，可以用不同的刀具，有各种不同的加工方法，所以应考虑零件的尺寸要求、倾斜的角度、主轴箱的位置、刀具形状、机床的行程、零件的安装、编程的难易程度等因素之后选定一个比较好的方法。

对于一些飞机上具有变斜角的外形轮廓的零件，最理想的加工方法是用多坐标联动的数控铣床加工，如图6-7所示。若没有多坐标联动的数控机床，也可以用锥形铣刀或鼓形铣刀在

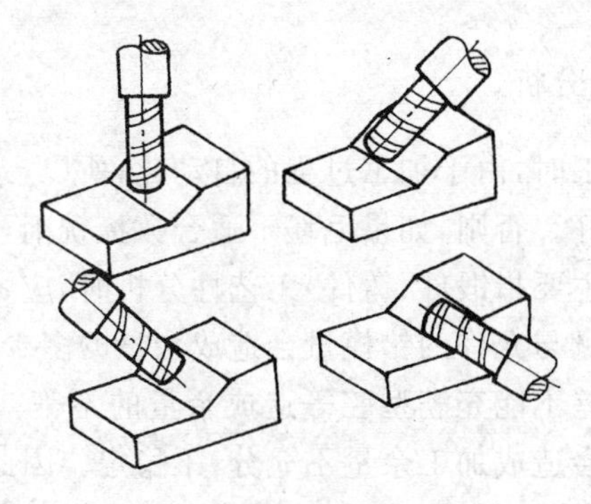

图 6-6　固定斜角面加工方法

$2\frac{1}{2}$坐标铣床上多次行切来加工，如图6-8所示。立体曲面的加工应根据曲面形状、刀具形状以及精度要求采用不同的铣削加工方法，如两轴半、三轴、四轴及五轴等联动加工，如图6-9所示。

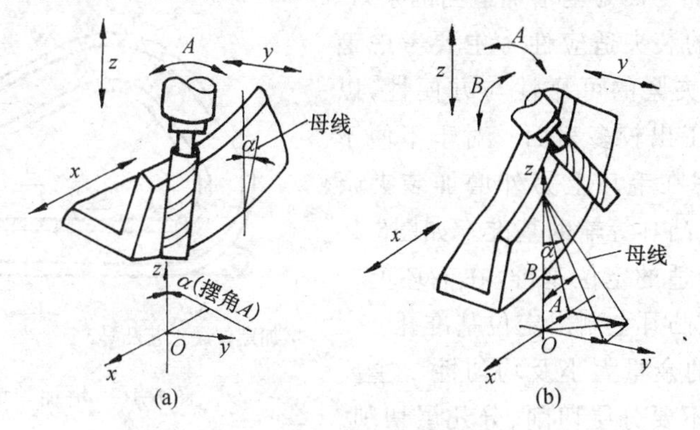

图 6-7　四、五坐标数控铣床加工零件变斜角面

(a) 四坐标联动加工变斜角面；(b) 五坐标联动加工变斜角面

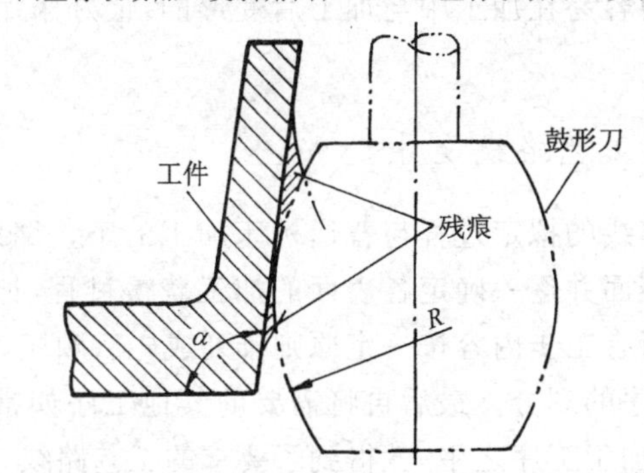

图 6-8　用鼓形铣刀分层铣削变斜角面

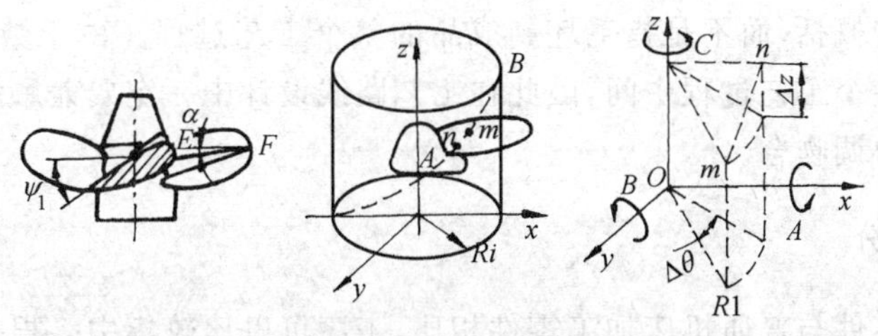

图 6-9　曲面的五坐标联动加工

6.2.1.3　零件毛坯的工艺性分析

零件在进行数控铣削加工时，由于加工过程的自动化，所以，余量的大小、如何装夹等问题应在设计毛坯时就仔细考虑好。否则，如果毛坯不适合数控铣削，加工将很难进行下去。

实践表明，在选择毛坯(主要指锻件、铸件)工艺性分析时，应考虑留有充分、稳定的加工余量。这是因为模锻时的欠压量与允许的错模量会造成余量的多少不等；铸造时会因砂型误差、收缩量及金属液体的流动性差不能充满型腔等造成余量的不等。此外，锻造、铸造后，毛坯的挠曲与扭曲变形量的不同也会造成加工余量不充分、不稳定。因此，除板料外，不论是锻件、铸件还是型材，只要准备采用数控铣削加工，其加工面均应有充分的余量。数控铣削中最难保证的是加工面与非加工面之间的尺寸，这一点应引起特别重视。在这种情况下，如果已确定或准备采用数控铣削加工，就应事先对毛坯的设计进行必要更改或在设计时就加以充分考虑，即在零件图样注明的非加工面处也增加适当的余量。

(1) 分析毛坯的装夹适应性　主要考虑毛坯在加工时定位和夹紧的可靠性与方便性，以便在一次安装中加工出较多表面。对于不便于装夹的毛坯，可考虑在毛坯上另外增加装夹余量或工艺凸台、工艺凸耳等辅助基准。如图6-10所示，该工件缺少合适的定位基准，在毛坯上铸出两个工艺凸耳，在凸耳上制出定位基准孔。

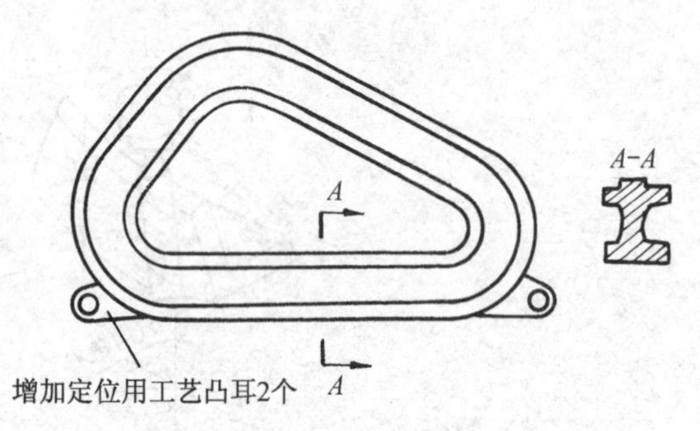

图 6-10　增加辅助基准示例

(2) 分析毛坯的余量大小及均匀性　主要是考虑在加工时要不要分层切削、分几层切削。也要分析加工中与加工后的变形程度，考虑是否应采取预防性措施与补救措施。如对于热轧中、厚铝板，经淬火时效后很容易在加工中与加工后变形的，最好采用经预拉伸处理的淬火板坯。

6.2.2　数控铣削加工的工艺路线设计

数控铣削加工的工艺路线的拟定过程与普通机床加工的工艺路线拟定过程相似，最初也需要找出所有加工的零件表面并逐一确定各表面的加工获得过程，加工获得过程中每一步骤相当于一个工步。然后将所有工步内容按一定原则排列成先后顺序。再确定哪些相邻工步可以划为一个工序，即进行工序的划分。最后再将需要的其他工序如常规工序、辅助工序、热处理工序等插入，衔接于数控加工工序之中，就得到了要求的工艺路线。

数控加工的工艺路线设计与普通机床加工的常规工艺路线拟定的区别，主要在于它仅是几道数控加工工序的概括，而不是指毛坯到成品的整个工艺过程。由于数控加工工序一般均穿插于零件加工的整个工艺过程中间，因此在工艺路线设计中一定要兼顾常规工序的安排，使之与整个工艺过程协调吻合。

6.2.2.1　工序的划分

数控机床加工零件与普通机床加工零件相比，工序可以比较集中。根据数控加工的特点，数控加工工序的划分有以下几种方式。

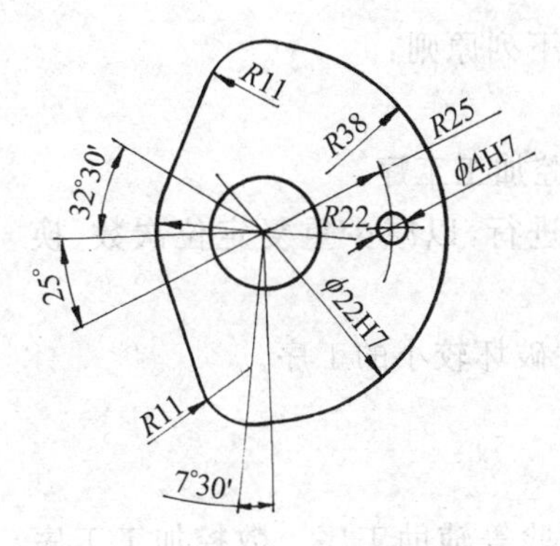

图 6-11　凸轮零件图

(1) 按定位方式划分工序　这种方法一般适合于加工内容不多的工件，加工完后就能达到待检状态。通常是一次安装、加工作为一道工序。如图6-11所示的凸轮零件，其两端面、$R38$ 外圆面以及 $\phi22H7$ 和 $\phi4H7$ 两孔均在普通机床上进行加工，而在数控铣床上以加工过的两个孔和一个端面定位作为一道工序，铣削凸轮外表面曲线。

(2) 按所用刀具划分工序　有些零件虽然能在一次安装中加工出很多待加工面，但为了减少换刀次数，压缩空程时间，可按刀具集中的方法加工工件，在一次安装中尽可能用同一把刀具加工出可能加工的所有部位，然后再换一把刀加工其他部位。即以同一把刀具加工的内容划分工序。在专用数控机床和加工中心上常用这种方法。

(3) 按粗、精加工划分工序　考虑工件的加工精度要求、刚度和变形等因素来划分工序时，可按粗、精加工分开的原则来划分工序，即先粗加工后精加工。此时可用不同的机床或不同的刀具进行加工。一般来说，在一次安装中不允许将工件的某一表面粗、精加工至精度要求后，再加工工件的其他表面。

(4) 按加工部位划分工序　有些零件加工内容很多，构成零件轮廓的表面结构差异较大，可按其结构特点将加工部位分成几个部分，如内形、外形、曲面或平面等。

综上所述，在划分工序时，一定要视零件的结构工艺性、机床的功能、零件数控加工的内容的多少、安装次数以及生产组织状况等实际情况灵活掌握。

6.2.2.2　工步的划分

划分工步主要从加工精度和效率两方面考虑。合理的工艺不仅要保证加工出符合图样要求的工件，同时应使机床的功能得到充分发挥，因此，在一个工序内往往需要采用不同的刀具和切削用量，对不同的表面进行加工。为了便于分析和描述较复杂的工序，在工序内又细分为工步。工步划分可参照以下几点。

(1) 同一加工表面按粗加工、半精加工、精加工依次完成，或全部加工表面按先粗后精加工分开进行，若加工尺寸精度要求较高时，可采用前者。若加工表面位置精度要求较高时，建议采用后者。

(2) 对于既有铣削面又有镗孔的零件，可以采用“先面后孔”的原则划分工步。先铣削面可提高孔的加工精度。因为铣削时切削力较大，工件易发生变形，而先铣面后镗孔，则可使其变形有一段时间恢复，减小由于变形而引起的对孔精度的影响。反之，如先镗孔后铣削面，则铣削时极易在孔口产生飞边、毛刺，从而破坏孔的精度。

(3) 按所用刀具划分工步。某些机床工作台回转时间比换刀时间短，可采用刀具集中工步，以减少换刀次数，减少空移时间，提高加工效率。

(4) 在一次安装中，尽可能完成所有能够加工的表面。

6.2.2.3　加工顺序的安排

加工顺序的安排应根据零件的结构和毛坯状况，结合定位和夹紧的需要考虑，重点应保证工件的刚度不被破坏，尽量减小变形。加工顺序的安排应遵循下列原则：

① 上道工序的加工不能影响下道工序的定位和夹紧。

② 先内后外原则，即先进行内型腔加工工序，后进行外形腔加工工序。

③ 以相同安装方式或用同一刀具加工的工序，最好连续进行，以减少重复定位次数、换刀。

④ 在同一次安装中进行的多道工序，应先安排对工件刚性破坏较小的工序。

6.2.2.4 数控加工工序与普通工序的衔接

这里说的普通工序是指常规的加工工序、热处理工序和检验等辅助工序。数控加工工序前后一般穿插其他普通工序，如衔接不好就容易产生矛盾。较好的解决办法是建立工序间的相互状态要求。如要不要预留加工余量，留多少；定位面与孔的精度要求及形位公差；对校形工序的技术要求；对毛坯的热处理要求等，都需要前后兼顾，统筹衔接。

6.2.3 数控铣削加工工序的设计

数控铣削加工工序设计的主要任务是进一步将本工序的加工内容、进给路线、工艺装备、定位夹紧方式等具体确定下来，为编制加工程序作好充分准备。

6.2.3.1 进给路线的确定

在数控加工中，刀具刀位点相对于工件运动的轨迹称为进给路线。进给路线不仅包括了加工内容，也反映出加工顺序，是编程的依据之一。

(1) 确定进给路线的原则

① 加工路线应保证被加工工件的精度和表面粗糙度。

② 在满足工件精度、表面粗糙度、生产率等要求的情况下，尽量简化数学处理时的数值计算工作量，以简化编程工作。

③ 当某段进给路线重复使用时，为了简化编程，缩短程序长度，应使用子程序。

此外，确定加工路线时，还要考虑工件的形状与刚度、加工余量的大小、机床与刀具的刚度等情况，确定是一次进给还是多次进给来完成加工，以及设计刀具的切入与切出方向和在铣削加工中是采用顺铣还是逆铣等。

(2) 铣削加工时进给路线的确定　铣削加工时，应注意设计好刀具切入点与切出点。用立铣刀的侧刃铣削平面工件的外轮廓时，为减少接刀痕迹，保证零件表面质量，切入、切出部分应考虑外延，对刀具的切入和切出程序要精心设计。如图6-12所示，铣削外表面轮廓时，铣刀的切入和切出点应沿工件轮廓曲线的延长线切向切入和切出工件表面，而不应沿法线直接切入工件，以避免加工表面产生划痕，保证零件轮廓光滑，对于精铣尤其重要。

铣削封闭的内轮廓表面时，同铣削外轮廓一样，刀具同样不能沿轮廓曲线的法向切入和切出。此时刀具可以沿一过渡圆弧切入和切出工件轮廓。图6-13所示为铣切内圆的进给路线。图中 R_1 为零件圆弧轮廓半径，R_2 为过渡圆弧半径。

进给路线不一致，加工结果也将各异。图 6-14 所示为加工凹槽的三种进给路线，图6-14(a)和(b)分别表示用行切法(即刀具与工件轮廓的切点轨迹在垂直于刀具轴线平面内投影为相互平行的迹线)和环切法(即刀具与工件轮廓的切点轨迹在垂直于刀具轴线平面内投影为一条或多条环形迹线)加工凹槽的进给路线。两种进给路线的共同点是都能切净内腔中全部面积,不留死角,不伤轮廓,同时尽量减少重复进给的搭接量。不同点是行切法的进给路线比环切法短,但行切法将在每两次进给的起点与终点间留下残留面积,而达不到所要求的表面粗糙度;而用环切法获得的表面粗糙度要好于行切法,但行切法需要逐次向外扩展轮廓线,刀位点的计算稍微复杂一些。综合行、环切的优点,采用图6-14(c)所示的进给路线,即先用行切法切去中间部分余量,最后环切一刀,则既能使总的进给路线较短,又能获得较好的表面粗糙度。

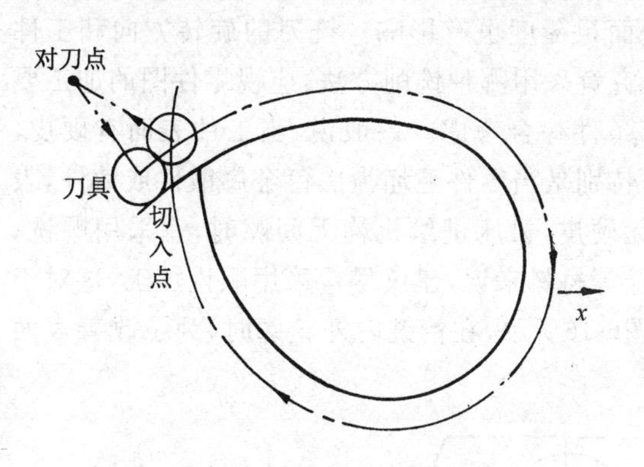

图 6-12　刀具切入和切出外轮廓的进给路线

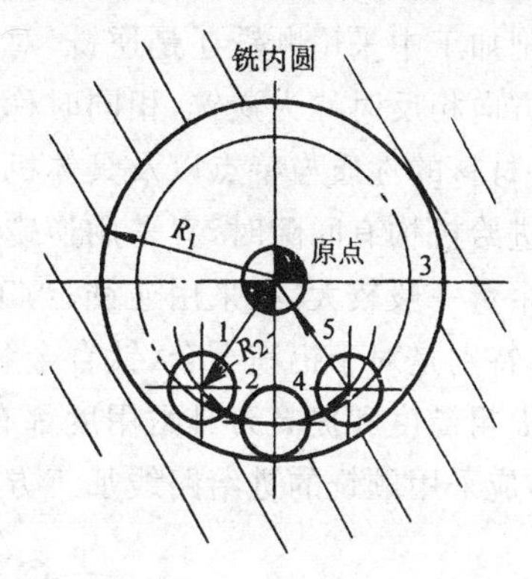

图 6-13　刀具切入和切出内轮廓的进给路线

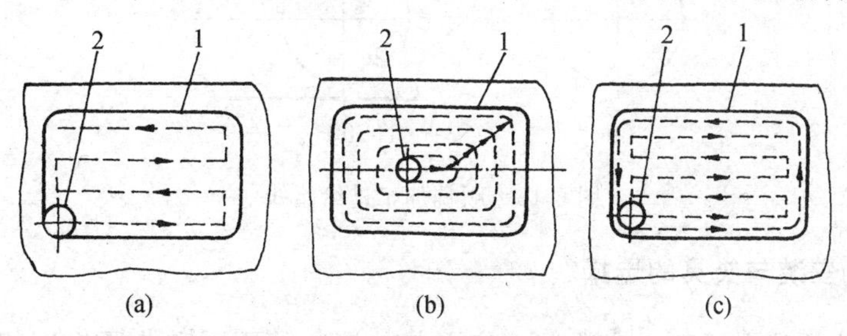

图 6-14　铣内槽的三种进给路线

(a) 行切法；(b) 环切法；(c) 先行切后环切

1-工件凹槽轮廓；2-铣刀

加工过程中,若进给停顿,则切削力明显减少,会改变系统的平衡状态,刀具会在进给停顿处的工件表面留下划痕,因此,在轮廓加工中应避免进给停顿。

铣削曲面时,常用球头刀进行加工。图6-15表示加工边界敞开的直纹曲面可能采取的三

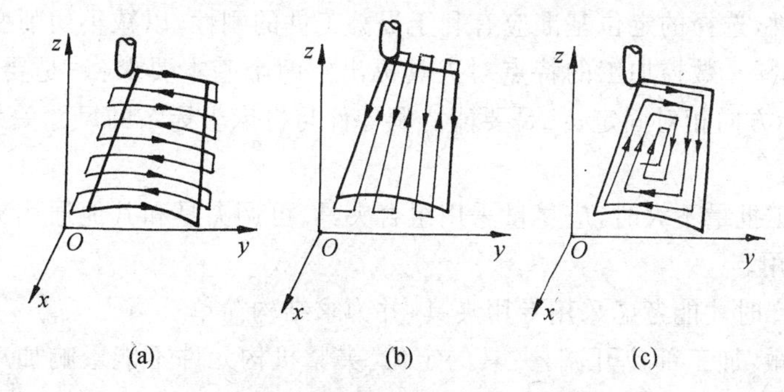

图 6-15　铣曲面的两种进给路线

(a) y 方向行切；(b) x 方向行切；(c) 环切

种进给路线，即曲面的 y 向行切，沿 x 向的行切和环切。对于直母线的叶面加工，采用如图6-15(b)所示的方案，每次直线进给，刀位点计算简单，程序段短，而且加工过程符合直纹面的形成规律，可以准确保证母线的直线度。当采用图6-15(a)的加工方案时，符合这类工件表面数据给出情况，便于加工后检验，叶形的准确度高。由于曲面工件的边界是敞开的，没有其他表面限制，所以曲面边界可以外延，为保证加工的表面质量，球头刀应从边界外进刀和退刀。图6-15(c)所示的环切方案一般应用在凹槽加工中，在型面加工中由于编程繁琐，一般都不用。

铣削加工中采用顺铣还是逆铣，对加工后表面粗糙度也有影响。铣刀的旋转方向和工件的进给方向相反时称为逆铣，相同时称为顺铣。究竟采用哪种铣削方法，应视零件图的加工要求、工件材料的性质与特点以及具体机床刀具等条件综合考虑。一般说，当工件表面有硬皮，机床的进给机构有间隙时，宜采用逆铣；粗铣时，特别是当零件毛坯为黑色金属锻件或铸件，表面硬且余量一般较大，宜采用逆铣；当工件表面无硬皮，机床进给机构无间隙时，宜采用顺铣；精铣时，特别是对于铝镁合金、钛合金和耐热合金等材料来说，建议尽量采用顺铣加工，这对于降低表面粗糙度和提高刀具耐用度都有利。如图6-16所示，在精铣内外轮廓时，为了改善表面粗糙度，应采用顺铣的进给路线加工方案。

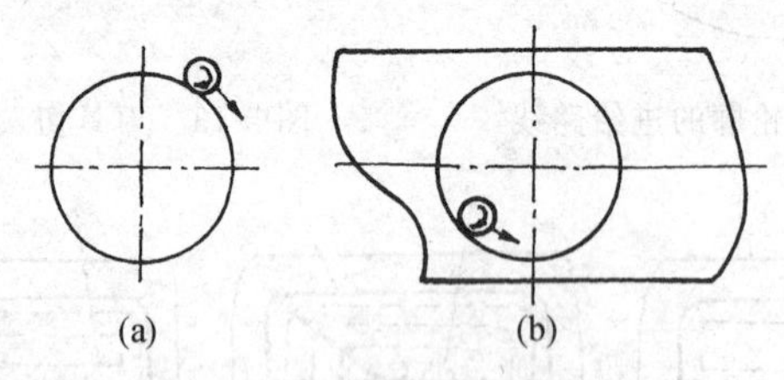

图 6-16　顺铣加工进给路线

6.2.3.2　工件的安装与夹具的选择

(1) 工件安装的基本原则　在数控机床上工件安装的原则和普通机床相同，也要合理选择定位基准和夹紧方法。为了提高数控机床的效率，在确定定位基准与夹紧方法时应注意以下几点：

① 力求设计基准、工艺基准与编程计算的基准统一。

② 尽量减少装夹次数，尽可能在一次定位装夹后就能加工出全部待加工表面。

③ 避免采用人工调整式方案，以充分发挥数控机床的效能。

④ 对于薄板件，选择的定位基准应有利于提高工件的刚性，以减小切削变形。

(2) 夹具的选择　数控加工的特点对夹具提出了两个基本要求：一是要保证夹具的坐标方向与机床的坐标方向相对固定；二是要能协调零件与机床坐标系的尺寸关系。除此之外，还要考虑以下几点：

① 当零件加工批量不大时，应尽量采用组合夹具、可调夹具和其他通用夹具，以缩短准备时间、节省生产费用。

② 在批量生产时才能考虑采用专用夹具，并力求结构简单。

③ 夹具要开敞，加工部位开阔，夹具的定位、夹紧机构元件不能影响加工中的进给(如产生碰撞等)。

④ 装卸零件要快速、方便、可靠，以缩短准备时间，批量较大时应考虑采用气动或液压夹具、多工位夹具。

6.2.3.3 数控铣刀的选取

选择铣刀时，要使刀具的尺寸与被加工工件的表面尺寸和形状相适应。

① 粗铣平面时，因切削力大，故宜选用较小直径的铣刀，以减小切削扭矩；精铣时，可选大直径铣刀，并尽量包容工件加工面的宽度，以提高效率和加工表面质量。

② 对一些立体型面、变斜角轮廓外形、特形孔、凹槽等的加工，常采用球头铣刀、环形铣刀、鼓形刀、锥形刀和盘形刀等成形铣刀进行加工，如图6-17所示。

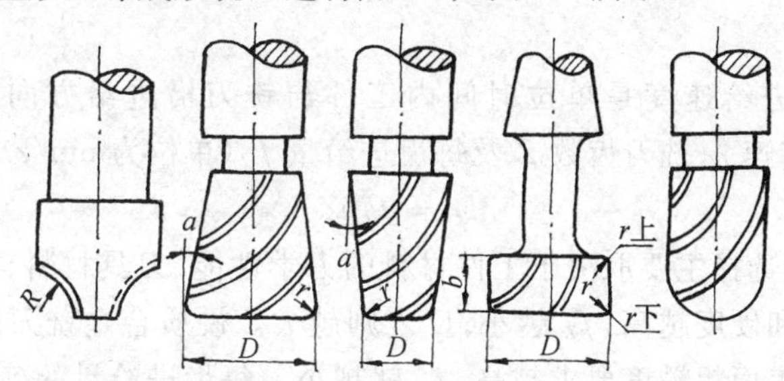

图 6-17 几种常见的成形铣刀

③ 曲面加工常采用球头铣刀，但加工曲面较平坦部位时，刀具以球头顶端刃切削，切削条件较差，因而应采用环形刀。

④ 加工平面零件周边轮廓（内凹或外凸轮廓），常采用立铣刀；加工凸台、凹槽时，可选用高速钢立铣刀；加工毛坯表面时可选用镶硬质合金的玉米铣刀。

6.2.3.4 切削用量的选择

切削用量包括：切削速度、进给速度、背吃刀量和侧吃刀量，如图 6-18 所示。

从刀具耐用度出发，切削用量的选择方法是：先选取背吃刀量或侧吃刀量，其次确定进给速度，最后确定切削速度。

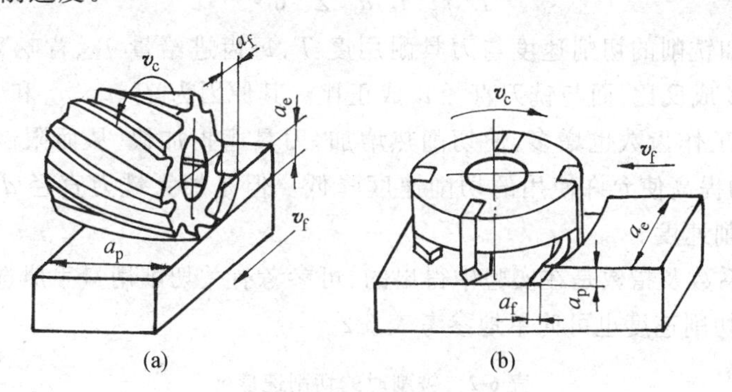

图 6-18 铣削切削用量

(a) 圆周铣；(b) 端铣

(1) 背吃刀量（端铣）或侧吃刀量（圆周铣） 背吃刀量 a_p 为平行于铣刀轴线测量的切削层尺寸，单位 mm。端铣时，a_p 为切削层深度；而圆周铣削时，a_p 为被加工表面的宽度。

侧吃刀量 a_e 为垂直于铣刀轴线测量的切削层尺寸，单位 mm。端铣时，a_e 为被加工表面的宽度；而圆周铣削时，a_e 为切削层深度。

背吃刀量和侧吃刀量的选取主要由加工余量和对表面质量的要求决定：

① 在要求工件表面粗糙度值 R_a 为 25～12.5μm 时，如果圆周铣削的加工余量小于 5mm，端铣的加工余量小于 6mm，粗铣一次进给就可以达到要求。但余量较大、数控铣床刚性较差或功率较小时，可分两次进给完成。

② 在要求工件表面粗糙度值 R_a 为 12.5～3.2μm 时，可分粗铣和半精铣两步进行。粗铣的背吃刀量与侧吃刀量取同。粗铣后留1.5～1mm 余量，在半精铣时切除。

③ 在要求工件表面粗糙度值 R_a 为 3.2～0.8μm 时，可分为粗铣、半精铣、精铣三步进行。半精铣时背吃刀量与侧吃刀量取1.5～2mm；精铣时圆周侧吃刀量可取 0.3～0.5mm，端铣背吃刀量取 0.5～1mm。

(2) 进给速度　进给速度是单位时间内工件与铣刀沿进给方向的相对位移，单位为 mm/min。它与铣刀转速 n、铣刀齿数 Z 及每齿进给量 f_Z（单位为mm/z）的关系为：

$$v_f = f_Z n Z \tag{6-1}$$

每齿进给量 f_Z 的选择主要取决于工件材料的力学性能、刀具材料、工件表面粗糙度等因素。工件材料的强度和硬度越高，f_Z 越小；反之则越大。硬质合金铣刀的每齿进给量高于同类高速钢铣刀。工件表面粗糙度要求越高，f_Z 就越小。每齿进给量的确定可参考表6-1选取。工件刚性差或刀具强度低时，应取小值。

表 6-1　每齿进给量 f_Z

工件材料	每齿进给量 f_Z(mm/z)			
	粗铣		精铣	
	高速钢铣刀	硬质合金铣刀	高速钢铣刀	硬质合金铣刀
钢	0.10～0.15	0.10～0.25	0.02～0.05	0.10～0.15
铸铁	0.12～0.20	0.15～0.30		

(3) 切削速度　铣削时的切削速度

$$v_c = \frac{C_V d^q}{T^m f_z^{y_V} a_p^{x_V} a_e^{p_V} Z^{x_V} 60^{1-m}} K_V \tag{6-2}$$

由式(6-2)可知铣削的切削速度与刀具耐用度 T、每齿进给量 f_Z、背吃刀量 a_p、侧吃刀量 a_e 以及铣刀齿数 Z 成反比，而与铣刀直径 d 成正比。其原因为 f_Z、a_p、a_e 和 Z 增大时，刀刃负荷增加，而且同时工作齿数也增多，使切削热增加，刀具磨损加快，从而限制了切削速度的提高。刀具耐用度的提高使允许使用的切削速度降低。但是加大铣刀直径 d 则可改善散热条件，因而可提高切削速度。

式(6-2)中的系数及指数是在实验中得出的，可参考有关切削用量手册选用。

此外，铣削的切削速度也可简单地参考表 6-2。

表 6-2　铣削时的切削速度 v_c

工件材料	硬度 HBS	切削速度 v_c/(m·min^{-1})	
		高速钢铣刀	硬质合金铣刀
钢	＜225	18～42	66～150
	225～325	12～36	54～120
	325～425	6～21	36～75

(续表)

工件材料	硬度 HBS	切削速度 v_c/(m·min^{-1})	
		高速钢铣刀	硬质合金钢铣刀
铸铁	<190	21～36	66～150
	190～260	9～18	45～90
	260～320	4.5～10	21～30

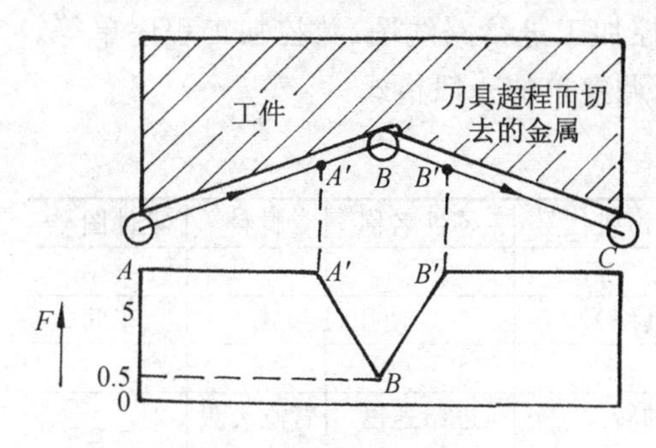

图 6-19　过切现象与控制

在选择进给速度时，还要注意零件加工中的某些特殊因素。例如在轮廓加工中，应考虑由于惯性或工艺系统的变形而造成轮廓拐角处的"超程"或"欠程"。如图6-19所示，铣刀由 A 处向 B 处运动，当进给速度较高时，由于惯性作用，在拐角 B 处可能出现"超程过切"现象，即将拐角处的金属多切去一些，使轮廓表面产生误差。解决的办法是选择变化的进给速度。编程时，在接近拐角前适当地降低进给速度，过拐角后再逐渐增速，见图6-19。

6.2.3.5　对刀点与换刀点的确定

"对刀点"，又称"起刀点"，是数控加工中刀具相对于工件运动的起点。程序也从这一点开始执行。选择"对刀点"的原则是：①便于数学处理和简化程序编制；②在机床上容易找正；③在加工中便于检查；④引起的加工误差小。

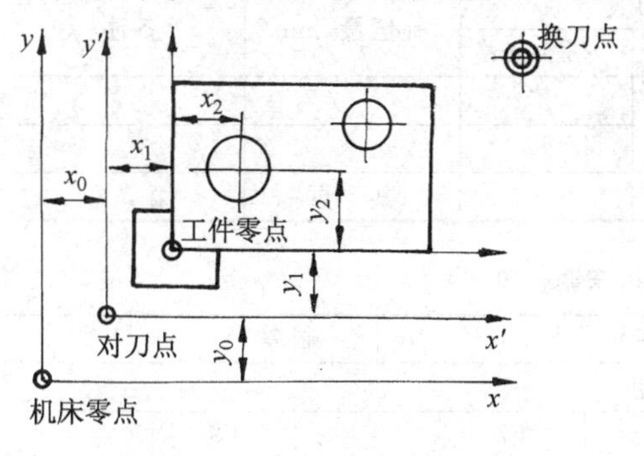

图 6-20　对刀点与换刀点的设定

"对刀点"可选在工件上，也可选在工件外面（如夹具上或机床上），但必须与工件的定位基准有一定的尺寸关系，如图6-20中的 x_0 和 y_0，这样才能确定机床坐标系与工件坐标系的关系。

为了提高加工精度，"对刀点"应尽量选在零件的设计基准或工艺基准上，如以孔定位的工件，可选择孔的中心作为"对刀点"。刀具的位置则以此孔来找正，使"刀位点"与"对刀点"重合。为保证对刀精度常采用千分表、对刀测头或对刀仪进行找正对刀。

"换刀点"是指刀架转位换刀时的位置。该点可以是某一固定点，也可以是任意的一点。"换刀点"应根据工序内容来安排。为了防止换刀时刀具碰伤工件及其他部件，"换刀点"往往设在工件或夹具的外部，其设定值可用实际测量方法或计算确定。

6.2.3.6　测量方法的确定

一般情况下，数控加工后工件尺寸的测量方法与普通机床加工后的测量方法几乎相同。在特殊情况下，如加工面积较大的工件，其腹板中间的厚度用通用量具已无法检测，加工后和加工中的测量都存在问题，此时需采用特殊测量工具（如超声波测厚仪）来进行检测。加工较复杂工件时，为了在加工中能随时掌握质量情况，应安排几次计划停机，用人工介入方法进行中间检测。

6.2.4 数控加工工艺文件

数控加工工艺文件不仅是进行数控加工和产品验收的依据,也是需要操作者遵守和执行的规程,同时还为产品零件重复生产积累了必要的工艺资料,做技术储备。它是编程员在编制加工程序单时会同工艺人员作出的与程序单相关的技术文件。该文件包括了编程任务书、数控加工工序卡、数控机床调整单、数控刀具调整单、数控加工进给路线图、数控加工程序单等。表6-3、表6-4、表6-5分别表示工序卡、刀具调整单、机床调整单的一般格式。

表 6-3 工序卡

工厂	数控加工工序卡片				产品名称或代号	零件名称	材料	零件图号
工序号	程序编号	夹具名称			夹具编号	使用设备		车间
工步号	工步内容	加工面	刀具号	刀具规格 /mm	主轴转速 /r·min^{-1}	进给速度 /mm·min^{-1}	背吃刀量 /mm	备注
编制		审核		批准		共 页	第 页	

表 6-4 刀具调整单

产品名称或代号		零件名称		零件图号		程序号	
工步号	刀具号	刀具名称	刀柄型号	刀具 直径/mm	刀具 刀长/mm	补偿量/mm	备注
编制		审核		批准		共 页	第 页

表 6-5 自动换刀镗铣床机床调整单

零件号		零件名称		工序号		制表			
F位码调整旋钮									
F1		F3		F5		F7		F9	
F2		F4		F6		F8		F10	
刀具补偿拨盘									
1	T01	+0.58				5			
2	T02	−1.3				6			
3	T03	+1.0				7			
4	T04	−0.78				8			
对称切削开关位置									
x	N001～NO80	0	y	0	z	0	B	N001～NO80	0
	N081～N110	1		0		0		N081～N110	1
垂直校验开关位置								0	
工件冷却								1	

6.3 典型零件的数控铣削加工工艺分析

6.3.1 平面凸轮零件的数控铣削加工工艺

平面凸轮零件是数控铣削加工中常见的零件之一，其轮廓曲线组成不外乎直线—圆弧、圆弧—圆弧、圆弧—非圆弧及非圆弧曲线等几种，一般多用两轴以上联动的数控铣床进行加工。下面以图6-21所示的平面槽形凸轮为例分析其数控铣削加工工艺。

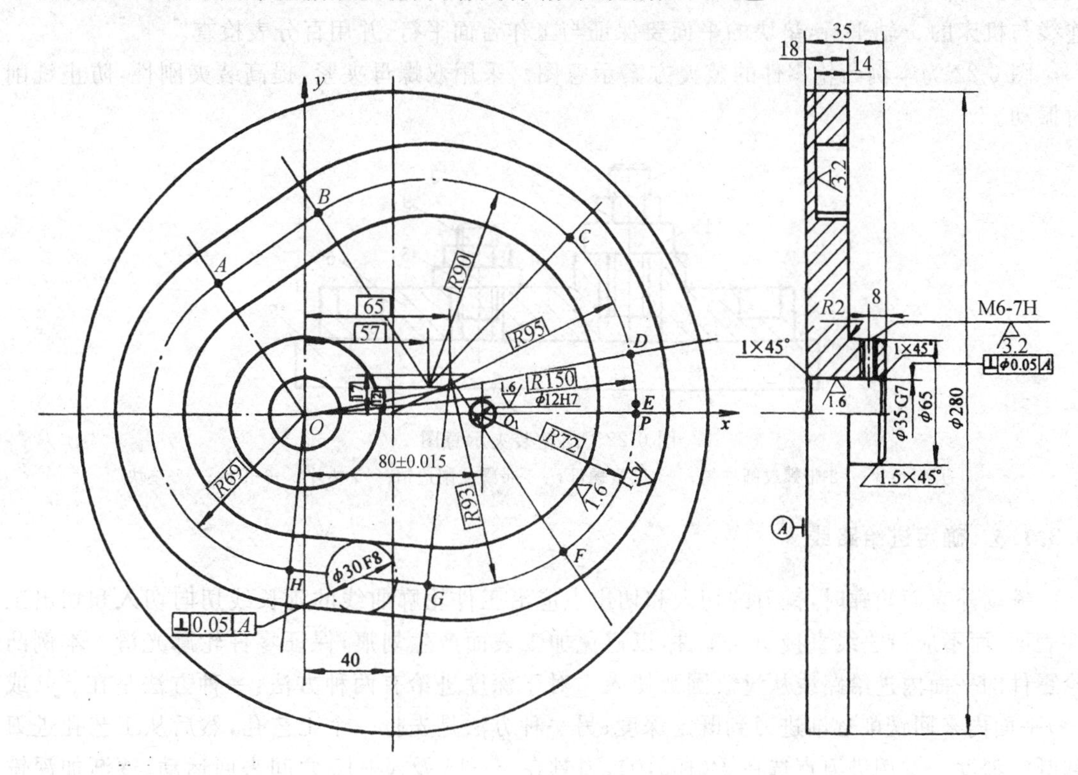

图 6-21 平面槽形凸轮简图

6.3.1.1 零件图样工艺分析

(1) 数控铣削加工内容的选择　图 6-21 所示零件为一种平面槽形凸轮，其轮廓是由圆弧 HA、BC、DE、FG 和直线 AB、HG 以及过渡圆弧 CD、EF 所组成的曲线轮廓，在普通铣床上难以加工，质量也难以保证，需用两轴联动的数控铣床。

(2) 零件结构工艺性分析　构成凸轮轮廓的几何元素的条件充分，几何模型完整、光滑，无多余的曲面。数学模型无曲面重叠现象，曲面参数分布合理、均匀，曲面没有异常的凸起和凹坑。编程时，所需基点坐标很容易求得。

凸轮内外轮廓面对 A 面有垂直度要求，只要提高装夹精度，使 A 面与铣刀轴线垂直，即可保证；ϕ35G7 对 A 面的垂直度要求已由前工序保证。

(3) 零件毛坯的工艺性分析　该零件在数控铣削加工前，已在普通机床上进行了初加工，从而留有充分、稳定的加工余量，材料为铸铁，切削加工性较好。工件是经过初加工后，含有两个基准孔(直径为 ϕ280mm、厚度为 18mm)的圆盘。圆盘底面 A 及 ϕ35G7 和 ϕ12G7 两孔可用作定位基准，无需另作工艺孔定位。

6.3.1.2 确定装夹方案

根据图 6-21 所示凸轮的结构特点，采用"一面两孔"定位，设计一"一面两销"专用夹具。用一块 320mm×320mm×40mm 的垫块，在垫块上分别精镗 ϕ35mm 及 ϕ12mm 两个定位销安装孔，孔距为 80±0.015mm，垫块平面度为 0.05mm，加工前先固定垫块，使两定位销孔中心连线与机床的 x 轴平行，垫块的平面要保证与工作台面平行，并用百分表检查。

图 6-22 为本例凸轮零件的装夹方案示意图。采用双螺母夹紧，提高装夹刚性，防止铣削时振动。

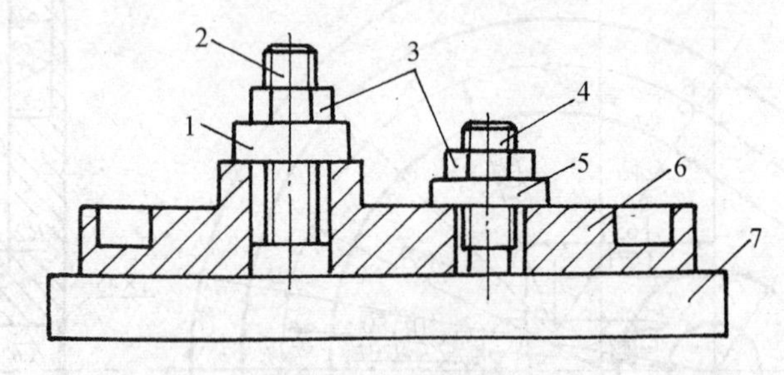

图 6-22 凸轮装夹示意图

1-开口垫片； 2-带螺纹圆柱销； 3-压紧螺母； 4-带螺纹削边销； 5-垫片； 6-工件； 7-垫块

6.3.1.3 确定进给路线

铣削外表面轮廓时，铣刀的切入和切出点应沿工件轮廓曲线的延长线切向切入和切出工件表面，而不应沿法线直接切入工件，以避免加工表面产生划痕，保证零件轮廓光滑。本例凸轮零件的平面内进给路线从过渡圆弧切入。对于深度进给有两种方法：一种方法是在 xy(或 yz)平面内来回铣削逐渐进刀到既定深度；另一种方法是先打一个工艺孔，然后从工艺孔进刀到既定深度。本例进刀点选在 $P(150,0)$，刀具在 $y-15$ 及 $y+15$ 之间来回运动，逐渐加深铣削深度，当达到既定深度后，刀具在 xy 平面内运动，铣削凸轮轮廓。为保证凸轮的工作表面有较好的表面质量，采用顺铣方式，即从 $P(150,0)$ 开始，对外凸轮廓，按顺时针方向铣削，对内凹轮廓按逆时针方向铣削。图6-23所示即为铣刀在水平面内切入进给路线。

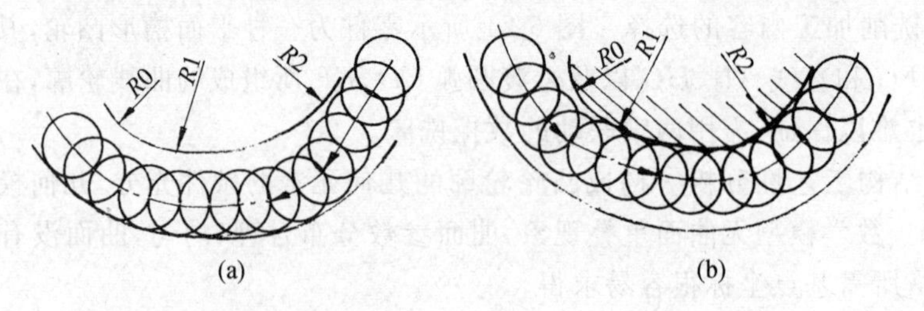

图 6-23 平面槽形凸轮的切入进给路线

(a) 直线切入外凸轮廓； (b) 过渡圆弧切入内凹轮廓

6.3.1.4 选择刀具及切削用量

本例零件材料(铸铁)属一般材料,切削加工性较好,选用ϕ18mm 硬质合金立铣刀,主轴转速取150～235r/min,进给速度取30～60mm/min。槽深 14mm,铣削余量分三次完成,第一次背吃刀量 8mm,第二次背吃刀量 5mm,剩下的 1mm 随同轮廓精铣一起完成,凸轮槽两侧面各留 0.5～0.7mm 精铣余量。在第二次进给完成之后,检测零件几何尺寸,依据检测结果决定进刀深度和刀具半径偏置量,分别对凸轮槽两侧面精铣一次,达到图样要求的尺寸。

6.3.2 支架零件的数控铣削加工工艺

图 6-24 所示为薄板状的支架,结构形状较复杂,是适合数控铣削加工的一种典型零件。下面简要介绍该零件的工艺分析过程。

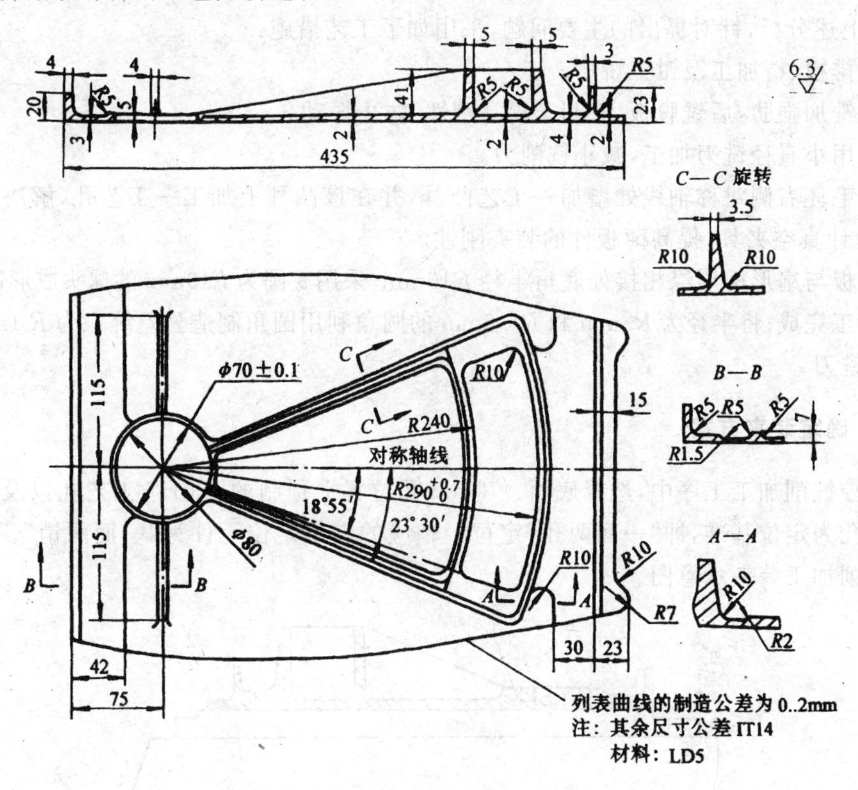

图 6-24 支架零件简图

6.3.2.1 零件图样工艺分析

(1) 数控铣削加工内容的选择 由图 6-24 可知,该零件的加工轮廓由列表曲线、圆弧及直线构成,形状复杂,加工、检验都较困难,除底平面宜在普通铣床上铣削外,其余各加工部位均需采用数控机床铣削加工。

(2) 零件结构工艺性分析 零件尺寸的标注基准(对称轴线、底平面、ϕ70mm 孔中心线)较统一,且无封闭尺寸;构成该零件轮廓形状的各几何元素条件充分,无相互矛盾之处,有利于编程。

该零件的尺寸公差为IT14，表面粗糙度均为R_a6.3μm，一般不难保证。但其腹板厚度只有2mm，且面积较大，加工时板易产生振动，可能会导致其壁厚公差及表面粗糙度要求难以达到。

该零件被加工轮廓表面的最大高度H=41mm−2mm=39mm，转接圆弧为R10mm，R略小于0.2H，故该处的铣削工艺性尚可。全部圆角为R10mm，R5mm，R2mm及R1.5mm，不统一，故需多把不同刀尖圆角半径的铣刀。

(3) 零件毛坯的工艺性分析　支架的毛坯与零件相似，各处均有单边加工余量5mm（毛坯图略）。零件在加工后各处厚薄尺寸相差悬殊，除扇形框外，其他各处刚性较差，尤其是腹板两面切削余量相对值较大，故该零件在铣削过程中及铣削后都将产生较大变形。

分析其定位基准，只有底面及ϕ70mm孔（可先制成ϕ20H7的工艺孔）可作定位基准，尚缺一孔，需要在毛坯上制作一辅助工艺基准。

根据上述分析，针对提出的主要问题，采用如下工艺措施：

① 安排粗、精加工及钳工矫形。

② 先铣加强肋，后铣腹板，有利于提高刚性，防止振动。

③ 采用小直径铣刀加工，减小铣削力。

④ 在毛坯右侧对称轴线处增加一工艺凸耳，并在该凸耳上加工一工艺孔，解决缺少的定位基准；设计真空夹具，提高薄板件的装夹刚性。

⑤ 腹板与扇形框周缘相接处底角半径R10mm，采用底圆为R10mm的球头成形铣刀（带7°斜角）补加工完成；将半径为R2mm和R1.5mm的圆角利用圆角制造公差统一为$R\,1.5_0^{+0.5}$mm，省去一把铣刀。

6.3.2.2　确定装夹方案

在数控铣削加工工序中，选择底面、ϕ70mm孔位置上预制的ϕ20H7工艺孔以及工艺凸耳上的工艺孔为定位基准，即“一面两孔”定位。相应的夹具定位元件为“一面两销”。图6-25即为数控铣削加工装夹示意图。

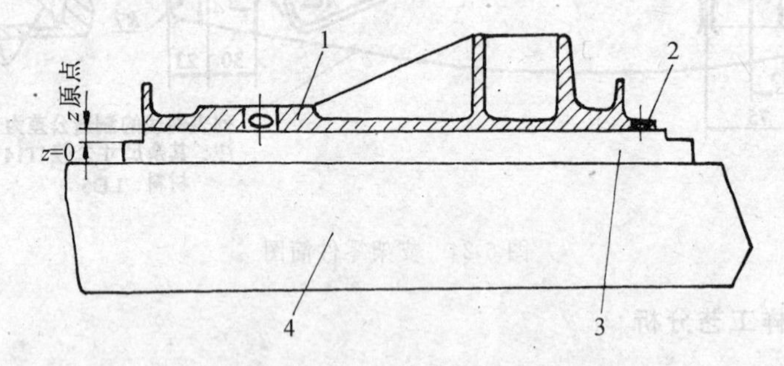

图6-25　支架零件数控铣削加工装夹示意图

1-支架；　2-工艺凸耳及定位孔；　3-真空夹具平台；　4-机床真空平台

图6-26所示的即为数控铣削工序中使用的专用过渡真空平台。利用真空吸紧工件，夹紧面积大，刚性好，铣削时不易产生振动，尤其适用于薄板件装夹。为防抽真空装置发生故障或漏气，使夹紧力消失或下降，可另加辅助夹紧装置，避免工件松动。

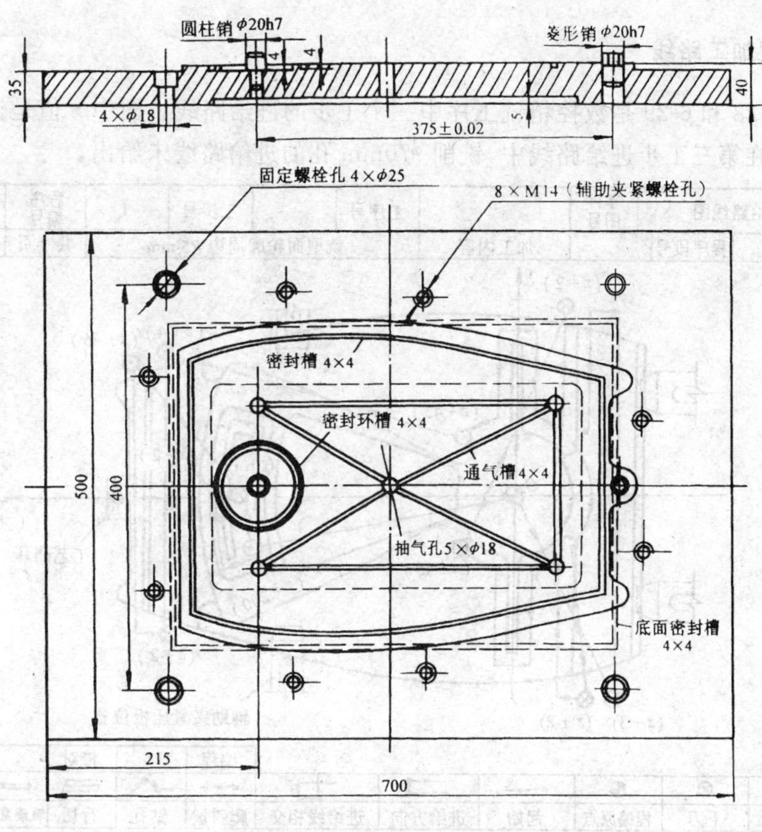

图 6-26　支架零件专用过渡真空平台简图

6.3.2.3　工序安排和工步划分

支架在数控机床上进行铣削加工的工序共两道，按同一把铣刀的加工内容来划分工步，其中数控精铣的工步内容及工步顺序见表6-6。

表 6-6　数控加工工序卡片

工厂	数控加工工序卡片				产品名称或代号	零件名称	材料	零件图号
					支架	支架	LD5	
工序号	程序编号	夹具名称			夹具编号	使用设备		车间
		真空夹具						
工步号	工步内容	加工面	刀具号	刀具规格 /mm	主轴转速 /r·min^{-1}	进给速度 /mm·min^{-1}	背吃刀量 /mm	备注
1	铣型面轮廓周边圆角 R5mm		T01	ϕ20	800	400		
2	铣扇形框内外形		T02	ϕ20	800	400		
3	铣外形及 ϕ70mm 孔		T03	ϕ20	800	400		
编制		审核		批准		共 1 页	第 1 页	

6.3.2.4 确定加工路线

图 6-27、6-28 和 6-29 是数控精铣工序中三个工步的进给路线。图中 z 值是铣刀在 z 方向的移动坐标。在第三工步进给路线中，铣削 ϕ70mm 孔的进给路线未给出。

数控机床进给路线图		零件图号		工序号		工步号	1	程序编号	
机床型号		程序段号		加工内容	铣型面轮廓周边 R5 mm			共 3 页	第 1 页

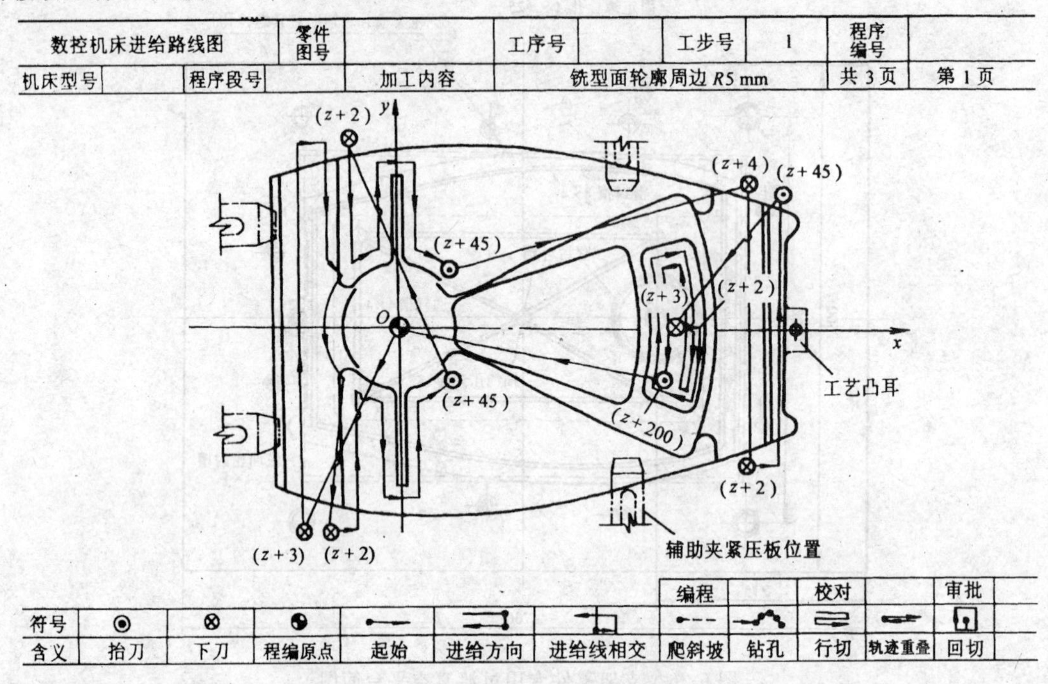

							编程		校对		审批
符号	⊙	⊗									
含义	抬刀	下刀	程编原点	起始	进给方向	进给线相交	爬斜坡	钻孔	行切	轨迹重叠	回切

图 6-27　铣支架零件型面轮廓周边 R5mm 进给路线图

数控机床进给路线图		零件图号		工序号		工步号	2	程序编号	
机床型号		程序段号		加工内容	铣扇形框内外形			共 3 页	第 2 页

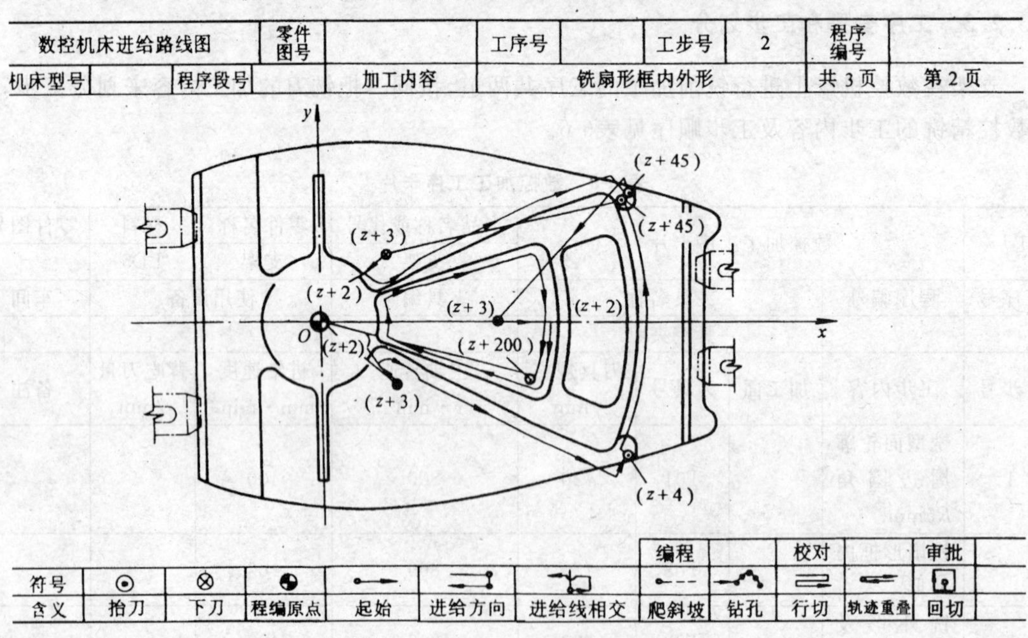

							编程		校对		审批
符号	⊙	⊗									
含义	抬刀	下刀	程编原点	起始	进给方向	进给线相交	爬斜坡	钻孔	行切	轨迹重叠	回切

图 6-28　铣支架零件扇形框内外形进给路线图

数控机床进给路线图		零件图号		工序号		工步号	3	程序编号	
机床型号		程序段号		加工内容	铣削外形及内孔 φ70 mm			共3页	第3页

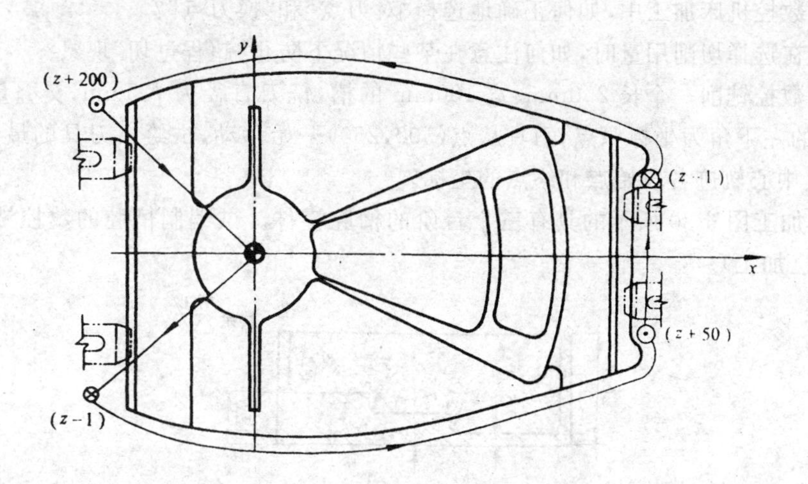

							编程		校对		审批
符号	⊙	⊗									
含义	抬刀	下刀	程编原点	起始	进给方向	进给线相交	爬斜坡	钻孔	行切	轨迹重叠	回切

图 6-29　铣支架零件外形进给路线图

6.3.2.5　选择刀具切削用量

铣刀种类及几何尺寸根据被加工表面的形状和尺寸选择。本例数控精铣工序选用立铣刀和成形铣刀，刀具材料为高速钢，所选铣刀及其几何尺寸见表6-7。

表 6-7　数控加工刀具卡片

产品名称或代号			零件名称		零件图号		程序号	
工步号	刀具号	刀具名称	刀柄型号	刀具		补偿量/mm	备注	
				直径/mm	刀长/mm			
1	T01	立铣刀		φ20	45		底圆角 R5mm	
2	T02	成型铣刀		小头 φ20	45		底圆角 R10mm 带 7°斜角	
3	T03	立铣刀		φ20	40		底圆角 R0.5mm	
编制		审核		批准		共1页	第1页	

切削用量根据工件材料(本例为锻铝 LD5)、刀具材料及图样要求选取。数控精铣的三个工步所用铣刀直径相同，加工余量和表面粗糙度也相同，故可选择相同的切削用量。所选主轴转速 $n=800\text{r/min}$，进给速度 $v_f=400\text{mm/min}$。

习题六

6-1　制订零件数控铣削加工工艺的目的是什么？其主要内容有哪些？

6-2　零件图工艺分析包括哪些内容？

6-3 确定铣刀进给路线时,应考虑哪些问题?

6-4 数控铣削薄壁件,刀具和切削用量的选择应注意哪些问题?

6-5 数控机床加工中,如何正确地选择“对刀点”和“换刀点”?

6-6 在选择切削用量时,如何注意在某些情况下防止“超程过切”现象?

6-7 数控铣削一个长 250mm、宽 100mm 的槽,铣刀直径为 ϕ25mm,交叠量为 6mm,加工时,以槽的左下角为坐标原点,刀具从点(500,250)开始移动,试绘出刀具的最短加工路线,并列出刀具中心轨迹各段始点和终点的坐标。

6-8 加工图 6-30 所示的具有三个台阶的槽腔零件。试编制槽腔的数控铣削加工工艺(其余两面已加工)。

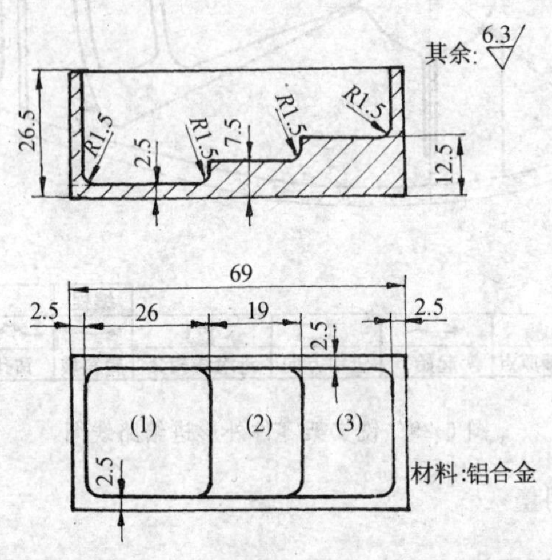

图 6-30

6-9 加工图 6-31 所示偏心轮。先制订出该零件的整个加工工艺过程(毛坯为锻件),然后再制订轮廓及圆弧槽的数控铣削加工工艺。

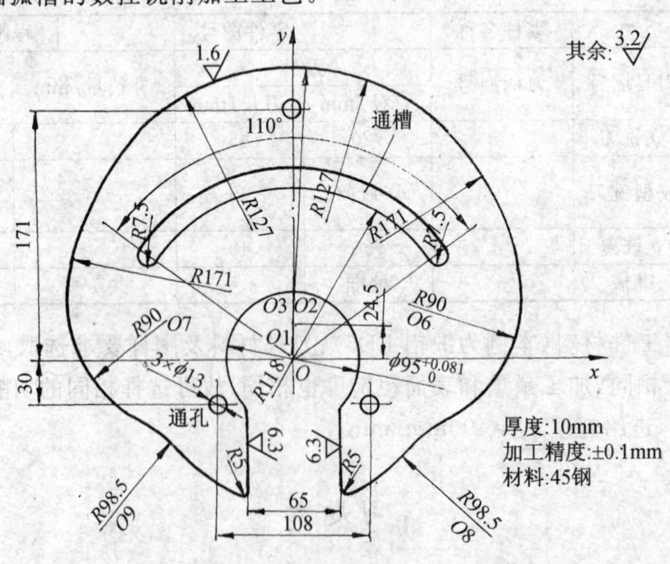

图 6-31

圆心 \ 坐标	x	y	圆心 \ 坐标	x	y
O_1	0	24.5	O_6	72.5	41
O_2	9	34.5	O_7	−72.5	41
O_3	−9	34.5	O_8	150	−130
O_4	17	70	O_9	−150	−130
O_5	−17	70			

6-10　图 6-32 所示是要铣削零件的外形，为确保加工质量，应合理地选用铣刀直径，试根据给出的条件，确定出最大铣刀直径是多少？

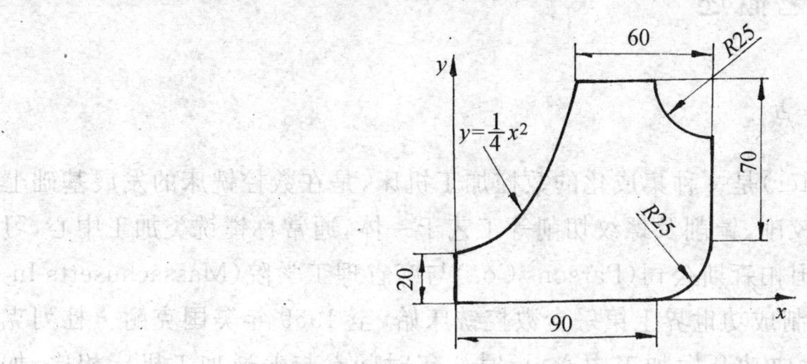

图 6-32

6-11　试制订图 6-33 所示法兰外廓面 A 的数控铣削加工工艺（其余表面已加工）。

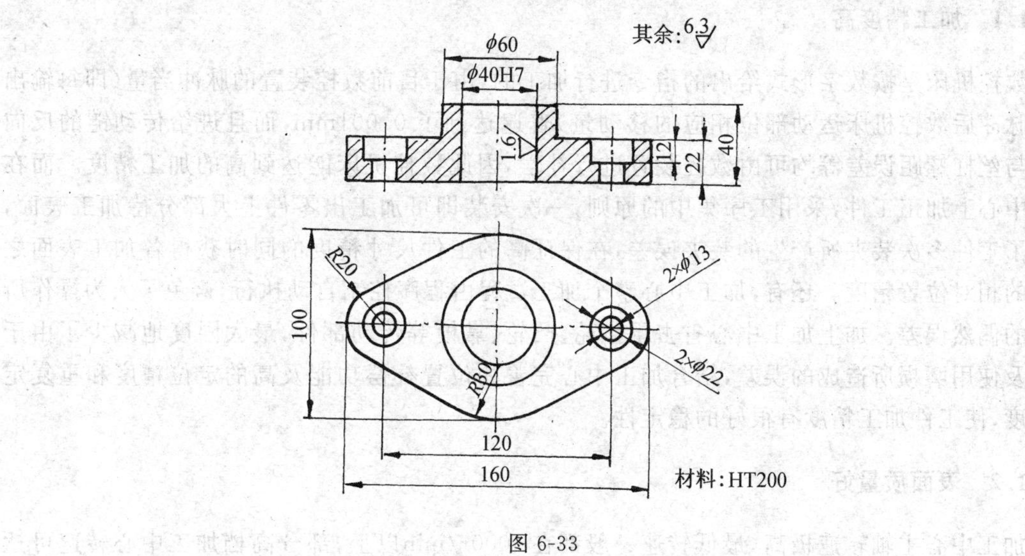

图 6-33

7 加工中心的加工工艺

7.1 加工中心加工工艺概述

7.1.1 加工中心的工艺特点

加工中心(Machining center)是一种集成化的数控加工机床,是在数控铣床的发展基础上衍化而成的,它集铣削、钻削、铰削、镗削及螺纹切削等工艺于一体,通常称镗铣类加工中心,习惯称加工中心。自1952年美国帕森斯公司(Parsons Co.)与麻省理工学院(Massachusetts Institute of Technology)合作研制成功世界上第一台数控铣床始,至1959年美国克耐·杜列克公司(Keaney & Trecker)首次成功开发加工中心,历时八年时间。与普通加工机床相比,加工中心具有显著优越的工艺特点。

7.1.1.1 加工精度高

数控机床是按数字形式给出的指令进行加工的,由于目前数控装置的脉冲当量(即每输出一个脉冲后数控机床运动部位相应的移动量)普遍达到了0.001mm,而且进给传动链的反向间隙与丝杠螺距误差等均可由数控装置进行补偿,因此数控机床能达到高的加工精度。而在加工中心上加工工件,采用工序集中的原则,一次安装即可加工出零件上大部分待加工表面,避免了工件多次装夹所产生的装夹误差,在保证高的工件尺寸精度的同时获得各加工表面之间高的相对位置精度。还有,加工中心整个加工过程由程序控制自动执行,避免了人为操作所产生的偶然误差。加上加工中心省去了齿轮、凸轮、靠模等传动部件,最大限度地减少了由于制造及使用磨损所造成的误差,结合加工中心完善的位置补偿功能及高的定位精度和重复定位精度,使工件加工精度有很好的稳定性。

7.1.1.2 表面质量好

加工中心主轴转速极高,最低转速一般都在5 000r/min以上,部分高档加工中心转速可达60 000r/min,乃至更高,同时加工中心主轴转速和各轴进给量均能实现无级调速,甚至具有自适应控制功能,能随刀具和工件材质及刀具参数的变化,把切削参数调整至最佳,从而最大限度地优化各加工表面质量。

7.1.1.3 加工生产率高

零件加工所需要的时间包括机动时间和辅助时间两部分,加工中心能够有效地减少这两部分时间。加工中心主轴转速和进给量的调节范围大,每一道工序都能选用最有利的切削用量，良好的结构刚性允许加工中心进行大切削量的强力切削，有效地节省了机动时间。加工中心移动部件的快速移动和定位均采用了加速和减速措施，选用了很高的空行程运动速度，消耗在快进、快退和定位的时间要比一般机床少得多。同时加工中心更换待加工零件时几乎不需要重新调整机床，零件安装在简单的定位夹紧装置中，用于停机进行零件安装调整的时间可以大大节省。加工中心加工工件时，工序高度集中，减少了大量半成品的周转时间，进一步提高了加工生产率。

7.1.1.4 工艺适应性强

加工中心加工工件的信息都由一些外部设备提供，比如穿孔纸带、软盘、光盘、USB 接口介质等，或者由计算机直接在线控制(DNC)。当加工对象改变时，除了更换相应的刀具和解决毛坯装夹方式外，只需要调整控制程序，修改程序中的路径及工艺参数即可，缩短了生产准备周期，而且节约了大量工艺装备费用，这给新产品试制，实行新的工艺流程和试验提供了方便。

7.1.1.5 劳动强度低，劳动条件好

加工中心加工工件只要按图样要求编制程序，然后输入系统进行调试，安装零件进行加工即可，不需要进行繁重的重复性手工操作，劳动强度较低；同时，加工中心的结构均采用全封闭设计，操作者在外部进行监控，切屑、冷却液等对工作环境的影响微乎其微，劳动条件较好。

7.1.1.6 良好的经济效益

使用加工中心加工零件时，分摊在每个零件上的设备费用是较昂贵的，但在单件、小批量生产情况下，可以节省许多其他费用，因此能够获得良好的经济效益。

7.1.1.7 有利于生产管理的现代化

利用加工中心进行生产，能准确地计算出零件的加工工时，并有效地简化检验、工夹具和半成品的管理工作。当前较为流行的 FMS、CIMS、MRP Ⅱ、ERP Ⅱ 等，都离不开加工中心的应用。

当然，加工中心的应用也还存在一定的局限性。比如加工中心加工工序高度集中，无时效处理，工件加工后有一定的残余内应力；设备昂贵、初期投入大；设备使用维护费用高，对管理及操作人员专业素质要求较高等。因此，应科学地选择和使用加工中心，使企业获得最大的经济效益。

7.1.2 加工中心的分类

加工中心的种类很多，一般按照机床形态及主轴布局形式分类，或按照其换刀形式进行分类。

7.1.2.1 按照机床形态及主轴布局形式分类

(1) 立式加工中心　指主轴轴线呈铅垂状态布置的加工中心。其结构有固定立柱，工作台作 x、y 轴进给运动的；也有工作台固定，x、y、z 向均由主轴作进给的。立式加工中心通常

能实现三轴联动。工作台通常呈长方形，不设分度回转功能，适合于盘类零件的加工。同时，可在工作台上安装一个水平轴线的数控回转台，通称第四轴，用以加工螺旋线或其他回转分布结构类零件。如图7-1所示的 SPT-V18 型立式加工中心，配置了西门子 840D 数控系统，可以实现四轴联动。立式加工中心结构较为简单，占地面积小，价格相对实惠。

图 7-1　SPT-V18 立式加工中心

图 7-2　HM50 卧式加工中心

(2) 卧式加工中心　指主轴轴线呈水平状态布置的加工中心。卧式加工中心通常都带有可进行分度的正方形分度工作台，具有3～5 个运动坐标轴。常见的是三个直线运动坐标 x、y、z 加上一个回转运动坐标，它能够使工件在一次装夹后完成除安装表面和顶面外的其他四个加工表面加工，适合于箱体类零件的加工。

卧式加工中心有多种结构形式，如固定立柱式、固定工作台式。固定立柱式的卧式加工中心的立柱固定不动，主轴箱沿立柱作上下运动，而工作台可在水平面内作前后、左右两个方向的进给；固定工作台式的卧式加工中心安装工件的工作台只作回转运动，不作直线进给，沿 x、y、z 坐标轴的直线运动由主轴箱和立柱的移动来实现。如图7-2所示的 HM50 卧式加工中心，配置了 FANUC 16i 数控系统，其定位精度达到$\pm 0.25\mu m$，重复定位精度达到$\pm 0.15\mu m$。相对立式加工中心而言，卧式加工中心结构复杂，占地面积大、重量大、价格较高。

(3) 龙门式加工中心　龙门式加工中心形状与龙门铣床类似，主轴多为铅垂布置，带有自动换刀装置，并有可更换的主轴头附件。数控装置的软件功能也较齐全，能够一机多用，尤其适用于大型或形状复杂的工件，如航天工业及大型水轮机、大型建工机械上的某些零件的加工。如图7-3所示的 DMV-3000 龙门式加工中心，配置了 FANUC 数控系统，更有 40 刀位的大容量刀库，使加工工艺安排随心所欲。

图 7-3　DMV-3000 龙门式加工中心

(4) 复合加工中心　复合加工中心又称万能加工中心，指兼具立式和卧式加工中心功能的一种加工中心。工件安装后能完成除安装面外的所有侧面及顶面等五个表面的加工，因此也称五面加工中心。常见复合加工中心有两种形式，一种是主轴可以旋转 90°，既可以像立式加工中心一样工作，也可以像卧式加工中心那样工作；另一种是主轴不改变方向，而工作台可以带着工件旋转 90°完成对工件五个表面的加工，如图7-4所示。

这种加工方式可以使工件的形位误差尽可能地消除，省去了二次装夹的工装，从而提高了劳动生产率,降低了生产成本。但由于复合加工中心结构复杂、占地面积大、造价高,它的使用和生产在数量上远不如其他类型的加工中心。

图 7-4　复合加工中心

7.1.2.2　按加工中心的换刀形式分类

(1) 带刀库、机械手的加工中心　加工中心的换刀装置(Automatic Tool Changer,简称ATC)由刀库和机械手组成,换刀机械手完成换刀工作。这是加工中心采用最普遍的形式,日本牧野公司生产的 MAKINO　F16 立式加工中心及卧式加工中心就属此类。

(2) 无机械手的加工中心　这种加工中心的换刀是通过刀库和主轴箱的配合动作来完成的。一般是把刀库放在主轴箱可以运动到的位置,或整个刀库或某一刀位能移动到主轴箱可以达到的位置。刀库中刀具的存放位置与主轴装刀方向一致。换刀时,主轴运动到刀位上的换刀位置,由主轴直接取走或放回刀库。多用于 BT-40 以下刀柄的小型加工中心,小巨人公司的 VTC-16A 型加工中心即属此类。

(3) 转塔刀库式加工中心　一般在小型加工中心上采用转塔刀库形式,主要以孔加工为主。ZH5120 型立式钻削加工中心就是转塔刀库式加工中心。

7.1.3　加工中心主要结构部件及其功能

加工中心类型繁多,结构各异,但总体来看主要由基础部件、主轴部件、数控系统、自动换刀装置和辅助装置等几部分组成。具体构成及功能如图7-5所示,其中各部分介绍如下。

① 伺服电机。伺服系统的执行元件,通过接受伺服驱动装置发出的指令脉冲转过相应的角度,带动工作台或其他部件作进给运动或带动主轴作旋转主运动。

② 换刀机械手。当加工中心在加工过程中需要更换刀具时,主轴上升到与机械手相应的高度,同时刀库待调用刀具号的刀具亦转至与机械手相对应的位置,并取出刀具使其轴线处于铅垂位置,机械手在取出主轴刀具的同时摘取待用刀具装至主轴实现刀具的自动更换。

③ 数控电气控制箱。加工中心的强电控制线路及 PLC、变频器等均分区域安装在此控制箱内,是整个加工中心的核心部件。

④ 刀库。在进行加工之前,先把工艺过程中需要的刀具安装在此刀库内,以待加工过程中随时调用。

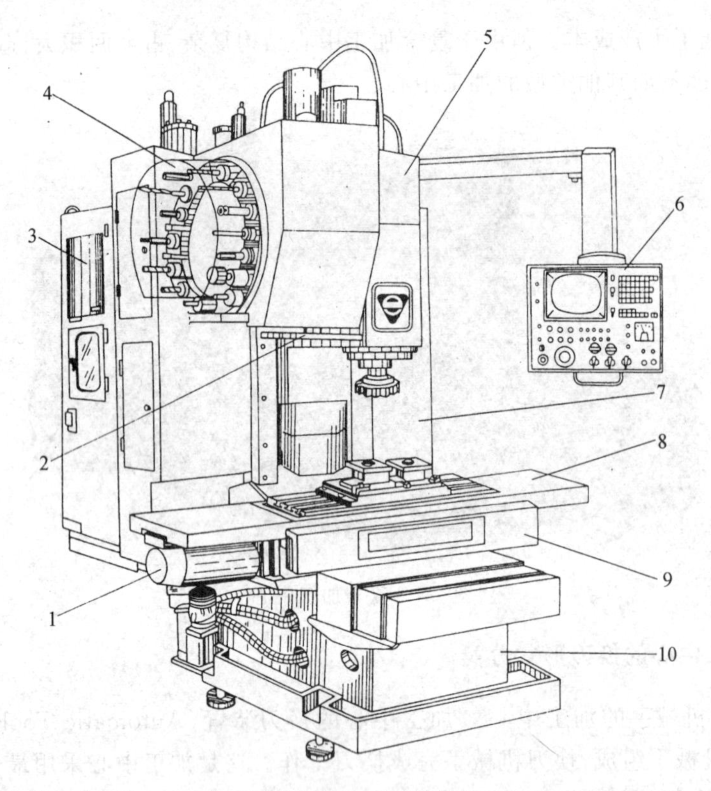

图 7-5 加工中心的结构

⑤ 主轴箱。主要由主轴伺服电机和主轴组成,可实现主轴的无级调速。

⑥ 控制面板。加工中心的控制及输入输出装置,通过控制面板可以手动控制加工中心的主轴旋转、各轴进给等;同时通过控制面板可以实现外部程序的输入及内部程序的导出,实现人机之间的直接交流。

⑦ 立柱。加工中心主轴、刀库等的支撑部件。

⑧ 纵向进给工作台。实现工件的纵向(x 轴)进给。

⑨ 横向进给工作台。实现工件的横向(y 轴)进给。

⑩ 床身。加工中心最基础的部件,是机床各个部分的支承部件。

7.2 加工中心的主要加工对象

针对加工中心的工艺特点,加工中心适合于加工形状复杂、加工工序多、精度要求较高、需要用多种类型的普通机床和众多的工艺装备,且需经多次装夹和调整才能完成加工的零件。主要加工对象有如下一些。

1) 既有平面又有孔系的零件

加工中心具有自动换刀装置,在一次安装中,可以完成零件上平面的铣削、孔系的钻削、镗削、铰削及螺纹切削等多道工序。加工部位可以在一个平面上,也可以在不同的平面上。因此,既有平面又有孔系的零件是加工中心的首选加工对象,常见的这类零件有箱体和盘、套、板类零件。

(1) 箱体类零件　箱体类零件很多,图 7-6 是常见的几种箱体类零件。箱体类零件一般都要进行多工位孔系及平面加工，精度要求较高，特别是形状精度和位置精度要求较严格，通常要经过铣、钻、扩、镗、铰、锪、攻螺纹等工步，需要刀具较多，在普通机床上加工难度大，工装套数多，需多次装夹找正，手工测量次数多，精度不易保证。在加工中心上一次安装可完成普通机床的60％～95％的工序内容，零件各项精度一致性好，质量稳定，生产周期短。

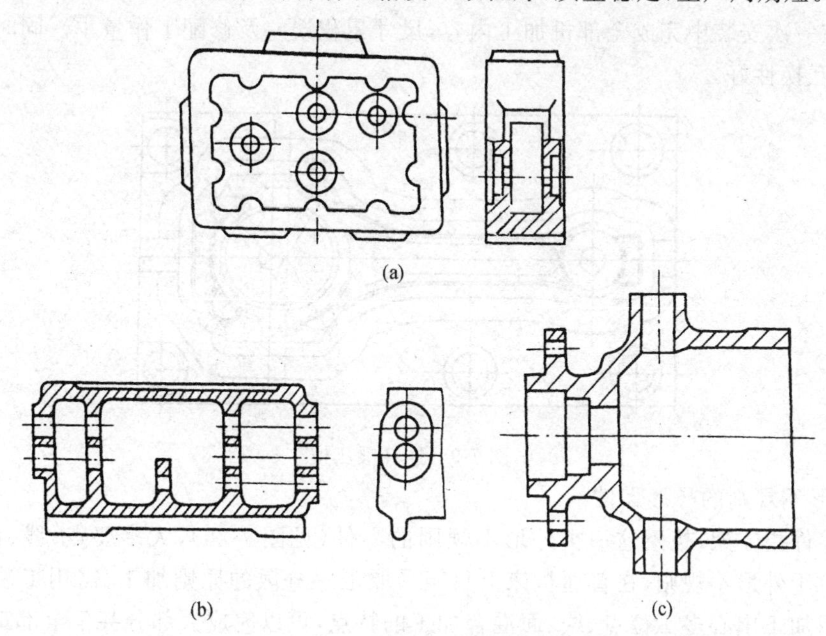

图 7-6　几种常见箱体零件简图

(a) 组合机床主轴箱；(b) 车床进给箱；(c) 泵壳

(2) 盘、套、板类零件　这类零件端面上有平面、曲面和孔系，径向也常分布一些径向孔，如图7-7所示，加工部位集中在单一端面上的盘、套、板类零件宜选择立式加工中心，加工部位不是位于同一方位表面上的零件宜选择卧式加工中心。

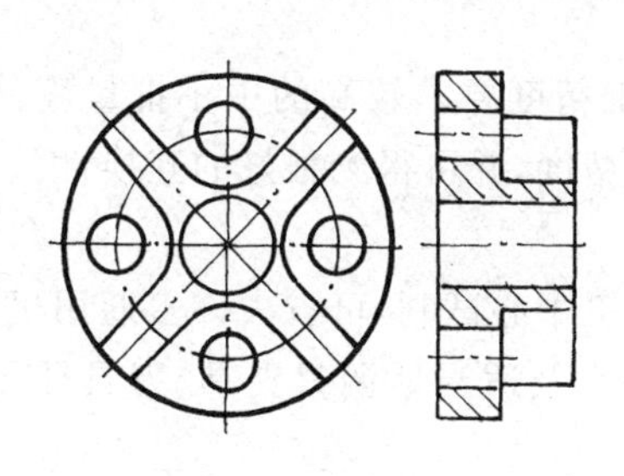

图 7-7　盘类零件

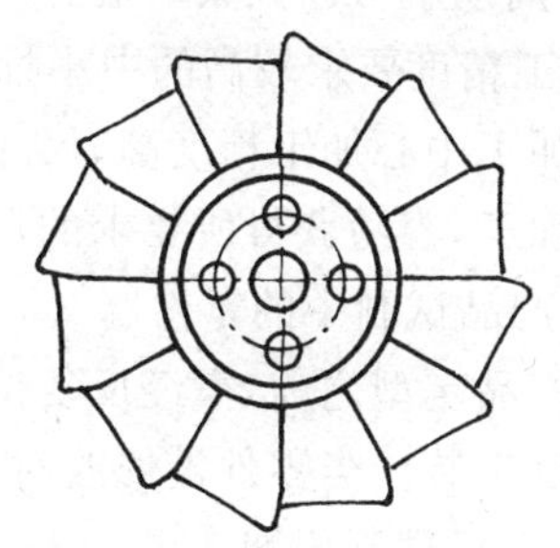

图 7-8　整体叶轮

2) 结构形状复杂、普通机床难加工的零件

主要表面是由复杂曲线、曲面组成的零件加工时，需要多坐标联动加工，这在普通机床上是较难甚至是无法加工的，加工中心是这类零件加工的最佳设备。常见的典型零件有以下几类。

(1) 凸轮类　这类零件有各种曲线的盘形凸轮、圆柱凸轮、圆锥凸轮和端面凸轮等，加工时，可根据凸轮表面的复杂程度，选用三轴、四轴或五轴联动的加工中心。

(2) 整体叶轮类　整体叶轮常见于航空发动机的压气机、空气压缩机、船舶水下推进器等，它除具有一般曲面加工的特点外，还存在许多特殊的加工难点，如通道狭窄，刀具很容易与加工表面和临近曲面产生干涉。图7-8所示是轴向压缩机涡轮，它的叶面是一个典型的三维空间曲面，加工这样的型面，可采用四轴以上联动的加工中心。

(3) 模具类 常见的模具有锻压模具、铸造模具、注塑模具及橡胶模具等。图7-9所示的是连杆锻压模具。采用加工中心加工模具，由于工序高度集中，动模、静模等关键件的精加工基本上是在一次安装中完成全部机加工内容，尺寸累积误差及修配工作量小。同时，模具的可修复性强，互换性好。

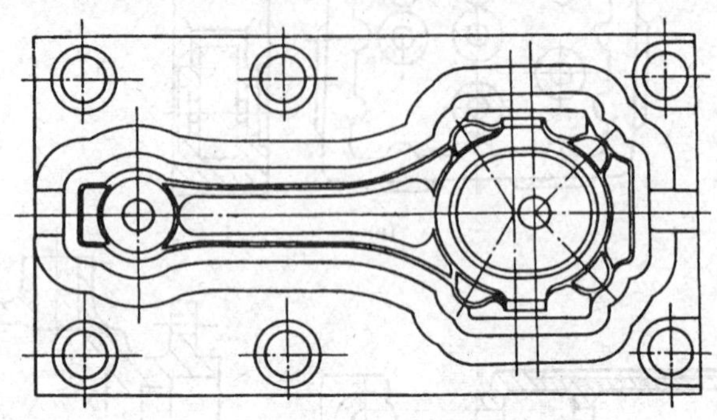

图 7-9 连杆锻压模

3) 外形不规则的异形零件

异形零件指支架、拨叉这一类外形不规则的零件(见图 7-28)，大多要点、线、面多工位混合加工。由于外形不规则，在普通机床上只能采取工序分散的原则加工，需用工装较多，周期较长。利用加工中心多工位点、线、面混合加工的特点，可以完成大部分甚至全部工序内容。

4) 周期性投产的零件

用加工中心加工零件时，所需工时主要包括基本时间和准备时间，其中，准备时间占很大比例。例如工艺准备、程序编制、零件首件试切等，这些时间往往是单件基本时间的几十倍。采用加工中心可以将这些准备时间的内容储存起来，供以后反复使用。这样，对周期性投产的零件，生产周期就可以大大缩短。

5) 加工精度要求较高的中小批量零件

针对加工中心加工精度高、尺寸稳定的特点，对加工精度要求较高的中小批量零件，选择加工中心加工，容易获得所要求的尺寸精度和形状位置精度，并可得到很好的互换性。

6) 新产品试制中的零件

在新产品定型之前，需经反复试验和改进。选择加工中心试制，可省去许多通用机床加工所需的试制工装。当零件被修改时，只需修改相应的程序及适当地调整夹具、刀具即可，节省了费用，缩短了试制周期。

7.3 加工中心加工工艺方案的制订

加工中心工艺方案的制订是对工件进行数控加工的前期工艺准备工作，无论是手工编程还是自动编程，在编程前都要对所加工的工件进行工艺分析、拟定工艺路线、设计加工工序等工作。因此，合理的工艺设计方案是编制数控加工程序的依据，工艺方面考虑不周也是造成数控加工差错的主要原因之一，工艺设计不好，往往造成工作反复，工作量成倍增加。所以编程人员必须首先制订出加工工艺方案，然后再着手进行编程。

7.3.1 加工中心加工内容的选择

当选择并决定对某个零件进行加工中心加工后，一般情况下，并非其全部内容都采用加工中心加工，而经常只是对其中的一部分进行加工中心加工。因此，在选择并作出决定时，一定要结合实际情况，注意充分发挥加工中心的优势，选择那些最需要在加工中心上加工的工序内容，一般可按以下顺序考虑：

① 一般数控机床无法加工的内容应作为优先选择的内容。

② 一般数控机床难以加工，质量也难以保证的内容应作为重点选择内容。

③ 一般数控机床加工效率低，需要多次调整的特殊工件，可以考虑采用加工中心加工。

此外，在选择和决定加工中心加工内容时，还要考虑生产批量、生产周期、工序间周转情况等，要尽量合理利用加工中心，达到产品质量、生产率及综合经济效益都最佳的目的。

7.3.2 加工中心加工零件的工艺分析

零件的工艺分析是制定加工中心加工工艺的首要工作。其任务是分析零件图的完整性、正确性，以及相关的技术要求，选择加工内容，分析零件的结构工艺性和定位基准等。

7.3.2.1 零件图工艺分析

（1）零件图的完整性、正确性　零件的视图应足够、正确及表达清楚，并符合国家标准，尺寸及有关技术要求应标注齐全；同时，要分析准备在加工中心上加工的零件在各个方向上是否有一个统一的设计基准，从而简化编程，保证零件图的设计精度要求。

（2）零件技术要求　零件的技术要求主要指尺寸精度、形状精度、位置精度、表面粗糙度及热处理要求等。要根据零件在产品中的功能，研究分析零件与部件或产品的关系，从而认识零件的加工质量对整个产品质量的影响，并确定零件的关键加工部位和精度要求较高的加工表面等。认真分析上述各精度和技术要求是否合理，这些要求在保证零件使用性能的前提下应经济合理，过高的精度和表面粗糙度要求会使工艺过程复杂、加工困难、提高成本。

7.3.2.2 加工中心加工表面的选择

在适合加工中心加工的零件选定之后，进一步选择零件上适合加工中心加工的表面。适合加工中心加工的表面通常指：

① 尺寸精度要求较高的表面。

② 零件上各表面之间有较高位置精度要求，更换机床加工时很难保证位置精度要求，必须在一次装夹中完成各工序的表面。

③ 用数学模型描述的复杂曲线或曲面。

④ 难以通过测量调整进给的不开敞复杂型腔表面。

⑤ 反复加工相同结构元素的表面。

对于上述表面，先不要过多地去考虑生产率与经济上是否合理，而应考虑加工的可能性，只要能加工出来，均应将其作为加工中心加工首选方案。由于加工中心的台时费用高，在考虑工序负荷时，不仅要考虑机床加工的可能性，还要考虑加工的经济性。例如用加工中心可以进行复杂的曲面加工，但如果企业数控机床的类型较多，有多轴联动的数控铣床，则在加工复杂的成形表面时，应优先考虑数控铣床。如有些成形表面加工时间很长，刀具单一，在加工中心上加工并不是最佳选择，要视企业的具体情况而定。

7.3.2.3 零件结构的工艺性分析

从机械加工的角度考虑，在加工中心上加工零件，其结构工艺性应具备以下几点要求。

① 零件的切削加工量要小，以便减少加工中心的切削加工时间，降低零件的加工成本。

② 零件上光孔和螺纹的尺寸规格尽可能少，以减少加工时钻头、铰刀及丝锥等刀具的数量，防止刀库库容不足。

③ 零件尺寸规格尽量标准化，以便采用标准刀具。

④ 零件加工表面应具有加工的方便性和可能性。

⑤ 零件结构应具有足够的刚性，以减少夹紧变形和切削变形。

7.3.3 加工中心的选用

任何一台加工中心都有一定的规格、精度、加工范围和使用范围。规格相近的加工中心，一般卧式加工中心要比立式加工中心贵50%～100%。因此，从经济性角度考虑，完成同样工艺内容，如立式加工中心能完成，则首先考虑选用立式加工中心。只有立式加工中心不适合加工零件时才考虑选用卧式加工中心。

7.3.3.1 加工中心类型的选择

① 立式加工中心适用于单工位加工的零件，如箱盖、端盖和平面凸轮等。

② 卧式加工中心适用于多工位加工和位置精度要求较高的零件，如箱体、泵体、阀体和壳体等。

③ 当工件的位置精度要求较高，宜选用卧式加工中心；若卧式加工中心不能在一次装夹中完成多工位加工以保证位置精度，则应选用复合加工中心。

④ 当工件尺寸较大，一般立柱式加工中心的工作范围不足时，则应选用龙门式加工中心。

当然，上述加工类型选择原则也不是绝对的。如果企业不具备各种类型的加工中心，则应从如何保证工件的加工质量出发，灵活地选用设备类型。

7.3.3.2 加工中心规格的选择

选择加工中心规格需要考虑的主要因素有工作台大小、坐标轴数量、各坐标轴行程及主电机功率等。

① 工作台规格选择。工作台选择应略大于零件的尺寸，以便安装夹具。例如零件外形尺寸是450mm×450mm×450mm的箱体，选取尺寸为500mm×500mm的工作台即可。加工中心工作台台面尺寸与x、y、z三坐标行程有一定的比例，如工作台台面为500mm×500mm，则x、y、z坐标行程分别为700～800mm、550～700mm、500～600mm。另外，工件和夹具的总重量不能大于工作台的额定负载，工件移动轨迹不能与机床防护罩干涉，交换刀具时，不得与工件夹具相碰等。

② 加工范围选择。若工件尺寸大于坐标行程，则加工区域必须在坐标行程以内。如VTC-16A型立式加工中心的工作台尺寸为900mm×410mm，而其x、y、z轴的行程为560mm×

410mm×510mm,其中 x 轴向工作台尺寸明显大于其行程,在选择适合加工的零件时,可以选择 x 向尺寸大于行程的,但此时注意必须保证各加工表面都处于坐标行程范围内,同时还要考虑刀具长度的影响。

③ 机床主轴电机功率及扭矩选择。机床主轴电机功率反映了机床的切削效率和切削刚性。加工中心一般都配置功率较大的交流或直流调速电机,调速范围比较宽,可满足高速切削的要求。但在用大直径盘铣刀铣削平面和粗镗大孔时,转速较低,输出功率较小,扭矩受限制。因此,必须对低速转矩进行校核。

7.3.3.3 加工中心精度的选择

根据零件关键部位的加工精度选择加工中心的精度等级。国产加工中心按精度分为普通型和精密型两种。表7-1列出了加工中心所有精度项目中的几项关键精度。

表 7-1 加工中心精度等级

精 度 项 目	普 通 型	精 密 型
单轴定位精度/mm	±0.01/300 全长	0.005 全长
单轴重复定位精度/mm	±0.006	±0.003
铣圆精度/mm	0.03～0.04	0.02

加工中心的定位精度和重复定位精度反映了各轴运动部件的综合精度,尤其是重复定位精度,它反映了控制轴在行程内任意点的定位稳定性,是衡量控制轴能否可靠工作的基本指标。因此,所选加工中心应有必要的误差补偿功能,如螺旋误差补偿功能、反向间隙补偿功能等。

加工中心定位精度是指在控制轴行程内任意一个点的定位误差,它反映了在控制系统控制下的伺服执行机构的运动精度。定位精度基本上反映了加工精度。一般来说,加工两个孔的孔距误差是定位精度的1.5～2 倍。在普通型加工中心上加工,孔距精度可达 IT8 级,在精密型加工中心上加工,孔距精度可达IT6～IT7 级。

7.3.3.4 加工中心功能的选择

选择加工中心时主要考虑以下几项功能:

① 数控系统功能。每种数控系统都具备许多功能,如随机编程、图形显示、人机对话、故障诊断等功能。有些功能属于基本功能,有些功能属于选择功能。在基本功能的基础上,每增加一项功能,都需要增加数千甚至数万元资金。因此,应根据实际需要选择数控系统的功能。

② 坐标轴控制功能。坐标轴控制功能主要从零件本身的加工要求来选择。如平面凸轮需两轴联动,复杂曲面的叶轮、模具等需要三轴或四轴以上联动。

③ 工作台自动分度功能。当零件在卧式加工中心上需经多工位加工时,机床的工作台应具有分度功能。普通型的卧式加工中心多采用鼠齿盘定位的工作台自动分度,分度定位精度较高,其分度定位间距有 0.5°×720、1°×360、3°×120、5°×72 等几种,根据零件的加工要求选择相应的分度定位间距。立式加工中心可配置数控分度头。

7.3.3.5 刀库容量的选择

通常根据零件的工艺分析，算出工件一次安装所需刀具的数量来确定刀库容量。刀库容量需留有余地，但不宜太大。因为大容量刀库成本和故障率高，结构和刀库管理复杂，表7-2是在中小型加工中心上加工典型零件时的统计数据。一般来说，在立式加工中心上选用20把左右刀具容量的刀库，在卧式加工中心上选用40把左右刀具容量的刀库即可满足使用要求。

表 7-2 中小型加工中心所需刀具数量

所需刀具数/把	<10	<20	<30	<40	>40
所需刀具数的加工零件数占加工全部零件数的百分比/%	18	50	17	10	5

7.3.3.6 刀柄的选择

① 刀柄。刀柄是机床主轴与刀具之间的连接工具。加工中心上一般都采用7∶24圆锥刀柄，如图7-10所示。这类刀柄不自锁，换刀比较方便，相比直柄有较高的定位精度和刚性。加工中心刀柄已系列化和标准化，其锥柄部分和机械手抓拿部分都有相应的国际和国家标准。ISO7388/I 和 GB10944-89《自动换刀机床用7∶24圆锥工具柄部 40、45 和 50 号圆锥柄》对此作了统一规定。固定在刀柄尾部且与主轴内拉紧机构相适应的拉钉也已标准化，具体规定见ISO7388 和 GB10945-89《自动换刀机床用7∶24圆锥工具柄部 40、45 和 50 号圆锥柄用拉钉》。柄部和拉钉的有关尺寸可查阅相应的标准。

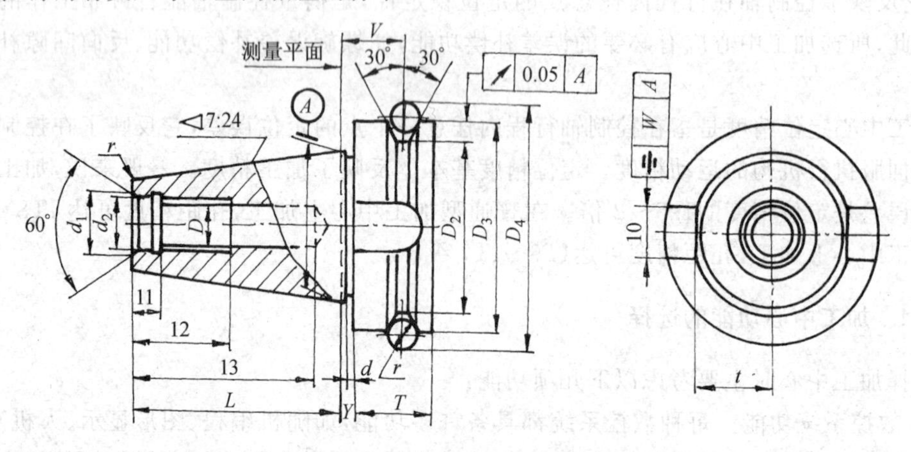

图 7-10 JT 型锥柄柄部型式

② 选择刀柄的注意事项。选择加工中心用刀柄需注意的问题较多，主要应注意以下几点。

a. 刀柄结构形式的选择，需要考虑多种因素。对一些长期反复使用，不需要拼装的简单刀柄，如在零件外轮廓上加工用的装面铣刀刀柄、弹簧夹头刀柄及钻夹头刀柄等以配备整体式刀柄为宜。这样，工具刚性好，价格便宜。当加工孔径、孔深经常变化的多品种、小批量零件时，以选用模块式工具为宜。这样可以取代大量整体式镗刀柄。当应用的加工中心较多时，应选用模块式工具，因为选用模块式工具各台机床所用的中间模块都可以通用，能大大减少设备投资，提高工具利用率，同时也利于工具的管理与维护。

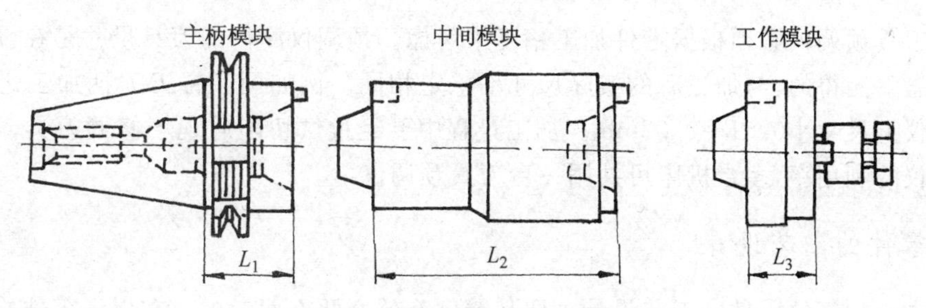

图 7-11　模块式工具组成

b. 刀柄数量应根据要加工零件的规格、数量、复杂程度以及机床的负荷等配置。一般是所需刀柄的2～3 倍。这是因为要考虑到机床工作的同时，还有一定数量的刀柄正在预调或刀具修理。只有当机床负荷不足时，才取 2 倍或不足 2 倍。一般加工中心刀库只用来装载正在加工零件所需的刀柄。典型零件的复杂程度与刀库容量有一定关系，所以配置数量也大约为刀库容量的2～3 倍。

c. 刀柄的柄部应与机床相配。加工中心的主轴孔多选定为不自锁的 7∶24 锥度。但是，与机床相配的刀柄柄部并没有完全统一。尽管已经有了相应的国际标准，可是在有些国家并未得到贯彻。如有的柄部在7∶24锥度的小端带有圆柱头，而另一些就没有。现在有几个与国际标准不同的国家标准。标准不同，机械手抓拿槽的形状、位置、拉钉的形状、尺寸或键槽尺寸也都不相同。我国近年来引进了许多国外的工具系统技术，现在国内也有多种标准刀柄。因此，在选择刀柄时，应弄清楚选用的机床应配用符合哪个标准的工具柄部，要求工具的柄部应与机床主轴孔的规格(40 号、45 号还是 50 号)相一致；工具柄部抓拿部位要能适应机械手的形态位置要求；拉钉的形状、尺寸要与主轴里的拉紧机构相匹配。

③ 刀具预调仪的选择。刀具预调仪是用来调整或测量刀具尺寸的，刀具预调仪结构有许多种，其对刀精度有：轴向0.01～0.02mm，径向±0.005～±0.01mm。从结构上来讲，有直接接触式测量和光屏投影放大测量两种。读数方法也各不相同，有的用圆盘刻度或游标读数，有的则用光学读数或数字显示器等。

图 7-12 是两种预调仪的示意图，图(a)中的是将刀具装在刀座中之后用千分表或高度尺测量，而图(b)中的则是将刀具安装在刀座上之后，调整镜头，就可以在屏幕上见到放大的刀具刃口部分的影像，调整屏幕可以使米字刻线与刃口重合，同时在数字显示器上读出相应的直径和轴向尺寸值。

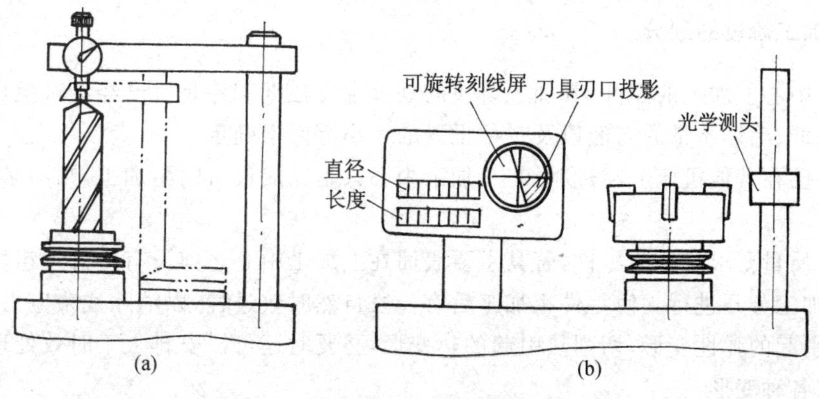

图 7-12　刀具预调仪

选择刀具预调仪必须根据零件加工精度来考虑。预调仪测得的刀具尺寸是在没有承受切削力的静态下测得的，与加工后的实际尺寸不一定相同。例如国产镗刀刀柄加工之后的孔径要比预调仪上尺寸小0.01～0.02mm。加工过程中要经过试切削后现场修调刀具。为了提高刀具预调仪的利用率，多台机床可共用一台刀具预调仪。

7.3.4 零件的工艺设计

加工中心加工的零件的工艺设计主要从精度和效率两方面考虑。在保证零件质量的前提下，要充分发挥机床的加工效率。工艺设计的内容主要包括以下几个方面。

7.3.4.1 加工方法的选择

加工中心加工零件的表面有平面、平面轮廓、曲面、孔和螺纹等。所选加工方法要与零件的表面特征、所要求达到的精度及表面粗糙度相适应。

平面、平面轮廓及曲面在镗铣类加工中心上唯一的加工方法是铣削。经粗铣的平面，尺寸精度可达IT12～IT14级(指两平面之间尺寸)，表面粗糙度 R_a 值可达12.5～50μm。经粗、精铣的平面，尺寸精度可达IT7～IT9级，表面粗糙度 R_a 值可达1.6～3.2μm。

孔加工方法比较多，有钻削、扩削、铰削和镗削等。大直径孔还可采用圆弧插补方式进行铣削加工。

对于直径大于ϕ30mm的已铸出或锻出毛坯孔的孔加工，一般采用粗镗－半精镗－孔口倒角－精镗的加工方案，孔径较大的可采用立铣刀粗铣－精铣加工方案。有空刀槽时可用锯片铣刀在半精镗之后、精镗之前铣削完成，也可用镗刀进行单刀镗削，但单刀镗削效率较低。

对于直径小于ϕ30mm的无毛坯孔的孔加工，通常采用锪平端面－打中心孔－钻－扩－孔口倒角－铰加工方案；有同轴度要求的小孔，须采用锪平端面－打中心孔－钻－半精镗－孔口倒角－精镗(铰)加工方案。为提高孔的位置精度，在钻孔工序前须安排锪平端面和打中心孔工步。孔口倒角安排在半精加工之后、精加工之前，以防孔内产生毛刺。

螺纹的加工根据孔径的大小，一般情况下，直径在M6～M20mm之间的螺纹，通常采用攻螺纹的加工方法。直径在M6mm以下的螺纹，在加工中心上完成底孔加工，通过其他手段攻螺纹。因为在加工中心上攻螺纹不能随机控制加工状态，小直径丝锥容易折断。直径在M20mm以上的螺纹，可采用镗刀片镗削加工。

7.3.4.2 加工阶段的划分

在加工中心上加工的零件，其加工阶段的划分主要根据零件是否已经经过粗加工、加工质量要求的高低、毛坯质量的高低以及零件批量的大小等因素确定。

若零件已在其他机床上经过粗加工，加工中心只是完成最后的精加工，则不必划分加工阶段。

对加工质量要求较高的零件，若其主要表面在上加工中心之前没有进行过粗加工，则应尽量将粗、精加工分开进行。使零件粗加工后有一段自然时效过程，以消除残余应力和恢复切削力、夹紧力引起的弹性变形，切削热引起的热变形，必要时还可以安排人工时效处理，最后通过精加工消除各种变形。

对加工精度要求不高，而毛坯质量较高，加工余量不大，生产批量很小零件或新产品试制中的零件，利用加工中心良好的冷却系统，可把粗、精加工合并进行。但粗、精加工应划分成两道工序分别完成。粗加工用较大的夹紧力，精加工用较小的夹紧力。

7.3.4.3 加工顺序的安排

在加工中心上加工零件，一般都有多个工步，使用多把刀具，因此加工顺序安排得是否合理，直接影响到加工精度、加工效率、刀具数量和经济效益。在安排加工顺序时同样要遵循“基面先行”、“先粗后精”、“先主后次”及“先面后孔”的一般工艺原则。此外还应考虑以下几点。

① 减少换刀次数，节省辅助时间。一般情况下，每换一把新的刀具后，应通过移动坐标，回转工作台等将由该刀具切削的所有表面全部完成。

② 每道工序尽量减少刀具的空行程移动量，按最短路线安排加工表面的加工顺序。

安排加工顺序时可参照采用粗铣大平面－粗镗孔、半精镗孔－立锪平面－加工中心孔－钻孔－攻螺纹－平面和孔精加工（精铣、铰、镗等）的加工顺序。

7.3.4.4 装夹方案的确定和夹具的选择

在零件的工艺分析中，已确定了零件在加工中心上加工的部位和加工时用的定位基准，因此，在确定装夹方案时，只需根据已选定的加工表面和定位基准确定工件的定位夹紧方式，并选择合适的夹具。图7-13是几种常见的加工中心用夹具。此时，主要考虑以下几点。

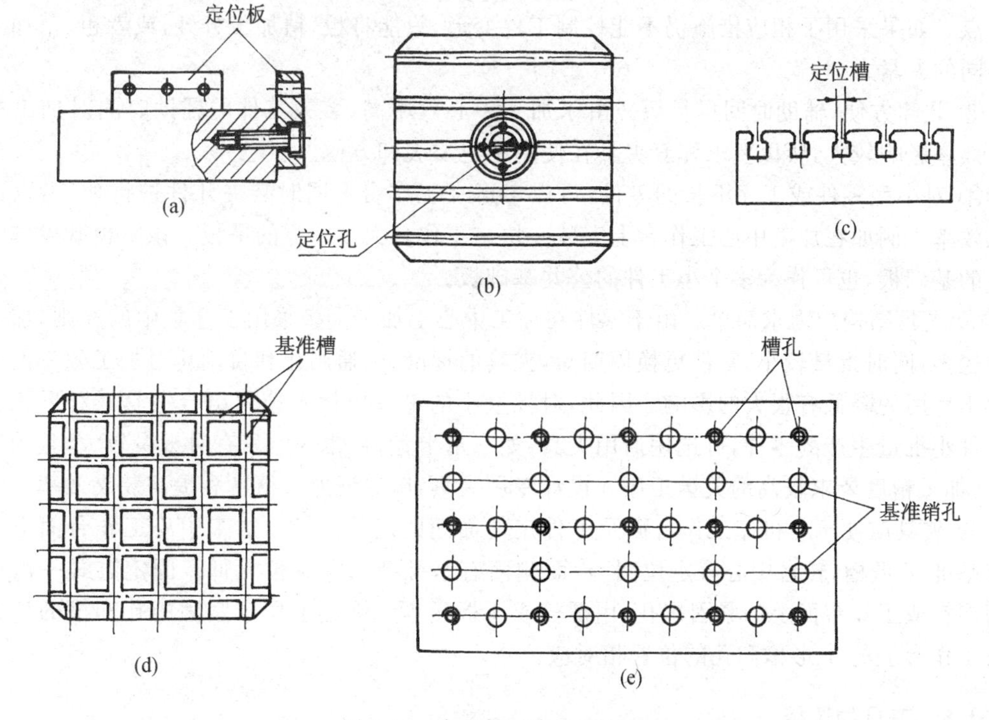

图 7-13　常见加工中心用夹具

(a) 侧面定位；(b) 中心孔定位；(c) 中央 T 型槽定位；(d) 基准槽定位；(e) 基准销孔定位

① 夹紧机构或其他元件不得影响进给，加工部位要敞开。要求夹持工件后夹具上一些组合件（如定位块、压块和螺栓等）不能与刀具运动轨迹发生干涉。如图7-14所示，用立铣刀铣削零件的六边形，若用压板机构压住工件的 A 面，则压板易与铣刀发生干涉，若夹压 B 面，就不

影响刀具进给。对有些箱体零件加工可以利用内部空间来安排夹紧机构，将其加工表面敞开，如图7-15所示。当在卧式加工中心上对工件的四周进行加工时，若很难安排夹具的定位和夹紧装置，则可以通过减少加工表面来留出定位夹紧元件的空间。

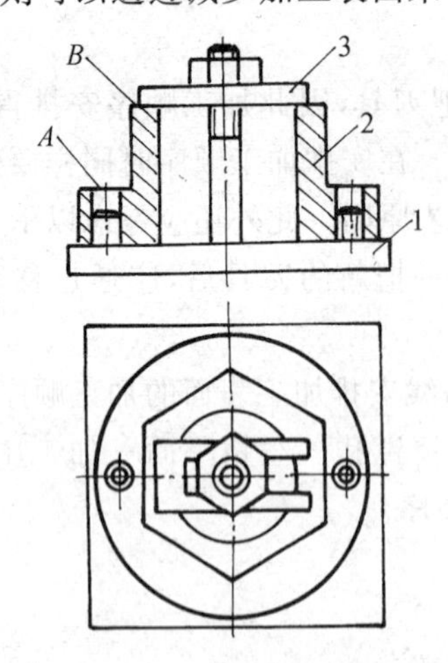

图 7-14 不影响进给装夹示例

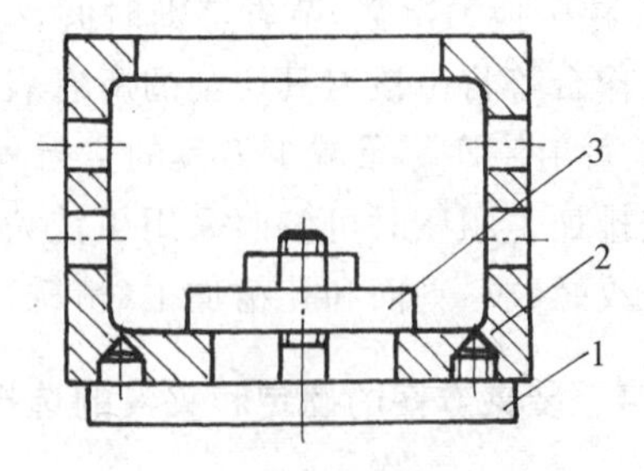

图 7-15 敞开加工表面装夹

② 必须保证最小的夹紧变形。工件在粗加工时，切削力大，需要夹紧力大，但又不能把工件夹压变形。否则，松开夹具后零件发生变形。因此，必须慎重选择夹具的支承点、定位点和夹紧点。如果采用了相应措施仍不能控制工件变形，只能将粗、精加工分开，或者粗、精加工使用不同的夹紧力。

③ 装卸方便，辅助时间尽量短。由于加工中心效率高，装夹工件的辅助时间对加工中心加工效率影响较大，所以要求配套夹具在使用中也要装卸方便。

④ 对小型零件或工序不长的零件，可以考虑在工作台上同时装夹几件进行加工，以提高加工效率。例如在加工中心工作台上安装一块与工作台大小一样的平板。该平板既可作为大工件的基础板，也可作为多个小工件的公共基础板。

⑤ 夹具结构应力求简单。由于零件在加工中心上加工大多采用工序集中的原则，加工的部位较多，同时批量较小，零件更换周期短，夹具的标准化、通用化和自动化对加工效率的提高及加工费用的降低有很大的影响。因此，对批量小的零件应优先选用组合夹具。对形状简单的单件小批量生产的零件，可选用通用夹具，如三爪卡盘、台钳等。只有对批量较大，且周期性投产，加工精度要求较高的关键工序才设计专用夹具，以保证加工精度和提高装夹效率。

⑥ 夹具应便于与机床工作台面及工件定位面间的定位连接。加工中心工作台面上一般都有基准 T 形槽，转台中心有定位圆、台面侧面有基准挡板等定位元件。固定方式一般用 T 形槽螺钉或工作台面上的紧固螺孔，用螺栓或压板压紧。夹具上用于紧固的孔和槽的位置必须与工作台上的 T 形槽和孔的位置相对应。

7.3.4.5 刀具的选择

加工中心使用的刀具由刃具和刀柄两部分组成。刃具有面加工用的各种铣刀和孔加工用的钻头、扩孔钻、镗刀、铰刀及丝锥等。刀柄要满足机床主轴的自动松开和拉紧定位，并能准确地安装各种切削刃具和适应换刀机械手的夹持等。加工中心选用刀具除应考虑一般机床用刀具的所有性能外，还应该根据加工中心的特点考虑一些基本性能。

① 刀具的长度在满足使用要求的前提下尽可能短。因为在加工中心上加工时无辅助装置支承刀具,刀具自身应具有较高的刚性。

② 同一把刀具多次装入机床主轴锥孔时,刀刃的位置应重复不变。

③ 刀刃相对于主轴的一个固定点的轴向和径向位置应能准确调整。即刀具必须能够以快速简单的方法准确地预调到一个固定的机床位置。

7.3.4.6 进给路线的确定

加工中心上刀具的进给路线可分为孔加工进给路线和铣削加工进给路线。

(1) 孔加工时进给路线的确定　孔加工时,一般是首先将刀具在 xy 平面内快速定位运动到孔中心线的位置上,然后刀具再沿 z 向运动进行加工。所以孔加工进给路线的确定包括:xy 平面内和 z 向的进给路线。

确定 xy 平面内的进给路线时,刀具在 xy 平面内的运动属于点位运动,确定进给路线时,主要考虑定位迅速和定位准确。

定位迅速也就是在刀具不与工件、夹具和机床碰撞的前提下空行程时间尽可能短。例如加工图7-16(a)所示零件。按图7-16(b)所示进给路线比按图7-16(c)所示进给路线进给节省定位时间近一半。这是因为在点位运动情况下,刀具由一点运行到另一点时,通常是沿 x、y 坐标轴方向同时快速移动,当 x、y 轴各自移距不同时,短移距方向的运动先停,待长移距方向的运动停止后刀具才到达目标位置。图7-16(b)方案使沿两轴方向的移距接近,所以定位过程迅速。

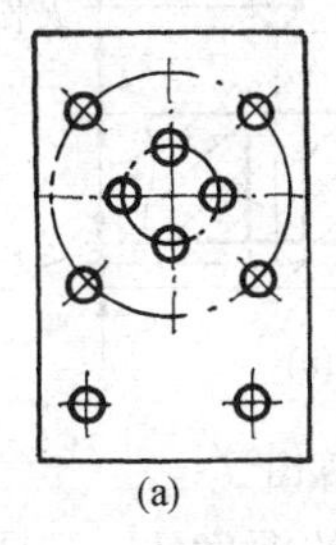

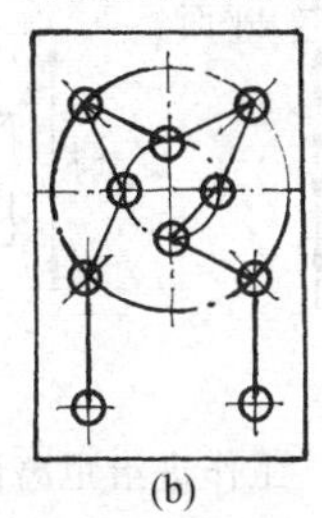

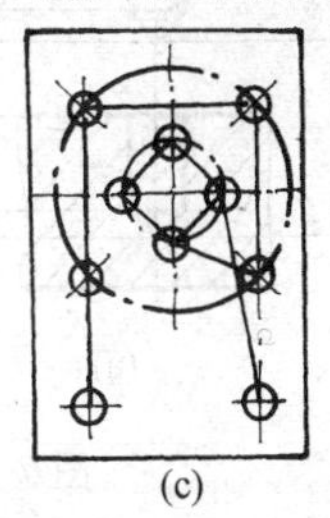

图 7-16　最短进给路线设计

定位准确就是安排进给路线时,要避免机械进给系统反向间隙对孔定位精度的影响。例如,镗削图7-17(a)所示零件上的 4 个孔。按图7-17(b)所示进给路线加工,由于 4 孔与 1、2、3 孔定位方向相反,y 方向反向间隙会使定位误差增加,从而影响 4 孔与其他孔的位置精度。按图7-17(c)所示进给路线,加工完 3 孔后往上多移动一段距离至 P 点,然后再折回来在 4 孔处进行定位加工,这样方向一致,就可避免反向间隙的引入,提高了 4 孔的定位精度。

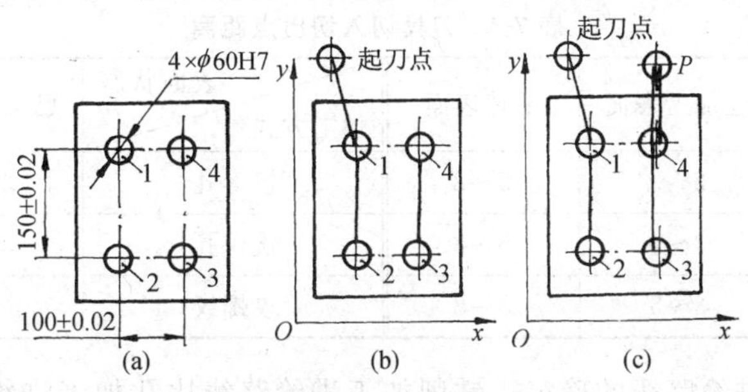

图 7-17　准确定位进给路线设计

定位迅速和准确有时两者难以同时满足，在上述两例中，图7-17(b)是按最短路线进给，但不是从同一方向趋近目标位置，影响了刀具的定位精度，图7-17(c)是从同一方向趋近目标位置，但不是最短路线，增加了刀具的空行程。这时应抓住主要矛盾，若按最短路线进给能保证定位精度，则取最短路线，反之，应取能保证定位准确的路线。

刀具在 z 向的进给路线分为快速移动进给路线和工作进给路线。刀具先从初始平面快速移动到距工件加工表面一定距离的 R 面上，然后按工作进给速度运动进行加工。图7-18(a)所示为加工单个孔时刀具的进给路线。对多孔加工，为减少刀具空行程进给时间，加工中间孔时，刀具不必退回到初始平面，只要退到 R 平面上即可，其进给路线如图7-18(b)所示。

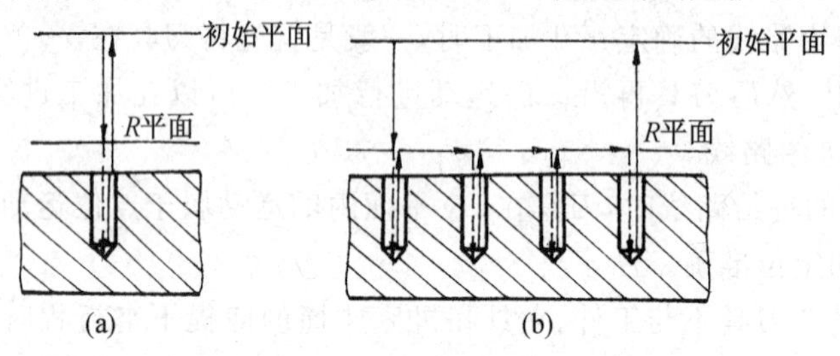

图 7-18　刀具 z 向进给路线设计

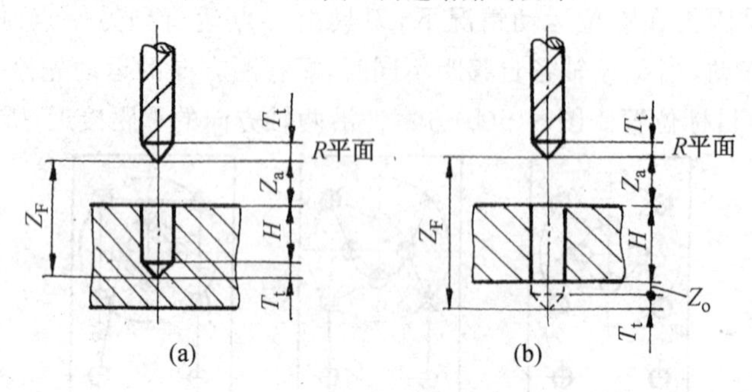

图 7-19　工作进给距离计算图

在工作进给路线中，工作进给距离 z_F 包括被加工孔的深度 H、刀具的切入距离 z_a 和切出距离 z_o(加工通孔)，如图7-19所示。加工不通孔时，工作进给距离为：

$$z_F = z_a + H + T_t$$

加工通孔时，工作进给距离为：

$$z_F = z_a + H + z_o + Tt$$

式中刀具切入、切出距离的经验数据见表 7-3。

表 7-3　刀具切入切出点距离

加工方式 \ 表面状态	已加工表面	毛坯表面	加工方式 \ 表面状态	已加工表面	毛坯表面
钻　孔	2～3	5～8	铰　孔	3～5	5～8
扩　孔	3～5	5～8	铣　孔	3～5	5～10
镗　孔	3～5	5～8	攻螺纹	5～10	5～10

(2) 铣削加工时进给路线的确定　铣削加工进给路线比孔加工进给路线要复杂些，因为铣削加工的表面有平面、平面轮廓、各种槽及空间曲面等，表面形状不同，进给路线也就不一

样。但总的可分为切削进给和 z 向快速移动进给两种路线。铣削加工进给路线在第 6 章中已有介绍，同样适用于加工中心工艺，在此仅介绍 z 向快速移动进给路线常见的几种情况。

① 铣削开口不通槽时，铣刀在 z 向可直接快速移动到位，不需工作进给。

② 铣削封闭槽(如键槽)时，铣刀需有一切入距离，先快速移动到距工件表面一定高的位置，然后以工作进给速度进给至铣削深度。

③ 铣削轮廓及通槽时，铣刀需有一切出距离，可直接快速移动到距工件表面一定切出距离的位置上，如图7-20所示。

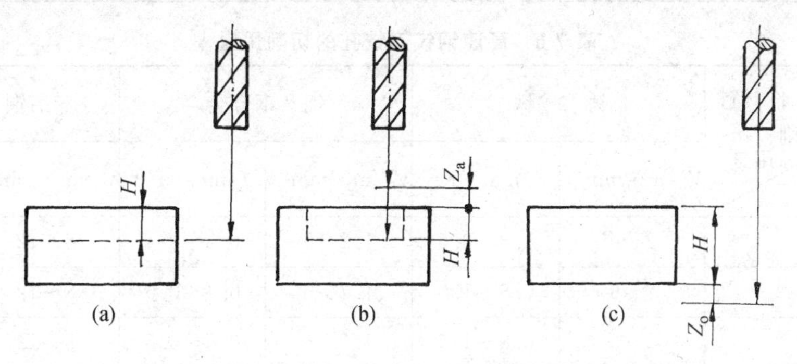

图 7-20 铣刀在 z 向的进给路线

(a) 铣削开口不通槽； (b) 铣削封闭槽； (c) 铣削轮廓及通槽

7.3.4.7 切削用量的选择

切削用量应根据第 1 章所述的原则、方法和注意事项，并在允许的范围内，结合经验确定。表7-4～7-8列出了部分孔加工切削用量选择经验值，供选择时参考。

表 7-4 高速钢钻头加工铸铁的切削用量

钻头直径/mm \ 切削用量 \ 材料硬度	160～200HBS		200～400HBS		300～400HBS	
	V_c/m · min^{-1}	f/mm · r^{-1}	V_c/m · min^{-1}	f/mm · r^{-1}	V_c/m · min^{-1}	f/mm · r^{-1}
1～6	16～24	0.07～0.12	10～18	0.05～0.1	5～12	0.03～0.08
6～12	16～24	0.12～0.2	10～18	0.1～0.18	5～12	0.08～0.15
12～22	16～24	0.2～0.4	10～18	0.18～0.25	5～12	0.15～0.2
22～50	16～24	0.4～0.8	10～18	0.25～0.4	5～12	0.2～0.3

注：采用硬质合金钻头加工铸铁时取 V_c＝20～30m/min。

表 7-5 高速钢钻头加工钢件的切削用量

钻头直径/mm \ 切削用量 \ 材料强度	σ_b＝520～700MPa (35、45 钢)		σ_b＝700～900MPa (15Cr、20Cr)		σ_b＝1 000～1 100MPa (合金钢)	
	V_c/m · min^{-1}	f/mm · r^{-1}	V_c/m · min^{-1}	f/mm · r^{-1}	V_c/m · min^{-1}	f/mm · r^{-1}
1～6	8～25	0.05～0.1	12～30	0.05～0.1	8～15	0.03～0.08
6～12	8～25	0.1～0.2	12～30	0.1～0.2	8～15	0.08～0.15

（续表）

钻头直径/mm ＼ 切削用量 ＼ 材料强度	σ_b＝520～700MPa (35、45钢)		σ_b＝700～900MPa (15Cr、20Cr)		σ_b＝1000～1100MPa (合金钢)	
	V_c/m·min^{-1}	f/mm·r^{-1}	V_c/m·min^{-1}	f/mm·r^{-1}	V_c/m·min^{-1}	f/mm·r^{-1}
12～22	8～25	0.2～0.3	12～30	0.2～0.3	8～15	0.15～0.25
22～50	8～25	0.3～0.45	12～30	0.3～0.45	8～15	0.25～0.35

表7-6　高速钢铰刀铰孔的切削用量

铰刀直径/mm ＼ 切削用量 ＼ 工件材料	铸　铁		钢及钢合金		铝铜及其合金	
	V_c/m·min^{-1}	f/mm·r^{-1}	V_c/m·min^{-1}	f/mm·r^{-1}	V_c/m·min^{-1}	f/mm·r^{-1}
6～10	2～6	0.3～0.5	1.2～5	0.3～0.4	8～12	0.3～0.5
10～15	2～6	0.5～1.0	1.2～5	0.4～0.5	8～12	0.5～1.0
15～25	2～6	0.8～1.5	1.2～5	0.5～0.6	8～12	0.8～1.5
25～40	2～6	0.5～1.5	1.2～5	0.4～0.6	8～12	0.8～1.5
40～60	2～6	1.2～1.8	1.2～5	0.5～0.6	8～12	1.5～2.0

注：采用硬质合金铰刀铰铸铁时V_c＝8～10　mm·min^{-1}，铰削铝材时V_c＝8～10　mm·min^{-1}。

表7-7　镗孔切削用量

工序	刀具 ＼ 切削用量 ＼ 工件材料	铸　铁		钢及钢合金		铝铜及其合金	
		V_c/m·min^{-1}	f/mm·r^{-1}	V_c/m·min^{-1}	f/mm·r^{-1}	V_c/m·min^{-1}	f/mm·r^{-1}
粗　镗	高速钢 硬质合金	20～25 35～50	0.4～1.5	15～30 50～70	0.35～0.7	100～150 100～250	0.5～1.5
半精镗	高速钢 硬质合金	20～35 50～70	0.15～0.45	15～50 95～135	0.15～0.45	100～200	0.2～0.5
精　镗	高速钢 硬质合金	70～90	D1级＜0.08 D级0.12～0.15	100～135	0.12～0.15	150～400	0.06～0.1

注：当采用高精度的镗头镗孔时，由于余量较小，直径余量不大于0.2mm，切削速度可提高一些，铸铁件为100～150m/min，钢件为150～250m/min，铝合金为200～400m/min，巴氏合金为250～500m/min。进给量可在0.03～0.1mm/r范围内。

表7-8　攻螺纹切削用量

加工材料	铸　铁	钢及其合金	铝及其合金
V_c/m·min^{-1}	2.5～5	1.5～5	5～15

7.4　典型零件的加工中心加工工艺分析

本节选择几个典型实例，简要介绍加工中心的加工工艺，以便进一步掌握制订零件加工中心加工工艺的方法和步骤。

7.4.1 盖板零件加工中心的加工工艺

盖板是机械加工中常见的零件，加工表面有平面和孔，通常需经铣平面、钻孔、扩孔、镗孔、铰孔及攻螺纹等工步才能完成。下面以图7-21所示盖板为例介绍其加工中心的加工工艺。

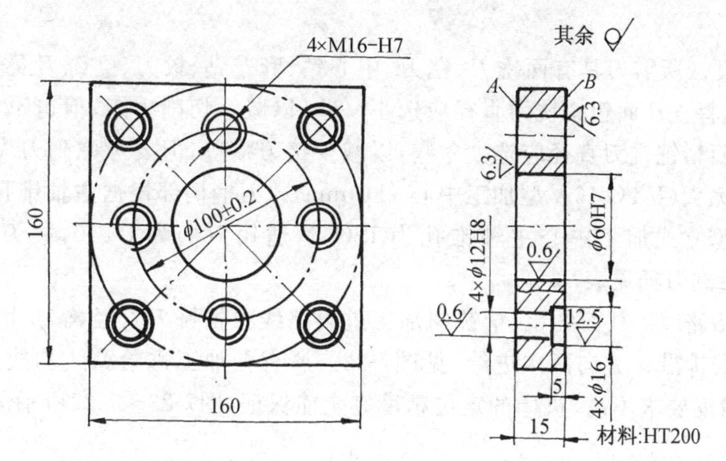

图 7-21 盖板零件简图

7.4.1.1 零件工艺分析

该盖板的材料为铸铁，故毛坯为铸件。由图 7-21 可知，盖板的四个侧面为不加工表面，全部加工表面都集中在 A、B 面上。最高精度为 IT7 级。从工序集中和便于定位两个方面考虑，选择 B 面及位于 B 面上的全部孔在加工中心上加工，将 A 面作为主要定位基准，并在前道工序中先加工好。

7.4.1.2 选择加工中心

由于 B 面及位于 B 面上的全部孔只需单工位加工即可完成，故选择立式加工中心。加工表面不多，只有粗铣、精铣、粗镗、半精镗、精镗、钻、扩、锪、铰及螺纹等工步，所需刀具不超过 20 把。选用小巨人公司的 VTC-16A 型立式加工中心即可满足上述要求。该机床工作台尺寸为 400mm×800mm，x 轴行程为 600mm，y 轴行程为 400mm，z 轴行程为 400mm，主轴端面至工作台台面距离为125～525mm，定位精度和重复定位精度分别为0.02mm和0.01mm，刀库容量为 18 把，工件一次装夹后可自动完成铣、钻、镗、铰及攻螺纹等工步的加工。

7.4.1.3 工艺设计

① 选择加工方法。B 平面用铣削方法加工，因其表面粗糙度 R_a 为 6.3μm，故采用粗铣－精铣方案；ϕ60H7 孔为已铸出毛坯孔，为达到 IT7 级精度和 R_a 为 0.8μm 的表面粗糙度，需经三次镗削，即采用粗镗－半精镗－精镗方案；对 ϕ12H8 孔，为防止钻偏和达到 IT8 级精度，按钻中心孔－钻孔－扩孔－铰孔方案进行；ϕ16mm 孔在 ϕ12mm 孔基础上锪至尺寸即可；M16mm 螺孔采用先钻底孔后攻螺纹的加工方法，即按钻中心孔－钻底孔－倒角－攻螺纹方案加工。

② 确定加工顺序。按照先面后孔、先粗后精的原则确定。具体加工顺序为粗、精铣 B

面－粗、半精、精镗 ϕ60H7 孔－钻各光孔和螺纹孔的中心孔－钻、扩、锪、铰 ϕ12H8 及 ϕ16mm 孔－M16 螺孔钻底孔、倒角和攻螺纹，详见表7-9。

③ 确定装夹方案和选择夹具。该盖板零件形状简单，四个侧面较光整，加工面与不加工面之间的位置精度要求不高，故可选用通用台钳，以盖板底面 A 和两个侧面定位，用台钳钳口从侧面夹紧。

④ 选择刀具。所需刀具有面铣刀、镗刀、中心钻、麻花钻、铰刀、立铣刀及丝锥等，其规格根据加工尺寸选择。B 面粗铣铣刀直径应选小一些，以减小切削力矩，但也不能太小，以免影响加工效率；B 面精铣铣刀直径应选大一些，以减少接刀痕迹，但要考虑到刀库允许的装刀直径大小，也不能太大(VTC-16A 型加工中心 ϕ110mm)。刀柄柄部根据主轴锥孔和拉紧机构选择。VTC-16A 型立式加工中心主轴锥孔为 ISO40，适用刀柄为 BT40，故刀柄柄部应选择 BT40 型，具体所选刀柄见表7-10。

⑤ 确定进给路线。B 面的粗、精铣削加工进给路线根据铣刀直径确定，因所选铣刀直径为 ϕ100mm，故安排沿 x 方向两次进给，见图7-22。所有孔加工进给路线均按最短路线确定，因为孔的位置精度要求不高，机床的定位精度完全能保证，图7-23～7-27所示的即为各孔加工工步的进给路线。

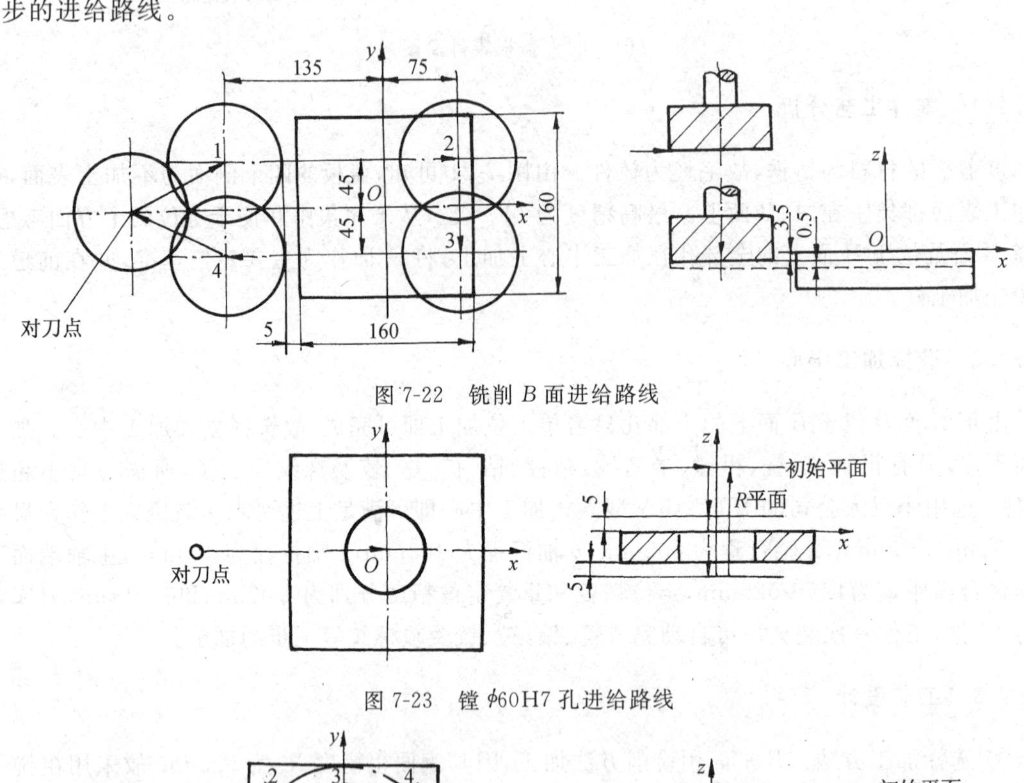

图 7-22　铣削 B 面进给路线

图 7-23　镗 ϕ60H7 孔进给路线

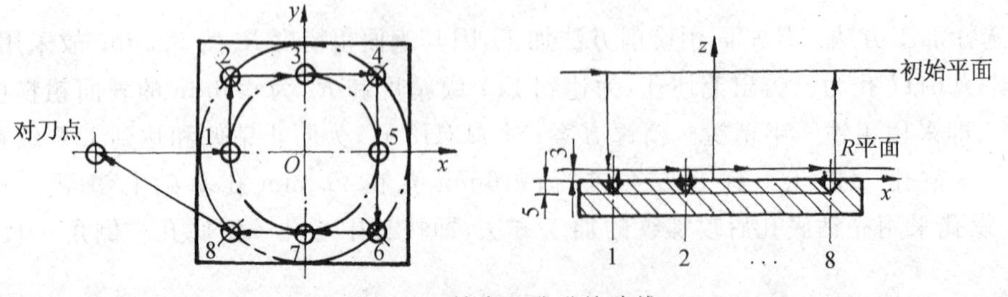

图 7-24　钻中心孔进给路线

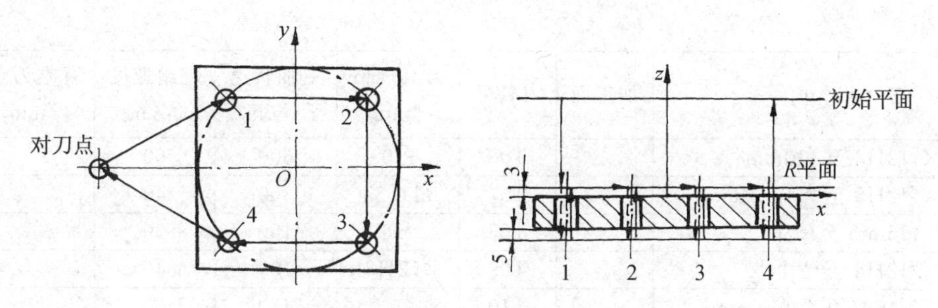

图 7-25　钻、扩、铰 ϕ12H8 孔进给路线

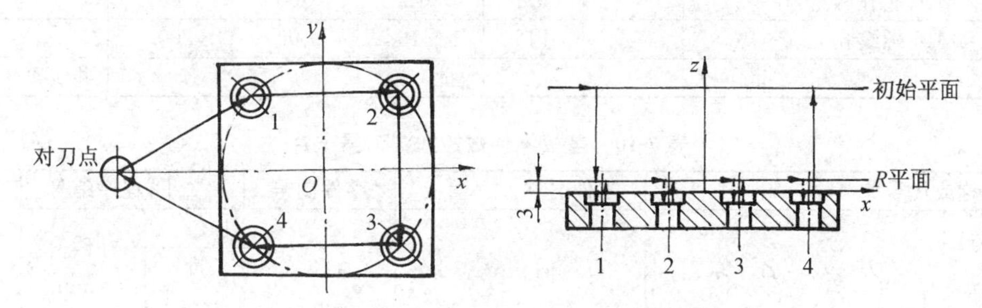

图 7-26　锪 ϕ16mm 孔进给路线

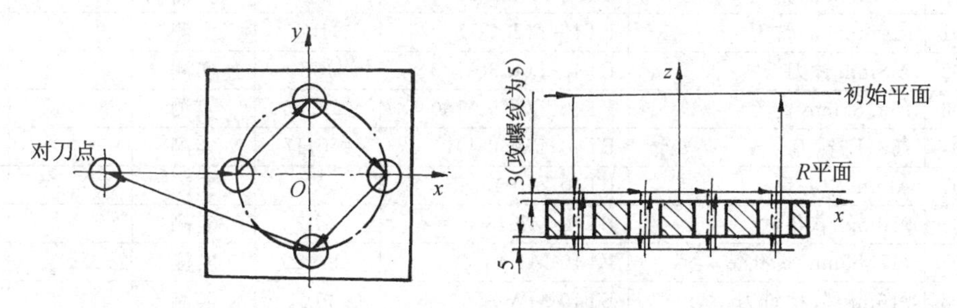

图 7-27　钻螺纹底孔、攻螺纹进给路线

⑥ 选择切削用量。查表确定切削速度和进给量，然后计算出机床主轴转速和机床进给速度，详见表7-9。

表 7-9　盖板零件数控加工工序卡片

厂　名	数控加工工序卡片		产品名称或代号		零件名称		材　料	零件图号
					盖　板		HT200	
工序号	程序号	夹具名	夹具编号		使用设备		车　间	
		平口钳			VTC-16A			
工步号	工　步　内　容		加工面	刀具号	刀具规格 /mm	主轴转速 /r·min^{-1}	进给速度 /mm·min^{-1}	背吃刀量 /mm	备注
1	粗铣 B 平面留余量 0.5mm			T01	ϕ100	300	70	3.5	
2	精铣 B 平面至尺寸			T01	ϕ100	350	50	0.5	
3	粗镗 ϕ60H7 孔至 ϕ58mm			T02	ϕ58	400	60		
4	半精镗 ϕ60H7 孔至 ϕ59.85mm			T03	ϕ59.85	450	50		
5	精镗 ϕ60H7 孔至尺寸			T04	ϕ60H7	500	40		
6	钻 4×ϕ12H8 及 4×M16mm 的中心孔			T05	ϕ3	1000	50		

(续表)

工步号	工步内容	加工面	刀具号	刀具规格/mm	主轴转速/$r \cdot min^{-1}$	进给速度/$mm \cdot min^{-1}$	背吃刀量/mm	备注
7	钻 4×ϕ12H8 至 ϕ10mm		T06	ϕ10	600	60		
8	扩 4×ϕ12H8 至 ϕ11.85mm		T07	ϕ11.85	300	40		
9	锪 4×ϕ16mm 至尺寸		T08	ϕ16	150	30		
10	铰 4×ϕ12H8 至尺寸		T09	ϕ12H8	100	40		
11	钻 4×M16 底孔至 ϕ14mm		T10	ϕ14	450	60		
12	倒 4×M16 底孔端角		T11	ϕ18	300	40		
13	攻 4×M16 螺纹孔		T12	M16	100	200		
编制		审核		批准			共1页	第1页

表 7-10 盖板零件数控加工刀具卡片

产品名称或代号			零件名称	盖板	零件图号		程序编号	
工步号	刀具号	刀具名称	刀柄型号	刀具 直径/mm	刀具 长度/mm		补偿值/mm	备注
1	T01	ϕ100mm 面铣刀	BT40-XM32-75	ϕ100	实测			
2	T01	ϕ100mm 面铣刀	BT40-XM32-75	ϕ100	实测			
3	T02	ϕ58mm 镗刀	BT40-TQC50-180	ϕ58	实测			
4	T03	ϕ59.85mm 镗刀	BT40-TQC50-180	ϕ59.85	实测			
5	T04	ϕ60H7 镗刀	BT40-TW50-140	ϕ60H7	实测			
6	T05	ϕ3mm 中心钻	BT40-Z10-45	ϕ3	实测			
7	T06	ϕ10mm 麻花钻	BT40-M1-45	ϕ10	实测			
8	T07	ϕ11.85mm 扩孔钻	BT40-M1-45	ϕ11.85	实测			
9	T08	ϕ16mm 阶梯铣刀	BT40-MW2-55	ϕ16	实测			
10	T09	ϕ12H8 铰刀	BT40-M1-45	ϕ12H8	实测			
11	T10	ϕ14mm 麻花钻	BT40-M1-45	ϕ14	实测			
12	T11	ϕ18mm 麻花钻	BT40-M2-50	ϕ18	实测			
13	T12	M16mm 机用丝锥	BT40-G12-130	M16	实测			

7.4.2 异形件在加工中心的加工工艺

下面以支架零件为例介绍异形件在加工中心的加工工艺，见图 7-28。

7.4.2.1 零件结构及工艺特点分析

该工件结构复杂，精度要求较高，各加工表面之间有较严格的位置度和垂直度等要求，铸件毛坯有较大的加工余量，零件的工艺刚性差，特别是加工 40H8 部分时，如用常规加工方法在普通机床上加工，很难达到图纸要求。原因是假如先在车床上一次加工完成 ϕ75JS6 外圆、端面和 ϕ62J7 孔、2-2.$2_{0}^{+0.12}$ 槽，然后在镗床上加工 ϕ55H7 孔，要求保证对 ϕ62J7 孔之间的位置度为0.06mm，及垂直度 0.02mm，就需要高精度机床和高水平操作人员，一般是很难达到上述要求的。如果先在车床上加工好 ϕ75JS6 外圆及端面，再在镗床上加工 ϕ62J7 孔、2-2.$2_{0}^{+0.12}$ 槽及 ϕ55H7 孔，这样虽然较易保证上述的位置度和垂直度，但却难以保证 ϕ62J7 孔与 ϕ75JS6 之

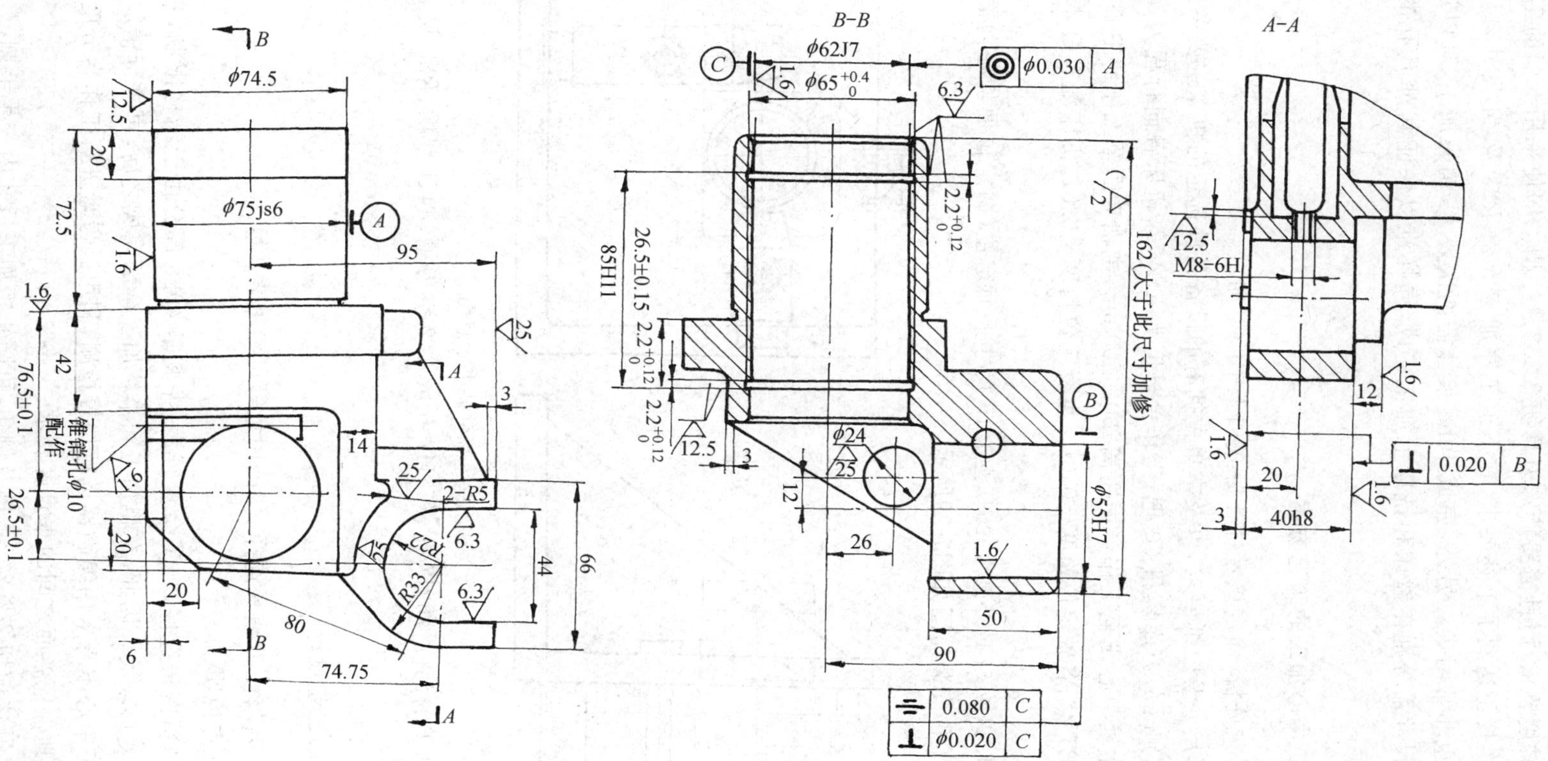

图7-28 支架零件简图

间 ϕ0.03mm 的同轴度要求，而且需要特殊刀具切 2-2.$2_0^{+0.12}$ 槽。即使采用专门的工夹具和高精度机床，经过多次找正达到了上述要求，在下道工序加工 $R22$、$R33$ 及 44 尺寸，以及加工 N 面及 40h8 尺寸时也非常困难。另外，完成 40h8 尺寸需两次装卡，调头加工，难以达到要求，ϕ55H7 孔与 40h8 尺寸需分别在镗床和铣床上加工完成，同样难以保证其对 B 孔的 0.02mm 垂直度要求。

7.4.2.2 采用加工中心加工的工艺方案

通过零件的工艺分析，确定该零件在卧式加工中心上加工。

根据零件外形尺寸及图纸要求，以及本单位拥有的设备条件选定的机床主要参数是：工作台面积 400mm×400mm；刀库容量 30 把；工作台分度为 5°×72；机床各向行程为 x 轴 500、y 轴 400、z 轴 400；主轴中心线至工作台面距离100～500mm；主轴端面至工作台中心距离150～550mm；主轴锥孔 BT-40；各轴定位精度±0.012、重复定位精度±0.01；机床配有日本 FANUC-6M 数控系统。

支架在加工时，以 ϕ75js6 外圆及 26.5±0.15 尺寸上面定位（两定位面均在前面车床工序中先加工完成）。工件安装简图如图7-29所示。

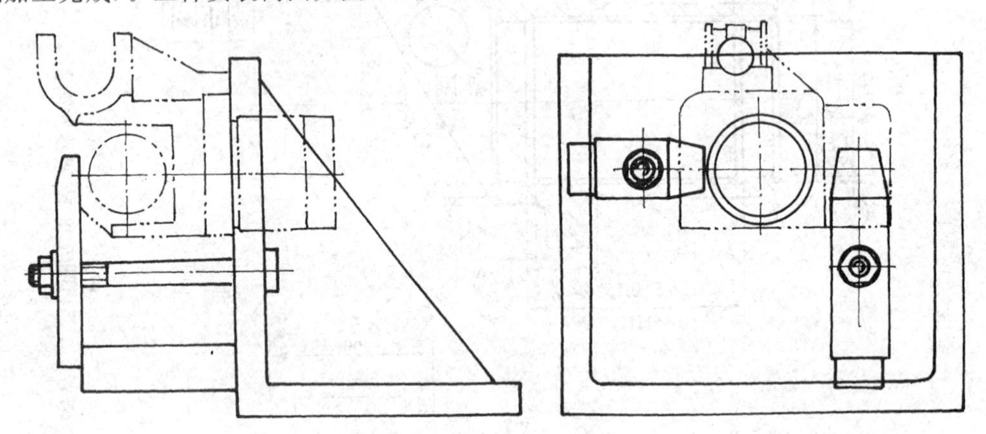

图 7-29 工件装夹示意图

在加工中心加工的部位：ϕ62J7 孔、ϕ55H7 孔、2-2.2 空刀槽、44U 型槽、$R22$ 尺寸、40h8 尺寸两面。

7.4.2.3 加工中心工步设计

加工方法、工步设计、刀辅具选择、切削用量等可参见表7-11。

工步设计的几点说明：

由于工件不是精密铸造件，加工余量较大，尤其是 40h8 部分由于结构限制，它的刚性较差，加工中产生的变形较大。因此，在粗加工和半精加工全部完成之后，再进行精加工。

所选卧式加工中心本身采用编码器进行位置检测，利用鼠齿盘进行工作台分度定位，多次回转加工，能有效地保证各面之间的垂直度要求。

在精镗 ϕ62J7 孔之前切 2-2.$2_0^{+0.12}$ 槽及倒角，可防止精加工后孔内产生毛刺。

表 7-11　支架零件数控加工工序卡片

数控加工工序卡片	产品型号		零件名称	支架	程序号	O7028	全 1 页
	零件图号		材料	HT200	编制		第 1 页

工步号	工步内容	刀具			辅具	切削用量			量检具
		T码	种类规格	刀长		主轴转速 /r·min^{-1}	进给速度 /mm·min^{-1}	背吃刀量 /mm	
1	B0								
2	粗镗 44 尺寸、R22 尺寸	T02	镗刀 ϕ42		JT40-TQC30-270	300	45		
3	粗铣 U 型槽	T03	长刃铣刀 ϕ25		JT40-MW3-75	200	60		
4	粗铣 40h8 尺寸左面	T04	立铣刀 ϕ30		JT40-MW4-85	180	60		
5	B180°								
6	粗铣 40h8 尺寸右面	T04							
7	B270°								
8	粗镗 ϕ62J7 孔至 ϕ61	T05	镗刀 ϕ61		JT40-TQC50-270	250	80		
9	半精镗 ϕ62J7 孔至 ϕ61.85	T06	镗刀 ϕ61.85		JT40-TZC50-270	350	60		
10	切 2－$\phi 65_{0}^{+0.4}$×2.2H11 空刀槽	T07	切槽刀 ϕ50		JT40-M4-95	200	20		
11	ϕ62J7 孔两端倒角	T08	倒角镗刀		JT40-TZC50-270	100	40		
12	B180°								
13	粗镗 ϕ55H7 孔至 ϕ54	T09	镗刀 ϕ54		JT40-TZC40-270	350	60		
14	ϕ55H7 孔端倒角	T11	倒角刀 ϕ66		JT40-TZC50-270	100	30		
15	B0								
16	精铣 U 型槽成	T03							
17	精铣 40h8 左端面至要求	T12	镗刀 ϕ66		JT40-TZC40-180	250	30		
18	B180°								
19	精铣 40h8 右端面至要求	T12							
20	精镗 ϕ55H7 孔成	T13	镗刀 ϕ55H7		JT40-TQC50-270	450	20		塞规 ϕ55H7
21	B270°								
22	铰 ϕ62J7 孔成	T14	铰刀 ϕ62J7		JT40-K27-180	100	80		塞规 ϕ62J7

习题七

7-1　加工中心有哪些工艺特点？

7-2　加工中心是怎样分类的？各种类型的加工中心的适用范围如何？

7-3　加工中心的主要结构部件有哪些？分别有什么作用？

7-4　适合于加工中心加工的主要加工对象有哪些？

7-5　加工中心的工艺分析主要需要注意哪些问题？

7-6　什么是刀具预调仪？它的工作原理如何？

7-7　根据图 7-30 所示的零件加工，试制定该零件的加工中心加工工艺。

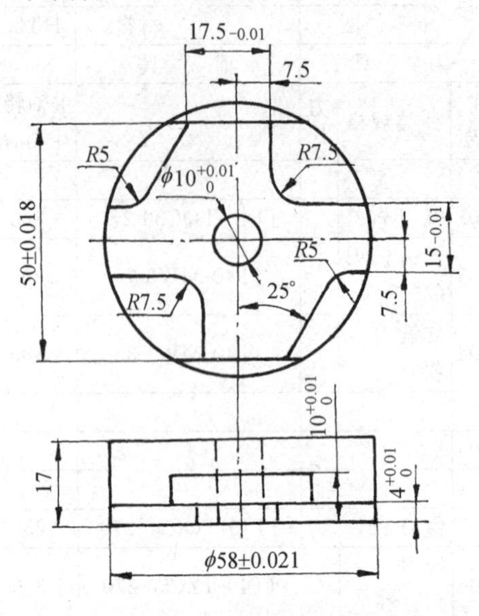

图 7-30

7-8　图 7-31 所示支承板上的 A、B、C、D 及 E 面已在前工序中加工好，现要在加工中心上加工所有孔及R100mm圆弧，其中 ϕ50H7 孔的铸出毛坯孔为 ϕ47mm，试制订该零件的加工中心加工工艺。

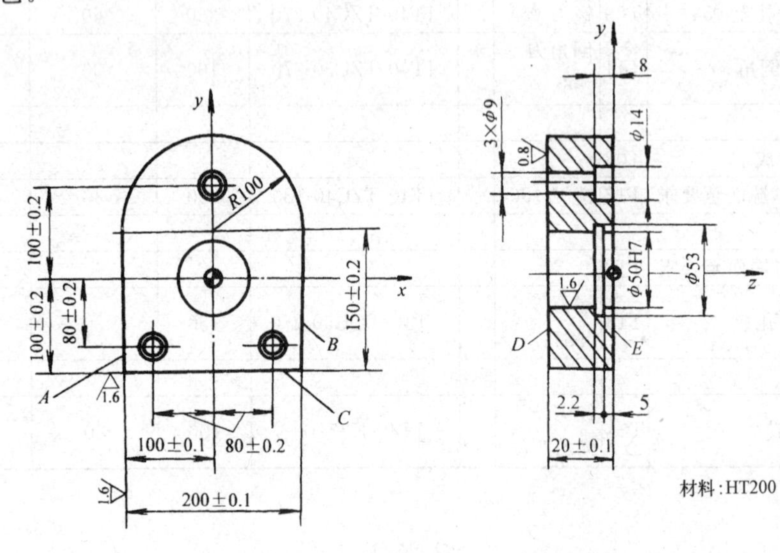

图 7-31

8 电火花成形加工和数控线切割加工工艺

随着工业生产的发展和科学技术的进步，具有高熔点、高硬度、高脆性、高粘性、高韧性、高纯度等性能的新材料不断出现，各种复杂结构与特殊工艺要求的工件也越来越多，仍然采用机械切削加工，有时难以实现甚至无法加工，特别是一些模具制造中的复杂型腔、精度要求很高的细孔、孔系等加工，是普通机械切削加工所难以胜任的。而电火花加工正好弥补了机械切削加工的这一缺陷，已越来越突出地显示出其优越性，在工业生产中得到广泛的应用。

电火花加工种类繁多，它包括电火花穿孔加工、电火花成形加工、电火花线切割加工、电火花磨削加工、电火花展成加工等，其中应用最普遍的是电火花成形加工和电火花线切割加工。下面就对这两种加工工艺加以介绍。

8.1 电火花成形加工的加工工艺

8.1.1 电火花成形加工的基本原理、特点及应用

8.1.1.1 电火花成形加工的基本原理

电火花成形加工的原理是将工件和工具电极分别接上正负脉冲电源，通过两极间的放电腐蚀，从而达到加工工件的一种加工方法。如图8-1所示，打开电源，由自动进给的调节装置带动工具电极向工件移动，并使工具电极相对工件保持一定的放电间隙。打开脉冲电源，由脉冲电源输出的电压加在液体介质中的工件和工具电极上，当电压升高到间隙中介质的击穿电压时，两极间的介质被击穿，形成电流通道，从而形成脉冲放电，瞬间的脉冲放电使两极间的局部产生10 000～12 000℃的高温，该高温在瞬间足以使工件表面的金属和电极表面的金属气化和熔化，从而使金属表面被腐蚀。

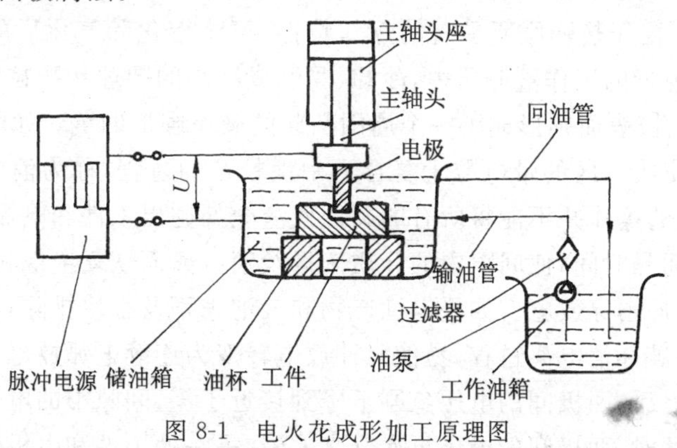

图 8-1 电火花成形加工原理图

电火花放电的时间很短，一般小于 10^{-3} s(在 10^{-5}～10^{-7} s)，即一瞬间，以至使放电所产生的热量来不及从放电点过多传导扩散到其他部位，从而只在极小的范围内使金属熔化，直至气化。

一个完整的脉冲放电过程可分为五个连续的阶段：电离、放电、热膨胀、抛出金属和消电离。

(1) 电离　由于工件和电极表面存在着微观的凹凸不平，在两者相距最近的点上电场强度最大，会使附近的液体介质首先被电离成为电子和正离子。

(2) 放电　在电场力的作用下，电子高速奔向阳极，正离子奔向阴极，并在跑动中相互碰撞，产生火花放电，形成放电通道。如图8-2所示，在这个过程中，两极间液体介质的电阻从绝缘状态的几兆欧姆骤降到几分之一欧姆。由于放电通道受放电时磁场力和周围液体介质的压缩，其截面积极小，电流强度可达 10^5～10^6 A/cm^2。

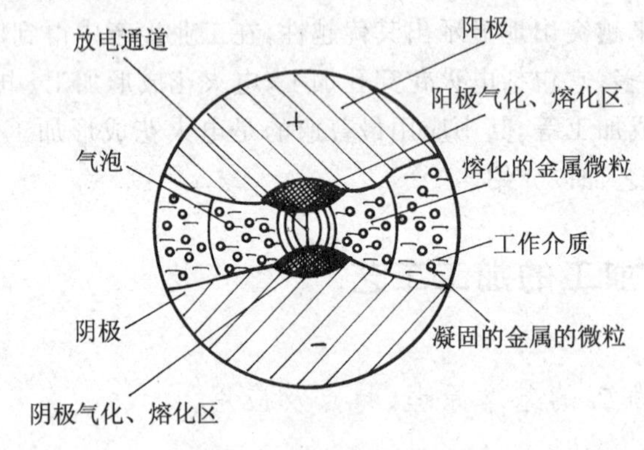

图 8-2　放电状况微观图

(3) 热膨胀　由于放电通道中分别朝着正极和负极高速运动的电子和离子相互间发生碰撞，产生大量的热能；再加上高速运动着的电子和离子流分别撞击工件和电极所在的阳极和阴极表面，将其动能也转化为热能，这样在两极之间沿通道形成了一个温度高达10 000～12 000℃的瞬时高温热源。在该热源作用区的电极和工件表面层金属会很快熔化、甚至气化。而电流通道周围的液体介质一部分被气化，另一部分被通道作用区的高温热源分解为游离的炭黑和氢气(H_2)、乙炔(C_2H_2)、乙烯(C_2H_4)、甲烷(CH_4)等，这些气化后的金属和工作液介质蒸汽在瞬间(10^{-7}～10^{-5} s)热量来不及散发，成为气泡，迅速膨胀、爆炸，使电极和工件间冒出小气泡和黑色的液体，同时溅出闪亮的火花，并伴随清脆的劈啪声。

(4) 抛出金属　由于热膨胀所具有的爆炸特性，可将熔化和气化后的金属残渣通过爆炸力抛入工件和电极附近的工作液介质中，冷却、凝固成细小的圆球状颗粒(直径一般约为0.1～500μm不等)，而在电极表面则形成了一个周围凸起的微小圆形凹坑。如图8-3所示。

(5) 消电离　使放电区的带电粒子复合为中性粒子的过程，称为消电离。在火花放电的过程中，通过热膨胀的爆炸并不能将所有的腐蚀残渣全部抛出工件和电极的放电区，在一次脉冲放电后应有一段间隔时间，使间隙内的介质来得及消电离而恢复绝缘状态，让蚀除物尽快排除，以实现下一次脉冲击穿放电。如果电蚀产物和气泡来不及很快排除，就会改变间隙内介质的成分和绝缘强度，破坏消电离过程，易使脉冲放电转变为连续电弧放电，影响加工。

一次脉冲放电之后，两极间的电压急剧下降到接近于零，间隙中的电介质立即恢复到绝缘状态。当第二次脉冲时，两极间的电压再次升高，又在另一处工件和电极靠的最近的点又一次

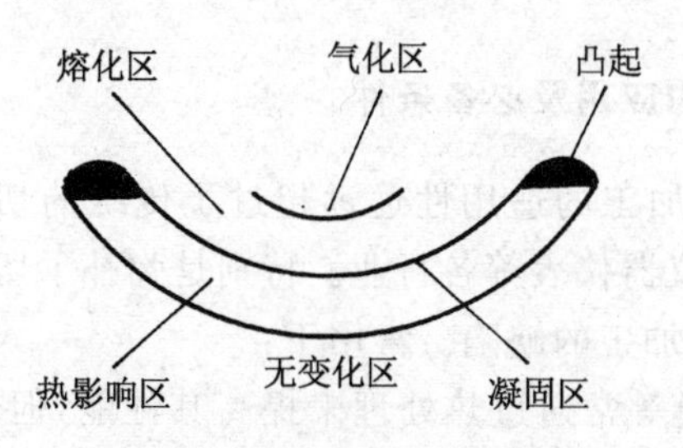

图 8-3　放电凹坑剖面示意图

发生上述脉冲放电的过程。以此类推,多次脉冲放电的结果,使得整个被加工表面由无数小的放电凹坑构成,如图8-4所示,工具电极的轮廓形状便被复制在工件上,达到了加工的目的。

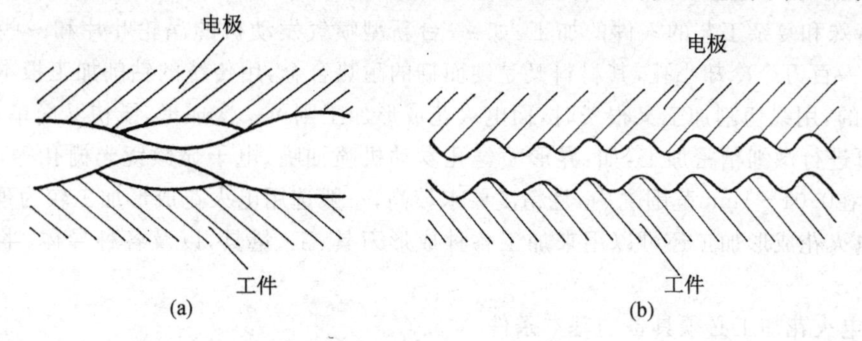

图 8-4　加工表面局部放大图

(a) 单个脉冲放电后的电蚀凹坑；(b)多次脉冲放电后的电极表面

8.1.1.2　电火花成形加工的特点

① 电火花成形加工过程中,电极与工件不直接接触(工件和电极间存在着放电间隙),所以电极的材料不必比工件硬。

② 电火花成形加工是直接利用电、热能进行加工,控制较方便,其电参数可以任意调节,可以在同一台机床上,工件一次装夹的情况下,连续进行粗加工、半精加工和精加工,便于保证加工精度,实现加工过程的自动化。

③ 电火花加工中,工件的形状主要由成形电极成形,因此可采用成形电极对各种型孔、立体曲面、复杂形状等工件进行仿型加工。

④ 电火花成形加工,在精加工时,精度可达到 0.01mm,表面粗糙度为 $R_a=0.63\mu m$;微精加工时,精度可达 0.004～0.002mm,表面粗糙度为 $R_a=0.32\sim0.16\mu m$。

电火花成形加工与金属切削加工比有其独特的优点,但在某些方面也存在以下一些局限性:

电火花成形加工只能用于加工金属等导电体,一定条件下也可加工半导体和非导体材料。

一般加工速度较慢,为改善这些问题,提高生产率,通常可以先用切削加工去除大部分余量,再用电火花成形加工将其加工到位。

存在电极的损耗,电火花成形加工过程中,工件和电极都有腐蚀,而电极的腐蚀损耗会直接影响到加工的精度,且电极的损耗都集中在尖角和底部,尤其影响工件的成形精度。

8.1.1.3 电火花成形加工的应用及必备条件

(1) 应用　电火花成形加工的适用性远远超过了传统的切削加工，被广泛用于机械、电子、电器、航空、汽车、轻工、仪器仪表等各行业。特别是弥补了切削加工对某些难加工材料、复杂形状零件和特殊工艺零件加工的缺陷。常用于：

① 对冲模、锻模、塑料模等常通过热处理来提高其性能，但热处理后，这些模具常常会发生变形，对此可采用电火花成形法来进行模具变形的修正加工。

② 对多种复杂型腔可采取整体加工，以减少加工工时和装配工时，延长使用寿命，提高工作的可靠性。同时也减少每一部分型腔加工后拼装组合的误差和难度。

③ 特殊和复杂工艺的零件的加工，如：一台新型喷气发动机的涡轮叶片和一些环形件上需要加工一百万个冷却小孔，其材料又是硬而韧的耐热合金，用传统的钻削加工根本不可能达到加工目的，用线切割加工又很费时，而电火花成形加工则可一次成形，既快又简单。

④ 可进行微细精密加工，如：异形喷丝孔发动机喷油嘴、电子显微镜光栅孔等，它们的直径一般都在0.01～1mm范围之内，且精度要求较高，一般选用电火花成形加工较为理想。

⑤ 电火花成形加工还可以用来加工各种成形刀具、工、量具，以及各种导体、半导体材料的零件。

(2) 电火花加工必须具备的基本条件

① 必须使接有正负两极的工件和工具电极间保持一定的距离以形成放电间隙，放电间隙一般为0.01～0.1mm。

② 火花放电时必须在具有一定绝缘性能的液体介质(通常用煤油、皂化液或去离子水、机油等)中进行。

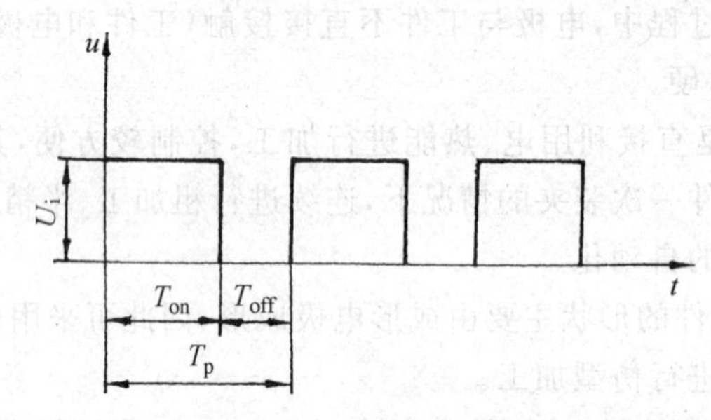

图 8-5　脉冲电源电压波形图

③ 火花放电必须是瞬时的脉冲性放电，如图 8-5 所示为脉冲电源的空载电压波形，图中T_{on}为脉冲宽度(为脉冲放电持续的时间)，T_{off}为脉冲间隔(为相邻脉冲之间的间隔时间)，T_p为脉冲周期，U_i 为脉冲峰值电压或空载电压。

8.1.2　影响电火花成形加工工艺指标的主要因素

8.1.2.1 主要工艺指标

电火花成形加工主要的工艺指标包括三个方面：电火花成形加工速度、电火花成形加工的精度和电火花成形加工的表面质量。

(1) 电火花加工的速度　电火花成形加工的速度是指单位时间内工件的蚀除量。它可用两种方式表示，一种是以单位时间内，工件的体积蚀除量来表示的，称为体积加工速度，用 V_V 表示；另一种是以单位时间内，工件质量的蚀除量来表示的，称为质量加工速度，用 V_m 表示。通常我们常用体积加工速度表示电火花成形加工的速度，其计算公式为：

$$V_V = \frac{V}{t} \tag{8-1}$$

式中：V —— 工件被蚀除的体积，单位 mm^3。

t —— 加工的时间，单位 min。

加工电火花成形速度越高，生产率越高。

(2) 电火花成形加工的精度　电火花成形加工的精度是指被加工工件通过电火花成形加工完成后，其实际的几何参数（如工件上实际存在的尺寸、形状和相互间的位置及表面粗糙度等）与理想状态时的零件几何参数相符合的程度。

电火花成形加工的精度一般可达到 0.01～0.05mm，微精加工时的精度可达到0.002～0.004mm。

(3) 电火花成形加工的表面质量　电火花成形加工的表面质量是指被加工工件加工完成后，其实际表面的表面粗糙度、表面机械性能和表面变质层与理想表面相符合的程度。

电火花成形加工的表面粗糙度一般可达到 R_a0.63～0.32μm，微精加工，利用平动头平动后的最佳表面粗糙度可达到 R_a 0.32～0.04μm。

8.1.2.2　影响工艺指标的主要因素

(1) 影响加工速度的主要因素　影响加工速度的主要因素反映在材料放电腐蚀量的大小，电火花成形加工的材料放电腐蚀量用 Q 表示，它指在连续的电火花放电加工中，正、负两极在某一段时间内，各单个有效脉冲蚀除量 q 的总和。

电火花加工的电腐蚀能量越大，加工速度越高，生产率越高，而工件的表面质量越差。

影响材料放电腐蚀量的主要因素则包括电参数对电腐蚀的影响、金属材料热学常数对电腐蚀的影响、工作液对电腐蚀的影响三个方面。

① 电参数对电腐蚀的影响。在电火花成形加工过程中，因所用的电流是脉冲电流，整个加工过程是一个接着一个的单个的独立脉冲所组成，某段时间内电火花加工的总腐蚀量主要由该段时间内各单个脉冲的能量(W_M)所造成的单个脉冲的有效蚀除量(q)的总和反映出来，无论正、负极都存在单个脉冲的能量和单个脉冲的腐蚀量，且在一定范围内它们成正比关系。用公式表示为：

$$q = KW_M \cdot f \cdot \psi \cdot t \tag{8-2}$$

$$\Rightarrow \begin{cases} q_a = K_a \cdot W_M \cdot f \cdot \psi \cdot t & (8\text{-}3) \\ q_c = K_c \cdot W_M \cdot f \cdot \psi \cdot t & (8\text{-}4) \end{cases}$$

式中：q —— 工件或电极单个脉冲的蚀除量，其中正极为 q_a，负极为 q_c。

K —— 与电极材料、脉冲参数、工作液等有关的工艺参数，正极为 K_a，负极为 K_c。

W_M —— 单个脉冲的能量。

f —— 脉冲的频率。

ψ —— 脉冲的有效利用率。

t —— 加工时间。

又，加工工件的生产率或电极在加工中的损耗率一般用工件或电极的蚀除速度来表示，其关系式为：

$$v = \frac{q}{t} \tag{8-5}$$

$$\Rightarrow \begin{cases} v_a = \dfrac{q_a}{t} & (8\text{-}6) \\ v_c = \dfrac{q_c}{t} & (8\text{-}7) \end{cases}$$

式中：v—— 表示正负极的蚀除速度，也以此反映工件加工的生产率或电极的损耗速度，单独表示时，正极用 v_a 表示，负极用 v_c 表示。

从以上公式可知，单个脉冲的能量对脉冲的腐蚀量的影响最大，而单个脉冲的能量则取决于工件和电极间的绝缘介质被击穿后间隙间的火花维持电压、平均放电电流和电流的脉冲宽度。其相互间的关系用公式表示为：

$$W_M = U \cdot I_P \cdot T_{on} \tag{8-8}$$

式中：U—— 工件和电极间绝缘介质击穿后，间隙间的火花维持电压。

I_P—— 电火花放电加工过程中的单个脉冲的平均放电电流。

T_{on}—— 单个脉冲的脉冲宽度或脉冲放电持续时间。

其中，火花维持电压是一个定值，它只与液体介质和电极材料有关，一般工作液介质为煤油时，用纯铜加工钢的火花维持电压为20～25V；用石墨加工钢时，其火花维持电压为25～35V；当工作液介质为乳化液时，用钼丝加工钢的火花维持电压为16～20V。

由以上关系式可得出结论：在脉冲有效利用率和加工时间一定的条件下，要提高脉冲的蚀除量，只须提高脉冲的频率 f、增加单个脉冲的能量 W_M 和提高工艺系数 K。要提高单个脉冲的能量，则必须增加平均放电电流或提高脉冲宽度；而在加工时间一定的情况下，如不改变脉冲宽度，要提高脉冲频率，只须降低相邻脉冲之间的间隙时间 T_{off}。所以提高加工速度（即提高生产率）的途径有三：提高平均放电电流和脉冲宽度；减小脉冲间隙；设法提高工艺系数。但脉冲间隙必须适中，不能太短，太短了会造成来不及消电离，使放电蚀除产物不能彻底排除，从而造成二次放电（已加工表面上由于电蚀产物等的介入，而造成正、负极电蚀产物之间、电蚀产物与工件或电极之间两次进行放电），形成拉弧现象，严重损坏工件和电极，使加工无法正常进行。单个脉冲的能量在粗加工、半精加工时可适当增大，精加工时则必须适中，如太大，使腐蚀量增加，蚀除凹坑就增大，从而造成加工表面的表面粗糙度值随之增大，因而影响了加工的质量。

② 金属材料热学常数对电腐蚀的影响。金属材料的熔点、沸点、热导率、比热容、熔化热、气化热等统称为热学常数。其中比热容是指熔化成液体状态的金属材料，继续升高温度至沸点，每克材料温度升高 1℃ 所需要的热量；熔化热是指熔化每克金属材料所需的热量；气化热是指气化每克熔融状态下的金属材料所需消耗的热量；热导率是指热量传导散失的百分率。

每次脉冲火花放电时，在正、负极放电点瞬时产生的高达10 000～12 000℃的热量，一部分由于热传导散失到电极、工作液介质中，另一部分则被金属工件吸收，用于集中熔化、气化工件放电点的金属。当每次脉冲放电能量相同时，金属的熔点、沸点、比热容、气化热、熔化热越高，每克金属熔化、气化所吸收的热量就越多，则金属的电蚀量就越少，加工速度降低，加工越难；

当被加工金属的热导率越大，则散失到其他部位的热量就越多，用于熔化、气化金属工件的热量就减少，金属的电蚀量也相应随之减少，工件的加工难度增加，加工的速度同样降低。

传导散失热量的多少与 T_{on} 的变化有着密切的联系，当 W_M 一定时，火花放电产生的热量一定，当单个脉冲的平均放电电流减小，则由式(8-8)可知脉冲的宽度增加，脉冲持续的时间过长，散失的热量增加，用于腐蚀的热量减少，电腐蚀量减少，加工速度降低。反之，如单个脉冲的平均放电电流增加，脉冲宽度减小，如脉冲持续的时间过短，则火花放电产生的热量来不及传导扩散，过量集中的热量大部分用于气化蚀除的金属，使耗用在气化热上的热量增加，而继续蚀除金属的热量减少，电蚀量随之减少，使加工速度降低。所以脉冲宽度 T_{on} 过大、过小都不好，只有选择最佳的 T_{on}，且极性选择合理，才可获得较高的加工速度，提高生产率，降低电极的损耗，真正达到"高效低损耗"的加工。

③ 工作液对电腐蚀的影响。电火花成形加工必须在工作液介质中才能进行，工作液介质在整个加工中所起的作用反映在以下四个方面：

起绝缘作用，在电火花加工初期，工作液介质受电场力的作用，被击穿而分离出电子和正离子，形成电流通道，在一次脉冲的火花放电结束后，迅速恢复正负两极间间隙的绝缘状态，实现消电离；对放电通道产生压缩作用，使通道变窄，使电子、正离子活动区域变小，从而使电流骤增，增强蚀除能量；帮助电蚀产物的抛出和排除；对工件和电极起冷却作用。

工作液所起作用的好坏与工作液的粘度、密度有关，它与腐蚀量的关系如下：

对密度、粘度大的工作液，有利于压缩放电通道，使放电通道变窄，从而使放电通道中的电子、正离子的密度增加，相互碰撞产生的热量增加，电腐蚀量增加，加工速度增加，但同时由于电蚀产物增加，排屑难度增加，影响正常火花放电。

对密度、粘度小的工作液，不利于压缩放电通道，使放电通道中的密度变小，电蚀量也减小，加工速度低，但排屑容易。

所以在选择工作液时，必须遵循以下原则：粗加工时，主要为了提高加工速度，保证生产率，质量是次要因素，因此选大密度、大粘度的机油作工作液，确保放电能量的密度；精加工时，主要为了保证加工的质量，选粘度小、流动性好、渗透性好的煤油作工作液，确保火花放电过程中电蚀产物迅速排除，避免二次放电的产生，使加工能稳定进行。

不同的加工质量对应的加工速度不同，粗加工 $R_a=10\sim20\mu m$ 时，加工速度 $V_V=200\sim1\,000mm^2/min$；半精加工 $R_a=2.5\sim10\mu m$ 时，$V_V=20\sim100mm^2/min$；精加工 $R_a=0.32\sim2.5\mu m$时，$V_V<10mm^2/min$；微精加工 $R_a=0.32\sim0.16\mu m$ 时，加工速度更小。

(2) 影响加工精度的主要因素　影响加工精度的因素很多，主要反映在放电间隙(单边间隙)、电极的损耗、加工的稳定性、装夹定位的影响四个方面。

① 放电间隙对加工精度的影响。电火花成形加工时，工件和电极不接触，工件和电极之间必须保证有一定的距离间隙，加工才能正常进行。其放电间隙的大小一般在 0.01～0.5mm 之间，它分为端面间隙 S_d 和侧面间隙 S_C 两种，如图8-6所示，而放电间隙大小的控制将直接影响加工的精度，以及预制电极的尺寸。如果放电间隙一定，那么在设计电极时，只须将被加工工件尺寸缩小一个放电间隙，作为电极的尺寸，从而就能确保加工精度，但实际上放电间隙是随着放电的电参数的变化而变化的，因此在电火花成形加工过程中要确保加工精度，在现有电极的基础上，首先必须控制加工过程中放电间隙的大小。

放电间隙的大小取决于开路电压 U_i、单个脉冲的能量 W_M，它们之间的相互关系为：

$$S_j = K_y \cdot U_i + K_C \cdot W_M^{0.4} + S_m \quad (8\text{-}9)$$

式中：S_j——火花放电间隙(指单边间隙)，单位 μm。

K_C——与被加工工件材料的易熔性有关的常数，一般铁的 $K_C=2.5\times10^2$，硬质合金的 $K_C=1.4\times10^2$，铜的 $K_C=2.3\times10^2$。

U_i——开路电压或峰值电压，是间隙开路时电极间的最高电压，等于电源的直流电压，一般晶体管方波脉冲电流，其 $U_i=80\sim100$V，而低压复合脉冲电源的 $U_i=175\sim300$V。

S_m——对金属的热胀冷缩、振动等因素造成的间隙变化的修正间隙，一般取 3μm。

K_y——与工作液介质的电强度有关的常数，一旦工作液确定，它便是个定值，如纯煤油时 $K_y=5\times10^{-2}$，有电蚀产物产生后 K_y 变大。

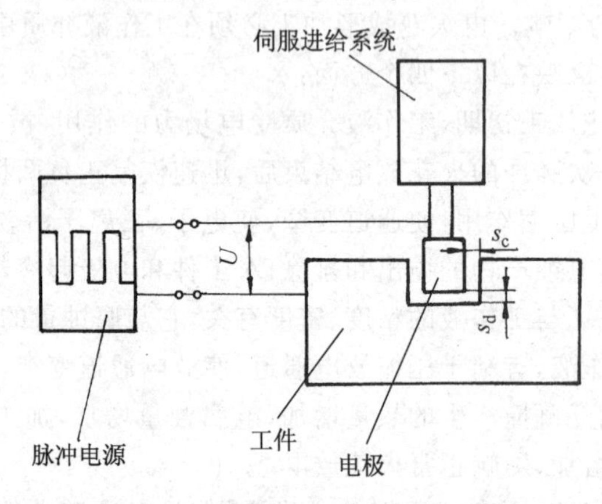

图 8-6　电火花加工放电间隙示意图

由以上关系式可知，放电间隙的大小受峰值电压和单个脉冲的能量的影响，当工作液介质和被加工工件材料一定时，峰值电压和单个脉冲的能量越大，放电间隙越大，可能产生的间隙变化量越大，生产率越高，但成形复制精度越低。特别是形状复杂，棱角较多的工件，在棱角部位，由于电场强度分布不均匀，间隙越大，影响就越严重，因此为确保加工精度，放电间隙应尽量取小些。精加工时一般取较小放电间隙(单面取0.01mm)，粗加工时，取较大间隙(单面取0.5mm左右)。

② 电极的损耗对加工精度的影响。在电火花成形加工中，被加工工件的加工尺寸，由电极的尺寸和放电间隙的大小两者合成，也就是说其仿形精度，由电极的尺寸、形状和放电间隙来保证。一旦放电间隙的大小由峰值电压和单个脉冲的能量的标准确定后，那么电极的尺寸精度和形状精度将直接决定被加工工件的仿形精度，而加工中电极的损耗将成为衡量加工质量的一个重要指标。

电极的损耗在各个部位是不均匀的，它分为端面损耗、边损耗和角损耗三种，如图8-7所示，一般角损耗＞边损耗＞端面损耗。

另外，由于二次放电常常会使加工深度方向产生斜度和使加工棱角的棱边变钝，如图8-8所示。

电极的损耗程度一般用电极的损耗比来表示，它是指电极损耗速度与工件加工速度的比值。用公式表示为：

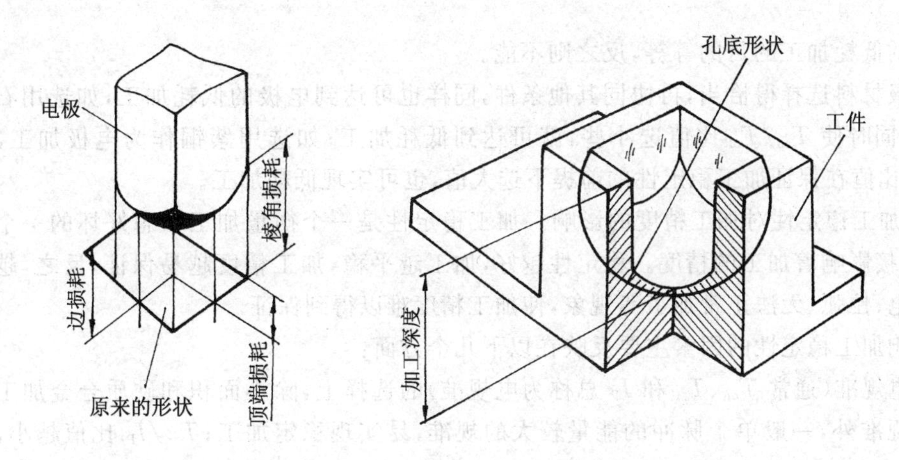

图 8-7　电极各部位不均匀损耗示意图

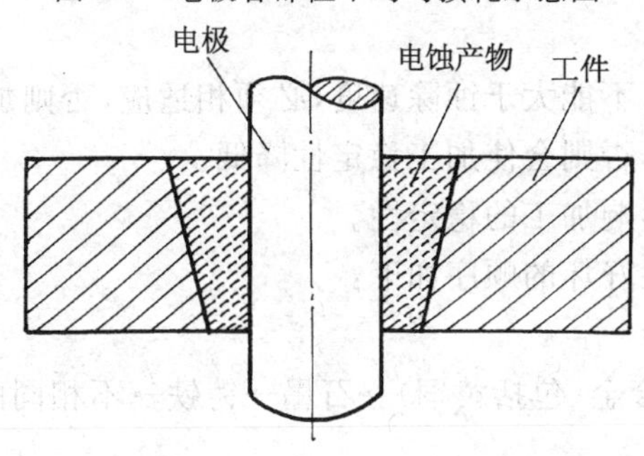

图 8-8　二次放电对加工精度的影响

$$\beta=\frac{v_{ds}}{v_v}\times 100\% \tag{8-10}$$

式中：β——电极的损耗比。

v_{ds}——电极的损耗速度，单位 mm^3/min。

v_v——工件加工速度，单位 mm^3/min。

在等截面电火花穿孔加工时，β 也可以用电极损耗的长度和加工深度的比值来表示，即：

$$\beta=\frac{L}{H}\times 100\% \tag{8-11}$$

式中：L——电极损耗的长度，单位 mm。

H——电极加工的深度，单位 mm。

当电极的损耗比 $\beta<1\%$ 时，称为低耗加工。一般满足下列诸条件可实现低耗加工：

当单个脉冲的平均放电电流 I_P 一定时，单个脉冲的脉冲宽度 T_{on} 越大，电极的损耗越小，当 T_{on} 增加到某一值（一般在 $100\mu s$ 以上），同时配以相应的 T_{off} 时，电极损耗比下降为 1%，实现低耗加工。

放电面积太小，会造成电极损耗的增加，但当放电面积足够大（一般大于 $70cm^2$）时，就不再影响电极的损耗，可实现低耗加工。

在不同的工作液介质中加工工件，所用的极性接线方法不同，造成电极损耗的结果也不同，如在煤油中，采用负极性接线法（$T_{on}>50\mu s$ 时，工件接负极）加工工件，可达到电极低耗加工的目的，同样在去离子水中，采用正极性接线法（$T_{on}<50\mu s$ 时，工件接正极）加工工件，可达

到电极的低耗加工的目的等等，反之则不能。

电极材料选择得恰当，再协同其他条件，同样也可达到电极的低耗加工，如选用石墨作电极加工，同时使 T_{on}/T_{off} 比值选小些，就可达到低耗加工；如选用紫铜作为电极加工，同时使 T_{on}/T_{off} 比值在保证加工稳定性的前提下选大值，也可实现低耗加工。

③ 加工稳定性对加工精度的影响。加工稳定性是一个衡量加工状态好坏的一个定性概念，它直接影响着加工的精度。稳定性越好，加工越平稳，加工精度越易保证，反之，越易产生二次放电、拉弧、无法正常加工等现象，使加工精度难以得到保证。

影响加工稳定性的因素主要反映在以下几个方面：

在电规准(通常 T_{on}、T_{off} 和 I_P 总称为电规准)的选择上，除小面积和硬质合金加工不能用太强的规准外，一般单个脉冲的能量较大的规准，易实现稳定加工；T_{on}/I_P 比值越小，加工越稳定；T_{off} 不能太小，否则加工不稳定；平均加工电流 I_P 不能超过最大允许的加工电流密度，否则也会造成加工不稳定。

电极对工件的进给速度不能大于蚀除速度，必须相适应，否则加工不稳定。

冲、吸油压力必须合适，否则会使加工稳定性降低。

极性接线方法不当会影响加工的稳定性。

电极材料对加工稳定性好坏的顺序如下：

紫铜
铜钨合金
银钨合金 } → 铜合金(包括黄铜) → 石墨 → 铸铁 → 不相同的钢 → 相同的钢

其中，淬火钢比不淬火钢工件的加工稳定性好。加工形状越复杂，加工稳定性越差；加工深度越深，加工稳定性越差；电极和工件安装松动，加工稳定性差。

④ 工件和电极的装夹定位对加工精度的影响。电火花成形加工中工件和电极安装的相互位置在确保加工精度中，起着举足轻重的作用，工件基准与丝杠 x、y 轴走向的平行度要求，电极相对于工件在 z 轴向的垂直度要求、以及相对于工件的位置度要求，再加上工件装夹是否牢固等，都将直接影响加工的精度，一旦不符合要求，即使后面电参数选择正确，都难以弥补。

(3) 影响表面质量的因素

电火花成形加工的表面质量包括三个方面：表面粗糙度、表面变质层、表面机械性能。

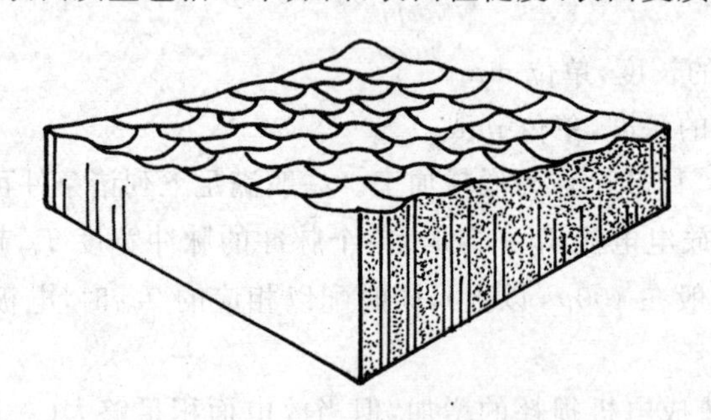

图 8-9　电火花成形加工的表面示意图

① 表面粗糙度。根据电火花成形加工的特性可知，电火花成形加工的表面由无数个放电后留下的小凹坑组成，俗称“桔皮组织”，如图8-9所示，该表面与机械切削加工表面比具有润滑性、耐磨性好的特点。其表面粗糙度可用反映高度方向特性的三个主参数 R_a、R_z 和 R_y 来表

示，习惯上用实测的轮廓平面的最大高度值 R_{Smax} 来表示。表面粗糙度的大小与造成单个脉冲能量的电参数 T_{on}、I_P 有关，其关系式为：

$$R_{Smax} = K_R \cdot T_{on}^{0.3} \cdot I_P^{0.4} \tag{8-12}$$

式中：R_{Smax}——实测的表面粗糙度，单位为 μm。

K_R——铜加工钢时的修正系数，$K_R = 2.3$。

由以上的关系式可知，T_{on}、I_P 越大，表面粗糙度越大，因 T_{on}、I_P 越大，单个脉冲的能量越大，腐蚀量越大，工件表面凹坑越深，质量越差。

电火花成形加工时，被加工工件的侧面的表面粗糙度往往要好于底面的表面粗糙度，一般穿孔加工的工件，其侧面的表面粗糙度可达到 $R_a = 1.25 \sim 0.32\mu$m，利用平动头平动修光后可达到0.63～0.04μm。

另外用紫铜电极加工的表面比用石墨电极加工的表面粗糙度好，在相同能量下，加工高熔点的材料比加工低熔点的材料所获得的表面粗糙度要好。

② 表面变质层。电火花成形加工中，工件的表面由于火花放电产生瞬时的高温熔化、气化，后又因消电离再由工作液给予快速冷却，从而造成工件表面的材料结构发生了很大变化，工件表层材料结构发生变化的部分，称为表面变质层。表面变质层根据其内部结构发生变化的程度，可分为熔化凝固层和热影响层，如图8-3所示。

火花放电时，由于工件放电点瞬间产生的高温使工件表面熔化、气化的金属，一部分被抛离到液体介质中，使金属表面形成如图8-3所示的气化区，另一部分则滞留下来，再受到消电离时工作液对其的快速冷却，便凝固在工件的表层，这层金属由于先熔化反应，然后凝固，此过程中进行了重新的组合，其结构已经发生了彻底的变化，且依附于金属的表面，与工件的基体结合不牢，这层金属称之为熔化凝固层。熔化凝固层的厚度为(1～2)R_{Smax}，一般不超过0.1mm。

如图 8-3 所示，与熔化区相邻的是热影响区，它处于熔化区的下面，在熔化区的金属被熔化时，它只是受到熔化区高温的辐射，使材料的金相组织发生了变化，但并没有被熔化，因此热影响层金属不曾离开过工件基体，它和基体间结合牢固，没有明显界限。

因不同的材料发生金相变化的温度不同，所以热影响层的厚度随材料的不同而不同。热影响层与熔化层接壤处由于受到熔化区高温的辐射最强烈，后又被迅速冷却，因而形成了(2～3)R_{Smax}的淬火区，在其下面与之相邻处又形成(3～4)R_{Smax}的高、低温回火区。

③ 表面机械性能。由于电火花成形加工后的金属表面受表面变质层的影响，所以造成了工件表层硬度较高，耐磨性好，但熔化凝固层部分易受外界载荷影响而脱落，因此加工时可在深度方向多加工0.1mm，再上磨床磨去。

又由于电火花成形加工表层是经过迅速热胀又迅速冷却而成，其金属材料内部形成的拉应力和压应力不等，最终较大的残余拉应力留在了工件的表面，使工件表面易产生显微裂纹，从而耐疲劳性能降低。一般表面粗糙度 $R_a = 0.32 \sim 0.08\mu$m范围内时，电火花成形加工的表面机械性能与金属切削加工相接近，高于该范围，则电火花成形加工表面的耐疲劳性能比金属切削加工表面低许多倍，因此，为提高工件的使用寿命，应尽量避免使用较大的电规准。

8.1.3 电火花成形加工工艺的制订

电火花成形加工一般都是用来加工难加工和金属切削加工不易加工的零件，因此它的加工通常都是成品零件的最后工序，为此要使零件的实际几何参数完全符合图纸要求，必须先制订出合理且完善的工艺规程，如图8-10，即为电火花成形加工过程的步骤。

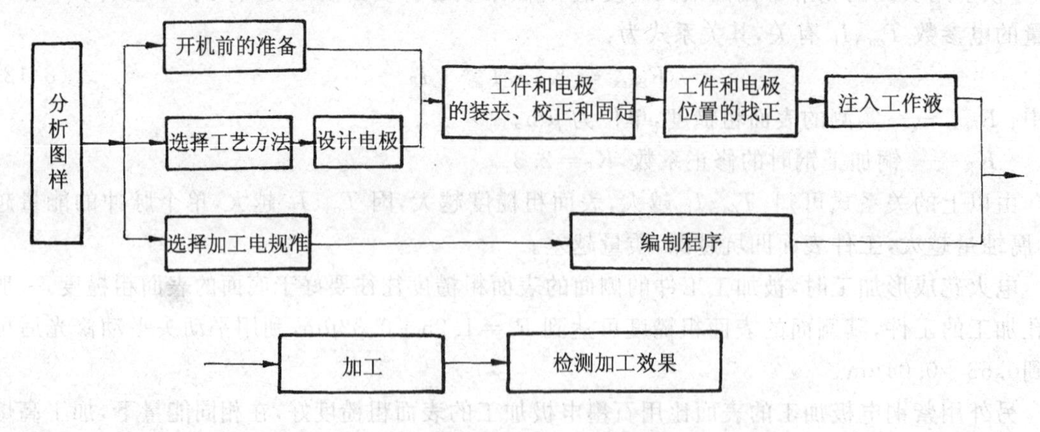

图 8-10 电火花成形加工的工艺准备和工艺过程图

8.1.3.1 分析图样

图样分析是加工工艺中首要的工作，直接影响零件加工的质量和效果。图样分析主要是分析零件的形状结构、技术要求是否符合电火花成形加工的工艺条件；现有电火花成形机床能否加工出图样上零件的加工精度和表面粗糙度；图样上所给出的几何条件是否充分、清晰、有无标注缺陷和结构的不合理；所用的毛坯材料是否是导体或半导体；加工工件的尺寸大小有无超过电火花成形机床的加工尺寸范围等等。

如图样分析后确定能用现有的电火花成形机床加工，则着重针对表面粗糙度、尺寸精度、工件材料、截面面积、形状复杂程度（如凹角、尖角等）等加以分析，仔细考虑。

8.1.3.2 选择工艺方法

电火花成形加工主要包括穿孔加工和型腔加工。

(1) 穿孔加工的工艺方法　穿孔加工的工艺方法有"钢打钢"、"反打正用"直接配合法、间接配合法和阶梯电极加工法等。

① "钢打钢"、"反打正用"直接配合法。该方法是将冲头钢凸模加长后直接当成电极加工凹模，加工时将被加工工件倒置加工，形成向上的喇叭口，加工后，将工件倒回，喇叭口朝下作凹模，凸模则须将电极倒置，并将损耗部分切除使用即可。

② 间接配合法。间接配合法则是在"反打正用"直接配合法的基础上，将电极材料与凸模材料粘在一起加工成凸模，然后将电极材料那头对工件进行"反打正用"加工，这样可以充分利用电极材料的优势，使加工达到最好效果。

③ 阶梯电极加工法。被加工工件无预孔或余量较大时，可将电极加工成阶梯状，如图8-11所示，加工时先用下端的小截面电极处以较大规准进行粗加工，再用上端大截面电极处进行精加工。一次装夹，既节约了大量的辅助时间，又保证了安装的精度。

(2) 型腔加工的工艺方法　型腔加工的工艺方法有：单电极平动法、多电极更换法、分解电极加工法等。

① 单电极平动法。单电极平动法是指在型腔加工中，采用一个电极，只装夹一次，首先以低损耗、高速度的粗规准进行加工，然后再利用工作台按一定的轨迹做微量的平面移动来修光

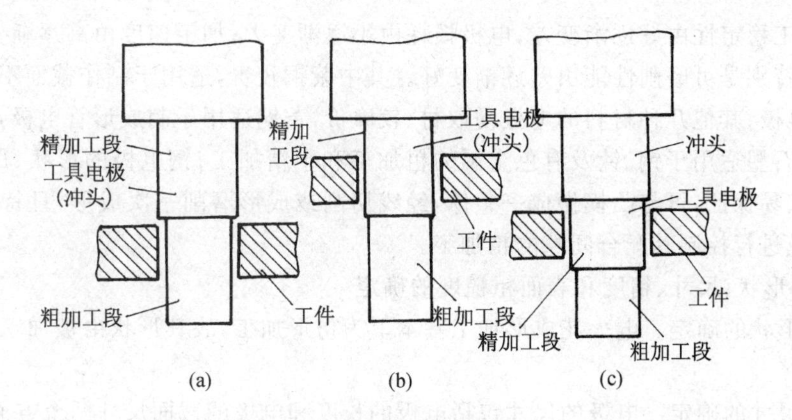

图 8-11 用阶梯电极加工冲模

侧面，以此类推，按粗、中、精加工，逐步改变电规准，依次加大工作台微量移动量，实现对型腔仿形和修光，最终完成整个型腔的预期加工。其加工精度可达±0.05mm。

② 多电极更换法。多电极更换法是采用多个电极依次加工同一个型腔，每个电极加工时必须去掉上一个规准的放电痕迹。一般选用两个电极完成粗、精加工，制造精密型腔时，可用三个或三个以上的电极，但该方法的多个电极的精度和一致性要好，且要保证每个电极的装夹精度。

③ 分解电极加工法。对于尖角窄缝、沉孔、深槽多的复杂型腔加工时，可以将复杂的电极分解成主型腔电极和副型腔电极，分别制造、逐个使用。先用主型腔电极采用单电极平动法加工出形状简单、去除量大的主型腔，再用副型腔电极采用多电极更换法，依次加工形状复杂、去除量小的副型腔，如图8-12所示。

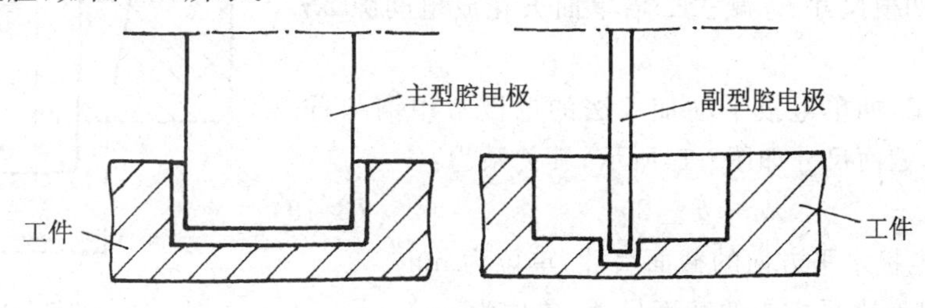

图 8-12 分解电极加工法的示意图

此方法可简化电极的制造，且根据不同的去除量和形状的复杂程度，选择不同的加工规准。

8.1.3.3 设计电极

电火花成形加工中电极的设计将直接影响着被加工工件的质量，它是电火花成形加工中的另一个重要环节。电极的设计主要包括电极材料的选择、电极形状、尺寸、精度和表面粗糙度的确定及电极的加工等几个方面。

(1) 电极材料的选择

任何导电材料都可以作电极，但不同材料的电极对电火花成形加工过程中的加工稳定性、加工速度和加工质量的影响不同，因此必须根据具体条件合理选择。电极材料按以下顺序：

紫铜→黄铜→石墨→铸铁→钢

从左到右，加工稳定性由好逐渐变差；电极损耗由小逐渐变大；加工速度由高逐渐变低；电极的可加工性能，特别是可磨削性能由差逐渐变好。其中紫铜较贵，适用于制作截面不大特别是精密花纹模的电极；其他几种材料的电极易取材、较廉价，黄铜适用于制成形管电极，加工小孔或钛材料工件；石墨适用于钢、钛及有色金属的粗加工和半精加工；钢电极的形状、尺寸、精度和表面粗糙度都易保证，可与凸模做成一整体，经线切割或成形磨削一次成形，且特别适用于冷冲模中对凹模进行控制其配合间隙的精加工。

(2) 电极形状、尺寸、精度和表面粗糙度的确定

① 电极形状的确定。电火花成形加工基本上为仿形加工，故其形状由被加工工件的形状而定。

② 电极尺寸的确定。电极的尺寸包括电极的长度和电极的截面尺寸两个方面。

对电极的长度：

$$电极的总长度 = 电极的有效长度 + 电极的辅助长度$$

对穿孔加工，其有效长度一般取2.5～3.5倍的工件厚度，考虑重复使用，可在此基础上适当加长一点。

对型腔加工，其有效长度一般取2倍最大蚀除深度，加型腔孔深，再加电极下端供可修复使用的长度。

电极的辅助长度满足装夹和加工所需即可。

对电极的截面尺寸：对穿孔加工，电极的截面轮廓尺寸除考虑配合间隙外，还要比预定加工的型孔尺寸均匀地缩小一个加工时的火花放电间隙，如冲模加工中的凹模，其电极的截面尺寸就等于凹模尺寸 L_2 减去二倍单面火花放电间隙 $2S_C$，如图8-13所示。

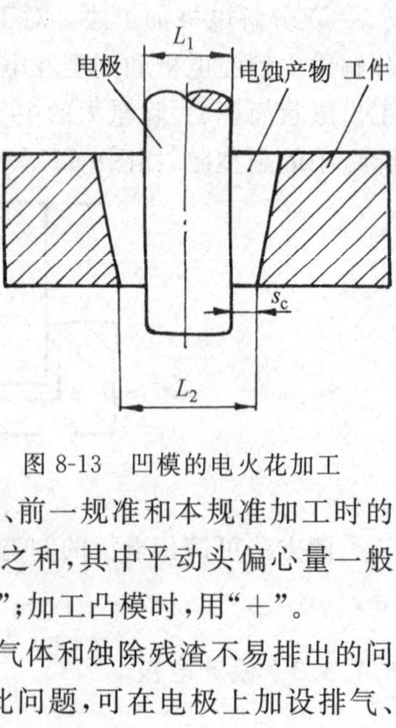

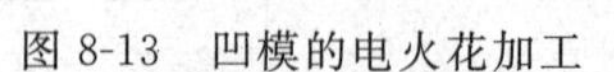

图 8-13　凹模的电火花加工

对型腔加工，如单电极平动加工法的电极常用铜和石墨作电极材料，其截面尺寸如图8-14所示，其关系为：

$$A = a \pm 2b \tag{8-13}$$

式中：A —— 电极水平方向的截面尺寸，单位为 mm。

a —— 型腔水平方向的截面尺寸，单位为 mm。

b —— 电极单边的缩放量(包括电极的单面火花放电间隙、前一规准和本规准加工时的微观不平度最大值及加平动头时的平动头偏心量之和，其中平动头偏心量一般取0.5～0.9mm)，单位为 mm。加工凹模时，用"－"；加工凸模时，用"＋"。

在型腔加工中，常常会遇到型腔小而深时，火花放电产生的气体和蚀除残渣不易排出的问题，从而影响到加工速度、加工的稳定性和加工精度，为了解决此问题，可在电极上加设排气、排渣孔，让型腔底部的腐蚀物在强迫冲油的情况下，从排气孔中顺利排出。

③ 电极的精度和表面粗糙度的确定。对加工凹模的电极，其尺寸精度和表面粗糙度一般高凹模一级，精度不低于IT7，$R_a < 1.25\mu m$，直线度、平面度、平行度在100mm长度上不大于0.01mm。

(3) 电极的制造　电火花穿孔加工电极的垂直尺寸要求不是很严格，水平尺寸要求较高，所以此类电极一般可用切削加工或线切割加工来制造，对于铜类电极，因不适合磨削，故最后加工可用刨削和钳工精修完成。

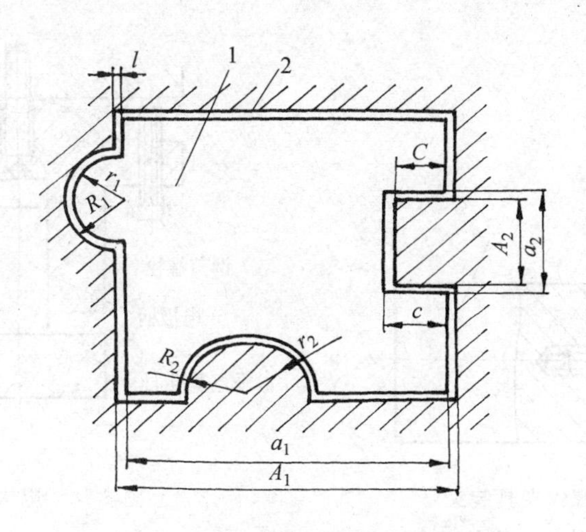

图 8-14 电极水平截面尺寸缩放示意图

1-电极； 2-工件

对于凹、凸模加工时，可采用金属切削加工或线切割加工法加工出钢凸模，然后将凸模淬火直接作为电极加工钢凹模。如凹凸模配合间隙超出电火花成形加工间隙范围时，可对作为电极的部分进行尺寸补偿解决。如配合间隙小于放电间隙，则作为凸模的电极部分的截面轮廓可用6％的氢氟酸、14％的硝酸、80％的蒸馏水所组成的溶液均匀地浸蚀，从而达到缩小其截面尺寸的目的；如果配合间隙大于放电间隙，则可采用电镀法在凸模用作电极的部分镀上铜或锌（当单面扩大量＜0.06mm，镀铜；反之镀锌），以均匀地扩大其截面尺寸。

型腔电极加工比穿孔加工的电极要求高且复杂，对紫铜电极，可用切削加工法、电铸法、精锻法、液压放电成形法等加工，最后加工工序用钳工精修完成；对石墨，主要用机械加工法制造。

8.1.3.4 工件和电极的装夹、校正和固定

（1）工件和电极的装夹

① 工件的装夹。一般在工件与电极的相对位置确定后，可利用工作台上的T型槽，再借助压板、螺钉锁紧。圆柱形工件在无装夹位置时，可以用V型槽磁铁座吸置在工作台上固定。

② 电极的装夹。整体式电极一般可用标准套筒、钻夹头、标准螺纹夹具、万向吊装置等直接装在机床主轴的下端，分别如图8-15、图8-16、图8-17和图8-18所示。

镶拼式电极则可用一块连接板，将各块电极连接成所需要的整体，再装夹到机床上。

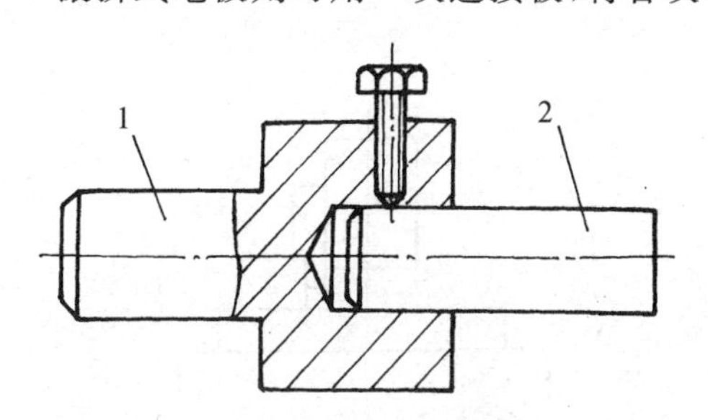

图 8-15 标准套筒装夹

1-标准套筒； 2-电极

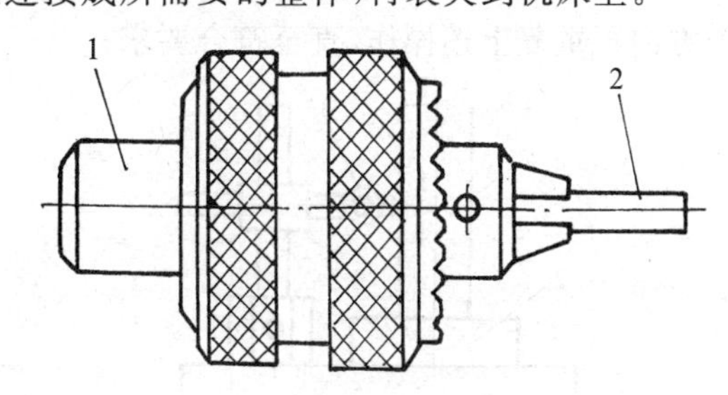

图 8-16 钻夹头装夹

1-钻夹头； 2-电极

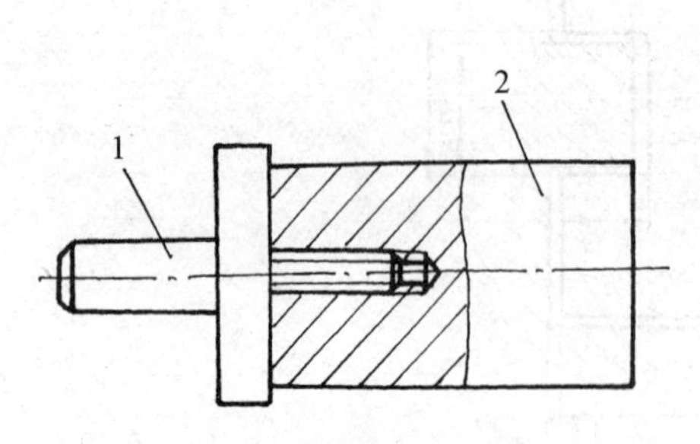

图 8-17　标准螺纹夹具装夹

1-标准螺纹夹具；　2-电极

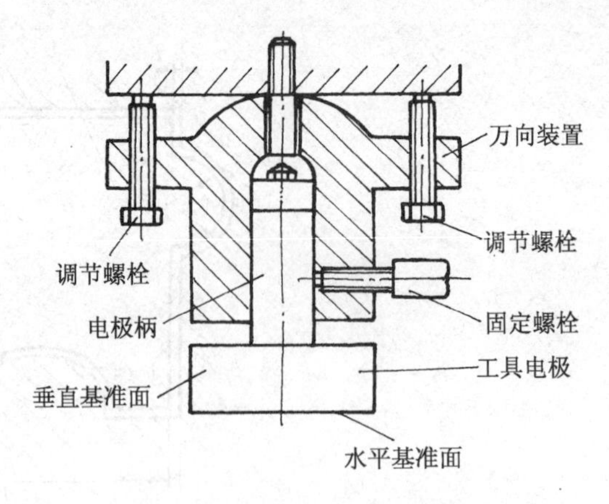

图 8-18　电极的万向吊装置

(2) 工件和电极的校正

① 工件的校正。工件的校正方法常用的有百分表校正法、固定基准面靠定法等。

电火花成形加工中最常用的方法就是百分表校正法，该方法是将带磁性的磁性百分表表架吸附在机床主轴头上，然后调整百分表的位置，使百分表的测头水平垂直于 x 轴（或 y 轴）方向的工件基准面，预压锁紧，再由工作台带动工件沿 x（或 y）方向移动，观察百分表的指示值，从而调整工件位置，直至工件在沿 x（或 y）方向往复移动时，百分表指示值始终不变后，将工件锁紧固定。该方法一般适用于单件生产。

如遇到批量加工零件，为节约校正和找正的时间，可利用通用或专用夹具来进行找正。该方法是使通用夹具或与被加工工件配套的专用夹具的纵、横向基准面与工件一致，经过一次校正，保证其基准面与相应坐标方向一致后固定，则具有相同基准面的被加工工件就可以直接靠定，从而保证了同一批量，同规格工件的加工位置。

② 电极的校正。电极的校正，一般是将电极夹持于机床主轴头上，校正电极相对于工作台面的垂直度。如果电极的侧面与工件有平行度要求时，则需要再校正电极侧面基准与工作台的纵、横向的平行度。电极侧面与工件的平行度校正与工件的百分表校正法同，电极的垂直度校正法常用的有：百分表校正法和精密角尺校正法。

前者是将带有百分表的磁性表架吸附在工作台上，调整百分表，使其测量头垂直指向电极，如图8-19所示，预压锁紧，将电极沿 z 轴上下移动，观察百分表读数，调节万向吊装置上的调节螺母，直至电极沿 z 轴上下移动时，百分表指示值不变为止。在水平面上与其垂直的另一个方向再重复上述操作，直至符合要求。

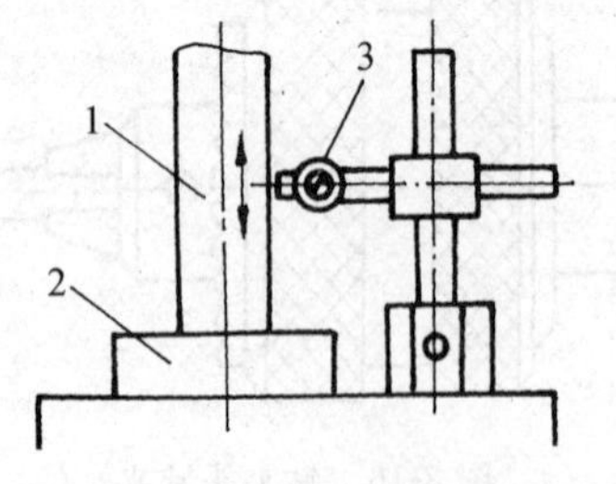

图 8-19　百分表校正法

1-电极；　2-工件；　3-百分表

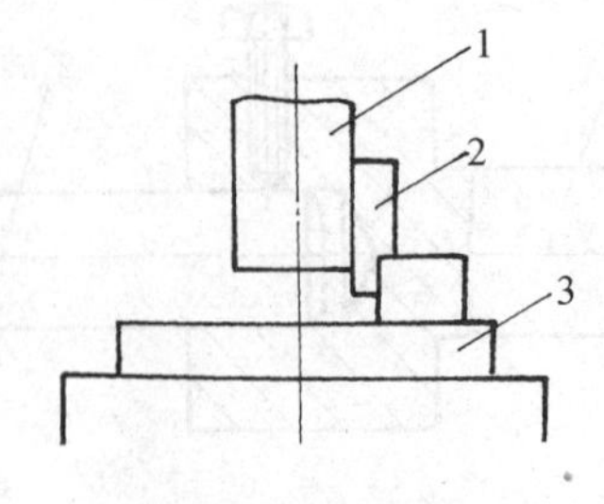

图 8-20　角尺校正

1-电极；　2-角尺；　3-工件

后者如图 8-20 所示，利用精密角尺与电极和工件接触，观察其从上到下的缝隙大小，调整电极的位置，直至上下缝隙均匀为止。

8.1.3.5 工件和电极位置的找正

工件和电极校正好以后，还必须将电极和工件的相对位置找正好，才能保证在工件上加工出符合图纸要求的型孔。工件和电极常用的找正方法有以下几种：

(1) 坐标位置移动法　如图 8-21 所示，当工件和电极的工艺基准校正好固定后，如要在工件的中心加工一与被加工轴同轴的型腔，就必须先将电极找正到工件的中心，使电极的轴心线与工件的轴线同轴，再垂直进给加工。

调整时，先在 x 轴坐标方向移动工件，将工件的垂直基准面与电极的垂直基准面相切，读出该处的 x 轴坐标作为起始点坐标，先沿 z 轴方向抬起电极，再沿 x 轴向由起始点朝工件轴线方向移动图示(x_0+X_0)，同理在 y 轴方向重复上述操作，就可实现工件和电极的找正。该方法的找正精度与工件和电极接触的基准面精度有关。一般误差为0.01mm左右。

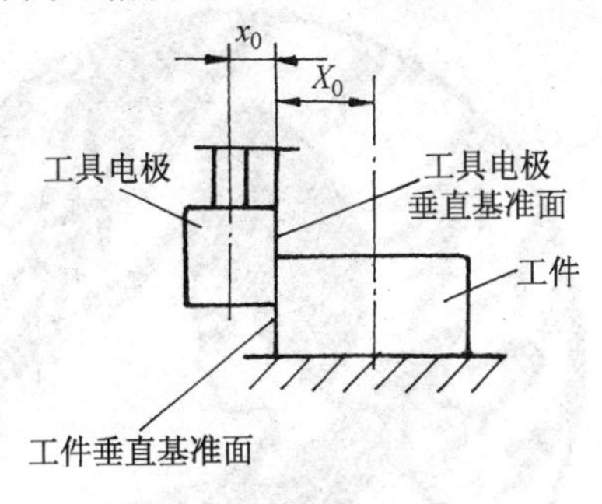

图 8-21　坐标位置移动找正法

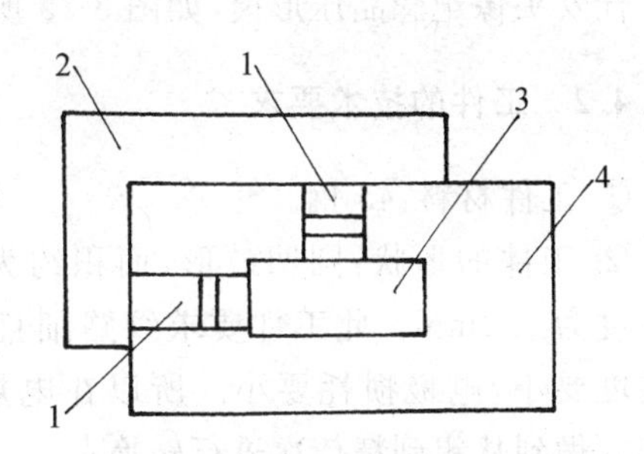

图 8-22　量块角尺找正法

1-量块； 2-直角尺； 3-电极； 4-工件

(2) 量块角尺法　如工件的定位基准面是如图 8-22 所示的两个互相垂直的磨削平面，可用一加厚精密角尺靠紧工件的两定位基准面，然后在电极和工件间放置所需尺寸的组合量块，移动工作台使电极的侧面基准与量块相反压紧(量块与电极压紧时必须松紧适度)，这样便可找正到电极与工件的相对位置。该方法简单、省时，精度高。

(3) 导向法　如用于冲模凹凸模配合加工时工件和电极的找正时，可用导向法。如图8-23所示，将镶有凸模作冲头的上模装在机床主轴的基准面上，使其水平基准面自然校正，然后移动工作台和机床主轴，使上模上长于凸模的导柱正对下模导柱孔定位。固定后升起主轴，卸下导柱，便可实现冲模凹凸模配合加工的找正。

(4) 复位法　在电火花成形加工中，常常加工后，经测量发现加工深度未达到预定位置，必须在原有的基础上继续加工，而此时电极与工件位置已不正对，必须重新找正，遇到这种情况，可用复位法进行找正。如图8-24所示，找正时，先将电极放置在工件上方，然后沿 x 轴向左移动工件，直至工件和电极间有火花出现，记下该处的 x 坐标 x_1；再沿 x 轴向右移动工件至工件和电极间有火花出现，读出该处 x 坐标 x_2，后将工件沿 x 轴向左退回$(x_2-x_1)/2$。用同样的方法，在 y 轴方向重复进行以上操作，即可找到电极和工件的重合中心，完成找正，进行加工。复位找正时，必须将电规准置于最小值，这样可避免因火花太大而破坏原型孔形状尺寸，有利于保证校正的对正精度。

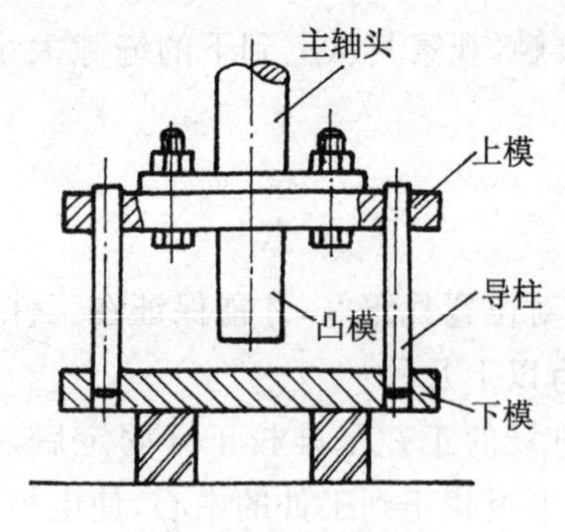

图 8-23 导向找正法

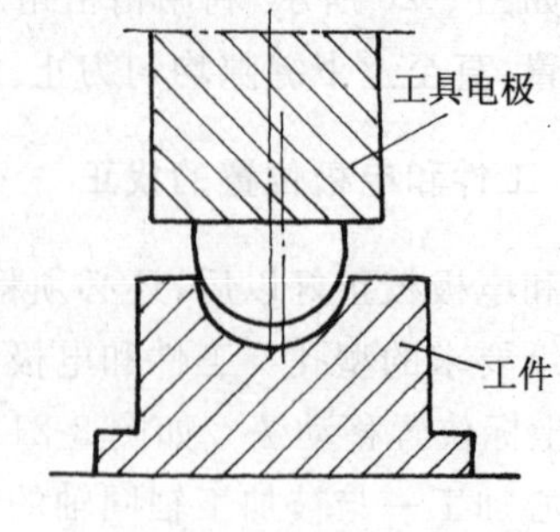

图 8-24 复位找正法

8.1.4 典型零件的电火花成形加工工艺分析

8.1.4.1 工件名称

仕女头像纪念品压形模,如图 8-25 所示。

8.1.4.2 工件的技术要求

① 工件材料:45 钢。

② 工件的形状:圆凹鼓形,面积约为 $12cm^2$,型腔深度为 1.2mm。此工件要求纹路细且精致,表面粗糙度要小,电极损耗要小。所以在电规准的选择上必须做到从粗到精依次进行转换。

③ 工件在成形加工之前的工艺路线。

下料:刨、铣外形,上、下面留磨削余量。

热处理后平磨模板上、下两平面,且保持四周侧面垂直性,以用作定位面,必要时,侧面可进行粗磨,加以修正。

图 8-25 仕女面图形

8.1.4.3 电极的技术要求

① 材料:紫铜。

② 尺寸和形状:凸鼓形,面积约为 $12cm^2$。

③ 在电火花成形加工前的工艺路线。

下料、车出圆形外形,并车一 ϕ10mm 的铜柄作装夹柄;

用电铸法制出花纹图案。

④ 电极极性:正极性接法。

8.1.4.4 工艺方法

选用单电极直接成形法。

8.1.4.5 使用设备

使用日本 M25C6G15 型数控电火花成形机加工。

8.1.4.6 装夹、校正、固定和找正

① 电极:以 ϕ10mm 的铜柄直接在标准套筒内装夹,以花纹平面周边的上平行面为基准,在 x、y 两方向校平后固定,且保证电极轴心线对工作台面的垂直度不大于 0.007mm。

② 工件:将工件平置于工作台后夹紧。

③ 找正:在 x、y 方向侧对刀移动,使工件和电极的轴心线正对、重合。

8.1.4.7 工作液冲、排方式

左、右喷射法,压力为 0.3MPa。

8.1.4.8 电规准的选择

数控电火花成形加工的规准可从典型工艺参数的数据库中调出使用,其粗、半精、精、超精加工电规准如表8-1所示。

表 8-1 仕女图加工规准

加工方式	峰值电流/A	脉冲宽度/μs	脉冲间隙/μs	进给深度/mm
粗加工	10	90	60	1.0
半精加工	5	32	32	1.1
精加工	2	16	16	1.15
超精加工	1	4	4	1.2

8.1.4.9 加工效果

① 选择以上规准实现了低耗加工,且加工表面花纹精细、清晰。

② 表面粗糙度较低,符合设计要求,花纹表面光滑、均匀。

8.1.4.10 编制数控加工程序

```
N0011  G92  X0  Y0  Z0  C0
N0012  G90  F100
N0013  M80  M88
N0014  E9957
N0015  M84
N0016  G01  Z−1
N0017  E9958
N0018  G01  Z−1.1
N0019  E9959
```

```
N0020  G01  Z-1.15
N0021  G9960
N0022  G01  Z-1.2
N0023  M85
N0024  M25  G01  Z0
N0025  M81  M89
N0026  M02  %
```

8.2 数控线切割加工的加工工艺

8.2.1 数控线切割加工的基本原理、特点及应用

8.2.1.1 数控线切割加工的基本原理

数控线切割加工即电火花线切割加工，其基本原理是将电极丝接上脉冲电源的负极，将工件接上脉冲电源的正极，利用移动着的电极丝和工件之间保持一定的放电间隙，进行脉冲火花放电，从而对工件按要求尺寸进行的一种加工方法。如图8-26所示，当线切割加工时，电极丝由电机和导轮带动作图示的运动，工件装夹在 x、y 向移动的十字工作台上，由数控伺服机构按照图纸所要求的程序控制运动；同时，在电极丝和工件之间，由液压泵喷头不停地浇注工作液。当一个脉冲发生时，电极丝和工件之间因正、负极产生的电场击穿工作液介质，而产生电流通道，产生火花放电，此时，放电瞬间所产生的温度可高达10 000℃以上，这一高温足以使工件金属在放电局部熔化甚至气化，熔化后的金属随放电局部迅速热膨胀的工作液和金属蒸汽发生微爆炸而抛离工件，从而实现对工件的电蚀切割加工。随着工件的不断移动，电极丝所到之处不断被电蚀，最终实现整个工件的尺寸加工。

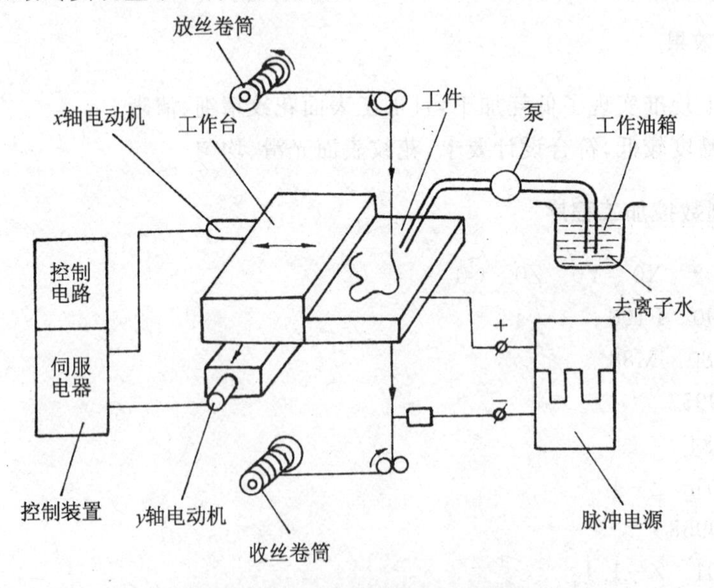

图 8-26 数控线切割加工原理图

数控线切割加工按电极丝的驱动方式的不同分成线切割慢速走丝(简称慢走丝)和线切割快速走丝(简称快走丝)两种。

线切割慢走丝是指电极丝实施低速、单向运动的电火花线切割加工。其电极丝只一次性通过加工区域,如图8-27所示,电极丝经过加工区域后,被收丝轮绕在废丝轮上。一般走丝速度在10～15m/min以内,由于单向走丝,因此电极丝的损耗对加工精度几乎没有影响。

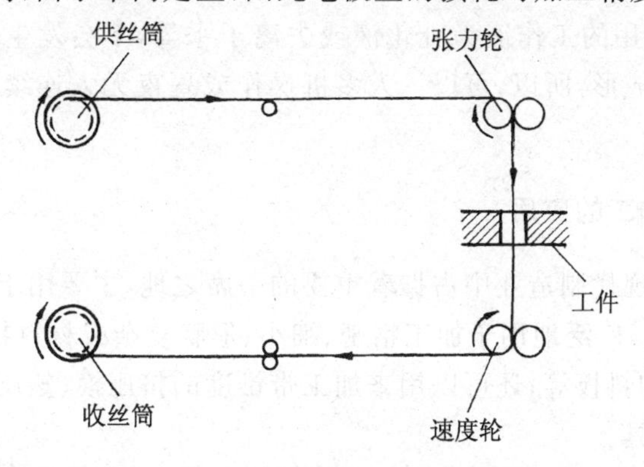

图 8-27 慢速走丝系统

线切割快走丝是指电极丝高速往复运动的电火花线切割加工。如图8-28所示其电极丝被整齐地排列在储丝筒上,由储丝筒的一端经丝架上的上、下导轮定位,穿过工件,返回到储丝筒的另一端。加工时,电极丝在储丝筒驱动电机的作用下,随着储丝筒作高速往返运动。一般运动速度在450～700m/min以内。

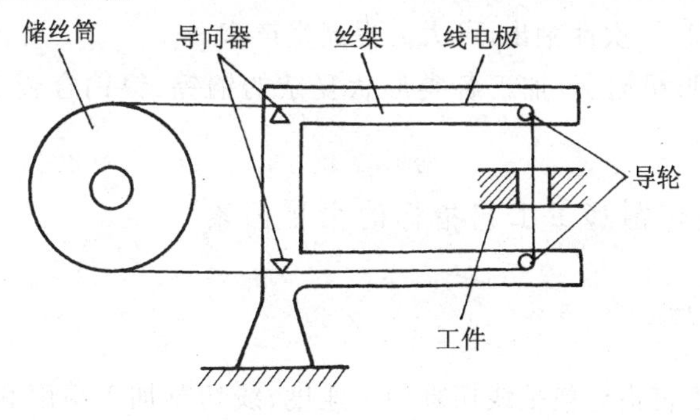

图 8-28 快速走丝系统

8.2.1.2 数控线切割加工的特点

① 数控线切割加工的电极丝即为工具电极,它与电火花成形加工相比,有着简单、易制、备料方便、成本低等特点。

② 因加工零件的形状和尺寸由所编程序控制,所以能很方便地加工任何微细、异形、窄缝等复杂形状的截面和通孔,且操作较灵活。

③ 由于工件与电极丝之间有一定的脉冲放电间隙(一般为 0.01～0.1mm),相互之间不接触,所以任何比电极丝硬的工件,只要是半导体或导体材料都可以进行加工,特别是一些高硬材料,如淬火钢、硬质合金、磁性钢及石墨电极等,都可以用线切割加工。

④ 由于电极丝很细(电极丝最小直径可达 ϕ0.003mm),放电腐蚀去除的材料很少,所以材料的利用率很高,特别是用它来切割贵重金属时,可以节省材料,减少浪费。

⑤ 数控线切割加工属于中、精加工范畴。

⑥ 数控线切割加工中的电极丝损耗较小，如：快走丝采用了耐腐蚀材料的钨、钼作电极丝，且电极丝在工作过程中高速往返，循环使用，并加上了必要的线电极半径补偿；而慢走丝虽然所用电极丝是铜线，但由于它在工作中是单向运动，不循环使用，所以两种方式的电极丝损耗都较小，因而对加工精度影响也较小。

⑦ 因数控线切割所用的工作液为乳化液或去离子水等，不会发生火灾，且电规准一旦选定，中途不必更换，一次成形，所以，可以一人多机操作或昼夜无人连续加工，大大节约了劳动力成本。

8.2.1.3 数控线切割加工的应用

数控线切割加工在现代制造业中占据着重要的一席之地，主要用于：

① 各种模具的加工，广泛地用于加工精密、细小、形状复杂或材料特殊的冲模，如凸模、凹模、凸模固定板和凹模卸料板等；还可以用来加工带锥度的挤压模、塑压模、弯曲模、注塑模、冷拔模及粉末冶金模的模具。

② 科研和生产中直接加工零件、样板和夹具，如用以加工各种型孔、凸轮、成形刀具、微细孔、异形槽、任意曲线、窄缝和电子器件、激光器件的微孔等；在不制模的情况下，可直接用线切割特殊、复杂的工件，如微电机硅钢片定转子铁心，可用线切割直接割出，既缩短了周期，又大大降低了成本；还可以用来加工像加工螺纹时用的螺纹刀安装用的对刀块、检测外圆锥用的锥度样板、成形加工时所用的成形样板等薄片样板，且这些薄片零件加工时，常常可以将多块薄片材料叠加在一起夹紧，一次性割出，可大大提高生产率。

③ 可与电火花成形机配套，加工各类形状复杂的铜钨、银钨合金之类的工具电极，既省时，又大大降低了成本。

8.2.2 影响数控线切割加工工艺指标的主要因素

8.2.2.1 主要工艺指标

数控线切割主要工艺指标包括线切割加工速度、线切割加工精度和线切割表面粗糙度三个方面。

(1) 线切割加工速度　线切割加工速度是指单位时间内，电极切割的总面积。用公式表示为：

$$v_x = \frac{S}{t} = \frac{l \cdot h}{t} = v_j \cdot h \tag{8-14}$$

式中：v_x——线切割的加工速度，单位为 mm^2/min。

S——线切割面积，单位为 mm^2。

t——切割 S 所用的时间，单位为 min。

l——电极丝切割的轨迹长度，单位为 mm。

h——被切割工件的厚度，单位为 mm。

v_j——电极丝沿图形切割轨迹的进给速度，单位为 mm/min。

(2) 线切割加工精度　线切割加工精度是指被加工工件通过切割加工后，其实际几何参数(尺寸、形状和相互间的位置等)与理想几何参数相符合的程度。

线切割快走丝的加工精度可达到0.01mm,常规下为±0.015～0.02mm;线切割慢走丝的加工精度则为±0.001mm左右。

(3) 线切割的表面粗糙度　线切割快走丝时,表面粗糙度 R_a 可达0.63～2.5μm,慢走丝时 R_a 一般为0.3μm左右。

8.2.2.2 影响工艺指标的主要因素

线切割加工影响工艺指标的主要因素反映在以下几个方面:

(1) 脉冲电源对线切割工艺指标的影响　脉冲电源对线切割工艺指标的影响主要反映在放电峰值电流 I_x、脉冲宽度 t_{on}、脉冲间隙 t_{off}、空载电压 u_i 和放电波形四个方面。

① 放电峰值电流 I_x 的影响。放电峰值电流对线切割加工速度和表面粗糙度影响较大,在一定工艺条件下,放电峰值电流增加,单个脉冲的能量随之增加,放电腐蚀量加大,线切割速度提高。但因此造成了表面粗糙度变差,电极丝的损耗加大,加工精度降低。

② 脉冲宽度 t_{on} 的影响。脉冲宽度对线切割的切割速度和表面粗糙度的影响也较大,当脉冲宽度增加时,同样造成单个脉冲能量增加,放电腐蚀量加大,因而使线切割加工速度增加,但表面粗糙度因此也随之变差。一般峰值电流一定时,为保证表面粗糙度,脉冲宽度在半精加工时选20～60μs,精加工时,选小于20μs。

③ 脉冲间隙 t_{off} 的影响。脉冲间隙对线切割加工速度影响较大,但对表面粗糙度影响较小。在一定的工艺条件下,脉冲间隙减小,脉冲频率增加,单位时间内放电次数增加,线切割的加工速度增加,而表面粗糙度稍有增加。但应注意脉冲的频率不能过高,一旦脉冲频率过高,就造成脉冲间隙太小;脉冲间隙太小,则消电离不充分,易产生短路或不正常放电,以至烧伤工件或断丝,这样反而降低了加工速度。为确保加工稳定,脉冲间隙一般选10～250μs。

④ 空载电压 u_i 的影响。适当提高空载电压,可使加工电流和放电间隙增加,这样一方面有利于放电产物的排除和消电离的正常进行,使加工稳定性和脉冲利用率提高;另一方面,使线切割加工速度提高,而加工精度则略有降低。但必须注意的是,空载电压不易过高,过高以后会造成集中放电,产生拉弧,引起断丝。

线切割快走丝切割时,如用的工作液介质为乳化液时,空载电压一般选60～150V。

⑤ 放电波形的影响。在工艺条件相同的情况下,高频分组脉冲能得到较好的加工效果。

(2) 工作液对线切割工艺指标的影响　数控线切割加工中,工作液介质起脉冲放电电离、绝缘、洗涤、冷却、防锈等作用,常用的工作液介质有:煤油、乳化液、去离子水、蒸馏水、洗涤剂、酒精溶液等。工作液对线切割的工艺指标的影响各不相同,其中对加工速度影响较大。以快走丝为例,当采用水类(去离子水、蒸馏水等)工作液时,其冷却效果较好,但电极丝容易变脆,易断丝,再则水类工作液洗涤性差,不易排渣,因此加工速度低。如在水类工作液中加入皂片,则加工速度可成倍增加;当使用乳化型工作液时,其洗涤性较好,易排渣,故加工速度较高;当用煤油作工作液时,其介电强度高,放电间隙小,排屑难,所以加工速度低,但其润滑性好,电极丝磨损少,不易断丝。

(3) 电极丝对线切割工艺指标的影响　电极丝对工艺指标的影响主要反映在电极丝直径的大小、电极丝安装精度要求及电极丝走丝速度等几个方面。

① 电极丝直径对工艺指标的影响。电极丝允许通过的电流跟电极丝的直径的平方成正

比，电极丝加工时的切槽宽与电极丝的直径成正比。一方面，当电极丝直径变小，允许通过电极丝的电流就变小，切槽变窄，不易排屑，造成加工稳定性变差，切割速度降低；另一方面，增加电极丝直径，允许通过电极丝的加工电流就可以增大，切槽变宽，易排屑，切割速度增加，有利于厚工件的加工。但电极丝的直径超过一定程度，造成切槽过宽，反而影响了切割速度的提高，且加工电流的增大，会使表面粗糙度变差，因此电极丝的直径不宜太大。

② 电极丝的安装精度对工艺指标的影响。电极丝在上丝时，不能过紧或过松，过紧易造成断丝，过松会造成加工工件的尺寸和形状发生误差。一般电极丝的张力大小应根据其材料与直径而定，最常用的钼丝在快走丝时，张力一般为5～10N范围内。

另外，电极丝在安装过程中必须保证垂直于工件的装夹基面或工作台定位面，否则会直接影响到加工的精度和表面粗糙度。

③ 电极丝走丝速度对工艺指标的影响。电极丝的走丝速度主要影响线切割速度和电极的损耗，改善加工区的环境。一方面，当电极丝走丝速度增加，线切割的加工速度随之增加，同时有利于电极丝将工作液介质带入较厚工件的割缝中，便于排屑和使加工稳定。另一方面，当电极丝走速加快，可以使电极丝每点在放电区停留的时间减少，从而使电极丝的损耗减少。但电极丝走速不能过快，过快会造成电极丝运动不稳，这样反而使加工精度降低，表面粗糙度提高，易断丝。快走丝的走丝速度一般以小于10m/s为宜。

(4) 工件材料及厚度对线切割工艺指标的影响　工件材料不同，其热电常数不同，因而加工效果不同，一般铜、铝、淬火钢被加工时，切割速度高，加工稳定；硬质合金被加工时切割速度低，加工稳定，表面粗糙度低；不锈钢、磁钢、未淬火高碳钢等被加工时，切割速度较低，表面质量、稳定性较差。

另外工件的厚薄对工艺指标也有影响，工件厚，工作液不易进入和充满放电间隙，对放电、消电离、排屑都不利，影响加工稳定性，但因工件厚，电极丝不易抖动，可得到较好的加工精度和表面粗糙度。薄工件加工时，工作液易充分进入割缝，对放电、消电离、排屑都有利，但如工件太薄，则电极丝易抖动，使加工精度和表面粗糙度降低。

通过以上分析可知，各因素对工艺指标的影响是相互依赖，又相互制约的，因此在加工时，要综合考虑各因素对工艺指标的影响，以求达到最佳加工效果。

8.2.3　数控线切割加工工艺的制订

数控线切割加工一般是作为工件加工中最后的工序。为了在一定条件下，使数控线切割加工以最少的劳动量、最低的成本，在规定时间内，可靠地加工出符合图样的加工精度和表面粗糙度的零件，必须先制定出合理的、切实可行的数控线切割加工工艺规程来指导生产，这样才能保质保量地达到预定的加工效果，提高生产率。数控线切割加工的工艺规程大致分以下几个步骤，如图8-29所示。

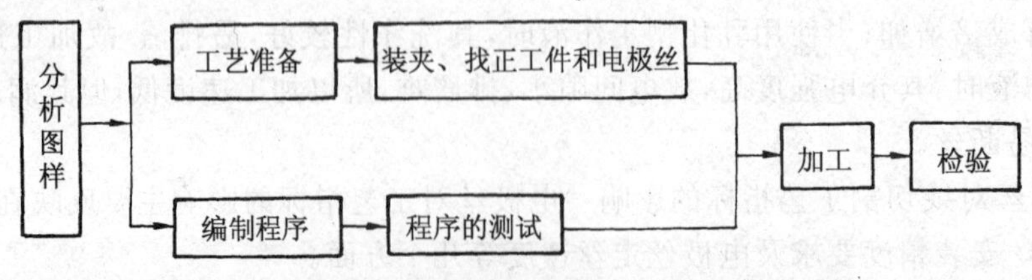

图 8-29　数控线切割加工的工艺准备和工艺过程图

8.2.3.1 图样分析

接到加工任务后，必须首先对零件图纸进行分析和审核，主要可从以下两个方面着手。

(1) 分析被加工零件的形状是否可用现有的数控线切割机床和加工方法加工

① 被加工零件必须是导体或半导体材料的零件。

② 被加工零件的厚度必须小于丝架跨距，长、宽必须在机床 x、y 拖板的有效行程之内。

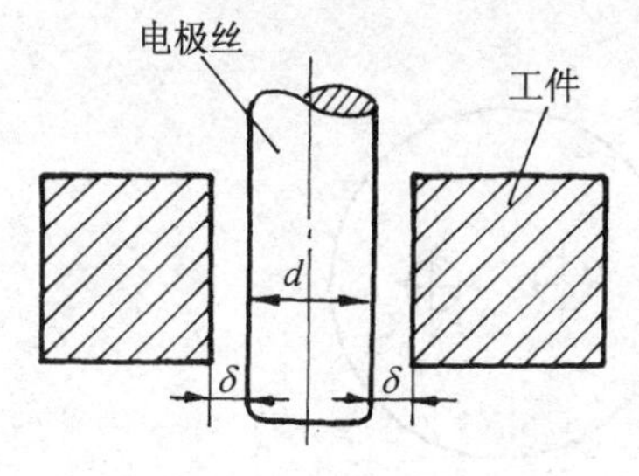

图 8-30　窄缝宽度示意图

③ 窄缝必须大于等于电极丝直径 d 加两倍的单边放电间隙 δ 的大小，如图 8-30 所示。

④ 加工凹、凸模零件时，必须先确定线电极中心相对于被加工工件的位置补偿，加工凹模类零件，线电极中心轨迹小于工件轮廓，如图8-31(a)点画线所示；加工凸模类零件，线电极中心轨迹大于轨迹轮廓，如图8-31(b)点画线所示。且在工件的凹角处因电极丝加工的轨迹，会自然加工出圆角，因此对于形状复杂的精密冲件，为使凹凸模配合良好，设计时，须在拐角处加过渡圆，并注明圆弧半径。

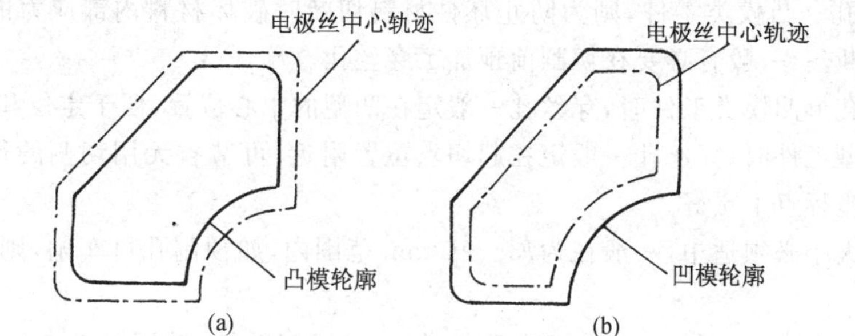

图 8-31　线电极中心轨迹示意图

(a) 加工凸模类零件；(b) 加工凹模类零件

一般凹角圆弧半径 $R_1 \geqslant \frac{d}{2}+\delta$，尖角圆弧的半径 R_2 则等于凹角圆弧半径 R_1 减去凹、凸模的配合间隙 Δ。

(2) 分析被加工零件的加工精度和表面粗糙度

分析零件图样上尺寸精度和表面粗糙度的要求的高低，合理确定线切割加工的有关工艺参数，特别是保证表面粗糙度要求时，注意对线切割速度的调节，确保均衡。

8.2.3.2 工艺准备

工艺准备的内容很多，包括工件的准备、电极丝的准备、工作液的选配、电参数的选择、机床的检验和润滑等。

(1) 工件的准备

① 毛坯材料的选定及处理。工件材料是设计时确定的，模具加工时，通常要求一方面选用淬透性好、锻造性能好、热处理变形小的材料作为线切割的锻件毛坯，如合金工具钢 Cr12、Cr12MoV、GCr15、CrWMn、Cr12Mo 等；另一方面，模具坯件大多数为锻件，在毛坯中可能会存在剩余应力，所以切割前应先安排淬火和回火处理，释放应力，这样可避免因材料内部残余

应力的影响而影响加工精度，如：出现变形、开裂等现象。另外加工前还需进行消磁和去除表面氧化层的处理。

② 工件基准面的准备。数控线切割加工时，为便于安装校正和加工的需要，必须预加工出相应的基准，并尽量使其与设计基准保持一致。对于矩形工件，其外形既是加工基准，又是校正基准，一般用平磨磨削上下面及两互相垂直的侧面作为基准面，如图8-32所示。对于以内孔为加工基准、外形为校正基准的工件，只须磨出一个与上下平面垂直的校正基准，如图8-33所示。

图 8-32　矩形工件的校正和加工基准　　图 8-33　外形侧边为校正基准，内孔为加工基准

③ 穿丝孔的准备。在模具加工中，凹模类封闭形工件为确保工件的完整性，必须在切割前预加工穿丝孔。凸模类零件，则为防止坯件材料切断时破坏材料内部应力的平衡，形成变形，甚至夹丝、断丝，一般有必要在切割前预加工穿丝孔。

在切割小孔形凹模类工件时，穿丝孔一般定在凹型的中心位置，便于定位和计算。切割凸形工件或大孔型工件时，穿丝孔一般定在起切点位置附近，可节省无用切割的行程，如定在便于运算的已知坐标点上更好。

穿丝孔的大小必须适中，一般在为$\phi 3 \sim \phi 10$mm 范围内，如预制孔可车削，则孔径还可适当大些。

穿丝孔的精度一般不低于工件精度要求，加工时可用钻铰、钻镗或钻车等较精密机床加工。

④ 切割路线的确定。在数控线切割加工中，切割线路的确定尤为重要，它直接影响加工的精度，如图8-34 (a)所示，首先切割的是主要连接部位，一旦割开，刚性降低，后三面加工时易变形，影响加工精度。一般情况下，最好将工件与夹持部分的主要连接部分的线段留在切割的最末端进行，如图8-34(b)所示，但由于从坯件外部切入，虽然变形减少，效果仍不理想，最理想是采取如图8-34(c)所示，起始点从预制穿丝孔开始，这样变形最小。

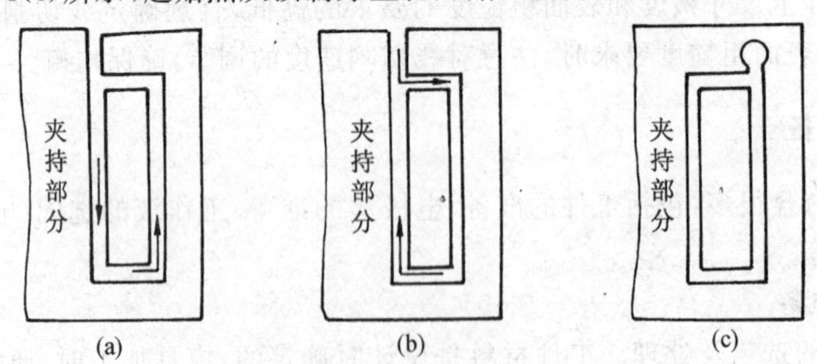

图 8-34　切割起始点和切割线路安排示意图

(a) 不正确；(b) 不理想；(c) 最好

另外还可采用二次切割的方法切割孔类零件，如图8-35所示，第一次先按图中双点划线位

置粗割，留余量0.1～0.5mm，以补偿材料切割变形；第二次，按图纸要求精割，去除余量，这样效果较佳。

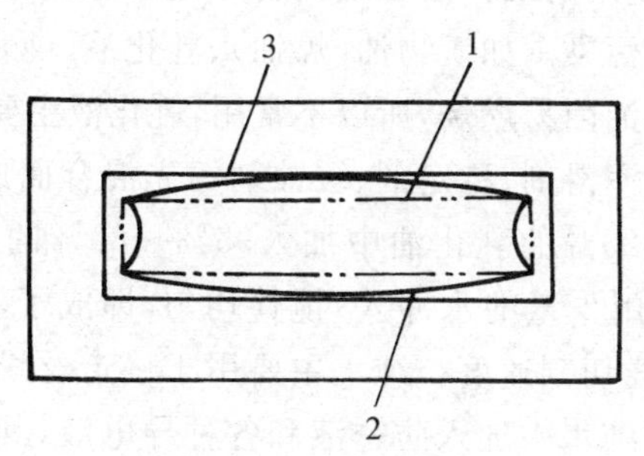

图 8-35 二次切割孔类零件示意图

1-第一次切割线路； 2-第一次切割后的实际图形； 3-第二次切割的图形

(2) 电极丝的准备 电极丝的种类较多，常用的有钼丝、钨丝和铜丝等，各种电极丝由于材料不同，所以其特点，适用场合和线径等各有差异，使用时应根据加工对象，机床的要求和线电极的特点进行选择。

钼丝，其特点是抗拉强度高，线径一般在 $\phi0.08$～$\phi0.2$mm 范围之内，常用于快速走丝机床。如加工微细窄缝时，也可用于慢速走丝机床。

钨丝，其特点是抗拉强度高，价格昂贵，线径一般在 $\phi0.03$～$\phi0.1$mm 范围之内，常用在慢速走丝机床上对窄缝进行微细加工。

铜丝又分为紫铜丝、黄铜丝和专用黄铜丝等，它们因抗拉强度低，都用于慢速走丝机床。其中紫铜丝的特点是易断丝，但不易卷曲，一般线径在$\phi0.1$～$\phi0.25$mm范围内，适合于精加工，且切割速度要求不高的场合；黄铜丝线径一般在$\phi0.1$～$\phi0.3$mm范围内，适用于高速加工，其加工面的平直度较好，蚀屑附着少，表面粗糙度较好；专用黄铜丝线径一般在$\phi0.05$～$\phi0.35$mm范围内，适用于自动穿丝加工或高速、高精度和理想表面粗糙度的表面加工。

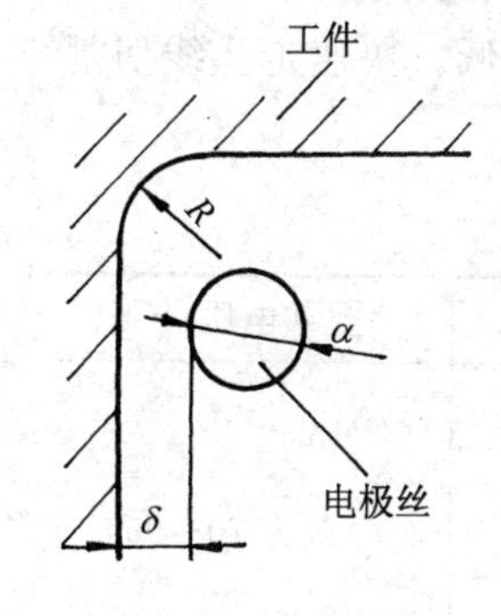

图 8-36 电极丝直径与拐角的关系

另外，在慢速走丝机床上还可用铁丝、专用合金丝、镀锌等镀层丝等等作为电极丝进行加工。

电极丝的直径选择应根据被加工工件切缝的宽窄、工件的厚度以及工件切缝拐角尺寸的大小等进行选择。如图8-36所示，电极丝直径 d 必须不大于 $2(R-\delta)$。如加工小拐角、尖角时，应选用较细的电极丝，加工厚度较大的工件或大电流切割时，应选用较粗的电极丝。

钨丝和黄铜丝线径、拐角半径和工件厚度的选择关系见表 8-2。

表 8-2 钨丝和黄铜丝线径、拐角半径和工件厚度的选择关系表

电极丝名称	线径/mm	切割工件厚度/mm	拐角最小半径/mm
钨丝	0.05	0～10	0.04～0.07
	0.07	0～20	0.05～0.10
	0.10	0～30	0.07～0.12
	0.15	0～50	0.10～0.16
黄铜丝	0.20	0～100 以上	0.12～0.20
	0.25	0～100 以上	0.15～0.22

(3) 工作液的选配　数控线切割加工中常通过使用工作液来改善切割速度、表面粗糙度和加工精度等。线切割加工使用的工作液必须具备一定的绝缘性、较好的洗涤性、冷却性，且必须对人体无危害，对环境无污染。如矿物油(煤油)、乳化液、纯水(去离子水)等都可以用作线切割加工的工作液，其中煤油因易燃烧，所以不常用，乳化液主要用于快速走丝线切割机床，它由基础油、乳化剂、洗涤剂、润滑剂、稳定剂、缓蚀剂等先混合而成乳化油，再按一定比例(一般在5%～20%范围内，5%～20%的乳化油中加入95%～80%的水)的乳化油中冲入自来水(如天冷，在0℃以下时，可先用少量的水冲入)搅拌均匀，即成了乳化液。其中乳化油含量为10%的乳化液可得到较高的线切割速度。纯水主要用于慢走丝线切割机床，为防止对工件的锈蚀和提高切割速度，可以在纯水中加入防锈液和各种导电液，其中电阻率为：钢铁$(2\sim5)\times10^4\Omega\cdot cm$，铝、结合剂烧结的金刚石$(5\sim20)\times10^4\Omega\cdot cm$，硬质合金$(20\sim40)\times10^4\Omega\cdot cm$的工作液可得到较高的线切割速度。

工作液的正确使用可起到事倍功半的效果，一般对于加工易断丝、加工不稳定的工件，为避免该现象，可选5%～8%浓度的工作液；对于加工高精度、低表面粗糙度的工件，可选10%～20%浓度的工作液，可使工件表面洁白、均匀；对于加工 Cr12 的工件，选用蒸馏水配制的小浓度工作液。

工作液一般使用 2 天后效果最佳，持续使用8～10 天后易断丝，必须更新。

(4) 电参数的选择　数控线切割加工时，所选的电参数是否合理将直接影响切割速度和表面粗糙度。如选小的电参数，可获得较好的表面粗糙度；如选用大的电参数，使单个脉冲能量增加，可获得较高的切割速度。但单个脉冲能量不能太大，太大会使电极丝允许承载的放电电流超限，从而造成断丝，一般情况下，脉冲宽度的选择在1～60μs，脉冲重复频率约为10～100kHz。选窄脉冲宽度、高重复频率，可使切割速度提高，表面粗糙度降低。快速走丝线切割电参数选择见表8-3。

表 8-3　快速走丝线切割加工电参数选择

应　　用	脉冲宽度/μs	脉冲宽度/脉冲间隙	峰值电流/A	空载电压/V
快速切割或厚工件加工	20～40	3～4 以上 (可实现稳定加工)	>12	一般为 70～90
半精加工 $R_a=1.25\sim2.5\mu m$	6～20		6～12	
精加工 $R_a<1.25\mu m$	2～6		<4.8	

8.2.3.3　工件和电极丝的装夹与找正

(1) 工件的装夹　数控线切割加工时，工件一般采用压板螺钉法进行固定，如图8-37所示，装夹时，必须保证工件的切割部位在机床加工行程允许范围内，且保证工作台移动时，不会与丝架相碰。

常用的数控线切割加工的装夹方式有悬臂支撑装夹法、两端支撑装夹法、桥式支撑装夹法、板式支撑装夹法和复式支撑装夹法等。

① 悬臂支撑装夹法。如图 8-38 所示，该方法一端由压板螺钉固定，另一端悬伸，装夹较方便，适用性强，但装夹时悬伸端易翘起，不易保证上、下平面与工作台平面的平行，从而造成

切割平面与工件上、下平面的垂直度误差。一般适用于加工要求不高或悬伸部分较短的零件。

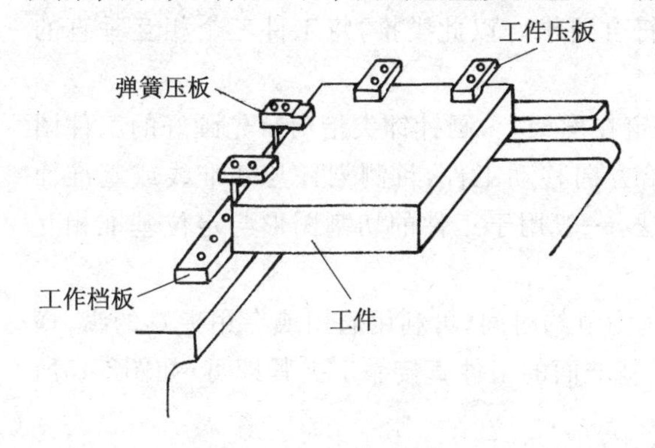

图 8-37　工件的固定

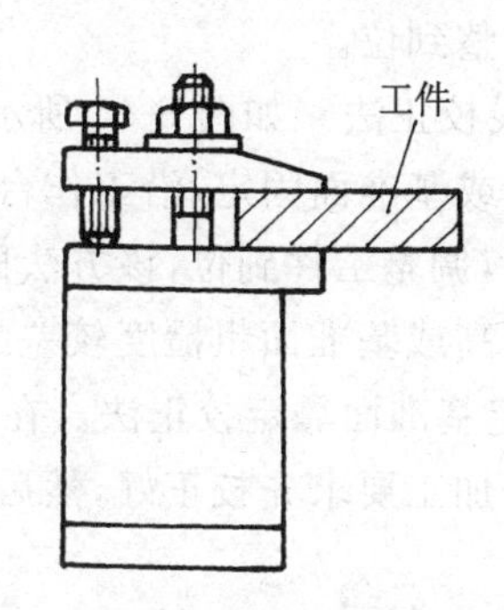

图 8-38　悬臂支撑装夹法示意图

② 两端支撑装夹法。如图 8-39 所示，该方法是将工件两端都固定在通用夹具上，装夹非常方便、稳定，且其定位精度高，但不适合装夹小零件的加工。

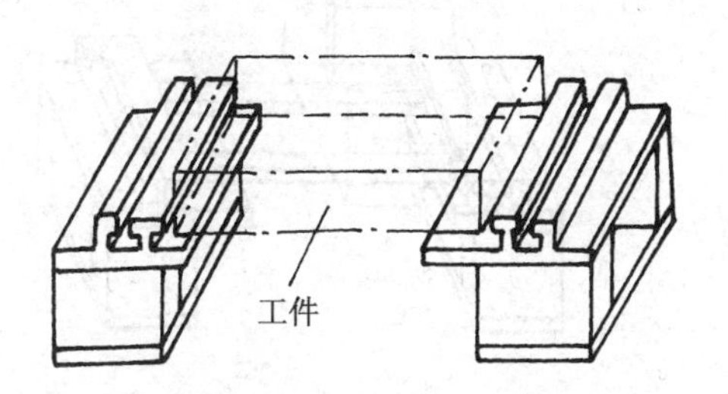

图 8-39　两端支撑装夹法示意图

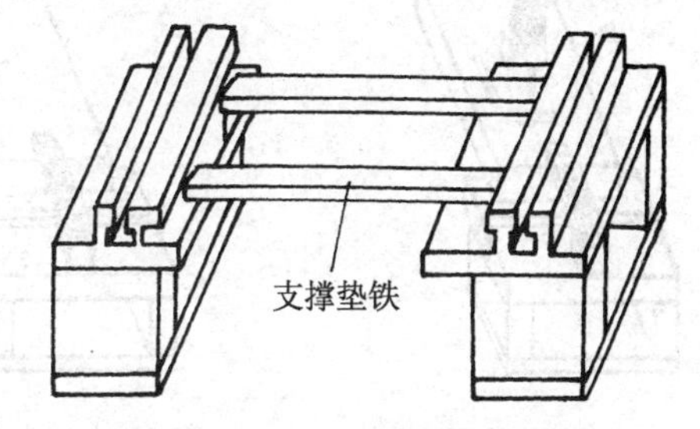

图 8-40　桥式支撑装夹法示意图

③ 桥式支撑装夹法。如图 8-40 所示，将两根支撑垫铁先架在夹具上，然后再将工件放置在垫铁上夹紧。该方法装夹方便，通用性和适用性都很强，对大、中、小型工件都可用。

④ 板式支撑装夹法。如图 8-41 所示，该方法根据工件的形状制成通孔装夹工件，装夹精度高，但通用性差，适用于常规与批量生产。

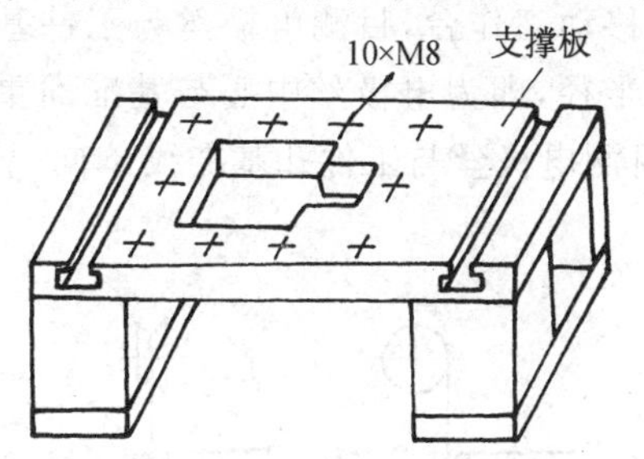

图 8-41　板式支撑装夹法示意图

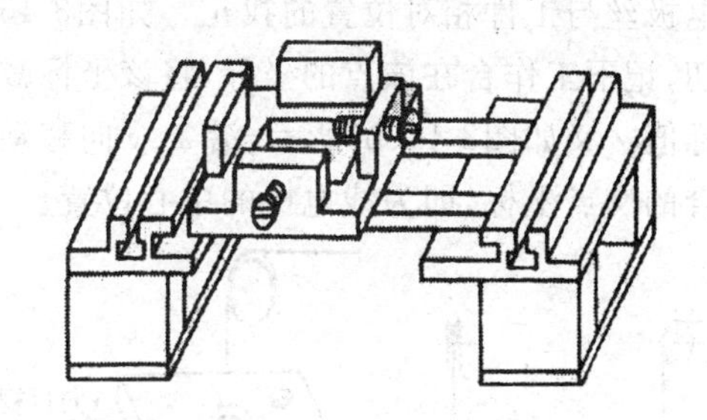

图 8-42　复式支撑装夹法示意图

⑤ 复式支撑装夹法。如图 8-42 所示，用桥式或通用夹具与专用夹具组合使用装夹工件，便成了复式支撑装夹法，该方法装夹方便，效率高，适用于批量生产。

(2) 工件的校正　工件位置的校正将直接影响工件加工的位置精度，为此加工前，必须先校正工件，确保其定位基准面分别与工作台面及工作台在水平面内的 x、y 进给方向平行。

数控线切割加工中，常用的工件校正方法有百分表校正法、画线校正法、固定基准面校正法等。

① 百分表校正法。如图 8-43 所示，将装有百分表的磁性表架吸附在丝架上，调整表架位

置，使百分表测头与工件基准面垂直，并预压接触，然后分别沿工作台的 x、y 进给方向往复移动工件，观察百分表指示值调整工件位置，直至符合要求。以此类推，将工件三个相互垂直的基准面都调整到位。

② 画线校正法　如图 8-44 所示，将画针固定在丝架上，画针针尖指向预先画好的工件图形的基准线或基准面固定，沿工作台的 x、y 进给方向移动工件，目测划针与基准线或基准面重合的程度，调整工件到位，该方法即画线找正法，一般用于工件的切割图形与定位基准相互位置要求不高或基准面粗糙度较差的场合。

③ 固定基准面靠定校正法。在批量生产时，为节约时间，可利用通用或专用夹具的纵、横向基准面按加工要求先校正好，然后将相同加工基准面的工件直接靠定夹紧即可，如图8-45所示。

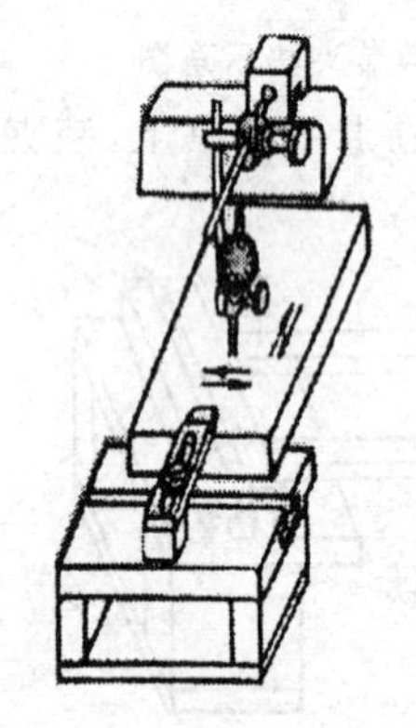

图 8-43　百分表校正法

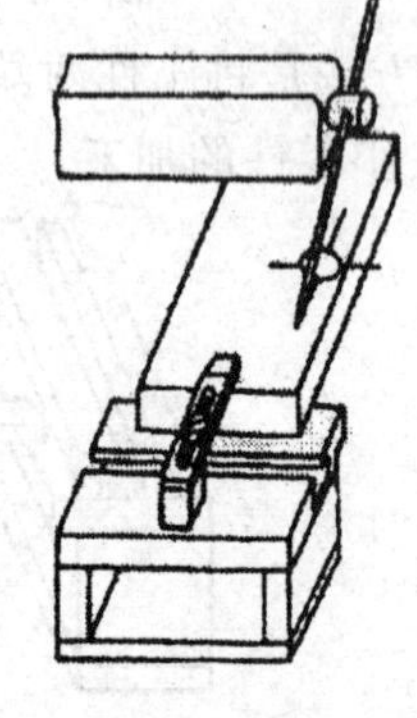

图 8-44　画线校正法

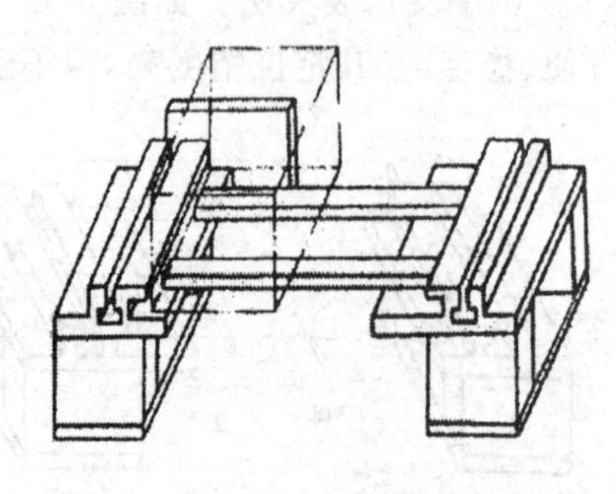

图 8-45　固定基准面靠定校正法

(3) 工件和电极丝位置的找正　线切割加工在切割前，应找正好电极丝与工件基准面或基准孔的相对正确位置后，方能切割。找正电极丝和工件的相对位置常用的方法有：目测找正法、火花找正法、自动找中心找正法等。

① 目测找正法。当加工工件的要求较低时，可直接用目测或借助 2～8 倍的放大镜来进行电极丝与工件相对位置的找正。如图8-46(a)所示，移动工作台，目测电极丝与工件基准面相切，记下工作台在该点的坐标，将该坐标减去电极丝半径，即为电极丝中心与基准面重合的坐标值。又如图8-46(b)所示，沿 x、y 向移动工作台，目测电极丝与工件孔基准线 x 向、y 向都重合的交点坐标，即为线电极的中心位置。

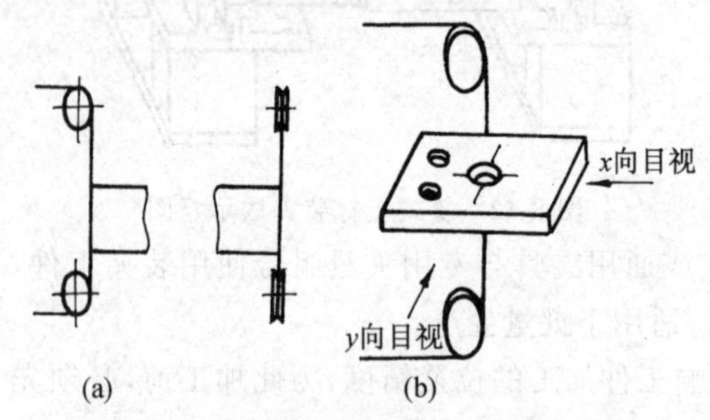

图 8-46　目测找正法

(a) 目测基准面找正法；(b) 目测基准线找正法

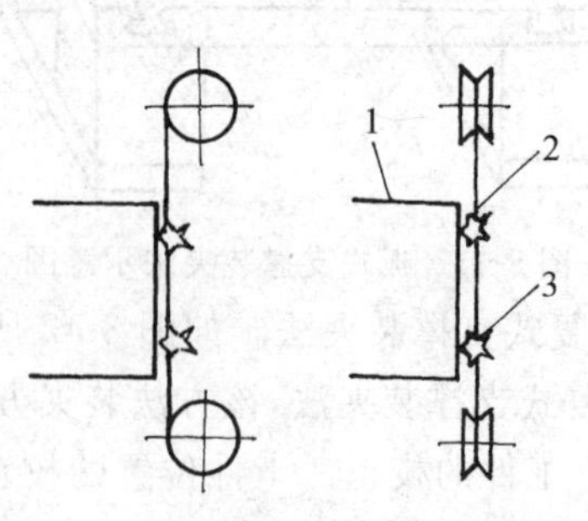

图 8-47　火花找正法

1-工件；　2-电极丝；　3-火花

② 火花找正法。火花找正法是利用工件和电极丝在一定的间隙时，就会产生火花放点，从而确定其坐标的一种方法。如图8-47所示，移动工作台，使工件逐渐靠近电极丝，当出现火花时，记下该处工作台的坐标，再根据放电间隙和电极丝半径即可计算出电极丝中心的坐标。该方法简单易行，但易产生误差。

③ 自动找中心找正法。自动找中心找正法即让电极丝在工件孔中心自动定位的一种方法。如图8-48所示，让电极丝先在 x_1 处与工件孔壁相切，沿 x 向移动工作台，使电极丝与工件孔壁在 x_2 处相切，后使工作台沿 x 反方向退回 x_1 至 x_2 的一半，即得到电极丝中心的 x 坐标，固定工作台 x 向的走向，再沿 y 向移动工作台，同理可得到电极丝中心的 y 坐标，则坐标(x, y)即为基准孔中心与电极丝中心的重合坐标。

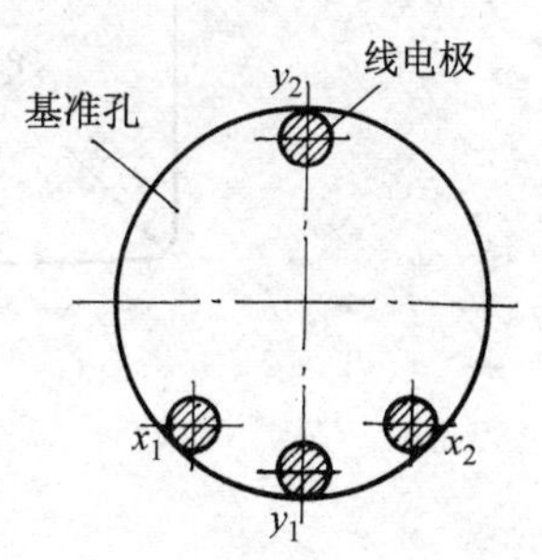

图 8-48 自动找中心找正法

8.2.4 典型零件的数控线切割加工工艺分析

如图 8-49 所示为线切割典型零件凹、凸模冲成的零件，按零件图要求在线切割机床上用“3B”编程法加工出凹、凸模，要求凹、凸模的单边配合间隙为0.01mm，线电极的直径为 ϕ0.2mm，单边火花放电间隙为0.01mm。

8.2.4.1 工艺分析

① 在冲裁加工中，冲成零件的尺寸、形状取决于凹模，因此凹模切割完成后的型孔尺寸必须与图纸要求吻合。凸模在零件图纸的基础上考虑到加工条件中凹凸模的配合间隙尺寸，应缩小一个配合间隙。

② 3B 手工编程时，必须考虑半径(线电极半径和火花放电间隙)的补偿，落料模的凹模单面编程尺寸应在图8-49所示零件图尺寸基础上减去一个电极丝半径和单边火花放电间隙；凸模单面编程尺寸应在图8-49所示零件图尺寸基础上先缩小一个单面配合间隙，再加上一个电极丝半径和单边火花放电间隙。

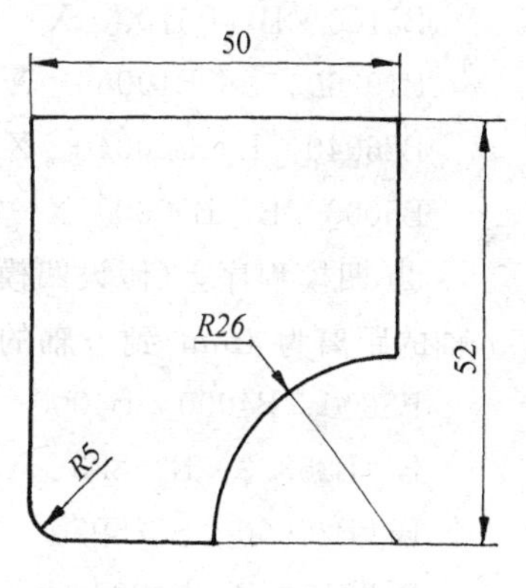

图 8-49 凹、凸冲件的零件图

③ 凸模加工时，如图 8-50(a)所示，应在坯件上切割图形范围之外先预加工一 ϕ4mm 的穿丝孔，并由穿丝孔作为起始点对工件进行封闭式切割，防止工件的切割变形，且在切割时切割线路从穿丝孔到轮廓的接触点，应选在轮廓线段的交接点处，这样可避免产生突尖或凹坑；凹模加工时，如图8-50(b)所示，穿丝孔选在坯件切割图形范围之内，切割线路同样由穿丝孔作为起点割到轮廓图形线段的交接点处，再顺图形切割。

④ 线电极速度(快走丝)选 0.8～2.0m/s 之间，可确保加工稳定，且加工时保证一次成形。

⑤ 凸模轮廓切割完成后应立即关闭脉冲电源，避免凸模和废芯切割完后脱落，被电蚀损坏。

⑥ 坯件切割前应平磨基准，以便于切割加工时找正，同时还要进行退磁处理。

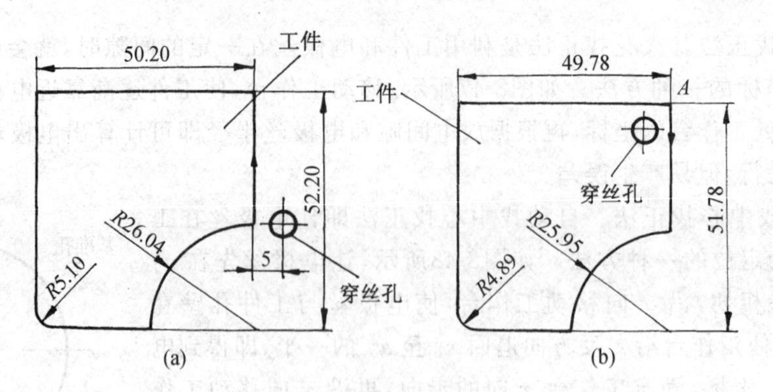

图 8-50　凹凸模切割线路及电极丝中心轨迹尺寸

(a) 凸模；(b) 凹模

8.2.4.2　编程

① 凸模程序。

B5000　B　B5000　X　L3

B　B26160　B26160　Y　L2

B50200　B　B50200　X　L3

B　B47100　B47100　Y　L4

B5100　B　B5100　X　NR3

B19060　B　B19060　X　L1

B26040　B　B26040　X　SR2

B5000　B　B5000　X　L1

② 凹模程序。(假设凹模穿丝孔中心到 A 点的距离为 5mm,以 A 为原点,穿丝孔中心到 x 轴的距离为 4mm,到 y 轴的距离为 3mm。)

B3000　B4000　B4000　Y　L1

B　B25830　B25830　Y　L2

B　B25950　B525950　Y　NR2

B18940　B　B18940　X　L3

B　B4890　B4890　Y　SR3

B　B46890　B46890　Y　L2

B49780　B　B49780　X　L1

B3000　B4000　B4000　Y　L3

习题八

8-1　简述数控线切割机床和电火花成形机床的加工原理。

8-1　数控线切割机床和电火花成形机床各有哪些加工特点及应用范围?

8-3　如何提高电火花成形加工的生产率?

8-4　数控线切割机床的快速走丝与慢速走丝方式有什么不同?

8-5　数控线切割加工的主要工艺指标有哪些？影响工艺指标的因素有哪些？这些因素是如何影响工艺指标的？

8-6　电火花成形加工和数控线切割加工各有哪些装夹、校正工件的方法？

8-7　数控线切割加工和电火花成形加工中，工作液种类分别有哪些？它们各起什么作用？如何选择工作液？

8-8　常用的数控线切割加工的电极丝种类有几种？各有何特点？分别适用何种场合？

8-9　常用的电火花成形加工所用电极有几种？根据电火花成形加工特点，选择电极应考虑哪些问题？

8-10　数控线切割加工中，如何合理选择穿丝孔的位置？切割线路的确定有何要求？

8-11　用落料模的凹、凸模冲成的零件如图 8-51 所示，已知：电极丝直径为0.15mm，单边放电间隙为0.01mm，凹、凸模配合的单边间隙为 0.16mm，试编制该零件凹、凸模的电火花数控线切割加工程序。

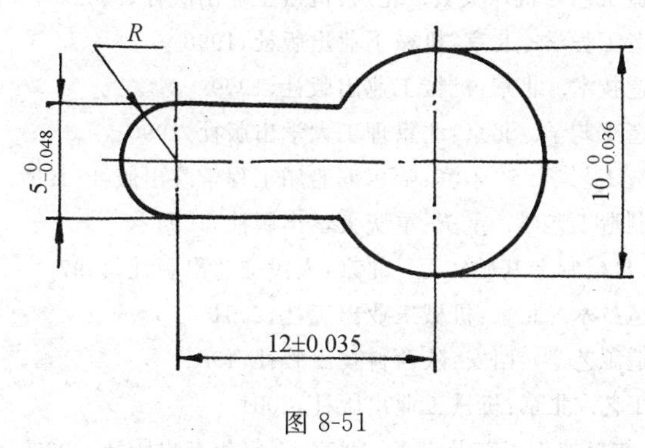

图 8-51

参考文献

[1] 朱淑萍主编. 机械加工工艺及设备. 北京:机械工业出版社,2002

[2] 刘越主编. 机械制造技术. 北京:化学工业出版社,2003

[3] 王启平主编. 机床夹具设计. 哈尔滨:哈尔滨工业大学出版社,1995

[4] 徐发仁主编. 机床夹具设计. 重庆:重庆大学出版社,1991

[5] 赵长发主编. 机械制造工艺学. 哈尔滨:哈尔滨工程大学出版社,2002

[6] 王贵成主编. 机械制造学. 北京:机械工业出版社,2001

[7] 徐嘉元、曾家驹主编. 机械制造工艺学. 北京:机械工业出版社,2002

[8] 刘守勇主编. 机械制造工艺与机床夹具. 北京:机械工业出版社,2002

[9] 庞怀玉主编. 机械制造工程学. 北京:机械工业出版社,1998

[10] 朱正心主编. 机械制造技术. 北京:机械工业出版社,1999

[11] 王信义主编. 机械制造工艺学. 北京:北京理工大学出版社,1990

[12] 张才芳主编. 机械制造工艺学. 哈尔滨:哈尔滨船舶工程学院出版社,1997

[13] 周昌治等主编. 机械制造工艺学. 重庆:重庆大学出版社,1994

[14] 孔庆华,黄午阳主编. 机械制造基础实习. 北京:人民交通出版社,1997

[15] 魏康民主编. 机械制造技术. 北京:机械工业出版社,2001

[16] 顾宗衔主编. 机械制造工艺学. 西安:陕西科技出版社,1981

[17] 王维主编. 数控加工工艺. 北京:机械工业出版社,2001

[18] 赵长明,刘万菊主编. 数控加工工艺及设备. 北京:高等教育出版社,2003

[19] 范炳炎主编. 数控加工程序编制. 北京:航空工业出版社,1990

[20] 全国数控培训网络天津分中心编. 数控机床. 北京:机械工业出版社,2001

[21] 全国数控培训网络天津分中心编. 数控原理. 北京:机械工业出版社,2001

[22] 于春生,韩旻. 数控机床编程及应用. 北京:高等教育出版社,2001

[23] 许祥泰,刘艳芳. 数控加工编程实用技术. 北京:机械工业出版社,2001

[24] LGMazak. VTC−16A 加工中心操作手册. 宁夏:小巨人机床有限公司,2001

[25] 唐应谦主编. 数控加工工艺学. 北京:中国劳动社会保障出版社,2000

[26] 赵万生主编. 电火花加工技术. 哈尔滨:哈尔滨工业大学出版社,2000

[27] 张学仁主编. 数控电火花线切割加工技术. 哈尔滨:哈尔滨工业大学出版社,2000

[28] 华茂发主编. 数控机床加工工艺. 北京:机械工业出版社,2000

[29] 罗学科,张超英主编. 数控机床编程与操作实训. 北京:化学工业出版社,2001